工程创新实践

主　编　张继祥
副主编　杨钢　钟厉　彭中波

国防工业出版社
·北京·

内 容 简 介

本书是根据“普通高等学校机械制造实习教学基本要求”(2008 版),结合编者对机械制造课程及工程训练教学研究与实践经验的总结编写而成的。

本书内容包含材料成形及热处理、机械加工、先进制造及特种加工基础和钳工与装配四部分,全面涵盖机械制造相关的工程实践教学内容。本书注重理论与实践、基础训练与创新训练相结合,并兼顾机械类和非机械类教学大纲的要求。

本书可作为高等学校机械类、非机械类专业的工程训练教学用书,也可作为交通部海事局船员考试金工培训教材。

图书在版编目(CIP)数据

工程创新实践 / 张继祥主编. —北京:国防工业出版社,2014.1 重印

ISBN 978 - 7 - 118 - 07335 - 5

Ⅰ. ①工... Ⅱ. ①张... Ⅲ. ①机械制造工艺 - 技术革新 Ⅳ. ①TH16

中国版本图书馆 CIP 数据核字(2011)第 105046 号

※

国防工業出版社出版发行

(北京市海淀区紫竹院南路 23 号 邮政编码 100048)

北京奥鑫印刷厂印刷

新华书店经售

*

开本 787×1092 1/16 **印张** 26 **字数** 638 千字

2014 年 1 月第 1 版第 2 次印刷 **印数** 5001—7000 册 **定价** 39.80 元

(本书如有印装错误,我社负责调换)

国防书店:(010)88540777 发行邮购:(010)88540776

发行传真:(010)88540755 发行业务:(010)88540717

前　言

现代机械类、近机类专业工程训练内容已由传统的金工实习向综合性、创新性的工程创新实践转变，其内容除了车、铣、刨、磨、钳工、弧焊等传统实习项目外，还扩展了铸造、锻压、冲压、注塑、热处理等机械类、近机类专业应掌握的内容，更包含现代数控技术、机器人、电加工、激光加工、超声波加工、模具制造、特种焊接、表面处理等先进制造技术。

本书根据教育部《机械制造实习教学基本要求》(08 版)编写，主要内容有：①材料成形及热处理(铸造、锻压、焊接、冲压、热处理及表面处理、非金属材料成形(塑料及陶瓷))；②机械加工(车削、铣削、磨削、齿轮加工等)；③先进制造和特种加工(数控编程、数控车、数控铣、加工中心、电火花线切割、电火花成形、快速成形等)；④综合实践。

本书在培养学生实际操作技能的基础上，着重培养学生的工程实践能力和创新能力，加强各实训环节内容与理论教学之间的融合、交叉与拓展，帮助学生建立大工程观念，注重提高学生的职业技能与素质，增强学生的就业竞争能力。

本书由重庆交通大学张继祥任主编，由重庆交通大学杨钢、钟厉、彭中波任副主编。其中，绪论，第 1、12 章由重庆交通大学张继祥编写，第 2 章由山东大学曾庆凯编写，第 3 章由重庆交通大学刘迎春编写，第 4 章由重庆交通大学钟厉编写，第 5 章由重庆交通大学彭中波编写，第 6 章由重庆交通大学戴忠谋编写，第 7 章由重庆交通大学邵丽编写，第 8、9、10 章由重庆交通大学杨钢编写，第 11 章由重庆交通大学文辉编写。

本书在编写过程中参考了有关教材、手册、资料，并得到重庆交通大学教务处、实验教学及设备管理处、机电与汽车工程学院的大力支持，得到了重庆交通大学工程实训中心的帮助，以及研究生安国银、冯伟、刘锦溪在文字处理等方面的帮助，在此表示衷心的感谢。

由于编者的水平有限，书中疏漏和不足之处敬请广大读者批评指正。

编　者

2010 年 12 月 20 日

目录

第二篇 机械加工

第三篇 先进制造及特种加工基础

绪 论

0.1 课程的性质、任务与教学目标

1. 课程性质

本课程是一门以实践教学为主的技术基础课，是机械类各专业学习机械制造的基本工艺方法，是完成工程基本训练、培养工程素质和创新精神的重要必修课，也是非机械类有关专业教学计划中重要的实践教学环节之一。本课程由传统的“金属工艺学实习”或称“金工实习”课程，经拓展内容、更新知识而来的，现在常用名字“机械制造实习”、“工程训练”、“工程创新实践”等。

学生在学习本课程时，必须进行独立操作，在保证贯彻教学基本要求的前提下，应尽可能结合培养创新思维和教学产品进行。

2. 课程任务与教学目标

1）课程任务

了解机械制造的一般过程和基本知识。熟悉机械零件的常用加工方法、所用主要设备的工作原理和典型机构、工夹量具以及安全操作技术，初步建立现代制造工程的概念，对简单零件具有进行工艺分析和选择加工方法的能力，在主要工种上应具有独立完成简单零件加工的实践能力。

2）课程教学目标

学习工艺知识，增强工程实践能力，提高综合素质（包括工程素质），培养创新精神和创新能力。初步建立起责任、安全、质量、创新、环保、群体、社会、法律、经济、管理、市场、竞争等工程意识。

0.2 教学基本要求（机械类专业）

0.2.1 铸造

1. 基本知识

（1）熟悉铸造生产工艺过程、特点和应用。

（2）了解型砂、芯砂、造型、造芯、合型、熔炼、浇注、落砂、清理及常见铸造缺陷；熟悉铸件分型面的选择；掌握手工两箱造型（整模、分模、挖砂、活块等）的特点和应用；了解三箱造型及刮板造型的特点和应用；了解机器造型的特点和应用。

（3）了解常用特种铸造方法（包括消失模铸造）的原理、特点和应用。

（4）了解铸造生产安全技术、环境保护，并能进行简单经济分析。

2. 基本技能

掌握手工两箱造型的操作技能，并能对铸件进行初步的工艺分析。

3. 创新训练

安排课内外结合的自主设计与制作的创新训练。

0.2.2 锻压

1. 基本知识

(1) 熟悉锻压生产工艺过程、特点和应用。

(2) 了解坯料的加热、碳素钢的锻造温度范围和自由锻设备;掌握自由锻基本工序的特点;了解轴类和盘套类锻件自由锻的工艺过程;了解锻件的冷却及常见锻造缺陷。

(3) 了解胎模锻的特点和胎模结构。

(4) 了解冲床、冲模和常见冲压缺陷。熟悉冲压基本工序。

(5) 了解钣金工艺的特点和应用。

(6) 了解锻压生产安全技术、环境保护,并能进行简单经济分析。

2. 基本技能

初步掌握自由锻和板料冲压的操作技能,并能对自由锻件和冲压件进行初步的工艺分析。

3. 创新训练

视具体情况安排课内外结合的自主设计与制作的创新训练。

0.2.3 焊接

1. 基本知识

(1) 熟悉焊接生产工艺过程、特点和应用。

(2) 了解焊条电弧焊机的种类和主要技术参数、电焊条、焊接接头形式、坡口形式及不同空间位置的焊接特点;熟悉焊接工艺参数及其对焊接质量的影响;了解常见的焊接缺陷;了解典型焊接结构的生产工艺过程。

(3) 了解气焊设备、气焊火焰、焊丝及焊剂的作用。

(4) 了解其他常用焊接方法(埋弧自动焊、气体保护焊、电阻焊、钎焊等)的特点和应用。

(5) 熟悉氧气切割原理、切割过程和金属气割条件;了解等离子弧切割或激光切割的特点和应用。

(6) 了解焊接生产安全技术、环境保护,并能进行简单经济分析。

2. 基本技能

能正确选择焊接电流及调整气焊火焰。掌握焊条电弧焊、气焊的平焊操作技能。

3. 创新训练

视具体情况安排课内外结合的自主设计与制作的创新训练。

0.2.4 热处理及表面处理

了解钢的热处理原理、作用及常用热处理方法和设备。

扩展表面处理概念:了解表面工程,如激光表面处理等技术。

0.2.5 非金属材料成形

了解塑料成形工艺及其模具结构。

了解陶制品成形工艺(陶艺)。

0.2.6 机械加工

1. 基本知识

(1) 了解金属切削加工的基本知识。

(2) 了解车床的型号、熟悉卧式车床的组成、运动、传动系统及用途。

(3) 熟悉常用车刀的组成和结构、车刀的主要角度及其作用;了解对刀具材料性能的要求;学习常用和超硬刀具材料的性能、特点和应用。

(4) 了解轴类、盘套类零件装夹方法的特点及常用附件的结构和用途。

(5) 掌握车外圆、车端面、钻孔和车孔的方法。

(6) 了解车槽、车断及锥面、成形面、螺纹的车削方法。

(7) 了解常用铣床、刨床(有条件可取消)和磨床的组成、运动和用途;了解其常用刀具和附件的结构、用途及简单分度的方法。

(8) 熟悉铣削、磨削的加工方法;了解刨削(有条件可以取消)和常用齿形的加工方法。

(9) 了解常用特种加工方法的原理、方法、特点和应用。

(10) 掌握电火花线切割的基本原理;熟悉数控机床(数控车、数控铣、加工中心)的组成、加工特点和应用。

(11) 了解切削加工常用方法所能达到的尺寸公差等级、表面粗糙度 *Ra* 值的范围及其测量方法。

(12) 安排常规与先进制造技术中工艺设计与制作相结合的综合创意训练。

(13) 了解机械加工安全技术、环境保护,并能进行简单经济分析。

2. 基本技能

(1) 掌握卧式车床的操作技能,能按零件的加工要求正确使用刀、夹、量具,独立完成简单零件的车削加工。

(2) 熟悉铣床的操作方法;了解磨床的操作方法。

(3) 能进行数控线切割机床、数控车床和数控铣床的编程和操作。

(4) 能对简单的工件进行初步的工艺分析。

3. 创新训练

安排车削加工的综合训练或自主设计的数控线切割、数控车削、数控铣削或数控雕刻的创新实践训练。

0.2.7 钳工

1. 基本知识

(1) 熟悉钳工工作在机械制造及维修中的作用。

(2) 掌握划线、锯削、锉削、钻孔、攻螺纹和套螺纹的方法和应用。

(3) 了解刮削的方法和应用。

(4) 了解钻床的组成、运动和用途。了解扩孔、铰孔和锪孔的方法。

(5) 了解机械部件装配的基本知识。

(6) 扩展自动化装配的概念。

2．基本技能

（1）掌握钳工常用工具、量具的使用方法，能独立完成钳工作业件。

（2）具有装拆简单部件的技能。

3．创新训练

安排难度适中的创新设计与制作。

0.3 教学基本要求（非机械类专业）

1．铸造

（1）了解铸造生产工艺过程、特点和应用。

（2）了解砂型铸造工艺的主要内容；了解铸件分型面的选择；熟悉两箱造型（整模、分模、挖砂等）的特点和应用；能独立完成简单铸件的两箱造型；了解常见铸造缺陷；了解机器造型的特点和应用。

（3）了解常用特种铸造方法的特点和应用。

（4）了解铸造生产的环境保护及安全技术。

2．锻压

（1）了解锻压生产工艺过程、特点和应用。

（2）了解自由锻工艺的主要内容：坯料加热、碳素钢的锻造温度范围、空气锤的大致结构、主要基本工序（镦粗、拔长、冲孔）的特点和常见锻造缺陷。能制作锻造作业件。

（3）了解胎模锻的特点和应用。

（4）了解冲床和冲模的结构及冲压基本工序的特点。

（5）了解钣金工艺的特点和应用。

（6）了解锻压生产环境保护及安全技术。

3．焊接

（1）了解焊接生产工艺过程、特点和应用。

（2）了解焊条电弧焊工艺的主要内容：焊条电弧焊机的种类和主要技术参数、电焊条、焊接工艺参数和常见焊接缺陷。能进行焊条电弧焊的平焊操作。

（3）了解气焊、气割设备和气焊火焰，能进行气焊的平焊操作；了解气割过程及金属气割条件；了解等离子弧切割的特点和应用。

（4）了解其他焊接方法的特点和应用。

（5）了解焊接生产的环境保护及安全技术。

4．热处理

（1）了解常用钢铁材料的种类、牌号、性能特点及选用。

（2）了解热处理的作用及钢的常用热处理方法。

（3）了解激光表面处理等先进表面处理方法。

5．初步了解非金属材料成形工艺

6．机械加工

（1）熟悉卧式车床的组成、运动和用途。

（2）了解车床及主要附件的结构和用途；了解常用车刀的种类和材料。

（3）熟悉常用量具及其使用方法。

（4）熟悉车外圆、车端面、钻孔和车孔的方法；了解车槽、车断，以及锥面、成形面、螺纹的车削特点。能独立完成简单零件的车削加工。

（5）了解铣削、刨削、磨削加工的特点和应用。能在1种~2种机床上加工简单的零件或作业件。

（6）了解常用特种加工方法的特点和应用。

（7）了解数控机床的组成和加工特点。

（8）了解机械加工的安全技术。

（9）适量安排学生独立思维的创新实践训练。

7. 钳工

（1）了解钳工工作在机械制造和维修中的作用。

（2）了解钻床的结构和操作方法。

（3）掌握锯削、锉削和钻孔的基本技能；了解划线、攻螺纹、套螺纹、扩孔和铰孔的方法。

（4）了解机械装配的基本知识。

（5）了解钳工工作的安全技术。

第一篇　材料成形

第1章　铸　造

1.1　铸造生产概念、工艺特点及应用

1.1.1　铸造生产概念

铸造是指把金属材料熔化或熔炼后浇注入模型空腔(铸型)中,待液态金属冷却凝固后从铸型中取出铸件毛坯,清理掉浇口、冒口等工艺部分,得到所需形状、尺寸和性能的铸件的成形方法。铸件一般精度和粗糙度较差,需要进一步机加工才能成为零件。

铸造方法主要有砂型铸造、金属型铸造、压力铸造、熔模铸造和消失模铸造等,其中以砂型铸造应用最广泛,其生产的铸件约占总量的80%以上。砂型铸造主要是铸造铸铁、铸钢,特种铸造主要是铸造有色金属。

我国的铸造技术已有6000年悠久的历史,是世界上较早掌握铸造技术的文明古国之一,也是最早应用铸铁的国家之一。我国自周朝末年开始有了铸铁,铁制农具发展很快,秦、汉以后,农田耕作大都使用了铁制农具,如耕地的犁、锄、镰、锹等,表明我国当时已具有相当先进的铸造生产水平,到宋朝时已使用铸造铁炮和铸造地雷。

1.1.2　铸造生产工艺特点

1. 优点

(1) 铸件的形状可以十分复杂,不仅可以获得十分复杂的外形,更为重要的是能获得一般机械加工设备难以加工的复杂内腔,如箱体、气缸体、机床床身等。

(2) 铸件的尺寸和重量不受限制,铸件尺寸大到十几米、重数十吨,小到几毫米、几克。

(3) 机械零件常用的材料,如钢、铁、铜、铝等均能铸造。

(4) 成本低廉,节省资源。铸件的形状、尺寸与零件相近,节省了大量的金属材料和加工工时,材料的回收利用率高。尤其是精密铸造,可以直接铸出某些零件,是无切削加工的重要发展方向。

(5) 生产中的金属废料可以回收利用。铸造过程中往往产生很多缺陷,如气孔、缩孔、裂纹等,把产生缺陷的这些零件回炉,可以使成本大为降低。

(6) 铸件的生产批量不受限制,它可以单件小批量生产,也可以大批量生产。

2. 缺点

(1) 铸件的尺寸精度及表面粗糙度通常比切削或成形加工差,故常需进行后续加工以得

到工件所要求的质量。

（2）铸件的表面状态一般较差，大都需经研磨或喷砂以去除表面的毛边或改进表面的粗糙度等，后续加工方能顺利进行。

（3）铸件的内部组织通常并不均匀，且容易出现缺陷，需经过检验确认质量，甚至要加以热处理后，铸件才能使用。

（4）铸造工作大都在高温及粉尘密布的环境中进行，此种又热又脏的状况，对人体危害甚大，尤其在老旧的铸造工厂中更为严重，需利用自动化设备加以改善。

1.1.3 铸造生产应用

在一般机械中，铸件占整个机械重量的40%～90%，内燃机关键零件，铸件重量占80%～90%，汽车中铸件占19%（轿车）、23%（卡车），农业机械中占40%～70%，金属切削机车中占70%～80%，重型机械、矿山机械、水力发电设备中为85%以上，拖拉机、液压泵、阀中占65%～80%。在国民经济其他各个部门中，也广泛采用各种各样的铸件，图1－1为铸造应用的几个领域。

图1－1 铸造应用领域

1.2 铸造材料

铸造材料指用于铸造生产的原材料，一般可分为三大类：铸铁、铸钢和铸造有色合金。根据其组织、性能的要求不同，每类合金有其不同的成分及性能特点。

1.2.1 铸铁

铸铁是含碳量大于2.11%的铁碳合金,也是最重要的铸造合金,按重量计算,铸铁件常占机器重量的50%以上。根据碳在铸铁组织中存在形式的不同,铸铁合金可分为白口铸铁、灰口铸铁和麻口铸铁三大类。

1. 白口铸铁

碳基本上以 Fe_3C 形式存在,断口呈银白色,组织中存有大量共晶莱氏体,因此非常脆硬,难以加工,通常用于一些可不经加工而直接与砂、石接触的耐磨零件。

2. 灰口铸铁

除微量溶于铁素体以外,绝大部分以石墨形式存在,断口呈灰色,是应用最广的铸铁。根据其石墨形态的不同,又可分为4类,即普通灰口铸铁、蠕墨铸铁、可锻铸铁和球墨铸铁,这4类铸铁的石墨形状如图1-2所示。

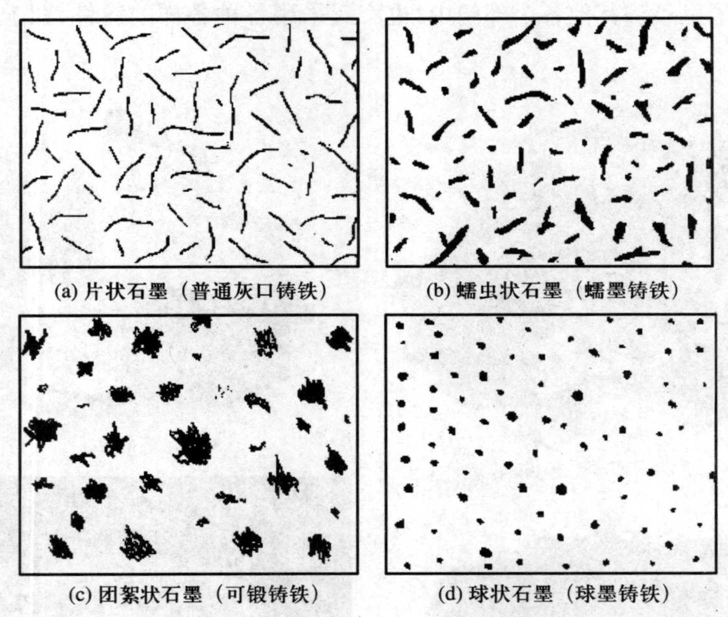

图1-2 灰口铸铁的典型石墨形态

3. 麻口铸铁

碳一部分以石墨形式存在,另一部分以 Fe_3C 形式存在,是介于白口与灰口之间的过渡组织,断口有黑白相间的麻点,其硬度介于白口铸铁与灰口铸铁之间,一般工业中较少使用。

根据铸铁的化学成分,铸铁还可分成普通铸铁与合金铸铁。合金铸铁是指含硅量大于4%wt,含锰量大于2%wt,或含有一定量的其他合金元素,如Cr、Ni、Mo等,常具有耐磨、耐蚀等特殊性能的铸铁。

1.2.2 铸钢

比起铸铁来,铸钢具有韧性、强度较高的特点。铸钢根据化学成分,可分为铸造碳钢及铸造合金钢两大类,其中碳钢应用较广,约占铸钢件的80%以上。

铸钢的综合力学性能高于各类铸铁，不仅强度高，并且有优良的塑性和韧性，适于制造强度和韧性都要求高的铸件，如高压阀门、轧辊、火车车轮、锻锤机架等。此外，铸钢有较好的焊接性能，便于采用铸—焊联合方法制造形状复杂的结构。但铸钢的铸造性能通常较铸铁差，如铸钢的熔点高，流动性差，体积收缩大，较易产生热裂、冷裂等铸造缺陷，而且铸钢件必须进行热处理，以细化晶粒，均匀组织，消除残余应力。

常用的铸造碳钢是含碳量为0.25%～0.45%的碳钢。为提高钢的力学性能，可在钢中加入少量的合金元素，如Mn、Si、Mo、V、Ni等。有时为了使铸钢具有一些特殊性能，如耐磨、耐热、耐蚀性能，需要加入更多的合金元素，成为中合金钢或高合金钢。

1.2.3 铸造非铁合金

铸造非铁合金即为铸造有色合金，由于这些合金具有优越的理化性能，常用来制造机械零件，特别是在航空、航天领域，用途更广。常用的有色合金有铝合金、铜合金、镁合金、锌合金等。

1. 铝合金

以铝为基体加入各种合金元素，如硅、铜、镁等构成了各种铝合金，具有密度小、强度高的性能，在交通运输机械、飞行器、轿车、化工机械、体育器械及家用器具方面应用广泛。铸造铝合金具有浇注温度低、熔化潜热大、流动性好的特点，特别适合采用金属型铸造、压力铸造等。

2. 铜合金

铜合金是以铜为基体加入各种合金元素，如锌、锡、铝、铅等的合金，分为黄铜和青铜两种。铜合金具有较高的性能和耐磨性能，很高的导热性和导电性，合金电极电位高，在大气、海水、盐酸、磷酸溶液中均具有良好的耐蚀性能，广泛用作舰船、化工机械、电工仪表中的重要零件，如海轮螺旋桨、轴承、衬套及齿轮等。

1.3 铸造合金的熔炼与浇注

铸造合金的熔炼是一个比较复杂的物理化学过程。熔炼时，既要控制金属液的温度，又要控制其化学成分，在保证质量的前提下，尽量减少能源和原材料的消耗，减轻劳动强度，降低环境污染。

1.3.1 铸铁的熔炼

熔炼铸铁的主要设备是电炉和冲天炉，而以冲天炉应用最广泛，目前我国大多数生产厂家是用冲天炉来熔炼铁液，这是因为冲天炉制造成本低，操作简便，维护也不太复杂，可连续化铁、熔炼，生产效率高。

1. 冲天炉的结构

冲天炉（图1－3）炉身下部坐在底座上，上部侧面开有加料口，底部安有带铰链的门供熔化结束后清炉用。离炉底350mm～700mm处有1排～2排空气进口，称为风口，沿炉身圆周均匀分布。风口下部是炉缸，开有出铁口和出渣口。从加料口以下至风口为金属炉料的预热带和熔化带。冲天炉圆筒形炉身外壳用钢板制成，钢板壳内壁用耐火材料砌成炉衬。在熔化带周围，由于炉温高，这一部分不用耐火材料炉衬，而在炉壳外面设环形水管，向炉壳喷淋冷却水。在中国,有的冲天炉还在炉身外部设置积蓄铁水的固定式前炉,前炉与冲天炉炉缸相连,从前炉中出铁水和排渣。前炉可利用电、油或煤气加热,用以对铁水进行保温或升温。

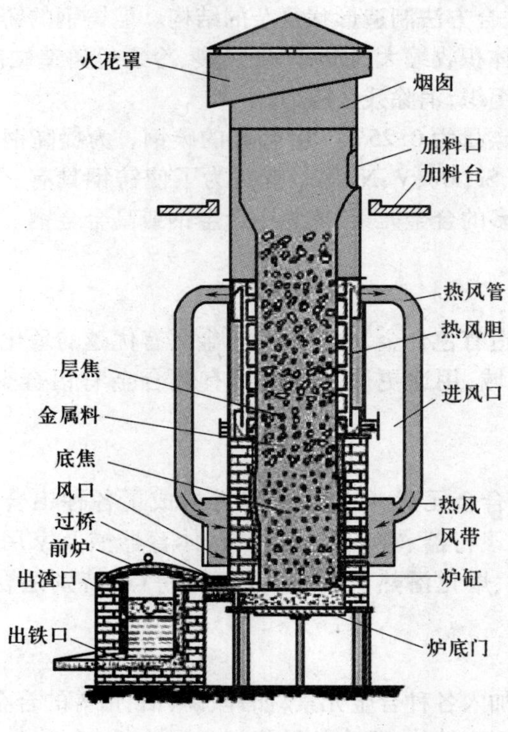

图 1-3　冲天炉结构示意图

2. 冲天炉的炉料

冲天炉的炉料是装入炉内材料的总称。它包括金属料、燃料和熔剂。

(1) 金属料。金属料包括新生铁、回炉铁(浇冒口、废铸件和废铁等)、废钢和铁合金(硅铁、锰铁和铬铁等)。新生铁又叫高炉生铁,是炉料的主要成分。利用回炉铁可以降低铸件成本。加入废钢可以降低铁水中的含碳量。各种铁合金的作用是调整铁水的化学成分或配制合金铸铁。

(2) 燃料。主要是焦炭,要求焦炭含挥发物、灰分及硫量少,发热量高,强度高,块度适中。

(3) 熔剂。在冶炼过程中,用以降低渣熔点,使渣流动性增加或便于扒渣的物质称为熔剂。常用的熔剂有石灰石($CaCO_3$)或萤石(CaF_2),块度比焦炭略小,加入量为焦炭的25% ~30%。

3. 冲天炉的工作过程

冲天炉是利用对流的原理来进行熔化的,在冲天炉熔化过程中,炉料从加料口装入,自上而下运动,被上升的高温炉气预热,并在熔化区(在底焦顶部,温度约1200℃)开始熔化。铁水在下落过程中又被高温炉气和炽热的焦炭进一步加热(称过热),温度可达1600℃左右。过热铁水经过过桥进入前炉,温度稍有下降,最后出炉温度为1360℃ ~1420℃,从风口进入的风和底焦燃烧后形成的高温炉气,是自下而上流动的,最后变成废气从烟囱排出。

在冲天炉熔化过程中,炉内的铁水、焦炭和炉气之间要产生一系列物理、化学变化。一般情况下,铁水由于和炽热的焦炭接触,使含碳量有所增加,焦炭中的硫溶于铁水使含硫量增加约 50%,硅、锰等合金元素的含量因烧损而下降,磷的含量基本不变。

影响冲天炉熔化的主要因素是底焦高度和送风强度等,必须合理控制。

1.3.2 铸钢的熔炼

铸钢的熔炼设备有平炉、转炉、电弧炉以及感应电炉等,车间多采用三相电弧炉。

图 1-4 为典型三相电弧炉结构。从上面垂直地装入 3 根石墨电极,通入三相电流后,电极与炉料间产生电弧,用其热量进行熔化、精炼。电弧炉的容量是以其一次熔化金属量表示的。一般容量为 2t~10t,国外最大的电弧炉达 400t。

电弧炉熔炼时,温度容易控制,熔炼质量好,熔炼速度快,开炉、停炉方便,它既可以熔炼碳素钢,也可以熔炼合金钢。

近年来感应电炉在铸钢(铁)车间得到迅速发展,用来熔化各种钢液和高合金铸铁,感应电炉通过电磁感应来加热和熔化炉料,构造如图 1-5 所示。

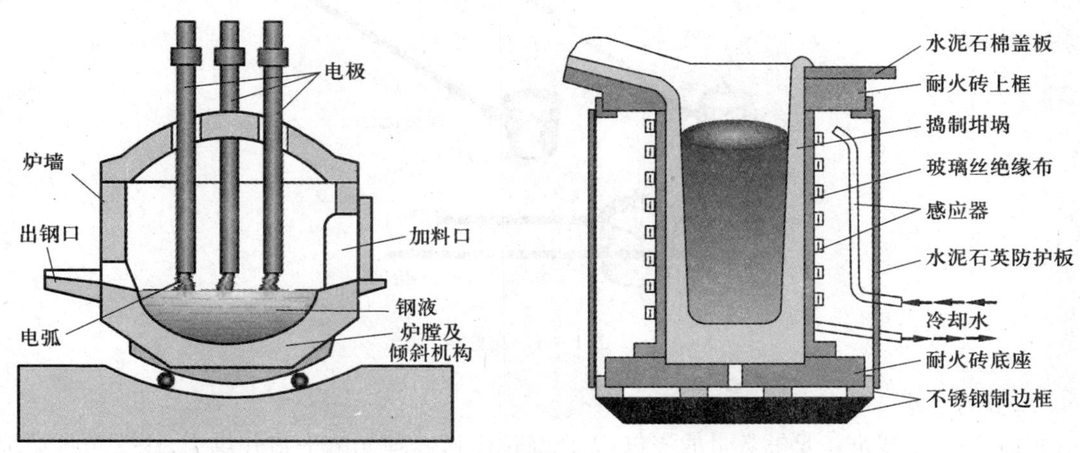

图 1-4 三相电弧炉　　图 1-5 感应电炉

感应电炉的熔化操作比较简单,被熔化的金属液没有和加热源(燃烧的焦碳、电弧等)接触的机会,因此,合金元素的氧化、烧损较少。此外,由于炉子的容量较小(几千克到几吨),组织生产较灵活。但是,由于无法对金属进行精炼处理,感应电炉熔炼出的金属液冶金质量较电弧炉差。

1.3.3 有色合金的熔炼

由于有色合金中的元素容易氧化,合金容易吸收空气中的某些气体(如氢等),要获得含气量和氧化夹杂物少、化学成分合格的高质量合金液,应从熔炼设备和熔炼工艺两个方面进行考虑。设备的要求:①有利于金属炉料的快速熔化和升温,熔炼时间短,使元素烧损和吸气小,合金纯净;②燃料或电能消耗低,热效率和生产率高,炉衬或坩埚的寿命长,以减少污染,降低能耗;③操作简便,炉温便于调节和控制,劳动卫生条件好。

在有色合金熔炼时,通常将待熔化的炉料放在"坩埚"中,在坩埚外用各种加热方式如烧煤、燃气或电来加热炉料,使之熔化并过热,这样可使熔化的合金液与炉气或空气接触较少,以避免氧化或吸气。此外感应电炉也常用来熔炼有色合金。

熔炼工艺要求:①在有色合金熔炼过程中,要采取有效的覆盖措施,在合金液表面形成覆盖层,以避免合金液吸气及氧化;②出炉前对合金液进行有效的精炼及除气,操作时所用操作工具要除湿、表面喷涂涂料,以及选择待熔化炉料在坩埚内合适的放置顺序等。

1.3.4 浇注

将熔融金属从浇包浇入铸型的过程,称为浇注。浇注也是铸造生产中的一个重要环节,浇注工作组织好坏,浇注工艺是否合理,不仅影响到铸件质量,还涉及到工人的安全。

1. 浇注工具

浇注常用的工具为浇包,如图 1-6 所示,手提浇包容量为 15kg~20kg,抬包容量为 25kg~100kg,容量更大的用吊车吊运,称为吊包。浇包的外壳用钢板制造,用耐火材料做内衬。

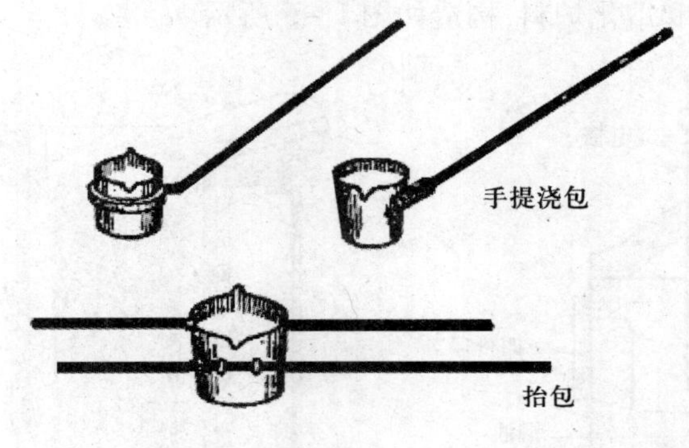

图 1-6 浇包

2. 浇注工艺

(1) 浇注前要准备足够数量的浇包,先把浇包内衬修理光滑平整并烘干,还要整理场地,使浇注场地有通畅的走道且无积水。

(2) 浇注时要严格遵守浇注的操作规程,控制好浇注温度和浇注速度。

(3) 浇注温度要适中。浇注温度过高,铸件收缩大,粘砂严重,晶粒粗大;温度太低,会使铸件产生冷隔和浇不足等缺陷。应根据铸造合金的种类、铸件的结构和尺寸合理确定浇注温度。铸铁件的浇注温度一般为 1250℃ ~1350℃,铸钢的浇注温度一般为 1500℃ ~1550℃,铝合金的浇注温度一般在 700℃左右。

(4) 浇注速度应按铸件形状决定。浇注速度太快,金属液对铸型的冲击力大,易冲坏铸型,产生砂眼或型腔中的气体来不及逸出而产生气孔,有时会产生假充满的现象形成浇不足的缺陷。浇注速度太慢易产生夹砂或冷隔等缺陷。

(5) 铸型应加压铁或夹紧,防止浇注时抬箱跑火。浇注中不能断流,并始终保持浇口杯的充满状态。从铸型排气道、冒口排出的气体要及时引燃,防止现场人员中毒。浇注后,对收缩大的合金铸件要及时卸去压铁或夹紧装置,以免铸件产生铸造应力和裂纹。

1.4 铸造方法

铸造生产方法很多,常用的铸造分类如图 1-7 所示。

铸造
- 按材质分
  - 黑色金属铸造：铸铁、铸钢
  - 有色金属铸造：铸铜、铸铝等
- 按生产工艺方法分
  - 砂型铸造
  - 特种铸造：金属型铸造、重力铸造、压力铸造、消失模铸造等
- 按成品分
  - 普通铸造：铸件为毛坯，需要进一步加工才能形成机械零件
  - 精密铸造：铸件为成品或半成品，不需加工或少切削加工即可应用

图 1－7　铸造生产方法

1.4.1 砂型铸造

1. 砂型铸造的工艺过程

砂型铸造工艺过程如图 1－8 所示。其中，造型和造芯两道工序对铸件的质量和铸造的生产效率影响最大。

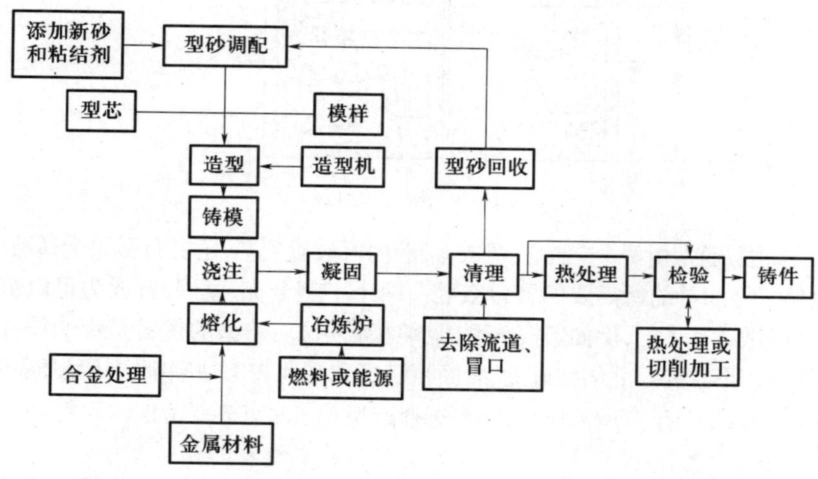

图 1－8　砂型铸造的工艺过程

2. 砂型铸造设备及材料

1）模样

模样是指由木材、金属或其他材料制成，用来形成铸型型腔的工艺装备。为保证形成符合要求的型腔，模样应具有足够的强度、刚度及适当的表面精度和尺寸精度。制造模样时，应在零件的形状和尺寸的基础上增加以下内容：①在零件的加工表面上，模样对应表面应加上加工余量；②为了便于起模，模样上垂直于分型面的立壁要作出拔模斜度；③铸件冷却时要产生收缩，模样的尺寸要比零件尺寸加大一个收缩量；④为了便于造型和避免铸件产生缺陷，模样壁与壁之间以圆角连接；⑤铸件上的孔在模样对应部位不仅要做成实心的，还要向外突出一部分，以便在铸型中作为存放型芯头的空间。

模样按其使用特点，可分为消耗模和可复用模两大类。消耗模只用一次，制成铸型后，按模样材料的性质，用溶解、熔化或气化的方式将其破坏而自铸型中脱除。这种模样用于某些特种铸造工艺，如熔模铸造用的熔模、实型铸造用的泡沫塑料气化膜等。可复用的模样用于砂型铸造，按生产批量、生产方式和铸件的特点，用木材、塑料、金属等材料制成。

2）铸型

铸型是用型砂、耐火材料、冷铁等制成的组合体，是金属液凝固后形成铸件的地方，其内部型腔轮廓相当于所制铸件的外形。铸型按所用材料不同可分为砂型、金属型、陶瓷型、泥型、石墨型等。普通砂型铸造的铸型为了承受金属液浇注时的冲击压力，通常要用铁或钢做的金属箱套在外面，以免铸型破裂，这种金属箱称为砂箱。高压造型发明后，由于砂型强度增加，做小铸件时，可以不用砂箱，称为无箱铸型。砂型铸造的铸型称为砂型，是用型(芯)砂制成的铸型，用砂箱支撑时，砂箱也是铸型的组成部分。图1－9为两箱造型时的铸型图，砂型各组成部分的名称与作用如表1－1所列。

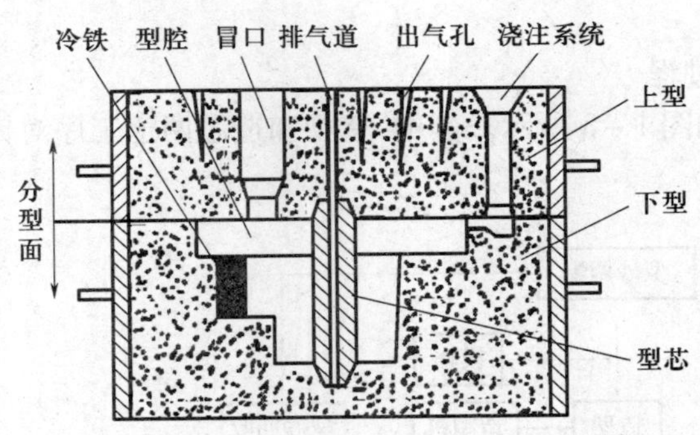

图1－9　铸型的组成

一个完整的铸型，通常由两个“半型”组成，型腔内可放置型芯，还要有引入金属液的通道，即浇注系统，以及为铸件金属补缩所需要的冒口空腔。两个半型合拢、紧固，就成为可以浇注金属液的铸型。铸型也可以做成整体的，例如熔模铸型(见熔模铸造)。铸型的优劣是影响铸件外观质量的主要因素。铸件几何形状和尺寸的精确度，表面粗糙度和其他表面缺陷都同铸型质量有密切关系。因而，选择什么样的铸型来生产所需铸件，是在选择造型工艺时首先要考虑的问题。

表1－1　砂型各组成部分的名称与作用

组成名称	作　　用
砂箱	造型时填充型砂的容器，分为上、中、下等砂箱
分型面	各铸型组元间的结合面，每一对铸型间都有一个分型面
浇注系统	金属液流入型腔的通道，通常由浇口杯、直浇道、横浇道和内浇道组成
冒口	供补缩用的铸型空腔，有些冒口还起观察、排气和集渣的作用
型腔	铸型中由造型材料所包围的空腔部分，也是形成铸件的主要空间
排气道	在铝型或芯中，为排除浇注时形成的气体而设置的沟槽或孔道
型芯	为获得铸件的内腔或局部外形，用芯砂或其他材料制成的，安装在型腔内部的铸型组元
出气孔	在砂型或砂芯上，用针或成形扎气板扎出的通气孔，用以排气
冷铁	为加快铸件局部的冷却速度，在砂型、型芯表面或型腔中安放的金属物

3）型砂和芯砂

砂型铸造用的造型材料主要是型砂和芯砂。

型(芯)砂的性能对铸件的质量影响很大，铸件缺陷约有50%的是由型(芯)砂质量不合格引起的。为了保证铸件的质量和满足铸造的工艺要求，型(芯)砂应具备以下性能。

(1) 强度。强度是指型砂、芯砂抵抗外力破坏的能力。强度过低，易造成塌箱、冲砂、砂眼等缺陷;强度过高,易使型(芯)砂透气性和退让性变差。型(芯)砂的强度大小取决于沙粒粗细、水分、粘结剂含量及砂型紧实度等,黏土砂中黏土含量越高,砂型紧实度越高,砂子的颗粒越细,强度越高。含水量过多或过少均使型(芯)砂的强度变低。

(2) 可塑性。可塑性是指型砂、芯砂在外力作用下变形,去除外力后能完整地保持已有形状的能力。可塑性好,造型操作方便,制成的砂型形状准确、轮廓清晰,起模也容易。可塑性与含水量、粘结剂的材质及数量有关。

(3) 透气性。透气性是指紧实后的型砂透过气体的能力,也是指紧实砂样的孔隙度。在高温金属液的作用下,砂型和砂芯会产生大量气体,金属液的冷却、凝固也将析出气体,若透气性不好,易在铸件内部形成气孔等缺陷。型(芯)砂的颗粒粗大、均匀,且为圆形,黏土含量少,型(芯)砂舂得不过紧,均可使透气性提高;含水量过多或过少均可使透气性降低。

(4) 耐火性。耐火性指型(芯)砂抵抗高温金属液作用下,不软化、不熔融的性能。型砂耐火性差时,铸件易产生粘砂等缺陷。

砂型铸造一般用耐火度高的硅砂、锆英砂等铸造砂配以型砂粘结剂及其他辅加材料混制成型砂,来做铸型的材料。某些特种铸造方法也有用耐火黏土、石墨或铸铁等作为铸型的材料。为了提高砂型的耐火性,通常还要在型砂表面涂刷一层涂料,铸铁件可涂刷石墨粉浆,铸钢件涂刷石英粉浆。

(5) 退让性。退让性是指铸件在冷凝时,型(芯)砂可被压缩的能力。退让性差,铸件收缩时受到阻力增大,易产生较大的内应力,甚至造成变形或开裂。型(芯)砂越紧实,退让性越差。在型(芯)砂中加入木屑等物可以提高退让性。

(6) 溃散性。型砂和芯砂在浇注后,具有容易溃散的性能。溃散性对清砂效率和劳动强度有显著影响。

此外,芯砂还要具有好的流动性、不粘膜性、保存性和耐用性以及低的吸湿性、发气性等。

4) 混砂机

目前,工厂一般采用混砂机配砂(图 1-10),先将新砂、旧砂、粘结剂和辅助材料等按配方加入混砂机,干混 2min~3min 后再加水湿混 5min~12min,性能符合要求后出砂。

型(芯)砂的性能可用型砂性能试验仪(如锤击式制样机、透气性测定仪、SQY 液压万能强度试验仪等)检测。单件小批量生产时,可用手捏法检验型砂性能,如图 1-11 所示。

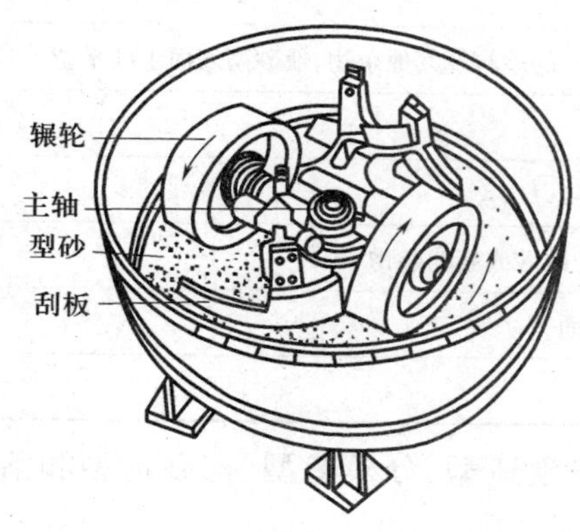

图 1-10 碾轮式混砂机

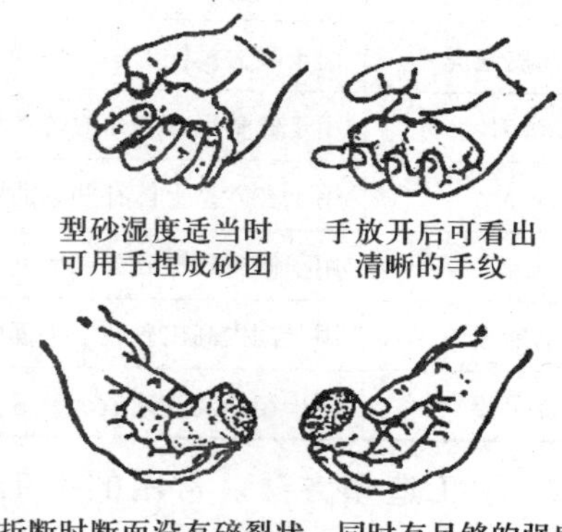

图 1-11 手捏法检验型砂

3. 造型

砂型铸造造型分为手工造型和机器造型两类。

1）手工造型

（1）常用工具。手工造型常用工具包括砂箱、地板、刮砂板、皮老虎等，其形状如图1－12所示，作用如表1－2所列。

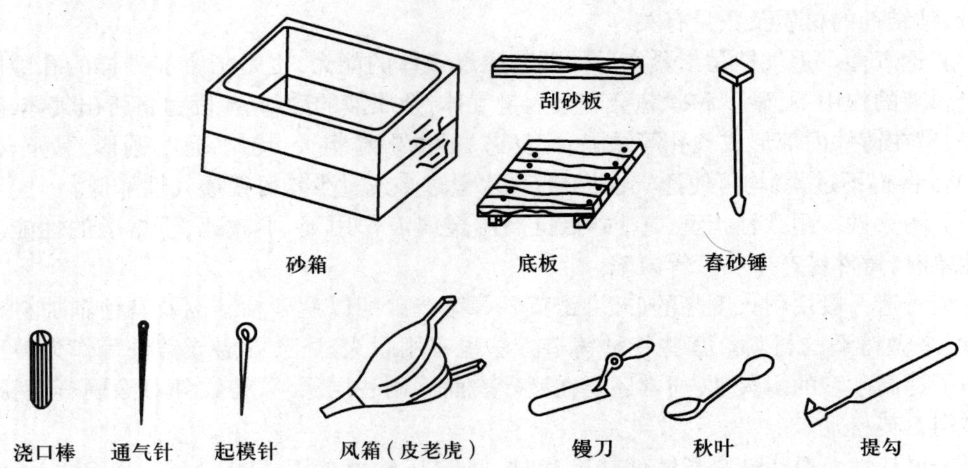

图1－12 常用造型工具

表1－2 手工造型工具作用

名称	作用
砂箱	造型时填充型砂的容器，分为上、中、下等砂箱
底板	多用木材制成，用于放置模样
舂砂锤	两端形状不同，尖圆头主要是用于舂实模样周围、靠近内壁砂箱处或狭窄部分的砂型，保证砂型内部紧实；平头板用于砂箱顶部砂的紧实
通气针	用于在砂型上适当位置扎通气孔，以排除型腔中的气体
起模针	用于从砂型中取出模样
风箱（皮老虎）	用于吹去模样上的分型砂和散落于砂型表面上的砂粒及其他杂物，使砂型表面干净平整
镘刀	用于修整型砂表面或者在型砂表面上挖沟槽
秋叶	用于在砂型上修补凹的曲面
提沟	用于修整砂型底部或侧面，也可勾出砂型中的散砂或其他杂物
刮砂板	用于刮去高出砂箱上平面的型砂和修平大平面
浇口棒	用于制作浇注通道

（2）手工造型方法。常用的手工造型方法有整模造型、分模造型、挖砂造型和活块造型等。

① 整模造型。整模造型的模样是一个整体，造型时模样全部在一个砂箱内，模样的最大截面在端面，而且是一个平面，作为造型分型面。

整模造型不会产生错箱等缺陷，模样制造、造型都比较简便，适用于生产各种批量和形状简单的铸件，如齿轮坯、轴承等。整模造型过程如图 1－13 所示。

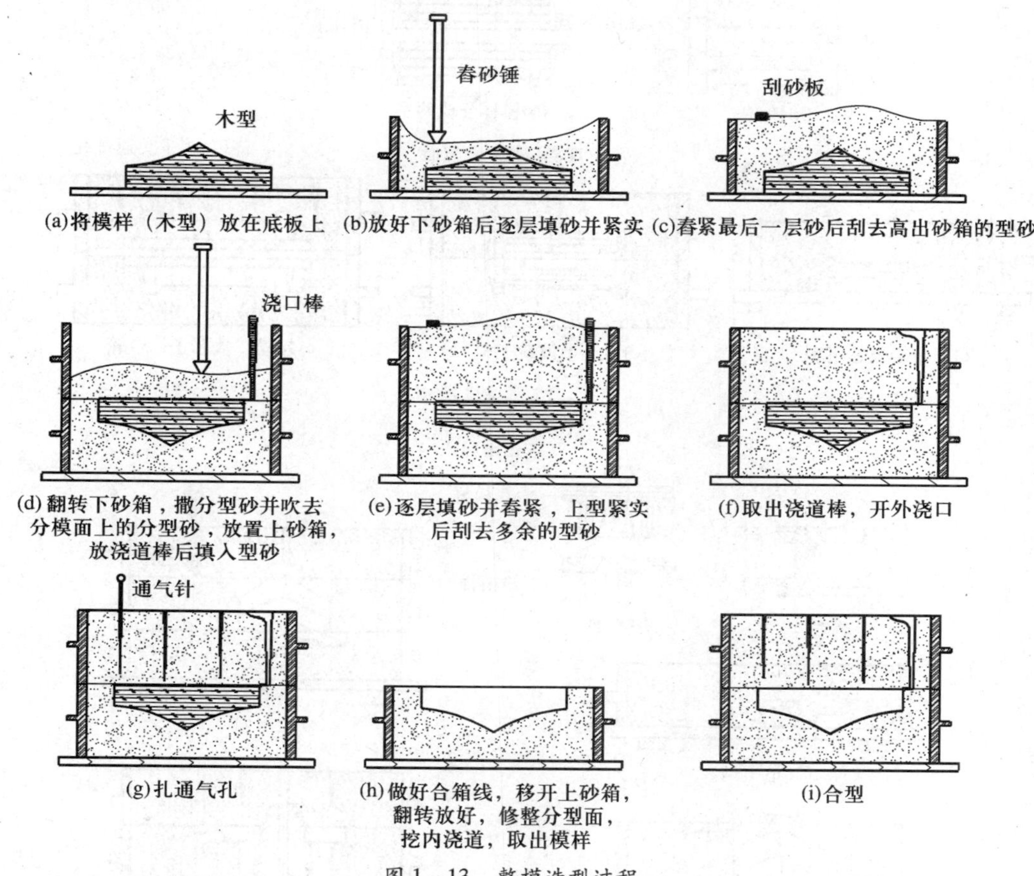

图 1－13　整模造型过程

② 分模造型。分模造型是将模样最大截面处作为分型面，在此分型面上把模样分成两个半模，并将两个半模分别放在上、下箱内进行造型。上下半模采用销钉进行定位，在铸型中形成不错位的型腔，其分型面可能是一个平面，也可能为曲面、阶梯面等。分模造型与整模造型过程基本相同，图 1－14 为异口径管铸件分模造型的主要过程。

分模造型时，因型腔分别处在上型和下型中，模样高度降低，起模、修型都比较方便；对于截面为圆形的模样而言，可不必再加拔模斜度，使铸件的形状和尺寸更精确；对于管子、套筒这类铸件，分模造型容易保证其壁厚均匀。因此分模造型广泛用于回转体铸件和最大截面不在端部的其他铸件，如水管、阀体、箱体、曲轴等。分模造型时，要特别注意使上型对准下型并紧固，以免产生错箱，影响铸件质量，增加清理工时。

受铸件的形状限制或为了满足一定的技术要求，不宜用两箱分模造型时，可选用多箱分模造型。图 1－15(a)所示槽轮铸件，中间的截面比两端小，用一个分型面造型不能满足其圆周方向上力学性能一致的要求，这时可以在铸件上选取 1、2 两个分型面，进行三箱造型。三箱造型要求中箱高度与模样的相应尺寸一致，造型过程较繁，生产率低，易产生错箱缺陷，只适用于单件小批量生产。在成批大量生产中，可采用带外芯的分模两箱造型（图 1－16）。如果槽轮较小，质量要求较高，也可用带外芯的整模两箱造型（图 1－17）。

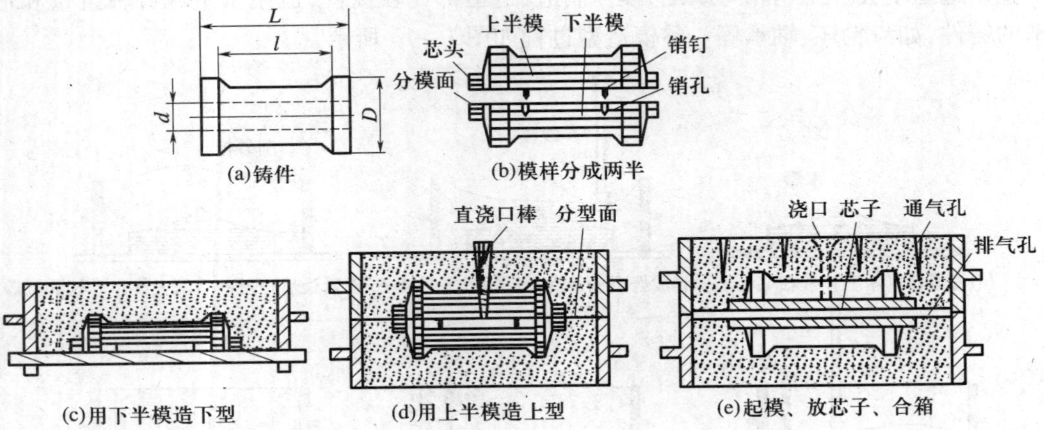

L
l
d
D
(a)铸件

上半模 下半模
芯头
销钉
分模面
销孔
(b)模样分成两半

直浇口棒 分型面
浇口 芯子 通气孔
排气孔

(c)用下半模造下型
(d)用上半模造上型
(e)起模、放芯子、合箱

图 1-14 分模造型

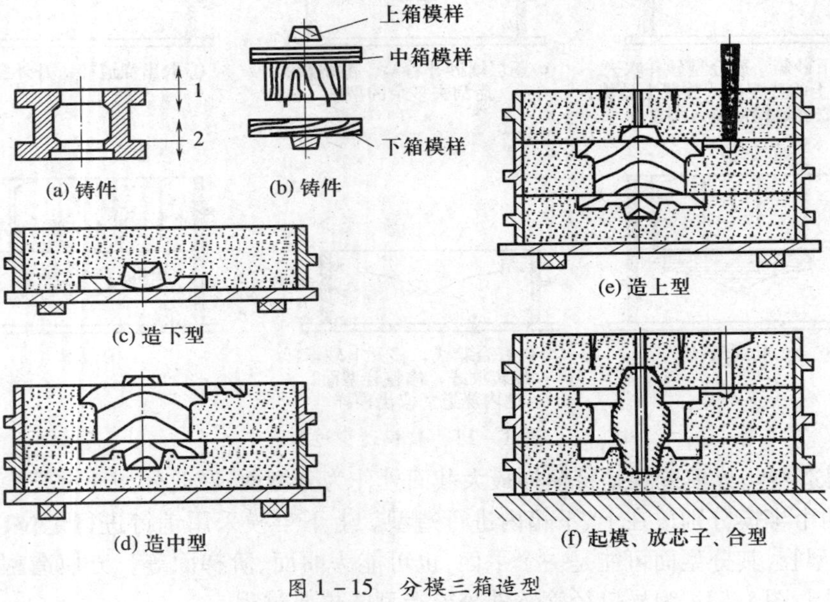

上箱模样
中箱模样
下箱模样
1
2
(a) 铸件
(b) 铸件
(c) 造下型
(d) 造中型
(e) 造上型
(f) 起模、放芯子、合型

图 1-15 分模三箱造型

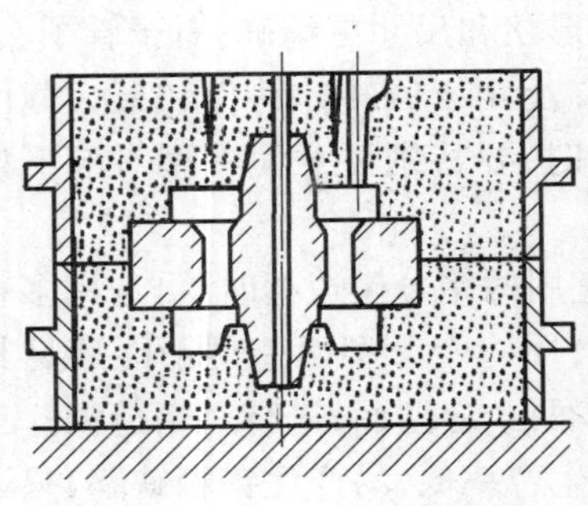

图 1-16 带外芯的分模两箱造型

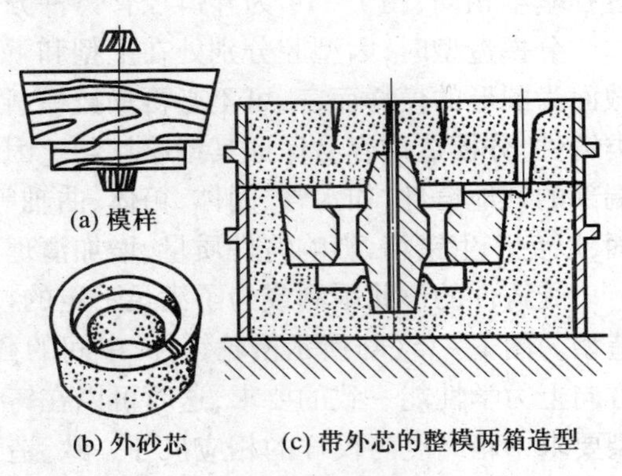

(a) 模样
(b) 外砂芯
(c) 带外芯的整模两箱造型

图 1-17 带外芯的整模两箱造型

③ 挖砂造型。铸件若按其结构形状来看,需要分模造型,但为了制造模样方便,或者将模样做成分开模后很容易损坏或变形,这时仍将模样做成整体。为了使模样能从砂型中取出来,可采用挖砂造型(图 1－18)。

挖砂造型一定要挖到模样的最大截面处。挖砂所形成的分型面应平整光滑,坡度不能太陡,以便于顺利开箱。

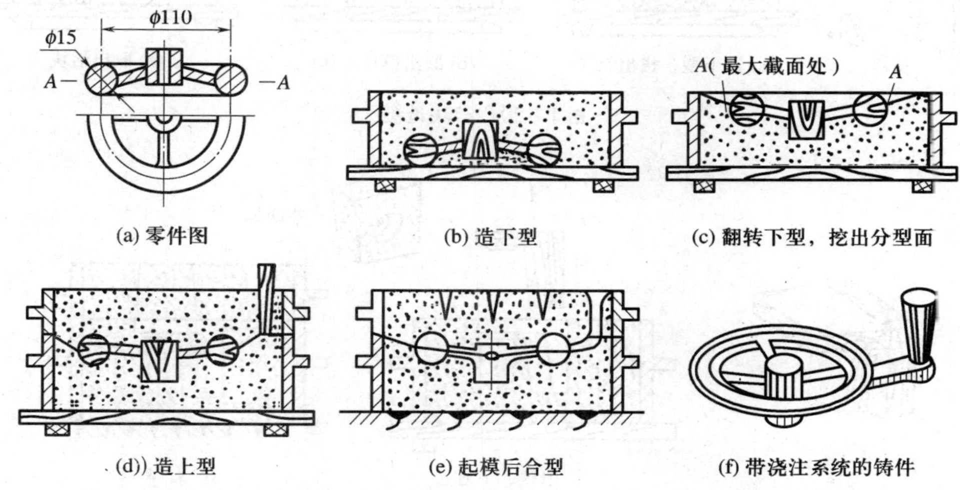

图 1－18　手轮的挖砂造型

挖砂造型要求工人的操作水平较高,且操作麻烦,生产率低,只适用于单件小批量生产。成批生产时,采用假箱造型。

假箱造型是在造型前先预做一个特制的成形底板(即假箱)来代替平面底板,并将模样放置在成形底板上造型,如图 1－19(a)所示。这样可省去挖砂操作,以提高生产率。成形底板也可用木材制成或用黏土含量较多的型砂舂制紧实而成,如图 1－19(b)所示。

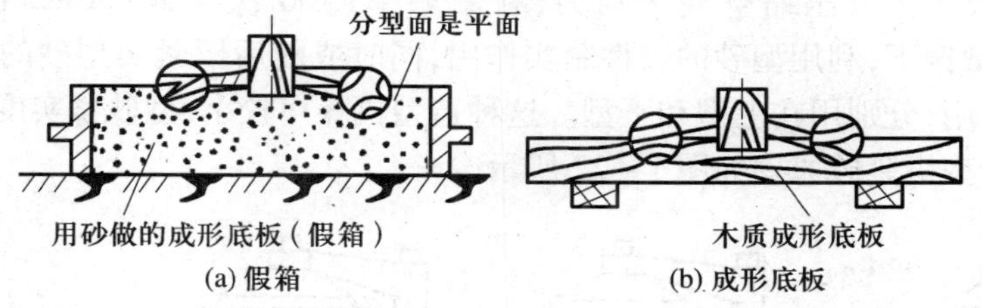

图 1－19　假箱造型

④ 活块造型。将整体模或芯盒侧面的伸出部分做成活块,活块用销子或燕尾榫与模样主体连接,起模时将活块与主体分开,先取出模样主体,再将活块取出,这种造型方法称为活块造型(图 1－20)。造型时应特别细心,舂砂时要防止舂坏活块或将其位置移动,起模时要用适当的方法从型腔侧壁取出活块。活块造型的特点是难度大,取出活块要花费工时,活块部分的砂型损坏后修补困难,生产率低,要求工人的操作水平高。活块造型只适用于单件小批量生产,成批生产时,可用外芯取代活块(图 1－21),以便于造型。

2）机器造型

机器造型是指造型时紧砂、翻箱、起模等操作用机器全部或部分完成的造型工序,是现代

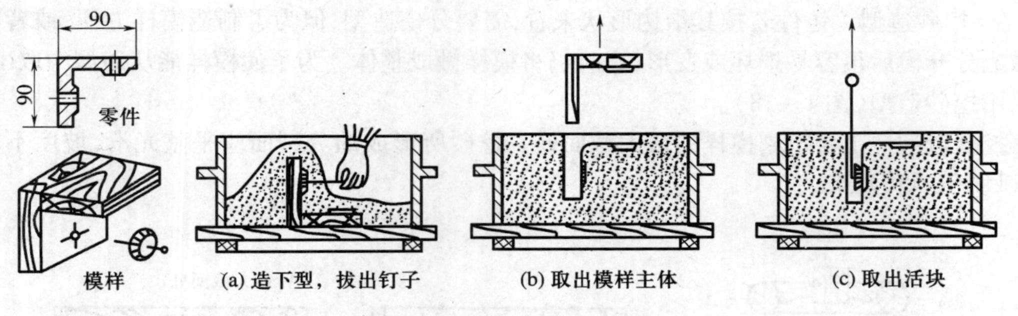

图 1－20　活块造型

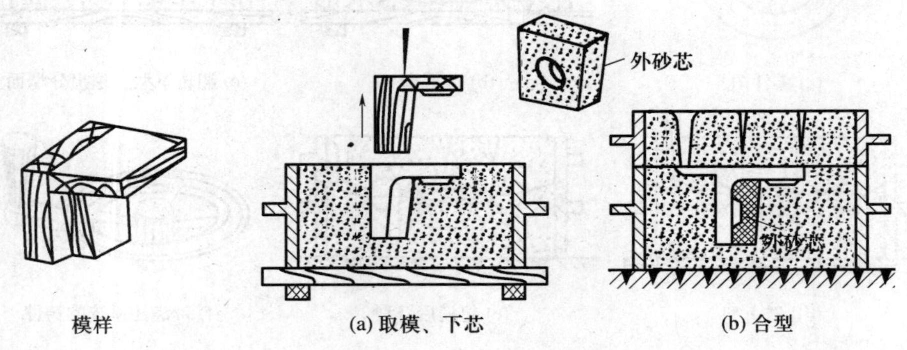

图 1－21　用外芯做出活块

化铸造车间里批量生产的主要造型方法。与手工造型相比，机器造型特点是可显著提高铸件质量和铸造生产率，改善工人的劳动条件，但所需设备和工装模具投资较大，生产准备周期较长，对产品变化的适应性比手工制造差，一般只适用于两箱造型。

机器造型紧实型砂的常用方法有振压造型、射砂造型、高压造型、抛砂造型等。

(1) 振压造型。以压缩空气为动力，在高频率(700 次/min ~ 1000 次/min)、低振幅(5mm ~ 10mm)微振下，利用型砂的惯性紧实作用，同时或随后压紧实型砂的方法。常采用两台造型机配对使用，分别用在上型和下型。这种造型机噪声较小，型砂紧实度均匀，生产率高。气动微振压实造型机紧砂原理如图 1－22 所示。

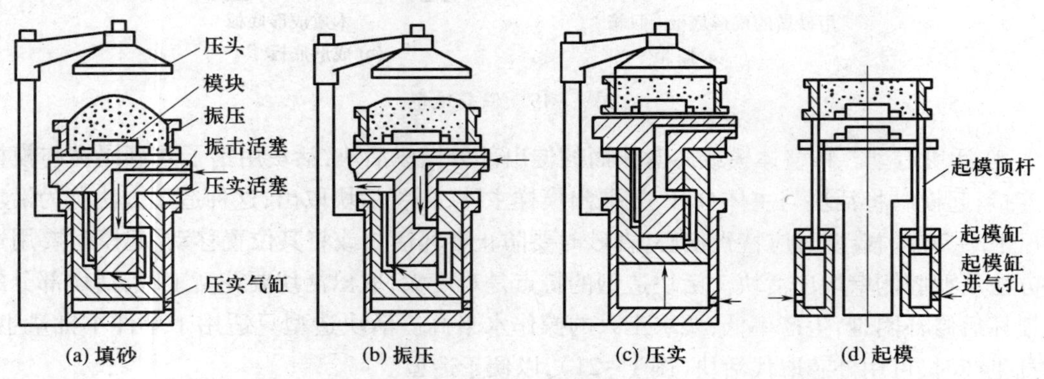

图 1－22　振压造型机工作过程

（2）射砂造型。射砂造型是利用压缩空气将型（芯）砂高速射入砂箱（芯盒）而进行紧实的方法。由于填砂和紧实同时进行，故生产率高。目前主要用于制芯。

（3）抛砂造型。抛砂造型是用离心力抛出型砂，使型砂在惯性力下完成填砂与紧实的方法。抛砂紧实生产率高，型砂紧实均匀，可用于大中型铸件的生产。砂箱尺寸大于800mm × 800mm。

此外，还有无箱射压造型、多触头高压式造型、薄壳压模式造型、负压造型、二氧化碳法造型、自硬砂造型、流态砂造型等。

4. 型芯制造

型芯主要用于铸件的内腔、孔等中空部分，也可用型芯代替活块，实现凸台、凸外壁的的造型。型芯用芯盒填充芯砂紧实制造，一般将这个过程称为造芯。芯子在浇注过程中受到液态金属的冲击，浇注后大部分被液态金属所包围。因此，对芯砂的性能有以下要求。

（1）良好的透气性。因型芯只有端部与砂模接触，其余则被金属熔液所包围，故必须有良好的透气性。

（2）良好的溃散性。在金属凝固的同时，型芯必须立刻溃散，如此才不会对金属产生抵抗作用，避免铸件产生热裂现象。

（3）高强度。型芯的尺寸及厚度可能很小，要能承受修整加工及金属熔液的冲刷等，所以要有较高的强度。

为了便于芯子中的气体排出，形状简单的芯子可用气孔针扎通气孔，如图1－23（a）所示。形状复杂的芯子可在芯子中埋蜡线或草绳，如图1－23（b）所示。尺寸较大的芯子，为了提高芯子的强度和便于吊装，常在芯子中放置芯骨和吊环，如图1－23（c）所示。

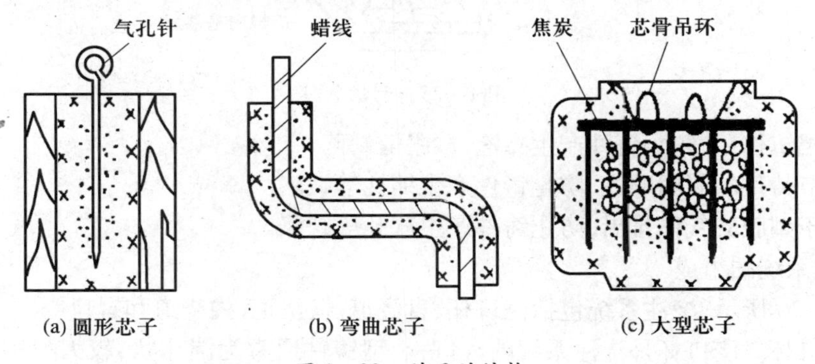

图1－23　芯子的结构

型芯制造方法有以下两种。

（1）芯盒制芯。芯盒制芯可分为整体式芯盒制芯、对开式芯盒制芯和可拆卸式芯盒制芯，如图1－24所示。

（2）刮板制芯。对形状简单的等截面型芯可以用刮板制芯方法，如图1－25所示。

5. 开设浇注系统

浇注系统的作用是引导金属液的流入，对铸件的质量影响较大，如果安置不当，可能产生浇不足、气孔、夹渣、砂眼、缩孔和裂纹等铸造缺陷。

1）浇注系统的作用

（1）调节金属液流速与流量，使其平稳流入以免冲坏铸型。

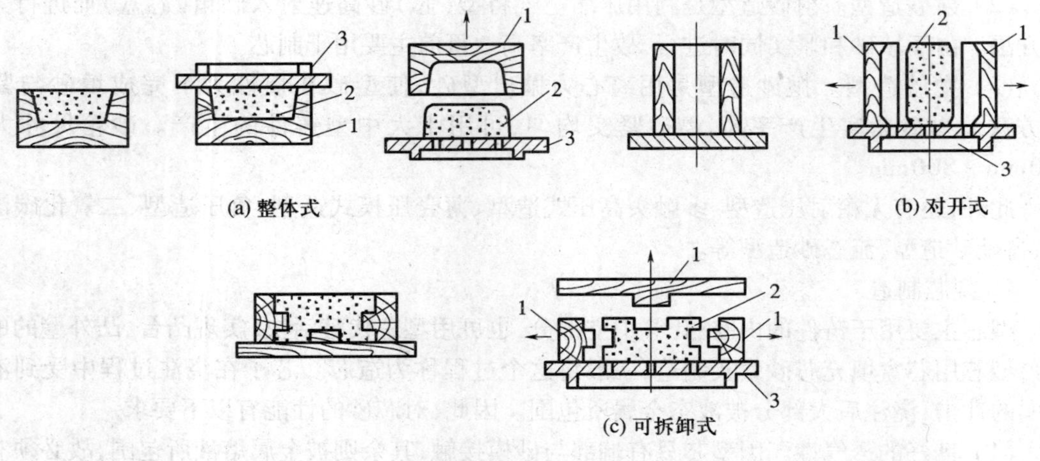

图 1-24 芯盒制芯

1—型盒；2—砂芯；3—烘干板。

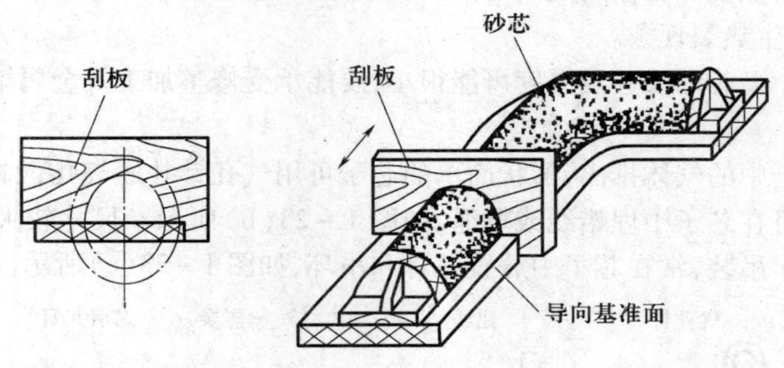

图 1-25 刮板制芯

(2) 起挡渣作用，防止铸件产生夹渣、砂眼等缺陷。

(3) 调节铸件的凝固顺序，防止铸件产生缩孔等缺陷。

(4) 利于型腔的气体排出，防止铸件产生气孔等缺陷。

2) 浇注系统的组成

如图 1-26 所示，浇注系统包括浇口杯、直浇道、横浇道、内浇道和冒口等。

(1) 浇口杯。浇口杯是浇注系统的入口，小型铸件通常为漏斗状，较大型铸件为盆状，其功能为容纳铸件所需的金属熔液量，并避免它溢流出去；引导熔液成流线型流动以减少涡流；阻隔浮渣以防止其进入型腔影响铸件质量。

(2) 直浇道。直浇道是连接浇口杯和横浇道的垂直通道，用来控制金属液的流速、减少涡流形成，改变直浇道的直径和高度可以改变金属液的流速从而改善液态金属的充型能力。

(3) 横浇道。横浇道一般开在砂型的分型面上，其主要作用是分配金属液进入内浇道并起挡渣作用。

(4) 内浇道。内浇道直接与型腔相连，其主要作用是分配金属液流入型腔的位置，控制流速和方向，调节铸件各部分冷速。内浇道一般开设在下型分型面上，并使金属液切向流入型腔，不能正对型腔或型芯，以免将其冲坏。

(5) 浇口。浇口是金属从流道进入铸型的入口。浇口横截面积一般比内浇道小，一方面可减小在铸件上留下的痕迹，另一方面金属流经此径缩部分可以提高流速，提高充型能力。

(6) 冒口。浇入铸型的金属液在冷凝过程中要产生体积收缩，在其最后凝固的部位会形成缩孔。冒口是浇注系统中储存金属液的“水库”，它能根据需要补充型腔中金属液的收缩，消除铸件上可能出现的缩孔，使其缩孔转移到冒口中去。有些冒口还有集渣和排气作用。冒口应设在铸件壁厚最高处或最后凝固的部位。

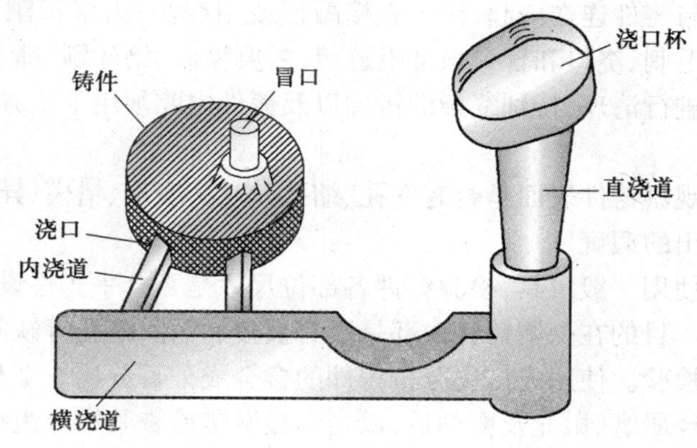

图 1-26 铸件的浇注系统

6. 合型

合型是将上型、下型、型芯、浇口杯等组合成一个完整铸型的操作过程，又称合箱。合型过程与气孔、砂眼、错箱、偏芯、飞边和跑火等铸造缺陷有密切关系。合型过程应包括以下几部分。

(1) 铸型的检验和装配。下芯前先清除型腔、浇注系统和砂型表面的浮沙，并检验其形状、尺寸及排气道是否合格，再检验型腔的主要形位尺寸，然后固定好型芯，并确保浇注时金属液不会钻入芯头而堵塞排气道，最后再准确平稳地合上上箱。

(2) 铸型的紧固。金属液充满型腔后，上箱将受到金属液向上的抬箱力，因此，装配好的铸型必须进行紧固，否则，金属液将从分型面的缝隙流出，产生“跑火”。单件小批量生产时，多使用压铁压住上箱，压铁重量一般是铸铁重量的 3 倍 ~5 倍，成批、大量生产时，也可采用卡子或螺栓紧固铸型。

7. 铸件的落砂与清理

1) 落砂

铸件凝固冷却到一定温度后，将其从砂型中取出，并从铸件内腔中清除芯砂和芯骨的过程称为落砂。有时为了充分利用设备和厂房，提高生产效率，希望尽早取出铸件。但若铸件取出过早，因其向未完全凝固而易导致烫伤事故，并且会使铸件产生裂纹、变形等缺陷，铸铁件还会因急冷产生白口而难以切削加工。铸件在砂箱内的冷却时间，应根据铸件的大小和冷却条件来确定。对于形状简单，质量小于 10kg 的铸件，一般在浇注后 1h 左右即可以落砂。

落砂方法有人工落砂和机械落砂两种。人工落砂是在浇注场地由人工用大锤、铁钩、钢钎等工具，敲击砂箱、捅落型砂，但不能直接敲打铸件本身，以免把铸件击坏。机械落砂是利用机械方法使铸件从砂型中分离出来，常用的落砂机有振动落砂机等。人工落砂生产率低、劳动强度大、劳动条件差，但不需特殊工具和设备，操作简便灵活，适用于单件小批量生产。机械落砂能够减轻劳动强度，提高生产率，保护铸件表面，缺点是生产成本高，噪声也比较大，适用于大批量生产。

2）清理

落砂后的铸件还应进一步清理，除去铸件的浇注系统、冒口、飞翅、毛刺和表面粘砂等，以提高铸件的表面质量。

浇注系统和冒口与铸件连在一起，铁锤直接敲掉或用锯割、火焰切割、砂轮切割等方式去除。表面粘砂、飞边、毛刺、浇口和冒口根部痕迹等，需要喷砂、钢丝刷、锤子、锉刀、手提式砂轮机等工具对铸件表面进行清理，特别复杂的铸件以及铸件内腔须用手工方式进行表面清理。

3）检验

(1) 外观检验。观察铸件表面是否有气孔、缩孔、裂纹、变形、错模、异常凸起、型芯位置变动或其它可以肉眼看出的瑕疵。

(2) 尺寸检验。使用一般量具，检验铸件各部位尺寸是否合乎铸件设计要求。

(3) 非破坏检验。目的在探测铸件内部是否有裂痕、气孔、缩孔等缺陷。

(4) 成分及金相检验。使用光谱仪分析铸件的合金成分百分比。金相检验则是将铸件剖开，取得所要的切片，经研磨、抛光及腐蚀后，以光学显微镜检查其结晶组织和成分分布等微观结构。

(5) 力学性能检验。检验项目包括硬度、抗拉强度、抗压强度、韧性和疲劳强度等。

8．铸造缺陷

铸造工艺比较复杂，容易产生各种缺陷，从而降低了铸件的质量和成品率。为了防止和减少缺陷，首先要确定缺陷的种类，分析其产生的原因，然后找出解决问题的最佳方案。常见的砂型铸造件缺陷有气孔、细孔、缩松、砂眼、渣孔、夹砂、粘砂、冷隔、浇不足、裂纹、错型、偏芯（表1-3），以及化学成分不合格、力学性能不合格、尺寸和形状不合格等。

表1-3　铸件常见缺陷的特征及其产生的主要原因

缺陷名称和特征	图　例	缺陷产生的主要原因
气孔：分布在铸件表面或内部的孔眼，内壁光滑，形状为圆形或梨形等		(1) 型砂水分过多 (2) 舂砂过紧或型砂透气性差 (3) 通气孔阻塞 (4) 金属液含气过多，浇注温度太低
砂眼：形状不规则的孔眼，孔内充塞砂粒，分布在铸件表面或内部		(1) 型腔内有散砂未吹净 (2) 砂型或型芯强度不够，被金属液冲坏 (3) 浇注系统不合理，金属液冲坏砂型或型芯
渣孔：一般位于铸件表面，孔形不规则，孔内充塞熔渣		(1) 浇注时，挡渣不良 (2) 浇注温度过低，熔渣不易上浮

（续）

缺陷名称和特征	图 例	缺陷产生的主要原因
缩孔：形状不规则、内表面粗糙不平的孔洞，多产生于厚壁处	缩孔	(1) 铸件结构设计不合理，壁厚不均匀 (2) 冒口位置不合理或太小 (3) 金属液温度太高或太低
裂纹：热裂纹，形状曲折，表面氧化时是蓝色 冷裂纹：细小平直，表面无氧化	裂纹	(1) 铸件壁厚相差太大 (2) 铸件或型芯退让差 (3) 浇注系统开设不当 (4) 铸件落砂过早或过猛
粘砂：铸件表面粗糙，粘附砂粒	粘砂	(1) 金属液浇注温度过高或型砂耐火性差 (2) 砂型(芯)表面未刷涂料或刷得不够 (3) 舂砂太松
冷隔：铸件上出现因未完全融合而形成的缝隙或坑洼，交接处是圆滑的		(1) 金属液浇注温度过低或流动性太差 (2) 浇注时，断流或浇注速度太慢 (3) 浇道位置开设不当或太小
浇不足：金属液未充满型腔而使铸件不完整		(1) 金属液浇注温度过低 (2) 金属液流速太慢或浇注中断 (3) 铸件壁厚太小 (4) 浇注时，金属液不够
错型：铸件在分型面上发生错位而引起变形		(1) 上、下箱没对准或合箱线不准确 (2) 上、下模样没对准
偏芯：型芯偏移，铸件内腔形状或孔的位置发生变化		(1) 芯座位置不准确 (2) 型芯变形或放偏 (3) 金属液冲偏型芯

1.4.2 特种铸造

1. 金属型铸造

金属型铸造是指将液态金属浇入金属铸型，以获得铸件的一种凝固成形方法。金属型铸造以铸铁或合金钢材料制作铸模，可重复使用几千次，故有永久型铸造之称。

1) 金属型结构

金属型的结构主要取决于铸件的形状、尺寸、合金的种类及生产批量等。按照分型面的方位，金属型结构可分为整体式、垂直分型式、水平分型式和复合分型式 4 种。其中，垂直分型式便于开设浇口和取出铸件，也易于实现机械化生产，所以应用最广。

由于金属型本身没有透气性，因此浇注时的排气主要依靠设置在所需的部位出气孔及分布在分型面上的许多通气槽，为便于浇注后将灼热的铸件从型腔中推出，多数金属型设有推杆机构。图1-27所示是铸造铝活塞金属型典型结构。

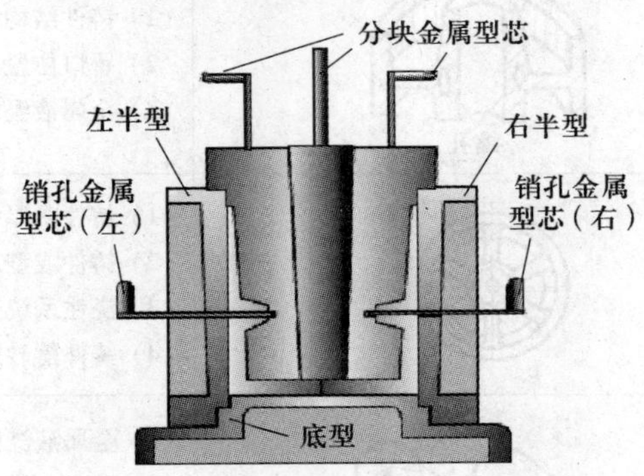

图1-27　铸造铝合金金属型典型结构

2）金属型铸造的优点

（1）实现了一型多腔，铸模可重复使用，简化了配砂、造型、落砂等许多工序，生产效率高，适合于机械化及自动化生产。

（2）模壁表面光滑，模穴不易变形，故铸件有较精良的尺寸及表面性质，铸件尺寸精度高，可达IT5~IT9，表面光洁，粗糙度达到$Ra6.3\mu m \sim 12.5\mu m$。

（3）铸件冷却速率较快，可得到细晶粒组织，且无偏析现象，故铸件的力学性能较砂型铸造高。

（4）节省生产场地，改善劳动条件，节省造型材料的消耗。

3）金属型铸造的缺点

（1）金属铸模制造及维护成本高，生产准备时间长，不适合少量生产。

（2）金属铸模导热快，重力铸造时熔融金属在未充满模穴之前容易凝固而失去流动性，故不适于生产太厚或太薄的铸件，否则会产生浇不足等缺陷。

目前金属型铸造主要用于铝、铜、镁等有色合金铸件的大批量生产，也少量用于一些铸铁件的生产，不适合于铸钢等高熔点合金。

2. 压力铸造

压力铸造是指在高压（30MPa~70MPa）下快速地将液态或半液态金属以较高的速度压入高精度的金属铸型中，并保持压力使液态金属在压力下结晶，以获得优质铸件的高效铸造方法。

1）压力铸造工作原理

压力铸造用的压铸机分热压室压铸机和冷压室压铸机两种，压铸工作原理如图1-28所示。热压室压铸机上的压室浸在液态金属中。压射活塞处于最高位置时金属流入压室，活塞下压，将压室内的金属经鹅颈道压入合紧的压铸型型腔中，并迅速凝固成形。冷压室压铸机的压室与保温炉是分开的。压铸时先将定量液态金属浇入压室，再经压射活塞压入铸型型腔，并凝固成形。热压室压铸机适用于压铸熔点低的铅合金和锌合金铸件，也可用来压铸镁合金铸件。冷压室压铸机适于压铸铝合金、铜合金或镁合金铸件。

压铸是在压铸机上完成的，它所用的铸型称为压型（压铸模）。压型与垂直分型的金属型

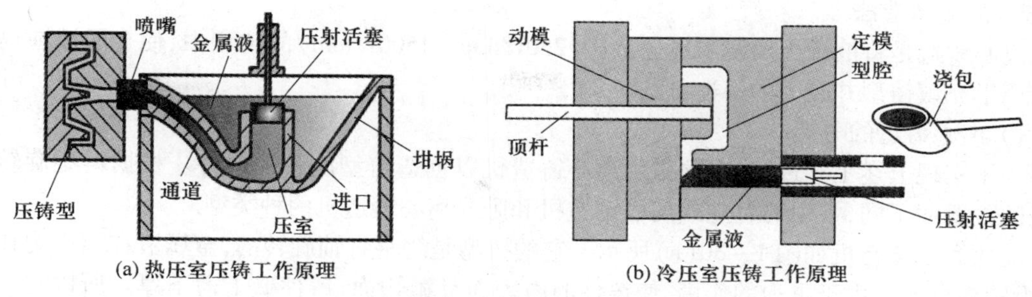

图 1-28　压铸工作原理

相似，其半个型是固定的，称为定型（静模）；另半个型可水平移动，称为动型（动模）。压型上还装有抽芯机构及顶出铸件的机构。

2）压铸机结构

压铸机主要是由压射机构和合型（合模）机构所组成，压射机构的作用是将液态金属压入型腔；合型机构用于开合压型，并在压射金属时顶住动型，以防金属液自分型面喷出。图 1-29 是卧式压铸机结构。

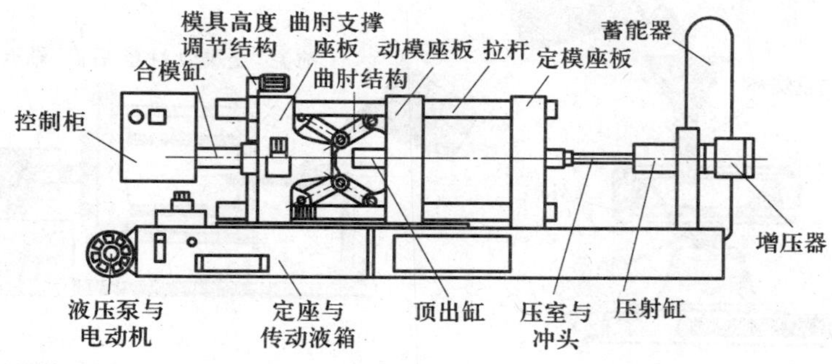

图 1-29　卧式冷压室压铸机结构

3）压铸法的优点

（1）铸件精度很高（IT6 ~ IT9），表面光洁（Ra0.4μm ~ 3.2μm），可不必再做后续加工即可直接使用。

（2）复杂形状或薄壁铸件均可适用，可铸出形状复杂的极薄件或带有小孔、螺纹的铸件。

（3）生产效率高，适用于大量生产，易于实现自动化。

（4）铸件晶粒细小，组织细密，抗拉强度和表面硬度等性质都比砂模铸件高很多。

（5）便于采用镶嵌法铸造，不仅可使一些复杂的零件经多次压铸而使压铸模及制造过程简化，而且适合于将不同材料镶嵌在一起，实现一件多材质，改善铸件某些部位的性能。

4）压铸法的缺点

（1）压铸设备投资大，压型的制造费用高、周期长，只有在大量生产的条件下经济上才合算。

（2）压铸合金的种类有局限性，高熔点合金的压铸室寿命很低，难以适应。

（3）由于凝固速度过快，壁厚处难以补缩，容易出现缩松缺陷。

（4）由于压铸的速度极高，型腔内的空气很难排除，致使铸件内部存有大量弥散分布的微细气泡，使压铸件无法进行热处理。

3. 离心铸造法

离心铸造是将液态金属浇入高速旋转(250r/min～1500r/min)的铸型中,使金属液在离心力作用下充填铸型并凝固的铸造方法。

1) 离心铸造的分类

为了实现上述工艺过程,必须采用离心铸造机以创造铸型旋转的条件。根据铸型旋转轴在空间位置的不同,常用的有立式离心铸造机和卧式离心铸造机两种类型。

立式离心铸造机如图 1-30(a)所示。它的铸型是绕垂直轴旋转的,金属液在离心力作用下,沿圆周分布。由于重力的作用,使铸件的内表面呈抛物面,铸件壁上薄下厚。所以它主要用来生产高度小于直径的圆环类铸件,如轴套、齿圈等,有时也可用来浇注异形铸件。

卧式离心铸造机如图 1-30(b)所示。它的铸型是绕水平轴转动,金属液通过浇注槽导入铸型。采用卧式离心压铸机铸造中空铸件时,无论在长度方向或圆周方向均可获得均匀的壁厚,且对铸件长度没有特别的限制,故常用它来生产长度大于直径的套类和管类铸件,如各种铸铁下水管、发动机缸套等。这种方法在生产中应用最多。

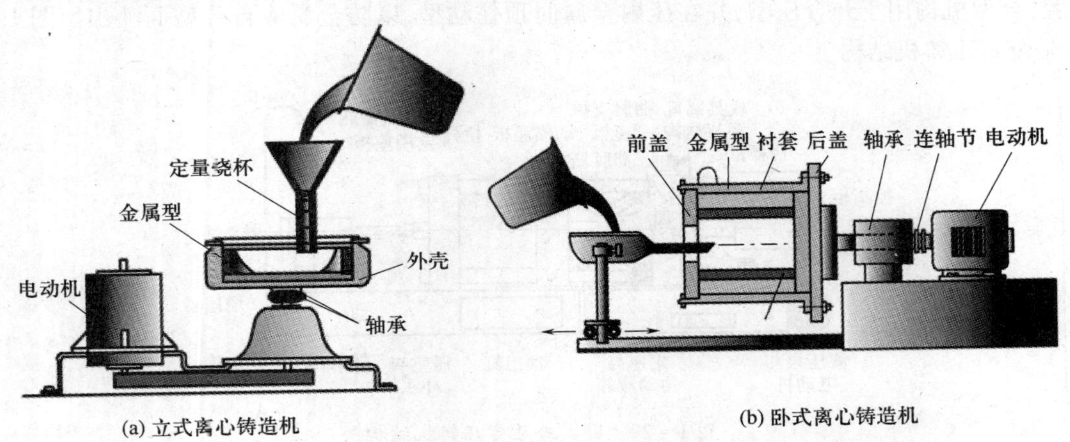

图 1-30 常见离心铸造的方法

2) 离心铸造的特点

由于离心铸造时,液体金属是在旋转情况下充填铸型并进行凝固的,因此离心铸造具有以下特点。

(1) 铸件力学性能好。铸件在离心力的作用下凝固,其组织致密,同时也改善了补缩条件,不易产生缩孔和缩松等缺陷。铸件中的非金属夹杂物和气体集中在内表面,便于去除。

(2) 不需型芯和浇注系统。由于金属液在离心力作用下充填铸型,故对于带孔的圆柱形铸件,不需采用型芯和浇注系统即可铸出,工艺简便并可节省金属材料的消耗。

(3) 金属液的充型能力好,也便于制造双层金属。离心力提高了金属液的充型能力,可适于流动性差的铸造合金或薄壁铸件。此外,利用这种方法还能制造出双层金属铸件,如轴瓦、钢套衬铜等。

(4) 内孔的表面质量差,尺寸不准确。

(5) 容易产生比重偏析。对于容易发生比重偏析的合金,如铅青铜等,不宜采用离心铸造,因为离心力将使铸件内、外层成分不均匀,性能不佳。

3）离心铸造的应用

离心铸造主要适应于生产中、小型管、筒类零件，如铸件管、铜套、内燃机缸套、钢套衬铜的双金属件等。

4. 消失模铸造法

消失模铸造技术是将与铸件尺寸形状相似的发泡塑料模型粘结组合成模型簇，刷涂耐火涂层并烘干后，埋在干石英砂中振动造型，在一定条件下浇注液体金属，使模型气化并占据模型位置，凝固冷却后形成所需铸件的方法。消失模铸造过程如图1-31所示。

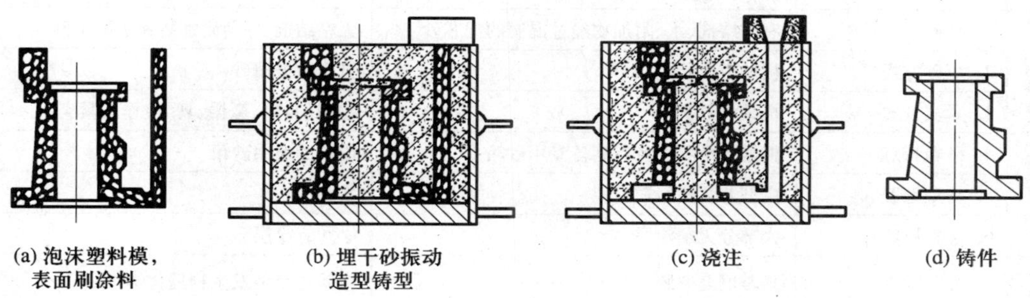

图1-31 消失模铸造过程示意图

1）消失模铸造工艺流程

图1-32为消失模铸造的工艺流程。可见，该流程的主要工步有：熔化工步；制模工步；模型组合及涂层烘干工步；造型浇注工步；落砂清理工步。表1-4所列是传统黏土砂型铸造与消失模铸造工艺特点比较。

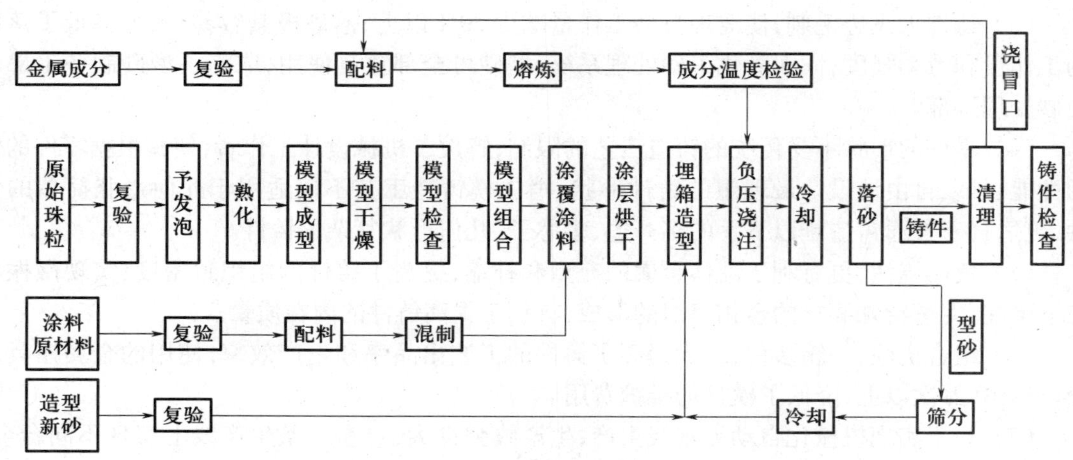

图1-32 消失模铸造的工艺流程

2）消失模铸造工艺的优点

（1）铸件尺寸形状精度、表面光洁度高，重复性好，具有精密铸造的特点，铸件可以取消拔模斜度。

（2）不合箱、不取模，大大简化了造型工艺，消除了因取模、合箱引起的铸造缺陷和废品；取消了砂芯和制芯工步，根除了由于制芯、下芯造成的铸造缺陷和废品；采用无粘结剂、无水分、无任何添加物的干砂造型，根除了由于水分、添加物和粘结剂引起的各种铸造缺陷和废品。

表 1-4　大量生产条件下传统黏土砂型铸造与消失模铸造工艺特点比较

项　目		传统砂型铸造	消失模铸造
模型工艺	1. 开边	必须分型开边,便于造型	无须开边
	2. 拔模斜度	必须有一定的拔模斜度	基本没有或很小的拔模斜度
	3. 组成	有外型芯合组成	单一模型
	4. 应用次数	一个模型多次使用	一型一次
	5. 材质	金属或木材	泡沫塑料
造型工艺	1. 型砂	有粘结剂、水、附加物经过混制的型芯砂	无粘结剂、任何附加物和水的干砂
	2. 填砂方式	机械力填砂	自重微振填砂
	3. 紧实方式	机械力紧实	物理(自重、微振、真空)作用紧实
	4. 砂箱特点	根据每个零件特点制备专用砂箱	简单的通用砂箱
	5. 铸型型腔	由型芯装配组成空腔	实型
	6. 涂料层	大部分无须涂层	必须有涂层
浇注工艺	1. 充型特点	只是填充空腔	金属与模型发生物理化学作用
	2. 影响充型速度的主要因素	浇注系统与浇注温度	主要受型内气体压力状态、浇注系统、浇注温度的影响
落砂清理	1. 落砂	需强力振动打击	翻箱或吊出铸件,铸件与砂自动分离
	2. 清理	需打磨飞边毛刺及内浇口	只需打磨内浇口,无飞边毛刺

(3) 铸件无飞边毛刺,使清理打磨工作量减少 50% 以上;落砂极其容易,大大降低了落砂的工作量和劳动强度;大大简化了砂处理系统,型砂可全部重复使用,取消了型砂制备工部和废砂处理工部。

(4) 零件的形状不受传统的铸造工艺的限制,解放了机械设计工作者,使其根据零件的使用性能,可以自由地设计最理想的铸件形状;消失模铸造工艺不仅适用于几何形状简单的铸件,更适合于普通铸造难以下手的多开边、多芯子、几何形状复杂的铸件。

(5) 负压浇注,更有利于液体金属的充型和补缩,提高了铸件的组织致密度;实现微振状态下浇注,促进特殊要求的金相组织的形成,有利于提高铸件的内在质量。

(6) 组合浇注,一箱多件,大大提高了铸件的工艺出品率和生产效率;使用的金属模具寿命可达 10 万次以上,降低了模具的维护费用。

(7) 易于实现机械化自动流水线生产,生产线弹性大,可在一条生产线上实现不同合金、不同形状、不同大小铸件的生产;减少了粉尘、烟尘和噪声污染,大大改善了铸造工人的劳动环境,降低了劳动强度,以男工为主的行业可以变成以女工为主的行业。

(8) 消失模铸造工艺应用广泛,不仅适用于铸钢、铸铁,更适用于铸铜、铸铝等。

3) 消失模铸造工艺的不足

(1) 模具的制造比较复杂,费工费时,成本较高,特别是一次投资较多。

(2) 一个泡沫模样只用一次就消耗掉,制造泡沫模样环节周期较长。

(3) 铝合金的冷隔、皱皮和灰铸铁、球墨铸铁中的碳缺陷,在设计浇注系统时必须特别注意才能避免。

(4) 低碳钢的增碳问题,需要从原材料选择和工艺加以注意才能得到控制。

(5) 碳钢铸件在生产中掌握工艺不当,会出现气孔。

4) 消失模应用实例

重型汽车变速箱壳体消失模铸造与树脂砂型铸造的对比如表 1-5 所列。

表 1-5　重型汽车变速箱壳体消失模铸造与树脂砂型铸造对比

项 目		消失模铸造	树脂砂铸造	比 较
尺寸精度		CT7	CT9	↑2 级
主要壁厚		(6.8 ±0.2) mm	6mm ~ 8mm	
质量		平均 65kg	平均 71kg	↓10%
重量精度		CT7	CT9	↑2 级
加工余量		2mm	3mm ~ 4mm	↓30% ~50%
废品率	内废	2%	30%	
	外废	0.7%	40%	
铸件成本		310 元/件	380 元/件	↓1000 元/t

第2章　锻　压

锻压是利用锻压机械的锤头、砧块、冲头或通过模具对坯料施加压力，使之产生塑性变形而改变尺寸、形状及性能，从而获得所需制件的成形加工方法。

锻压和冶金工业中的轧制、拉拔等都属于塑性加工，或称压力加工，但锻压主要用以生产金属制件，而轧制、拉拔等主要用以生产板材、带材、管材、型材和线材等通用性金属材料。

锻压按成形方式可分为锻造和冲压两大类；按变形温度可分为热锻压、冷锻压、温锻压和等温锻压等。

2.1　锻造工艺的特点及应用

锻造生产一般是指金属加热以后，在锻锤或压力机上进行锻压，通过塑性变形，获得所需形状和尺寸的锻件。

锻造主要用于生产各种重要的、承受重载荷的机器零件的毛坯，如机床的主轴和齿轮、内燃机的连杆、炮筒和枪管以及起重吊钩等。按锻件成形时所用的工具的种类分，锻造主要分为自由锻、模型锻造和胎膜锻造等。锻造通用的工艺过程为：下料→坯料加热→锻造成形→冷却→热处理→清理→检验。

2.1.1　坯料的加热

为了提高坯料的塑性，降低变形抗力，使坯料在较小的锻造力下易于流动成形，节省动力，在锻造时，应首先对坯料进行加热。

1. 加热温度

金属的加热在整个生产过程中是一个重要的环节，它直接影响着生产率、产品质量及金属的有效利用等方面。

材料锻造时允许的最高温度称为该材料的始锻温度。在锻造过程中，坯料温度不断下降，导致塑性越来越差，变形抗力越来越大，致使变形难以继续进行。材料允许进行锻造的最低温度称为该材料的终锻温度。如果在终锻温度下继续锻造，不但变形困难，而且容易造成坯料开裂甚至损坏模具和设备。

对金属加热的要求是：在坯料均匀热透的条件下，能以较短的时间获得加工所需的温度，同时保持金属的完整性，并使金属及燃料的消耗最少。其中重要内容之一是确定金属的锻造温度范围，即合理的始锻温度和终锻温度。始锻温度原则上要高，但如过高将会使钢产生氧化、脱碳、过热和过烧等加热缺陷。终锻温度原则上要低，但不能过低，否则金属将产生加工硬化，使其塑性显著降低，而强度明显上升，锻造时费力，对高碳钢和高碳合金工具钢而言甚至打裂。因此，始端温度应有上限，终端温度应有下限，从始锻温度到终锻温度之间的温度区称为锻造温度范围。表2－1是常见金属材料的始锻温度和终锻温度。

表 2－1 锻造温度范围

合金种类		温度/℃ 始锻	温度/℃ 终锻
碳钢	%C＜0.3%	1200～1250	700～800
	0.3%≤C%＜0.5%	1150～1200	800
	0.5%≤C%＜0.9%	1100～1150	800
	0.9%≤C%＜1.5%	1050～1150	800
合金结构钢		1150～1200	850
低合金工具钢		1100～1150	850
高速钢		1100～1150	900～950
9－4 铝青铜 10－4－4 铝青铜		850	600
硬铝		470	350

加热时，坯料的温度可用光学高温计、辐射高温计等仪器准确测定，但通常情况下，碳素钢的锻造温度可凭经验用目测法大致判定，碳素钢加热温度与火色关系如表 2－2 所列。

表 2－2 碳素钢加热温度与火色的关系

温度/℃	1300	1200	1100	900	800	700
火色	白色	亮黄	黄色	樱红	赤红	暗红

2. 加热缺陷

1）烧损与脱碳

钢坯表面因氧化生成氧化皮而造成材料的损失称为烧损。氧化皮硬度很高，锻造前需要清除，若被压入锻件表面，则使锻件表面粗糙，硬度不均匀，模锻时氧化皮还会加速模具的磨损。

高温时钢坯表层中的碳原子氧化生成 CO_2，致使表层含碳量下降，称为脱碳。脱碳层的硬度、强度和耐磨性均明显下降。为保证零件质量应在切削加工时将脱碳层全部切除。

防止烧损主要措施是加热时快速加热并控制送风，防止脱碳的主要措施是快速加热或加热前涂上保护材料。

2）过热与过烧

钢料的加热温度超过始锻温度或在高温下保温时间过长，则会引起晶粒粗大，这种现象称为过热。过热的坯料脆性增加，锻造时易产生裂纹，应当避免。生产中，常采用热处理（调质或退火）以及多次锻打的方法使粗大晶粒细化。

过烧是指金属加热温度过高，氧气渗入金属内部，使晶界氧化，形成脆性晶界，锻造时易破碎，使锻件报废。避免产生过烧的措施是严格掌握加热温度和保温时间，碳钢的始锻温度低于固相线 200℃左右。

3）内应力裂纹

大型锻件加热时，由于芯部和表面温差较大，如果加热速度过快，在内应力作用下会产生裂纹。为了防止内应力裂纹的产生，一般应采取预热的措施，并控制装炉温度和加热速度。

3. 加热设备

金属坯料的加热按热源不同可分为火焰加热和电加热两大类。表2-3所列是常用加热设备及其特点。

表2-3 常用加热设备

加热方法	设备名称	特 点	适 用 范 围
火焰加热	手锻炉	结构简单,操作容易,加热质量不高,生产率低	适用于各种形状的小型零件的单件或小批量加热,锻造实习或手工锻造中常使用,工业生产中应用不多
	反射炉	炉膛面积大,温度均匀一致,加热质量好,生产率高	适用于中小批量锻件的生产
	重油/煤气室内炉	加热迅速,加热质量一般	适用于加热大型单件坯料或批量中小型锻件
电加热	电阻炉	操作简单,炉温和炉内气氛容易控制,加热温度范围广,工件氧化少,但电能消耗大	主要用于对温度要求严格的耐热合金、有色金属及其精密锻造时坯料的加热
	电感加热装置	加热设备复杂,但加热速度快,加热质量好,温度控制准确,便于实现机械化、自动化生产	适用于加热批量大、质量要求高的特定形状坯料
	接触加热装置	结构简单,加热速度快,热效率高,耗电少,加热温度受限制	适用于棒料或局部加热

1) 手锻炉

将金属坯料置于以烟煤或焦炭为燃料的火焰中加热的炉子,称为手锻炉,又称明火炉。手锻炉由炉膛、炉箅、灰坑、鼓风机、风管、风门、排烟筒等组成,如图2-1所示。燃料放在炉箅上,燃烧所需的空气由鼓风机进风管从炉箅下方进入燃料层,燃烧后灰料从炉箅漏到灰坑,其操作时应注意以下几点:

(1) 点燃手锻炉时应先关闭风门,然后合上电闸,开动鼓风机,待炉膛中预先加入碎木或废油棉纱点燃后,逐渐打开风门,并向火苗周围加干煤,干煤燃烧后再加大风量并添加烟煤。

烟煤烧旺后即可将坯料埋入煤中加热,坯料在炉膛内不宜埋得过深,应放在温度最高处而且便于取出的煤层内。若加热的坯料较小,需将炉膛下层的煤压紧,以免坯料掉到煤层下面或灰洞里。

(2) 为了保证加热质量,鼓风量要适中,使火焰光亮而微发黑烟,隔一定时间要翻转工件,使其各部分受热均匀,防止坯料过热、过烧甚至烧化。

(3) 操作者双眼不要一直盯着高温火焰,以免光热刺伤眼睛。

(4) 及时加燃料和清理灰渣,以保持火力旺盛,缩短加热时间和减少金属氧化烧损。

(5) 取出坯料时要先关闭风门,以防火焰喷射和煤灰飞扬,烫伤皮肤或眼睛。

2) 电阻加热炉

利用电流通过特种材料制成的电阻体(如电阻丝、硅碳棒等)产生热量,再以辐射和对流传热方式将金属加热的炉子称为电阻炉。电阻炉分为中温电炉(加热元件为电阻丝,最高使用温度为 1000℃）、高温电炉（加热元件为硅碳棒，最高使用温度为 1600℃）两种，图 2－2 为箱式电阻炉结构，其特点与应用如表 2－3 所列。

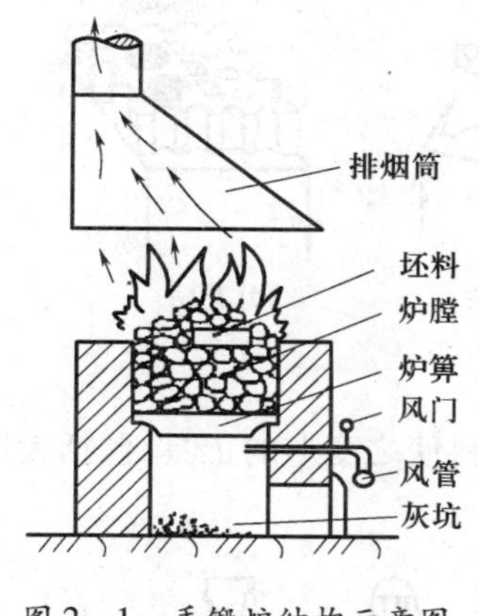

图 2－1 手锻炉结构示意图

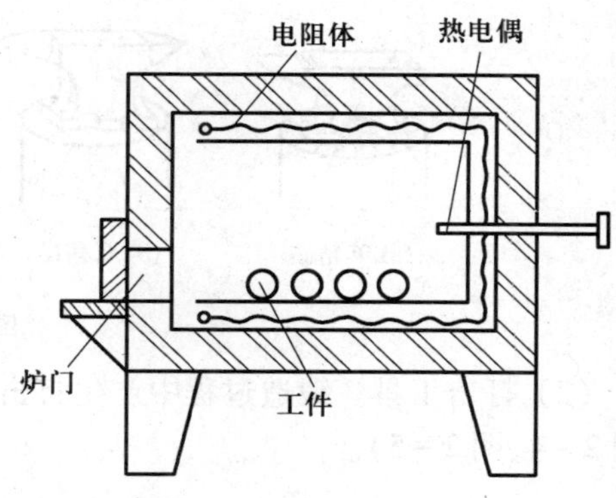

图 2－2 电阻加热炉结构示意图

3）反射炉

燃料在燃烧室中燃烧，高温炉气（火焰）通过炉顶反射到加热室中加热坯料的炉子称为反射炉。反射炉以烟煤为燃料，燃烧所需空气经过换热器预热后送入燃烧室，高温炉气越过火墙进入加热室加热工件，其特点与应用如表 2－3 所列。

4）室内炉

以重油或煤气为燃料，炉膛三面是墙体，一面有门的火焰加热炉称为室内炉。室内炉用喷嘴将雾状重油或煤气喷入炉内进行燃烧而获得热量。与反射炉相比，室内炉的炉体结构简单、紧凑，热效率高，其特点与应用如表 2－3 所列。

5）电感加热装置

利用交流电通过感应线圈产生交变磁场，使置于线圈中的坯料在磁场作用下因感应而产生交变电动势，使金属内部产生涡流热损失和磁滞损失而升温加热的装置，其特点与应用如表 2－3 所列。

6）接触加热装置

使变压器产生的低电压大电流直接通入金属坯料，由于金属存在一定的电阻，电流通过时就会产生热量而使之加热的装置，其特点与应用如表 2－3 所列。

2.1.2 自由锻

在自由锻设备及通用工具如砧板、型砧、锤头上，利用冲击力或压力作用使加热的坯料产生塑性变形，从而获得所需几何形状及内部质量锻件的压力加工方法，称为自由锻造，简称自由锻。自由锻造分为手工锻造（简称手锻）和机器自由锻（简称机锻）。自由锻的特点是锻件的形状和尺寸主要由工人操作来控制，生产率较低，锻件加工余量较大，一般只适用于单件或小批量生产，尤其适用于大型锻件的单件锻造。

1. 自由锻工具与设备

1）手锻工具

手锻的工具较多，按用途可分为以下几类。

（1）支持工具。锻造过程中用来支持坯料承受打击及安放其他用具的工具，如铁砧（图2－3），由铸铁或铸钢制成。

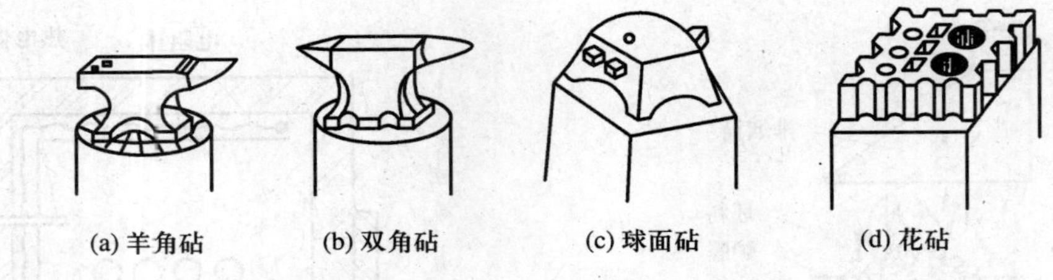

图2－3　铁砧

（2）打击工具。锻造过程中产生打击力并作用于坯料使之变形的工具，包括大锤、手锤等（图2－4、图2－5）。

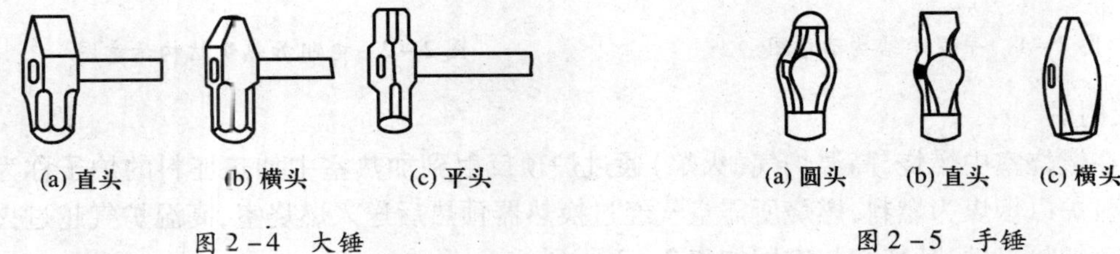

图2－4　大锤　　图2－5　手锤

（3）成形工具。锻造过程中直接与坯料接触并使之变形而达到所要求形状的工具，如冲子、摔锤、平锤等，如图2－6所示。冲子用于冲孔，一般做成锥形（图2－6（a）），有圆冲子、方冲子、异形冲子，可冲出各种端面形状孔。摔锤用于摔圆和修光锻件的外圆面，分为上下两个部分，如图2－6（b）所示。下摔锤带有方形尾部，用以插入砧面上的方孔内固定之，上摔锤装有木柄，供握持用。平锤主要用于修整锻件的平面。

（4）辅助工具。用来支持、翻转和移动坯料的工具，如手链由钳口和钳把两部分组成，钳口的形状根据被夹持的工件形状而定，要求两者形状吻合，夹持牢靠。常用的手钳如图2－7所示。

在手工锻造时，掌钳工左手握手钳，用于支持、移动和翻转工件；右手握手锤，用于指挥打锤工捶打的落点和轻重。打锤工要听从掌钳工的指挥，互相配合，实现精准锻造。

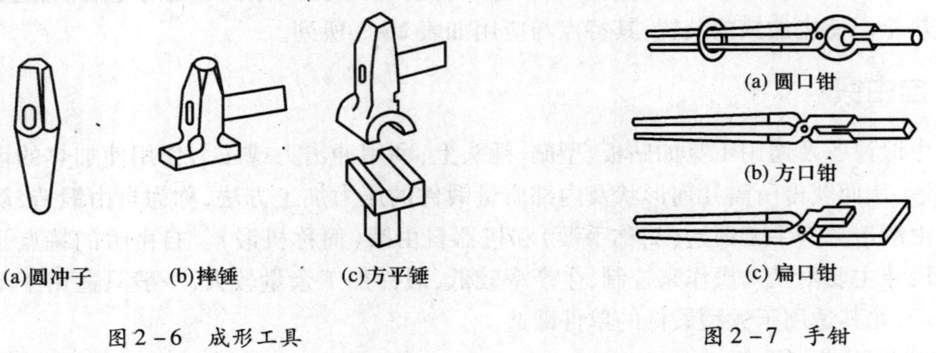

图2－6　成形工具　　图2－7　手钳

2）机锻设备

常用的机器自由锻设备有空气锤、蒸气－空气锤和水压机3种。

空气锤是利用电动机驱动并由空气带动锤头工作的锻造设备，由锤身、压缩缸、工作缸、传动结构、操纵结构、落下部分及砧座等几部分组成，其外形及结构如图2－8所示。

空气锤工作原理如图2－9所示，锤身和压缩缸及工作缸铸成一体。传动机构包括减速装置、曲柄和连杆等，其作用是把电动机的旋转运动经减速后传给曲柄，曲柄再通过连杆驱动压缩活塞作上下往复运动。操纵机构包括踏杆（或手柄）、旋阀及其他连接杠杆，其作用是使落下部分上下运动实现各种打击动作。落下部分包括工作活塞、锤杆和上抵铁等。坯料置于上下砧座之间，承受落下部分的打击，实现锻压成形。

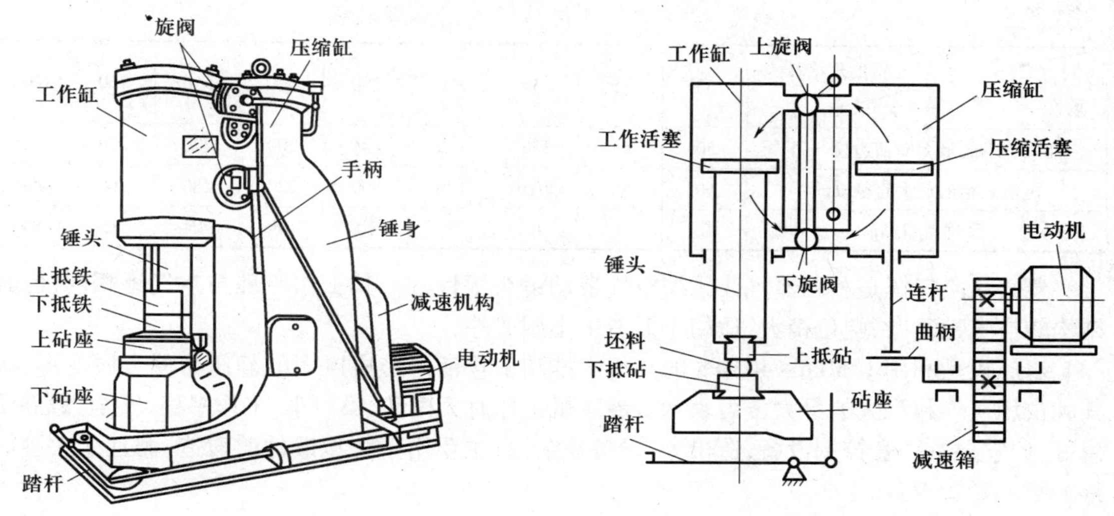

图2－8　空气锤结构示意图　　　　图2－9　空气锤工作原理图

通过操纵操作手柄或脚踏杆，改变上下旋阀的位置，控制压缩空气的流路，可使锤头进行以下5种动作（以C41－150空气锤为例）。

（1）空转：当操作手柄由垂直位置顺时针旋转，使指针指示空转位置时，压缩缸和工作缸的上下部分都与大气相通，活塞往复运动时不产生压缩气体，此时，电动机及减速机构空转，锻锤不工作，锤的落下部分靠其自重停在下砧上。

（2）提锤：当操作手柄在垂直位置时，工作缸上部和压缩缸上部都经上旋阀与大气相通，压缩空气只能经下旋阀进入工作缸的下部，下旋阀有一个止回阀，可防止压缩空气倒流，这样就可使落下部分提升并保持在上悬的位置，以便锻造前后取放坯料和工具。

（3）按压：当操作手柄由垂直位置顺时针旋转，使指针指示按压位置时，压缩缸的上部和工作缸的下部与大气相通，压缩空气由压缩缸下部经止回阀及中间通道进入工作缸的上部，使落下部分向下压紧锻件。此时可进行弯曲和扭转等操作。

（4）连续打击：当操作手柄由垂直位置逆时针旋转，指针指示连续打击位置时，压缩缸和工作缸都不与空气相通，压缩缸不断将空气压入工作缸的上、下部分，推动落下部分上、下往复运动（此时止回阀不起作用），进行连续锻打。打击能量的大小可由旋转手柄的角度来控制。

（5）单次打击：单次打击是连续打击的一种变换，将踏杆踩下后立即抬起或将操作手柄由空转位置迅速旋转到连续打击的角度后，立即旋回提锤位置，便得到单次打击。单次打击能量较小，由操作手柄旋转角度的大小控制。

电动机通过减速装置带动曲柄连杆机构运动，使压缩缸中的压缩活塞作上下往复运动，产生压缩空气。当用手柄或踏杆操纵上、下旋阀使其处于不同位置时，可使压缩空气进入工作缸中的上部或下部，推动落下部分下降或上升，完成各种连续打击、单次打击、下压、上旋及空转等各种动作。锤头行程、锤击力的大小可通过旋阀的转角大小来调节。

空气锤操作方便，但能力不大，适合于锻造小型锻件。空气锤的大小用落下部分的质量表示，一般为65kg～1000kg，打击力约为落下部分重量的800倍～1000倍。具体规格按锻件的重量和尺寸合理选用，如表2－4所列。

表2－4　空气锤规格及选用参考数据

锻件 \ 锤的规格/kg	65	75	150	200	250	400	560	750	1000
能锻方钢的最大端面边长/mm	50	65	130	150	175	200	270	270	280
能锻圆钢的最大直径/mm	60	85	145	170	200	220	280	300	400
锻件重量/kg	2	4	6	8	10	26	45	62	84

蒸气－空气锤是利用蒸气或压缩空气带动锤头工作的。其工作原理与空气锤相同，但其结构较空气锤复杂，吨位稍大，适用于锻造中小型锻件。

水压机是利用15MPa～40MPa的高压水推动工作活塞形成巨大的静压力使金属变形，故其吨位用对坯料产生的最大压力表示。液压机工作时无振动，噪声小，工作平稳、安全，锻件质量好，但它要有一套控制设备，造价大，设备复杂，故主要用于大型锻件的锻造，而且是大型锻件的唯一锻造设备。

2. 自由锻工序及操作要点

各种类型的锻件都要采用不同的锻造工序来完成。自由锻工序一般可分为基本工序、辅助工序和精整工序三大类。

1）基本工序

它是使金属产生一定程度的塑性变形，以达到所需形状及尺寸的工序，主要有以下几类。

(1) 镦粗。镦粗是使坯料的高度减小、横截面积增大的工序，有完全镦粗（平砧镦粗）、垫环镦粗和局部镦粗3种。镦粗是自由锻生产中最常用的工序，适用于制造圆盘类零件的毛坯，如齿轮、圆盘、叶轮等。

① 完全镦粗。把坯料均匀地加热到始锻温度后，直立在砧面上加压，使坯料产生塑性变形的加工方法（图2－10(a)）。

② 垫环镦粗。锻件的凸肩直径和高度比较小，采用的坯料直径要大于环孔直径，因而垫环镦粗实际上属于用镦粗时的压力把坯料挤入垫环孔中，如操作不当容易产生偏心缺陷（图2－10(b)）。

③ 局部镦粗。变形局限于端部或中间部的镦粗方法。通常可在垫环上或胎模内进行镦粗。这种方法可锻造凸肩直径和高度较大的饼块锻件，也可锻造端部带有较大法兰盘的轴、杆锻件（图2－10(c)）。坯料尺寸最好按轴、杆部直径选取。局部镦粗中的端部镦粗时，不宜把坯料全部加热，如果局部加热的长度很难控制时，对于一般低碳钢的中小型锻件，可用浸水法来控制局部加热的长度，即坯料加热后把不需要镦粗的部分浸在水中冷却后再镦粗。局部镦粗有时也在室温下进行，这种局部镦粗称为冷镦。

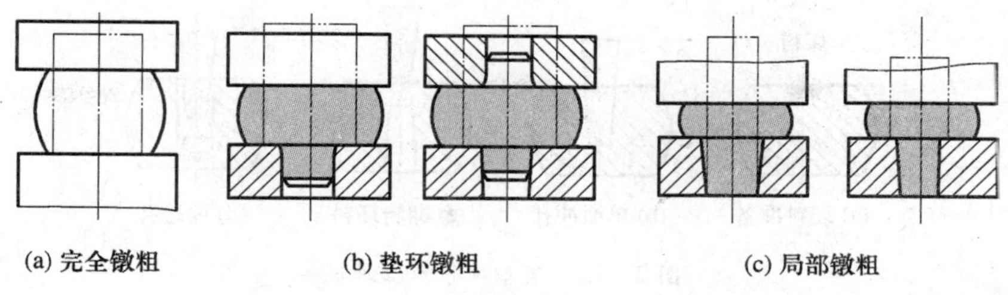

图 2－10 镦粗

镦粗的操作按下列原则进行：①镦粗温度采用材料允许的最高始锻温度，加热要求均匀；②为防止镦粗时坯料弯曲，坯料镦粗部分的高径比（H/D）不应大于3，最好控制在2.0～2.5之间；③坯料两端必须平整，垂直于轴线；④坯料表面不得有凹坑、裂纹等缺陷；⑤镦粗过程中必须不断地绕轴心线转动坯料，以防镦歪。

（2）拔长。拔长是使坯料横截面积减小、长度增加的工序。锻造轴类、杆类工件时常用这种工序。拔长除了用于锻件成形外，还常用来改善锻件内部质量。拔长常与镦粗交替进行，以获得更大的锻造比。

拔长过程中应作 90°翻转，较重锻件常采用锻打完一面再翻转 90°锻打另一面的方法，较轻锻件则采用来回翻转 90°的锻打方法，如图 2－11 所示。

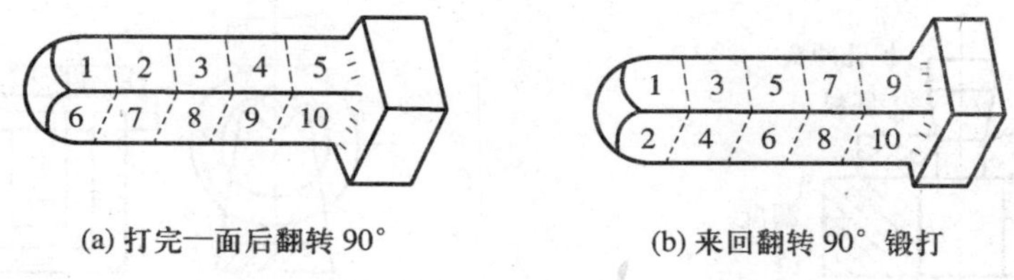

图 2－11 拔长时坯料的翻转方法

在圆形截面坯料拔长时，应先把坯料锻成方形截面，在拔长到边长接近锻件直径时，锻成八角形截面，最后倒棱滚打成圆形截面，这样拔长效率高，且能避免引起中心裂纹。

拔长操作的原则是：坯料每次送进量和单位压下量应适当控制，每次的送进量 L 应为砧宽 B 的 0.3 倍～0.7 倍，若 L 太大，则金属横向流动多，纵向流动少，拔长效率反而下降；若 L 太小，又易产生夹层；拔长扁方断面的坯料，应控制宽高比不超过 2.5～3；大直径圆坯料拔长到小直径圆锻件时，应先成正方形，到一定程度后再倒棱滚圆；台阶或凹槽锻件，需在坯料上进行局部拔长。

（3）冲孔。冲孔是用冲头在坯料上冲出通孔或不通孔的锻造工序。锻造齿轮坯、圆环和套筒等工件时，在镦粗后需进行冲孔。常用的冲孔方法有 3 种：实心冲头单面冲孔（适用于在薄坯料上冲孔）、实心冲头双面冲孔（适用于在厚坯料上冲孔）和空心冲头冲孔（适用于在水压机上冲大型锻件上直径大于 400mm 的孔）。

实心冲子双面冲孔如图 2－12 所示，在镦粗平整的坯料表面上先预冲一凹坑，放少许煤粉，再继续冲至约 3/4 深度时，借助于煤粉燃烧的膨胀气体取出冲子，翻转坯料，从反面将孔冲透。

（4）扩孔。扩孔是减小空心坯料的壁厚而增大其内、外径的锻造工序。锻造各种圆环锻件时需要扩孔工序，常用的扩孔方法有冲头扩孔和芯棒扩孔两种。

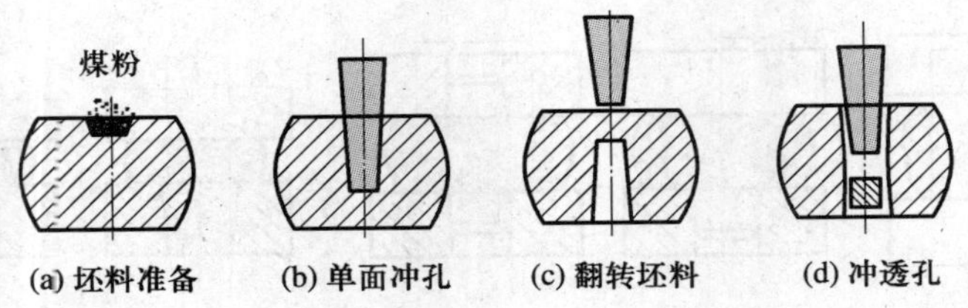

图 2-12 实心冲子双面冲孔

① 冲头扩孔用于扩孔量不大的场合。先将坯料冲出较小的孔,然后用直径较大的冲子,逐步将孔径扩大到要求的尺寸,如图 2-13 所示。扩孔时,坯料壁厚减薄,内外径扩大,高度略有减小,每次孔径增大量不宜太大,否则容易沿切向胀裂。若锻件孔径要求较大,必须更换不同直径的冲子,多次冲孔。

② 芯棒扩孔用于锻造扩孔量大的薄壁环形锻件,其实质是将坯料沿圆周方向拔长。将芯棒穿入预先冲好孔的坯料中,安放在支架上,芯棒就相当于下砧块,锤击时芯棒不断地绕轴心线转动带动坯料旋转,使坯料周而复始地受到打击,直至扩孔到要求尺寸为止,如图 2-14 所示。芯棒扩孔时,壁厚减小,内外径尺寸增大,高度稍有增加,坯料的高度应比锻件高度稍小些。

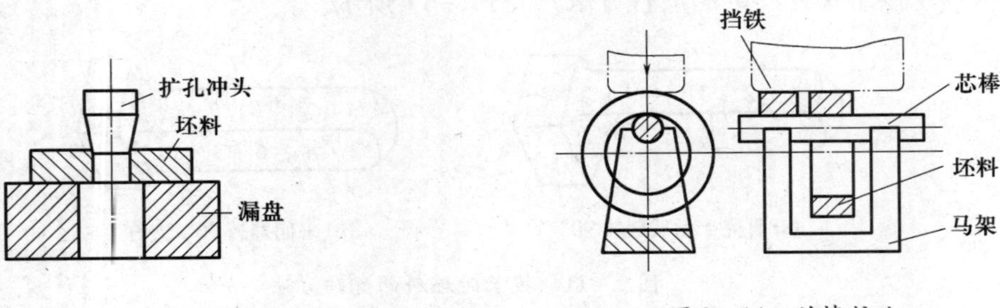

图 2-13 冲头扩孔　　图 2-14 芯棒扩孔

(5) 弯曲。弯由是使坯料弯成曲线或一定角度的锻造工序,锻造吊钩、地脚螺栓、角尺和 U 形弯板等锻件时需用这种工序,其弯曲方式如图 2-15 所示。

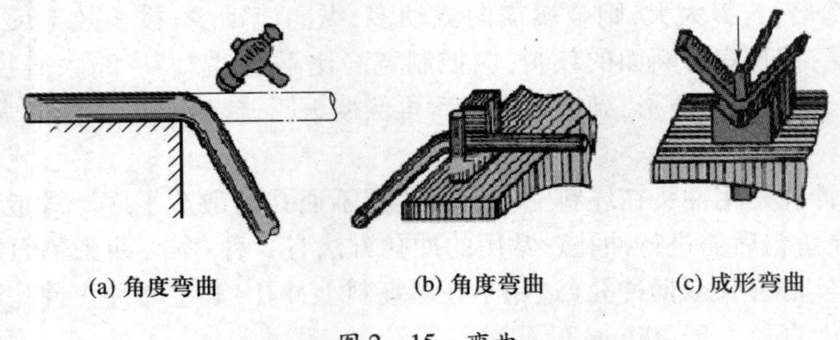

图 2-15 弯曲

(6) 错移。错移是使坯料的一部分相对另一部分平移错开的工序,它是生产曲拐或曲轴类锻件所必须的工序(图 2-16)。

(7) 扭转。扭转是使坯料的一部分相对另一部分绕其共同的轴线旋转一定角度的工序(图 2-17)。锻造多拐曲轴、麻花钻和校正锻件时常用这种工序。扭转过程中,金属变形剧烈，很容易产生裂纹。因此，扭转前应将坯料加热到始锻温度，受扭转变形的部分必须表面光滑，面与面相交处有过渡圆角，不允许存在裂纹、伤痕等缺陷。

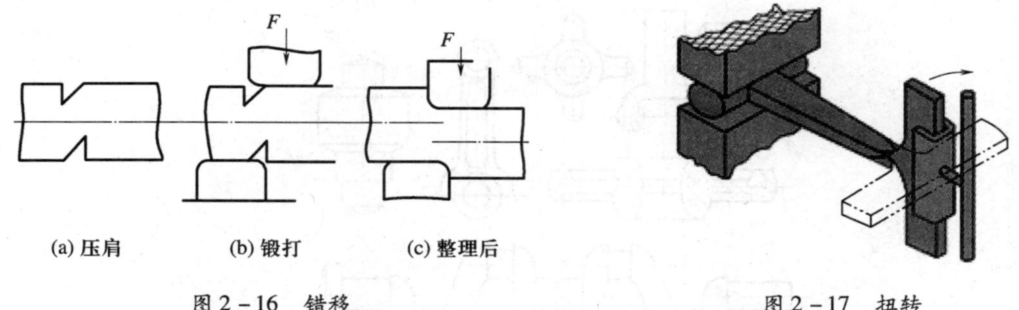

图 2-16　错移

图 2-17　扭转

（8）切割。切割时切除锻件一部分的锻造工序，又称剁料。它常用于切除钢锭底部、锻件料头以及分割锻件等场合。最常用的是单面切割，如图 2-18 所示，适用于小截面的方形或矩形截面毛坯。

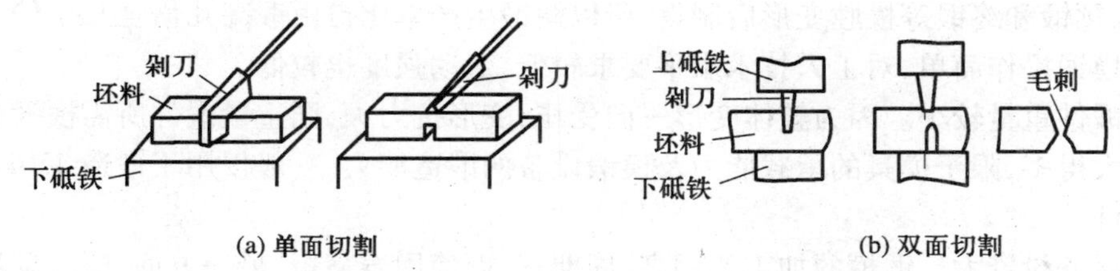

图 2-18　切割

2）辅助工序

为基本工序操作方便而进行的预先变形，如压钳口、压钢锭棱边、压肩等。

3）精整工序

在完成基本工序之后，用以提高锻件尺寸及位置精度的工序，如校正、滚圆、平整等。一般在终锻温度以下进行。

2.1.3　模型锻造

模型锻造简称模锻，它是将加热后的坯料放置在固定于模锻设备上的锻模内锻造成形的锻件成形方法。模锻按所用设备的类型不同，分为锤上模锻、曲柄压力机模锻、平锻机模锻等。

1. 模锻的特点及应用

与自由锻相比，模锻具有以下特点。

（1）模锻件质量好。模锻的三向压应力不仅容易锻合锻件内部缺陷，而且可以用较小锻造比获得自由锻大锻造比所达到的效果，能获得比较理想的金属流线，从而提高零件的使用寿命。锻件轮廓清晰、准确，表面质量高。

（2）节约金属。模锻件的余量、公差和余块都比自由锻小，并可在较少的加热次数内获得锻件，因而加热烧损少。

（3）可锻出形状比较复杂的锻件。因为金属在模膛内三向受压，塑性改善，容易变形并充满模膛。典型模锻件如图2－19所示。

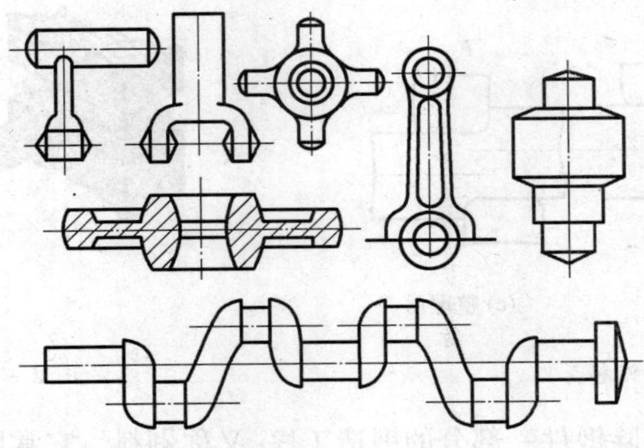

图2－19 典型模锻件

（4）生产率高。形状简单的模锻件只需在终锻模上一次整体成形，复杂锻件也只需经必要的制坯、预锻和终锻等模膛变形后制得，所以模锻生产率比自由锻高几倍至几十倍。

（5）模锻操作简单，对工人技术水平要求较低，劳动强度也较低。

（6）锻件重量较小。因为整体变形三向受压，变形抗力大，同重量锻件所需模锻锤吨位要比自由锻大得多，限于模具的承载能力及模锻设备的锻造能力，一般仅用于锻造450kg以下的中小型锻件。

（7）设备投资大。锻模的加工费用高、周期长，而使用寿命短，另一方面，锻锤要用优质的锻模钢制造，因而成本高，所以用模锻生产批量太小的锻件不经济。

（8）工艺灵活性不如自由锻。

综上所述，模锻主要适用于成批和大量生产中、小型锻件，在汽车、拖拉机、飞机、国防工业、电力工业等部门应用广泛。

2. 模锻工具及设备

1）蒸气－空气模锻锤

锤上模锻所用的设备主要是蒸气－空气模锻锤，如图2－20所示。由于模锻生产要求精度高，故模锻锤的机架直接与砧座通过螺栓和弹簧相连（弹簧可使锤击时作用在螺栓上的冲击力得到缓冲），引导锤头移动的导轨很长，锤头与导轨间的间隙较小，以保证锤头运动时上、下锻模的位置对得较准，减小模锻件在分模面处的错移误差，提高锻件的形状与尺寸精度。

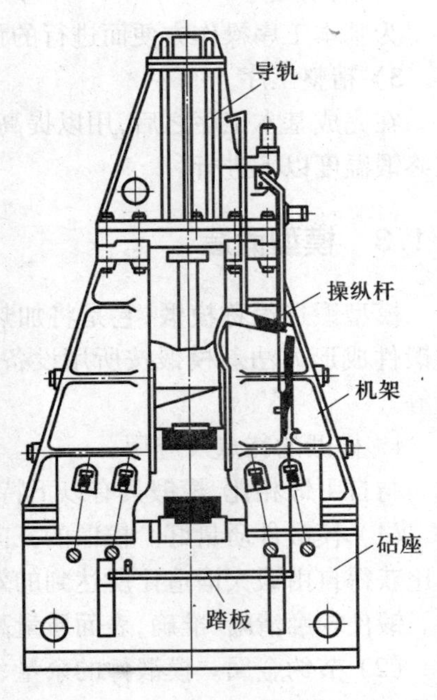

图2－20 蒸气－空气模锻锤

在蒸气－空气模锻锤上进行模锻有着工艺通用性好、生产率比较高及设备造价低等优点，缺点是锻造时振动大、噪声高、劳动条件差、设备需经常维修等。

模锻锤的工作能力以落下部分的质量来表示的，常用的是10kN～100kN。

2）曲柄压力机

曲柄压力机具有蒸气－空气模锻锤的优点，又能克服其振动大、噪声高、劳动条件差、设备需经常维修等缺点，适合在大批量生产中制造优质中小型锻件。

热模锻常用闭式曲柄压力机，机身呈框架形（图 2－21），机身前后敞开，刚性好，精度高，工作台面的尺寸较大，适用于压制大型零件。

曲柄压力机的传动系统如图 2－22 所示。当离合器处于结合状态时，电动机通过三角皮带将运动传到传动轴上，再通过传动轴及传动齿轮带着曲柄连杆机构的曲柄、连杆和滑块作上下直线运动。当离合器处在脱开状态时，大带轮空转，制动器使滑块停在确定的位置上。锻模的上模固定在滑块上，而下模固定在下部的楔形工作台上。顶杆用来从模膛中推出锻件，实现自动取件。

曲柄压力机的吨位是以滑块处于下死点时所产生的最大压力表示的，公称压力范围为 1600kN ~ 60000kN。

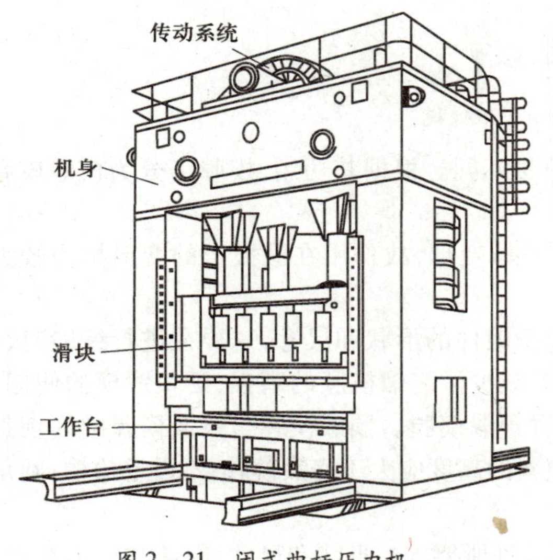

图 2－21　闭式曲柄压力机

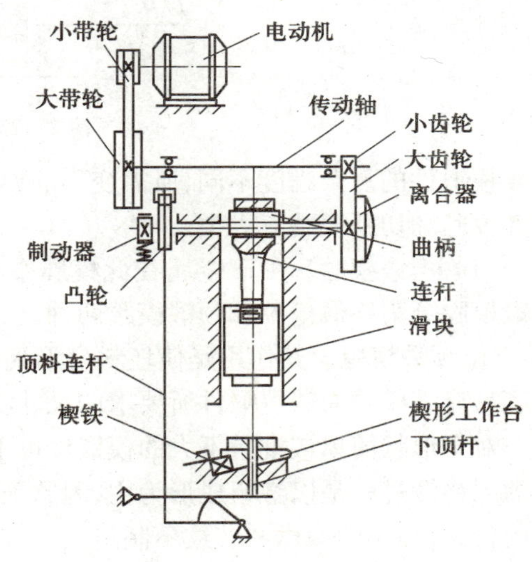

图 2－22　曲柄压力机传动图

曲柄压力机模锻的特点是：①锻件精度高、生产率高、节省金属；②无振动，噪声小，劳动条件好，容易实现机械化和自动化；③模具制造简单，更换容易，节省贵重的模具材料；④坯料表面上的氧化皮不易被清除掉，影响表面质量；⑤具有良好的导向装置和自动顶件机构，因此锻件的余量、公差和模锻斜度都比锤上模锻的小；⑥行程和压力不能随意调节，因此不宜用于拔长、滚挤等工序；⑦设备造价高。

曲柄压力机与其他制坯设备如辊锻机配套，适合在大批量生产中制造优质中小型锻件。

3）平锻机

平锻机工作原理和曲柄压力机相同，只因为滑块是在水平方向运动，故称为平锻机，适用于需要多次镦粗成形的锻件，镦粗部位可在棒料的端部或中部，特别适用长棒料的头部镦粗件、深孔形件、长管镦粗件，以及具有复杂内腔和外形的套筒类锻件。

4）锻模

锻模由专用的热作模具钢加工而成，具有较高的热硬性、耐磨性、耐冲击性等特殊性能。

锤上模锻锻模是由上模和下模两部分组成,如图2-23所示。下模紧固在模座上,上模紧固在锤头上,与锤头一起作上下运动。上下模内加工出与锻件形状相一致的空腔,称为模膛。模锻时坯料放在下模的模膛上,上模随着锤头的向下运动对坯料施加冲击力,使坯料充满模膛,最后获得与模膛形状一致的锻件。

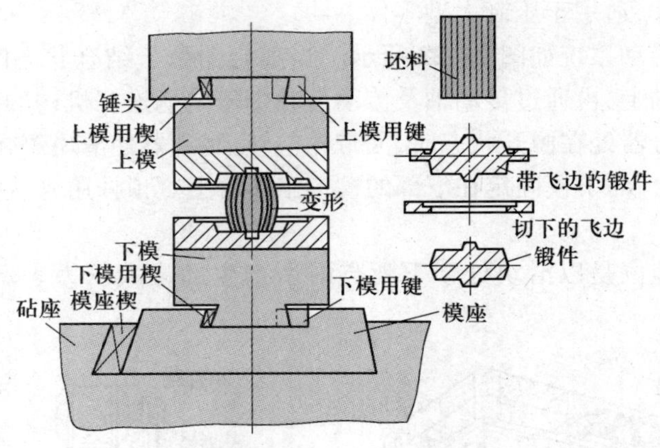

图2-23 锤上模锻锻模

模锻件的复杂程度不同,所需变形的模膛数量不同。根据其功用,模膛可分为模锻模膛、制坯模膛和切断模膛三大类。

(1) 模锻模膛。由于金属在此模膛中发生整体变形,故作用在锻模上的变形抗力较大。模锻模膛分为终锻模膛和预锻模膛两种。

① 预锻模膛。其作用是使坯料变形到接近于锻件的形状和尺寸,这样在进行终锻时,金属容易充满模膛而获得锻件所要求的尺寸。同时减少了终锻模膛的磨损,延长锻模的使用寿命。对于形状简单或批量不大的模锻件可不设置预锻模膛。预锻模膛与终锻模膛的区别是:考虑到终锻过程是以镦粗成形为主,因此预锻模膛的高度应大于终锻模膛;不设毛边槽;圆角、斜度较大;细小的沟槽和花纹不制出。

② 终锻模膛。其作用是使坯料最后变形到锻件所要求的形状和尺寸,因此它的形状应和锻件的形状相同。但因锻件冷却时要收缩,终锻模膛的尺寸应比锻件的尺寸大一个收缩量。另外,沿模膛四周设有毛边槽,用以增加金属从模膛中流出的阻力,促使金属充满模膛;同时容纳多余的金属,还可缓冲锤击,避免锻模过早被击陷或崩裂。对于具有通孔的锻件,应留有冲孔连皮,因为不可能靠上、下模的突出部分把金属完全挤压掉。此外,终锻模膛应放在多膛模具的中间。

(2) 制坯模膛。对于形状复杂的锻件,为了使坯料形状逐步地接近锻件的形状,以便金属变形均匀,流线合理分布和顺利地充满模锻模膛,因此,必须先在制坯模膛内制坯。

根据锻件的形状和尺寸,需采用不同的制坯模膛。制坯模膛主要有以下几种:

① 拔长模膛(图2-24(a))。它的作用是减小坯料某一部分的横截面积以增加其长度。它设置在锻模的一边或一角。拔长是制坯的第一步,需锤击多次,边送进边翻转,它兼有清除氧化皮的功用。

② 滚挤模膛(图2-24(b))。它的作用是减小坯料某一部分的横截面积以增大另一部分的横截面积,使坯料的横截面积与锻件各横截面积相等。毛坯可直接送入滚挤模膛或经拔长

后送入。滚挤时，坯料不轴向送进，只反复绕轴线翻转。滚挤模膛用于横截面积相差较大的锻件的制坯。

③ 弯曲模膛（图 2-24(c)）。它的作用是用来弯曲中间坯料，使它获得预锻或终锻模膛在分模面上的轮廓形状。

④ 镦粗台和压扁台。镦粗台（图 2-24(d)）用于圆盘类锻件的制坯，它的作用是减小坯料的高度，增大坯料直径，减少终锻时的锤击次数，有利于充满模膛，防止产生折叠，又兼有去除氧化皮的作用。镦粗台一般设置在锻模的左前方。压扁台（图 2-24(e)）用于扁平的矩形锻件的制坯，需先将圆坯料或方坯料在压扁台上锤扁后再放入终锻模膛模锻。压扁台一般设置在锻模的左侧。

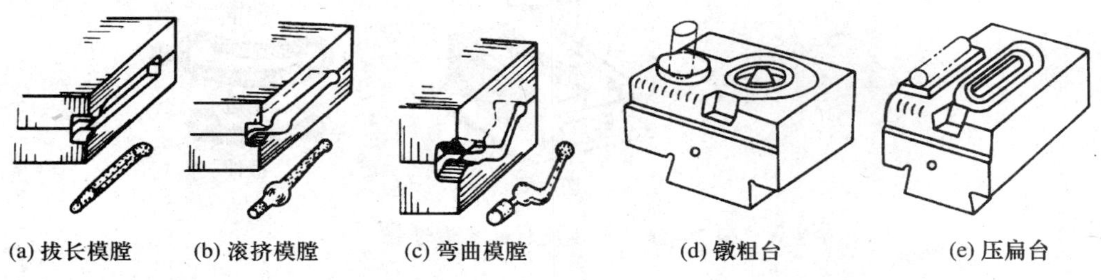
(a) 拔长模膛　(b) 滚挤模膛　(c) 弯曲模膛　(d) 镦粗台　(e) 压扁台

图 2-24　制坯模膛

(3) 切断模膛。在上模和下模的角部组成一对刀口，用来切断金属，如图 2-25 所示。单件锻造时，用它从坯料上切下锻件或从锻件上切下钳口；多件锻造时，用它来分离单个件。

图 2-25　切断模膛

根据模锻件的复杂程度不同，可将锻模设计成单膛锻模或多膛锻模。单膛锻模是在一副锻模上只有终锻模膛一个模膛，如齿轮坯模锻件就可将截下的圆柱形坯料直接放入单膛锻模中成形。多膛锻模是在一副锻模上具有两个以上模膛的锻模，如图 2-26 所示弯曲连杆模锻件的锻模即为锤上模锻多膛锻模。

图 2-27 所示是压力机用连杆锻模。压力机用锻模一般由模架（包括上、下模板，紧固零件，定位调整零件，垫板和压板等）、模块、导向装置和顶出器等 4 部分组成的。锻模采用了通用的模架，设有导向装置，终锻模膛设有排气孔和顶出装置，一模多膛使坯料在一套锻模内逐步成形。

目前，模锻生产已越来越广泛应用于汽车、航空航天、国防工业和机械制造业中，而且随着现代化工业生产的发展，锻件中模锻件的比例逐渐提高。例如，按质量计算，汽车上的锻件中模锻件占 70%，机车上占 60%。

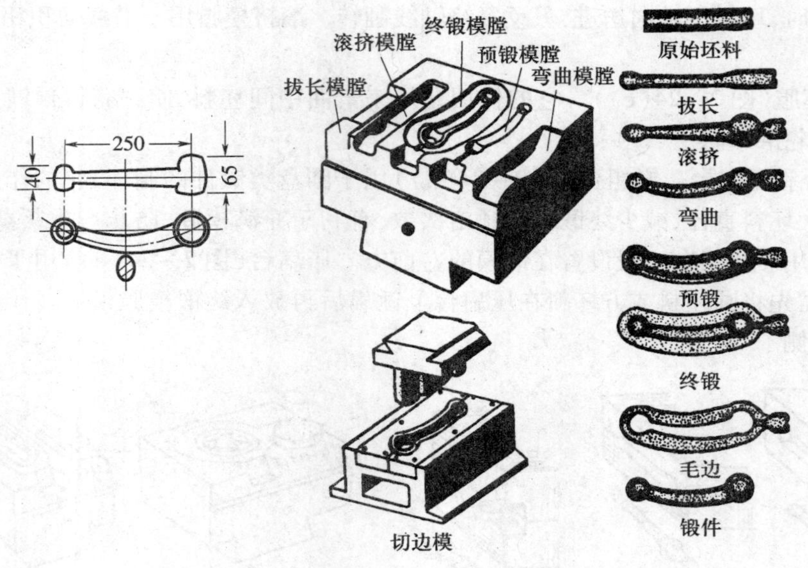

图 2-26 弯曲连杆的模锻过程

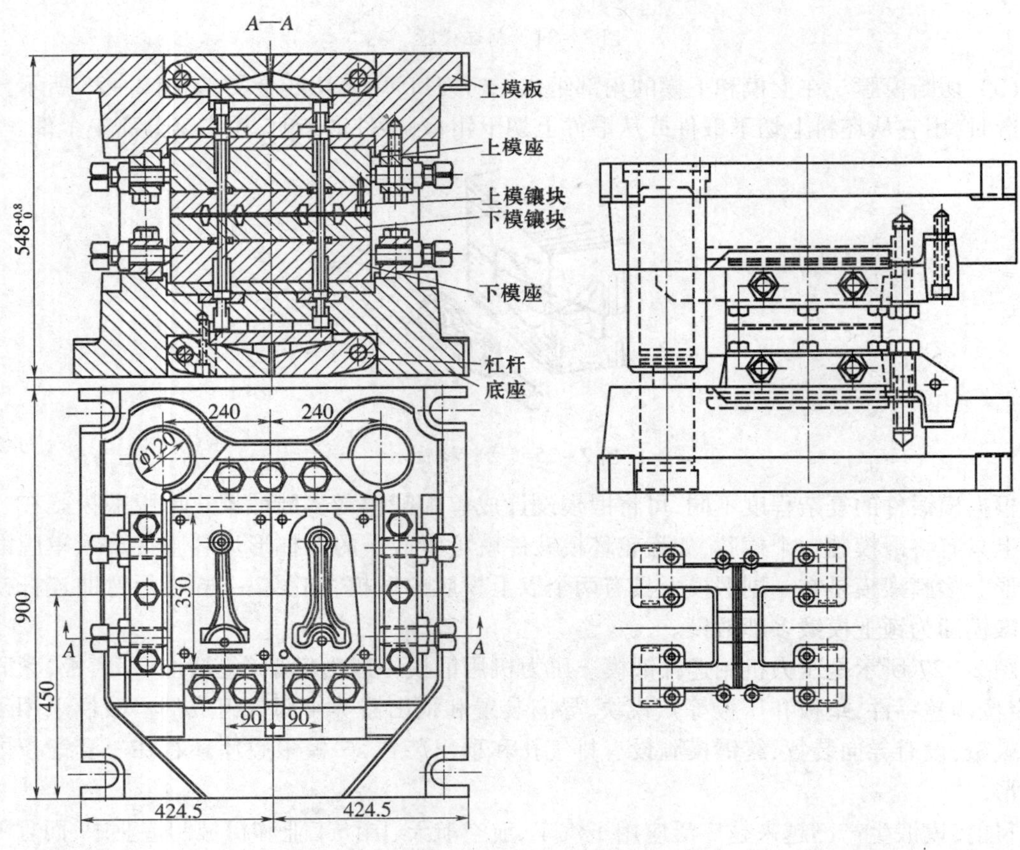

图 2-27 压力机锻模

2.1.4 胎模锻造

胎模锻造是自由锻和模锻相结合的一种加工方法,通常是先用自由锻制坯,然后在胎模中锻造成形,整个锻造过程在自由锻设备上进行。生产时,胎模无需固定,根据工艺过程,随时放上或者取下。胎模锻工艺过程如图 2-28 所示。

胎模锻的模具制造简单方便,成本较低,在自由锻锤上即可进行锻造,不需要昂贵的模锻设备,而生产率和锻件的质量又比自由锻高,能制造形状较复杂的锻件(图 2-29)。但由于胎模锻件的加工余量、精度不如锤上模锻,劳动强度大,生产率较低,胎模寿命低,故只适用于小型锻件的中、小批量生产。

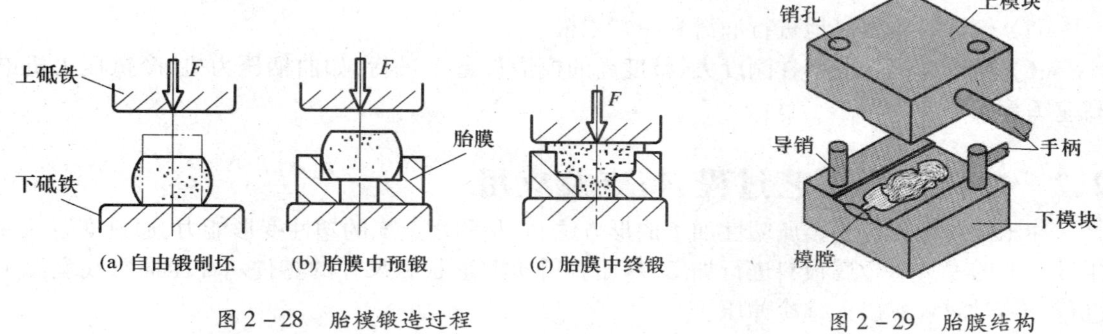

图 2-28 胎模锻造过程

图 2-29 胎膜结构

2.1.5 精密模锻

精密模锻是在模锻设备上锻造出形状复杂、锻件精度高的模锻工艺。一般精密模锻的工艺过程大致是:先将原始坯料普通模锻成中间坯料;再对中间坯料进行严格的清理,除去氧化皮或缺陷;最后采用无氧化或少氧化加热后精锻,如图 2-30 所示。精密模锻可分为冷锻、温锻和热锻。冷锻在室温下进行锻造,温锻在高于室温而低于再结晶温度下锻造,热锻在再结晶温度以上锻造。

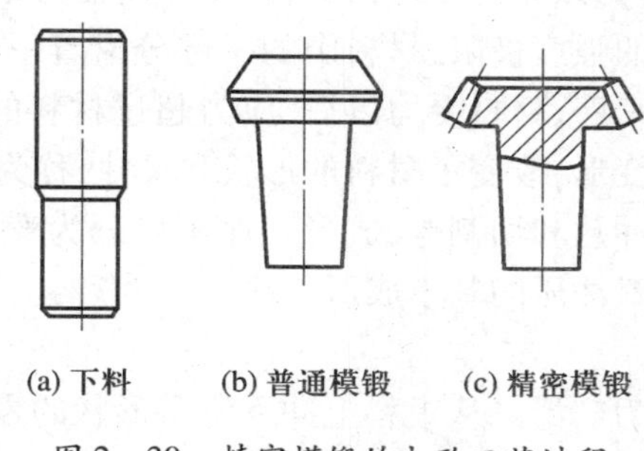

图 2-30 精密模锻的大致工艺过程

精密模锻优点如下:

(1) 锻件尺寸精度高、表面粗糙度低、可实现少切削或无切削加工。

(2) 有良好的金属组织和合理的流线分布。

(3) 材料利用率较高。

(4) 如精密模锻伞齿轮,其齿形部分可直接锻出而不必再经切削加工。模锻件尺寸精度可达 IT12 ~ IT15，表面粗糙度 Ra 为 3.2μm ~ 1.5μm。

在精密模锻时需注意以下几点。

(1) 需要精确计算原始坯料的尺寸，严格按坯料质量下料，否则会增大锻件尺寸公差，降低精度。

(2) 需要精细清理坯料表面，除净坯料表面的氧化皮、脱碳层及其他缺陷等。

(3) 为提高锻件的尺寸精度和降低表面粗糙度，应采用无氧化或少氧化加热法，尽量减少坯料表面形成的氧化皮。

(4) 精密模锻的锻件精度在很大程度上取决于锻模的加工精度。因此，精锻模膛的精度必须很高，一般要比锻件精度高两级。精锻模一定有导柱导套结构，保证合模准确。为排除模膛中的气体，减小金属流动阻力，使金属更好地充满模膛，在凹模上应开有排气小孔。

(5) 模锻时要很好地进行润滑和冷却锻模。

(6) 精密模锻一般都在刚度大、精度高的模锻设备上进行，如曲柄压力机、摩擦压力机或高速锤等。

2.2 冲压成形工艺过程、特点及应用

冲压是一种先进的金属塑性加工成形方法，它是利用金属的塑性变形能力，通过安装在冲压设备上的模具对金属板料进行加工，从而获得所需形状和尺寸的零件。冲压通常在室温下进行，不需加热，所以又称冷冲压。

冲压工艺特点：同切削加工相比，具有生产率高、材料利用率高、产品质量稳定、加工成本低、操作简单、容易实现机械化和自动化等一系列优点，特别适合于大量生产。

冲压成形除了用于加工金属材料（最常用的是低碳钢、铜、铝及其合金）外，还可以加工许多非金属材料（如胶木、石棉、云母和皮革等），现已广泛应用在汽车、拖拉机、电机、电器以及生活日用品的生产中，在国防工业中，采用冲压加工的零件比例也是相当大的。

2.2.1 冲压的基本工序

根据板材在冲压过程中受力以后的变形情况，冲压可以分为分离工序和成形工序两大类。材料受力以后，应力超过材料的强度极限，材料中的一部分沿着一定的轮廓与另一部分分离，称为分离工序，也常称为冲裁工序；材料受力以后，应力超过材料的屈服极限但没有超过材料的强度极限，材料产生了塑性变形，改变了材料的形状和尺寸，称为成形工序。

分离工序又可分为落料、冲孔和切割等，成形工序则可分为弯曲、拉深、翻边、胀形、扩口、缩口和旋压等。表 2-5 为板料冲压的基本成形工序。

1. 冲裁

冲裁以冲孔、落料应用最为广泛。从板料上冲下所需形状的零件（或毛坯）的工艺称为落料，在工件上冲出所需形状的孔（冲去的为废料）的工艺称为冲孔。

1）冲裁成形过程

如图 2-31 所示，冲裁成形过程包括弹性变形、塑性变形和断裂分离 3 个阶段。当凸模与板料接触时，板料首先产生弹性变形并弯曲。继续增大冲裁力，刃口附近的材料开始屈服，并产生滑移变形。随刃口的切入，塑性变形区延至整个料厚。加工继续进行，当刃口附近材料的变形达到极限时，便产生裂纹。裂纹产生后，沿最大切应变速率方向扩展，直至上、下裂纹会

合，板料最后分离。

表 2－5　板料冲压的基本成形工序

成形方法		成形零件简图	特点及应用范围
分离工序	落料	废料　零件	用模具沿封闭轮廓线冲切，冲下部分是零件。用于制造各种平板零件或为成形工序制坯
	冲孔	零件　废料	用模具沿封闭轮廓线冲切，冲下部分是废料。用于冲制各类零件的孔形
成形工序	弯曲		把板料沿直线弯曲成各种形状，板料外层受拉伸力，内层受压缩力，可加工形状复杂的零件
	拉深		法兰区坯料在切向压应力、径向拉应力作用下向直壁流动，制成筒形或带法兰的筒形零件
	胀形		平板毛坯或者管坯在双向拉应力作用下产生双向伸长变形，用于成形凸包、凸筋或鼓凸空心零件
	翻边		在预先冲孔的板料或未经冲孔的板料上，在双向拉应力作用下产生切向伸长变形，冲制带有直边的空心零件

在冲裁加工时，板料的主要变形区是以凸模与凹模刃口连线为中心的纺锤形区域。变形区的大小与材料特性、模具间隔和约束条件等因素有关。凸模压入板料一定深度以后，主要变形区仍为纺锤形区域。此时，变形区已被加工硬化了的区域所包围。在纺锤形区域中央部位，变形性质以剪切变形为主。在纺锤形区域外围及刃口附近存在镦粗、挤压、弯曲和拉伸变形。

2）冲裁件断面特征

由图 2－32 可见，冲裁件的断面由圆角带（亦称塌角）、光亮带、断裂带（亦称粗糙带）和毛刺 4 部分组成。圆角带是模具刃口压入板料时，刃口附近板料产生弯曲和伸长变形的结果，是纺锤形变形区对这部分坯料作用而生成的。软材料和加工硬化指数大的材料，其变形区对周围材料影响大，圆角也大。光亮带是在侧压力作用下板料相对滑移的结果，一般占全断面的 1/3～1/2。塑性好的材料，光亮带大。断裂带是由刃口处的微裂纹在拉应力作用下不断扩展而形成的撕裂面，断面粗糙且有斜度。塑性差的材料，断裂带大。由于裂纹的产生一般在刃口侧面，在普通冲裁加工中总会有毛刺产生。

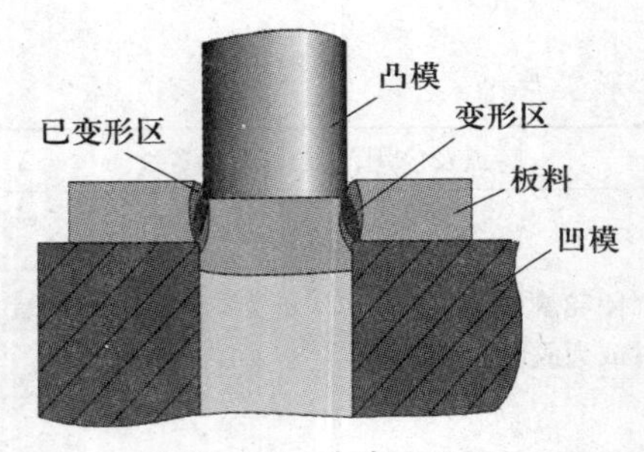

图 2-31　冲裁变形区

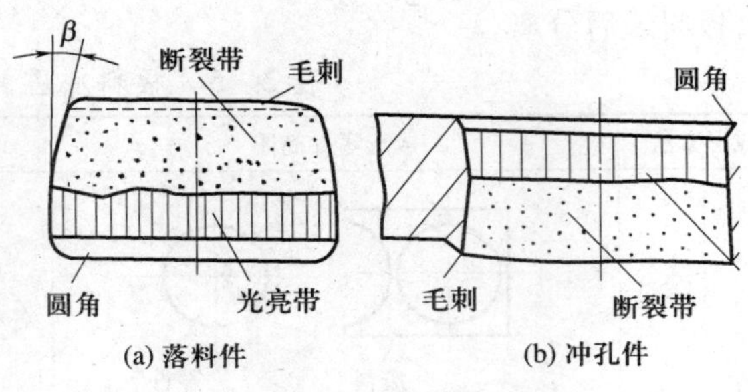

图 2-32　冲裁零件的断面状况

3）冲裁主要工艺参数

在冲裁加工时，板料的变形区集中在凸模与凹模刃口连线为中心的狭窄区域内。凸模与凹模间隙的微小变化，对变形区域大小及变形区内材料所受应力状态有很大的影响。因此，凸、凹模间隙 c（简称冲裁间隙）是冲裁工艺计算及模具设计中的最主要工艺参数。

4）精密冲裁

（1）强力压边冲裁。普通冲裁所得零件尺寸精度在 IT11 以下。切断面表面粗糙度 Ra 值为 12.5μm～6.3μm，且有锥度。采用强力压边冲裁的零件 Ra 值达 1.6μm～0.2μm，尺寸精度达 IT6～IT9。强力压边冲裁模的结构如图 2-33 所示。

在强力压边冲裁过程中，由于采用齿圈压板、极小的冲裁间隙和反压力顶件，以及凹模刃口为圆角，材料处于三项压应力状态，使变形区的静压力提高，从而提高材料的塑性，避免冲裁过程中发生撕裂，所以能实现精密冲裁。

（2）整修。整修是将普通冲裁后的毛坯放在整修模中，进行一次或多次的整修加工，除去粗糙不平的冲裁断面和锥度，从而得到光滑平整的断面。经整修后，零件的尺寸精度可达 IT6～IT7 级，表面粗糙度可达 Ra = 0.4μm～0.8μm。常用的修整方法主要有外缘整修、内孔整修、叠料整修和振动整修。图 2-34（a）为外缘整修，图 2-34（b）为内孔整修。

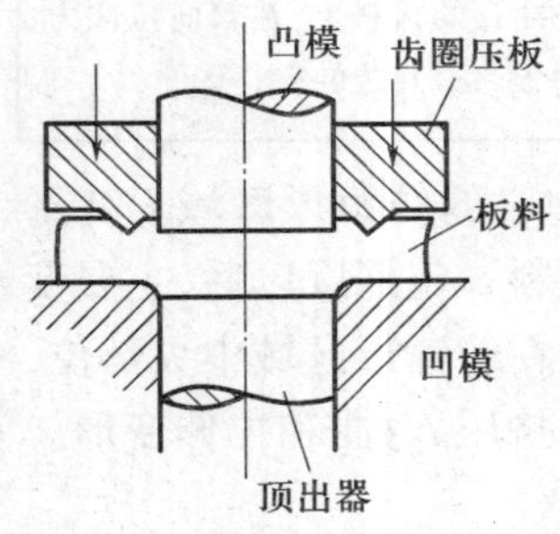

图 2-33　强力压边冲裁

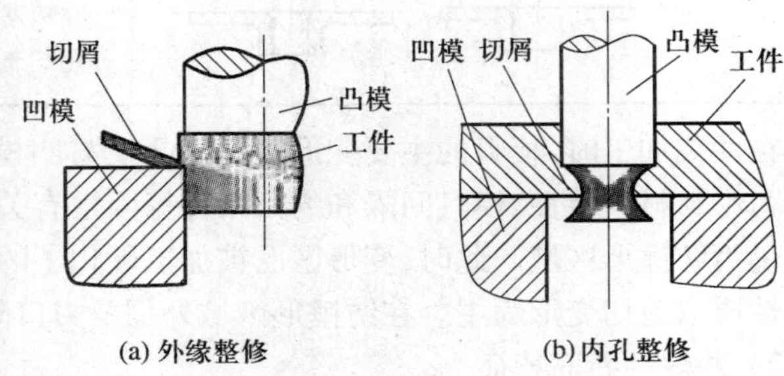

图 2-34　整修

（3）光洁冲裁。与普通冲裁的差别在于模具刃口的圆角半径小和冲模间隙很小。落料时，凹模刃口带椭圆角或小的圆角，如图 2-35 所示。凸模仍为普通形式。凸、凹模双面间隙小于 0.01mm～0.02mm。常用的小圆角凹模，圆角半径一般取料厚的 10%～20%。光洁冲裁适用于塑性好的材料。用此法所得到的零件，粗糙度 Ra 值为 0.8μm～3.2μm，公差等级为 IT9～IT11。冲孔时，凸模刃口带有圆角，而凹模刃口为普通形式。光洁冲裁所需冲裁力比普通冲裁大 50% 左右。

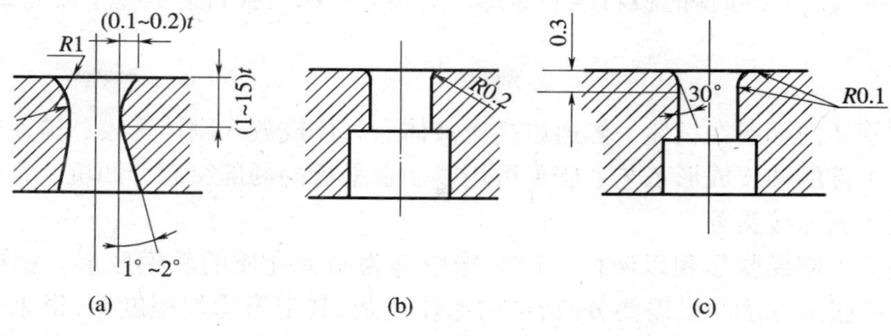

图 2－35　光洁冲裁凹模

2. 弯曲

把板料、管材或型材等弯曲成一定的曲率或角度,并得到一定形状零件的冲压工序称为弯曲。用弯曲方法加工的零件种类非常多,如汽车纵梁、自行车车把、仪表电器外壳、门搭铰链等。最常见的弯曲加工是在普通压力机上使用弯曲模压弯,此外还有折弯机上的折弯、拉弯机上的拉弯、辊弯机上的辊弯以及辊压成形等(图 2－36)。

在弯曲时,板料内层的金属被压缩,容易起皱,外层受拉伸,容易拉裂。弯曲模的工作部分应有一定的圆角,以防止工件外表面弯裂,并且由于弯曲过程中,凸模回程后,板料有回弹现象,故弯曲模设计时,应使模具具有较工件要求角度小的一个回弹角。

3. 拉深

拉深是用模具使平板毛坯变成为开口的空心零件的冲压加工方法。用拉深工艺可以制成筒形、阶梯形、球形、锥形、抛物面形、盒形和其他不规则形状的薄壁零件,如果与其他冲压成形工艺配合,还可制造出形状更为复杂的零件,因此在汽车、飞机、拖拉机、电器、仪表、电子、轻工等工业生产中,拉深工艺均占有相当重要的地位。

拉深变形过程如图 2－37 所示,当凸模下降与毛坯接触时,毛坯首先弯曲,在与凸模圆角接触处的材料发生胀形变形。凸模继续下降,法兰部分坯料在切向压应力、径向拉应力作用下,通过凹模圆角向直壁流动,形成筒部,进行拉深变形。故普通的拉深是弯曲、胀形、拉深的综合变形过程。

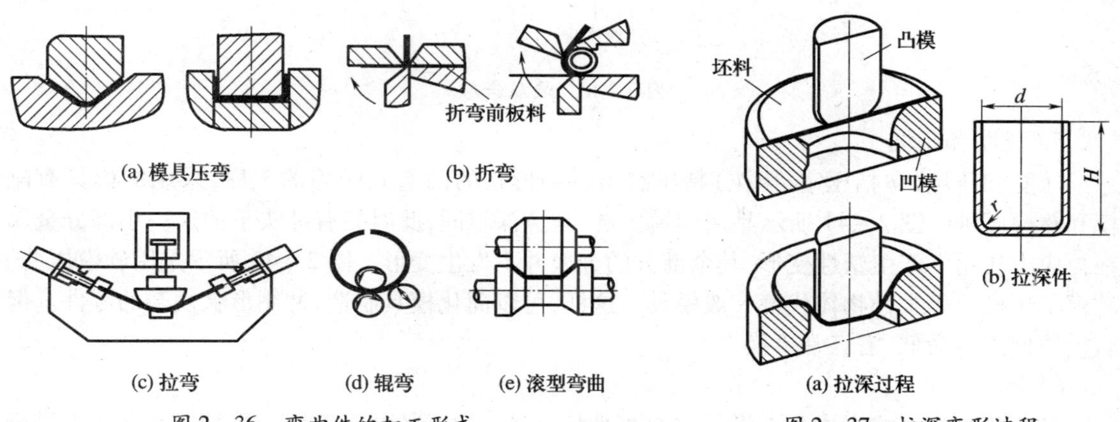

图 2－36　弯曲件的加工形式

图 2－37　拉深变形过程

在拉深过程中,最容易出现的缺陷是起皱和拉裂。为避免拉裂,拉深凸模和凹模的工作部分应加工成圆角;对深度大的拉深件,可经多次拉深完成。另外,凸模与凹模之间应有比板料厚度稍大的间隙,以保证拉深时板料顺利通过。为预防拉深时板料边缘缩小而起皱,常用压边圈将板料压住。

4. 胀形

胀形是在管坯内部或在板坯一侧通以高压液体、气体或放入刚体瓣模,迫使管、板塑性变形,以制成工件的冲压成形工艺。胀形可用以制造平板的局部突起、凹坑、花纹、波纹管、皮带轮和自行车五通接头等。

胀形方法分为刚模胀形和以液体、气体、橡胶等为施力介质的软模胀形。钢模胀形如图2-38所示,这种胀形方法凸模需要分瓣,结构比较复杂,其变形均匀程度差,很难得到精度较高的旋转体制件。所以生产中常用软模对这类毛坯进行胀形,如液压胀形、橡胶胀形、爆炸胀形、电磁胀形等。软模胀形由于模具结构简单,工件变形均匀,能成形复杂形状的工件,其研究和应用越来越受到人们的重视,图2-39是用橡胶凸模胀形,图2-40是液压胀形。

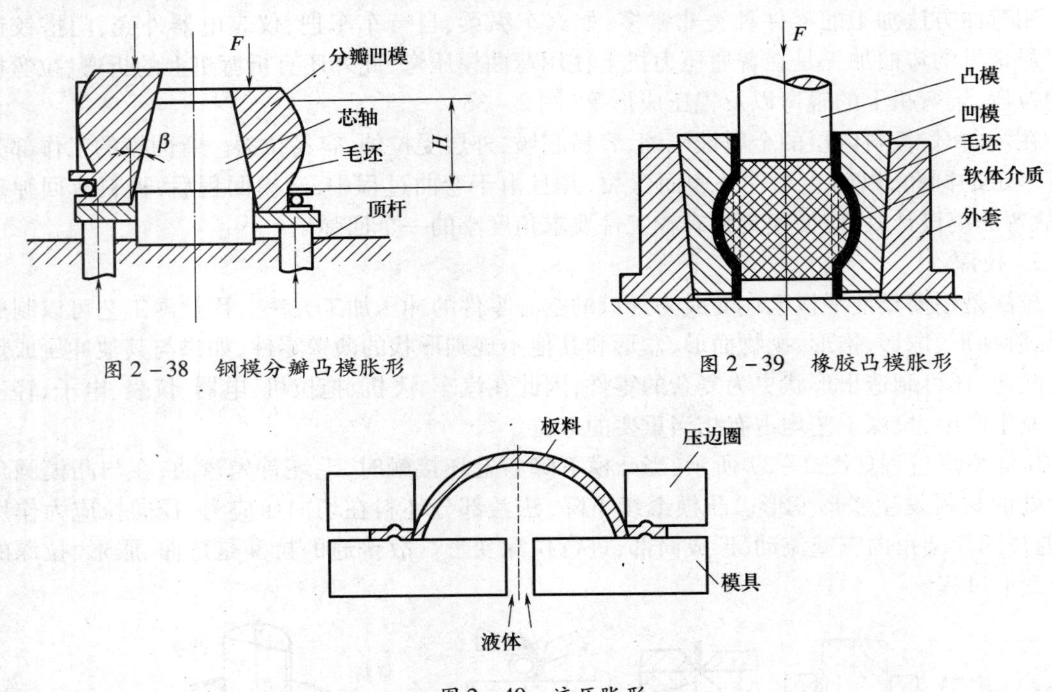

图2-38 钢模分瓣凸模胀形

图2-39 橡胶凸模胀形

图2-40 液压胀形

5. 压肋和压坑

压肋和压坑(包括压字、压花)是压制出各种形状的凸起和凹陷的工序,采用的模具有刚模和软模两种。图2-41所示是用刚模压坑,与拉深不同,此时只有冲头下的这一小部分金属在拉应力作用下产生塑性变形,其余部分的金属并不发生变形。图2-42所示是用软模压肋。软模是用橡胶等柔性物体代替一般模具。这样,可以简化模具制造,冲制形状复杂的零件。但软模块使用寿命低,需经常更换。

6. 翻边

翻边是在板料或半成品上沿一定的曲线翻起竖立边缘的冲压工序。当翻边在平面上进行时,称平面翻边;当翻边在曲面上进行时,称曲面翻边。孔的翻边是伸长类平面翻边的一种特定形式,又称翻孔,其过程如图2-43所示。

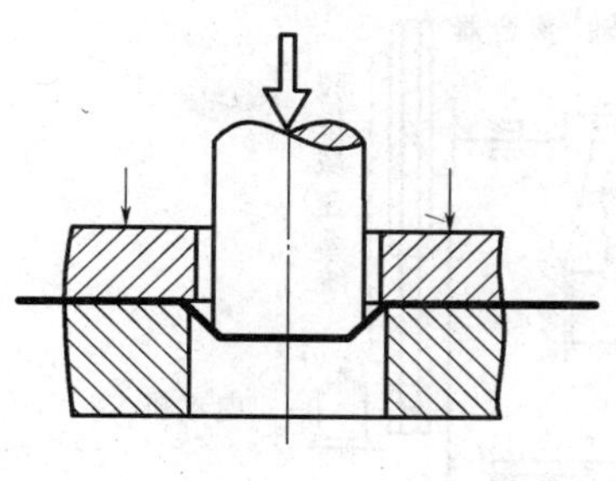

图 2-41　钢模压坑图

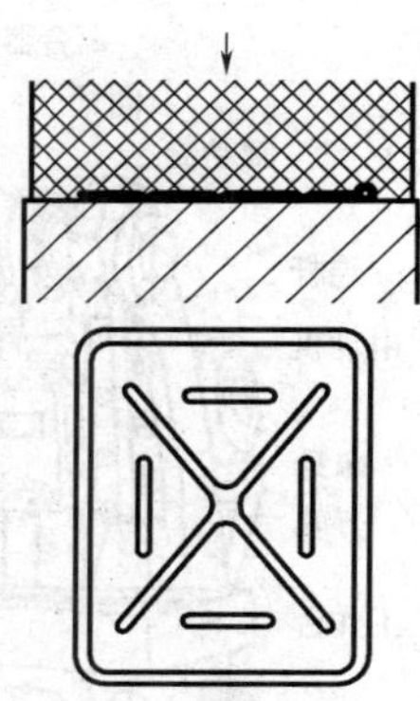

图 2-42　软模压肋

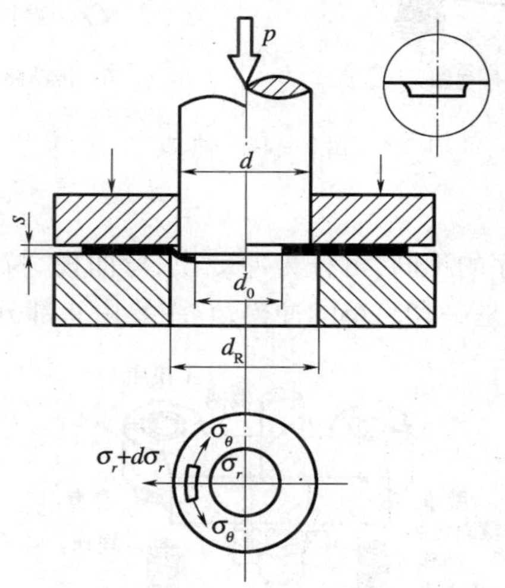

图 2-43　翻孔过程

2.2.2　冲压设备及模具

1. 冲床

冲床是冲压最常用的设备，按结构可分为开式冲床和闭式冲床两种。图 2-44 为常用的开式冲床的外观图和传动图。冲模的上、下模分别装在滑块的下端和工作台上，电动机通过胶带减速系统带动大带轮转动，大带轮借助离合器与曲轴相连接，离合器则用踏板通过拉杆来控制。未工作时，离合器处于脱开位置，大带轮空转，此时滑块停止于行程最高位置。工作时，踩下踏板使离合器合上，大带轮便带动曲轴旋转，并通过连杆而使滑块沿导轨作上下往复运动，进行冲压。如果将踏板踩下后立即抬起，则离合器脱开，制动器能立即制止曲轴转动，并使滑块停止在最高位置。若踏板不抬起，滑块就进行连续冲压，这种冲床可在它的前、左、右 3 个方向装卸模具和操作，使用较方便，但吨位较小。

表示冲床性能的主要参数有公称压力、滑块行程、闭合高度等，可以作为选用冲床和设计模具的依据。

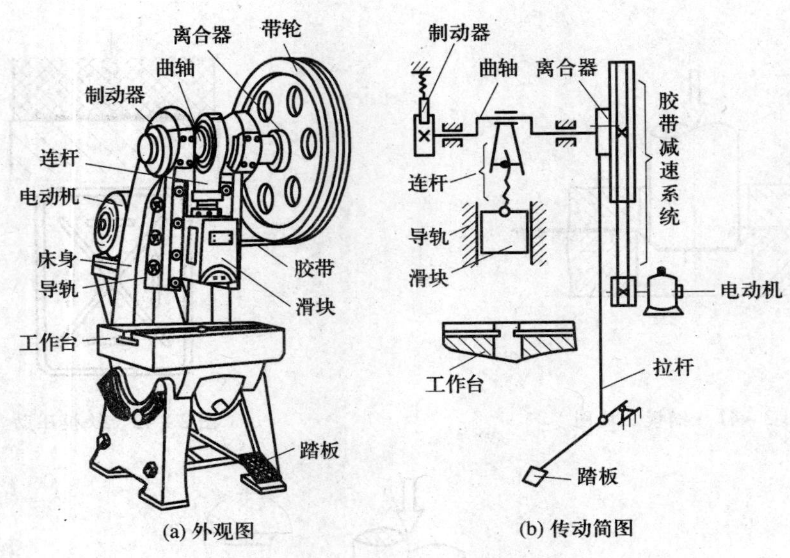

图 2-44　冲床

2. 冲压模具

冲压模具根据完成的工序的不同,可分为冲裁模、弯曲模、拉深模等。一套完整的模具由很多部分组成,图 2-45 所示是一套简单的冲模,它主要由 4 部分组成。

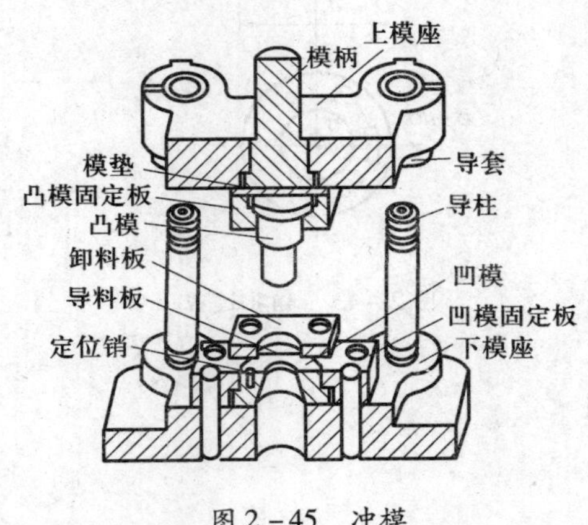

图 2-45　冲模

1) 模架

模架包括上、下模板和导柱、导套。上模板用以固定凸模、模柄、导套等零件,下模板用以固定凹模、导柱、送料和卸料零件。导套和导柱用来使上、下模对准。

2) 导料板与定位销

导料板和定位销是用来控制坯料的送进方向和送进量的。

3) 卸料板

卸料板的作用是在冲压后使工件或坯料从凸模上脱开。

4) 工作部分

工作部分是模具的核心,由上模(凸模)和下模(凹模)组成,凸模又称冲头。图 2-46 所示是几种常见冲压模的工作零件,其结构示意及工作原理如图 2-46 所示。

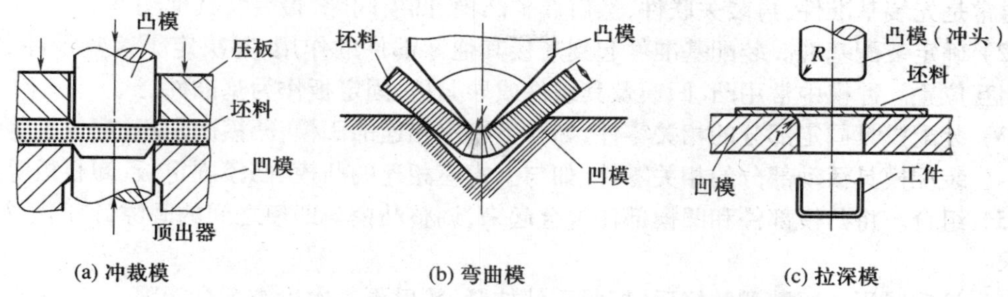

图 2-46 冲压模具工作零件

按照所完成工序,冲模可以分为简单冲模、连续冲模和复合冲模 3 类。如果冲床在一次行程中,就完成一道工序,称为简单冲模(图 2-45)。如果在冲床一次行程中,模具在同一个工位完成多道冲压工序,称为复合冲模(图 2-47)。如果在模具的不同工位上能同时完成多道工序的则称为连续冲模,也称级进模(图 2-48)。

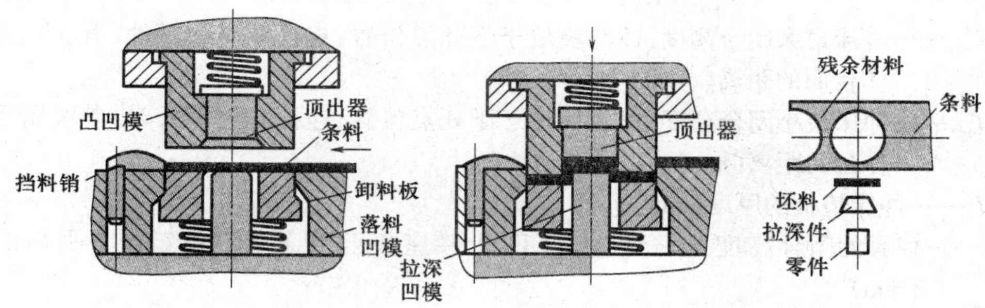

图 2-47 落料、拉深复合冲模

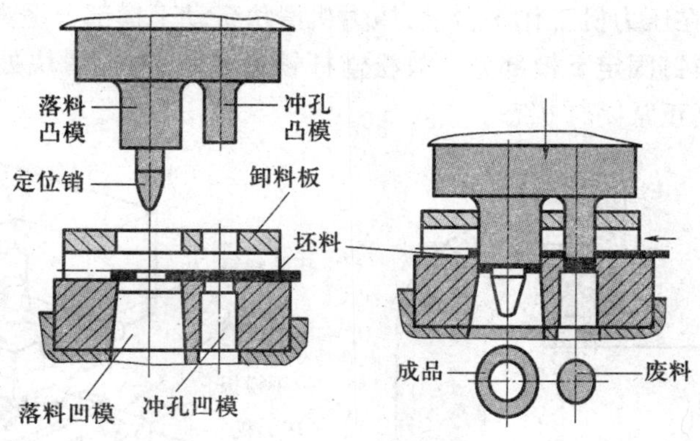

图 2-48 落料、冲孔连续冲模

2.2.3 冲模装配、安装与拆卸

1. 冲模装配

冲模装配的一般工艺如下:

(1) 确定装配顺序。装配顺序的选择关键是要保证凸、凹模的相对位置精度,使其间隙均匀。通常是先装基准件,再装关联件,然后调整凸模、凹模间隙,最后装其他辅件。

(2) 确定装配基准。装配基准件起到连接其他零部件的作用,并决定了这些零件之间正确的相互位置。冲模中常用凸、凹模及其组件或导向板、固定板作为基准件。

(3) 装配模具固定部分的相关零件,如与下模座相连的凹模、凹模固定板、定位板等。

(4) 装配模具活动部分的相关零件,如与上模座相连的凸模、凸模固定板、卸料板等。

(5) 组合。将凸模部件和凹模部件组合起来,调整凸模与凹模之间的间隙,使间隙符合设计要求。

(6) 最后紧固。间隙调整好后,把紧固件拧紧,然后再一次检查配合间隙。

(7) 检查装配质量。检查凸、凹模的配合间隙,各部分的连接情况及模具的外观质量。

2. 冲模的安装及调整

1) 冲模的安装

冲模是通过模柄安装在冲床(或压力机)上,装模时必须使模具的闭合高度 h 介于冲床的最大闭合高度和最小闭合高度之间,通常应满足(图 2-49):

$$(H_{max} - H_1) - 5 \geqslant h \geqslant (H_{min} - H_1) + 10 \qquad (2-1)$$

式中 H_{max}——冲床最大闭合高度,即滑块位于下死点位置、连杆调至最短处,滑块端面至工作台面的距离(mm);

H_{min}——冲床最小闭合高度,即滑块位于下死点位置,连杆调至最长时,滑块端面至工作台的距离(mm);

H_1——冲床垫板的厚度(mm);

h——模具的闭合高度,即合模状态下,上模座板上平面至下模座板下平面的距离(mm)。

模具在冲床上的安装位置如图 2-50 所示,模具的上模部分通过模柄插入滑块中心的模柄孔内,同时要保证上模板的上平面必须与滑块的下平面贴紧,然后用压紧螺钉把模柄压紧,模具的下半部分安敲在压力机工作平台上,压力机滑块带动上模部分缓慢下行,使导柱进入导套内,然后用压板和螺钉固定下模部分。放松连杆锁紧装置,并让滑块处于下止点,然后调节螺杆长度,使模具达到正常闭合状态。

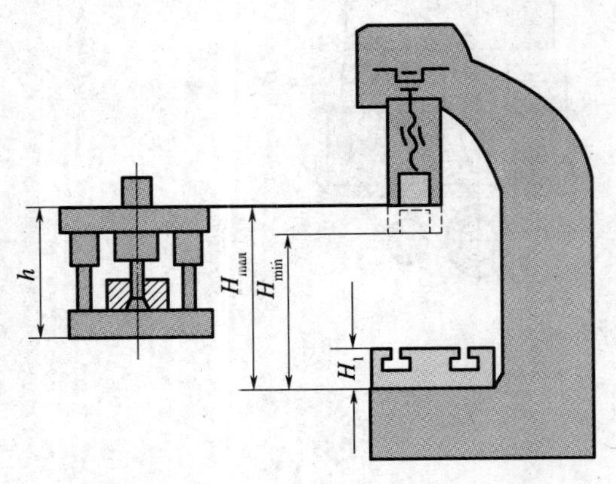

图 2-49 冲模安装尺寸

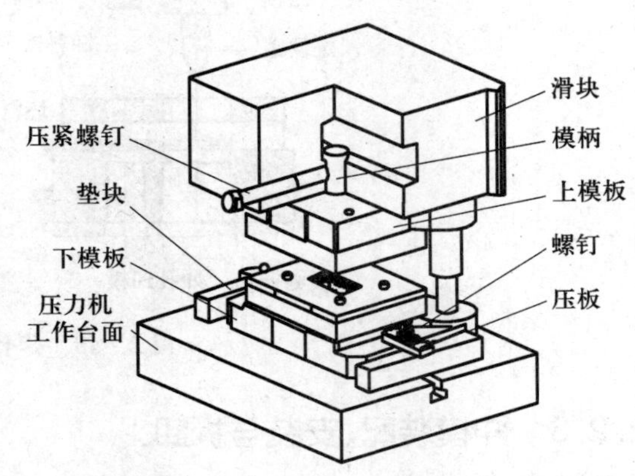

图 2-50 模具在压力机上的安装位置

2）冲模的调整

（1）凸、凹模刃口间隙的调整。凸、凹模要吻合，深度要适中，可通过调整冲床连杆长度和下模座前后左右的位置来实现，以能冲出合格件为准。

（2）卸料系统的调整。卸料板的形状要与工件贴合，行程要足够大，卸料弹簧或橡皮的弹力应能顺利把料卸下。漏料槽和出料孔应畅通无阻。

3. 冲模的拆卸

1）拆卸顺序

拆卸时应与装配的顺序相反，一般应先拆卸外部附件，然后按总成、部件的顺序进行拆卸。部件或组件的拆卸应按先外后内、先上后下的顺序。某些组件是过盈配合，压装后又进行了精加工，最好不要拆卸，如凸模与凸模固定板、上模座与模柄、模座与导柱和导套等。

2）拆卸件的标记

拆卸前要测量（或做记号）有关调整件的相对位置，拆下时要安排好次序，做好标记。这样，装配时才能迅速准确地调整到原先的相对位置，主要是凸模、凹模、导向装置和定位装置之间的位置。

3）拆卸注意事项

（1）严禁用硬手锤直接对零件的工作表面敲击，以免造成零件的损伤或变形。

（2）尽可能使用专用工具，如各种拉出器、固定扳手等。

（3）拆卸螺纹连接件时，必须辨别清楚回松的方向（左旋或右旋）。

（4）重要零部件要仔细存放，防止弯曲、变形或碰伤，如凸模刃口、模架导向装置等。

2.2.4 材料的经济利用

在大量和大批生产时，原始毛坯材料在冲压零件的成本中占60%以上，因此节约材料并减少废料具有重要的意义。

1. 排样

冲裁件在板、条等材料上的布置方法称为排样。排样的合理与否，影响到材料的经济利用率，还会影响到模具结构、生产率、制件质量、生产操作方便与安全等。因此，排样是冲裁工艺与模具设计中一项很重要的工作。

根据材料的利用情况，排样的方法可分为以下三类。

1）有废料排样

沿工件的全部外形冲裁，工件与工件之间、工件与条料侧边之间都有工艺余料（搭边）存在，冲裁后搭边成为废料，如图2－51（a）所示。

2）少废料排样

沿工件的部分外形轮廓切断或冲裁，只在工件之间或是工件与条料侧边之间有搭边存在，如图2－51（b）所示。

3）无废料排样

工件与工件之间，工件与条料侧边之间均无搭边存在，条料沿直线或曲线切断而得工件，如图2－51（c）所示。

2. 搭边

排样中相邻两工件之间的余料或工件与条料边缘间的余料称为搭边。搭边的作用是补偿

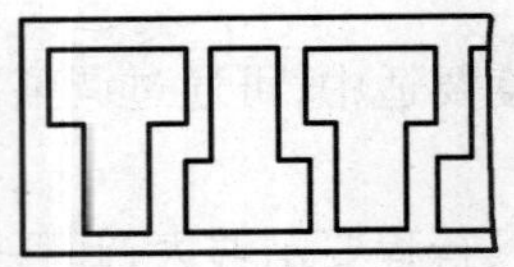
(a) 有废料排样

(b) 少废料排样

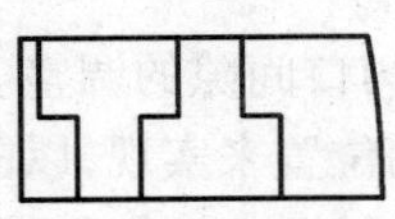
(c) 无废料排样

图 2－51 排样方法

定位误差,防止由于条料的宽度误差、送料步距误差、送料歪斜误差等原因而冲裁出残缺废品。此外,还应保持条料有一定的强度和刚度,保证送料的顺利进行,从而提高制件质量使凸、凹模刃口沿整个封闭轮廓线冲裁,使受力平衡,提高模具寿命和工件断面质量。

搭边值要合理确定。搭边值过大,材料利用率低。搭边值小,材料利用率虽高,但过小时就不能发挥搭边的作用,在冲裁过程中会被拉断,造成送料因难,工件产生毛刺,有时还会被拉入凸模和凹模间隙,损坏模具刃口,降低模具寿命。搭边值过小,会使作用在凸模侧表面上的法向应力沿着落料毛坯周长的分布不均匀,引起模具刃口的磨损。为避免这一现象,搭边的最小宽度大约取为毛坯的厚度,使之大于塑变区的宽度。

2.3 其他锻压加工方法

2.3.1 钣金

钣金是以成形的金属板材、管材、型材为原料,使之成为成品的综合加工工艺,包括剪、冲裁、折弯、翻边、拉伸、焊接、铆接、拼接、成形等基本工序,其显著的特征就是同一零件厚度一致。可以看出,钣金部分工序与冲压工序相同。

钣金加工技术在航空航天、机械、化工和汽车工业,粮、油、饲料加工机械,通风除尘和气力输送管道,以及在日产生活用品中的餐饮器皿、不锈钢水槽、餐用工作台、家用电器构件等行业应用非常广泛。

1. 钣金零件及材料

1) 钣金零件的特点

利用金属的塑形变形将板材加工成所需要的零件称为钣金零件。按照成形方式,钣金零件可以分为冲压钣金零件和冷作钣金零件,冲压钣金特点在冲压部分论述,下面主要讨论冷作钣金零件的特点。

(1) 板料壁厚较薄,一般小于6mm,外形尺寸相对壁厚较大。

(2) 表面可展开,成形方法简单。冷作钣金零件或构件绝大部分都是由简单的基本形状或基本形体相交组威的,所以其表面是可以展开的,而且成形的变形方式大都是以弯曲为主,也常结合拉深、胀形、旋压、挤压等成形方法。

(3) 精度要求低,互换性差。冲压钣金零件精度相对较高,而冷作钣金零件一般精度较低,零件互换性差,通用零件较少。

(4) 批量小,单件生产多。目前,冲压钣金零件可以实现批量化生产,而冷作钣金零件一般还没有形成大的生产规模。

(5) 手工制作量大,技术要求高。虽然在下料、冲压实现数控和自动化加工,但钣金零件绝大多数加工还是以手工操作为主,要求操作工人有较高的技能水平。

2) 钣金零件材料

(1) 普通碳素结构钢冷轧板。由普通碳素结构钢热轧钢板经过进一步冷轧制成厚度小于4mm的钢板。由于在常温下轧制,不产生氧化皮,因此,表面质量好,尺寸精度高,再加之退火处理,其机械性能和工艺性能良好,是钣金加工最常用的一种金属材料。

(2) 连续电镀锌薄钢板。是指在电镀锌作业线上,在电场作用下,锌从锌盐的水溶液中沉积到预先准备好的冷轧板表面上,产生一层镀锌层,使钢板具有良好的耐腐蚀性。

(3) 连续热镀锌薄钢板。一般简称镀锌板或白铁片,钢板表面美观,有块状或树叶状镀层结晶花纹,且镀层牢固,有优良的耐大气腐蚀性能。同时,钢板还有良好的焊接性能和冷加工成形性能,与电镀锌板表面相比,其镀层较厚,主要用于要求耐腐蚀性较强的钣金件。

(4) 不锈钢板。是一种耐空气、蒸气、水等弱腐蚀介质和酸、碱、盐等化学浸蚀性介质腐蚀的钢,又称不锈耐酸钢。实际应用中,常将耐弱腐蚀介质腐蚀的钢称为不锈钢,而将耐化学介质腐蚀的钢称为耐酸钢。

不锈钢通常按基体组织分为如下几种。

① 铁素体不锈钢。含铬12%~30%,其耐蚀性、韧性和可焊性随含铬量的增加而提高,耐氯化物应力腐蚀性能优于其他种类不锈钢。

② 奥氏体不锈钢。含铬大于18%,还含有8%左右的镍及少量钼、钛、氮等元素,综合性能好,可耐多种介质腐蚀。

③ 奥氏体-铁素体双相不锈钢。兼有奥氏体和铁素体不锈钢的优点,并具有超塑性。

④ 马氏体不锈钢。强度高,但塑性和可焊性较差。

(5) 铝板。铝是一种银白色的轻金属,具有良好的导热性、导电性和延展性。纯铝强度很低,无法作为结构材料使用,钣金加工一般用到的是铝合金板,根据合金元素含量不同,铝板可以分为8个系列,分别为1000系列、2000系列~8000系列,常用的有2000系列、3000系列和5000系列。2000系列是一种铝铜合金,特点是硬度较高,又称硬铝,可用作各种中等强度的零件和构件。3000系列是一种铝锰合金,防锈性能较好,所以又称防锈铝。5000系列是一种铝镁合金,主要特点为密度低,抗拉强度高,延伸率高。在相同面积下铝镁合金的重量低于其他系列。

(6) 紫铜板。紫铜是纯铜的俗称,外观呈紫色,具有优良的导电性、导热性、延展性和耐蚀性,但价格昂贵,主要用作导电、导热材料,一般用于电源上需要承载大电流的零件。紫铜的强度低,一般不能做结构件。

(7) 黄铜板。黄铜是一种铜锌合金,具有较高的强度和优良的冷、热加工性,但易产生腐蚀破裂,价格相对便宜,应用广泛。

2. 钣金工艺

钣金加工的工艺流程为:准备图纸→放样展开(数控编程)→裁料(数冲)→成形→铆接→焊接。

1) 放样展开

在钣金零件加工中,首先要进行零件图的展开。零件的手工展开包括放样、展开两步,并伴随着划线工作。放样是根据零件图,经板厚处理后画出的实际图样,它不仅是做展开图的基础,而且也是做展开图的依据;展开是根据放样图画出的实际表面展开图,它是做样板或数控裁料的依据。

在读产品零件图时，直接读图就可以确定形状、尺寸的零件不需要放样，而必须经过放样、展开才能确定零件形状尺寸时才需要放样，如图 2－52 所示，虽然斜拉角钢的长度没有标注，或者即使有标注，也只能作为参考，需要将零件按图按 1:1 的比例将图样画于平台上，求出（或验证）斜拉角钢的长度。

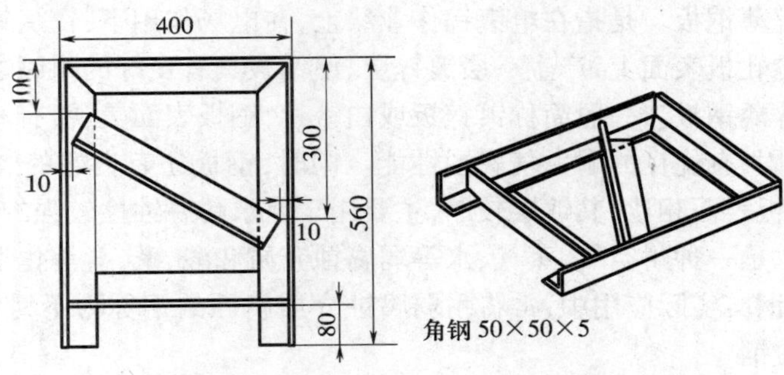

图 2－52 求斜拉角钢的长度

所谓展开就是将组成该零件的表面不遗漏、不重叠、不折皱地铺平在同一个平面内的工艺过程。在展开过程中画出来的零件表面的实形图称为展开图。

任何一个钣金零件都是由一定厚度的板料制造而成的，在不同情况下，板厚会对零件的尺寸和形状产生一定的影响，将这些影响在放样及展开过程中采取相应措施予以消除的技术称为板厚处理。对于薄壁零件，如果略去板料的厚度，其产生的影响对零件的误差一般可以在工程允许的公差范围之内，因此，在实际工作中，当板厚小于 1.5mm 时，可以不考虑板厚的处理问题。但对于厚板零件必须进行板厚处理。

板料在弯曲过程中外层受到拉应力，内层受到压应力，从拉到压之间有一既不受拉力又不受压力的过渡层——中性层，中性层在弯曲过程中的长度和弯曲前一样，保持不变，所以中性层是计算弯曲件展开长度的基准。当弯曲程度不大时，可以认为中性层位于板厚的中间；当弯曲程度很大时，即 R/T 很小时，中性层的位置随 R/T 的减小，向内侧移动，这时中性层的曲率半径可以通过下面的经验公式确定：

$$R_{展开} = r_{内半径} + KT \tag{2-2}$$

式中 $R_{展开}$——计算用展开半径；

T——板厚；

K——中性层位移系数，如表 2－6 所列。

表 2－6 位移系数

R/T	0.1	0.2	0,3	0.4	0.5	0.6	0.7	0.8	1	1.2
K	0.21	0.22	0.23	0.24	0.25	0.26	0.28	0.3	0.32	0.33
R/T	1.3	1.5	2	2.5	3	4	5	6	7	≥8
K	0.34	0.36	0.38	0.39	0.4	0.42	0.44	0.46	0.48	0.5

考虑板厚处理和中心层位移的展开计算方法有两种：①折弯扣除法。考虑了展开系列 K'，具体展开计算见表 2－7～表 2－11；②支出软件展开法。得到数字化展开尺寸，为下一步数控切割下料编程打好基础。

表 2-7 展开计算方法

折弯类型	示意图	计算公式
直角折弯	A B	展开尺寸 $=A+B-K'$
非直角折弯	A B θ	展开尺寸 $=A+B-(\theta/90°)\times K'$
圆弧折弯($R/T>5$)	T R B A θ	展开尺寸 $=(A-R-T)+(B-R-T)+3.14\times\theta\times(R+0.5T)/180°$
压死边	T B A	展开尺寸 $=A+B-0.43T$
直边段差(Z 折)	H A B	(1) 当 $H\geqslant 5T$ 时，分两次成形，按两次直角折弯计算 (2) 当 $H<5T$ 时，一次成形，$L=A+B+K'$ (K 值查表 2-6 参考数值)
斜边段差(Z 折)	C θ H A B	(1) 当 $H<2T$ 时 ① 若 $\theta\leqslant 70°$ $L=A+B+C+0.2$ ② 若 $\theta>70°$ $L=A+B+K'$ (2) 当 $H\geqslant 2T$ 时，分两次成形，按两次非直角折弯计算

表 2-8 钢板展开系数表 (单位:mm)

板厚 T	0.8	1.0	1.2	1.5	2.0	2.5	3.0
K(冷板)	1.5	1.8	2.1	2.6	3.4	4.5	5.4
K(不锈钢)	1.4	1.9	2.3	2.87	3.75		

表 2-9 铝板展开系数表 (单位:mm)

板厚 T	0.5	1.0	1.2	1.5	2.0	2.5	3.0
K	0.8	1.5	1.7	2.3	3.2	4.0	5.0

表 2-10　铜板展开系数表　（单位:mm）

板厚 T	1.0	1.5	2.0	2.5	3.0	4.0	5.0	6.0	8.0	10.0
K	1.8	2.6	3.5	4.4	4.8	6.5	8.0	9.5	12.5	16

表 2-11　直边段差展开系数表　（单位:mm）

H \ T	0.5	0.8	1.0	1.2	1.5	1.6	2.0	3.2
0.5	0.1							
0.8	0.2	0.1	0.1					
1.0	0.5	0.2	0.2	0.2	0.2	0.2		
1.5	1.0	0.7	0.5	0.3	0.3	0.3	0.3	0.2
2.0	1.5	1.2	1.0	0.8	0.5	0.4	0.4	0.3
2.5	2.0	1.7	1.5	1.3	1.0	0.9	0.5	0.4
3.0	2.5	2.2	2.0	1.8	1.5	1.4	1.0	0.5
3.5		2.7	2.5	2.3	2.0	1.9	1.5	0.6
4.0		3.2	3.0	2.8	2.5	2.4	2.0	0.8
4.5		3.7	3.5	3.3	3.0	2.9	2.5	1.3
5.0			4.0	3.8	3.5	3.4	3.0	1.8

2）下料

下料就是按照展开图或样板将材料裁剪成所需要的毛坯或制件的工艺。裁料的方法很多,包括裁剪、冲裁、锯割、氧气切割及激光切割等。在钣金行业中,裁料多用剪裁和冲裁下料,现在工厂正在逐步应用数控氧—乙炔切割和数控激光切割。

剪裁是利用双刃刃具分离材料的工艺,剪裁设备有剪切机、角形剪切机、滚剪机等,最常用的是剪切机。

国产 Q11-12×2000 型剪切机如图 2-53 所示,机架为钢板焊接整体结构,刀架沿圆弧摆动,因此刀片间隙通过刀架摆动支点的偏心轴得到调整,结构简单,调节方便,压料装置采用液压结构。

剪切机的工作原理如图 2-54 所示,上刀片固定在刀架上,下刀片固定在下床面上,床面上安装有托球,以便于板料的送进移动,后挡料板用于板料定位,位置由调位销进行调节;液压压料筒用于压紧板料,防止板料在剪切时翻转;栅板是安全装置,以防止工伤事故。

图 2-53　国产 Q11-12×2000 型剪切机

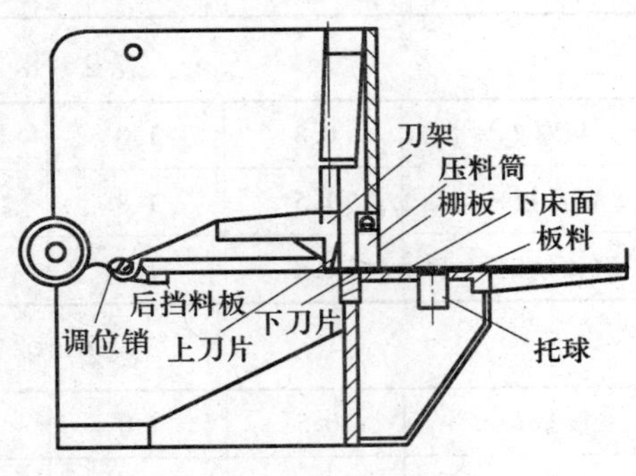

图 2-54　剪切机工作原理

剪切机剪切过程如下：

(1) 剪刃对板料施加压力使其发生弹性弯曲变形,与此同时,刀片的刃口局部挤入板料表层,如图 2－55(a)所示。

(2) 上刀片继续下压,刃口局部挤入板料的深度增加,板料由弹性变形进入塑性变形,如图 2－55(b)所示。

(3) 上刀片进一步下压,板料在上、下刀片的刃口附近开始出现裂缝,当裂缝扩展至最后相遇时,板料断裂,如图 2－55(c)所示。

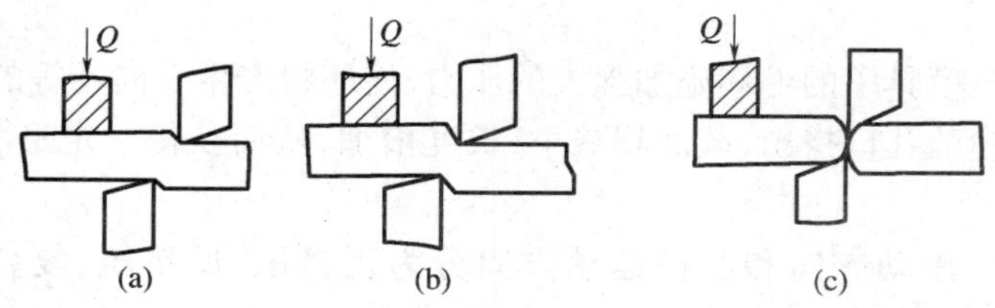

图 2－55 剪切过程

3) 成形

钣金成形主要是折弯成形。钣金的折弯是指改变板材角度的加工,如将板材弯成 V 形、U 形等。一般情况下,钣金折弯有方法两种:一是模具折弯,用于结构比较复杂,体积较小、大批量加工的钣金结构;另一种是折弯机折弯,用于加工结构尺寸比较大的或产量不是太大的钣金结构。

材料弯曲时,其圆角区域上,外层受到拉伸,内层受到压缩。当材料厚度一定时,内 R 角越小,材料的拉伸和压缩就越严重;当圆角外层的拉伸应力超过材料的极限强度时,就会产生裂缝和折断,因此,弯曲零件的结构设计,应避免过小的弯曲圆角半径。常用材料的最小弯曲半径如表 2－12 所列。

表 2－12 常用金属材料最小折弯半径

序号	材 料	最小弯由半径 R
1	08、08F、10、10F、DX2、SPCC、E1－T52、0Cr18Ni9、1Cr18Ni9、1Cr18Ni9Ti、1100－H24、T2	0.4T
2	15、20、Q235、Q235A、15F	0.5T
3	25、30、Q255	0.6T
4	1Cr13、H62(M、Y、Y2、冷轧)	0.8T
5	45、50	1.0T
6	55、60	1.5T
7	65Mn、60SiMn、1Cr17Ni7、1Cr17Ni7－Y、1Cr17Ni7－DY、SUS301、0Cr18Ni9、SUS302	2.0T
注:弯曲半径是指弯曲件的内侧半径,T 是材料的壁厚;M 为退火状态,Y 为硬状态,Y2 为 1/2 硬状态		

塑性弯曲伴随着弹性变形,当外加弯矩卸去以后,板料产生弹性恢复,消除一部分弯曲变形的效果,使弯曲件的形状和尺寸发生与加载时变形方向相反的变化,这种现象称为回弹。回弹使工件形状、尺寸与模具的形状、尺寸不一致,从而降低弯曲效果。

影响弯曲回弹的因素很多,如材料的力学性能、相对弯曲半径、弯曲角度等,它们对弯曲工艺的实施影响很大,并且与模具结构相关。因此,它们是弯曲工艺和弯曲模具设计中需要注意的一个非常重要的问题。

4）铆接

铆接是借助于铆钉形成的不可拆卸连接。铆接的韧性和塑性比焊接好，传力均匀可靠，容易检查和维修，所以应用于承受严重冲击和振动载荷等结构的连接。此外，在异种金属和焊接性能差的金属连接中，铆接应用也比较广泛。目前，虽然许多铆接被焊接所代替，但由于工艺的特殊要求，铆接还是占有较重要的位置，在钣金加工中尤为如此。

5）焊接（参考相关章节）

2.3.2 挤压

挤压是指对挤压模具中的毛坯施加强大的压力，使坯料产生三向不等的压应力，在压应力作用下坯料从挤压模的孔口挤出，截面积减小，长度增加，从而获得一定形状和尺寸的零件的压力加工方法。

挤压可根据金属流动方向和凸模运动方向分为正挤压、反挤压、复合挤压和径向挤压4种。

图2－56(a)所示为正挤压，挤压时，坯料流动方向与凸模运动方向相同，该方法可用于制造各种截面形状的实心件、各种型材和管材。

图2－56(b)所示为反挤压，反挤压时，坯料流动方向与凸模运动方向相反，该方法一般用于制造不同截面形状的杯形件。

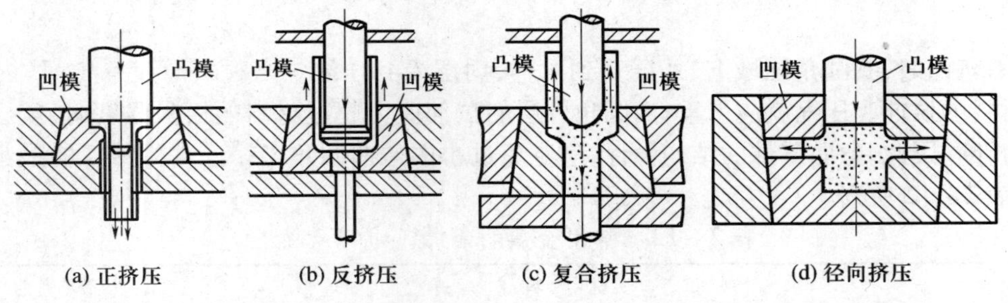

图2－56　挤压方向示意图

图2－56(c)所示为复合挤压，挤压时，坯料一部分顺凸模运动方向流动，一部分则向相反方向流动，即同时兼有正挤压和反挤压时坯料的流动特征。该方法常用于制造带有突起部分的复杂形状空心件。

图2－56(d)所示为径向挤压，挤压时，坯料流动方向与凸模运动方向垂直。该方法一般用于制造在径向有突起部分的零件。

根据坯料加热与否，挤压还分为热挤压、温挤压及冷挤压。

热挤压同锻造相似，挤压时坯料的变形温度应该高于再结晶温度。这种方法的变形抗力小，允许每次的变形量大，但表面质量差（表面粗糙，有氧化皮、脱碳层），精度低。它广泛用于生产多种管材、型材及各种零件和毛坯。

冷挤压时，坯料不加热，挤压在常温下进行。这种方法的变形抗力大，但制品的精度高，表面光滑，且由于加工硬化使制件的强度得到提高。它广泛应用于挤制零件及半成品毛坯。

温挤压坯料变形温度低于再结晶温度又高于室温。该方法与热挤压比较，其氧化皮少、脱碳较少、零件的尺寸精度提高、表面粗糙度降低。与冷挤压比较，其变形抗力减小，每道工序的允许变形量增加，并可提高模具寿命。

挤压具备生产率高、节约金属、挤压件力学性能好、表面质量好、精度高等优点。但同时，挤压过程变形抗力大，模具磨损严重，生产成本较高。

2.3.3 轧制

轧制是指在旋转的轧辊间，借助轧辊施加的压力使金属发生塑性变形的过程。

轧制主要用于生产板、带、条、箔等产品。这种方法具有设备简单、生产率高、产品成本低等特点，因此在金属塑性加工中得到了广泛的应用。

轧制生产所用坯料主要是金属锭。轧制过程中，坯料靠摩擦力得以连续通过轧辊缝隙，在压力作用下变形，使坯料的截面减小，长度增加。

按轧辊轴线与坯料轴线间的相对中间位置和轧辊的转向不同可分为纵轧、斜轧和横轧 3 种。轧辊轴线相互平行而转向相反的轧制方法称为纵轧，如图 2－57 所示。轧辊相互交叉成一定角度配置，以相同方向旋转，轧件在轧辊的作用下绕自身轴线反向旋转，同时作轴向运动向前送进，这种轧制称为斜轧，也称为螺旋轧制或横向螺旋轧制，一般用来轧制钢球、冷轧丝杠等沿轴向呈周期性变化的特殊零件，如图 2－58 所示。轧辊轴线与轧件轴线平行且轧辊与轧件作相对转动的轧制方法称为横轧，图 2－59 为横轧方法热轧齿轮示意图，因内部轧制流线与零件轮廓一致，力学性能显著提高，并能够实现少切削、无切削加工。

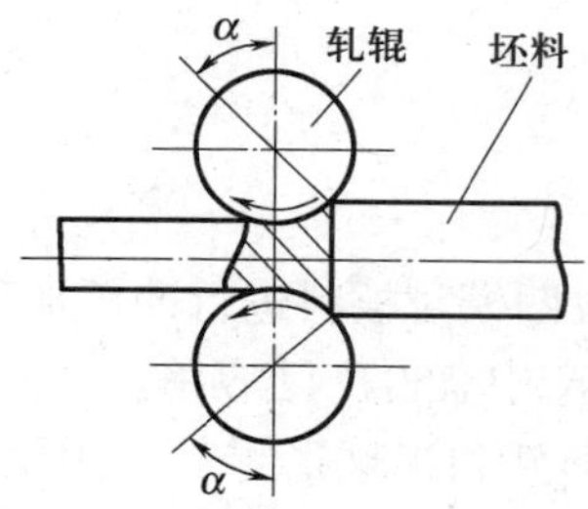

图 2－57　纵向轧制示意

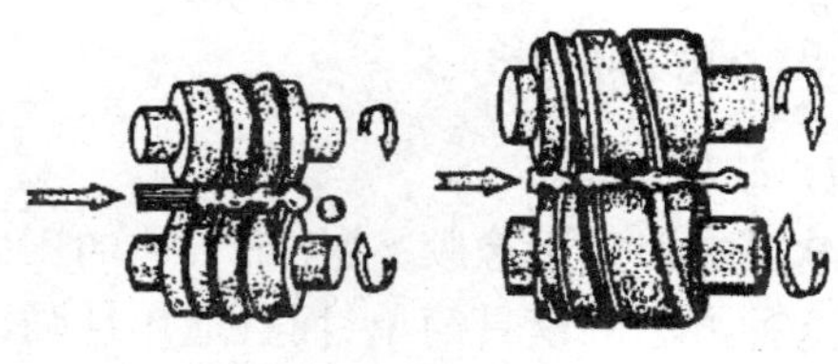

图 2－58　斜轧示意

图 2－60 为辗环示意图。辗环是使外形毛坯在旋转的轧辊中变形，增大内外径并获得所需断面形状的轧制方法。一般用来生产火车轮箍、轴承座、法兰等环形零件。

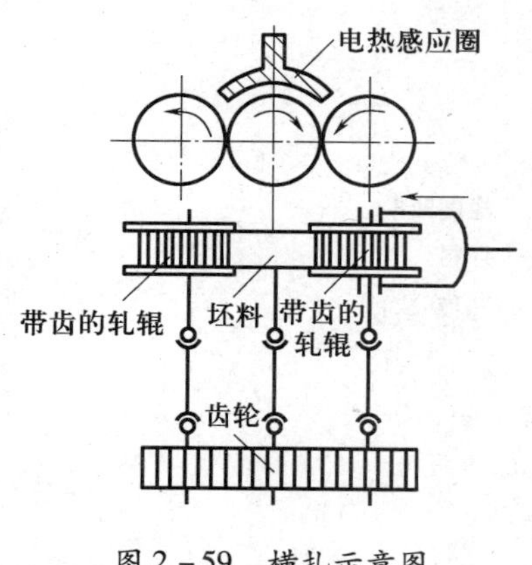

图 2－59　横扎示意图

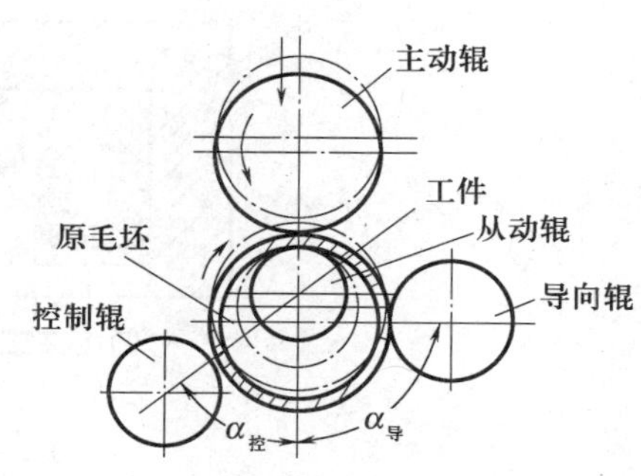

图 2－60　辗环示意图

2.3.4 拉拔

拉拔是使坯料在拉力作用下通过拉拔模孔产生塑件变形，截面缩小、长度增加，获得相应制品的工艺方法，如图2-61所示。

拉拔时所用模具模孔的截面形状及使用性能对制件影响极大。模孔在工作中受着强烈的摩擦作用，为了保持其几何形状的准确性，提高模具使用寿命，应选用耐磨性好的材料（如硬质合金等）来制造。

拉拔的制品有线材、棒材、管材、型材等，截面形状如图2-62所示。常温下的拉拔称为冷拔，常温下塑性较差的金属一般加热后进行温拔，对直径为0.14mm~10.00mm的黑色金属和直径为0.01mm~16.00mm的有色金属的拉拔称为拉丝。

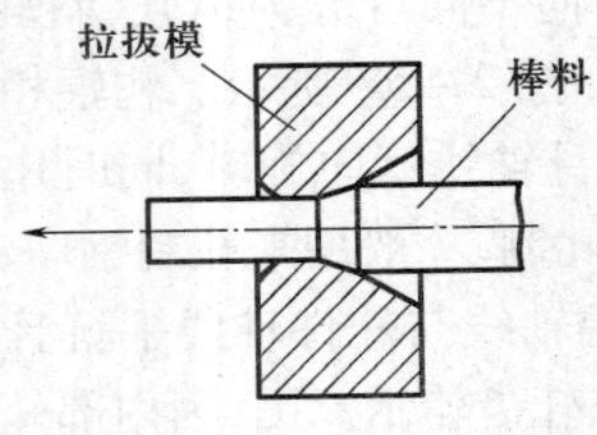

图2-61 拉拔示意图

图2-62 拉拔产品截面

2.3.5 特种成形

1. 软模成形

软模成形是用橡胶、液体或气体的压力代替刚性凸模或凹模对板料进行冲压加工的方法。由于这种方法的模具简单，而且通用性强，所以在小批量生产中获得广泛应用。

采用高压液体代替刚性凸模，通常用于小批量拉深锥形件和半球形零件。用聚氨脂橡胶代替刚性凸模，只适用于浅拉深件。

一般用高压液体或橡胶代替钢质凹模。采用这种方法，可使极限拉深系数降低到0.40~0.45，而且零件壁厚均匀，不易变薄，表面质量好。图2-63所示为橡皮凹模拉深，也可用聚氨酯代替橡皮。

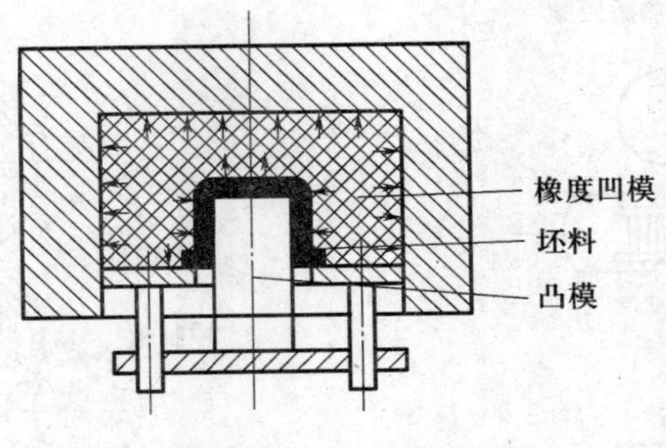

图2-63 橡皮凹模拉深

2. 差温拉深

凸缘加热拉深（图2-64）可提高材料的塑性，降低凸缘的变形抗力，使极限拉深系数减小到0.3～0.35，增加拉深高度。由于模具耐热温度的限制，这种方法主要用于铝、镁、锌等轻合金。

壁部冷却拉深时（图2－65），一般在空心凸模内输入液态氧或液态氮，这种方法适用于不锈钢、耐热钢或形状复杂的零件。

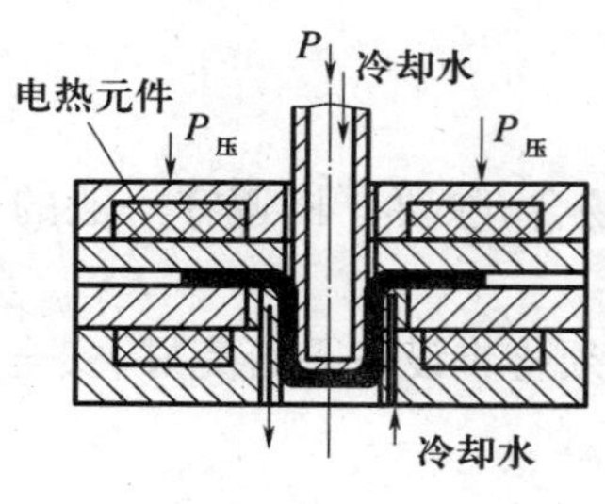

图2－64　凸缘加热拉深

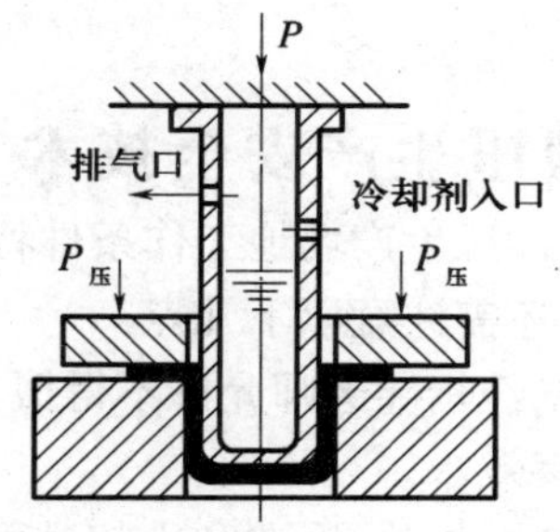

图2－65　壁部冷却拉深

3. 变薄拉深

与一般拉深工艺不同，变薄拉深（图2－66）主要靠减少毛坯壁厚来增加高度，而毛坯直径变化很小。变薄拉深适合于生产高度大、壁薄而底厚的空心件。变薄拉探时，最大变形程度受到传力区强度的限制。

变薄拉深系数可以表示变形的程度，其表达式为

$$m = \frac{t_2}{t_1}$$

式中　m——变薄系数；

t_1, t_2——变形前后料厚。对于大多数金属，极限变薄系数为0.65～0.70。

4. 旋压成形

旋压是一种特殊的成形工艺，它是将板料或空心毛坯夹紧在模芯上，由旋压机带动模芯和毛坯一起高速旋转，同时利用滚轮的压力和进给运动，使毛坯产生局部塑性变形并使之逐步扩展，最后获得轴对称的壳体零件，如图2－67所示。

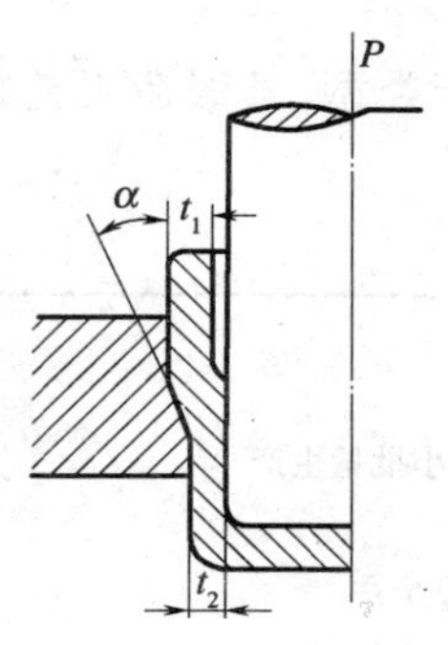

图2－66　变薄拉深

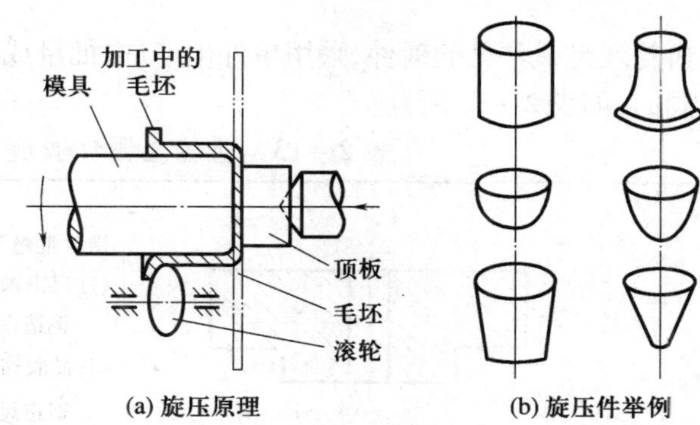

图2－67　旋压原理及旋压件举例

旋压方法所用的设备和模具都很简单，各种形状的旋转体拉深、翻边、缩口胀形和卷边件都可适用。但生产效率低，操作技术要求高，所以只适合于小批量生产。

在旋压过程中，改变毛坯形状，直径增大或减小，而其厚度不变或有少许变化者称为不变薄旋压。在旋压中不仅改变毛坯的形状而且壁厚有明显变薄者，称为变薄旋压，又叫强力旋压。

2.4 锻压生产安全技术

锻造、冲压生产场地工作条件特殊，是工伤事故多发场合，除要严格遵守一般的安全操作规程之外，还需注意以下几点：

(1) 未经指导老师允许不得擅自开动设备，开启前必须检查设备是否完好，安全防护装置是否齐全有效。

(2) 坯料加热、锻造和冷却过程中应防止烫伤。

(3) 钳口的形状和尺寸必须与坯料的截面相适应，以便夹牢工件。严禁将夹钳对准人体，严禁将手指放在两钳柄之间，以免夹伤。

(4) 锻锤开启后，司锤者应集中精力按掌钳者的指挥操作，掌钳者发出的信号要清晰。

(5) 不要在锻造时易飞出冲头、料头、毛刺、火星等物的危险区停留。严禁将手和头伸入锻锤与砧座之间，砧座上的氧化皮应用夹钳、长柄扫帚等工具清除。

(6) 锤头应做到“三不打”，即砧上无锻坯不打、工件未夹牢不打、过烧或过冷的坯料不打。

(7) 冲压板料时，严禁将手或头伸入上、下模之间，严禁用手直接取、放冲压件，应采用工具钩取。

(8) 冲压操作结束后，应切断电源，使滑块处于最低位置（模具处于闭合状态），然后进行必要的清理。

2.5 典型锻件工艺及锻造缺陷分析

2.5.1 锻件生产的工艺路线

齿轮坯是最常见的锻件，采用单件生产、中批量或大批量的生产类型，其锻造工艺路线是不相同的，如表 2－13 所列。

表 2－13 齿轮坯锻件锻造工艺路线分析

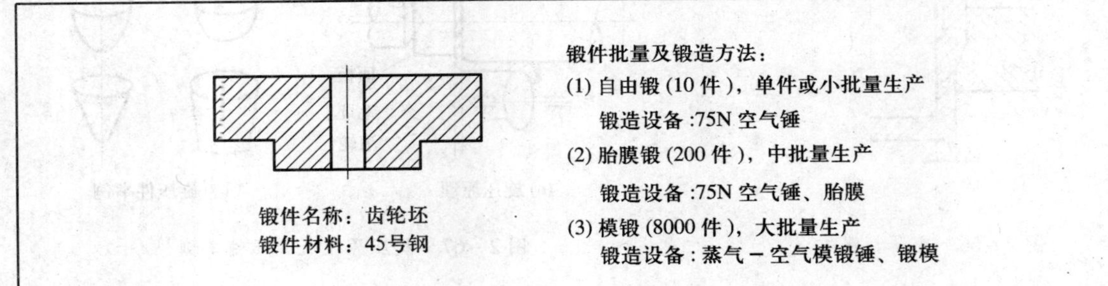

（续）

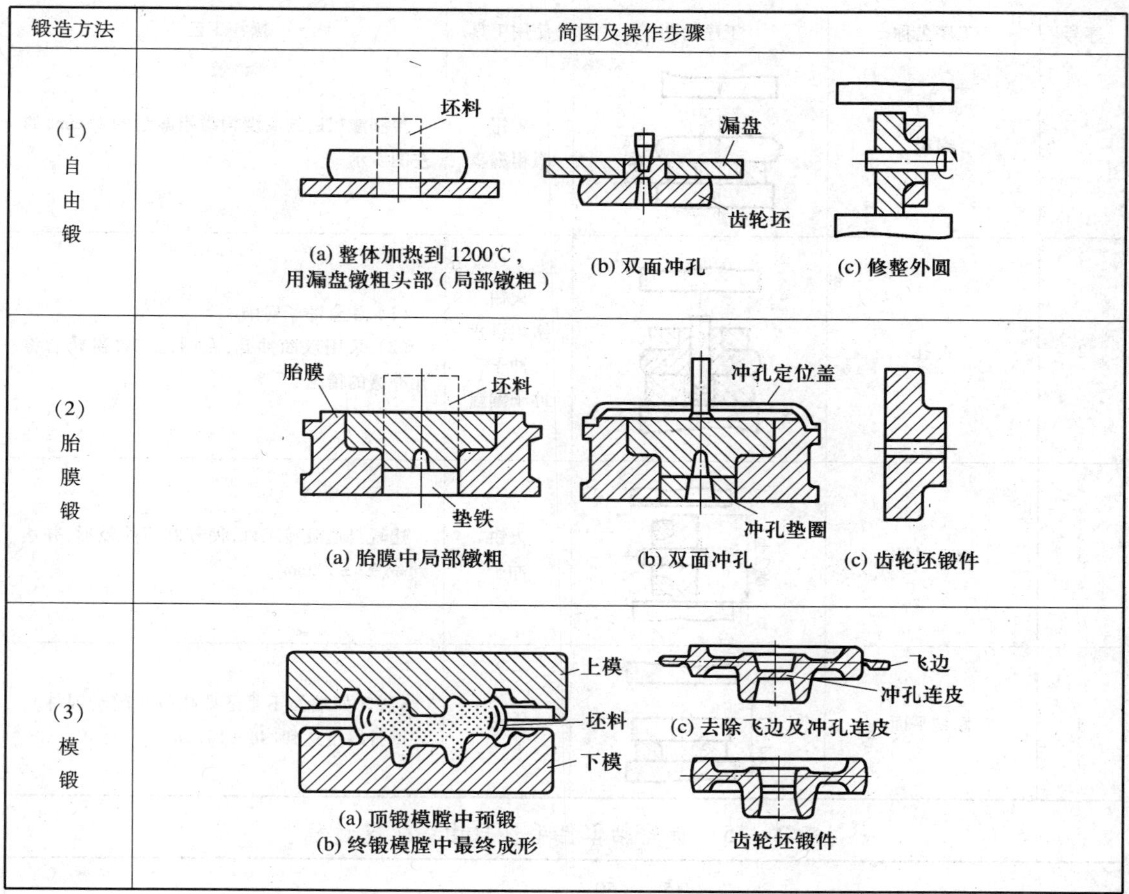

锻造方法	简图及操作步骤
(1) 自由锻	(a) 整体加热到 1200℃，用漏盘镦粗头部（局部镦粗）；(b) 双面冲孔；(c) 修整外圆
(2) 胎膜锻	(a) 胎膜中局部镦粗；(b) 双面冲孔；(c) 齿轮坯锻件
(3) 模锻	(a) 顶锻模膛中预锻；(b) 终锻模膛中最终成形；(c) 去除飞边及冲孔连皮；齿轮坯锻件

2.5.2 典型锻件的自由锻生产工艺

表 2－14 和表 2－15 以齿轮坯和齿轮轴坯为例，分别列出饼类和轴类零件的自由锻工艺。

表 2－14 齿轮坯自由锻工艺过程

锻件名称	齿轮毛坯	工艺类型	自由锻
材料	45 号钢	设备	65kg 空气锤
加热次数	1 次	锻造温度范围	850℃～1200℃
锻件图		坯料图	
$\phi28\pm1.5$；29 ± 1；44 ± 1；$\phi58\pm1$；$\phi92\pm1$		$\phi50$；125	

（续）

序号	工序名称	工序简图	使用工具	操作工艺
1	镦粗	45	火钳 镦粗漏盘	控制镦粗后的高度为镦粗漏盘的 45mm，如左图所示
2	冲孔		火钳 镦粗漏盘 冲子 冲子漏盘	（1）注意冲子对中 （2）采用双面冲孔，左图为工件翻转后将孔冲透的情况
3	修正外圆	φ92±1	火钳 冲子	边轻打边旋转工件，使外圆清除鼓形，并达到 $\phi(92\pm1)$ mm
4	修整平面	44±1	火钳	轻打（如端面不平还要边打边转动锻件），使锻件厚度达到（44 ±1）mm

表 2－15　齿轮轴零件毛坯自由锻工艺过程

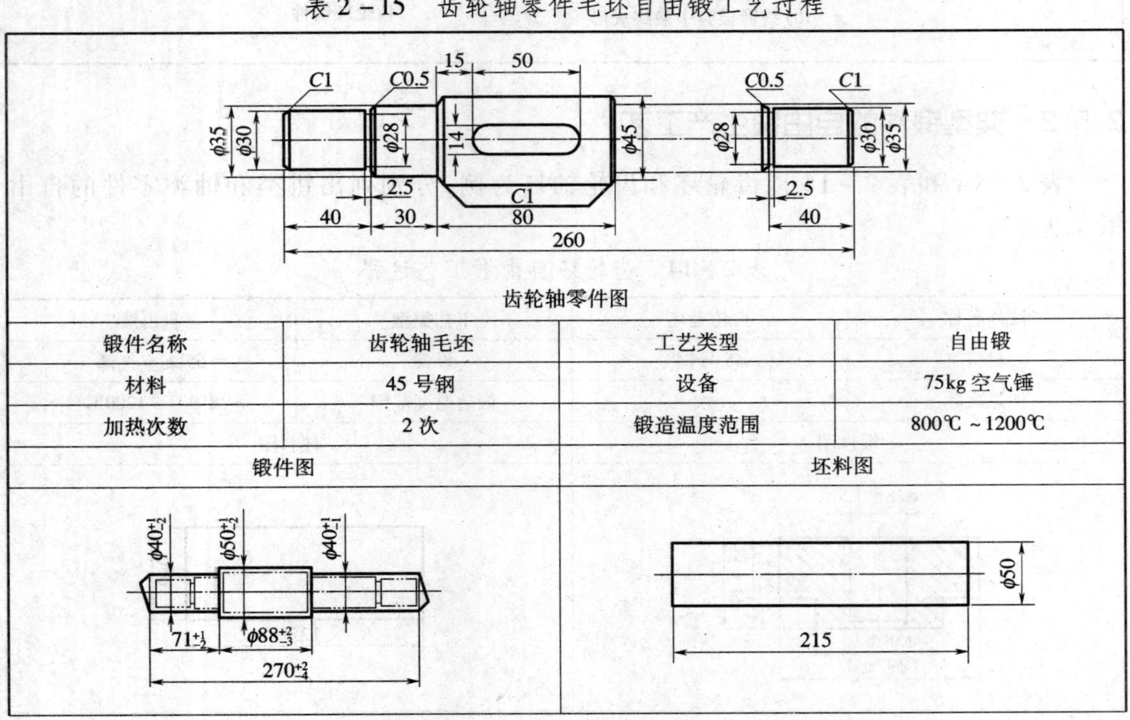

齿轮轴零件图

锻件名称	齿轮轴毛坯	工艺类型	自由锻
材料	45 号钢	设备	75kg 空气锤
加热次数	2 次	锻造温度范围	800℃ ~1200℃
锻件图		坯料图	

（续）

序号	工序名称	工序简图	使用工具	操作工艺
1	压肩	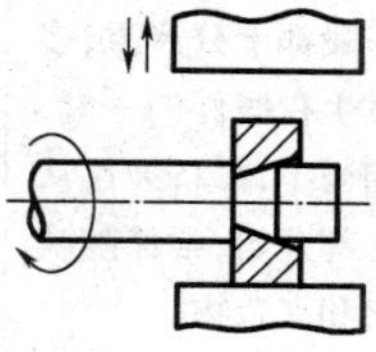	圆口钳 压肩摔子	边轻打，边旋转锻件
2	拔长	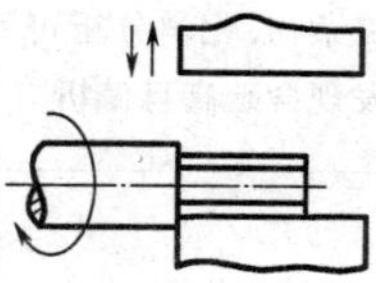	圆口钳	将压肩一端拔长至直径，不小于 40mm
3	摔圆	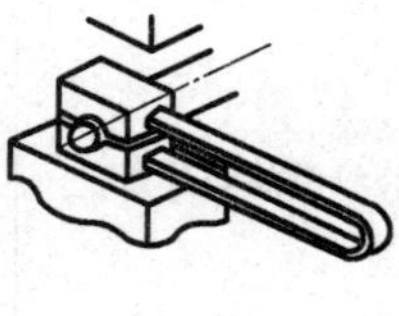	圆口钳 摔圆摔子	将拔长部分摔圆至 $\phi(40 \pm 1)$mm
4	压肩	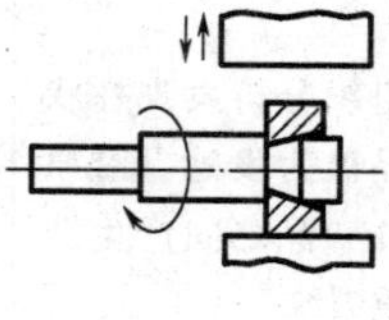	圆口钳 压肩摔子	截出中段长度 88mm 后，将另一段压肩
5	拔长	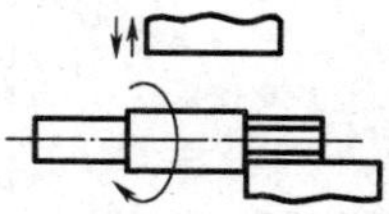	尖口钳	将压肩一端拔长至直径不小于 40mm
6	摔圆修整	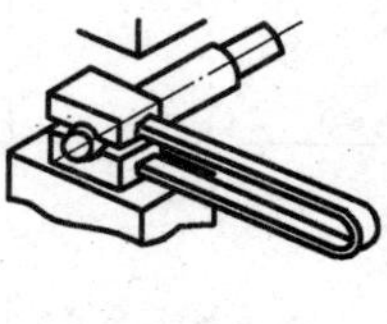	圆口钳 摔圆摔子	将拔长部分摔圆至 $\phi(40 \pm 1)$mm

2.5.3 锻件中的缺陷分析

锻造中的主要缺陷如表 2-16 所列。

表 2－16 锻件缺陷分析

缺陷大类	缺陷名称	产生原因	易出现钢种	特点及鉴别方法	防止方法	检验措施
原发性内部裂纹	缩孔残余裂纹	缩孔没有除净引起		一般都十分严重,多发生在锻件的一端,相当于冒口;裂纹从心部开始,常伴随疏松和夹杂物	严格控制铸造工艺,使缩孔集中于冒口,切头时将缩孔除净	超声波
	夹杂物裂纹	硫化物引起的"热裂"以及硅酸盐及氧化物引起的锻造裂纹	含硫过多的钢	裂纹附近有大量的夹杂物,化学分析可发现含硫高且偏析	选用优质钢材	超声波 金相分析 化学分析
	内部气泡裂纹	蜂窝状气泡所致			选用优质钢材	超声波
	轴心晶间裂纹	锭心产生轴心晶间裂纹	合金结构钢、马氏体或奥氏体不锈钢及耐热钢	裂纹沿晶间分布	采用较大锻压比	超声波 酸浸 热蚀
	柱状粗晶裂纹	浇注工艺不当,致使晶粒粗大,或形成粗大的柱状晶。因为柱状晶之间的杂质较多及热塑性较差所致,也与锻造时锤击过猛及倒棱不当也有关系	高合金钢	组织分析发现柱状晶极为发达。沿原柱状晶之间产生严重裂纹		超声波 金相分析
锻造不当裂纹	升温过快裂纹	由于高速钢、高合金钢的导热性低,加速加热时,内外温差较大,产生很大的应力	高速钢、高合金钢	严重开裂,甚至爆成碎块	锻造高合金钢时,应采用缓慢加热,使钢锭或钢坯加热均匀并烧透再行锻造,装炉温度不能过高	超声波、金相分析
	加热不透裂纹	加热不透时,内部因温度低而塑性差,对变形阻力大,锻造时仅外部变形,中心变形很小,甚至不变化,结果导致心部破裂,锻锤能力过小也可能导致这种心裂	高合金钢	多发生在心部,裂纹一般较严重	使钢坯加热透,使用能力合适的锻锤	超声波

（续）

缺陷大类	缺陷名称	产 生 原 因	易出现钢种	特点及鉴别方法	防止方法	检验措施
锻造不当裂纹	终锻温度过低裂纹	亚共析钢低于 A_{c3} 温度，过共析钢低于 A_{c1} 温度时，锻造变形应力与相变应力同时发生，此时铁素体已开始析出，并沿奥氏体晶界分布，强大的内应力在强度较低的晶界铁素体网络中产生裂纹	马氏体－铁素体不锈钢与热强钢。非纯铁素体或奥氏体钢	金相检验可见裂纹均于沿晶界分布的网状铁素体中	严格控制终锻温度	超声波
	十字裂纹	变形不均匀所致，因为高速钢含有大量碳化物，变形阻力很大，锤击过猛，表层与心部变形量相差较大，产生内部“十”字形裂纹。如伴随加热不透，则更容易产生	高速钢、高合金钢	由于锻打多，先打成四方形，所以裂纹呈“十”字形，多在端部发生	锤击要均匀，特别注意加热透及始锻、终锻温度	超声波
原发性表面缺陷裂纹	皮下气泡裂纹	因铸件皮下气孔所致		气孔内壁氧化或渗入杂质，锻压时扩大而成，横向切片多为垂直于钢材表面分布的小裂纹，深度十几毫米，裂纹边缘有氧化、脱碳现象	铸件防止皮下气泡，有缺陷钢材，表面加工后再用	磁性探伤 着色 热蚀 酸浸
	表面裂纹扩大	由原表面裂纹扩大所致		一般肉眼可见	先行表面加工清除后再锻造	磁粉探伤 着色
	重皮折叠裂纹	钢坯表面突出部分及氧化皮或锻造卷起部分，在延展时压入钢的表面，由于它们已被氧化，故不能焊合而成		一般目视可鉴别	锻压前认真检查钢锭表面，清除可能引起裂纹的缺陷	磁粉探伤 着色
	铜脆裂纹	含铜量过高或表面被铜污染，在晶界上形成网络状富铜区，由于铜的熔点（1083℃）低于钢的锻压温度，在晶界呈熔融状态，致使锻压时形成表面裂纹，称为“铜脆”	加热炉中加热过铜类产品，炉底内表面存有铜质	金相分析开裂处颇多低熔点富铜相	锻压含铜较多的钢时，宜将钢材在还原炉气氛中小心加热，不致表面氧化产生富铜相	磁粉探伤 着色

（续）

缺陷大类	缺陷名称	产生原因	易出现钢种	特点及鉴别方法	防止方法	检验措施
锻造表面裂纹	过烧裂纹	温度过高而发生过烧		锻件表面出现网络状裂纹，称之为“龟裂”；更严重的可使锻件裂为碎块，断口失去金属光泽。金相检验表明这些裂纹都发生在晶界上	严格控制解热温度	磁粉探伤 着色
	冷却过快裂纹	因为钢内含有较多的合金元素，奥氏体等温转变曲线显著右移，临界淬火温度小，自高温空气冷却奥氏体，即可发生马氏体转变，组织转变引起的内应力很大，组织转变应力与变形残余应力共同作用产生裂纹	多见于合金化程度较高的钢种，马氏体合金结构钢		严格控制冷却降温速度	磁粉探伤 着色
	偏析	偏析即钢的成分与组织的不均匀性的表现，即钢内各种元素分布不均匀。钢的偏析与钢的成分、钢内气体与杂志的含量，浇注和冷却条件等有关，如钢浇注温度过高及冷却缓慢；交多的杂质和气孔；大量的气体与杂质	碳钢、合金钢	切片经酸浸以后即可见到	主要从冶炼、浇注等方面采取措施，减少钢中的杂质和气体	金相
其他缺陷	白点	由钢中氢和组织应力共同作用引起的	经热压力加工的合金结构钢、合金钢、滚动轴承钢及某些马氏体钢和热强钢	热加工后钢的纵断面上有表面光滑的银白色斑点，形状是圆或椭圆。一般存在于锻件心部或 1/3R ~ 2/3R 处，未与空气接触，未被氧化、污染，依然保持着新鲜、洁净的表面	设法除氢和消除组织应力就可以避免白点的产生；可以通过适当的高温锻造及大变形量锻造，使白点裂纹两侧的表面相互焊合，使白点消除	超声波探伤 酸浸 断口检验

第3章　焊　接

3.1　概述

3.1.1　焊接的特点

焊接是通过加热或加压，或两者并用，并且用或不用填充材料，使焊件达到原子结合的一种加工方法。焊接不仅可以使金属材料永久地连接起来，而且也可以使某些非金属材料达到永久连接的目的，如玻璃、塑料。

焊接是现代工业中用来制造或修理各种金属结构和机械零件、部件的主要方法之一。作为一种永久连接的加工方法，它已基本取代铆接工艺。与铆接相比，它具有节省材料，减轻结构质量，连接强度高，简化加工与装配工序，接头密封性好，能承受高压，易于实现机械化、自动化，提高生产率等一系列特点。

但焊接是一个不均匀的加热和冷却过程，因此，焊接件易产生应力和变形。在焊接过程中，必须采取一定的措施予以防止。

3.1.2　焊接的分类

焊接的种类很多，按焊接过程的工艺特点，通常将焊接方法分为熔化焊（气焊、手弧焊等）、压力焊（如电阻焊、摩擦焊等）和钎焊（如锡焊、铜焊等）三大类，如表3－1所列。

表3－1　焊接方法的分类

<table>
<tr><td colspan="27">焊接</td></tr>
<tr><td colspan="6">钎焊</td><td colspan="11">压力焊</td><td colspan="10">熔化焊</td></tr>
<tr><td rowspan="2">盐浴钎焊</td><td rowspan="2">超声波钎焊</td><td rowspan="2">真空钎焊</td><td rowspan="2">电阻钎焊</td><td rowspan="2">火焰钎焊</td><td rowspan="2">烙铁钎焊</td><td rowspan="2">高频焊</td><td rowspan="2">扩散焊</td><td rowspan="2">爆炸焊</td><td rowspan="2">超声波焊</td><td rowspan="2">冷压焊</td><td rowspan="2">气压焊</td><td rowspan="2">摩擦焊</td><td colspan="4">电阻焊</td><td rowspan="2">激光焊</td><td rowspan="2">电子束焊</td><td colspan="2">气体保护焊</td><td rowspan="2">等离子弧焊</td><td rowspan="2">电渣焊</td><td rowspan="2">铝热焊</td><td colspan="2">电弧焊</td><td rowspan="2">气焊</td></tr>
<tr><td>凸焊</td><td>对焊</td><td>缝焊</td><td>点焊</td><td>CO_2气体保护焊</td><td>氩弧焊</td><td>埋弧自动焊</td><td>手工电弧焊</td></tr>
</table>

（1）熔化焊是将焊件接头处加热至熔化状态，不加压力，并熔入填充金属，经冷却凝固后形成牢固的接头的方法。它目前是应用最广泛的一类焊接方法。

（2）压力焊是在焊接过程中不论加热与否，都要在焊接处施加一定的压力，使两个结合面紧密接触，以获得两个焊件间牢固连接的方法。

（3）钎焊是指采用比焊件熔点更低的金属材料作钎料，将焊件和钎料加热到高于钎料熔点，且低于焊件熔点的温度，利用液态钎料润湿母材，填充接头间隙，并与母材相互扩散，实现连接焊件的方法。

3.1.3 焊接方法的应用

焊接目前已广泛应用于航空、车辆、船舶、建筑及国防工业等部门，主要表现在以下几个方面：

(1) 制造金属结构，如船体、桥梁、房架、机床床身、壳体、各种容器、管道及其他。

(2) 制造机器零件或毛坯，如轧辊、飞轮、大型齿轮、电站设备中的重要部件、切削刀具等。

(3) 连接电气导线，如电子管和晶体管电路、变压器绕组以及输电线路中的导线等。

(4) 在修理工作中的应用，如铸(钢、铁)件的缺陷补焊等。

据有关资料介绍，世界上发达工业国家每年制造的焊接机构的总量约占钢产量的45%，由此可见焊接的生产应用十分广泛。我国在焊接结构的制造方面也取得了较大发展，例如：成功地焊制了万吨水压机的横梁和立柱，12.5万kW气轮机转子，30万kW和60万kW的电站锅炉，209m的电视塔，直径15.7m球罐，5万t远洋油轮等，以及原子能反应堆、火箭、人造卫星等尖端产品。近年来在上海黄浦江畔高耸的东方明珠塔和高度位于世界前列的金茂大厦的建成，充分说明了我国焊接结构制造的辉煌成就。尤其鸟巢钢结构的焊接，体现了我国较高的焊接水平。

3.2 手工电弧焊

电弧焊是利用电弧产生的热量使焊件结合处的金属成熔化状态，互相融合，冷凝后结合在一起的一种焊接方法。它包括手工电弧焊(手弧焊)、埋弧焊和气体保护焊等。这种方法的电源可以是直流电，也可以是交流电。它所需设备简单，操作灵活，因此是生产中使用最广泛的一种焊接方法。

手弧焊是手工操纵焊条进行的电弧焊方法，所用的设备简单，操作方便、灵活，并适用于各种焊接位置和接头形式，应用极广。

3.2.1 焊接过程

焊接前，将焊钳和焊件分别接到由焊机输出的两极，并用焊钳夹持焊条。焊接时，利用焊条与焊件间产生的高温电弧作热源，使焊件接头处的金属和焊条端部迅速熔化，形成金属熔池。电弧热还使焊条的药皮熔化、燃烧，被熔化的药皮与熔池金属发生物理化学反应，所形成的熔渣不断从熔池中浮起，对熔池加以覆盖保护，药皮受热分解产生大量保护气体，围绕在电弧周围并笼罩住熔池，防止了空气中氧和氮(CO_2、CO和H_2等)的侵入。当焊条向前移动时，随着新的熔池不断产生，原先的熔池不断冷却、凝固，形成焊缝，从而使两分离的焊件焊成一体(图3-1)。

3.2.2 焊接电弧

焊接电弧是在具有一定电压的两电极间，在局部气体介质中产生的强烈而持久的放电现象。产生电弧的电极可以是焊丝、焊条或钨棒以及焊件等。焊接电弧的构造如图3-2所示。

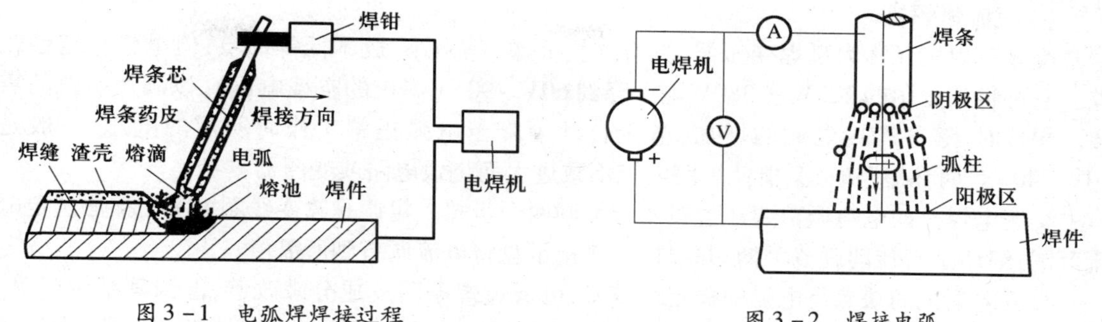

图 3-1 电弧焊焊接过程

图 3-2 焊接电弧

引燃电弧后，弧柱中就充满了高温电离气体，放出大量的热能和强烈的光。电弧的热量与焊接电流和电弧电压的乘积成正比，电流越大，电弧产生的总热量就越大，一般情况下，电弧热量在阳极区产生的较多，约占总热量的43%；阴极区因放出大量的电子，消耗了一部分能量，所以产生的热量较少，约占总热量的36%；其余21%左右的热量是由电弧中带电微粒相互摩擦而产生的。焊条电弧焊只有65%～85%的热量用于加热和熔化金属，其余的热量则散失在电弧周围和飞溅的金属液滴中。

电弧中阳极区和阴极区的温度因电极材料性能（主要是电极熔点）不同而有所不同。用钢焊条焊接钢材时，阳极区温度约为2600℃，阴极区温度约2400℃，电弧中心区温度较高，可达到6000℃～8000℃，因气体种类和电流大小而异。使用直流弧焊电源时，当焊件厚度较大，要求较大热量、迅速熔化时，宜将焊件接电源正极，焊条接负极，这种接法称为正接法；当要求熔深较小，焊接薄钢板及非铁金属时，宜采用反接法，即将焊条接正极，焊件接负极，如图3－3所示。

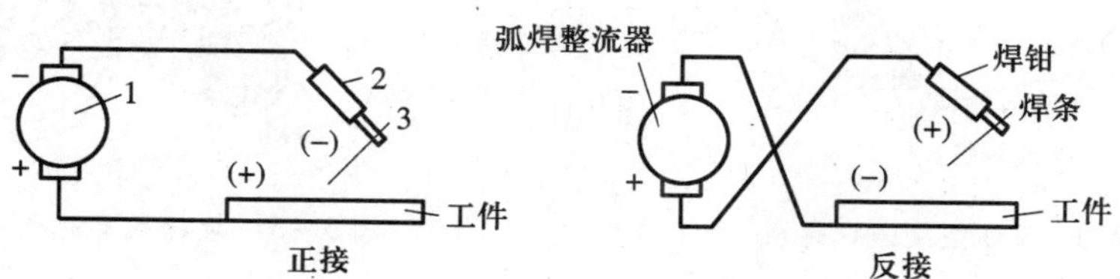

图 3-3 直流电弧的接法

3.2.3 手弧焊工具及设备

手弧焊工具及设备包括电焊机、连接电缆、电焊钳、尖头锤及钢丝刷等工具和面罩、手套等安全防护用具，其中电焊机为主要设备，为焊接电弧提供电源必须满足以下性能：

(1) 焊接开始时，焊机能提供较高的空载电压(60V～80V)，以便引弧。

(2) 焊接过程中，能提供稳定的低电压、大电流。

(3) 当焊条与工件短路时，能把短路电流限制在某一安全数值内（一般为焊机工作电流的1.5倍～2倍），以保证焊机不致在短路时烧坏。

(4) 焊接电流可根据需要进行调节。

常用的电焊机包括交流弧焊机和直流弧焊机两大类。

1．交流弧焊机

交流弧焊机又称为弧焊变压器，具有结构简单、噪声小、成本低等优点，但电弧稳定性较差。它可将工业用的220V或380V电压降到60V～90V（焊机的空载电压），以满足引弧的需要。焊接时，随着焊接电流的增加，电压自动下降至电弧正常工作时所需的电压，一般是20V～40V。而在短路时，又能使短路电流不致过大而烧毁电路或变压器本身。

交流电焊机的电流调节要经过粗调和细调两个步骤。粗调是改变线圈插头的接法选定电流范围；细调是借转动调节手柄，并根据电流指示盘将电流调节到所需值。

交流电焊机的缺点是电弧的稳定性较差，可通过焊条药皮成分来改善，但因其结构简单、价格低廉、工作噪声小、效率高、维修方便等优点，得到广泛应用。对于酸性焊条焊接，优先选用交流电焊。图3－4所示为BX1－300型交流电焊机。

2．直流弧焊机

直流弧焊机分为旋转式直流弧焊机和整流式直流弧焊机两类。

（1）旋转式直流弧焊机（图3－5）。它由一台交流电动机和一台直流弧焊发电机组成。直流发电机由同轴的交流电机带动，供给满足焊接要求的直流电。常用的型号有AX7－500型直流电焊机。

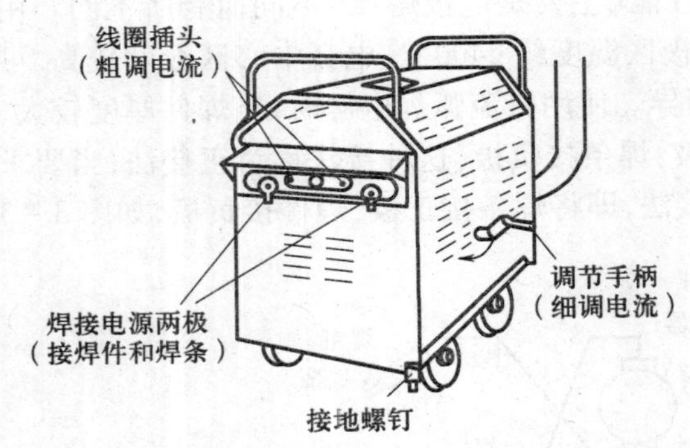

图3－4　BX1－300型交流电焊机

图3－5　旋转式直流电焊机

旋转式直流弧焊机的电流调节也分为粗调和细调。粗调是通过改变焊机接线板上的接线位置（改变发电机电刷位置）来实现的；细调是利用装在焊机上端的可调电阻进行的。这种弧焊机引弧容易，电流稳定，焊接质量较好，并能适应各类焊条的焊接，但机构复杂，噪声较大，价格较贵。在焊接质量要求较高或焊接薄的碳钢件、有色金属件和特殊钢件时宜选用这种焊机。

（2）整流式直流弧焊机（简称弧焊整流器）。它是通过整流器把交流电转变为直流电，既具有比旋转式直流弧焊机结构简单、造价低廉、效率高、噪声小、维修方便等优点，又弥补了交流弧焊机电弧不稳定的不足，如图3－6所示。

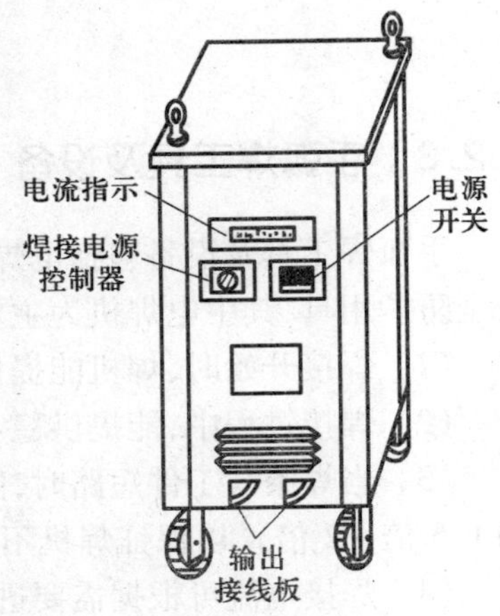

图3－6　整流式直流弧焊机

直流弧焊机输出端有正负之分，焊接时电弧两极极性不变。焊件接电源正极，焊条接电源负极的接线法称为正接,也称为正极性;反之称反接,也称为反极性。焊接厚板时,一般采用直流正接;焊接薄板时,一般采用直流反接。但在使用碱性焊条时,均采用直流反接。

3.2.4 焊条

焊条是涂有药皮的供手弧焊用的熔化电极,由金属焊芯和药皮两部分组成。

1. 焊芯

焊芯是焊条内的金属丝,在焊接过程中起到传导焊接电流、产生电弧和熔化后填充焊缝的作用。

为保证焊缝金属具有良好的塑性、韧性和减少产生裂纹的倾向,焊芯必须经过专门冶炼,一般由具有低碳、低硅、低磷的金属丝制成。

焊条的直径是表示焊条规格的一个主要尺寸,由焊芯的直径来表示,常用的直径有2.0mm~6.0mm,焊条长度一般为300mm~400mm。

2. 药皮

药皮是压涂在焊芯表面上的涂料层,由矿石粉、有机物粉、铁合金粉和粘结剂等原料按一定比例配制而成。药皮的主要作用如下:

(1) 稳定电弧。药皮中含有钾、钠等元素,能在较低电压下电离,既容易引弧又稳定电弧。

(2) 冶金处理。药皮中含有锰铁、硅铁等铁合金,在焊接过程中起脱氧、去硫、渗合金等作用。

(3) 机械保护。药皮在高温下熔化,产生的气体和熔渣能隔离空气,减少氧和氮对熔池的侵入。

3. 焊条的种类与型号

焊条按用途不同分为若干类,如碳钢焊条、低合金钢焊条、不锈钢焊条等,其中应用最广泛的为碳钢和低合金钢焊条。焊条型号是以字母“E”加4位数字组成,按熔敷金属的抗拉强度、药皮类型、焊接位和焊接电流种类划分,其编制如下。

字母“E”表示焊条。前面两位数字表示熔敷金属的最低抗拉强度值。第三位数字表示焊条的焊接位置,其中:“0”和“1”表示焊条适用于全位置(平、立、仰、横)焊接;“2”表示焊条适用于平焊或平角焊;“4”表示焊条适用向下立焊。有时第三位和第四位数字组合,表示焊接电流种类和药皮类型。

如E4315表示熔敷金属的最低抗拉强度为430MPa,全位置焊接,低氢钠型药皮,直流反接使用。

焊条按药皮熔渣化学性质又分为酸性焊条和碱性焊条两类。

(1) 酸性焊条。熔渣中含有大量的酸性氧化物如SiO_2、TiO_2的焊条。酸性焊条能在交、直流焊机两用,焊接工艺性能较好,但焊缝的力学性能,特别是冲击韧度较差,适于一般的低碳钢和相应强度等级的低合金钢结构的焊接。

(2) 碱性焊条。熔渣中含有多量碱性氧化物(CaO、Na_2O等)的焊条。碱性焊条一般用于直流焊机,只有在药皮中加入较多稳弧剂后,才适于交直流电源两用。碱性焊条脱硫、脱磷能力强,焊缝金属具有良好的抗裂和力学性能,特别是冲击韧度很高,但工艺性能差。主要适用于低合金钢、合金钢及承受荷载的低碳钢重要结构的焊接。

3.2.5 手弧焊工艺

焊前首先应进行焊前准备。焊前准备包括焊接接头形式的选择、开坡口、清理焊件表面氧化皮和油垢及焊件装备固定等,检查所用的各种工具及焊接线路、选择焊条直径、正确调节焊接电流、装配和点固焊件。

1. 接头形式和坡口形式

根据焊件结构要求、焊件厚度和工作条件的不同,需要采用不同的焊接接头形式,常用的有对接、搭接、角接和T形接几种。对接接头受力比较均匀,是用得最多的一种,重要的受力焊缝应尽量选用。

坡口的作用是为了保证电弧深入焊缝根部,使根部能焊透,以便清除熔渣,获得较好的焊缝形式和焊接质量。

选择坡口形式时,主要考虑下列因素:是否能保证焊缝焊透;坡口形式是否容易加工;应尽可能提高劳动生产率、节省焊条;焊后变形应尽可能小;坡口的根部要留约2mm的钝边,防止烧穿。常用的坡口形式如图3-7所示。

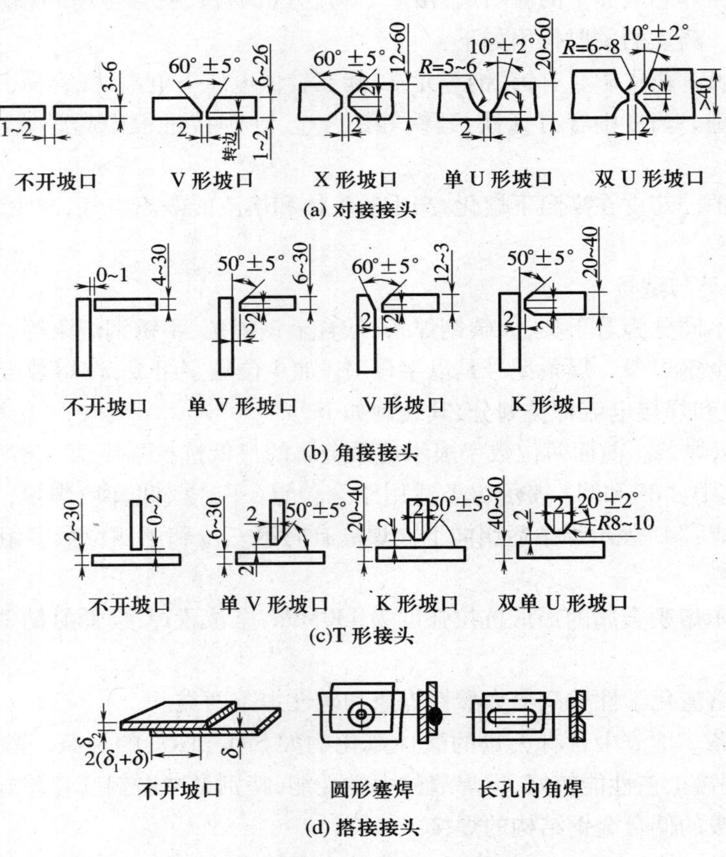

图3-7 焊接接头形式和坡口形式

2. 焊接的空间位置

按焊缝在空间的位置不同,可分为平焊、立焊、横焊和仰焊(图3-8)。其中平焊操作方便,可采用较大焊条和电流,效率高、劳动强度小、液体金属不会流散、易于保证质量,是最理想的操作空间位置，应尽可能地采用。而其他几种由于熔池铁水有向下坠落的趋势，操作难、质量不易保证，只能用小直径焊条、小电流施焊才能进行。

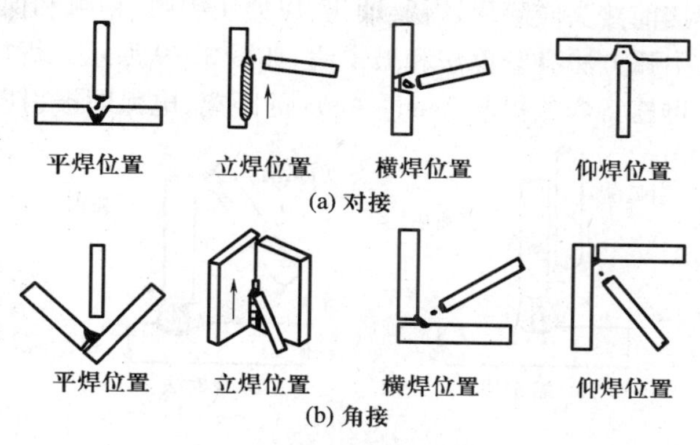

图 3-8 焊缝的空间位置

3. 工艺参数及其选择

焊接时为保证焊接质量而选定的诸物理量（如焊条直径、焊接电源、焊接速度和弧长等）的总称称为焊接工艺参数。

1）焊条直径

焊条直径的粗、细主要取决于焊件的厚度。焊件较厚时应选较粗的焊条；焊件较薄时则相反。焊条直径的选择如表 3-2 所列。立焊和仰焊时，焊条直径比平焊时细些。

表 3-2 焊条直径的选择

焊件厚度/mm	<2	2~4	4~10	12~14	>14
焊条直径/mm	1.5~2.0	2.5~3.2	3.2~4	4~5	>5

2）焊接电流

焊接电流主要影响焊条熔化速度和输入熔池的热量。电流太大时金属熔化快，熔深大，易产生咬边、烧穿；电流太小时输入热量少，可造成夹渣和未焊透现象。

焊接电流应根据焊条直径选取。平焊低碳钢时，焊接电流 I 和焊条直径 d 的关系为：$I=(30\sim60)d$。

上述求得的焊接电源电流只是一个初步数值，还要根据焊件厚度、接头形式、焊接位置、焊条种类等因素通过试焊进行调整。采用直流焊时，焊接电流比交流小 10% 左右，横、立、仰焊时，焊接电流比平焊位置时小 10%～15%。

3）焊接速度

焊接速度是指单位时间内完成的焊缝长度，它对焊缝质量影响很大。焊速过快，易使焊缝的熔深浅、焊缝宽度小，甚至可能产生夹渣和焊不透的缺陷；焊速过慢，焊缝熔深较深、焊缝宽度增加，特别是薄件易烧穿。手弧焊时，焊接速度由焊工凭经验掌握。一般在保证焊透的情况下，应尽可能增加焊接速度。

4）弧长

弧长是指焊接电弧的长度。弧长过长，燃烧不稳定，熔深减小，空气易侵入产生缺陷。因此，操作时尽量采用短弧，一般要求弧长不超过所选择焊条直径，多为 2mm～4mm。

3.2.6 焊接操作

(1) 接头清理。焊接前接头应除尽铁锈、油污，以便于引弧、稳弧和保证焊缝质量。

(2) 引弧。常用的引弧方法有摩擦法和敲击法，如图 3－9 所示。焊接时将焊条端部与焊件表面摩擦或轻敲击后迅速将焊条提起 2mm～4mm 的距离，电弧即被引燃。

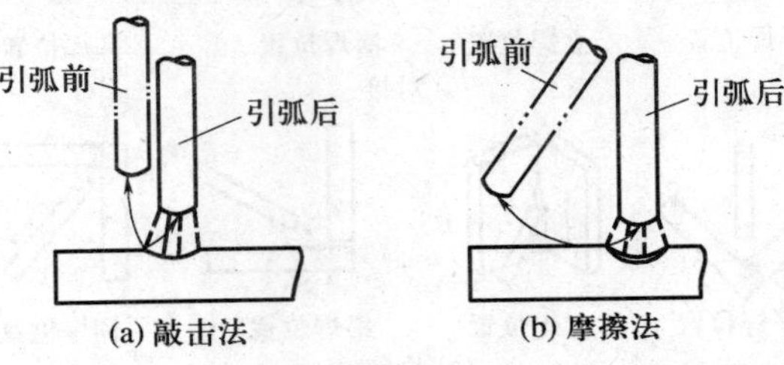

图 3－9　引弧方法

(3) 运条。引弧后，首先必须掌握好焊条与焊件之间的角度（图 3－10），并使焊条同时完成图 3－11 所示的 3 个基本动作：①焊条沿其轴线向熔池送进；②焊条沿焊缝纵向移动；③焊条沿焊缝横向摆动（为了获得一定宽度的焊缝）。

(4) 焊缝收尾。焊缝收尾时，要填满弧坑。为此焊条要停止前移，在收弧处画一个小圈并慢慢将焊条提起，拉断电弧。

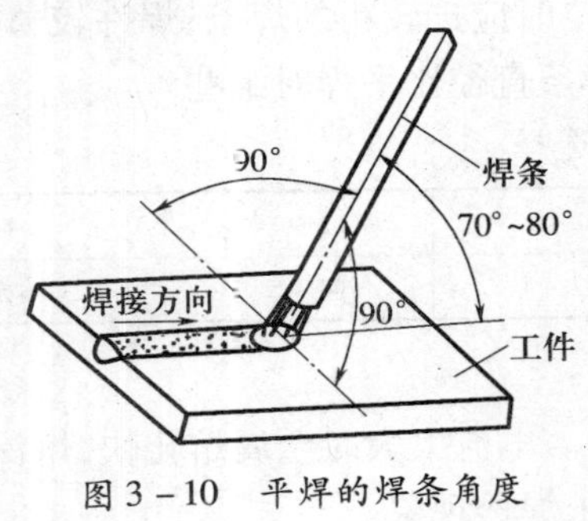

图 3－10　平焊的焊条角度

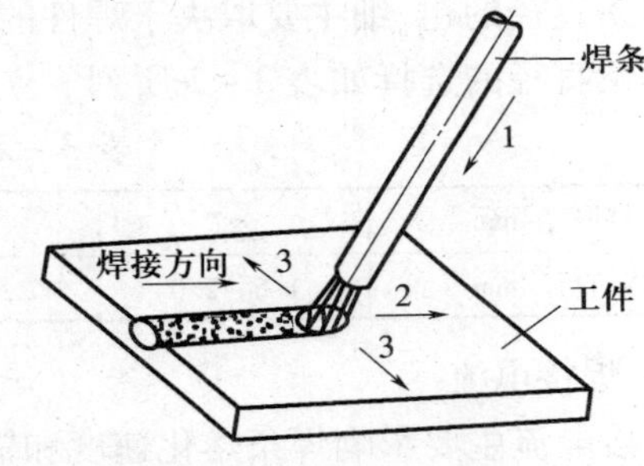

图 3－11　运条基本动作

1—向下送进；2—沿焊接方向移动；3—横向移动。

3.3 气焊

气焊是利用可燃气体与氧气混合燃烧的火焰所产生的高热熔化焊件和焊丝而进行金属连接的一种熔焊方法。可燃气体和氧气的混合是在焊炬中完成的。气焊所用的可燃气体主要有乙炔、丙烷及氢气等，但最常用的是乙炔，因为乙炔在纯氧中燃烧时放出有效热量最多，火焰温度高（图 3－12）。

与电弧焊相比，气焊设备简单、操作灵活方便、不带电源。但气焊火焰温度较低、热量较分散、生产率低、工件变形严重、焊接质量较差，所以应用不如电弧焊广泛。主要用于焊接厚度在 3mm 以下的薄钢板，如铜、铝等有色金属及其合金、低熔点材料以及铸铁焊补和野外操作等。

3.3.1 气焊设备

气焊所用的设备及气路连接如图 3－13 所示。

(1) 氧气瓶。氧气瓶是运输和存高压氧气的钢瓶，其容积为 40L，最高压力为 14.7MPa，

一般存 $6m^3$ 氧气，瓶体为蓝色，上部有两个黑字“氧气”字样。

使用氧气瓶时要严格注意防止氧气瓶的爆炸。直立放置必须平稳可靠，不应与其他气瓶混放，不得靠近明火和其他热源，热天要防止暴晒，冬天要严禁火烤，氧气瓶及其他通纯氧的设备、工具等均应严禁沾油。

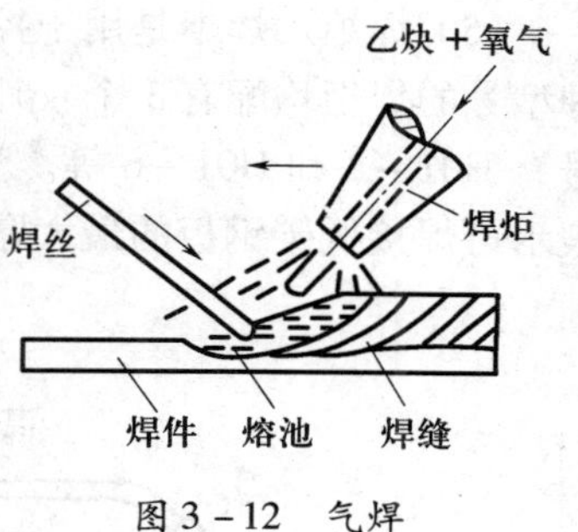

图 3－12　气焊

（2）乙炔瓶。乙炔瓶是储存溶解乙炔的钢瓶（图 3－14），外表喷上白漆，并用红漆标注“乙炔”。瓶内装有浸满丙酮的多孔填充物（活性炭、木屑等）。丙酮对乙炔有良好的溶解能力，可使乙炔稳定而安全地存在瓶中。在乙炔瓶阀下面的填料中心部放着石棉，主要是帮助乙炔从多孔填料中分解出来。乙炔瓶限压 1.52MPa，容积为 40L。

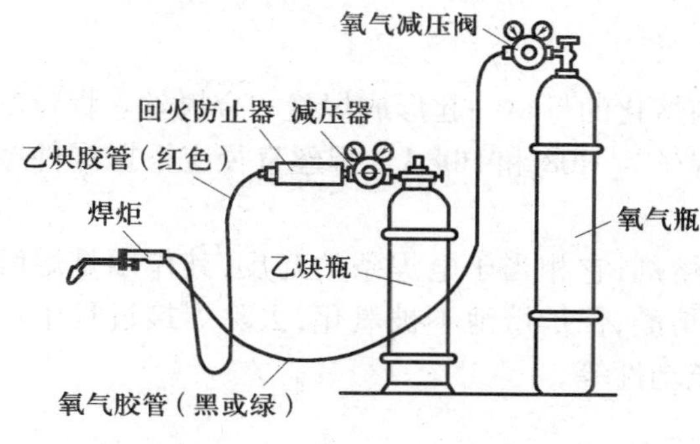

图 3－13　气焊设备及连接

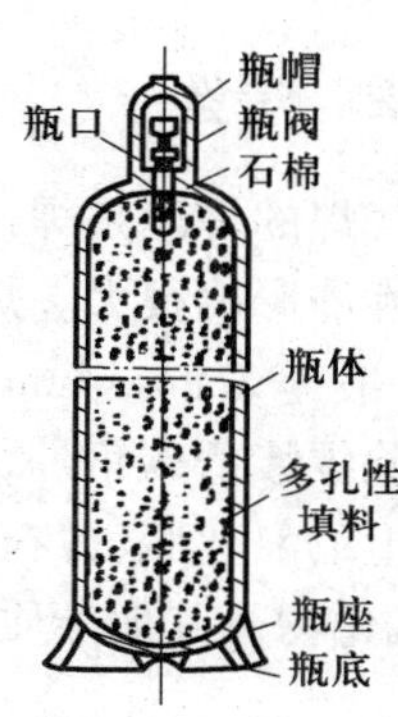

图 3－14　乙炔瓶

（3）减压器。减压器是用来将氧气瓶（或乙炔瓶）中的高压氧（或乙炔），降低到焊炬需要的工作压力，并保持焊接过程中压力基本稳定的仪表（图 3－15）。减压器使用时，先缓慢打开氧气瓶（或乙炔瓶）阀门，然后旋转减压器调压手柄，待压力达到所需要时为止。停止工作时，先松开调压螺钉，再关闭氧气瓶（或乙炔瓶）阀门。

（4）回火防止器。回火防止器是装在乙炔减压器和焊炬之间防止火焰沿乙炔管道回烧的安全装置，其工作示意图如图 3－16 所示。正常气焊时，火焰在焊嘴外面燃烧，但当气体压力不足、焊嘴阻塞、焊嘴太热或焊嘴离焊件太近时，气体火焰进入喷嘴内逆向燃烧，这种现象称回火。如果火焰蔓延到乙炔瓶就会发生严重的爆炸事故，所以在乙炔瓶的输出管道上必须装置回火防止器。

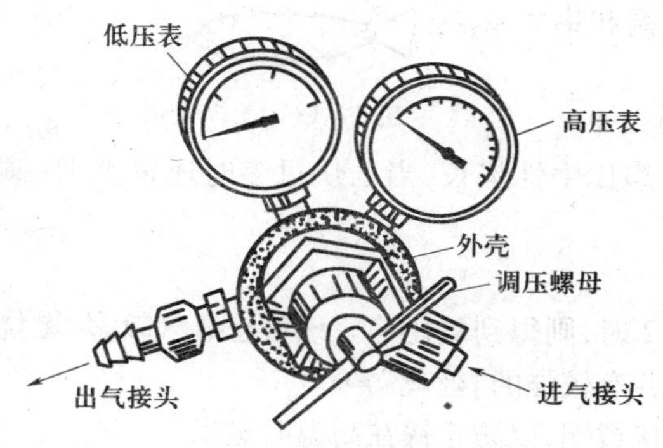

图 3－15　QD－1 型单级反作用式减压表

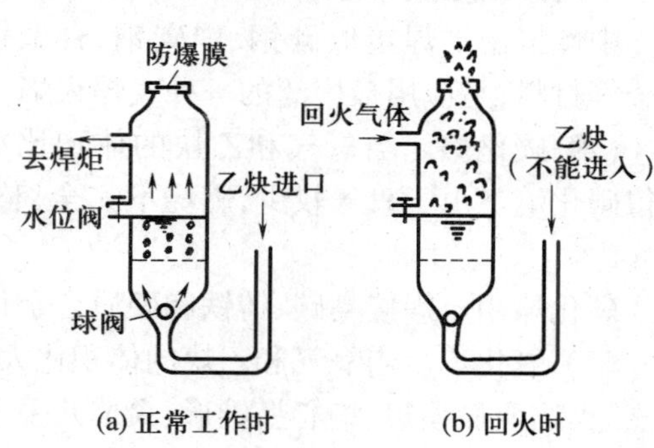

图 3－16　回火防止器工作示意图

（5）焊炬。焊炬是用于控制气体混合比、流量及火焰并进行焊接的工具（图3－17）。各种型号的焊炬均配有3个～5个大小不同的焊嘴，以便焊接不同厚度的焊件时选用。常用型号有H01－2和H01－6等。型号中“H”表示焊炬，“0”表示手工，“1”表示射吸式，“2”和“6”表示可焊接低碳钢板的最大厚度为2mm和6mm。

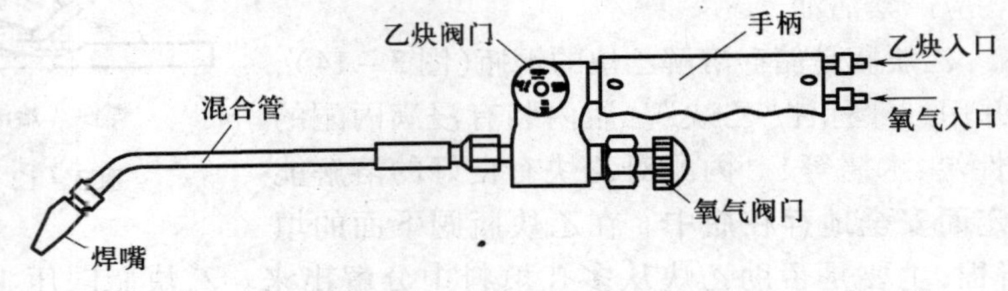

图3－17　射吸式焊炬

3.3.2　焊丝

气焊的焊丝是焊接时作为填充金属与熔化的母材一起形成焊缝的金属丝。焊丝的质量对焊件性能影响很大。焊接低碳钢常用的焊丝为H08和H08A。焊丝直径应根据焊件厚度来选择，一般为2mm～4mm。

除焊接低碳钢外，气焊时要使用气焊熔剂，它相当于电焊条的药皮，其作用是熔解和消除焊件上的氧化膜，并在熔池表面形成一层熔渣，保护熔池不被氧化，去除焊接过程中产生的气体、氧化物及其他杂质，增加液态金属的流动性等。

3.3.3　气焊火焰

改变乙炔和氧气的混合比例，可以得到3种不同的火焰即中性焰、碳化焰和氧化焰，如图3－18所示。

（1）中性焰。当氧气和乙炔的体积比为1.1～1.2时，产生的火焰为中性焰，又称正常焰。它由焰心、内焰和外焰组成，靠近喷嘴处为焰心，呈白亮色，其次为内焰，呈蓝紫色，最外层为外焰，呈橘红色。火焰的最高温度产生在焰心前端2mm～4mm的内焰区，可达3150℃，焊接时应以此区来加热工件和焊丝。

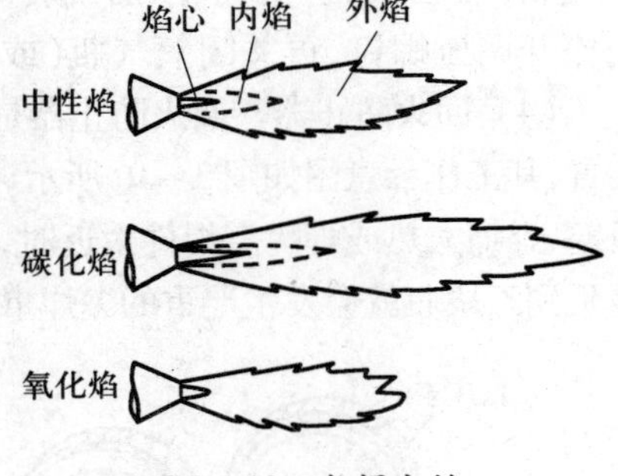

图3－18　气焊火焰

中性焰用于焊接低碳钢、中碳钢、合金钢、紫铜和铝合金等材料，是应用最广泛的一种气焊火焰。

（2）碳化焰。当氧气和乙炔的体积比小于1.1时，则得碳化焰。由于氧气较少，燃烧不完全，整个火焰比中性焰长，当乙炔过多时还冒黑烟（碳粒）。

碳化焰用于焊接高碳、铸铁和硬质合金材料。

（3）氧化焰。当氧气和乙炔的体积比大于1.2时，则得到氧化焰。该状态氧气较多、燃烧剧烈、火焰明显缩短、焰心呈锥形、火焰几乎消失，并有较强的“丝丝”声。

氧化焰易使金属氧化，故用途不广，仅用于焊接黄铜，以防止锌在高温时蒸发。

3.3.4 气焊基本操作

(1) 点火、调节火焰和灭火。点火时,先稍开一点氧气阀门,再开乙炔阀门,随后用明火点燃,然后逐渐开大氧气阀门调节到所需的火焰状态;在点火过程中,若有放炮声或火焰熄灭,应立即减少氧气或放掉不纯的乙炔,再点火;灭火时,应先关乙炔阀门,后关氧气阀门,否则会引起回火。

(2) 平焊焊接。气焊时右手握焊炬,左手拿焊丝,在焊接开始时,为了尽快地加热和熔化工件形成熔池,焊炬倾角应大些,接近于垂直工件;正常焊接时,焊炬倾角减小一些,一般保持在30°~50°范围内;当焊接结束时,倾角应当减小,以便更好地填满弧坑和避免焊穿,如图3-19所示。

焊炬向前移动的速度应能保证工件熔化,并保持熔池具有一定的大小。工件熔化形成熔池后,再将焊丝适量地点入熔池内熔化。

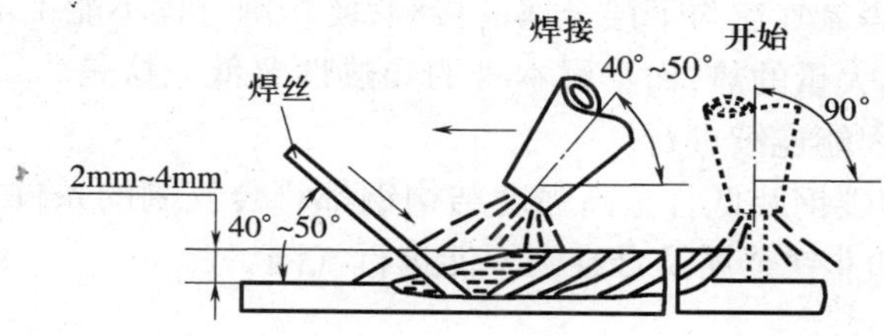

图3-19 焊炬倾角

3.4 切割

金属切割除机械切割外,常用的有气割、等离子切割等。

3.4.1 气割

气割是利用气体火焰(如氧、乙炔火焰)以热能将工件切割处预热到一定温度后,喷出高速切割氧流,使其燃烧并放出热量实现切割的方法,如图3-20所示。在切割过程中金属不熔化,与纯机械切割相比气割具有效率高、适用范围广等特点。

手工气割的割炬如图3-21所示。和焊炬相比,增加了输出切割氧气的管路和控制切割氧气的阀门,割嘴的结构与焊嘴也不同,气割用的氧气是通过割嘴的中心通道喷出,而氧-乙炔的混合气体则通过割嘴的环形通道喷出。

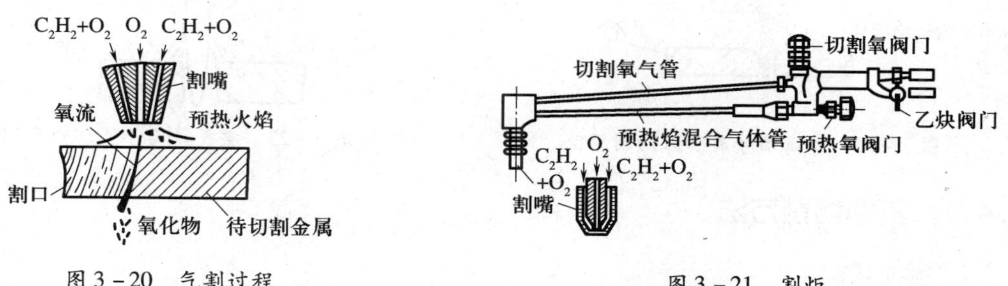

图3-20 气割过程

图3-21 割炬

气割过程实际上是被切割金属在纯氧中的燃烧过程，而不是熔化过程。先用氧－乙炔焰将待切割处的金属预燃至燃点，然后打开切割氧气阀门，送出氧气，将高温金属燃烧成氧化渣；与此同时，氧化渣被切割氧气流吹走，从而形成割口。金属燃烧时，产生的热量以及氧－乙炔火焰同时又将割口下层的金属预热至燃点，切割氧气又使其燃烧，生成的氧化渣又被切割氧气流吹走，这样割炬连续不断地沿切割方向以一定的速度移动，即可形成所需的割口。

3.4.2 金属氧气切割条件

金属材料只有满足下列条件，才能采用氧气切割。

(1) 金属材料的燃点必须低于其熔点，这是保证切割是在燃烧过程中进行的基本条件。否则，切割时金属先熔化，变为熔割过程，使割口过宽，而且凹凸不平。低碳钢燃点约1350℃，熔点约1500℃，故可气割。

(2) 燃烧产生的金属氧化物的熔点应低于金属本身的熔点，且流动性好。否则，就会在割口表面形成固态氧化物，阻碍氧气流与下层金属的接触，使切割过程不能正常进行。

(3) 金属燃烧时能放出大量的热，而金属本身的导热性要低。这是为了保证下层金属有足够的预热温度，使切割过程能连续进行。

常用材料中，低碳钢、中碳钢及低合金高强度结构钢都符合气割的条件，而碳的质量分数大于0.7%的高碳钢、铸铁和非铁金属及合金则不能进行气割。

3.4.3 等离子弧切割

等离子弧切割是利用高能量密度等离子弧和高速的等离子流把已融化的材料吹走，形成割缝的切割方法。用于切割的等离子弧是电弧经过热、电、机械等压缩效应后形成的。等离子弧能量集中、吹力强、温度高达10000℃～30000℃。

等离子弧切割切口窄、速度快、热量相对较小、工件变形也小，没有氧－乙炔切割时对工件产生的燃烧，因此适合切割各种金属材料，如不锈钢、高合金钢、铸铁、铜和铝及其合金。

等离子弧切割方法有双气流等离子切割、水压缩等离子弧切割(图3－22)和空气等离子弧切割(图3－23)等。

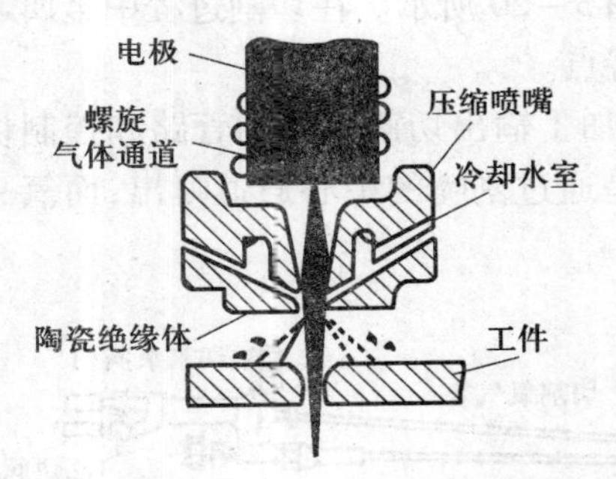

图3－22 水压缩等离子弧切割原理

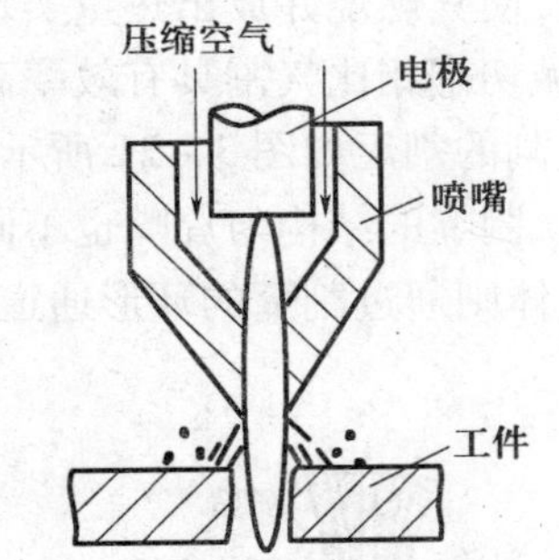

图3－23 空气等离子弧切割原理

3.4.4 其他切割方法

1. 激光切割

激光切割是利用激光束的高能量使切口部位金属加热熔化及气化，同时用纯氧或压缩空气、氮、氩等辅助气流吹走液态切口金属而完成切割。

激光切割的优点是可进行薄板高速切割和曲面切割，切口和热影响区都很窄，切口粗糙度远小于气割和等离子切割，也优于冲剪法机械切割，其切缝宽度最小可达0.1mm。激光束工作距离大，适合于可达性很差部位的切割，且易自动化；缺点是设备昂贵，切割厚度目前还低于15mm。

2. 水射流切割

水射流切割是利用高压水(200MPa～400MPa)，有时也加一些粉末状磨料，通过喷嘴射到割件上进行切割的方法。该工艺方法可切割金属和非金属材料。

3.5 其他焊接方法

3.5.1 埋弧自动焊

随着生产的不断发展，焊接技术的应用日益扩大，焊接工作量大大增加，手工方式的焊接已远远不能满足要求，因此出现了一种机械化的电弧焊——埋弧焊，其中引弧、运弧和送进焊丝等操作都是由机械来完成的，故称为埋弧自动焊。

埋弧自动焊焊接过程如图3－24所示，它是以连续送进的焊丝作为电极和填充金属。焊接时，在焊接区的上面覆盖一层颗粒状焊剂，电弧在焊剂层下燃烧，焊机带着焊丝均匀地沿坡口移动，或者焊机机头不动，工件匀速运动。在焊丝前方，焊剂从漏斗中不断流出撒在被焊部位。焊接时，部分焊剂熔化形成熔渣覆盖在焊缝表面，大部分焊剂不熔化，可重新回收使用。

埋弧焊焊缝形成过程如图3－25所示。电弧燃烧后，工件与焊丝被熔化成较大体积(可达20cm^3)的熔池。由于电弧向前移动，熔池金属被电弧气体排挤向后堆积形成焊缝。电弧周围的颗粒状焊剂被熔化成熔渣，与熔池金属产生物理化学作用。部分焊剂被蒸发，生成的气体将电弧周围的熔渣排开，形成一个封闭的熔渣泡。它具有一定黏度，能承受一定压力，使熔化的金属与空气隔离，并能防止金属熔滴向外飞溅。这样，既可减少电弧热能损失，又阻止了弧光四射。此外，焊丝上没有涂料，允许提高电流密度，电弧吹力则随电流密度的增大而增大。因此，埋弧焊的熔池深度比焊条电弧焊大得多。

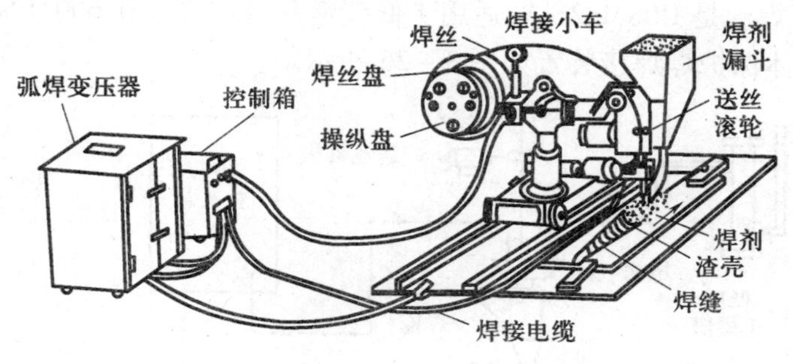

图3－24 埋弧自动焊示意图

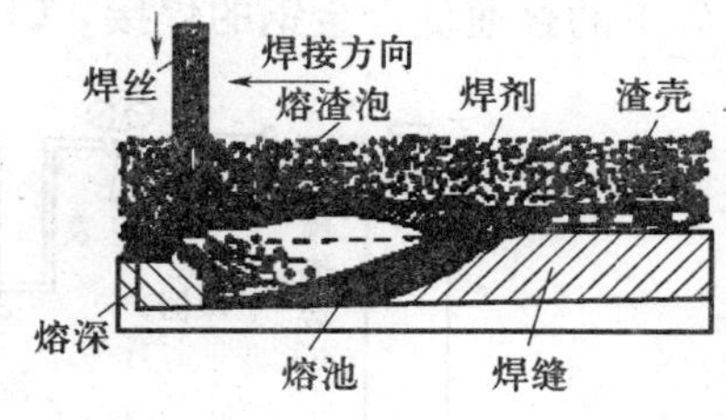

图3－25 埋弧焊焊缝的形成

埋弧自动焊的特点如下：

(1) 生产率高。埋弧焊的焊接电流可达800A～1000A，是焊条电弧焊的6倍～8倍，同时节省更换焊条的时间。此外，电弧受焊剂保护，热能利用率高，可采用较快的焊接速度。故其生产率是焊条电弧焊的5倍~10倍。

(2) 焊缝质量高且稳定。因熔池受到焊剂很好保护,外界空气较难侵入,且焊接规范可自动调节,故焊缝质量稳定,缺陷少。此外,其热影响区很小,焊缝外形美观。

(3) 节省金属和电能。由于埋弧焊熔池深度较大,较厚的工件可以不开坡口,金属的烧损和飞溅也大为减少,且无焊条头的损失,故可节省金属材料。由于电弧热能散失较少,利用率大大提高,从而也节省了电能。

(4) 改善了劳动条件。埋弧焊看不到电弧光,焊接烟雾也较少,焊接时只要焊工调整、管理焊机就可自动进行焊接,劳动条件大为改善。

但埋弧自动焊不如焊条电弧焊灵活,设备投资大,工艺装备复杂,对接头加工与装配要求严格,因此,埋弧自动焊主要适于批量生产长的直线焊缝和直径较大的圆筒形工件的纵、环焊缝。

3.5.2 气体保护焊

气体保护焊是利用外加气体保护电弧区的熔滴和熔池及焊缝的电弧焊,即在焊接时由外界不断地向焊接区输送保护性气体,使它包围住电弧和熔池,防止有害气体侵入,以获得高质量的焊缝。

它与渣保护焊相比,具有以下特点。

(1) 明弧可见,便于焊工观察熔池并进行控制。

(2) 焊缝表面无渣,这在多层焊时可节省大量层间清渣工作。

(3) 可进行空间全方位的焊接。

气体保护焊的种类很多,目前常用的主要有两种:氩弧焊和 CO_2 气体保护焊。

1. CO_2气体保护焊

CO_2气体保护焊是以 CO_2作为保护气体,以焊丝为电极,以自动或半自动方式进行焊接的方法。目前常用的是半自动焊,即焊丝送进靠机械自动进行并保持一定的弧长,由操作人员手持焊炬进行焊接。

CO_2气体在电弧高温下能分解,有氧化性,会烧损合金元素。因此,不能用来焊接有色金属和合金钢。焊接低碳钢和普通低合金钢时,通过含有合金元素的焊丝来脱氧和渗合金等冶金处理。现在常用的气体 CO_2保护焊焊丝是 H08Mn2SiA,适用于低碳钢和抗拉强度在600MPa以下的普通低合金钢的焊接。CO_2气体保护焊焊接装置如图3-26所示。

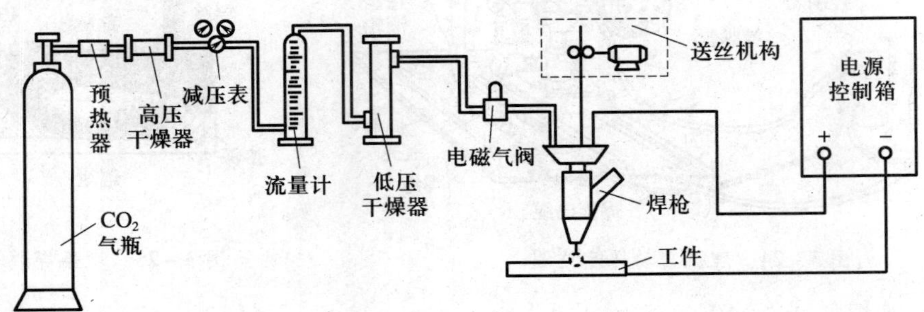

图3-26 CO_2气体保护电弧焊示意

CO_2气体保护焊除具有气体保护焊的共同特点外，还独具成本低的优点（约为焊条电弧焊和埋弧焊的40%左右），但存在焊缝成形不光滑美观、弧光强烈、金属飞溅较多、烟雾较大以及需采取防风措施等缺点，设备亦较复杂，主要应用于低碳钢和普通低合金结构钢的焊接，在汽车、机车、造船、起重机、化工设备、油管以及航空工业等部门都得到广泛的应用。

2. 氩弧焊

氩弧焊是指用氩气作保护气体的气体保护焊。氩气是惰性气体，在高温下不和金属起化学反应，也不溶于金属，可以保护电弧区的熔池、焊缝和电极不受空气的有害作用，是一种较理想的保护气体。氩弧焊分钨极（不熔化）氩弧焊和熔化极（金属极）氩弧焊两种，如图3－27所示。

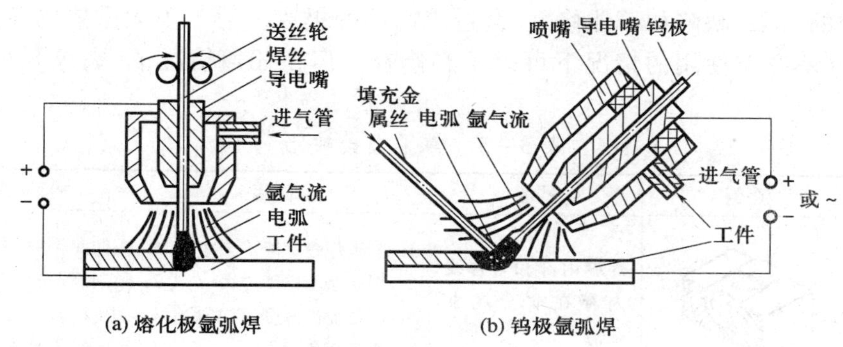

(a) 熔化极氩弧焊　(b) 钨极氩弧焊

图3－27　氩弧焊示意

钨极氩弧焊电极常用钍钨极和铈钨极两种。焊接时，电极不熔化，只起导电和产生电弧作用。钨极为阴极时，发热量小，钨极烧损小。钨极作阳极时，发热量大，钨极烧损严重，电弧不稳定，焊缝易产生夹钨。因此，一般钨极氩弧焊不采用直流反接。此外，为尽量减少钨极的损耗，焊接电流不宜过大，故常用于焊接4mm以下的薄板。手工钨极氩弧焊的操作与气焊相似，需加填充金属，也可以在接头中附加金属条或采用卷边接头。填充金属有的可采用与母材相同的金属，有的需要加一些合金元素，进行冶金处理，以防止气孔等缺陷。

熔化极氩弧焊以连续送进的焊丝作为电极并兼作填充金属，因此，可采用较大电流，生产率较钨极氩弧焊高，适宜于焊接厚度为25mm以下的工件。它可分为自动熔化极氩弧焊和半自动熔化极氩弧焊两种。

氩弧焊除具有气体保护焊的共同优点外，还具有焊缝质量最好的独特优点，而且焊缝外形光洁美观。但氩气成本高，而且只能在室内无风处应用。此外，由于氩气的游离电势高，引弧困难，故需用高频振荡器或脉冲引弧器帮助引弧，或者提高电源空载电压。另外，氩弧焊设备也较复杂，特别是交流氩弧焊机。因此，氩弧焊目前主要用来焊接易氧化的有色金属（铝、镁及其合金、稀有金属（钛、钼、锆、钽等及其合金）、高强度合金钢及一些特殊性能合金钢（不锈钢、耐热钢）等。

在一般氩弧焊的基础上发展起来的脉冲氩弧焊，采用可控的脉冲电流代替了一般氩弧焊的连续恒定电流。脉冲电流周期性而又瞬时地向电弧供电形成脉冲电弧，焊件的加热熔化主要依靠它。脉冲电流通过时，焊件上产生一个点状熔池，脉冲电流停歇时，熔池冷却结晶形成一个焊点。在脉冲电流停歇期间，电源仍向电弧提供一个数值较小的基值电流以维持电弧连续燃烧和使下一个脉冲电弧可靠而稳定地复燃。随着脉冲过程的重复进行，焊件上可形成一个由许多焊点互相搭接而成的链状焊缝。这种方法的电流平均值较小，而电弧仍可稳定燃烧，因而可减少输入焊件的热能，它的一个重要特点是可焊很薄的金属，例如熔化极脉冲氩弧焊可焊1mm~4mm的钢板，钨极脉冲氩弧焊可焊厚度小于0.8mm（甚至可达0.1mm）的薄板。脉冲氩弧焊在不锈钢、耐热钢、钛合金以及铝合金、镁合金的焊接中都获得日益广泛的应用。

3.6 焊接缺陷

表3-3列出了常见的焊接缺陷。焊接缺陷必然要影响接头的力学性能和其他使用上的要求（如加密封性、耐蚀性等）。对于重要的接头，缺陷一经发现，必须修补，否则可能产生严重的后果，缺陷如不能修复，会造成产品的报废。对于不太重要的接头，如个别的小缺陷，在不影响使用的情况下可以不必修补。但在任何情况下，裂纹和烧穿都是不能允许的。

表3-3 常见焊接缺陷

缺陷类型	图例	特征	产生原因	预防措施
夹渣		焊缝内部和熔合线内存在非金属夹杂物	1. 前道焊缝除渣不干净 2. 焊条摆动幅度过大 3. 焊条前进速度不均匀 4. 焊条倾角过大	1. 应彻底除锈、除渣 2. 限制焊条摆动宽度 3. 采用均匀一致的焊速 4. 减小焊条倾角
气孔		焊缝内部（或表面）的孔穴	1. 焊件表面有锈、油、水分或脏物 2. 焊条药皮中水分过多 3. 电弧拉得过长 4. 焊接电流太大 5. 焊接速度过快	1. 清除焊件表面及坡口内侧的污染 2. 在焊前烘干焊条 3. 尽量采用短电弧 4. 采用适当的焊接电流 5. 降低焊接速度
裂纹		焊缝、热影响区内部或表面缝隙	1. 熔池中含有较多的C、S、P等有害元素 2. 熔池中含有较多的氢 3. 焊件结构刚性大 4. 接头冷却速度太快	1. 在焊前进行预热 2. 限制原材料中C、S、P的含量 3. 尽量降低熔池中氢的含量 4. 采用合理的焊接顺序和方向
未焊透		焊缝金属与焊件之间或焊缝金属之间的局部未熔合	1. 焊接速度太快 2. 坡口钝边太厚 3. 装配间隙过小 4. 焊接电流过小	1. 正确选择焊接电流和焊接速度 2. 正确选用坡口尺寸
烧穿		焊缝出现穿孔	1. 焊接电流过大 2. 焊接速度过小 3. 操作不当	1. 选择合理的焊接工艺规范 2. 操作方法正确、合理

（续）

缺陷类型	图 例	特征	产 生 原 因	预 防 措 施
咬边		焊缝与焊件的交界处被烧熔而形成的凹陷或沟槽	1. 焊接电流过大 2. 电弧过长 3. 焊条角度不当 4. 运条不合理	1. 选用合适的电流，避免电流过大 2. 操作时，电弧不要拉得过长 3. 焊条角度适当 4. 运条时，坡口中间的速度稍快，而边缘的速度要慢些
未熔合		母材与焊缝或焊条与焊缝未完全熔化结合	1. 焊接电流过小 2. 焊接速度过快 3. 热量不够 4. 焊缝处有锈蚀	1. 选较大电流 2. 运条合理 3. 焊缝要清理干净

3.7 焊接生产安全技术

焊接生产场地工作条件特殊，是工伤事故多发场合，进入场地生产需注意以下几点。

（1）进入工程实训现场须穿戴好全部防护用品。

（2）未经指导老师允许不得随意触动任何设备及工具。

（3）电弧焊操作时不得将皮肤暴露在弧光下，以防灼伤皮肤。

（4）不戴防护面罩不得直接观看弧光，以防灼伤眼睛。

（5）施焊期间严禁调节电焊机的电流或拉开配电盘闸刀，以防弧光伤人或损坏电焊机。

（6）启动直流电焊机要在指导老师指导下进行，并注意启动程序。

（7）严禁将焊钳放在焊接工作台上，以防短路。

（8）禁止直接用手触碰焊过的钢板及焊条残头，以防烫伤。

（9）清除熔渣壳时，要注意防止溶渣飞进眼睛，造成伤害。

（10）严禁用气焊眼镜代替电焊面罩，以防伤害眼睛及皮肤。

（11）如发生事故，应立即切断电源，并报告指导老师，等候处理。

第 4 章　非金属材料成形

4.1 概述

非金属材料是指除金属材料之外的所有材料的总称,主要包括有机高分子材料、无机非金属材料和复合材料三大类。随着高新科学技术的发展,工程上使用材料的领域越来越广,所提出的要求也越来越高。对于要求密度小、耐腐蚀、电绝缘、减振消声和耐高温等性能的工程构件,传统的金属材料已难以胜任,而非金属材料却有着独特的优势。另外,单一金属或非金属材料无法实现的性能,可通过复合材料得以实现。

非金属材料的来源十分广泛,大多成形工艺简单,生产成本较低,已经广泛应用于轻工、家电、建材、机电等各行各业中,目前在工程领域应用最多的非金属材料主要是塑料、橡胶、陶瓷及各种复合材料。

4.1.1 非金属材料的分类

目前,非金属材料通常以其成分分为无机非金属材料、有机高分子材料及复合材料三大类。

典型无机非金属材料:水泥、玻璃、陶瓷。

典型有机高分子材料:塑料、橡胶、化纤。

典型复合材料:无机非金属材料基复合材料、有机高分子材料基复合材料、金属基复合材料。

4.1.2 非金属材料的选择和应用

1. 非金属材料的选择

由于非金属材料的种类繁多,不同类型、成分、性能及不同成形方法的非金属材料在工程实际中的使用和选择,是个很复杂的过程。设计师和工程师在选择非金属材料时,主要应考虑以下的因素:①满足使用性能和工艺性能;②防止出现失效事故;③经济性;④根据可持续发展选材。

此外,材料的选择是一个系统工程。在一个部件或者装置中,所选用的各种材料要能够在一起使用,而不能因相互作用而降低对方的性能。

因此,在大多数情况下,材料的选择是一个反复权衡的复杂过程。在某种意义上,其重要性不亚于材料本身的研究开发。

2. 非金属材料的应用领域

过去,非金属结构材料传统的应用领域主要是建筑、轻工、纺织、家电、仪器仪表、农业等,在工业上主要是装饰件、密封件、刀具、轮胎等。但是现在,随着各种非金属材料合成和制备技术不断提高和完善,非金属材料的产量和性能均不断提高。非金属结构材料在工业领域的广泛应用正以前所未有的速度发展。有关专家预测,很多传统上由金属材料制造的零件、部件、结构件,将会被工程塑料、工程陶瓷及复合材料等非金属材料所取代。例如,汽车的车身可采用工程塑料或复合材料,每千克工程塑料可代替4kg~5kg钢铁,而且可整体成形,因而成本和油耗将进一步降低。由于原料充足,可以设计、制造出无穷的新产品,非金属结构材料在工业领域的应用前景十分广阔。

4.2 工程塑料及成形方法

塑料是一类以天然或合成树脂为主要成分,在一定温度、压力条件下经塑化成形,并在常温下能保持形状不变的高分子工程材料。

塑料具有一定的耐热、耐寒及良好的力学、电气、化学等综合性能,可以替代非铁金属及其合金,作为结构材料用来制造机器零件或工程结构。塑料以其质轻、耐蚀、电绝缘,具有良好的耐磨和减磨性,良好的成形工艺性等特性以及丰富的资源而成为应用广泛的高分子材料,在工农业、交通运输业、国防工业及日常生活中均得到广泛应用。

4.2.1 工程塑料的组成

一般说来,塑料由树脂和若干种添加剂(如填充剂、增塑剂、润滑剂、着色剂、稳定剂、固化剂等)组成。

①树脂。树脂是塑料的主要成分,它是塑料中能起粘结作用的部分,并使塑料具有成形性能。

② 填充剂。其主要作用是改变塑料的某些性能,降低塑料成本,扩大塑料的应用范围。

③ 增塑剂。增塑剂是用来提高树脂可塑性的。常用增塑剂有氧化石蜡、磷酸脂类等。

④ 润滑剂。润滑剂是为防止塑料在成形过程中粘模而加入的添加剂。

⑤ 着色剂。着色剂是使塑料制品具有美丽色彩的有机或无机颜料。

⑥ 固化剂。固化剂是热固性塑料所必需的添加剂,目的在于促使线型结构转变为体型结构,成形后获得坚硬的塑料制品。

⑦ 稳定剂。稳定剂又称防老化添加剂,其主要作用是提高某些塑料的受热或光照稳定性。

⑧ 其他添加剂。塑料添加剂除上述几项外还有阻燃剂(如氧化锑等)、抗静电剂、发泡剂、溶剂、稀释剂等。

4.2.2 工程塑料的分类和应用

1. 塑料的分类

(1) 按树脂受热的行为分为热塑性塑料与热固性塑料。

热塑性塑料:其分子结构主要为线型或支链线型分子结构,工艺特点是受热软化、熔融,具有可塑性,冷却后坚硬,再受热又可软化,可重复使用而其基本性能不变,可溶解在一定的溶剂中。其成形工艺简便、形式多种多样,生产效率高,可直接注射、挤压、吹塑成形,如聚乙烯、聚丙烯、聚碳酸酯等。

热固性塑料:具有体型分子结构。热固性塑料一次成形后,质地坚硬,性质稳定,不再溶于溶剂中，受热不变形，不软化，不能回收。其成形工艺复杂，大多只能采用模压或层压法，生产效率低，如酚醛塑料、环氧塑料等。

(2) 按应用范围可分为通用塑料和工程塑料。

通用塑料：指产量大、成本低、用途广的塑料（如聚乙烯、聚氯乙烯、聚丙烯等），它们的产量占塑料总产量的75%以上。

工程塑料：指应用于工业产品或在工程技术中作为结构、零件、外观和装饰的塑料，具有高强度或耐热、耐蚀等特点，如ABS、聚四氟乙烯、聚酰氨等。

2. 常用的塑料及应用

常用的热塑性工程塑料有聚乙烯、聚氯乙烯、聚苯乙烯和聚丙烯、ABS塑料、聚碳酸脂、有机玻璃、聚甲醛和聚酚胺（尼龙）等。

与热塑性工程塑料相比，热固性工程塑料的主要优点是硬度和强度高，刚度大，耐热性优良，使用温度范围远高于热塑性工程塑料。主要缺点是成形工艺较复杂，常常需要较长时间加热固化，而且不能再成形，不利于环保。常用的热固性工程塑料有酚醛塑料、环氧塑料和有机硅塑料。

常用的塑料及应用如表4－1所列。

表4－1 常用塑料及应用

中文学名	英文学名	简称	主要应用
聚苯乙烯	General Purpose Polystyrene	PS	玩具、文具、日用品、电器
高抗冲聚苯乙烯	High Impact Polystyrene	HIPS	玩具、日用品、收音机壳、电视机壳
丙烯腈—丁二烯—苯乙烯	Acrylonitrile-Butadiene-Styrene	ABS	电器用品外壳、日用品外壳、高级玩具、家私、运动用品
苯乙烯丙烯腈共聚物	Styrene-Ackylonitrile-Copolymer	SAN	食具、日用品、表面、透明装饰品
发泡聚苯乙烯	Expanded Polystryrene	EPS	货品包装、绝缘板、装饰板
低密度聚乙烯	Low Density Polyethylene	LDPE	包装胶袋、购物袋、玩具
高密度聚乙烯	High Density Polyethylene	HDPE	包装胶袋、购物袋、胶瓶、水桶、电线、大货桶、玩具
乙烯—醋酸乙烯共聚物	Ethylene Vlnyl Acetate Copolymer	EVA	鞋底、吹起玩具制品、包装胶膜
聚丙烯	Polypropylene	PP	包装胶袋、拉丝、造带、绳、玩具、日用品、瓶子、篮架、洗衣机、汽车保险杠
聚氯乙烯	Polyvinyl Chloride Straight Resin	PVC	软管、硬管、窗框、电线、吹筒、造鞋、胶瓶、板材、地板
聚甲基丙烯酸甲酯	Polymethyl Methacrylate	PMMA	透明胶板、装饰品、太阳镜片、文具、灯罩、相机镜片、表面、人造首饰
聚乙烯	Polyethylene	PE	薄膜、容器、电线电缆、日用品等

（续）

中文学名	英文学名	简称	主要应用
聚甲醛	Polyformaldehyde resin Polyoxy Methylene Resin	POM	玩具曲轮、弹簧、滑轮、洁具部件
聚酰胺	Polyamide	PA	拉丝、人造纤维、牙刷毛、轴套、包装胶膜、齿轮、电动工具外壳、电器配件、运动用品、汽车发动机汽缸盖罩等
聚对苯二甲酸乙丁二醇酯	Polyethylene Terephihalate	PBT	汽水胶瓶、纤维、录音带、磁带、相机菲林、电器部件、机械部件
聚碳酸酯	Polycarbonate	PC	咖啡壶、电动工具外壳、电器外壳、安全头盔、透明件、防弹玻璃、电器部件
聚氨基甲酸酯	Polyurethane	PU	鞋底、椅垫、床垫、人造皮革、油漆
环氧树酯	Epoxy Resin	EP	粘合剂、工模材料、建筑材料、油漆
聚四氟乙烯	Tetrafluoroethylene Fluorinated	PTFE	耐腐蚀管道、容器、泵、阀、密封件、垫圈等
聚硅酮橡胶	Silicone Rubber		影印机胶头、耐热部件、导电塑胶
酚醛树酯	Phenolic	PF	灯头、插苏头、电制、电器外壳、齿轮

3. 典型塑料的物理和化学特性

1）丙烯腈－丁二烯—苯乙烯共聚物（ABS）

ABS 由丙烯腈、丁二烯和苯乙烯 3 种化学单体合成。每种单体都具有不同特性：丙烯腈有高强度、热稳定性及化学稳定性；丁二烯具有坚韧性、抗冲击特性；苯乙烯具有易加工、高光洁度及高强度。从形态上看，ABS 是非结晶性材料，3 种单体的聚合产生了具有两相的共聚物，一个是苯乙烯－丙烯腈的连续相，另一个是聚丁二烯橡胶分散相。ABS 的特性主要取决于 3 种单体的比率以及两相中的分子结构。这就可以在产品设计上具有很大的灵活性，并且由此产生了市场上百种不同品质的 ABS 材料。

这些不同品质的材料提供了不同的特性，例如从中等到高等的抗冲击性，从低到高的光洁度和高温扭曲特性等。ABS 材料具有超强的易加工性、外观特性、低蠕变性和优异的尺寸稳定性以及很高的抗冲击强度。

2）聚碳酸酯（PC）

PC 是一种非晶体工程材料，具有特别好的抗冲击强度、热稳定性、光泽度、抑制细菌特性、阻燃特性以及抗污染性。

PC 有很好的机械特性，但流动特性较差，因此这种材料的注塑过程较困难。在选用何种品质的 PC 材料时，要以产品的最终期望为基准。如果塑件要求有较高的抗冲击性，那么就使用低流动率的 PC 材料；反之，可以使用高流动率的 PC 材料，这样可以优化注塑过程。

3）高密度聚乙烯（PE－HD）

PE－HD 的高结晶度导致了它的高密度、抗张力强度、高温扭曲温度、粘性以及化学稳定性。PE－HD 比 PE－LD 有更强的抗渗透性，PE－HD 的抗冲击强度较低。

该材料的流动特性很好，但很容易发生环境应力开裂现象，可以通过使用很低流动特性的材料以减小内部应力，从而减轻开裂现象。当温度高于 60℃时很容易在烃类溶剂中溶解，但其抗溶解性比 PE - LD 要好一些。

4）低密度聚乙烯（PE - LD）

商业用的 PE - LD 材料的密度为 0.91g/cm^3 ~0.94g/cm^3，对气体和水蒸气具有渗透性，热膨胀系数很高，不适合于加工长期使用的制品。

PE - LD 在室温下可以抵抗多种溶剂，但是芳香烃和氯化烃溶剂可使其膨胀。同 PE - HD 类似，PE - LD 容易发生环境应力开裂现象。

5）聚氯乙烯（PVC）

PVC 材料是一种非结晶性材料，在实际使用中经常加入稳定剂、润滑剂、辅助加工剂、色料、抗冲击剂及其他添加剂。

PVC 材料具有不易燃性、高强度、耐气侯变化性以及优良的几何稳定性，对氧化剂、还原剂和强酸都有很强的抵抗力。然而它能够被浓氧化酸如浓硫酸、浓硝酸所腐蚀并且也不适用与芳香烃、氯化烃接触的场合。

PVC 分解温度低，在加工时熔化温度是一个非常重要的工艺参数，如果此参数不当将导致材料分解。

PVC 的流动特性相当差，其工艺范围很窄，特别是大分子量的 PVC 材料更难于加工（这种材料通常要加入润滑剂改善流动特性），因此通常使用的都是小分子量的 PVC 材料。

6）聚丙烯（PP）

PP 是一种半结晶性材料，它比 PE 要更坚硬并且有更高的熔点。共聚物型的 PP 材料有较低的热扭曲温度（100℃）、低透明度、低光泽度、低刚性，但是有更强的抗冲击强度。PP 的强度随着乙烯含量的增加而增大。

PP 的软化温度为 150℃。由于结晶度较高，这种材料的表面刚度和抗划痕特性很好。

PP 不存在环境应力开裂问题。通常，采用加入玻璃纤维、金属添加剂或热塑橡胶的方法对 PP 进行改性。

均聚物型和共聚物型的 PP 材料都具有优良的抗吸湿性、抗酸碱腐蚀性、抗溶解性。然而，它对芳香烃（如苯）溶剂、氯化烃（四氯化碳）溶剂等没有抵抗力。

7）聚苯乙烯（PS）

大多数商业用的 PS 都是透明的、非晶体较脆材料。PS 具有非常好的几何稳定性、热稳定性、光学透过特性、电绝缘特性以及很微小的吸湿倾向。它能够抵抗水、稀释的无机酸，但能够被强氧化酸如浓硫酸所腐蚀，并且能够在一些有机溶剂中膨胀变形。

8）聚对苯二甲酸丁二醇酯（PBT）

PBT 是最坚韧的工程热塑性材料之一，它是半结晶材料，有非常好的化学稳定性、机械强度、电绝缘特性和热稳定性。这些材料在很广的环境条件下都有很好的稳定性，但 PBT 吸湿特性很弱。

非增强型 PBT 的张力强度为 50MPa，玻璃添加剂型的 PBT 张力强度为 170MPa。玻璃添加剂过多将导致材料变脆。PBT 的结晶很迅速，这将导致因冷却不均匀而弯曲变形。对于有玻璃添加剂类型的材料，流程方向的收缩率可以减小，但与流程垂直方向的收缩率基本上和普通材料没有区别。

由于 PBT 的结晶速度很高，因此它的粘性很低，塑件加工的周期时间一般也较低。

9）聚甲基丙烯酸甲酯（PMMA）

PMMA俗称有机玻璃，具有优良的光学特性及耐气侯变化特性。白光的穿透性高达92%。PMMA制品具有很低的双折射，特别适合制作影碟等。

PMMA具有室温蠕变特性，随着负荷加大、时间增长，可导致应力开裂现象。PMMA还具有较好的抗冲击特性。

10）聚甲醛（POM）

POM是一种坚韧有弹性的材料，即使在低温下仍有很好的抗蠕变特性、几何稳定性和抗冲击特性。POM既有均聚物材料也有共聚物材料。均聚物材料具有很好的延展强度、抗疲劳强度，但不易于加工。共聚物材料有很好的热稳定性、化学稳定性并且易于加工。无论均聚物材料还是共聚物材料，都是结晶性材料并且不易吸收水分。

11）聚酰胺66或尼龙66（PA66）

PA66在聚酰胺材料中有较高的熔点，它是一种半晶体－晶体材料，在较高温度也能保持较强的强度和刚度。PA66在成形后仍然具有吸湿性，其程度主要取决于材料的组成、壁厚以及环境条件。在产品设计时，一定要考虑吸湿性对几何稳定性的影响。

为了提高PA66的机械特性，经常加入各种各样的改性剂。玻璃纤维就是最常见的添加剂，有时为了提高抗冲击性还加入合成橡胶，如EPDM和SBR等。

PA66的粘性较低，因此流动性很好（但不如PA6）。这个性质可以用来加工很薄的元件。

PA66对许多溶剂具有抗溶性，但对酸和其他一些氯化剂的抵抗力较弱。

4.2.3 工程塑料的成形

1. 塑料成形方法分类

塑料的成形方法很多，其中主要有注射（塑）成形、挤出成形、压缩成形、压注成形、压延和吹塑成形等。据统计，目前注射（塑）制品约占所有塑料制品总产量的30%，占工程塑料制品的80%，故注射（塑）成形是一种最主要的成形方法。

注射（塑）成形主要应用于热塑性塑料和流动性较大的热固性塑料，可以成形几何形状复杂、尺寸精确及带各种嵌件的塑料制品，如电视机外壳、日常生活用品等。目前注射制品约占塑料制品总量的30%。近年来新的注射技术如反应注射、双色注射、发泡注射等的发展和应用，为注射（塑）成形提供了更加广阔的应用前景。

2. 塑料注射（塑）成形过程

图4－1所示是塑料注射（塑）成形过程示意图，注射（塑）成形时，首先将松散的粉末或颗粒物从料斗送入高温机筒内加热熔融塑化使之成为黏流状，然后在螺杆（或柱塞）的高压推动下以很大的流速通过喷嘴注射进入温度较低的闭合模具中。熔体在压力作用下充满型腔并被压实，经过一段时间保压后螺杆（或柱塞）回程。此时，熔体可能从型腔向浇注系统倒流。冷却定型后开启模具，制品便可从模腔中脱出。可见，塑料的注射（塑）成形是塑料被加热塑化、注射、充模、压实、保压、倒流和冷却定形的过程。

完整的注射（塑）成形过程可分为塑化计量、注射充模和冷却定形3个阶段。塑化计量包括塑化和计量两方面的内容。塑化指物料在注塑机筒内经过加热、压实及混合等作用之后，由松散的粉末或颗粒固态转变为连续熔体的过程。塑化的熔体必须组分均匀、密度均匀、黏度均匀和温度分布均匀才能保证其具有良好的流动性，获得高质量的塑料制品。生产中常用塑化

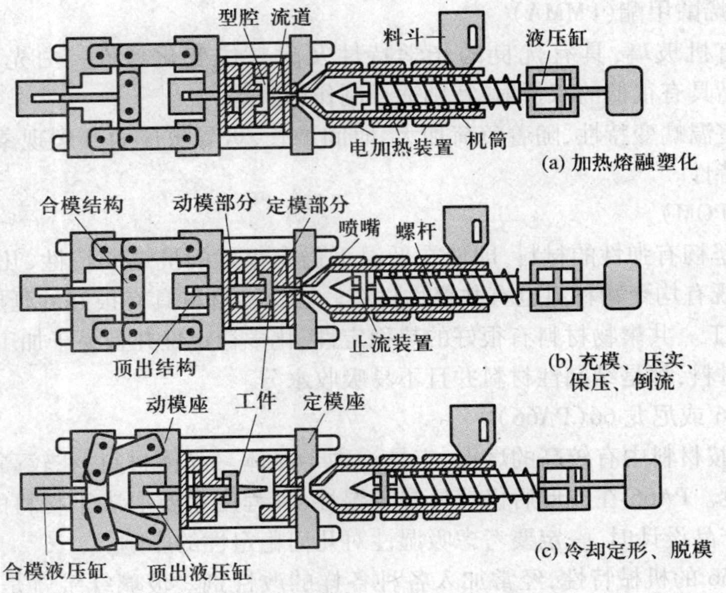

图 4-1 注射(塑)成形过程

效果和塑化能力来衡量塑化熔体质量的好坏和效率的高低。塑化效果是指塑化熔体的均匀程度、而塑化能力则是指注塑机在单位时间内能够塑化的物理质量或体积。计量是指能够保证将熔体定温、定压、定量地注射出机筒所进行的准备动作,这些动作均需注塑机控制螺杆(或柱塞)在塑化过程中完成。计量精度越高,获得制品的精度越高。

3. 常见塑料的成形参数

1) 丙烯腈-丁二烯-苯乙烯共聚物(ABS)

(1) 干燥处理:ABS 材料具有吸湿性,要求在加工之前进行干燥处理。建议干燥条件为80℃~90℃下最少干燥 2h,材料湿度应保证小于 0.1%。

(2) 熔化温度为 210℃~280℃,建议温度为 245℃。

(3) 模具预热温度:25℃~70℃。

(4) 注射压力:500MPa~1000MPa。

(5) 注射速度:中高速度。

2) 聚碳酸酯(PC)

(1) 干燥处理:PC 材料具有吸湿性,加工前的干燥很重要。建议干燥条件为 100℃~200℃,3h~4h,材料湿度应保证小于 0.02%。

(2) 熔化温度:260℃~340℃。

(3) 模具预热温度:70℃~120℃。

(4) 注射压力:尽可能地使用高注射压力。

(5) 注射速度:对于较小的浇口使用低速注射,对其他类型的浇口使用高速注射。

3) 高密度聚乙烯(PE-HD)

(1) 干燥:如果存储恰当则无须干燥。

(2) 熔化温度:220℃~260℃。对于分子较大的材料,建议熔化温度范围在 200℃~250℃之间。

(3) 模具预热温度:50℃ ~95℃。6mm 以下壁厚的塑件应使用较高的模具温度,6mm 以上壁厚的塑件使用较低的模具温度。塑件冷却温度应当均匀以减小收缩率的差异。

(4) 注射压力:700bar~1050bar。

(5) 注射速度:建议使用高速注射。

(6) 流道和浇口:流道直径在 4mm ~7.5mm 之间,流道长度应尽可能短。可以使用各种类型的浇口,浇口长度不要超过 0.75mm,特别适用于使用热流道模具。

4) 低密度聚乙烯(PE-LD)

(1) 干燥:一般不需要。

(2) 熔化温度:180℃ ~280℃。

(3) 模具温度:20℃ ~40℃。

(4) 为了实现冷却均匀以及较为经济的去热,建议冷却腔道直径至少为 8mm,并且从冷却腔道到模具表面的距离不要超过冷却腔道直径的 1.5 倍。

(5) 注射压力:最大可到 1500MPa。

(6) 保压压力:最大可到 750MPa。

(7) 注射速度:建议使用快速注射速度。

(8) 流道和浇口:可以使用各种类型的流道和浇口。PE-LD 特别适合于使用热流道模具。

5) 聚氯乙烯(PVC)

(1) 干燥处理:通常不需要干燥处理。

(2) 熔化温度:185℃ ~205℃。

(3) 模具温度:20℃ ~50℃。

(4) 注射压力:可到 1500MPa。

(5) 保压压力:可到 1000MPa。

(6) 注射速度:为避免材料降解,一般要用相当大的注射速度。

(7) 流道和浇口加工:所有常规的浇口都可以使用。如果较小的部件,最好使用针尖型浇口或潜入式浇口;对于较厚的部件,最好使用扇形浇口。针尖型浇口或潜入式浇口的最小直径应为 1mm;扇形浇口的厚度不能小于 1mm。

6) 聚丙烯(PP)

(1) 干燥处理:如果储存适当则不需要干燥处理。

(2) 熔化温度:220℃ ~275℃,注意不要超过 275℃。

(3) 模具温度:40℃ ~80℃,建议使用 50℃。结晶程度主要由模具温度决定。

(4) 注射压力:可到 1800MPa。

(5) 注射速度:通常使用高速注塑,如果制品表面出现了缺陷,那么应使用较高温度下的低速注塑。

(6) 流道和浇口:对于冷流道,典型的流道直径范围是 4mm ~7mm。建议使用通体为圆形的注入口和流道。所有类型的浇口都可以使用。典型的浇口直径范围是 1mm ~1.5mm,但也可以使用小到 0.7mm 的浇口。对于边缘浇口,最小的浇口深度应为壁厚的一半;最小的浇口宽度应至少为壁厚的 2 倍。PP 材料完全可以使用热流道系统。

7）聚苯乙烯(PS)

(1) 干燥处理:除非储存不当,通常不需要干燥处理。如果需要干燥,建议干燥条件为80℃,2h～3h。

(2) 熔化温度:180℃～280℃。对于阻燃型材料其上限为250℃。

(3) 模具预热温度:40℃～50℃。

(4) 注射压力:200MPa～600MPa。

(5) 注射速度:建议使用快速的注射速度。

(6) 流道和浇口:可以使用所有常规类型的浇口。

8）聚对苯二甲酸丁二醇酯(PBT)

(1) 干燥处理:这种材料在高温下很容易水解,因此加工前的干燥处理是很重要的。建议在空气中的干燥条件为120℃,6h～8h,或者150℃,2h～4h。湿度必须小于0.03%。如果用吸湿干燥器干燥,建议条件为150℃,2.5h。

(2) 熔化温度:225℃～275℃,建议温度:250℃。

(3) 模具温度:对于未增强型的材料为40℃～60℃。要很好地设计模具的冷却腔道以减小塑件的弯曲。热量的散失一定要快而均匀,建议模具冷却腔道的直径为12mm。

(4) 注射压力:中等(最大到1500MPa)。

(5) 注射速度:应使用尽可能快的注射速度(因为PBT的凝固很快)。

(6) 流道和浇口:建议使用圆形流道以增加压力的传递(经验公式:流道直径=塑件厚度+1.5mm)。可以使用各种型式的浇口。也可以使用热流道,但要注意防止材料的渗漏和降解。浇口直径应该在(0.8～1.0)T之间,这里T是塑件厚度。如果是潜入式浇口,建议最小直径为0.75mm。

9）聚甲基丙烯酸甲酯(PMMA)

(1) 干燥处理:PMMA具有吸湿性因此加工前的干燥处理是必须的。建议干燥条件为90℃,2h～4h。

(2) 熔化温度:240℃～270℃。

(3) 模具预热温度:35℃～70℃。

(4) 注射速度:中等。

10）聚甲醛(POM)

(1) 干燥处理:如果材料储存在干燥环境中,通常不需要干燥处理。

(2) 熔化温度:均聚物材料为190℃～230℃;共聚物材料为190℃～210℃。

(3) 模具预热温度:80℃～105℃。为了减小成形后收缩率可选用高一些的模具温度。

(4) 注射压力:700bar～1200bar。

(5) 注射速度:中等或偏高的注射速度。

(6) 流道和浇口:可以使用任何类型的浇口。如果使用隧道形浇口,则最好使用较短的类型。对于均聚物材料建议使用热注嘴流道。对于共聚物材料既可使用内部的热流道也可使用外部热流道。

11）聚酰胺66或尼龙66(PA66)

(1) 干燥处理:如果加工前材料是密封的,那么就没有必要干燥。然而,如果储存容器被打开,那么建议在85℃的热空气中干燥处理。如果湿度大于0.2%,还需要进行105℃,12h的真空干燥。

（2）熔化温度：260℃～290℃。对含玻璃添加剂的产品为275℃～280℃。熔化温度应避免高于300℃。

（3）模具预热温度：建议80℃。模具温度将影响结晶度，而结晶度将影响产品的物理特性。对于薄壁塑件，如果使用低于40℃的模具温度，则塑件的结晶度将随着时间而变化，为了保持塑件的几何稳定性，需要进行退火处理。

（4）注射压力：通常在750bar～1250bar，取决于材料和产品设计。

（5）注射速度：高速（对于增强型材料应稍低一些）。

（6）流道和浇口：由于PA66的凝固时间很短，因此浇口的位置非常重要。浇口孔径不要小于0.5T（这里T为塑件厚度）。如果使用热流道，浇口尺寸应比使用常规流道小一些，因为热流道能够帮助阻止材料过早凝固。如果用潜入式浇口，浇口的最小直径应当是0.75mm。

4.3 工程塑料注射（塑）成形设备及模具

4.3.1 注塑机

1. 工作原理

塑料注射成形机（简称注塑机）是塑料成形加工的主要设备之一，其工作原理是将固态塑料原料经塑化装置塑化为熔融状态，在压力作用下注射入密闭的模腔内，经保压冷却定形后，开模顶出而获得塑料制品的一种成形方法，如图4－2所示。

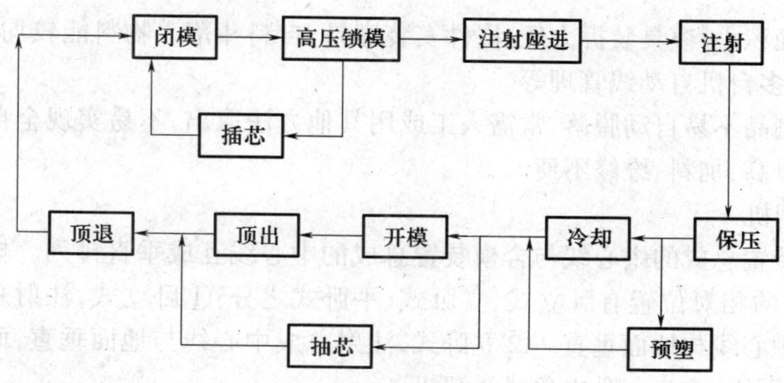

图4－2 注塑机工作循环周期图

注塑机主要用于热塑性塑料注射成形。近年来由于注射（塑）技术的发展，已成功地用于部分热固性塑料的注射（塑）成形，并随着塑料材料等方面的发展应用范围进一步扩大，出现了许多新的注射（塑）工艺和注射（塑）成形机。塑料注射成形能够一次成形形状复杂、尺寸精确、表面质量很高的制品，具有生产率高、适应性强、工艺稳定、易于控制、便于实现自动化等一系列优点，所以注射（塑）成形工艺和注塑机得到广泛的应用。

2. 注塑机分类

注塑机按主要部件排列形式分为卧式注塑机、立式注塑机和角式注塑机3种；按用途可分为热塑性塑料通用机、热固性塑料注塑机、发泡注塑机、高速注塑机、精密塑料注塑机、多色注塑机、反应注塑机等类型。

1）卧式注塑机

特点：注射装置总成的中心线与合模装置总成的中心线同心或一致，并平行于安装地面，如图 4－3 所示。

优点：重心低、工作平稳、模具安装、操作及维修均较方便，模具开挡大，占用空间高度小，在大、中、小型机均有广泛应用。

缺点：占地面积大。

图 4－3　卧式注塑机

2）立式注塑机

特点：注射装置总成的中心线与合模装置总成的中心线呈一线排列而且与地面垂直，如图 4－4 所示。

优点：占地面积小，模具装拆方便，嵌件安装容易，自料斗落入物料能较均匀地进行塑化，易实现自动化及多台机自动线管理等。

缺点：顶出制品不易自动脱落，常需人工或用其他方法取出，不易实现全自动化操作和大型制品注射；机身高，加料、维修不便。

3）角式注塑机

特点：注射装置总成的中心线与合模装置总成的中心线互成垂直排列。根据注射总成中心线与安装基面的相对位置有卧立式、立卧式、平卧式之分：①卧立式，注射总成线与地面平行，而合模总成中心线与地面垂直。②立卧式，注射总成中心线与地面垂直，而合模总成中心线与地面平行。图 4－5 为一卧立角式注塑机。

优点：兼备有卧式与立式注射机的优点，特别适用于开设侧浇口非对称几何形状制品的模具。

3．注塑机的结构

根据注射成形工艺要求，注塑机应为机电一体化多功能机器，主要由注射部件、合模部件、机身、液压系统、加热系统、控制系统、加料装置等组成，如图 4－6 所示。

1）注射部件

目前，常见的注塑装置有单缸形式和双缸形式，通过液压马达直接驱动螺杆（柱塞）注塑，图 4－7 所示是卧式双缸注射装置。

螺杆式注射装置工作过程：预塑时，在塑化部件中的螺杆通过液压马达驱动主轴旋转，主轴一端与螺杆键连接，另一端与液压马达键连接，螺杆旋转时，物料塑化并将塑化好的熔料推

图 4-6 注塑机结构组成

图 4-4 立式注塑机

图 4-5 角式注塑机(卧立式)

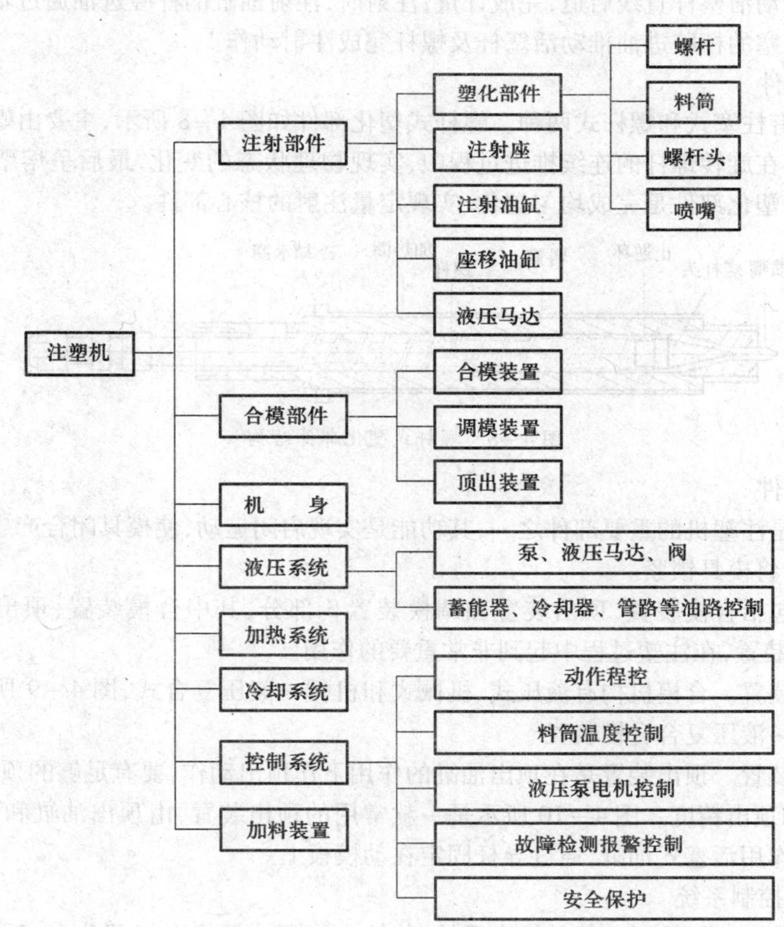

图 4-6 注塑机结构组成

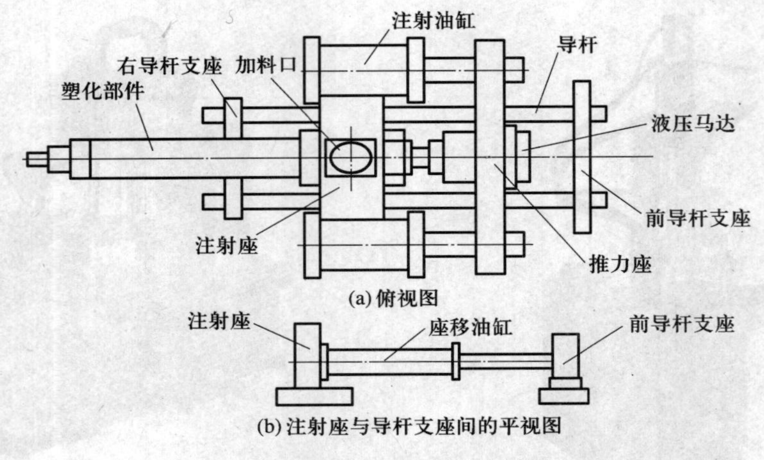

图 4-7　卧式双缸注射装置示意

到料筒前端的储料室中；与此同时，螺杆在物料的反作用下后退，并通过推力轴承使推力座后退，通过螺母拉动活塞杆直线后退，完成计量；注射时，注射油缸的杆腔进油通过轴承推动活塞杆完成动作，活塞的杆腔进油推动活塞杆及螺杆完成注射动作。

2）塑化部件

塑化部件有柱塞式和螺杆式两种。螺杆式塑化部件如图 4-8 所示，主要由螺杆、料筒、喷嘴等组成，塑料在旋转螺杆的连续推进过程中，实现物理状态的变化，最后呈熔融状态而被注入模腔。因此，塑化部件是完成均匀塑化、实现定量注射的核心部件。

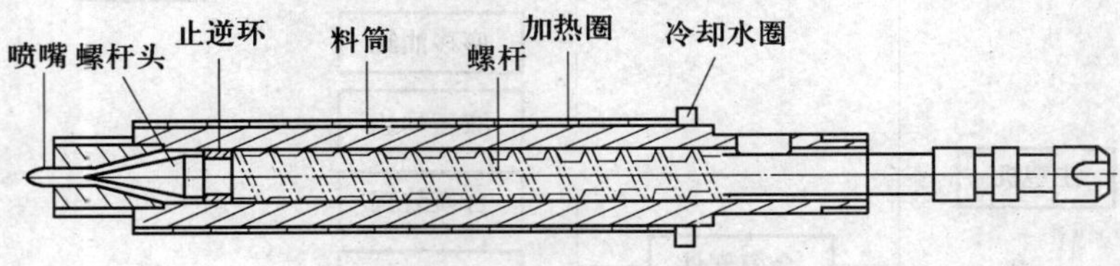

图 4-8　螺杆式塑化部件结构

3）合模部件

合模部件是注塑机的重要部件之一，其功能是实现启闭运动，使模具闭合产生系统弹性变形达到锁模力，将模具锁紧。

合模部件包括合模装置、顶出装置和调模装置 3 部分，其中合模装置、顶出装置是注射（塑）机的关键装置，在注塑过程中起到非常重要的作用。

（1）合模装置。合模机构有液压式、机械式和机械—液压复合式，图 4-9 所示是常用的一种卧式机械-液压复合合模装置。

（2）顶出装置。顶出装置是在顶出油缸的作用下作顶出动作，要有足够的顶出力、顶出速度、顶出次数和顶出精度。图 4-10 所示是一款常用的顶出装置，由顶出油缸和顶出杆组成，顶出油缸为双作用活塞式油缸，通过导杆固定在动模板上。

4. 注塑机控制系统

注塑机是集机、电、液于一体的综合系统，传统中小型注塑机电气部分大多采用继电器控制，现代注塑机的控制系统大都采用 PLC 控制系统进行控制。图 4-11 所示是一种典型的注

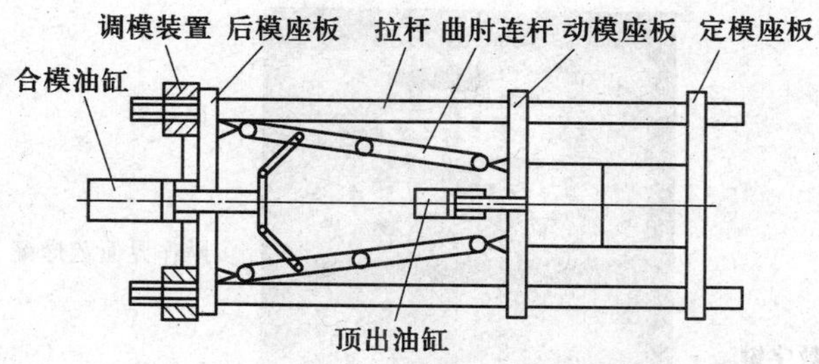

图 4－9　双曲肘内翻式结构原理示意

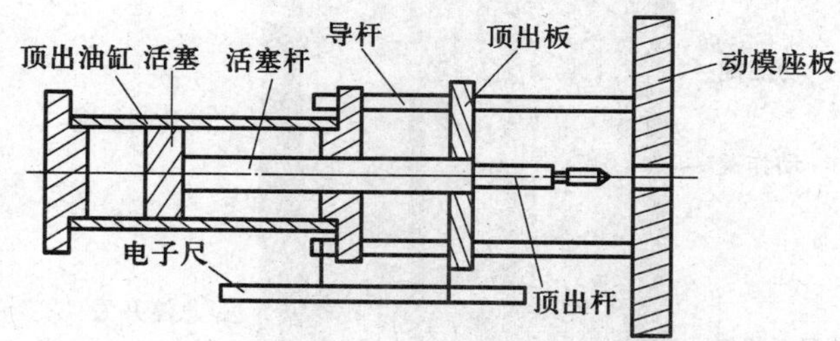

图 4－10　卧式机顶出装置示意图

塑机控制系统结构。

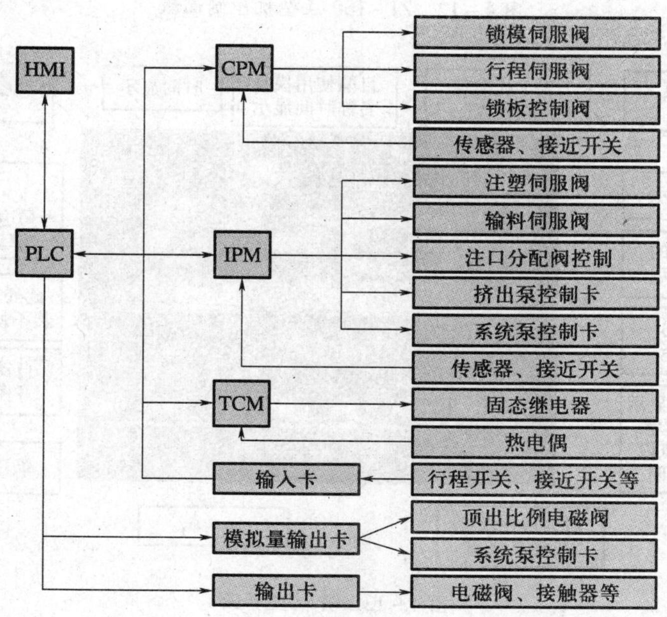

图 4－11　典型注塑机控制系统

5. 典型注塑机界面及按键介绍

1）控制面板 HIMI

ZJ－160 注塑机控制面板如图 4－12 所示。

2）主界面

开机后，进入如图 4－13 所示的主界面。

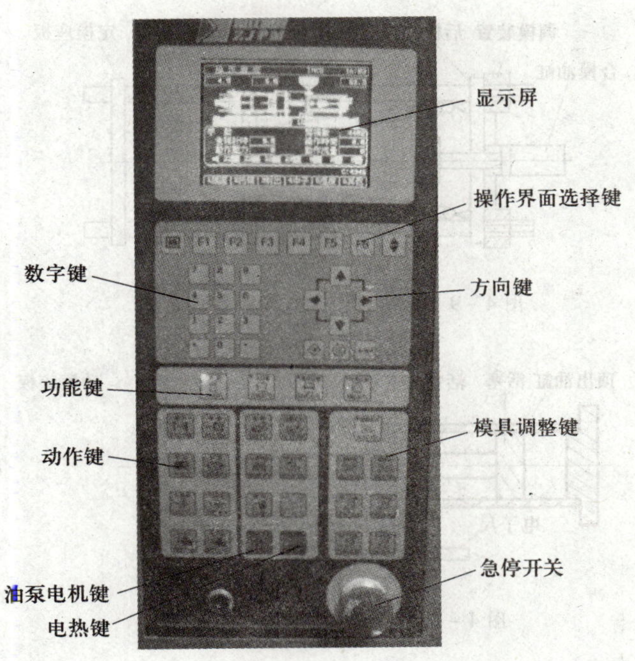

图 4－12　ZJ－160 注塑机控制面板

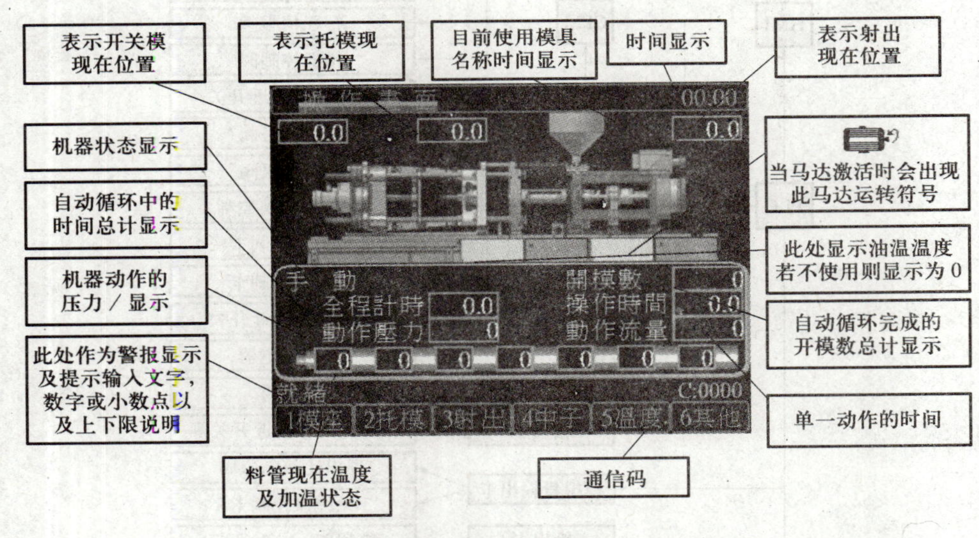

图 4－13　开机主界面

3）界面切换

可以通过操作界面选择键进行界面切换，界面的切换路径如图 4－14 所示。

（1）模座。模座界面是用来进行开关模设定的，操作路径是：主界面→F1 模座，界面如图 4－15 所示。

开模和关模动作分为 4 段，其压力、速度皆可分开调整，它依据开关模位置设定来转换其压力、速度。

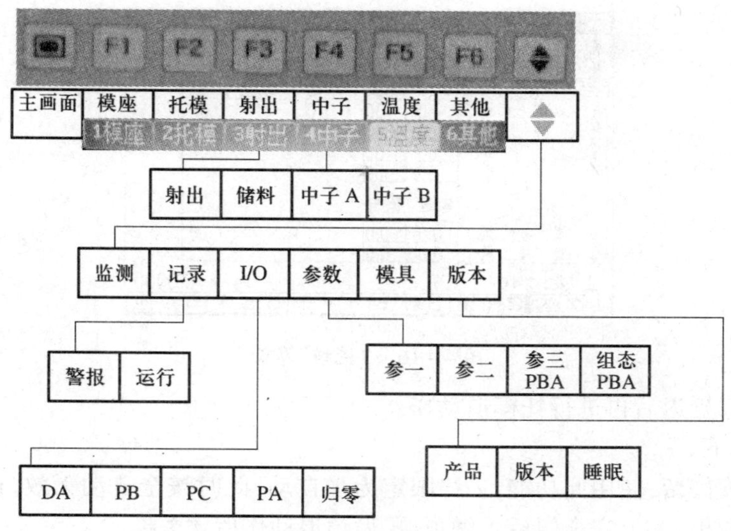

图 4－14　操作界面切换路径

开关模设定　　00:00

0.1	压力	速度	终止位置
关模快#1:	50	50	150.0
关模快#2:	30	10	100.0
关模低压:	15	25	50.0
关模高压:	60	40	
开模#1慢:	70	35	5.0
#2段快速:	70	50	200.0
#3段快速:	20	20	300.0
开模#2慢:	50	30	400.0
关模快速:	0	0＝不用　1＝使用	
再循环延迟:	0.0		

上限: 140　　C:0000

1模座 2托模 3射出 4中子 5温度 6其他

图 4－15　“开关模设定”界面

关模快#1:设定关模起始快速。

关模快#2:设定关模快速二段。

关模低压:设定关模低压段。

关模高压:设定关模高压段。

开模#1 慢:开模时起始慢速。

#2 段快速:设定开模快速二段。

#3 段快速:设定开模快速三段。

开模#2 慢:开模时的最终慢速。

关模快速:设定是否需要关模起始快速。

再循环延迟:成品完成后(顶针动作完成),等待下一次工作的延迟时间。

(2) 托模。托模指用注塑机顶出装置顶模具顶板,将产品顶出的过程。进入托模的路径为:主界面→F2 托模,界面如图 4－16 所示。

开始时托模进可分为二段压力速度和特殊动作位置(另外界面),可设置托模前延迟时间

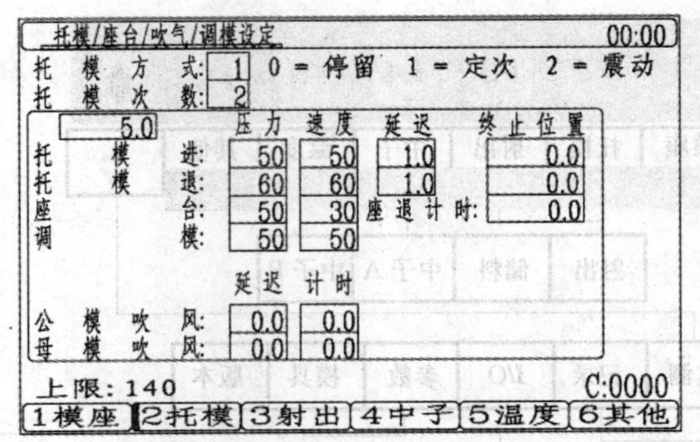

图 4－16 “托模”界面

配合机械手动作，延迟后再进行托模退动作。

托模种类如下。

停留：即托模停留，使用此功能，一律限定为半自动，此时按全自动无效，顶针会在顶出后停止，等待成品取出，关上安全门后才做顶退，做顶退动作后才关模。

定次：计数托模，托模进退所需要的次数。

振动：即振动托模，顶针会依所设定的此数，在托进终止处做短时间的来回快速托模，造成振动现象，使成品脱落。

托模次数：托模进退所需要的次数。

终止位置：其座台进、退的终止位置。

公母模吹风：动模板和定模板吹气，可分别吹气，以位置控制动作点，时间计时吹气延迟时间。若托模已完毕，须等待吹气完成，才能关模。

（3）射出。射出界面用来设定注射和保压参数，进入射出的界面为：主界面→F3 射出→F1 射出，如图 4－17 所示。

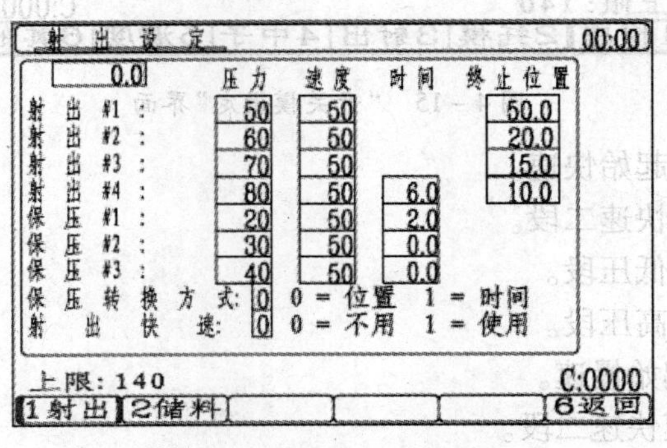

图 4－17 “射出设定”界面

射出及保压：对射出的控制，区分为射出段与保压段两种，射出分为 4 段，各段有自己的压力及速度设定，各段的切换均使用位置距离来同时切换压力及速度，适合各种复杂、高精密度的模具，而射出切换保压可以用时间来切换，亦可以用位置来切换或两者互相补偿，其运用端视模具的构造、原料的流动性及效率的考虑，方法巧妙各有不同，但整个调整性都已被归纳其中，都可以调整出来。

保压使用三段压力、三段速度，保压切换是使用计时的，待最后一段计时完毕，即代表整个射出行程已经完成,自行准备下一步骤。

射出时间:射出时间一般都大于实际射出时间,因为只要保压切换点一到,计算机就会停止射出时间,所以在原料流动性差的时候,实际射出时间就会多一些,而保压切换点也就比较慢点到,但在流动性好的时间射出很顺利就到达保压了,此时,实际射出时间就少了。

射出快速:射出时多开一支阀,以加快射出速度。

保压转换方式:射出后转保压方式有两种,可作为射出位置到转保压、射出时间完转保压。

(4)储料。储料功能用来设定熔胶过程参数,进入储料的界面为:主界面→F3 射出→F2 储料,如图 4-18 所示。

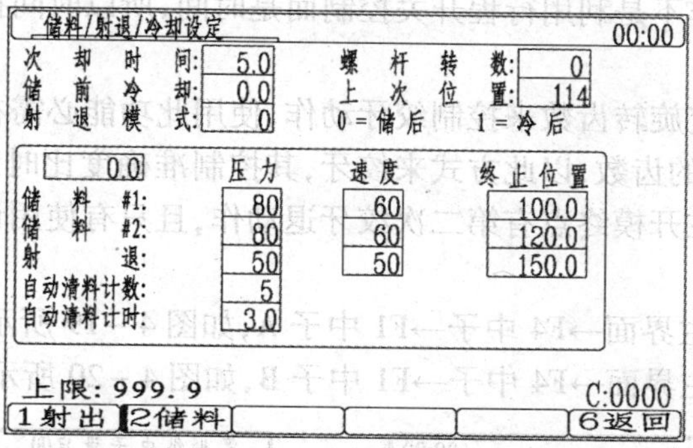

储料/射退/冷却设定 00:00

次却时间:	5.0	螺杆转数:	0	
储前冷却:	0.0	上次位置:	114	
射退模式:	0	0=储后	1=冷后	

0.0	压力	速度	终止位置
储料 #1:	80	60	100.0
储料 #2:	80	60	120.0
射退:	50	50	150.0
自动清料计数:	5		
自动清料计时:	3.0		

上限:999.9 C:0000

1射出 2储料 6返回

图 4-18 “储料”界面

冷却时间:射出完成后,且在模具打开之前所设定的冷却时间包含储料射退动作时间。

储前冷却:储前冷却时间亦可做储料前之冷却功能用。

射退模式:当选用 0 时,储料完成后做射退动作,当选用 1 时,冷却计时完成后做射退动作。

储料设定:储料过程,共有两段压力、速度控制,可自由设定其激活及末段所需的压力及速度和位置。

螺杆转数:储料时,螺杆的旋转速率。

上次位置:上一次储料的最后位置。

终止位置:储料/射退的终止位置。

射退:射退可设定压力速度,其动作方式可分为位置或时间,若选用位置,只需输入所需的射退距离,不使用射退将位置/时间设定为 0。

自动清料:在手动状态下操作者欲清除料管中之塑料,可由此设定清料的次数和每次清料储料的时间,其操作方式为按“自动清料操作”键(先决条件为次数和时间不得为 0)。

(5)中子。中子即抽芯插芯动作,也就是模具合模行程中,用油压缸将型芯块插入模内;在开模行程中将型芯块抽出。此功能多用于成品中空的模具。绞牙用于有纹螺的成品加工,配合液压马达做旋转定位控制成形。选择中子为一般的抽芯动作,选择绞牙为旋转动作。

中子设定:计算机最多提供两组中子控制,但须依机器油路配备而定,每组中子皆可依要求分开设定压力、速度、动作位置、时间、计数。其中,压力—油路压力设定;速度—油路流量设定;动作位置—中子进/退的动作位置;时间—对中子进/退执行的时间设定;计数—指对绞牙动作的参数。

功能选择：选择中子模式，是一般的抽芯插芯动作；选择绞牙模式是指成品需要加工有牙纹。

控制方式：若选用中子模式，可选用行程控制或时间控制，若选绞牙模式可选用时间控制、计数控制。

行程控制：中子动作的移动利用行程开关来做终点位置确认，在生产周期中到达中子动作位置，中子将会动作到接触行程开关，若行程开关未接触到，那机器便会停止。

时间控制：利用设定时间来控制中子进退，在生产周期中，到达中子动作位置，若中子动作以时间设定，则中子动作不是利用行程开关控制而是时间，所以时间控制不会有行程开关的保护功能。

计数控制：利用设定旋转齿数来控制绞牙动作，使用此功能必需在绞牙传动的齿轮上加装感应开关来计算所旋转的齿数，以此方式来绞牙，其控制准确度比时间方式高，只有使用 A 组中子来做绞牙动作，其在开模终点有第二次绞牙退动作，且只有使用计数控制才有第二次绞牙退动作。

进入中子 A 路径：主界面→F4 中子→F1 中子 A，如图 4－19 所示。

进入中子 B 路径：主界面→F4 中子→F1 中子 B，如图 4－20 所示。

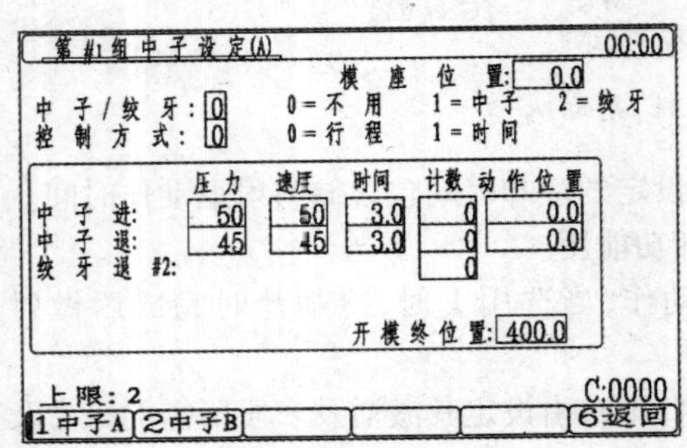

图 4－19 “中子设定(A)”界面

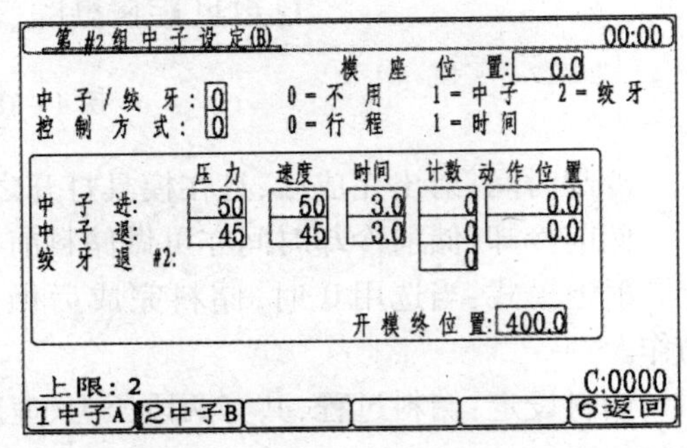

图 4－20 “中子设定(B)”界面

（6）温度。进入路径：主界面→F5 温度，如图 4－21 所示。

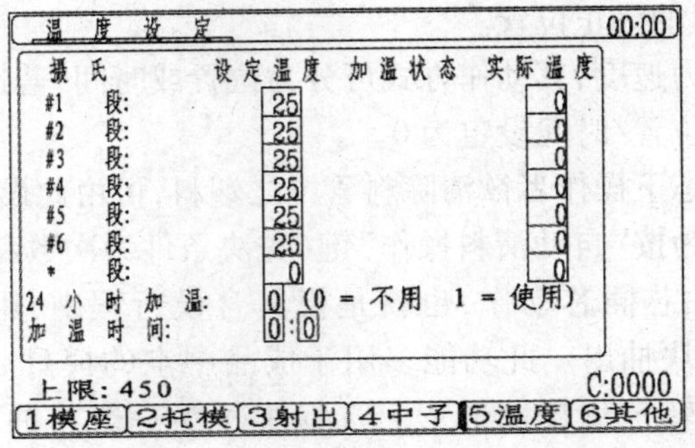

图 4－21 “温度设定”界面

温度控制界面用于料筒加热温度设定（最多六段）和实际温度显示，也提供定时加温控制。

如果温度发生故障,屏幕会自动显示777、888、999。当显示777时,可能温度板故障或温度板电源未输入;当显示888时,可能测温线路断路或温度转接板故障;当显示999,代表测温线读到超过450℃以上。

加温状态:当显示"※"时,表示电热打开送电中,且实际温度在设定温度的加温缓冲区之间;当显示" + "时,标识电热打开正全速送电中,且实际温度低于设定温度的加温缓冲区之下限;当显示" - "时,表示电热关闭,此时实际温度高于设定温度之上限。

24小时加温:当要使用定时加温时,可选择使用,当到达预设保温温度时,计算机便会自动开启电热开关。

(7) 其他设定。进入路径:主界面→F6 其他,如图4-22所示。

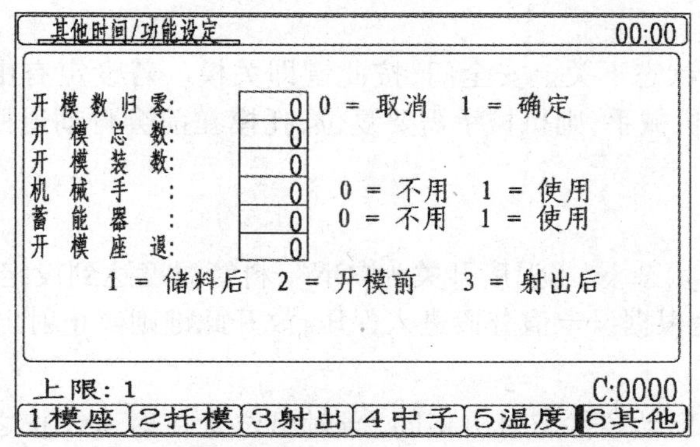

图4-22 "其他时间/功能设定"界面

开模数归零:若想将开模总数完成计数归零,则设定1,再按"输入"键清除。

开模总数:成品总计数设定,设定0为不使用。

机械手:为了配合生产线的完全自动化生产,让机械手代替工作人员取出射出成品,因此在每一模开模完成后机械手便会自动降下取出成品。

蓄能器:射出时以气体(如氮气)增压,可加快射出速度。

开模座退:座台活动设定可选择储料后、开模前、射出后。

4) 主要操作键

(1) 功能键。

手动键:此键具有多项功能,除了使自动状态恢复为手动外,还可做报警清除及不正常状况的清除,即是一个还原键。

半自动键:该键使机器处于自动循环方式,每执行一次循环,都需要开关安全门一次,才能进行下一个循环。

电眼自动键:该键使机器处于自动循环方式,在每执行一次循环结束时在4s内通过检测电眼检查成品是否掉落,若没有则代表产品还留在模具内,此时,机器停止动作并报警,屏幕将显示"脱模失败"。

时间自动键：按此键时机器进入全自动循环，除非有警报发生，否则机器在循环结束后即进行下一个循环（此时检测电眼自动失效）。

注意：凡由手动状态按“自动”键转入自动操作时，均需要开关安全门一次，以确保模具内无异物，才进行合模。

（2）动作键。

开模键：在手动状态下，按此键会根据设定资料进行开模。若设定有中子动作，则会连锁进行设定动作，手放开此键则开模停止。

关模键：手动状态下关上安全门，按此键即关模。若设定有中子动作，则会连锁进行设定动作。若设定有机械手，则机械手需要复位，托模在前会自动退回，放开此键则关模动作停止。

射出键：手动状态下，当温度开关为“ON”，料管温度达到设定值，且预温时间已到，按此键则进行射出，中途根据设定值分段进入保压，放开此键则停止射出。

射退键：射退启动条件与射出相同，当射出位置在射退终止之前，按此键则做射退动作，手放开即停止。

托模退键：按此键则会将托模退回到后限位开关上。

托模进键：托模进动作必须在开模终的位置上，且中子均已退出，托模次数有设定，前进及后退限位开关正常，按此键会按照托模次数作连续动作。

座台进键：在手动状态下，任何位置座台均可动作。但当座台进接触座台进终时，会转换为慢速前进，以防止射嘴与模具的撞击，以达到保护模具的效果。

座台退键：在手动状态下，按此键则进行座台退，接触座台退终止不停止，以方便使用者清洗料管或安装模具。

储料键：在手动状态下，储料启动条件与射出相同，当射出位置在储料终了之前时，按此键即放开，本键会自动保持至储料完成，如要在中途停止该动作，可再按一次该键即可。

自动清料键：操作者如要清除料管中的残料时，按此键根据储料页中设定的清料次数和储料时间作自动清料的动作。

公模吹气键：在手动状态下，按此键可在开关模的任何位置根据设定的吹气时间进

行吹气。

母模吹气键:在手动状态下,按此键可在开关模的任何位置根据设定的吹气时间进行吹气。

润滑键:在手动状态下,按此键可使润滑油泵打开。

马达开关键:在手动状态下,按此键则油泵马达运转,再按一次则油泵马达停止。自动状态时此键无效。

电热开关键:在手动状态下,料管会开始送温。如要关掉电热只需再按一次即可(自动状态时此键无效)。

(3) 模具调整键。

调模使用键:按 F2 键(托模键),进入托模界面,此界面可以设定调模动作的压力和速度。

在手动状态下按此键即进入手动调模模式。此时如果继续按"调模进"或"调模退"键,机器就会做手动调模进和退动作。如果已经完成新模具的安全门关闭和模具压力、速度和位置设定,可再按一次"调模使用"键,即可关闭模具。此时自动器执行自动模具调整直到新的设定到达。当自动调整完成,所有的机器操作将停止并发出警报,如果再调模时遇到任何问题,可按"手动"键来停止机器动作。

注意:调模速度有 2 级,其中调模慢速的速度是在 F4 键(参数 3)中的"其他 4"设定。如果机器没有安装调模电眼开关,则只有手动调模功能,调模动作也只有调模慢速。

调模进键:当处于粗调模下,按此键,刚开始时调模会往前进一格,此处可作为微动调模(使用调模慢速的速度),则依手按的次数而决定调模前进的距离。如一直按住不放在 1s 后,调模一直往前进做长距离的调整,当手放开后即停止。

注意:为了安全起见,必须按"手动调模"键或"手动"键来进入手动模式。假如要使用其他模具,在进入手动模式后要更换模具。如果在调模时遇到任何问题,可按"手动"键来停止操作。

调模退键:动作方式同上,只是方向相反。当调模退到极限开关时,机器会自动停止调退动作,以避免危险发生。

中子 A 进键和中子 A 退键:中子 A 功能选用,在手动状态下按进或退键,可在开关模的任何位置根据压力、速度、时间等条件进行中子 A 进退。

中子 B 进键和中子 B 退键:中子 B 功能选用,在手动状态下按进或退键,可

在开关模的任何位置根据压力、速度、时间等条件进行中子 B 进退。

(4) 方向键。利用方向键可将光标移动到要输入的资料位置上,如果用一个键无法到达需要的位置上,就可配合方向键来使用。如果无法利用方向键将光标移动到需要的位置上,也可利用 Enter 或 Y 键到达需要的位置上,如图 4－23 所示。

注意:当改变资料后,如将光标移动到另一个位置后,原来改变后的资料将会保存下来。

(5) 数字键(图 4－24)。用于数字的输入。由于系统对每个设定参数都有最大值限制,因此输入的数字超过最大值时将无法输入,且在屏幕上会有设定值超过显示。

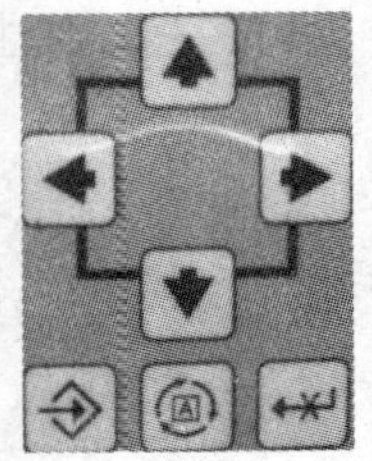

图 4－23　方向键

图 4－24　数字键

6. 注塑机操作

1) 开机流程

注塑机开机按图 4－25 所示的流程进行。

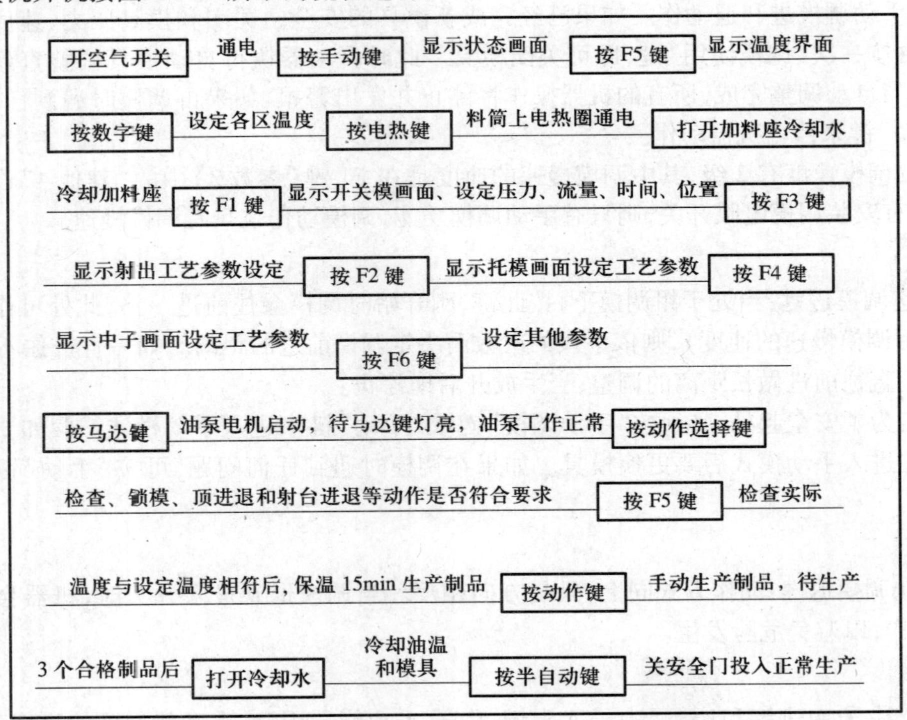

图 4－25　注塑机开机生产流程

2) 关机流程

注塑机关机时按图 4－26 所示的流程进行。

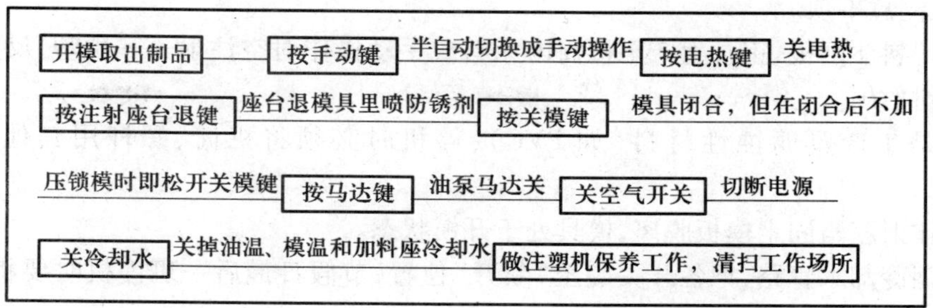

图 4-26 注塑机关机流程

7. 生产安全

1) 开机注意事项

(1) 合上机床总电源开关,检查设备是否漏电,按设定的工艺温度要求给机筒、模具进行预热,在机筒温度达到工艺温度时必须保温 20min 以上,确保机筒各部位温度均匀。

(2) 打开油冷却器冷却水阀门,对回油及运水喉进行冷却,点动启动油泵,未发现异常现象,方可正式启动油泵,待荧屏上显示“马达开”后才能运转动作,检查安全门的作用是否正常。

(3) 手动启动螺杆转动,查看螺杆转动声响有无异常及卡死。

(4) 操作工必须使用安全门,如安全门行程开关失灵时不准开机,严禁不使用安全门(罩)操作。

(5) 运转设备的电器、液压及转动部分的各种盖板、防护罩等要盖好,固定好。

(6) 非当班操作者,未经允许任何人都不准按动各按钮、手柄,不许两人或两人以上同时操作同一台注塑机。

(7) 安放模具、嵌件时要稳准可靠,合模过程中发现异常应立即停车,通知相关人员排除故障。

(8) 机器修理或较长时间(10min 以上)清理模具时,一定要先将注射座后退使喷嘴离开模具,关掉马达,维修人员修机时,操作者不准脱岗。

(9) 有人在处理机器或模具时任何人不准启动电机马达。

(10) 身体进入机床内或模具开档内时,必须切断电源。

(11) 避免在模具打开时,用注射座撞击定模,以免定模脱落。

(12) 对空注射一般每次不超过 5s,连续两次注不动时,注意通知邻近人员避开危险区。清理射嘴胶头时,不准直接用手清理,应用铁钳或其他工具,以免发生烫伤。

(13) 熔胶料筒在工作过程中存在着高温、高压及高电力,禁止在筒上踩踏、攀爬及搁置物品,以防烫伤、电击及火灾。

(14) 在料斗不下料的情况下,不准使用金属棒、杆,粗暴捅料斗,避免损坏料斗内分屏、护屏罩及磁铁架,若在螺杆转动状态下极易发生金属棒卷入机筒的严重损坏设备事故。

(15) 机床运行中发现设备响声异常、异味、火花、漏油等异常情况时,应立即停机,立即向有关人员报告,并说明故障现象及发生的可能原因。

(16) 注意安全操作,不允许以任何理由或借口,做出可能造成人身伤害或损坏设备的操作方式。

2）关机注意事项

(1) 关闭料斗闸板，正常生产至机筒内无料或手动操作对空注射——预塑，反复数次，直至喷嘴无熔料射出。

(2) 若是生产具腐蚀性材料（如 PVC），停机时必须将机筒、螺杆用其他原料清洗干净。

(3) 使注射座与固定模板脱离，模具处于开模状态。

(4) 关闭冷却水管路，把各开关旋至“断开”位置，节假日最后一班停机时要将机床总电源开关关闭。

(5) 清理机床、工作台及地面杂物、油渍及灰尘，保持工作场所干净、整洁。

3）安全装置

机械安全装置是本设备保护人身安全和模具安全的重要装置，其作用是打开前安全门，安全闸块落下遮住安全撞杆套筒的孔阻止撞杆通过，达到阻止合模的目的，因此此装置应随时注意其可靠性，更不能任意拆除。

(1) 应当定期检查安全闸块，确保前移门打开时闸块能自由落下，并将套筒孔遮住。

(2) 每次更换模具后，必须根据模具厚度和开模行程重新调整安全撞杆的位置，使之切实起到保护人身与模具的作用。调整方法如下：做开模动作，直到开模停止。松开安全撞杆上的螺母，将安全撞杆头移至离闸板 5mm ~ 10mm 处，再将两边螺母旋紧，调整完毕。

(3) 调整时注意人体各部位不要进入合模区域，以免受伤害。调整完毕后应经多次试验，确保安全装置功能良好。

(4) 不得因贪图方便或因安全装置故障而将安全装置拆除。

4.3.2 注射（塑）模具

1. 典型注射（塑）模具结构

图 4－27 是一套卧式多腔单分型面注射（塑）模具结构，按其主要功能，典型注射（塑）模具一般由成形部件、导向机构、浇注系统、顶出脱模机构、侧向抽芯机构、排气结构、温度调节系统和支承零部件八大部分组成。

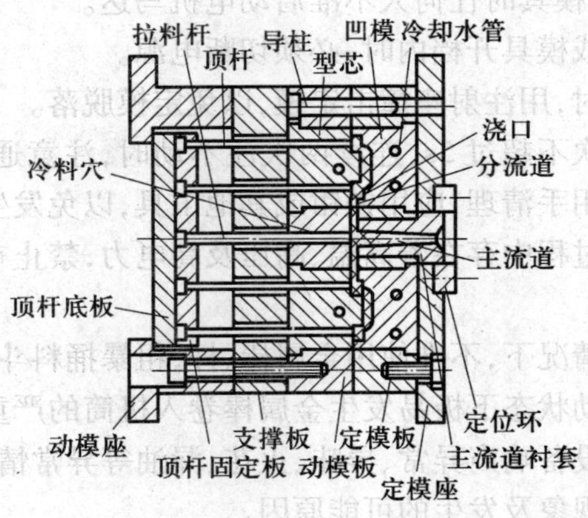

图 4－27 典型注射（塑）模具结构

1）成形部件

成形部件由型芯和凹模组成。型芯形成制品的内表面形状，凹模形成制品的外表面形状，合模后型芯和凹模便构成了模具的型腔。按工艺和制造要求，有时型芯或凹模由若干拼块组成，有时做成整体，仅在易损坏、难加工的部件采用镶件。

2）浇注系统

浇注系统又称为流道系统，它是将塑料熔体由注塑机喷嘴引向型腔的一组进料通道，通常由主流道、分流道、浇口和冷料穴组成。浇注系统的设计十分重要，它直接关系到塑件的成形质量和生产效率。

3）导向机构

为了确保动模与定模合模时能准确对接，在模具中必须设置导向机构。在注塑模中通常采用4组导柱与导套来组成导向部件，有时还需在动模和定模上分别设置互相吻合的内、外锥面来辅助定位。为了避免在制品推出过程中推板发生歪斜现象，一般在模具的推出机构中还设有使推板保持水平运动的导向部件，如导柱和导套。

4）顶出脱模机构

在开模过程中，需要有顶出脱模机构将塑件及其在流道内的凝料推出或拉出。顶出脱模机构由推杆和推出固定板、推板及主流道的拉料杆组成。推出固定板和推板夹持住推杆。在推板中一般还固定有复位杆，复位杆在动模和定模合模时使推出机构复位。

5）侧向抽芯机构

有些带有侧凹或侧孔的塑件，在被推出之前必须先进行侧向分型，抽出侧向型芯后方能顺利脱模，此时需要在模具中设置侧向抽芯机构。

6）调温系统

为了满足注塑工艺对模具温度的要求，需要有调温系统对模具的温度进行调节。对于热塑性塑料用注塑模，主要是设计冷却系统使模具冷却。模具冷却的常用办法是在模具内开设冷却通道，利用循环流动的冷却水带走模具的热量。模具的加热除可用冷却水通道引入热水或蒸气外，还可在模具内部和周围安装电加热元件。

7）排气系统

排气系统用以将成形过程中的气体充分排除。常用的方法是在分型面处开设排气槽。由于分型面之间存在有微小的间隙，对于较小的塑件，因排气量不大，可直接利用分型面排气，不必开设排气槽，一些模具的推杆或型芯与模具的配合间隙均可起排气作用，有时可不必另外开设排气槽。

2. 注射（塑）模具分类

1）单分型面注射（塑）模具

单分型面注射（塑）模具型腔的一部分（型芯）在动模上，另一部分（凹模）在定模上。主流道设在定模一侧，分流道设在分型面上。开模后由于动模上拉料杆的拉料作用以及制品因收缩包紧在型芯上，制品连同凝料留在动模一侧，动模上设有推出机构，用于推出制品和流道内的凝料，如图4－27所示。

2）双分型面注射（塑）模具

双分型面注射（塑）模具以两个不同的分型面（$A—A$、$B—B$）分别取出流道凝料和塑料制品。与两板式的单分型面注塑模具相比，双分型面注塑模具在动模板与定模板之间增加了一块可以移动的中间板（又名浇口板），故又称三板式模具，如图 4－28 所示。

3）带活动镶件的注射（塑）模具

对于复杂结构的塑料制品，由于无法通过简单的分型从模具中取出制品，因此可在模具中设置活动镶件和活动侧向型芯，脱模时必须将它们连同制品一起移出模外，然后用手工或简单工具将它们与制品分开，因此，这类模具的生产效率不高，常用于小批量的试生产，如图 4－29 所示。

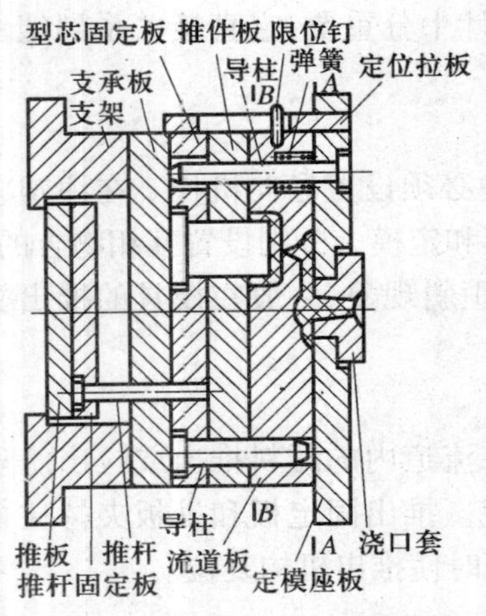

图 4－28　双分型面注射（塑）模具

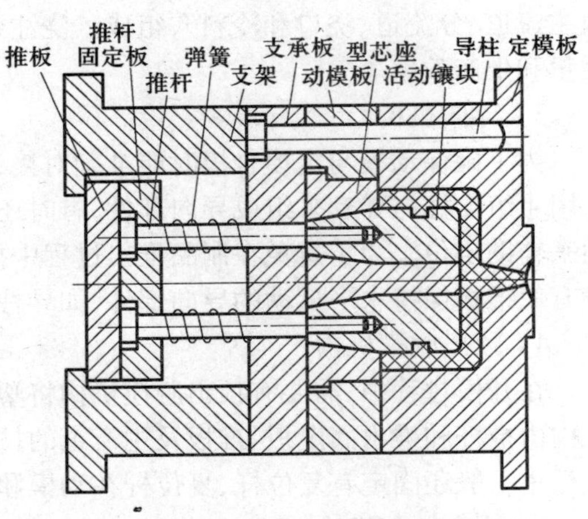

图 4－29　带活动镶件的注射（塑）模具

4）带抽芯的注射（塑）模具

当塑料制品上有侧孔或侧凹时，在模具内可设置由斜导柱或斜滑块等组成的侧向分型抽芯机构，它能使侧型芯作横向移动，如图 4－30 所示。

5）自动卸螺纹注射（塑）模具

对带有内（外）螺纹的塑料制品，可在模具中设置转动的螺纹型芯（型环），利用机械的旋转运动或往复运动将螺纹制品脱出，如图 4－31 所示。

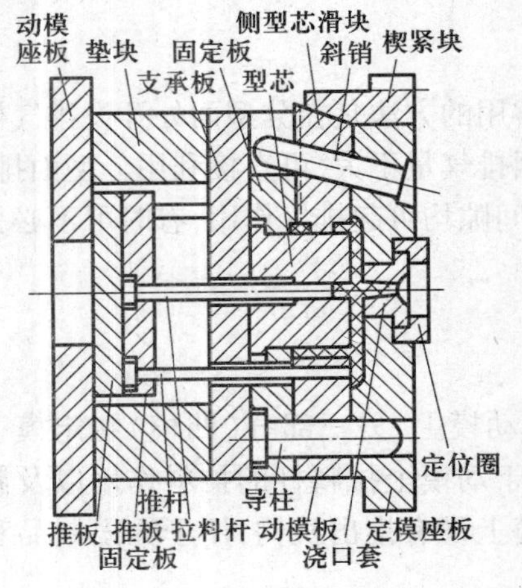

图 4－30　侧向抽芯注射（塑）模具

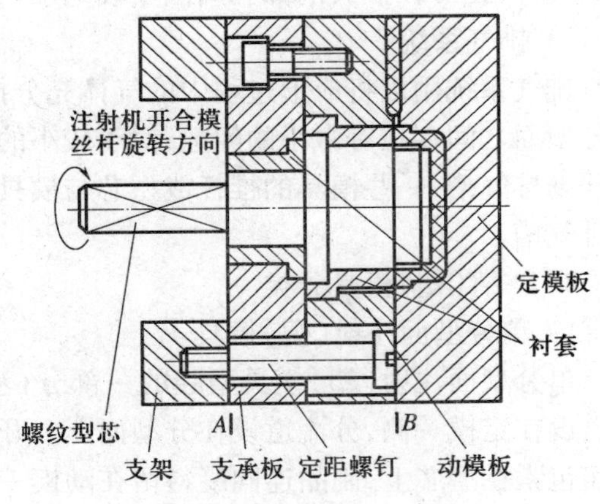

图 4－31　自动卸螺纹注射（塑）模具

6）推出机构设在定模注射（塑）模具

由于注射机推出液压缸在动模一侧，因此塑料制品开模后常留在动模侧。对有些要求制品留在定模的注射模具,应在定模一侧设置推出机构,以便将制品从定模内推出,如图 4-32 所示。

7) 无流道凝料注射(塑)模具

通过采用对流道加热和绝热的方法来保证从注射机喷嘴到浇口处之间的塑料保持熔融状态,称为热流道注射模具,如图 4-33 所示。

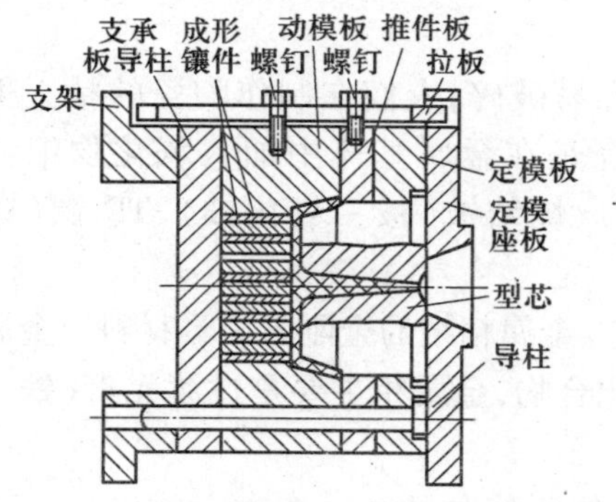

图 4-32 推出机构设在定模注射(塑)模具

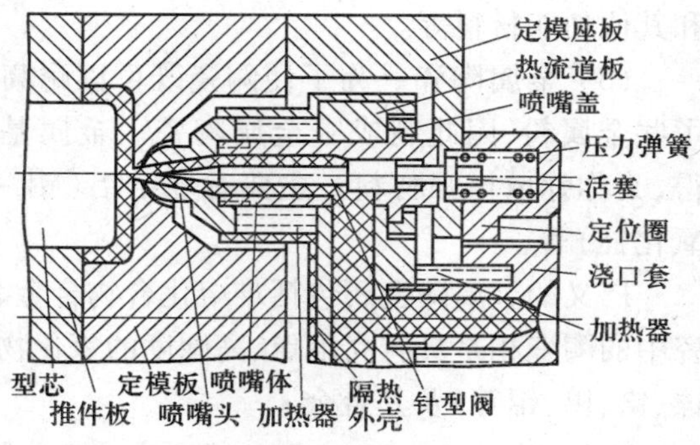

图 4-33 针阀式浇口热流道注射(塑)模

4.4 陶瓷材料的成形

4.4.1 概述

1. 陶瓷的概念

陶瓷是人类应用最早的材料之一。传统上,“陶瓷”是指所有以黏土为主要原料与其他天然矿物原料经过粉碎、混炼、成形、烧结等过程而制成的各种制品。常见的日用陶瓷制品和建筑陶瓷、电瓷等都属于传统陶瓷。由于它的主要原料是取之于自然界的硅酸盐矿物(如黏土、长石、石英等),所以可归属于硅酸盐类材料和制品。陶瓷工业可与玻璃、水泥、搪瓷、耐火材料等工业同属“硅酸盐工业”的范畴。

随着近代科学技术的发展,出现了许多物理与化学性质更加优异的陶瓷新品种,如氧化物陶瓷、压电陶瓷、金属陶瓷等,它们的生产过程虽然基本上还是原料处理、成形、烧结这种传统的陶瓷生产方法,但原料已不再使用或很少使用粘土等传统陶瓷原料,而已扩大到化工原料和合成矿物,甚至是非硅酸盐、非氧化物原料,并且出现了许多新的工艺。因此,现在可以认为,广义的陶瓷概念已是用陶瓷生产方法制造的无机非金属固体材料和制品的通称。

2. 陶瓷的分类

按概念和用途分类,陶瓷材料分为普通陶瓷、特种陶瓷和金属陶瓷三大类(表4-2)。

(1) 普通陶瓷。普通陶瓷即陶瓷概念中的传统陶瓷,是人们生活和生产中最常见和使用的陶瓷制品。根据使用领域,普通陶瓷又可分为日用陶瓷(包括艺术陈列陶瓷)、建筑卫生陶瓷、化工陶瓷、化学瓷、电瓷及其他工业用陶瓷。这些陶瓷制品所用的原料基本相同,生产工艺技术亦相近,是典型的传统陶瓷生产工艺,只是根据需要制成适于不同使用要求的制品。

(2) 特种陶瓷。特种陶瓷是用于各种现代工业和尖端科学技术所需的陶瓷制品,其所用的原料和所需的生产工艺技术已与普通陶瓷有较大的不同和发展，有先进陶瓷、精细陶瓷、新型陶瓷、近代陶瓷、高技术陶瓷、高性能陶瓷、工程陶瓷等多个名称。

特种陶瓷又可根据其性能及用途的不同细分为结构材料用陶瓷和功能陶瓷。结构材料用陶瓷主要是用于耐磨损、高强度、耐热冲击、硬质、高刚性、低热膨胀性和隔热等结构陶瓷材料；功能陶瓷中包括电磁功能、光学功能和生物－化学功能等陶瓷制品和材料，此外还有核能陶瓷和其他功能材料等。

(3) 金属陶瓷。为了使陶瓷既可以耐高温又不容易破碎，人们在制作陶瓷的粘土里加了些金属粉，因此制成了金属陶瓷。金属基金属陶瓷是在金属基体中加入氧化物细粉制得，又称弥散增强材料。主要有烧结铝（铝－氧化铝）、烧结铍（铍－氧化铍）、TD 镍（镍－氧化钍）等。

广义的金属陶瓷还包括难熔化合物合金、硬质合金、金属粘结的金刚石工具材料。金属陶瓷中的陶瓷相是具有高熔点、高硬度的氧化物或难熔化合物，金属相主要是过渡元素（铁、钴、镍、铬、钨、钼等）及其合金。

表 4－2 常见工业陶瓷的分类、性能和用途

分 类	主要性能	应用举例
普通陶瓷	质地坚硬，有良好的抗氧化性、耐蚀性、绝缘性；强度较低；耐一定高温	日用、电气、化工、建筑用陶瓷，如装饰陶瓷、餐具、绝缘子、耐蚀容器、管道等
特殊陶瓷	有自润滑性和良好的耐磨性、化学稳定性、绝缘性；耐腐蚀、耐高温；硬度高	切削工具、量具、高温轴承、拉丝模、高温炉零件、内燃机火花塞等
金属陶瓷	强度高、韧性好；耐腐蚀；高温强度好	刃具、模具、密封环、叶片、涡轮等

4.4.2 陶瓷材料的生产过程

陶瓷的生产过程虽然各不相同，但一般都要经过坯料准备、成形与烧结三个阶段。

1. 坯料准备

依据成形工艺的要求，陶瓷成形坯料一般有可塑泥团、浆状和粉状类。可塑泥团坯料应长期保持塑性状态，易于流动和变形。浆状坯料应具有流动性好（固相含量低、温度高）、吸浆速度快、脱模性好、挺实能力高、加工性好的性能。粉料坯料要求流动性高。

当采用天然的岩石、矿物等物质作原料时，一般要经过原料粉碎、精选、造粒、配料、脱水、炼坯、陈腐等过程。

陈腐即储泥，又称胭泥，系将泥料放置在不透日光、不通空气的室内，保持一定温度和湿度，储存一段时间，以利坯料的氧化和水解反应的进行，从而改善泥料的性能。储泥时间多半在一年以上，在现代工厂中，因储泥时间和泥料周转期长、占地面积大，一般采用多次真空练泥来代替储泥。

当采用高纯度可控的人工合成的粉状化合物作原料时，如何获得成分、纯度、粒度均达到要求的粉状化合物是坯料制备的关键。制取粉料的方法有机械粉碎法、溶液沉淀法、气相沉积法等。

2. 制坯成形

陶瓷制品的成形方法很多,常用的有以下几种:

(1) 可塑法。可塑法又叫塑料料团成形法,是在可塑泥团坯料中加入一定量水和塑化剂,使其成为具有良好塑形的料团,然后利用料团的可塑性通过手工或机械成形的工艺成形。

可塑成形法有旋压成形、滚压成形、塑压成形、注射成形和轧膜成形等几种类型。

旋压成形。用型刀使放置在旋转石膏模型中的可塑性坯料受到挤压、刮削和剪切的作用而形成坯体的方法。旋压成形分阴模成形和阳模成形两种。阴模成形的石膏模内凹,模内放坯料,模型内壁决定坯体外形,型刀决定坯体内部形状。多用于杯、碗等器形较大、内孔较深、口径小的产品的成形。阳模成形的石膏模凸起,模上放坯料,模型的凸面决定坯体的内表面,型刀旋转决定其外表面。多用于盘、碟等器形较浅、口径较大的产品的成形。旋压成形的成形设备简单,但坯料受挤压,排列混乱,坯体密度小,含水率高,产品易变形。

滚压成形。用旋转的滚头对同方向旋转的模型中的可塑坯料进行滚压,使坯料均匀展开而形成坯体的方法。滚压也可分为阴模成形和阳模成形,还可分为热滚压(滚头工作时,一般加热至120℃~130℃)和冷滚压(滚头在常温下工作)。滚压成形所用泥料含水率为20%~22%,成形时既有滚压又有滑动,主要受压延力作用。使用这种方法成形时泥料受压力较大而且均匀,因此制品变形小。日用陶瓷生产中,阳模热滚压成形法较为理想。

(2) 注浆法。注浆法又称为浆料成形法,是先把原料配制成浆料,然后注入模具中成形工艺。注浆法根据成形压力的大小和方式的不同,可分为基本注浆法、强化注浆法、热压铸成形法和流延法等。其中,基本注浆法分为空心注浆法和实心注浆法两种,所用模型为石膏模型,如图4-34所示。

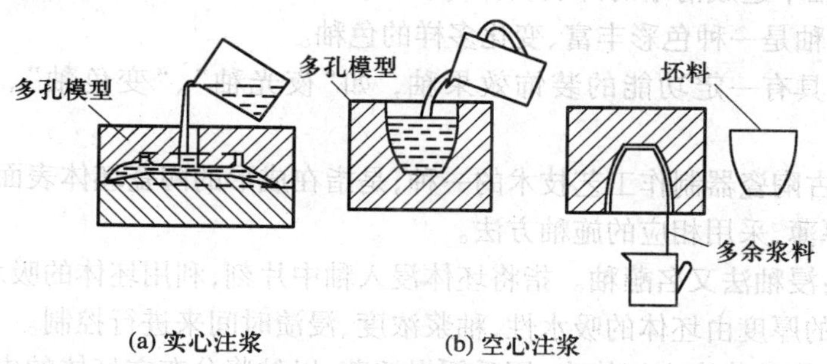

图4-34 陶瓷注浆成形示意图

(3) 压制法。压制法又称为粉料成形法,是将含有一定水分的粒状粉料填充到模具中,使其在压力下成为具有一定形状和强度的陶瓷坯体的成形方法。有干压成形(含水量<7%)、半干压成形(含水量7%~15%)和特殊的压制成形方法(如等静压粉料中的含水量可低于3%)。

3. 施釉、烧结

未经烧结的陶瓷制品称为生坯。生坯是由许多固相粒子堆积起来的聚积体,颗粒之间除了点接触外,尚存在许多空隙,因此没有多大的强度,必须经过高温烧结后才能使用。生坯经初步干燥后即可送去烧结。烧结是指生坯在高温融化时发生一系列物理化学变化(水的蒸发,硅酸盐分解,有机物及碳化物的气化,晶体转型及融化),并使生坯体积收缩,强度、密度增加,最终形成致密、坚硬的具有某种显微结构烧结体的过程。烧结后颗粒由点接触变为面接触,粒子间也将产生物质的转移。这些变化需一定的温度和时间才能完成,所以烧结的温度较高,所需的时间也较长。常见的烧结方法有热压或热等静压法、液相烧结法、反应烧结法。

施釉装饰是陶瓷器的重要装饰方法之一,宋代的五大名瓷便是施釉装饰的杰作。色彩缤纷的陶瓷釉料经过各种施釉方法,施挂于陶瓷制品的坯体上,既强化了陶瓷制品的强度,又发挥着装饰美化的重要作用。施釉装饰主要包含以下几类:

(1) 颜色釉。目前颜色釉的品种较多,在建筑墙地砖、卫生瓷、屋面瓦、日用瓷、艺术瓷中均有广泛应用。颜色釉表面平滑、光亮,釉面硬度高,呈色纯正,色彩浑厚,可抗酸、碱侵蚀,对气体和液体具有不透过性。釉面反射力较高,色彩缤纷、晶莹悦目。

颜色釉既可以单色施釉,也可以利用二色或多色颜色釉装饰,以其产生强烈鲜明的对比达到赏心悦目的艺术效果。

(2) 艺术釉。艺术釉因其特殊的效果形成名贵的艺术釉品种。常见的艺术釉有:

① 结晶釉。釉面分布着星形、针形或花叶形粗大聚晶体的一种装饰釉。

② 红釉。早期的红釉主要是铜红釉,以铜为着色剂在还原下烧成,如钧红、祭红、朗窑红等。现在德化生产较多的红釉是以镉硒红包裹色料为着色剂的颜色釉,因镉硒红包裹色料不耐高温,通常先将坯体烧瓷化,再喷红颜色釉而制成。

③ 无光釉。无光釉的表面对光反射不强烈,没有玻璃那样高的光泽度,只在平滑的表面上呈绢状、蜡状或玉石状的光泽。

④ 碎纹釉。碎纹釉又称纹片釉、裂纹釉。釉面上的裂纹是陶瓷产品的一种缺陷,但是碎纹釉是人为地在釉中造成清晰的开裂纹样,使陶瓷产品具有独特的艺术效果。

⑤ 花釉。花釉是一种色彩丰富、变化多样的色釉。

⑥ 功能釉。具有一定功能的装饰效果釉,如"夜光釉"、"变色釉"、"杀菌釉"、"自洁釉"等。

施釉工艺是古陶瓷器制作工艺技术的一种,是指在成形的陶瓷坯体表面施以釉浆,应按坯体的不同形状、厚薄,采用相应的施釉方法。

(1) 浸釉法:浸釉法又名蘸釉。指将坯体浸入釉中片刻,利用坯体的吸水性使釉浆附着于坯体表面。釉层的厚度由坯体的吸水性、釉浆浓度、浸渍时间来进行控制。

(2) 荡釉法:将釉浆浇入坯体内,用手缓慢摇荡,以釉浆分布在坯体的内表面的施釉方法。此种方法适宜于器型较深的产品,如大型花瓶之类的产品。

(3) 喷釉法:系采用喷釉器将釉料雾化喷到坯体表面。此种施釉方法适合于大型产品及造型复杂或薄胎等需要多次施釉的产品,可以多次喷釉,以进行多釉色的施釉,并且能够获得较厚的釉层。还有一种将浇釉与喷釉相结合的施釉机械方法,可以达到效率高而且釉面光滑平整的效果。大型卫生洁具产品坯体的挂釉,通常采用了自动化喷釉方法。

(4) 压釉法:系意大利开发出的现代化建筑陶瓷施釉工艺技术。它是将配制好的干粉状釉料与坯体分层填入模型内,压制出带釉坯体的方法,操作时应该先将釉料压实,或者制成机械强度高的薄片釉,再与坯体一起加压,这样可以使釉层比较均匀和少受釉层污染。现在建筑陶瓷产品的釉面砖与地砖,多采用此种施釉方法。

附录 ZJ－160 主要技术参数及模具要求

部件	项目	技术数据		
注射装置	螺杆直径/mm	A	B	C
		40	45	50
	螺杆长径比 L/D	24.7	22	19.8
	注射压力/MPa	227	180	145
	理论注射容积/cm^3	276	350	432
	注射速率(PS)/$g \cdot s^{-1}$	114	145	179
	塑化能力(PS)/$g \cdot s^{-1}$	19.8	25	30.9
	螺杆转速/$r \cdot min^{-1}$	0～220		
	喷嘴伸出量/mm	45		
	喷嘴形式	开式喷嘴		
	加热段数	3＋1		
锁模装置	锁模力/kN	1600		
	拉杆有效间距($H \times V$)/mm	455×450		
	移模行程(最大)/mm	450		
	模具厚度/mm	150～500		
	顶出力/行程/(kN/mm)	35/110		
电气系统	油泵电机功率/kW	18.5		
	加热功率/kW	9.84		
其他	机器重量/t	5.2		
	机器外形尺寸($L \times W \times H$)/m	5.1×1.4×2.05		
模具要求	最小模具尺寸($L \times W$)/mm	295×295		
	最大模具尺寸($L \times W$)/mm	450×445		

第二篇 机械加工

第5章 车削加工

5.1 金属车削加工基础

5.1.1 概述

1. 车削加工的含义

车削加工是在车床上利用工件相对于刀具旋转和刀具的直线运动来改变毛坯的形状和大小，以满足图纸要求进行切削加工的方法。在金属切削机床中，各类车床约占切削机床总数的50%。无论在单件或小批生产及机械修配工作中，还是在成批、大量生产时，车削加工占有很重要的地位。

2. 车削加工的工艺特点

（1）车削易于保证工件各加工表面之间具有较高的位置精度。在车床上加工工件时，工件绕某一固定的轴线作旋转运动，各回转表面具有同一个回转轴线，利于保证各个加工表面间同轴度的要求。比如，利用前、后顶尖或心轴安装工件，用拨盘拨动工件回转，其回转轴线是两顶尖中心的连线，在一次安装中加工的各个圆柱表面之间的位置精度很高，工件端面与轴线的垂直度要求，则主要由车床本身的精度来保证。

（2）切削过程比较平稳。车削加工时，刀具几何形状、背吃刀量和进给量一定时，切削面积就基本不变，因此，切削力基本上不发生变化。除了加工断续表面以外，切削过程要比铣削、刨削平稳。

（3）刀具简单。车刀是比较简单的刀具之一，制造、刃磨和安装都比较方便。加工时，可以根据工件的具体加工要求，选择合理的刀具角度，以利于保证加工质量。

（4）生产效率较高。车削加工在一般情况下切削过程是连续的，主运动是连续的旋转运动，可以避免惯性力和冲击力的影响，所以车削允许采用较大的切削用量，进行高速切削或强力切削，使车削加工具有较高的生产率。

（5）适于有色金属零件的精加工。对于一些有色金属零件，由于材料本身的塑性好、硬度低，如果采用磨削加工，则砂轮容易被磨屑堵塞，使已加工表面的质量下降。因此，当有色金属零件加工表面的粗糙度 Ra 值要求较小时，可以采用车削方法进行加工。如用金刚石刀具，以很少的背吃刀量和进给量，以及很高的切削速度进行精细车削，表面粗糙度值 Ra 可达0.1μm～0.4μm。

3. 车削加工的应用

由车削加工的工艺特点可知，各种回转体表面都可以用车削方法加工，如内外圆柱面、内外圆锥面、螺纹、沟槽、端面和成形面等。可以加工的工件材料有钢、铸铁、有色金属和某些非金属材料,加工材料的硬度一般在 30HRC 以下。车削一般用来加工单一轴线的零件,如台阶轴和盘套类零件等。采用四爪卡盘或花盘等装置改变工件的安装位置,也可以加工曲轴、偏心轮或盘形凸轮等多轴线的零件。

5.1.2 车削加工范围

车削是最基本、最常见的切削加工方法,大部分具有回转表面的工件都可以用车削方法加工,其基本工作内容有车外圆、车平面、车槽与切断、钻中心孔、钻孔、车内孔、铰孔、车螺纹、车圆锥、车成形面、滚花、盘绕弹簧等,如图 5-1 所示。所用刀具主要是车刀。车削加工的尺寸精度一般可达 IT7 ~ IT9,表面粗糙度值可达 $Ra1.6\mu m \sim 6.3\mu m$。

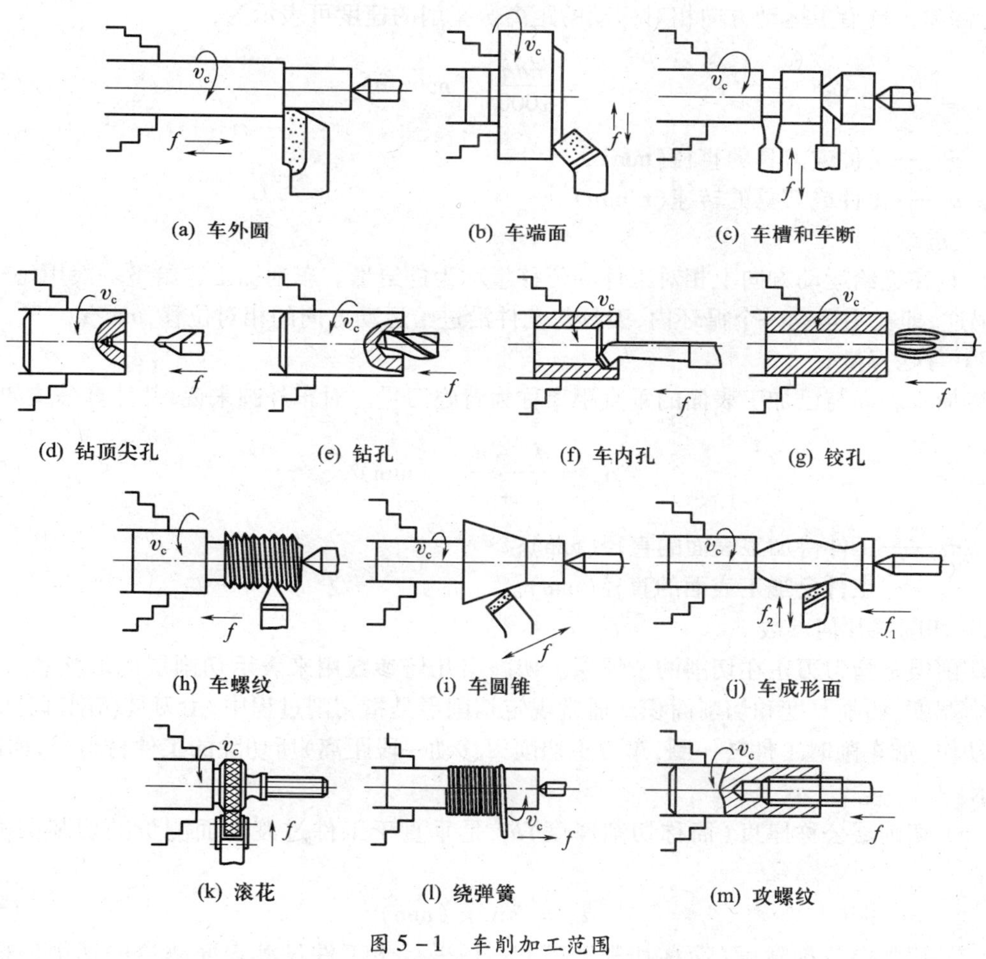

图 5-1 车削加工范围

5.1.3 车削要素

1. 工件上的加工表面

在切削加工过程中,工件上的切削层不断地被刀具切削,并转变为切屑,从而获得零件所需要的新表面。在这一表面形成过程中,工件上有 3 个不断变化着的表面,即:待加工表面——即将被切除金属层的表面；过渡表面——正在被切除金属层的表面；已加工表面——已经被切除金属层的表面。

以车外圆为例来说明这3个表面，如图5－2所示。

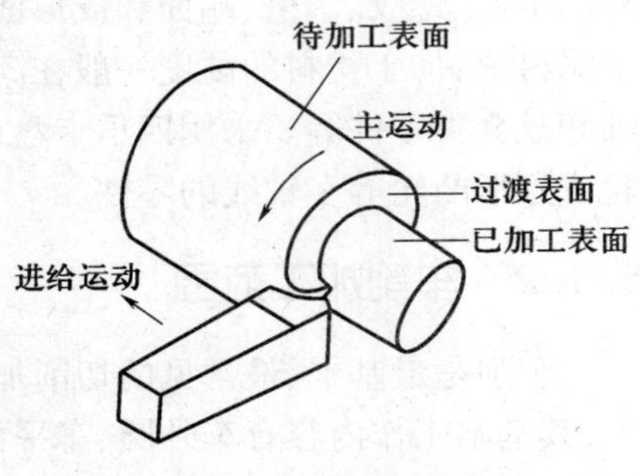

图5－2 工件上的加工表面

2. 切削用量

所谓切削用量是指切削速度、进给量和切削深度三者的总称。它表示切削时各运动参数的大小，是调整机床运动的依据。

1）切削速度 V_c

主运动的线速度称为切削速度，它是指在单位时间内，工件和刀具沿主运动方向相对移动的距离。车削的速度可表示为：

$$V_c = \frac{\pi d n}{1000} \quad (\text{m/min}) \tag{5-1}$$

式中 d——工件或刀具的直径(mm)；

n——工件或刀具的转速(r/min)。

2）进给量 f

刀具在进给运动方向上相对工件的位移量称为进给量。车削加工进给量一般用每转进给量 f 描述，即在主运动一个循环内，刀具与工件沿进给运动方向的相对位移，mm/r。

3）背吃刀量 α_p

待加工表面与已加工表面的垂直距离称为背吃刀量。对车外圆来说，其计算公式如下：

$$\alpha_p = \frac{d_w - d_m}{2} \quad (\text{mm}) \tag{5-2}$$

式中 d_w——工件待加工表面的直径(mm)；

d_m——工件已加工表面的直径(mm)。

3. 切削层几何参数

切削层是指刀刃正在切削的金属层。切削层几何参数用来表示切削层的形状和尺寸，包括切削宽度、切削厚度和切削面积。通常规定切削层是指切削过程中，由刀具切削部分的一个单一动作（如车削时工件转一圈，车刀主切削刃移动一段距离）所切除的工件材料层，如图5－3所示。

（1）切削层公称厚度（简称切削厚度）h_D 是垂直于工件过渡表面测量的切削层横截面尺寸：

$$h_D = f\sin\kappa_r(\text{mm}) \tag{5-3}$$

（2）切削层公称宽度（简称切削宽度）b_D 是平行于工件过渡表面测量的切削层横截面尺寸：

$$b_D = \frac{\alpha_p}{\sin\kappa_r} \quad (\text{mm}) \tag{5-4}$$

（3）切削层公称横截面积（简称切削面积）A_D 是工件被切下的金属层沿垂直于主运动方向所截取的横截面积：

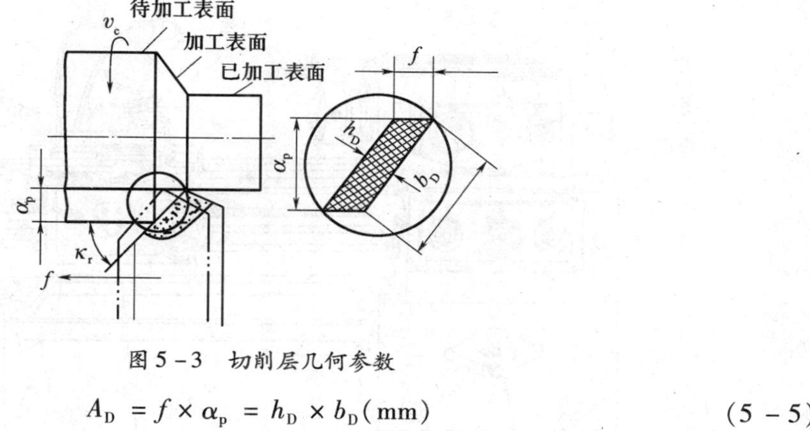

图 5-3　切削层几何参数

$$A_D = f \times \alpha_p = h_D \times b_D (\mathrm{mm}) \tag{5-5}$$

5.2　车削加工设备

5.2.1　车床的分类

车床的种类型号很多,按其用途、结构可分为仪表车床、卧式车床、单轴自动车床、多轴自动和半自动车床、转塔车床、立式车床、多刀半自动车床、专门化车床等。近年来,计算机技术被广泛运用到机床制造业,随之出现了数控车床、车削加工中心等机电一体化的产品。其中,卧式车床是应用最广泛的一类车床。

5.2.2　卧式车床

1. 卧式车床的型号

车床型号是按 GB/T 15375—1994《金属切削机床的型号编制方法》规定的,由汉语拼音字母和阿拉伯数字组成。卧式车床用 C61×××来表示,其中:C——机床分类号,表示车床类机床;61——组系代号,表示卧式。其他数字或字母表示车床的有关参数和改进号。如 C6132A 型卧式车床中,“32”表示主要参数代号(最大车削直径为 320mm),“A”表示重大改进序号(第一次重大改进)。

2. 卧式车床结构

图 5-4 是 C6140 普通车床的外形图,主要组成部分及作用如下。

(1) 床身和床腿。床身由床腿支承并固定在地基上,用于支承和连接车床的各个部件。床身上面有两条导轨供床鞍和尾座移动。

(2) 主轴箱。用以支承主轴并通过变速齿轮而使之作多种速度的旋转运动,同时主轴通过主轴箱内的另一些齿轮将运动传入进给箱。主轴右端有外螺纹,用以连接卡盘、拨盘等附件,主轴内有锥孔,用以安装顶尖。主轴为空心件,以便细长棒料穿入上料和用顶杆卸下顶尖。

(3) 挂轮箱。用于将主轴的转动传给进给箱。置换箱内的齿轮并与进给箱配合,可以车削各种不同螺距的螺纹。

(4) 进给箱、光杠、长丝杠。进给箱内装进给运动的变速齿轮,用以传递进给运动和调整进给量及螺距。进给箱的运动通过光杠或长丝杠传给溜板箱,光杠使车刀车出圆柱或圆锥面、端面和台阶面,长丝杠使车刀车出螺纹。

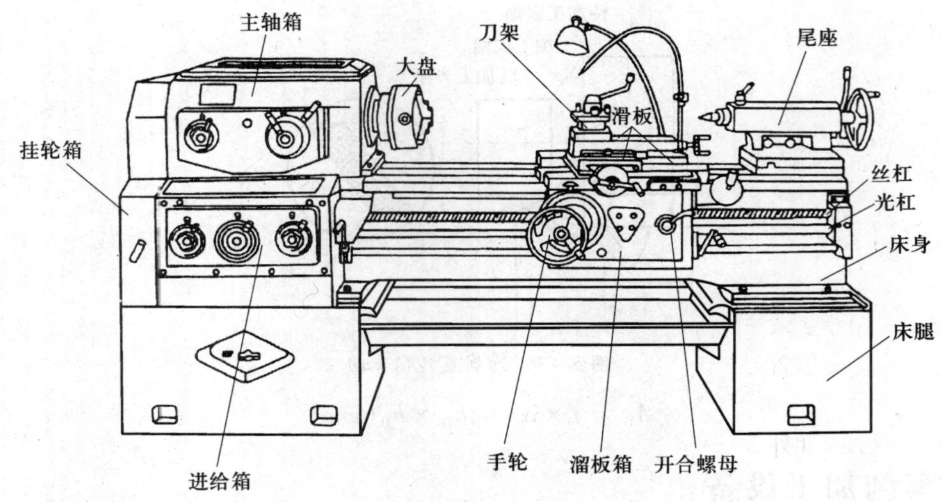

图 5－4　C6140 卧式车床结构

（5）溜板箱。与刀架相连，可使光杠传来的旋转运动变为车刀的纵向或横向直线移动，也可将丝杠传来的旋转运动通过开合螺母直接变为车刀的纵向移动以车削螺纹。

（6）滑板（图 5－5）。滑板分为中、小滑板，滑板上面有转盘和刀架。小滑板手柄与小滑板内部的丝杆连接，摇动此手柄时，小滑板就会纵向进或退。中滑扳手柄装在中拖板内部的丝杆上，摇动此手柄，中滑板就会横向进或退。中滑板和小滑板上均有刻度盘，刻度盘的作用是为了在车削工件时能准确移动车刀以控制背吃刀量。刻度盘每转过一格，车刀所移动的距离等于拖板丝杆螺距除以刻度盘圆周上等分的格数（常用的一般为 0.05mm 和 0.07mm）。

转盘与中拖板用螺栓固定在一起。松开螺母，转盘可在水平面内任意转动。小滑板沿转盘上面的导轨作短距离的移动。将转盘旋转一定角度，并用螺母固紧后，小滑板便可带动车刀作相应的斜向移动，可用来车削圆锥。小拖板的行程是有限的，车削圆锥时既要保证被切削工件的行程，同时又要确定好小拖板的极限位置。

方刀架用于夹持刀具，可同时安装 4 把车刀，逆时针松开上面的锁紧手柄即可转位换刀，再顺时针锁紧手柄即可使用。

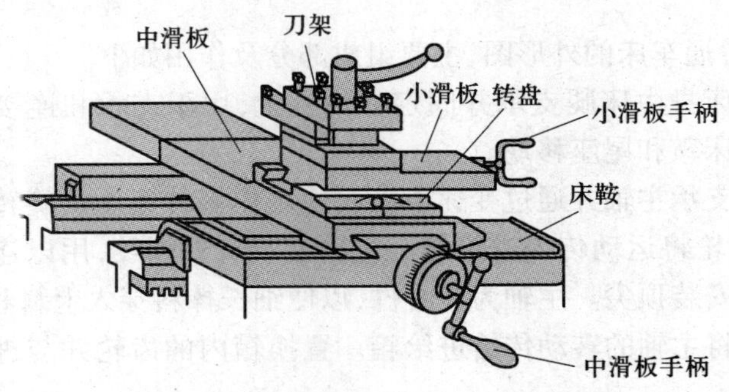

图 5－5　卧式车床的溜板箱部分

（7）床鞍。床鞍与床面导轨配合，摇动手轮（图 5－4）可以使整个滑板部分作左右纵向移动。小滑板下面的转盘上有两个固定螺钉，松开该螺钉，将小滑板转过一定的角度，就可以车出圆锥。

(8) 刀架。固定于小滑板上，用以夹持车刀(方刀架上可同时安装4把车刀)。刀架上有锁紧手柄，松开锁紧手柄即可转动方刀架以选择车刀及其刀杆工作角度。车削加工时，必须旋紧手柄以固定刀架。

(9) 尾座(图5-6)。安装在车床导轨上并可沿导轨移动，用以安装顶尖或钻头、铰刀等。尾座由以下几部分组成。

① 套筒。其左端有锥孔，用以安装顶尖或锥柄刀具。通过转动手轮可使套筒在座体内缩进或伸出，而通过锁紧手柄可固定套筒位置，将套筒缩进到最后位置时即可卸出顶尖或刀具。

② 座体。用螺钉与底座相连，松开固定螺钉，就可通过调节螺钉来调整尾架体及其安装物在床身上的横向位置。

③ 底座。通过导槽直接安装在床身导轨上，可沿导轨移动。

除以上主要构件外，车床上还有将电能转变为主轴旋转机械能的电机、润滑油和切削液循环系统、各种开关和操作手柄，以及照明灯、切削液供应管等附件。

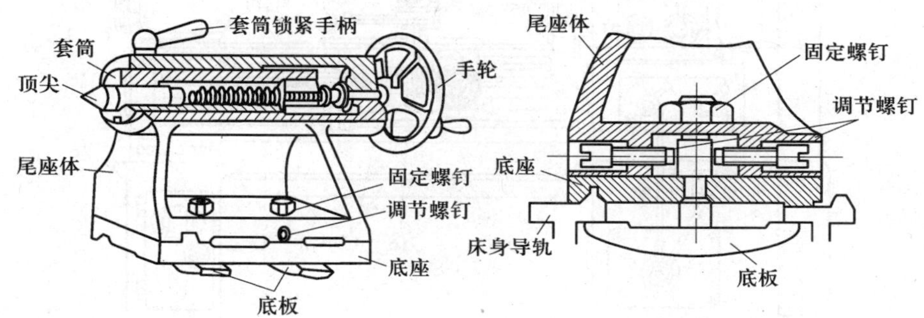

图5-6 车床尾座

3. 卧式车床的传动系统

C6132车床的传动系统如图5-7、图5-8所示。

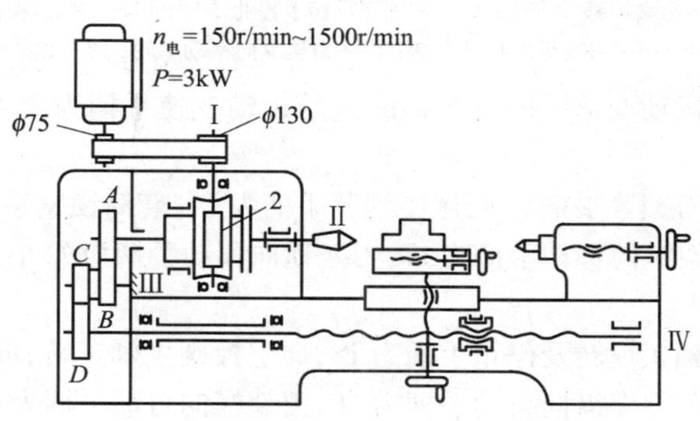

图5-7 丝杠车床的传动系统

卧式车床的传动，首先由电动机输出动力，经变速箱通过带传动传给主轴，更换变速箱和主轴箱的手柄位置，得到不同的齿轮组啮合，从而得到不同的主轴转速。主轴通过卡盘带动工件旋转运动。同时，主轴的旋转运动通过换向机构、交换齿轮、进给箱、光杆(或丝杆)传给溜板箱，使溜板箱带动刀架沿床身作直线进给运动。

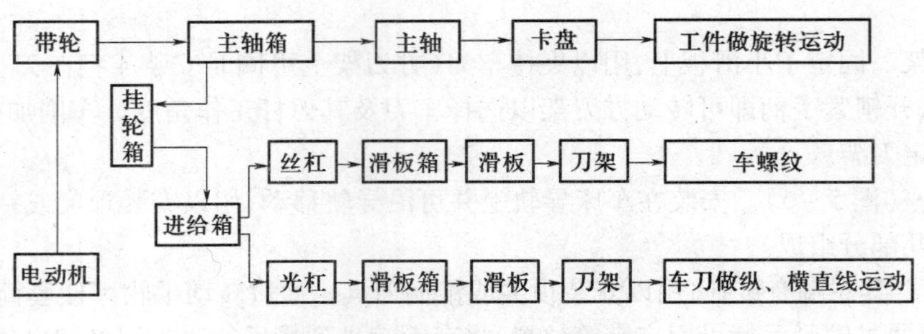

图 5-8 丝杠车床传动系统框图

4. 卧式车床的各手柄的介绍及作用

车床工作的调整主要是通过调整相应的手柄位置实现的，如图 5-9 所示。

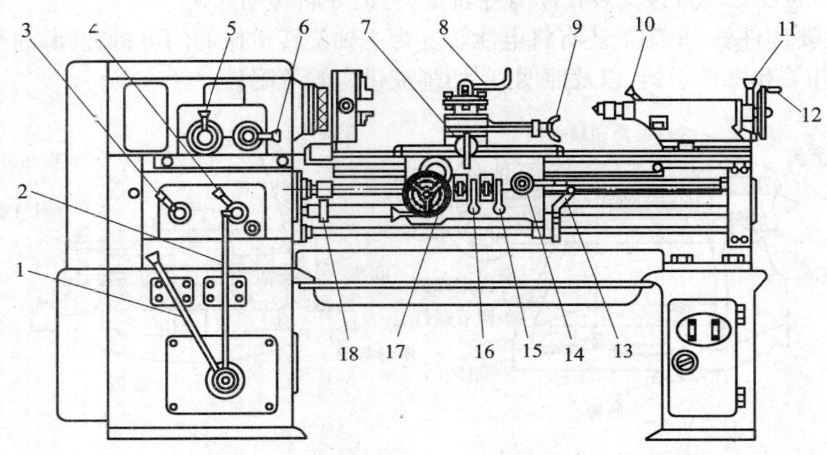

图 5-9 C6132 车床的调整手柄

1、2、6—主运动变速手柄；3、4—进给运动变速手柄；5—刀架左右移动的换向手柄；7—中滑板移动手柄；8—方刀架锁紧手柄；9—小刀架移动手柄；10—尾座套筒锁紧手柄；11—尾座锁紧手柄；12—尾座套筒移动手轮；13—主轴正反转及停止手柄；14—“开合螺母”开合手柄；15—刀架横向自动手柄；16—刀架纵向自动手柄；17—刀架纵向手动手轮；18—光杠、丝杠更换离合器。

(1) 变速手柄。主运动变速手柄为 1、2、6，进给运动变速手柄为 3、4，根据需要扳至相应位置即可。

(2) 锁紧手柄。车刀锁紧手柄为 8，尾座锁紧手柄为 11，套筒锁紧手柄为 10。

(3) 移动手柄。刀架纵向移动手柄为 17，刀架横向移动手柄为 7，小刀架移动手柄为 9，尾座移动手柄为 12。

(4) 启停手柄。主轴正反转及停止手柄为 13，向上扳则主轴正转，向下扳则主轴反转，中间位置则主轴停止转动。刀架纵向自动手柄为 16，刀架横向自动手柄为 15，向上扳为启动，向下扳为停止。

(5) 开合手柄 14。向上扳为打开，向下扳为闭合。

(6) 换向手柄。刀架左右移动的换向手柄为 5，可根据指示使用。

(7) 离合器。光杆与丝杆换向使用的离合器为 18，向右拉为光杆旋转，向左推为丝杆旋转。

在操作机床过程中必须认真做到并注意以下几点。

① 找正工件时只准用手扳动卡盘或开最低速找正,不准开高速找正。

② 加工棒料时,棒料不得太长,一般以不超出主轴孔后端 300mm 为宜并用木片在主轴孔内卡紧。如超过 300mm 以上,应用支架支承,确认安全后方可加工,但不准开高速度。

5.2.3 其他车床

1. 立式车床

立式车床的主要特征是主轴立式布置,工件装夹在水平的回转工作台上,刀架在横梁或立柱上移动。立式车床分为单柱式(图 5-10(a))和双柱式(图 5-10(b))两大类。单柱式立式车床加工的直径小于 1600mm;双柱式立式车床加工的直径大于 2000mm,最大可达 25000mm。

立式车床的主参数用最大车削直径表示。由于主轴立式布置,工作台台面处于水平位置,安装沉重的工件和找正都比较方便。又由于工件和工作台的重量主要由床身导轨承受,大大减轻了主轴及其轴承的负荷,因此较易保证大件加工的精度。为了适应不同高低的工件,横梁连同垂直刀架一起,可沿立柱的导轨上下作调节运动,横梁移至所需高度后锁紧在立柱上。垂直刀架可沿横梁导轨移动作横向进给,以及沿刀架滑座的导轨移动作垂直进给。刀架滑座可左右扳转一定角度,以便刀架作斜向进给。垂直刀架上通常带一个五角形的转塔刀架,它除了可安装各种车刀完成车内、外圆柱面,内、外圆锥面,端面,倒角和沟槽等工序外,还可安装各种孔加工刀具完成钻、扩、铰等工序。侧刀架可完成车外圆、车槽、倒角、车端面等工序。立式车床适合加工直径大、长度短的大型和重型工件。

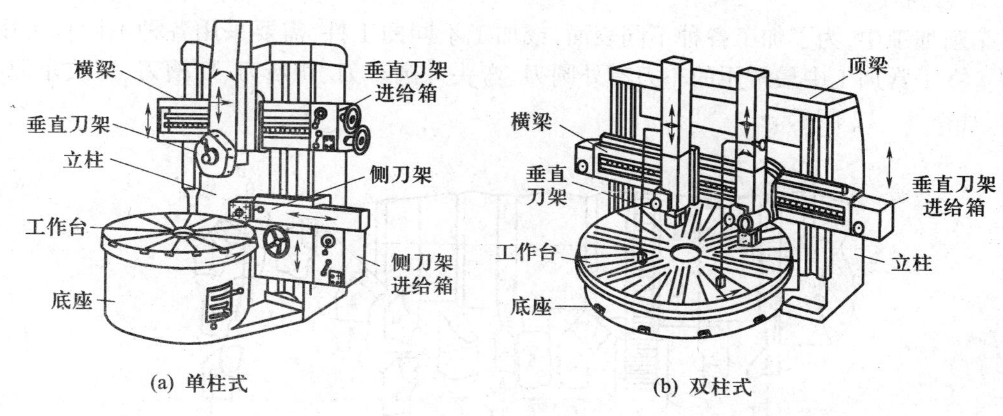

图 5-10 立式车床结构

2. 转塔车床

转塔、回轮车床是为了适应成批生产提高生产率的要求,在普通卧式车床的基础上发展起来的。在结构上,转塔、回轮车床与普通卧式车床的主要区别是没有尾座和丝杠,而在尾座部位装有一个回转刀架,该刀架可安装多把刀具,用于车外圆、钻孔、铰孔和镗孔,或者攻螺纹和套螺纹。在加工过程中,回转刀架手动退回到终了位置后,能自动转位,使所需刀具依次转到加工位置,顺序地对工件进行加工,并由定程装置控制各工步刀架的行程。图 5-11 为一转塔车床图。

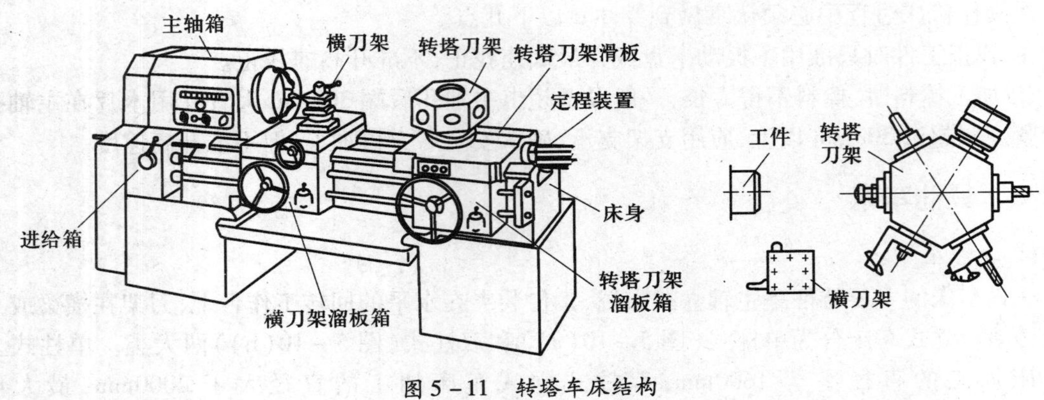

图 5-11 转塔车床结构

3. 数控车床

数控车床的主要特征是具有实现自动控制的数控系统；适应性强，加工对象改变时只需改变输入的程序指令即可；可精确加工复杂的回转成形面。用途与普通车床大体一样，主要用于中小批生产中加工各种轴、盘、套等类零件上的各种表面，特别适宜加工特殊螺纹和复杂的回转成形面。有关数控车床内容将在第 10 章论述。

5.3 刀具、量具和夹具

5.3.1 刀具

1. 车刀的种类

在车削加工中，为了加工各种不同表面，或加工不同的工件，需要采用各种不同加工用途的车刀。在平常加工中最常用的车刀有外圆刀、弯头外圆车刀、切断刀、切槽刀、螺纹车刀、滚花刀等，如图 5-12 所示。

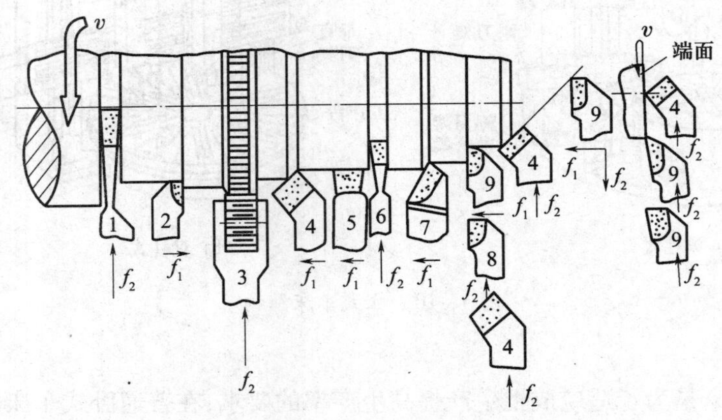

图 5-12 车刀的种类

1—切断刀；2—90°左切偏刀；3—直纹滚花刀；4—45°弯头车刀；5—宽刃光车刀；6—切槽刀；7—75°直头车刀；8—端面 90°偏刀；9—90°偏刀；v—主运动；f_1—纵向进给；f_2—横向进给。

车刀按结构形式分为整体式车刀、焊接式车刀、机械式、可转位式车刀 4 种，如图 5-13 所示。表 5-1 说明了各种结构车刀的特点和应用。

表 5－1　车刀结构类型的特点及用途

名称	特　点	适用场合
整体式	用整体高速钢制造，刃口可磨得较锋利	小型车床或加工有色金属
焊接式	焊接硬质合金或高速钢刀片，结构紧凑，使用灵活	各类车刀特别是小刀具
机夹式	避免了焊接产生的应力、裂纹等缺陷，刀杆利用率高。刀片可集中刃磨获得所需参数，使用灵活方便	外圆、端面、镗孔、切断、螺纹车刀等
可转位式	避免了焊接刀的缺点，切削刃磨钝后刀片可快速转位，无需刃磨刀具，生产率高，断屑稳定，可使用涂层刀片	大中型车床加工外圆、端面、镗孔，特别适用于自动线、数控机床

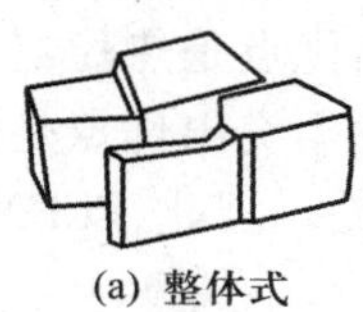
(a) 整体式

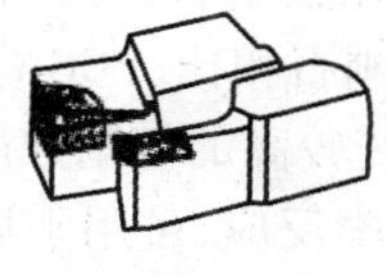
(b) 焊接式

(c) 机夹式

图 5－13　车刀的结构

2. 车刀材料

1）刀具材料的性能

（1）高的硬度和耐磨性。硬度是刀具材料应具备的基本特性。刀具要进行正常切屑，其硬度必须比工件材料的硬度大。刀具的切削刃硬度一般都在 60HRC 以上。耐磨性是材料抵抗磨损的能力。一般来说，刀具材料的硬度越高，其耐磨性就越好。组织中硬质点（碳化物、氮化物等）的硬度越高，数量越多，颗粒越小，分布越均匀，则耐磨性越好。耐磨性还与材料的化学成分、强度、显微组织及摩擦区的温度有关。

（2）足够的强度和韧性。要使刀具在承受很大压力，以及在切削过程经常出现的冲击和振动条件下工作，而不产生崩刃和折断，刀具材料就必须具有足够的强度和韧性。

（3）高的耐热性（热稳定性）。耐热性是衡量刀具材料切削性能的主要标志，它是指刀具材料在高温条件下保持一定的硬度、耐磨性、强度和韧性的性能。刀具材料还应具有在高温下抗氧化的能力以及良好的抗粘结和抗扩散的能力，即刀具材料应具有良好的化学稳定性。

（4）良好的热物理性能和耐热冲击性能。刀具材料的导热性愈好，切削热愈容易从切削区散走，有利于降低切削温度。刀具在断续切削或使用切削液时，常常受到很大的热冲击（温度变化剧烈），因而刀具内部会产生裂纹而导致断裂。导热系数大，使热量容易散走，降低刀具表面的温度梯度；热膨胀系数小，可减少热变形；弹性模量小，可以降低因热变形而产生的交变应力的幅度，有利于材料耐热冲击性能的提高。耐热冲击性能好的刀具材料，在切削加工时可以使用切削液。

（5）良好的工艺性能。为了便于刀具的制造，要求刀具材料具有良好的工艺性能，如锻造性能、热处理性能、高温塑性变形性能、磨削加工性能等。

2）常用车刀材料

（1）高速钢。高速钢也称锋钢刀，具有较高的强度和韧性，并且具有一定的硬度和耐磨性，经济耐用，适合普通加工车刀的要求。

（2）硬质合金。由于硬质合金中都含有大量的金属碳化物，这些碳化物都有熔点高、硬度高、化学稳定好、热稳定性好等特点，因此，硬质合金材料的硬度、耐磨性、耐热性都很高。常用硬质合金的硬度为89HRA～93HRA，比高速钢的硬度（83HRA～86.6HRA）高，在800℃～1000℃时尚能进行切削。在540℃时，硬质合金的硬度为82HRA～87HRA，在760℃时，硬度仍能保持77HRA～85HRA。因此，硬质合金的切削性能比高速钢高得多，刀具耐用度可提高几倍到几十倍，在耐用度相同时，切削速度可提高4倍～10倍。硬质合金刀具也是车削加工中常用的刀具。

（3）金刚石。可利用金刚石材料的高硬度、高耐磨性、高导热性及低摩擦系数实现有色金属及耐磨非金属材料的高精度、高效率、高稳定性和高表面光洁度加工。

（4）立方氮化硼。聚晶立方氮化硼（PCBN）具有很高的硬度（仅次于金刚石）和耐热性（1300℃～1500℃），优良的化学稳定性，比金刚石刀具高得多的热稳定性（达1400℃）和导热性，低的摩擦系数，但其强度较低。与金刚石相比，PCBN的突出优点是热稳定性高得多，可达1200℃（金刚石为700℃～800℃），可承受较高的切削速度；另一个突出优点是化学惰性大，与铁族金属在1200℃～1300℃下也不起化学反应，可用于加工钢铁。因此，PCBN刀具主要用于高效加工黑色难加工材料。

（5）陶瓷。陶瓷刀具有很高的硬度与耐磨性，常温硬度达91HRC～95HRC；有很高的耐热性，在1200℃高温下硬度为80HRC；而且高温条件下抗弯强度、韧性降低极少；有很高的化学稳定性，刀具的粘结、扩散、氧化磨损较少；有较低的摩擦系数，切屑不易粘刀，不易产生积屑瘤。因此，陶瓷也可用于刀具材料，但是陶瓷脆性大，强度与韧性低，抗弯强度只有硬质合金的1/2～1/5，陶瓷刀导热率低，仅为硬质合金的1/2～1/5，热膨胀系数却比硬质合金高10%～30%，抗热冲击性较差。

3. 车刀主要工作角度

车刀的切削部分由主切削刃、副切削刃、前刀面、主后刀面和副后刀面、刀尖组成，如图5－14所示。

为了确定和测量车刀的工作角度，需要选取3个辅助平面作为基准，这3个辅助平面是切削平面、基面和正交平面（图5－15）。基于这3个平面，可以确定车刀以下重要角度（图5－16）。

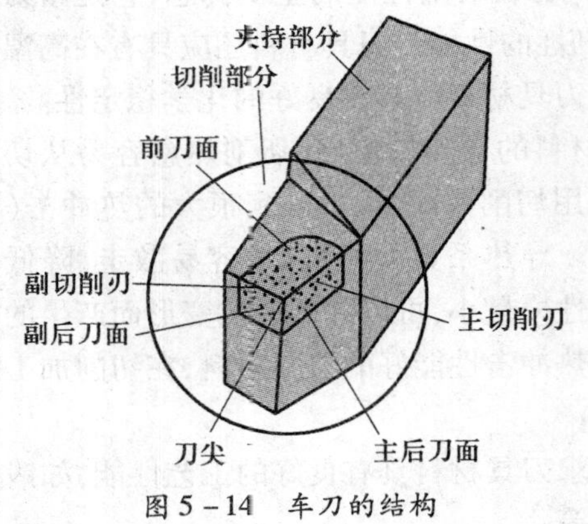

图5－14　车刀的结构

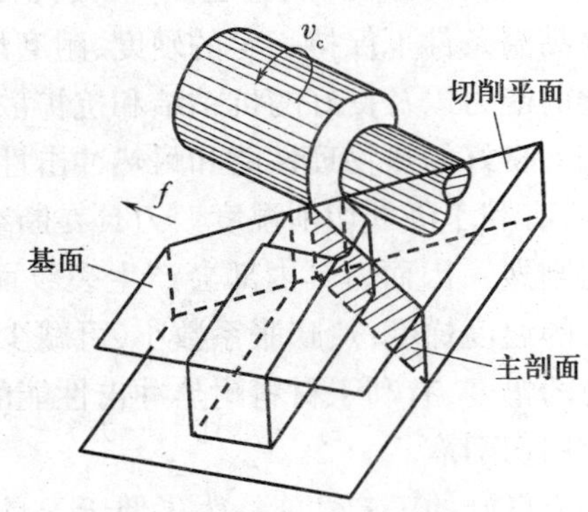

图5－15　确定车刀角度的辅助平面

（1）前角 γ_0。在正交平面内测量的前刀面与基面间的夹角。前角的正负方向按图5－16所示规定表示，即刀具前刀面在基面之下时为正前角，刀具前刀面在基面之上时为负前角。前角一般在－5°～25°之间选取。

前角选择的原则：前角的大小主要解决刀头的坚固性与锋利性的矛盾。因此首先要根据加工材料的硬度来选择前角。加工材料的硬度高，前角取小值；反之取大值。其次要根据加工性质来考虑前角的大小，粗加工时前角要取小值，精加工时前角应取大值。

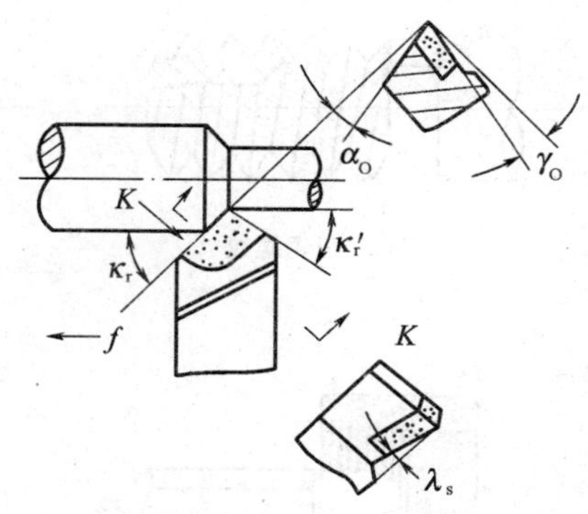

图5－16　车刀工作角度

（2）后角 α_0。在正交平面内测量的主后刀面与切削平面间的夹角。后角不能为零度或负值，一般在6°～12°之间选取。

后角选择的原则：首先考虑加工性质。精加工时，后角取大值，粗加工时，后角取小值。其次考虑加工材料的硬度，加工材料硬度高，主后角取小值，以增强刀头的坚固性；反之，后角应取小值。

（3）主偏角 κ_r。在基面内测量的主切削刃在基面上的投影与进给运动方向的夹角。主偏角一般在30°～90°之间选取。

主偏角的选用原则：首先考虑车床、夹具和刀具组成的车工工艺系统的刚性，如车工工艺系统刚性好，主偏角应取小值，这样有利于提高车刀使用寿命和改善散热条件及表面粗造度。其次要考虑加工工件的几何形状，当加工台阶时，主偏角应取90°，加工中间切入的工件，主偏角一般取60°。

（4）副偏角 κ'_r。在基面内测量的副切削刃在基面上的投影与进给运动反方向的夹角。副偏角一般为正值。

副偏角的选择原则：首先考虑车刀、工件和夹具有足够的刚性，才能减小副偏角；反之，应取大值；其次，考虑加工性质，粗加工时，副偏角可取10°～15°，粗加工时，副偏角可取5°左右。

（5）刃倾角 λ_s。在切削平面内测量的主切削刃与基面间的夹角。当主切削刃呈水平时，$\lambda_s=0°$；刀尖为主切刃上最高点时，$\lambda_s>0°$；刀尖为主切削刃上最低点时，$\lambda_s<0°$。刃倾角一般在－10°～5°之间选取。

刃倾角的选择原则：主要根椐加工性质，粗加工时，工件对车刀冲击大，$\lambda_s \geqslant 0°$；精加工时，工件对车刀冲击力小，$\lambda_s \leqslant 0°$，一般取 $\lambda_s=0°$。

4. 其他刀具

1）螺纹车刀

螺纹按牙型有三角形、矩形和梯形等，相应使用三角形螺纹车刀、矩形螺纹车刀和梯形螺纹车刀等，如图5－17所示。螺纹车刀按用途还可分为内螺纹车刀和外螺纹车刀，如图5－18所示。

2）中心钻

中心钻（图5－19）是用于轴类等零件端面上的中心孔加工，有两种型式：A型不带护锥的中心钻；B型带护锥的中心钻。加工直径 $d=1\text{mm}\sim10\text{mm}$ 的中心孔时，通常采用不带护锥的中心钻（A型）；工序较长、精度要求较高的工件，为了避免60°定心锥被损坏，一般采用带护锥的中心钻（B型）。

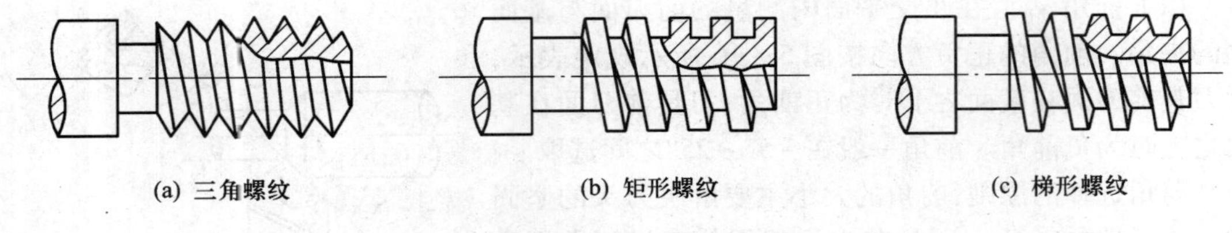

图 5-17　螺纹的种类

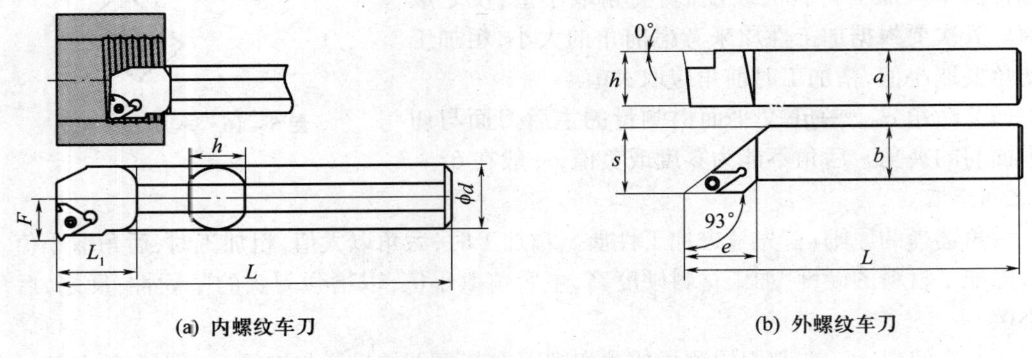

图 5-18　螺纹车刀

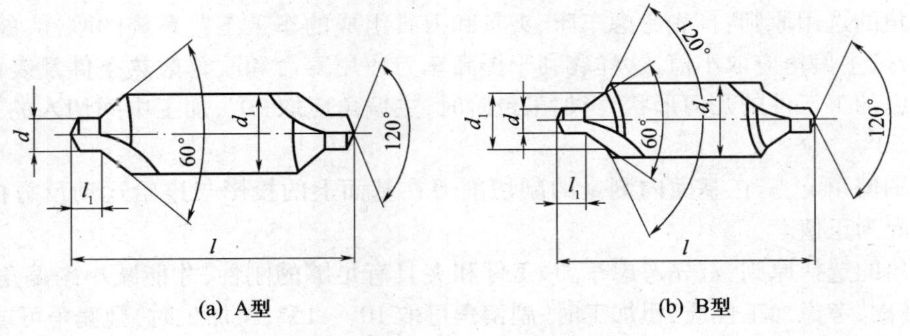

图 5-19　中心钻

3）滚花刀

许多工具和零件上都有手握部分，为了便于握持和美观，常在表面滚出花纹。滚花是在车床上用特制的滚花刀挤压工件表面，使其产生塑性变形而形成花纹的一种加工方法。

滚花花纹一般有直纹和网纹两种，因此滚花刀也分为直纹滚花刀和网纹滚花刀两种；按照刀具轮子个数，一般有单轮滚花刀、双轮滚花刀和六轮滚花刀等，如图 5-20 所示。

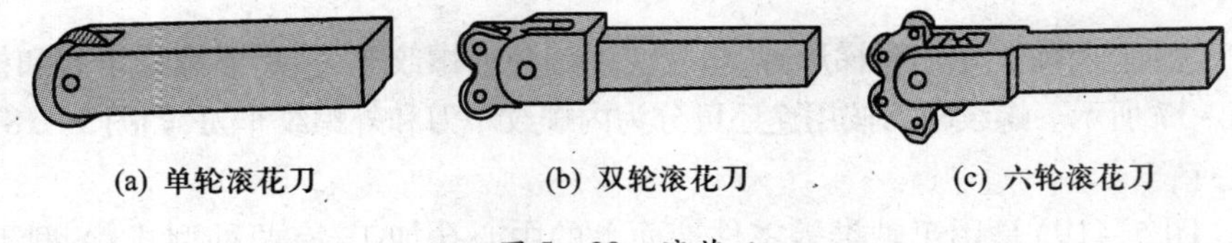

图 5-20　滚花刀

4）镗刀

具有一个或两个切削部分，专门用于对已有的孔进行粗加工、半精加工或精加工的刀具。

镗刀可在镗床、车床或铣床上使用。因装夹方式的不同，镗刀柄部有方柄、莫氏锥柄和7:24锥柄等多种形式。

单刃镗刀切削部分的形状与车刀相似(图5-21(a))。为了使孔获得高的尺寸精度，精加工用镗刀的尺寸需要准确地调整。微调镗刀可以在机床上精确地调节镗孔尺寸，它有一个精密游标刻线的指示盘，指示盘同装有镗刀头的心杆组成一对精密丝杆螺母副机构。当转动螺母时，装有刀头的心杆即可沿定向键作直线移动，借助游标刻度读数精度可达0.001mm。镗刀的尺寸也可在机床外用对刀仪预调。

双刃镗刀有两个分布在中心两侧同时切削的刀齿，由于切削时产生的径向力互相平衡，可加大切削用量，生产效率高。双刃镗刀按刀片在镗杆上浮动与否分为浮动镗刀和定装镗刀(图5-21(b))。浮动镗刀适用于孔的精加工。它实际上相当于铰刀，能镗削出尺寸精度高和表面光洁的孔，但不能修正孔的直线性偏差。为了提高重磨次数，浮动镗刀常制成可调结构。

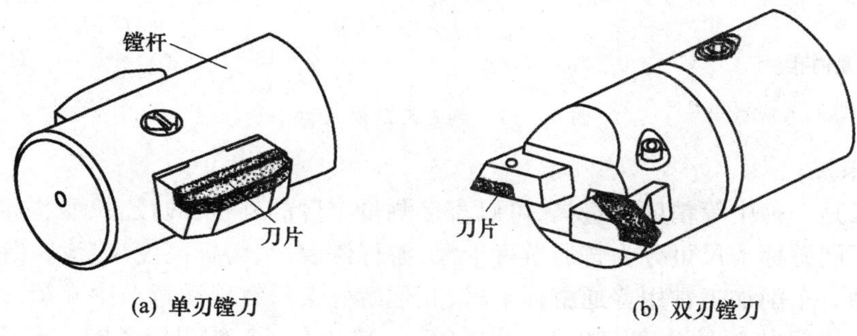

图5-21　普通镗刀

为了适应各种孔径和孔深的需要并减少镗刀的品种规格，人们将镗杆和刀头设计成模块化结构。使用时可根据工件的要求选用适当的模块，拼合成各种镗刀(图5-22)，从而简化了刀具的设计和制造。

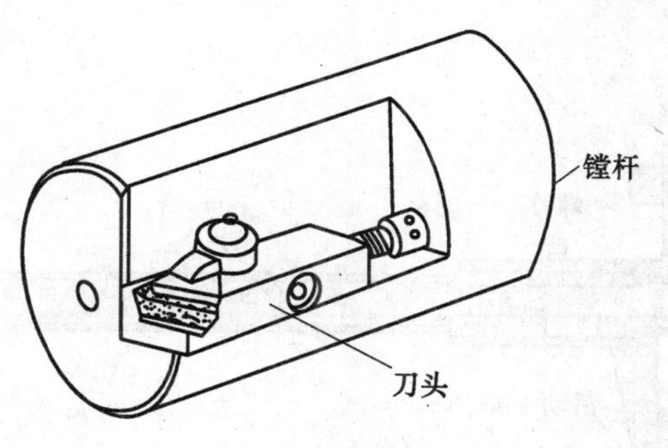

图5-22　模块式镗刀

5.3.2　量具

1. 钢直尺

钢直尺是简单的也是最常用的一种量具，用它可以方便地测量出零件的长度、孔的深度、以及台阶的长度等。在卡钳的配合使用下可以测量工件的外径和内径的尺寸。

常使用的是公制的钢直尺,其刻度值为1mm,有些小规格的钢直尺可以刻出0.5mm的刻度,故其测量精度也达到了0.5mm。它常用于未注公差的尺寸和精度低的尺寸测量,使用方法如图5-23所示。

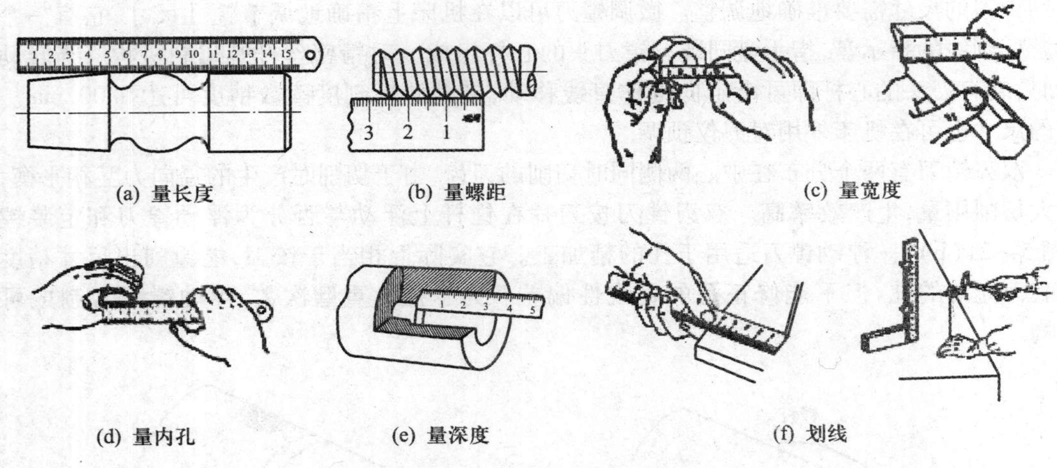

图5-23 钢直尺的使用方法

2. 游标卡尺

游标卡尺是一种中等精度的量具,可以直接测量工件的外径、内径、长度、宽度和深度等尺寸。按用途不同游示卡尺可分为普通游标卡尺、游标深度尺、游标高度尺、齿厚游标卡尺、游标角度尺等几种。车削加工常用普通游标卡尺,其他游标卡尺在以后章节中介绍。

普通游标卡尺的测量精度有0.1mm、0.05mm、0.02mm3种测量范围。游标卡尺主要由主尺和附在主尺上能滑动的游标副尺两部分构成,如图5-24所示。主尺一般以长度为单位,而游标上则有10、20或50个分格,根据分格的不同,游标卡尺可分为十分度游标卡尺、二十分度游标卡尺、五十分度游标卡尺等,测量精度分别是0.1mm、0.05mm、0.02mm。其刻度全长即为游标卡尺的规格,有0mm~125mm、0mm~150mm、0mm~200mm、0mm~300mm等。

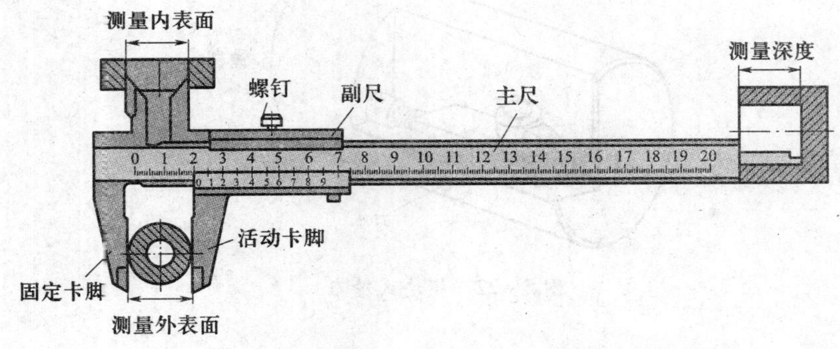

图5-24 普通游标卡尺

1)游标卡尺的刻度原理

以精度为0.1mm的游标卡尺为例,尺身上的最小分度是1mm,游标尺上有10个小的等分刻度,总长9mm,每一分度为0.9mm,比主尺上的最小分度相差0.1mm。量爪并拢时尺身和游标的零刻度线对齐，它们的第一条刻度线相差 0.1mm，第二条刻度线相差 0.2mm，……，第 10 条刻度线相差 1mm，即游标的第 10 条刻度线恰好与主尺的 9mm 刻度线对齐。

当量爪间所量物体的线度为 0.1mm 时，游标尺向右应移动 0.1mm，这时它的第一条刻度线恰好与尺身的 1mm 刻度线对齐。同样当游标的第五条刻度线跟尺身的 5mm 刻度线对齐时，说明两量爪之间有 0.5mm 的宽度，……，依次类推。

在测量大于 1mm 的长度时，整的毫米数要从游标“0”线与尺身相对的刻度线读出。

2）游标卡尺的读数方法

读数时首先以游标零刻度线为准在尺身上读取毫米整数，即以毫米为单位的整数部分。然后看游标上第几条刻度线与尺身的刻度线对齐，如对于十分度游标卡尺，若第 6 条刻度线与尺身刻度线对齐，则小数部分为 $0.1 \times 6 = 0.6$mm。如有零误差，则一律用上述结果减去零误差（零误差为负，相当于加上相同大小的零误差）。

判断游标上哪条刻度线与尺身刻度线对准，可用下述方法：选定相邻的 3 条线，如左侧的线在尺身对应线之右，右侧的线在尺身对应线之左，中间那条线便可以认为是对准了。

如果需测量几次取平均值，不需每次都减去零误差，最后测量完成后减去零误差即可。

3）游标卡尺使用及注意事项

用软布将量爪擦干净，使其并拢，查看游标和主尺身的零刻度线是否对齐。如果对齐就可以进行测量；如没有对齐则要记取零误差；游标的零刻度线在尺身零刻度线右侧的叫正零误差，在尺身零刻度线左侧的叫负零误差（这种规定方法与数轴的规定一致，原点以右为正，原点以左为负）。

测量时，右手拿住尺身，大拇指移动游标，当测量外形尺寸时，应先把量爪张开得比被测尺寸稍大，测量内径时，应把量爪张开得比被测尺寸小些，然后使量爪轻轻接触被测表面。测量内尺寸时可轻轻摇动卡尺，以便找出最大值，但不要使劲转动卡尺。当工件与量爪紧紧相贴时，相对位置合适后即可读数，如图 5－25、图 5－26 所示。

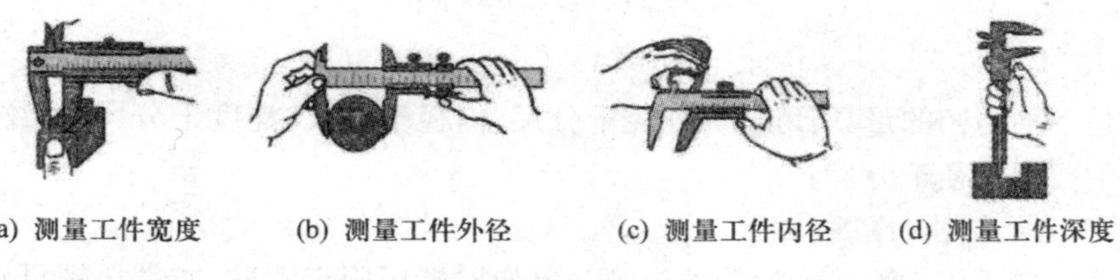

(a) 测量工件宽度　(b) 测量工件外径　(c) 测量工件内径　(d) 测量工件深度

图 5－25　游标卡尺的使用

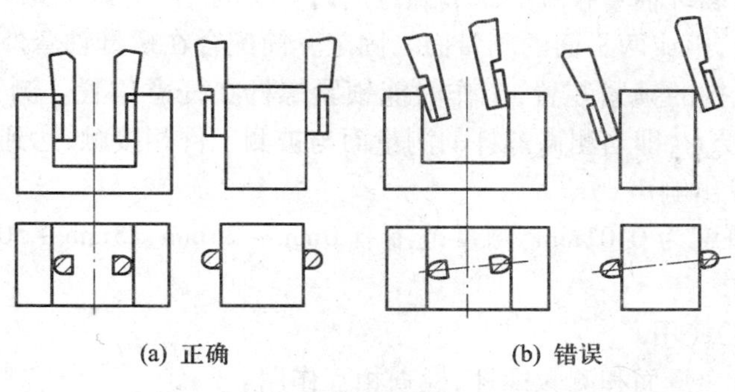

(a) 正确　(b) 错误

图 5－26　游标卡尺量爪正确使用

注意事项如下。

(1) 游标卡尺是比较精密的测量工具,要轻拿轻放,不得碰撞或跌落地下。使用时不要用来测量粗糙的物体,以免损坏量爪;不用时应置于干燥地方防止锈蚀,建议放回盒内。严禁将游标卡尺与工具混放,以防工具挤压游标卡尺。

(2) 测量时,应先拧松紧固螺钉,移动游标不能用力过猛,两量爪与待测物的接触不宜过紧。

(3) 读数时,视线应与尺面垂直。如需固定读数,可用紧固螺钉将游标固定在尺身上,防止滑动。

(4) 实际测量时,对同一长度应多测几次,取其平均值来消除偶然误差。

(5) 游标卡尺使用完毕,用棉纱擦拭干净,并涂沫黄油或机油保养,两量爪合拢并拧紧紧固螺钉,放入卡尺盒内盖好。

4) 新型游标卡尺

随着科学技术的进步,出现了更加方便使用的带表卡尺和电子数显卡尺,如图 5-27 所示。这两种卡尺,可以分别通过读出表上的数据和电子数显原理得出所要测量的工件的尺寸大小,大大节约了读数时间。

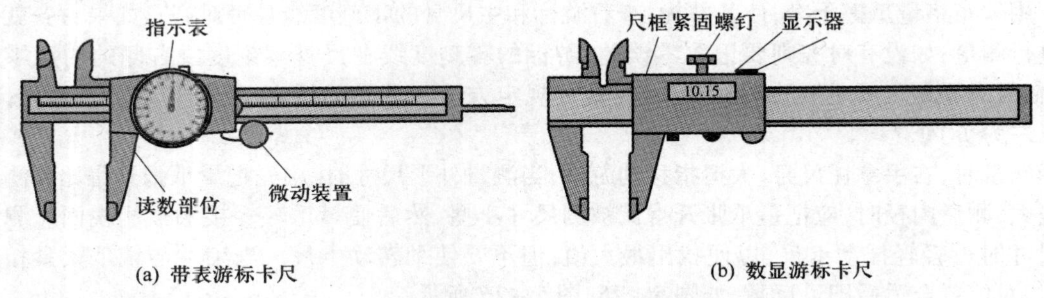

(a) 带表游标卡尺　　(b) 数显游标卡尺

图 5-27　新型游标卡尺

3. 千分尺

千分尺是一种精密的量具,可分为外径千分尺、内径千分尺、深度千分尺、螺纹千分尺等,车削加工中主要用外径千分尺。

1) 外径千分尺结构(图 5-28)

外径千分尺主要用于测量工件的外径等。尺架左端压固定测砧,右端压螺母轴套。测微螺杆中间由外螺纹与螺母轴套右端的调节螺母(在内部)配合,能调节螺杆的间隙。测微螺杆与测砧焊有硬质合金,组成两平面的测量面。固定套筒配合在螺母轴套外面,可作相对转动进行微调。带有偏心机构的锁紧装置,工作时能锁紧螺杆在任意位置。测力装置内有塑料、棘轮,可控制测量时的受力,即当测微螺杆的测量面与被测工件相接触,达到规定的测力后,棘轮开始爬动(空转)并发出响声。

千分尺测量的精度为 0.01mm,测量范围有 0mm ~ 25mm、25mm ~ 50mm、50mm ~ 75mm、75mm ~ 100mm 等规格。

2) 外径千分尺的使用

(1) 使用前应清净量面和测微螺杆,检查相互作用。

(2) 用标准样块(校块),使外径千分尺零位相对齐时(如零位有不超过 ±0.002mm 偏

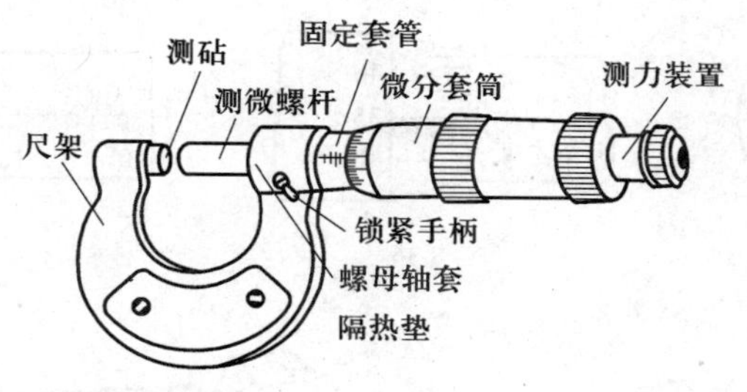

图 5-28　外径千分尺

差)，该千分尺被视为合格千分尺无须校正，超出则需要校正。校正工作由专业计量人员处理，应使用产品盒中配套的板手调整，将单爪端插入固定套筒的小孔内，转动固定套筒，即可调零。如零位偏差较大，使用板手双爪端旋松测力装置，持小锤轻振微分筒尾端，使其与测微螺杆脱开，转动微分筒，对零后旋紧测力装置。

(3) 被测工件要求表面粗糙度不低于 *Ra*3.2mm。测量时，不要用测微螺杆的局部端面测量工件。

(4) 测量时，先将测砧与工件接触，然后转动微分筒，缓慢进给测微螺杆，在测量面将要接触工作件时，应通过转动测力装置逐渐接近测量面，听见二到三声的"咔咔"声后，表明测量面已接触上，测力装置卸荷有效，即可读数。

3) 外径千分尺的读数

千分尺的读数机构由固定套管和微分筒组成，固定套管在轴线方向上有一条中线，中线上、下方都有刻线，相互错开 0.5mm。在微分筒左端锥形圆周上刻有 50 等分的刻度线。因测微螺杆的螺距为 0.5mm，即螺杆转一周，同时轴向移动 0.5mm，故微分筒上每一小格的读数为 0.5/50 = 0.01mm，所以千分尺的测量精度为 0.01mm。测量时，读数方法分 3 步。

(1) 固定套筒的纵线上、下方刻线值每格 1mm，但错开 0.5mm，可读得毫米整数和半毫米数。

(2) 微分筒左端圆周上分 50 格，刻度值每格为 0.01mm。与固定套筒纵线对准的刻线即为小数值，如纵线在两格之间不可近似估计到微米(μm)值。

(3) 将固定套筒读数与微分筒读数相加就是工件的测量尺寸，如图 5-29 所示。

4) 使用千分尺注意事项

(1) 千分尺是一种精密的量具，使用时应轻拿轻放不要让它受到打击和碰撞。千分尺内的螺纹非常精密，使用时要注意：旋钮和测力装置在转动时都不能过分用力；当转动旋钮使测微螺杆靠近待测物时，一定要改旋测力装置，不能转动旋钮使螺杆压在待测物上；当测微螺杆与测砧已将待测物卡住或旋紧锁紧装置的情况下，决不能强行转动旋钮。

(2) 有些千分尺为了防止手温使尺架膨胀引起微小的误差，在尺架上装有隔热装置。实验时应手握隔热装置，而尽量少接触尺架的金属部分。

(3) 千分尺用毕后，应用纱布擦干净，在测砧与螺杆之间留出一点空隙，放入盒中。如长期不用可抹上黄油或机油，放置在干燥的地方。注意不要让它接触腐蚀性的气体。

4. 百分表

百分表是将被测尺寸引起的测杆微小直线移动，经过齿轮传动放大，变为指针在刻度盘上的转动，从而读出被测尺寸的大小。百分表一般只用于测量相对数值，而不用于测量绝对数

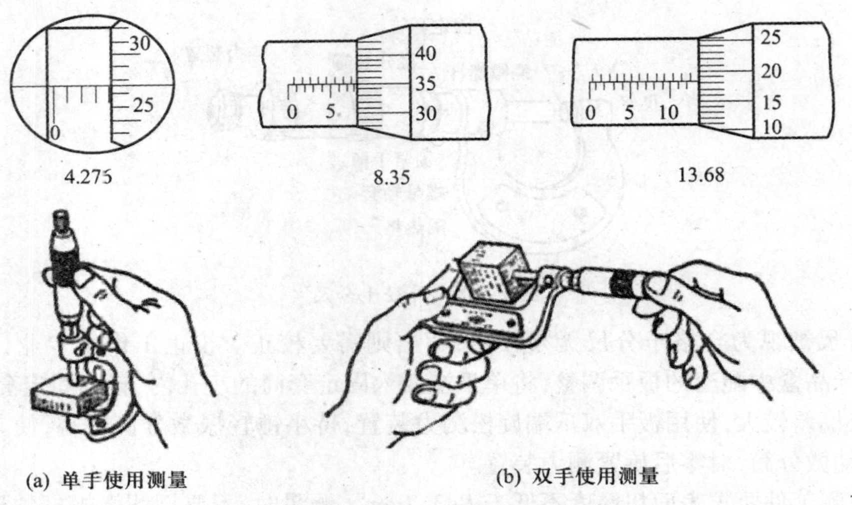

图 5－29　外径千分尺的读数及使用方法

值。车削时主要用于工件形位误差的检验、机床的调试以及安装工件时的找正。

百分表的构造主要由 3 个部件组成：表体部分、传动系统、读数装置，其结构原理图如图 5－30所示。当测量杆向上或向下移动 1mm 时，通过齿轮的传动系统带动大指针转动一圈，小指针转动一格。刻度盘圆周有 100 格等分刻度，各格的刻度是 0.01mm。小指针的每格读数为 1mm。测量时，指针读数的变动量即为尺寸的变化量。

百分表的分度值为 0.01mm，规格有 0mm ~ 2mm、0mm ~ 3mm、0mm ~ 5mm、0mm ~ 10mm 等，精度分 0、1、2 级。

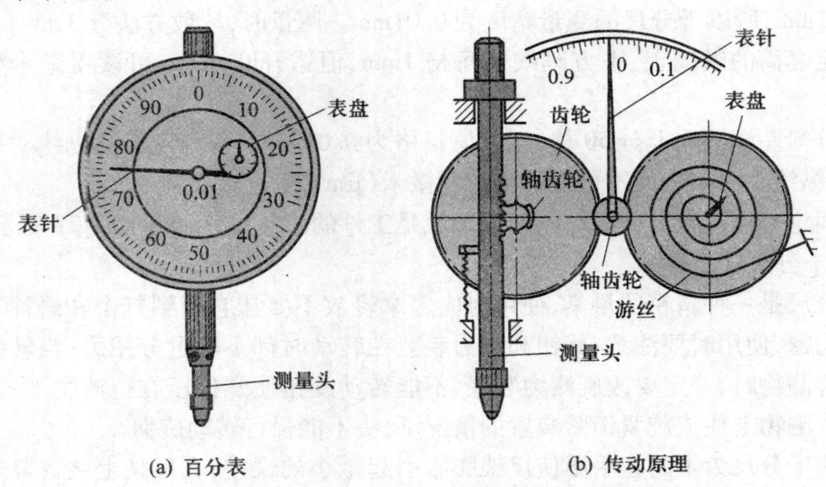

图 5－30　千分表的结构原理

百分表的使用方法如下。

（1）使用前将表装夹在合适的表夹和表座上，用手指向上轻抬测头，然后让它自由落下，重复几次，此时长指针不应产生位移。

（2）测平面时测量杆要和被测面垂直；测圆柱体时，测量杆中心必须通过工件的中心。

(3) 测量时先将测量杆轻轻提起，把表架或工件移到测量位置后，缓慢放下测量杆，使之与被测面接触，不可强制把测量头推上被测面。然后转动刻度盘使其零位对正长指针，此时要多次重复提起测量杆，观察长指针是否都在零位上，在不产生位移情况下才能读数。

注意事项如下。

(1) 使用前，应检查测量杆活动的灵活性。即轻轻推动测量杆时，测量杆在套筒内的移动要灵活，没有任何轧卡现象，每次手松开后，指针能回到原来的刻度位置。

(2) 使用时，必须把百分表固定在可靠的夹持架上。切不可贪图省事，随便夹在不稳固的地方，否则容易造成测量结果不准确，或摔坏百分表。

(3) 测量时，不要使测量杆的行程超过它的测量范围，不要使表头突然撞到工件上，也不要用百分表测量表面粗糙度或有显著凹凸不平的工件。

(4) 测量平面时，百分表的测量杆要与平面垂直，测量圆柱形工件时，测量杆要与工件的中心线垂直，否则，将使测量杆活动不灵或测量结果不准确。

(5) 为方便读数，在测量前一般都让大指针指到刻度盘的零位。

(6) 百分表不用时，应使测量杆处于自由状态，以免使表内弹簧失效。

5. 千分表

千分表工作原理和使用方法与百分表相似，唯有传动结构稍复杂，精度较高。规格有0mm ~ 1mm、0mm ~ 1mm 等，分度值有 0.005mm、0.002mm、0.001mm 等。

5.4 车削加工操作要点

5.4.1 车刀的刃磨

未经使用的新刀或用钝后的车刀需要进行刃磨后才能进行车削。车刀的刃磨一般在砂轮机上进行，也可以在工具磨床上进行。

1. 砂轮的选择

常用的砂轮有氧化铝(白色)和碳化硅(绿色)两种，刃磨高速钢车刀用氧化铝砂轮，刃磨硬质合金车刀应选择碳化硅砂轮。砂轮有软硬粗细之分，粗细以粒度表示，数字越大，则表示砂轮越细。粗磨车刀应选用较粗的软砂轮；精磨车刀应选用较细的硬砂轮。

2. 车刀的刃磨方法与步骤

虽然车刀有多种类型，但刃磨的方法大致相同，现以 90°硬质合金焊接式车刀为例，介绍其刃磨步骤与要领。

(1) 用氧化铝砂轮磨去车刀的前刀面、主后刀面、副后刀面上的焊渣。

(2) 用氧化铝砂轮磨出刀柄的后角，其大小应比车刀的后角、副后角大 2°左右。

(3) 用碳化硅砂轮刃磨各刀面及刀头。粗磨主后刀面如图 5-31(a)所示。双手握住刀柄使主切削刃与砂轮外圆平行，刀柄底部向砂轮稍稍倾斜，倾斜角度应等于后角，使车刀慢慢地与砂轮接触，并在砂轮上左右移动。刃磨时应注意控制主偏角 κ_r 及后角 α_0，后角 α_0 应大些。

(4) 粗磨副后刀面时，要控制副偏角 κ'_r 和副后角 α'_0 两个角度。车刀握法如图5-31(b)所示，刃磨方法同上。

(5) 粗磨前刀面时，要控制前角 γ_0 及刃倾角 γ_s。通常刀坯上的前角已制出，稍加修正即

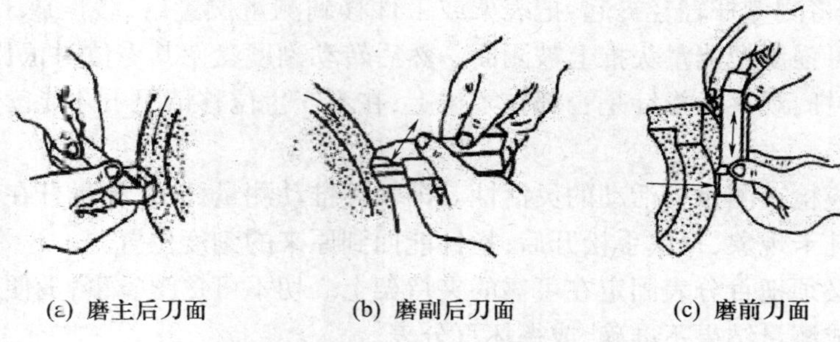

(a) 磨主后刀面　　(b) 磨副后刀面　　(c) 磨前刀面

图 5-31　车刀的刃磨方法

可。车刀的握法如图 5-31(c)所示。

(6) 精磨前刀面、后刀面与副后刀面时，一般要选用粒度号大的碳化硅砂轮。

(7) 刃磨刀尖。刀尖有直线与圆弧等形式，应根据切削条件与要求选择。刃磨时，使主切削刃与砂轮成一定的角度，使车刀轻轻移向砂轮，按要求磨出刀尖。通常刀尖长度为0.2mm～0.5mm。

3. 磨刀注意事项

(1) 磨刀时，人应站在砂轮的侧前方，双手握稳车刀，用力要均匀。

(2) 刃磨时，将车刀应适当左右移动，否则会使砂轮产生凹槽。

(3) 磨硬质合金车刀时，不可把刀头放入水中，以免刀片突然受冷收缩而碎裂。磨高速钢车刀时，要经常冷却，以免失去硬度。

5.4.2　车刀的安装

车刀安装要求如下：

(1) 车刀刀尖必须对准工件的旋转中心。若刀尖高于或低于工件旋转中心，车刀的实际工作角度会发生变化，影响车削。可通过调整刀柄下的垫片厚度保证车刀刀尖的高度对准工件旋转中心。

(2) 车刀的伸出长度应适宜。车刀在方刀架上伸出的长度一般不超过刀体厚度的1.5倍。垫刀片要安放整齐，而且垫片要尽量少，以防止车刀产生振动。

(3) 车刀安装时，应使刀杆中心线与走刀方向垂直，否则会使主偏角和副偏角的数值发生变化。

(4) 车刀安装在方刀架的左侧，用刀架上的至少两个螺栓压紧(操作时应逐个轮流旋紧螺栓)，不得使用加力棒，以免损坏刀架与车刀锁紧螺钉。

车刀装好后应检查车刀在工件的加工极限位置时是否会产生干涉或碰撞。车刀的安装如图5-32所示。

5.4.3　工件的装夹与车床常用附件

车床主要用于加工回转表面，工件的正确安装应该使要加工表面的中心线和车床主轴的中心线重合，同时还要把工件夹紧，以承受切削力。在车床上装夹工件的方法很多，常用装夹工件的机床附件有三爪自定心卡盘、四爪单动卡盘、顶尖、心轴、中心架、跟刀架、花盘和弯板等。

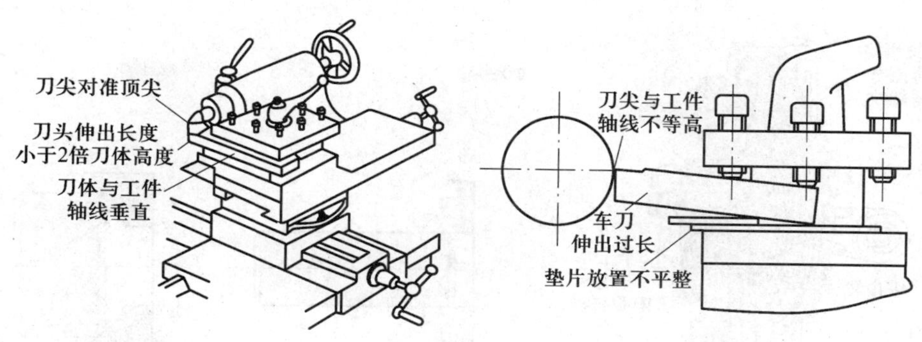

图 5-32　车刀的安装

1. 用卡盘安装工件

当加工较短的棒料($L/D \leqslant 4$,其中 L 为工件长度,D 为工件直径)时,采用卡盘装夹。卡盘是利用均布在卡盘体上的活动卡爪的径向移动把工件夹紧和定位的机床附件,一般由卡盘体、活动卡爪和卡爪驱动机构 3 部分组成。卡盘体直径最小为 65mm,最大可达 1500mm,中央有通孔,以便通过工件或棒料。背部有圆柱形或短锥形结构,直接或通过法兰盘与机床主轴端部相连接。卡盘通常安装在车床、外圆磨床和内圆磨床上使用,也可与各种分度装置配合,用于铣床和钻床上。卡盘分三爪卡盘和四爪卡盘,结构如图 5-33 所示。

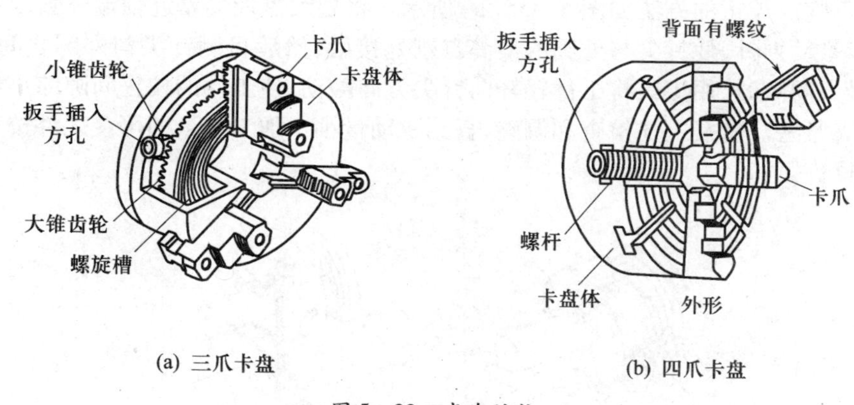

图 5-33　卡盘结构

(1) 三爪卡盘。三爪卡盘是车床上最常用的附件,其构造如图 5-33 所示。三爪卡盘由小锥齿轮驱动大锥齿轮,大锥齿轮的背面有阿基米德螺旋槽与 3 个卡爪相啮合。因此用扳手转动小锥齿轮,便能使 3 个卡爪同时沿径向移动,实现自动定心和夹紧,适于夹持圆形、正三角形或正六边形等的工件。当工件直径较小时,可用正爪夹紧外圆;对于内孔较大的盘套类工件,可用正爪反撑;当外圆直径较大时,可用反爪夹紧,如图 5-34 所示。

用三爪卡盘安装工件,可按下列步骤进行。

① 工件在卡爪间放正,轻轻夹紧(图 5-35(a))。

② 开动机床,使主轴低速旋转,检查工件有无偏摆,若有偏摆应停车,用小锤轻敲校正,然后紧固工件。

③ 移动车刀至车削行程的左端。用手旋转卡盘,检查刀架是否与卡盘或工件碰撞。

注意:在开动机床时,必须取下卡盘扳手,否则会发生严重的安全事故。有一此机床经过

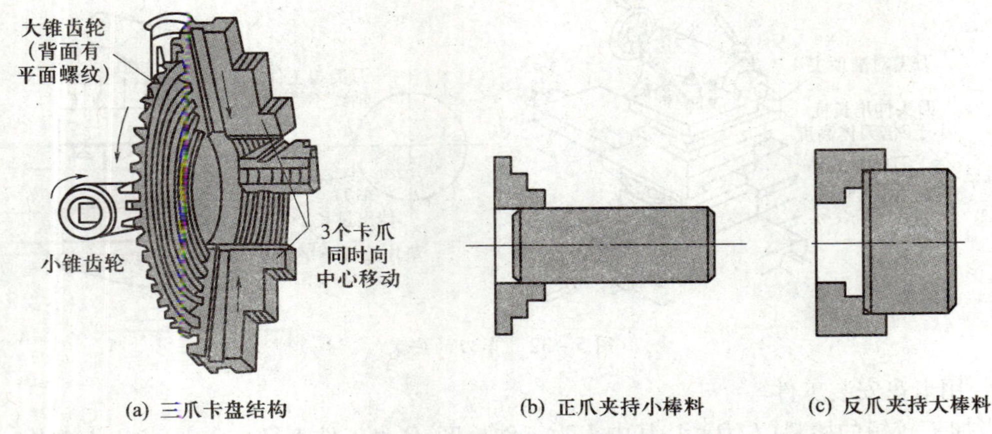

(a) 三爪卡盘结构　(b) 正爪夹持小棒料　(c) 反爪夹持大棒料

图5-34　三爪卡盘装夹工件原理

改造后,配置有一专用的卡盘扳手放置盒,即只有当卡盘扳手正确插入放置盒后,机床才能正常启动,从而有效避免了此类事故的发生。

三爪自定心卡盘是自动定心夹具,装夹工件一般不需校正。当工件夹持长度较短且伸出长度较长时,往往会产生歪斜,离卡盘越远处跳动越大。当跳动量大于工件加工余量时,必须校正后方可车削。校正的方法如图5-35(b)所示。将划线盘针尖靠近轴端外圆,左手转动卡盘,右手轻轻敲动划针,使针尖与外圆的最高点刚好接触,然后目测针尖与外圆之间的间隙变化,当出现最大间隙时,用工具将工件轻轻向针尖方向敲动,使工件的校正间隙缩小约一半,然后将工件再夹紧些。重复上述检查和调整,直到跳动量小于加工余量即可。工件校正后,应用力或用加力棒夹紧。

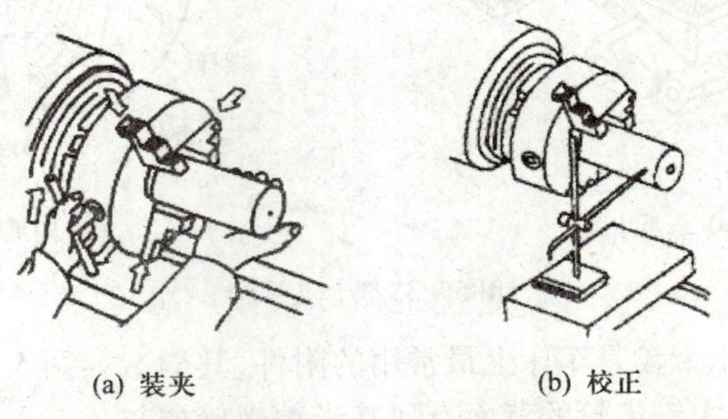
(a) 装夹　(b) 校正

图5-35　工件的装夹与找正

三爪卡盘可自动定心,装夹工件方便迅速,但不能获得高的定心精度(跳动误差可达0.05mm~0.08mm,且重复定位精度较低),传递的扭矩也不大。因此,主要用来装夹圆形截面的中、小型工件,也可装夹截面为正三边形、正六边形的工件。当对较重的工件进行装夹时,宜用四爪单动卡盘装夹。

(2)四爪卡盘。四爪卡盘的结构如图5-33(b)所示。4个卡爪分别安装在卡盘体的4个槽内,卡盘背面有螺纹,与4个螺杆相啮合,分别转动这些螺杆,就能逐个调整卡爪的位置,因此,可用来装夹方形、椭圆、偏心或不规则形状的工件,且夹紧力大。由于其装夹时不能自动定心,所以在安装工件时必须用划线盘或百分表找正,用百分表找正时安装精度可达0.01mm。

图 5－36 为用百分表找正外圆的示意图。

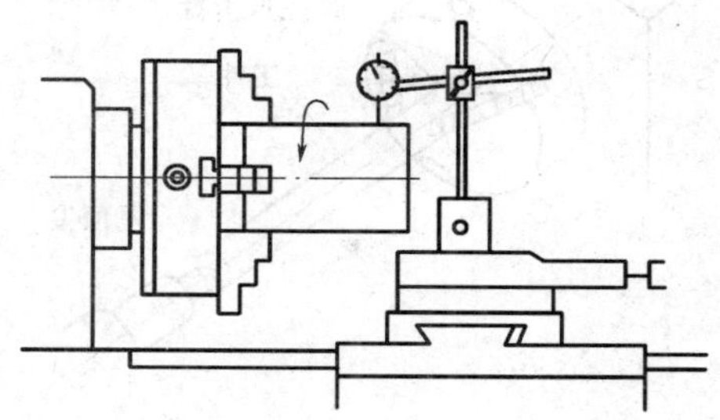

图 5－36　四爪卡盘装夹与找正工件的方法

2. 用顶尖安装工件

对于工件较长或需要调头车削的轴类零件，或在车削后还需要磨削的轴类工件，为了保证各工序加工表面的位置精度要求，通常以工件两端的中心孔作为统一的定位基准，用双顶尖装夹工件，如图 5－37(a)所示。

前后顶尖是不能带动工件转动的，必须通过拨盘和鸡心夹头(又称桃子夹头)才能带动工件旋转。拨盘后端有内螺纹与主轴连接，拨盘带动鸡心夹头转动，鸡心夹头夹紧工件并带动工件转动。有时亦可用三爪卡盘代替拨盘，如图 5－37(b)所示，此时前顶尖用一段钢棒车成，夹在三爪卡盘上，卡盘的卡爪通过鸡心夹头带动工件旋转。

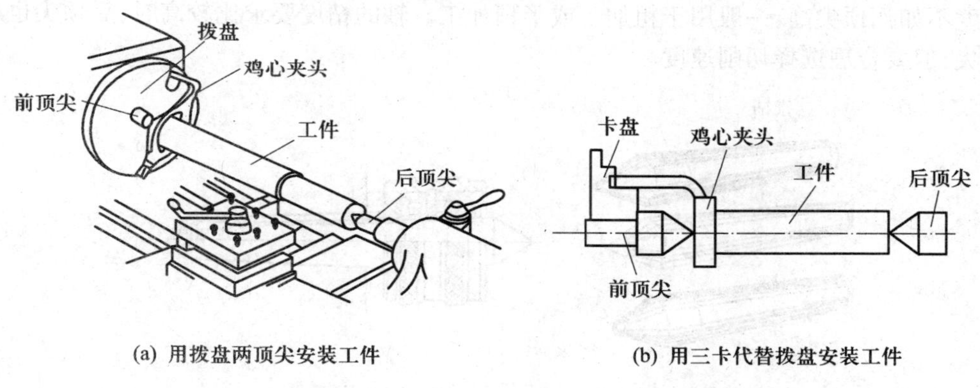

(a) 用拨盘两顶尖安装工件　　(b) 用三卡代替拨盘安装工件

图 5－37　两顶尖安装工件

为了加大粗车时的切削用量或对于无需调头车削也无磨削工序的轴类工件，也可采用一夹一顶的装夹方式(即一端用卡盘装夹，另一端用尾座顶尖顶住)。如图 5－38 所示，如果只用卡盘装夹一端，因另一端悬伸过长、刚性较差，加工时工件会产生弹性变形和振动，车外圆时会产生外伸端直径较根部大的形状误差，加上后顶尖时就会避免这种误差，但工件在卡盘内夹持的部分不能太长，否则会产生过定位。这种装夹方式往往用于精度不高的轴类零件或用于零件的粗加工中。

用顶尖应先车平端面，并用中心钻打出中心孔，如图 5－39 所示。中心孔的圆锥部分与顶尖配合，应平整光洁，以免切削时减少振动。

顶尖的结构有两种，即死顶尖和活顶尖，如图 5－40 所示。车床上的前顶尖装在主轴前端的锥孔内随主轴与工件一起旋转，与工件无相对运动，不发生摩擦，常采用死顶尖。在高速切

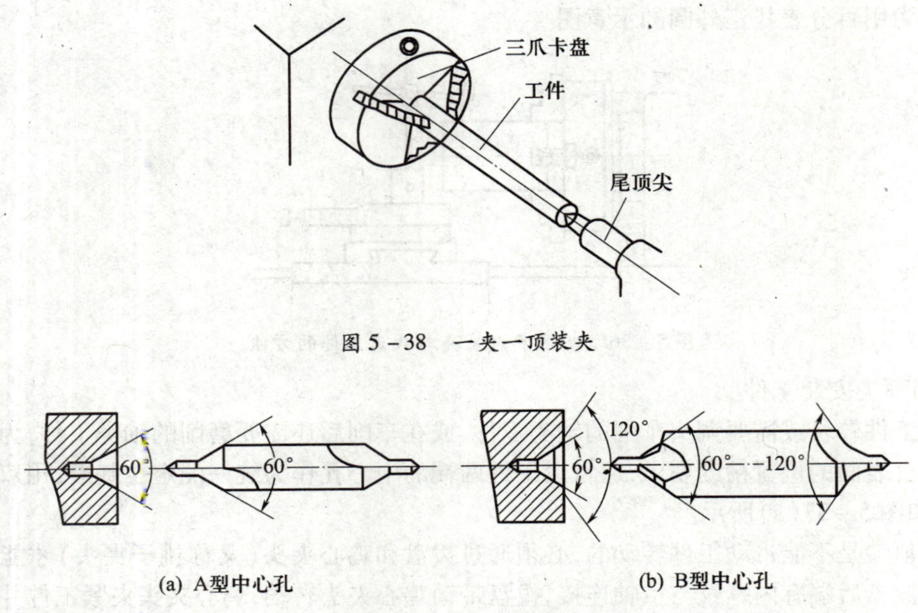

图 5-38 一夹一顶装夹

(a) A型中心孔　(b) B型中心孔

图 5-39 中心钻与中心孔

削时，为了防止后顶尖与工件中心孔摩擦发热过多而磨损或烧坏，常采用活顶尖。由于活顶尖的准确度不如死顶尖高，一般用于粗加工或半精加工。轴的精度要求比较高时，后顶尖也应该用死顶尖，但要合理选择切削速度。

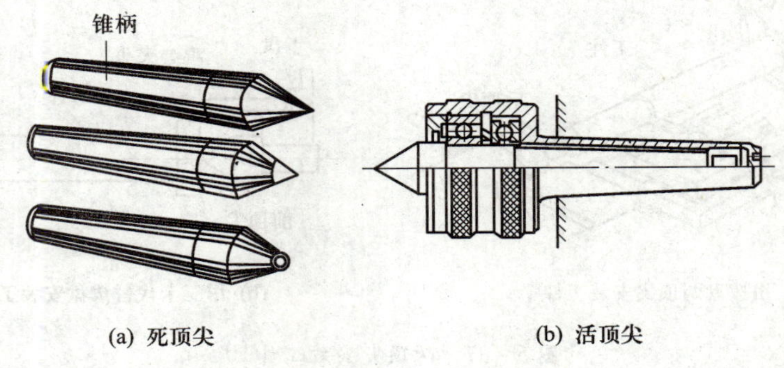

(a) 死顶尖　(b) 活顶尖

图 5-40 顶尖

3. 工件在花盘上的安装

在车削形状不规则或形状复杂的工件时，三爪、四爪卡盘或顶尖都无法装夹，必须用花盘进行装夹。花盘是安装在车床主轴上的一个大圆盘，盘面上的许多长槽用以穿放螺栓，工件可用螺栓和压板直接安装在花盘上，如图 5-41(a)所示；也可以把辅助支承角铁(弯板)用螺钉牢固夹持在花盘上，工件则安装在弯板上，如图 5-41(b)所示。用花盘或花盘—弯板安装工件时，由于重心偏在一边，就在工件的另一边加平衡铁，以避免加工时出现冲击振动，所以这种装夹方法比较复杂。

4. 工件在心轴上的安装

对于孔与外圆的同轴度以及两端面对孔的垂直度要求都比较高的盘套类零件，往往难以用卡盘装夹满足全部这些要求，这时，就需要用已经加工好的内孔表面定位，将工件套紧在特

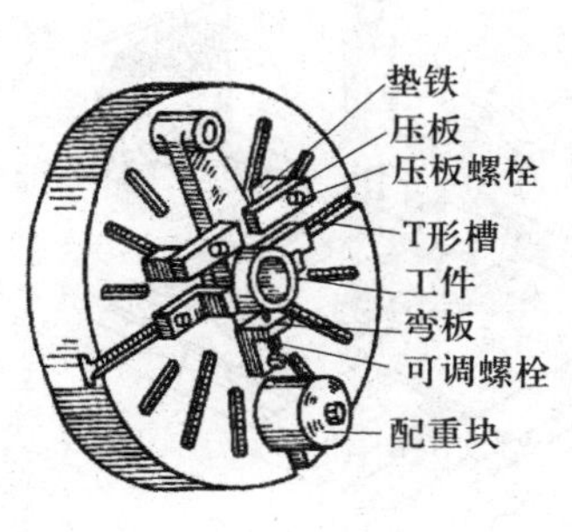

(a) 花盘上装夹工作

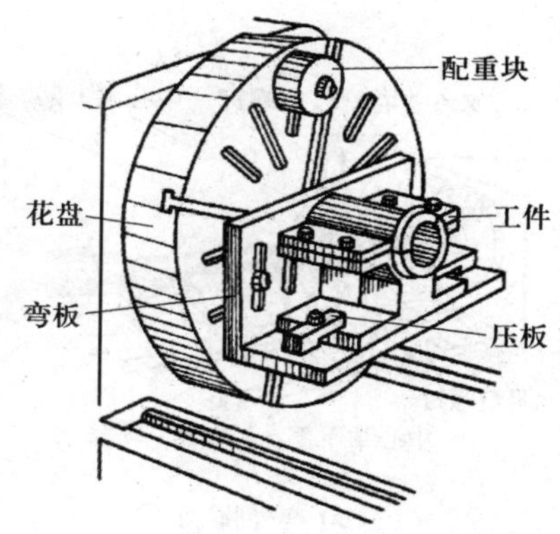

(b) 花盘与弯板配合装夹工作

图 5-41 花盘装夹工件

制的心轴上，把工件和心轴一起用两顶尖安装在机床上，再精车有关的表面。常用的心轴有圆柱心轴(图 5-42(a))和锥度心轴(图 5-42(b))。

锥度心轴的锥度一般为1:2000～1:5000，工件装入后靠摩擦力与心轴紧固。这种心轴装卸方便，对中准确，能提高心轴的定位精度，但不能承受较大的切削力，多用于盘套类零件的精加工。

圆柱心轴的对中准确度较前者差，它是以外圆柱面定心、端面压紧来装夹工件的。心轴与工件孔一般采用间隙配合，所以工件能很方便地套在心轴上，但由于配合间隙较大，一般只能保证同轴度在 0.02mm 左右。

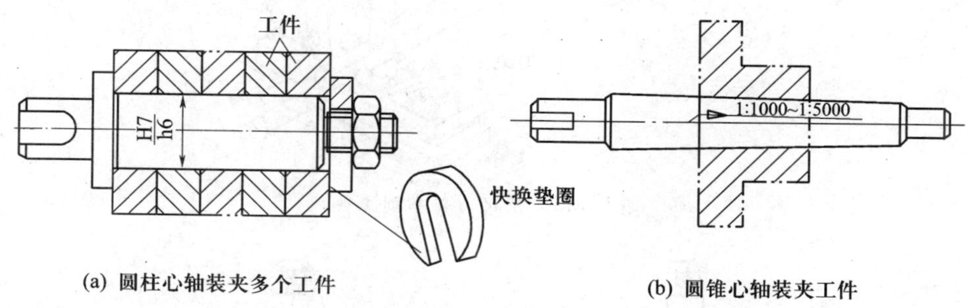

(a) 圆柱心轴装夹多个工件

(b) 圆锥心轴装夹工件

图 5-42 心轴装夹工件

5. 中心架和跟刀架的使用

在加工长度为直径 20 倍以上的细长轴时，由于工件本身的重量和吃刀时产生的径向切削力的影响，工件容易弯曲和产生振动，会把工件车成两头细、中间粗的腰鼓形，影响工件的加工精度和表面粗糙度。为了提高加工精度，除了用双顶尖装夹外，还需采用中心架或跟刀架作为工件的辅助支承，以提高刚度，这时一般采用低速切削。

中心架主要用于加工有台阶或需要调头车削的细长轴，以及端面和内孔(钻中孔)，如图 5-43所示。中心架固定在床身导轨上的，车削前调整其 3 个爪与工件轻轻接触，并加上润滑油。

对不适宜调头车削的细长轴，不能用中心架支承，而要用跟刀架支承进行车削，以增加工件的刚性，如图 5-44 所示。跟刀架固定在床鞍上，一般有两个支承爪，它可以跟随车刀移动，抵消径向切削力，提高车削细长轴的形状精度和减小表面粗糙度。图 5-45(a)所示为两爪跟

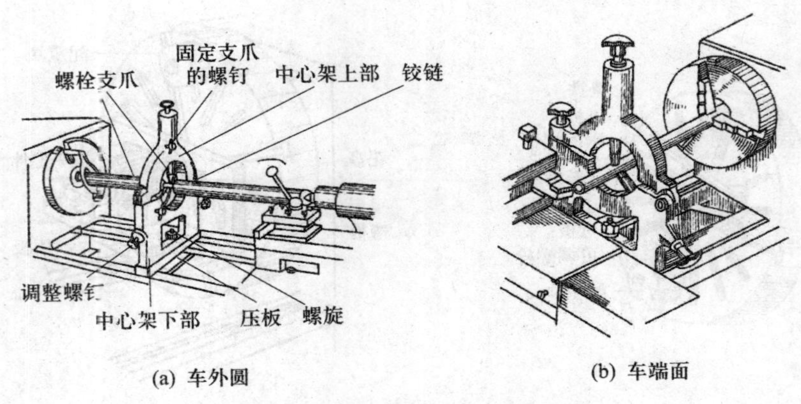

图 5-43　中心架辅助车削

刀架，此时车刀给工件的切削抗力使工件贴在跟刀架的两个支承爪上，但由于工件本身的重力以及偶然的弯曲，车削时工件会瞬时离开和接触支承爪，因而产生振动。比较理想的中心架是三爪中心架，此时，由三爪和车刀抵住工件，使之上下、左右都不能移动，车削时工件就比较稳定，不易产生振动，如图 5-45(b)所示。

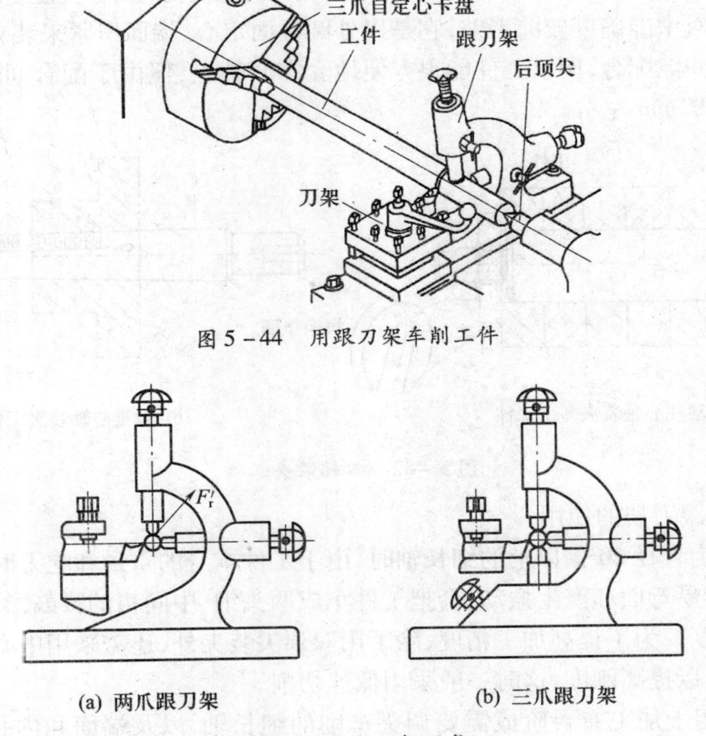

图 5-44　用跟刀架车削工件

图 5-45　跟刀架形式

5.4.4　车床的操作练习

1. 刻度盘及刻度盘手柄的使用

车削时，为了正确迅速地控制背吃刀量，必须熟练地使用中滑板和小滑板上的刻度盘。

1）中滑板上的刻度盘

中滑板上的刻度盘是紧固在中刀架丝杆轴上的，丝杆螺母是固定在中滑板上的，当中滑板上的手柄带着刻度盘转一周时，中滑板丝杆也转一周，这时丝杆螺母带动中刀架移动一个螺距（图 5－5）。所以中刀架横向进给的距离（即切深），可按刻度盘的格数计算。

横向进给计算：

$$f_x = \frac{P}{n} \tag{5-6}$$

式中 f_x——横向进给的距离；

P——丝杆螺距；

n——刻度盘格数。

例如，C6136 和 C6132 卧式车床中滑板丝杠螺距为 4mm，中滑板的刻度盘等分为 200 格，故每进（退）一格中滑板进给的距离为 4/200＝0.02mm。车刀是在旋转的工件上切削的，当中滑板刻度盘每进 1 格时，工件直径的切削量是背吃刀量（切深）的两倍，即 0.04mm。回转表面的加工余量都是对直径而言的，测量工件的尺寸也是看其直径的变化，所以用中滑板刻度盘进刀切削时，通常要将每格度数读作 0.04mm。

加工外表面时，车刀向工件中心移动为进刀，远离中心为退刀；加工内表面时则相反。

必须注意：由于丝杠与螺母之间有间隙，进刻度时必须慢慢地将刻度盘转到所需的格数，如图 5－46（a）所示；如果发现刻度盘手柄摇过了而需将车刀退回时，绝不能直接退回，如图 5－46（b）所示；而必须向相反方向摇动半周左右，消除丝杠螺母间隙后，再摇到所需要的格数，如图 5－46（c）所示。

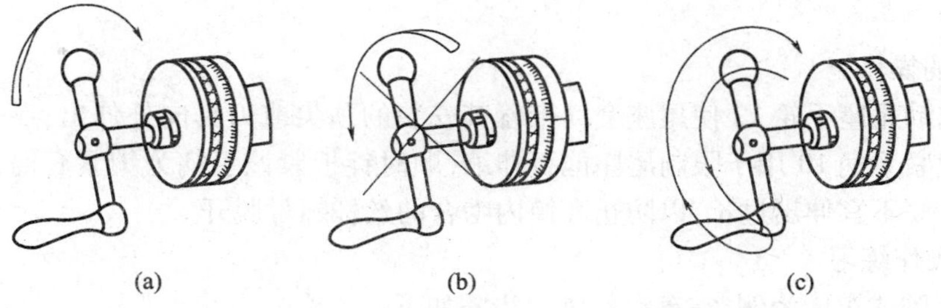

图 5－46　正确进刻度的方法

2）小滑板刻度盘

小滑板刻度盘的使用与中滑板刻度盘相同，C6132 车床刻度盘每转一格，则带动小滑板移动的距离为 0.05mm；小滑板刻度盘主要用于控制工件长度方向的尺寸，小滑板的移动量就是工件长度的切削力量。

2. 停车操作练习

C6132 卧式车床上的手柄和手轮位置如图 5－9 所示。现以此为例说明车床各部分的调整及各手柄和手轮的使用。

1）主轴启、停和换向

C6132 车床采用操纵式开关，在光杠下面有一操纵杠，其上有操纵手柄 13 用于启动、停止和反转。当车床电源开关接通后，向上推手柄 13 就启动主轴正转，向下压手柄 13 就使主轴反转，手柄 13 处于中间位置时主轴停转。

2）调整主轴转速

卧式车床主轴箱外均有变换转速的操纵手柄，根据转速标牌改变手柄位置即可得到各种不同的转速。通过主轴箱上变速手柄6与长、短手柄1和2的配合使用，可获得主轴的不同转速。变速手柄6有低速Ⅰ和高速Ⅱ两个位置，通过它们的配合主轴转速可在45r/min～1980r/min的范围内分12挡调整（可从变速箱上的主轴转速表查到）。离合手柄18用于控制光杠或丝杠转动。一般车削走刀时使用光杠，需把离合手柄18向外拉（“走刀”位置）；车螺纹时使用丝杠，需把离合手柄18向里推（“螺纹”位置）。变速时，如发现手柄转不动，可手拔卡盘使主轴稍转动一下，待轴上齿轮的圆周位置改变到啮合位置时，手柄即能扳动。

3）调整进给量

通过变换配换齿轮及改变进给箱上的手柄3和4的位置即可调整进给量的大小。手柄3有5个位置，手柄4有4个位置，所以在配换齿轮一定时，这两个手柄配合使用可获得20种进给量。更换不同的配换齿轮，可获得更多种的进给量（可从床头箱上的进给量表查到）。

4）使用手动手轮

面向车床顺时针摇动床鞍手轮17，床鞍带着其上的中、小滑板一起沿床身导轨向右移动；逆时针转动该手轮，则这些构件向左移动；顺时针摇动中滑板手柄7，中滑板带着其上的小滑板和刀架向前移动，反之则向后移动。小滑板手柄9用于短距离纵向移动刀架。小滑板在图示方向时，顺时针摇动手柄9使刀架向主轴箱方向移动，反之则向右移动。

5）方刀架手柄的操作

方刀架手柄8用于锁紧和松开方刀架。顺时针转动该手柄为锁紧；反之则松开。切削和装刀、卸刀时必须锁紧方刀架，要转动方刀架以选用刀具以及改变车刀工作时的主偏角时则要松开方刀架。

6）尾座的操作

顺时针摇动尾座手轮12使尾座套筒带着其安装的顶尖或刀具向外伸出；反之向里退回。而尾座套筒锁紧手柄10用于限制尾座能否伸缩，顺时针扳紧该手柄为锁紧套筒；反之套筒可伸缩。尾座套筒不宜伸出过长，以防止套筒内啮合的丝杆螺母脱开。

3. 空车操作练习

以C6132卧式车床为例，空车操作练习步骤如下：

（1）主轴转速调整在200r/min左右。

（2）调整进给箱手柄位置，使进给量为0.2mm/r左右。

（3）移动床鞍到床身的中间位置。

（4）用手扳动卡盘一周，检查机床有无碰撞之处，并检查各手柄是否在正常位置。

（5）接通电源，使车床电源开关置于“合”的位置。

（6）车床的启动、停止练习。向上提起操纵杆，主轴正转；置操纵杆于中间位置，主轴停止转动；向下按操纵杆则主轴反转。除车螺纹外，一般主轴不使用反转。在车削过程中，因测量工件需作短暂停止时应利用操纵杆停车，不要按电源按钮。这时，为防止停车时操纵杆失灵导致主轴转动，可将主轴变速手柄置于空挡位置。

（7）变换主轴转速练习。进行变速操作必须先停车，然后先调整长、短手柄1和2，调整变速手柄6，如果手柄推拉不到正常位置，则要用手扳动卡盘使之稍作转动，再尝试推拉手柄到位，一定要先停车后变速。车床在启动后，禁止变换主轴转速；停车变速时，需将开合螺母置于“开”位置。

（8）纵、横向进给和进、退刀动作。

纵向手动进给：摇动床鞍手轮，可使床鞍纵向移动，手轮上的刻度盘表示床鞍移动的距离。通常刻度每转过一小格，床鞍移动1mm（也有为0.5mm），其刻度的零位线可通过紧定螺钉调整。向主轴箱方向移动为纵向正进给。操作时，操作者应站在床鞍手轮的左侧，双手交替摇动手轮，进给速度应慢而均匀连续。

横向手动进给：摇动中滑板手柄，可使中滑板横向进给，中滑板刻度盘上的刻度表示中滑板沿垂直于主轴轴线方向移动的距离，通常每格刻度表示移动0.02mm或0.05mm。向主轴移动的方向为横向正进给。操作时，操作者应双手交替摇动手柄，操作姿势如图5－47所示。调整后应试摇滑板手柄几次，以手感灵活、轻便，又无明显间隙为宜。

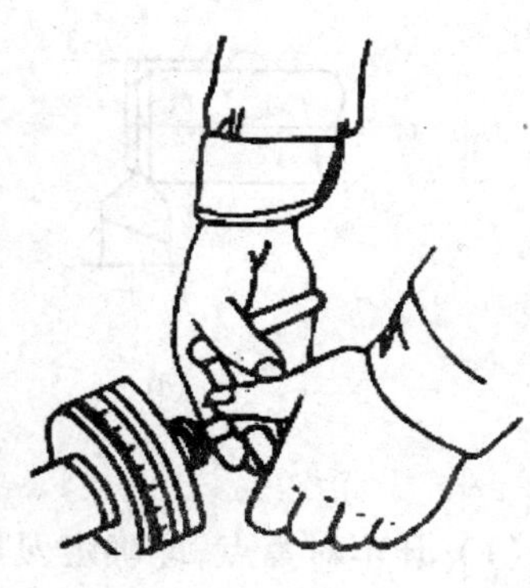
图5－47　中滑板的操作

（9）纵向机动进给方法。将床鞍摇到床身中间位置后，启动机床；提起“纵向”进给手柄自动进给。注意进给过程中的极限位置，确保床鞍不与卡盘相碰撞。

（10）横向机动进给方法。摇动中滑板手柄，使刀架靠近车床主轴内侧的平面，离卡盘中心约100mm，启动机床；提起“横向”进给手柄，使中滑板向卡盘中心方向进给。

注意：中滑板向前正向进给时，刀架前侧平面不能超过主轴中心线，防止滑板丝杠与螺母脱开；向后反向进给时，刀架不能与刻度盘等凸台相碰；不能同时使用纵、横向自动进给手柄。

特别注意以下几点。

（1）机床未完全停止前严禁变换主轴转速，否则可能发生严重的主轴箱内齿轮打齿现象，甚至发生机床事故。开车前要检查各手柄是否处于正确位置。

（2）纵向和横向手柄进退方向不能摇错，尤其是快速进、退刀时要千万注意，否则可能发生工件报废和安全事故。

4. 试切

工件在车床上安装好以后，需根据工件的加工余量决定走刀次数和每次走刀的背吃刀量α_p。半精车和精车时，为了准确确定背吃刀量α_p，保证工件的尺寸精度，只靠刻度盘来进刀是不行的，因为刻度盘和丝杠都有误差，往往不能满足半精车和精车的要求，这就需要采用试切的方法。试切的方法如图5－48所示，步骤如下。

（1）开车对刀，使车刀和工件表面轻微接触，如图5－48（a）所示。

（2）向右退出车刀，如图5－48（b）所示。

（3）按要求横向进给α_{p1}，如图5－48（c）所示。

（4）试切1mm～3mm，如图5－48（d）所示。

（5）向右退出，停车，测量，如图5－48（e）所示。

（6）调整切深至α_{p2}后，自动进给车外圆，如图5－48（f）所示。

5. 粗车和精车

在车床上安装工件和车刀以后即可开始车削加工。在加工中必须按照如下步骤进行。

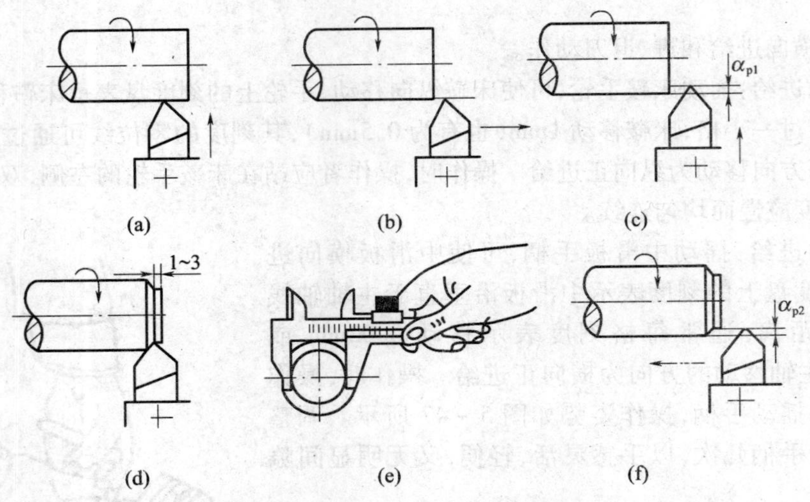

图 5－48　试切的方法与步骤

(1) 开车对零点,即确定刀具与工件的接触点,作为进背吃刀量(切深)的起点。对零点时必须开车,因为这样不仅可以找到刀具与工件最高处的接触点,而且也不宜损坏车刀。

(2) 沿进给反方向移出车刀。

(3) 进背吃刀量(切深)。

(4) 走刀切削。

如需再切削,可将车刀沿进给反方向移出,再进背吃刀量进行切削。如不再切削,则应先将车刀沿背吃刀量的反方向退出,脱离工件的已加工表面,再沿进给反方向退出车刀。

车削每个零件上的每一个加工面,往往都需要多次走刀才能完成。为了提高生产率,保证加工质量,生产中常把车削加工分为粗车和精车。

1) 粗车

粗车的目的是尽快地从工件上切去大部分加工余量,使工件接近最后的形状和尺寸。但要给精车留有合适的加工余量,而对精度和表面粗糙度的要求都较低。粗车后尺寸公差等级一般为 IT11 ~ IT14,表面粗糙度 Ra 值一般为 6.3μm ~ 12.5μm。

在生产中,加大背吃刀量对提高生产率最为有利,而对车刀寿命的影响最小,因此粗车时要首先选用较大的背吃刀量,其次根据可能,适当加大进给量,最后确定切削速度,一般选用中等或偏低的切削速度。

在 C6136 和 C6132 车床上使用硬质合金车刀粗车时,切削用量的选用范围如下:背吃刀量 α_p 取 2mm ~ 4mm;进给量 f 取 0.15mm/r ~ 0.4mm/r;切削速度 v_c 因工件材料不同而略有不同,切钢时取 48m/min ~ 72m/min;切铸铁可取 42m/min ~ 60m/min。

粗车铸件或锻件时,因工件表面有硬皮,可先倒角或车出端面,然后用大于硬皮厚度的背吃刀量粗车外圆,使刀尖避开硬皮,以防刀尖磨损过快或被硬皮碰坏,如图 5－49 所示。

2) 精车

精车是切去余下少量的金属层以获得零件所要求的尺寸精度和表面粗糙度,尺寸公差等级可达 IT7 ~ IT8,表面粗糙度 Ra 值可达 1.6μm。精车背吃刀量较小,为 0.1mm ~ 0.2mm,而粗车给精车留有的加工余量一般为 0.5mm ~ 2mm。

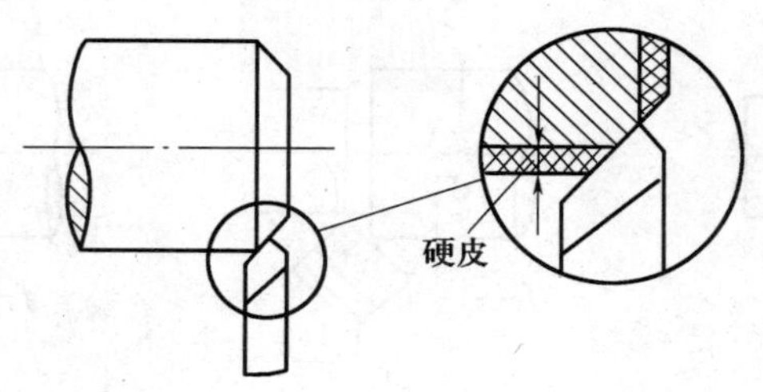

图 5-49 粗车铸件的背吃刀量

精车时,为了准确确定背吃刀量 α_p,保证工件的尺寸精度,只靠刻度盘来进刀是不行的,往往需要试切多次。精车另一个突出问题是保证零件表面粗糙度的要求,主要措施有以下几点。

(1) 采用较小的副偏角 κ'_r 或刀尖磨出小圆弧。

(2) 选用较大的前角 γ_0,并用油石把车刀的前刀面和后刀面打磨得光一些。

(3) 合理选择切削液。低速精车钢件时采用乳化液,低速精车铸铁件时采用煤油;高速精车一般不用切削液。

(4) 合理选择切削用量。车削钢件时较高的切削速度(102m/min 以上)或较低的切削速度(6m/min 以下)都可获得较小的 *Ra* 值。选用较小的背吃刀量对减小 *Ra* 值有利。采用较小的进给量可使残留面积减小,有利于减小 *Ra* 值。

在 C6136 和 C6132 车床上精车时切削用量选择范围如表 6-2 所列。

表 5-2 精车切削用量

		α_p/mm	f/mm · r^{-1}	v_c/mm · min^{-1}
车削铸铁件		0.1~0.15	0.05~0.2	60~70
车削钢件	高速	0.3~0.50		100~120
	低速	0.05~0.10		3~5

5.5 车削加工基本方法

5.5.1 车外圆

将工件车削成圆柱形表面的加工称为车外圆,这是车削加工中最基本、最常见的工序。常见的外圆车刀及车外圆方法如图 5-50 所示。尖刀主要用于粗车外圆和车没有台阶或台阶不大的外圆;弯头刀用于车外圆、端面、倒角和带 45°斜面的外圆,应用较为普遍;偏刀因主偏角为 90°,车外圆时的背向力很小,常用来车削细长轴和带有直角台阶的外圆。

1. 安装工件和校正工件

安装工件的方法主要有用三爪自定心卡盘或四爪卡盘、心轴等。工件装夹完后要校正。

2. 选择车刀

车外圆时可用几种车刀,如尖刀的形状简单,主要用于粗车外圆;弯头车刀不但可以车外圆,还可以车端面;加工台阶轴和细长轴则常用偏刀,如图 5-50 所示。

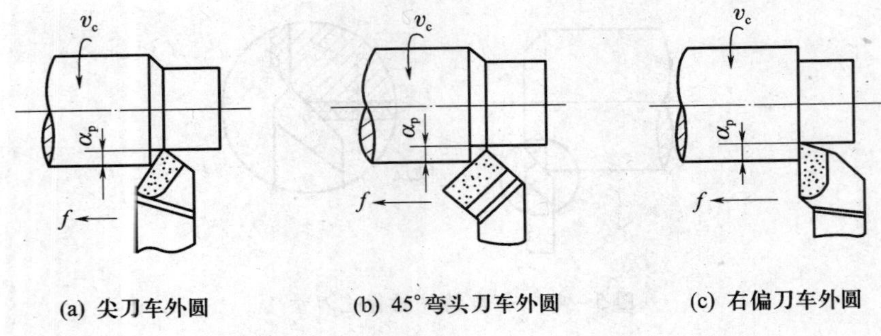

图 5－50　车外圆方法及刀具选择

3. 检查毛坯尺寸,选用切削用量

根据加工余量确定进刀次数与吃刀量及其进给量。

4. 确定车削长度

首先在钢直尺上量取加工长度,用划针或卡钳在工件表面划出加工线。

5. 试车削,调整吃刀量的大小

粗车和精车开始时均应试切。要注意必须先开车再对刀,找出工件外圆上的最突出点,以防止打坏刀尖。

6. 开始切削

如尺寸正确,即可手动或自动进刀车削。如不符合要求,则应根据中滑板刻度调整吃刀量,再进刀车削。车外圆时,直径尺寸的控制是利用中滑板通过试切并调整吃刀量来完成的。

7. 尺寸测量

外圆表面直径用游标卡尺或千分尺测量,长度尺寸一般用钢直尺或用游标深度尺测量,测量方法如图 5－51 所示。千分尺属精密量具,只能用于测量工件已加工表面,不能测量毛坯表面或表面粗糙度很大的工件。测量时,工件应处于静止状态下,凡旋转和滑动的工件表面均不可测量,以防损坏量具。量具应单独放置,用毕应擦净涂油置于专用盒内。

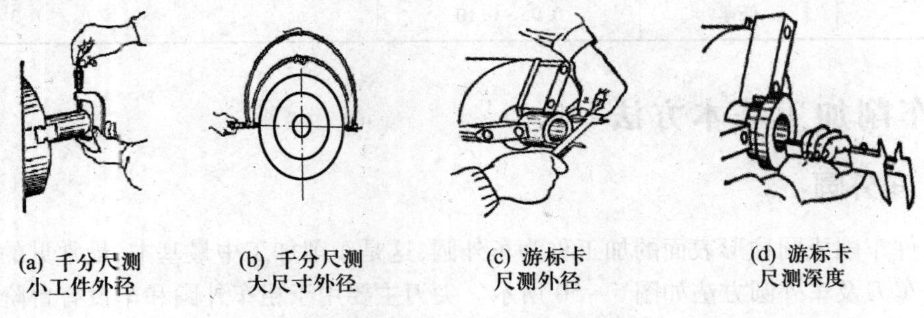

图 5－51　外圆车削件的测量

5.5.2　车台阶

车台阶与车外圆基本相同,但需兼顾外圆的尺寸和台阶的位置。

1. 车刀的选择和装夹

车台阶时,通常选用 90°外圆车刀。车刀的装夹应根据粗、精车和余量的多少来区分。粗车时余量多,为了增加吃刀量,减少刀尖的压力,车刀装夹可取主偏角小于 90°为宜(一般为

85°～90°)，如图 5－52(a)所示。精车时为了保证台阶平面和轴心线垂直，应取主偏角大于 90°(一般为 93°左右)，如图 5－52(b)所示。

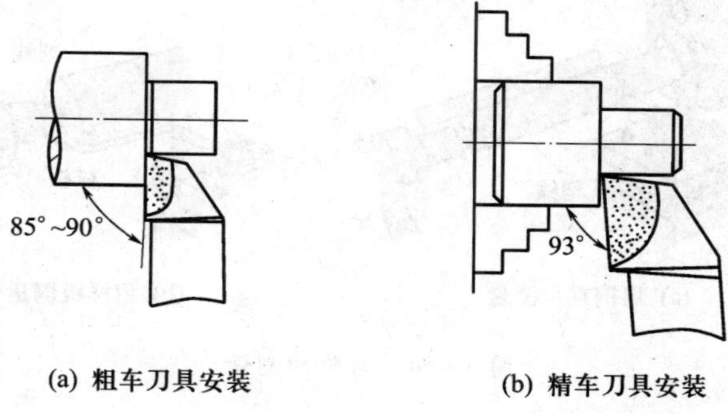

(a) 粗车刀具安装　　(b) 精车刀具安装

图 5－52　粗、精车台阶

2. 确定台阶长度

确定台阶长度常用的方法有以下两种。

(1) 刻线痕法。以已加工端面为基准，用钢直尺量出台阶长度尺寸，用刀尖对准刻度处，启动主轴，再用刀尖刻出线痕。由于刻线有一定误差，所以应比所加工的长度值略小 0.5mm～1mm。

(2) 床鞍刻度控制法。启动主轴并移动床鞍与中滑板，使刀尖靠近工件端面，再移动小滑板让刀尖与工件端面轻轻接触，然后摇动中滑板横向退出车刀，将床鞍刻度盘调整至零位。这样用床鞍上的刻度在工件表面刻上线痕。车削时，根据线痕与刻度即可方便地控制台阶长度。

3. 车削低台阶

车削高度在 5mm 以下的台阶时，可在车外圆时同时车出，如图 5－53(a)所示。为使车刀的主切削刃垂直于工件的轴线，可在先车好的端面上对刀，使主切削刃与端面贴平。

4. 车削高台阶

车高度在 5mm 以上的直角台阶，装刀时应使主切削刃与工件轴线的夹角大于 90°，然后分层进行切削，如图 5－53(b)所示。在末次纵向进给后，车刀横向退出，车出 90°台阶，如图 5－53(c)所示。

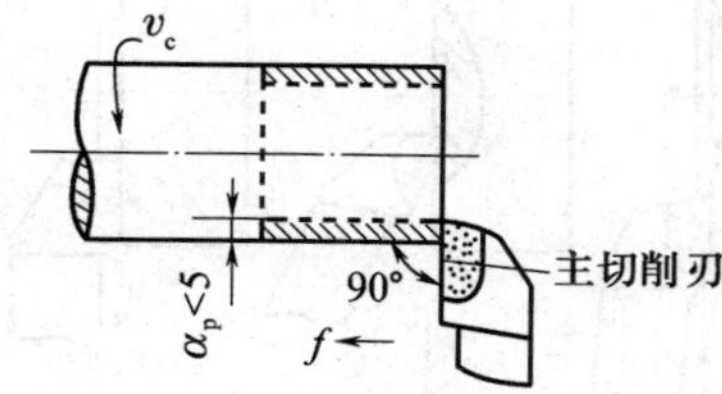

(a) 车削高度在5mm以下的台阶

(b) 车削高度在5mm以上的台阶，偏角主切削刃和工件轴线约成95°，分多次纵向进给切削

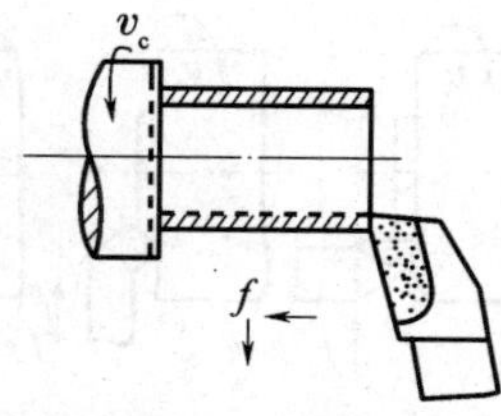

(c) 车削高度在5mm以上的台阶，在末次纵向进给后，车刀横向退出，车出90°台阶

图 5－53　车台阶

5. 倒角

台阶车削完后，在台阶与外圆交角处，应倒钝锐边或根据要求倒角。

6. 台阶的测量

台阶的长度通常用钢直尺、游标深度尺或用游标卡尺上的深度尺来测量，也可用样板检测，如图5－54所示。根据测量结果，可用小滑板及其刻度来调整台阶尺寸。

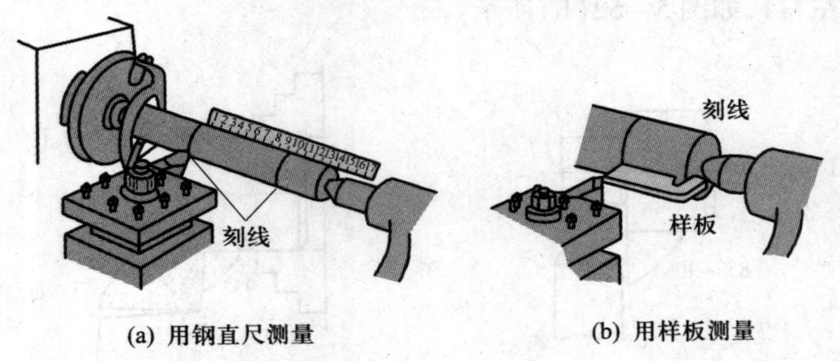

图5－54 台阶的测量

5.5.3 车端面

对端面进行车削的方法叫作车端面。常用的车刀车端面的方法有弯头刀和偏刀车削端面等。

1. 端面车削方法及车刀选择

(1) 用90°左偏刀车端面(图5－55(a))。特点是切削轻快顺利，适用于有台阶面平面的车削。

(2) 用45°车刀车端面(图5－55(b)、(c))。特点是刀尖强度好，适用于车大平面，并能倒角与车外圆。

(3) 用60°～75°车刀车端面(图5－55(d))。特点是刀尖强度好，适用于用大切削用量车大平面。

(4) 用90°右偏刀车端面(图5－55(e)、(f)、(g))。图5－55(e)为车刀由外向中心进给，副切削刃进行切削，切削不顺利，容易产生凹面；图5－55(f)为由中心向外进给，利用主切削刃切削，切削顺利，适合精车平面；图5－55(g)为在副切削刃上磨出前角，由外向中心进给。

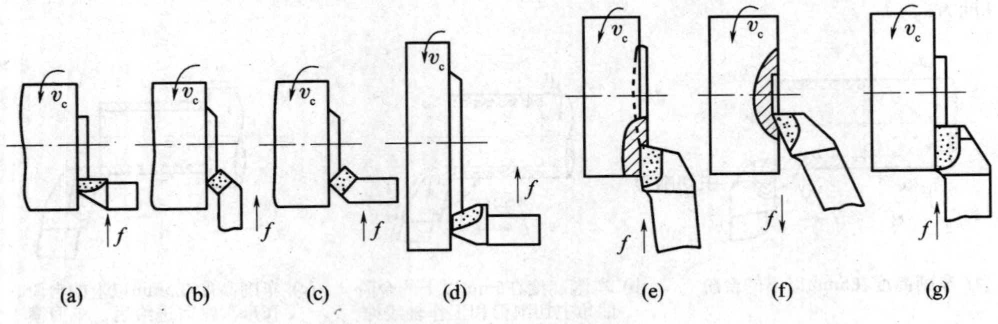

图5－55 车端面方法

对于既车外圆又车端面的场合，常使用弯头车刀和偏刀来车削端面。弯头车刀是用主切削刃担任切削，适用于车削较大的端面。偏刀从外向里车削端面，是用车外圆时的副切削刃担任切削，副切削刃的前角较小，切削不够，从内向外车削端面，便没有这个缺点，不过工件必须有孔才行。

2. 车刀的安装

车端面时,要求车刀刀尖严格对准工件中心,高于或低于工件中心,都会使工件端面中心处留有凸台,并损坏刀尖,如图 5 - 56 所示。

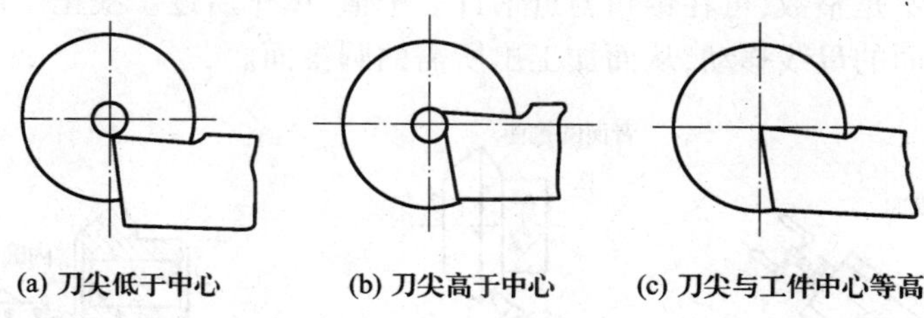

图 5 - 56 端面车刀的安装

3. 端面的车削

车端面前应先倒角,尤其是铸件表面因有一层硬皮,先倒角可防止损坏刀尖,如图 5 - 57 所示。车端面与车外圆一样,第一刀吃刀量一定要超过工件硬皮层,否则即使已倒角,但车削时刀尖仍在硬皮层上加工,极易磨损。用手动进给车端面时,手动进给速度应均匀;用自动进给车端面时,当车刀刀尖车至端面中心附近时应停止自动进给,改用手动进给,慢速车到中心后,车刀应迅速退回,如精车端面,应防止车刀横向退回时拉毛表面。

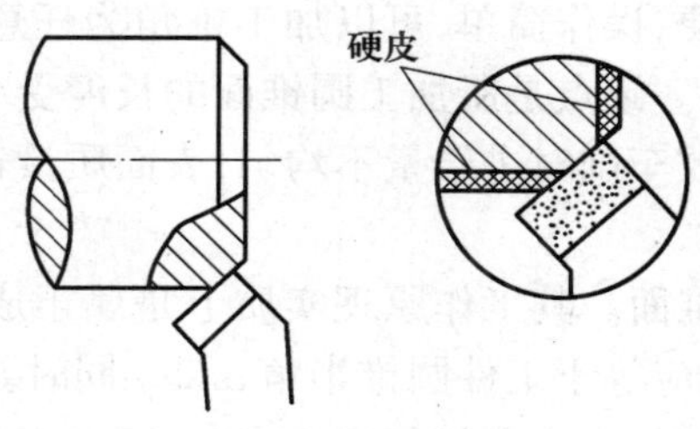

图 5 - 57 毛坯倒角

车端面操作应注意以下几点。

(1) 安装工件时,要对其外圆及端面找正。

(2) 安装车刀时,刀尖应严格对准工件中心,以免端面出现凸台,造成崩坏刀尖。

(3) 端面质量要求较高时,最后一刀应由中心向外切削。

(4) 车削大端面时,为使车刀准确地横向进给,应将大溜板紧固在床身上,用小刀架调整切削深度。

车端面的质量分析如下。

(1) 端面不平,产生凸凹现象或端面中心留"小头"。原因是车刀刃磨或安装不正确,刀尖没有对准工件中心,车削深度过大,车床由于拖板的间隙移动造成。

(2) 表面粗糙度差。原因是车刀不锋利,手动走刀摇动不均匀或太快,自动走刀切削用量选择不当。

5.5.4 车圆锥面

在车床上加工圆锥的方法主要有下列 4 种:转动小滑板法、偏移尾座法、宽刃刀车削法、仿形法。其中以转动小滑板法车圆锥适用范围最广。

1. 转动小滑板法

当加工锥面不长的工件时，可用转动小滑板法车削，如图 5-58 所示。将小滑板下面转盘上的螺母松开，把转盘转至所需要的圆锥半角 $\alpha/2$ 的刻线上，与基准零线对齐，然后固定转盘上的螺母，如果锥角不是整数，可在锥角附近估计一个值，试车后逐步找正。加工时，转动小滑板手柄，使车刀沿锥面的母线移动，从而加工出所需的圆锥面。

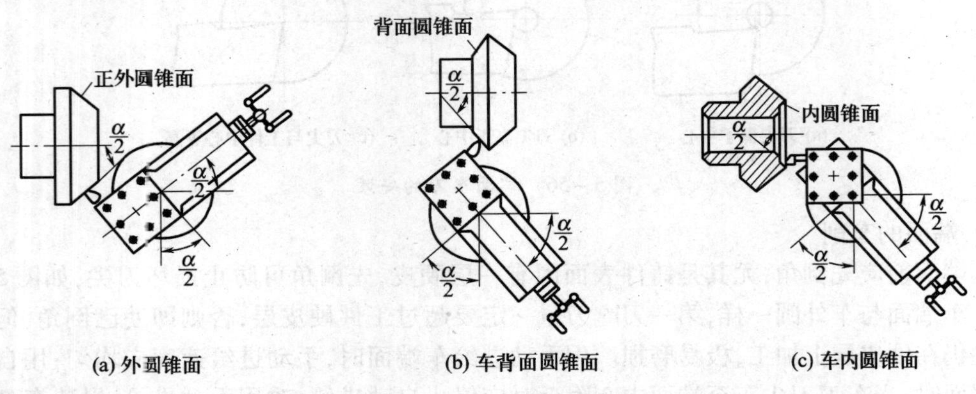

图 5-58 转动小滑板法车削锥面图

这种方法的优点是调整方便，操作简单，可以加工锥角为任意大小的内外圆锥面，能保证一定的加工精度，因此应用广泛。缺点是所加工圆锥面的长度受小拖板行程长度的限制，只能加工短锥面，且多为手动进给，故车削时进给量不均匀，表面质量较差。

2. 宽刀法

图 5-59 为用宽刀车削圆锥面。其工作原理实质上是属于成形法，所以要求切削刃必须平直，切削刃与主轴轴线的夹角应等于工件圆锥半角 $\alpha/2$。同时要求车床有较好的刚性，否则易引起振动。当工件的圆锥斜面长度大于切削刃长度时，可以用多次接刀方法加工，但接刀处必须平整。

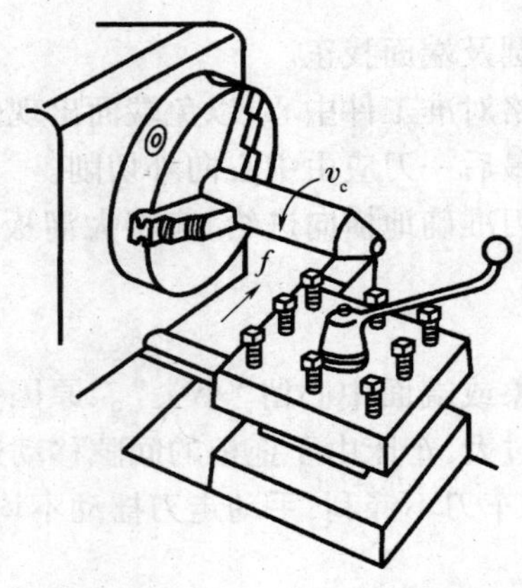

图 5-59 宽刀法车削锥面图

这种方法仅适用于车削较短的内、外圆锥面。优点是加工迅速，能加工任意角度的圆锥面。缺点是加工的圆锥面不能太长，切削面积大，要求机床与工件有较好的刚性。

3. 偏移尾架法

图 5－60 为偏移尾架车圆锥面。方法是把尾架顶尖偏移一个距离 S，使工件的旋转轴线与机床主轴轴线相交一个角度(1/2 圆锥角)，利用车刀的纵向进给，车出所需的圆锥面。

这种方法的优点是能自动进给车削较长的圆锥面；缺点是尾架可偏移距离 S 较小，中心孔与顶尖配合不良，特别是当半圆锥角大于 16°后误差较大，尾架偏移量较大，使中心孔与顶尖的配合变坏，装夹不可靠。故一般用于车削小锥度的长锥面，且精确调整尾架偏移量较费时，也不能加工锥孔。

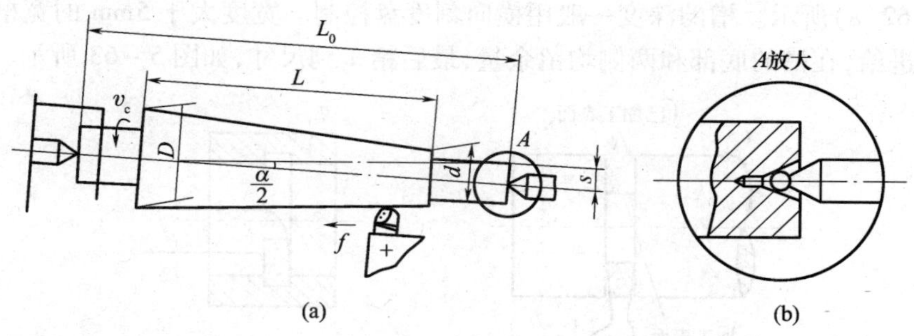

图 5－60　偏移尾架法车削锥面

4. 仿形法

仿形法车圆锥面如图 5－61 所示。靠模装置的底座固定在床身的后面，底座上装有锥度靠模板。松开紧固螺钉，靠模板可以绕定位销钉旋转，与工件的轴线成一定的斜角。靠模上的滑块可以沿靠模滑动，而滑块通过连接板与拖板连接在一起。中滑板上的丝杠与螺母脱开，其手柄不再调节刀架横向位置，而是将小滑板转过 90°，用小滑板上的丝杠调节刀具横向位置，以调整所需的背吃刀量。

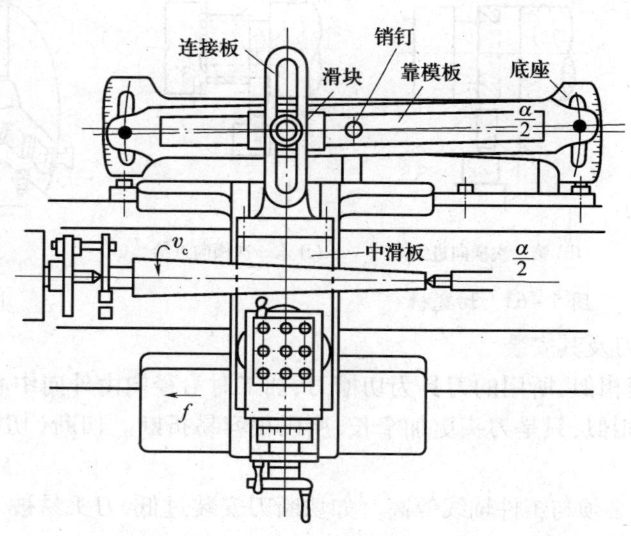

图 5－61　仿形法车端面

如果工件的锥角为 α，则将靠模调节成 $\alpha/2$ 的斜角。当大滑板作纵向自动进给时，滑块就沿着靠模滑动，从而使车刀的运动平行于靠模板，车出所需的圆锥面。

靠模法加工进给平稳，工件的表面质量好，生产效率高，可以加工 $\alpha < 12^\circ$ 的长圆锥。

5.5.5 切槽、切断

1. 切槽、切断含义

回转体表面一般存在一些沟槽，这些槽有退刀槽、砂轮越程槽、油槽、密封圈槽等，分布在工件的外圆表面、内孔和端面上。车削这些沟槽的方法称为切槽。在车床上既可车外槽，也可车内槽，如图 5-62 所示。车宽度为 5mm 以下的的窄槽，可将主切削刃磨得和槽等宽，一次车出，如图 5-62(a)所示。槽的深度一般用横向刻度盘控制。宽度大于 5mm 的宽槽，用切槽刀分几次横向进给，在槽的底部和两侧均留余量，最后精车到尺寸，如图 5-63 所示。

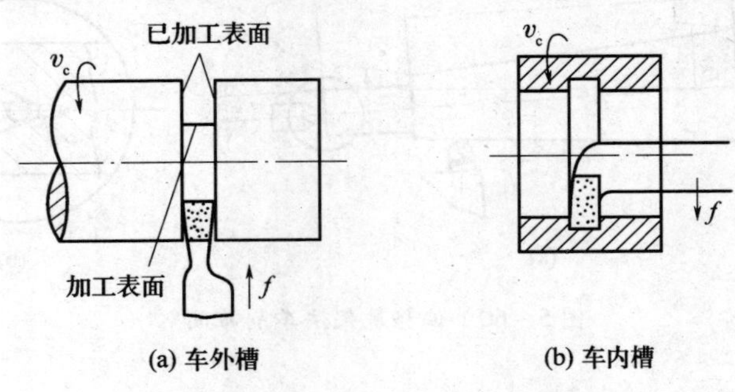

(a) 车外槽　(b) 车内槽

图 5-62　车槽

在车削加工中，经常需要把较长的原材料进行切断下料，然后再进行加工；也有一些工件在车好以后，再从原材料上切下来，这种加工方法叫切断。切断工作一般在卡盘上进行，避免用顶尖安装工件。车断处应尽可能靠近卡盘，如图 5-64 所示。

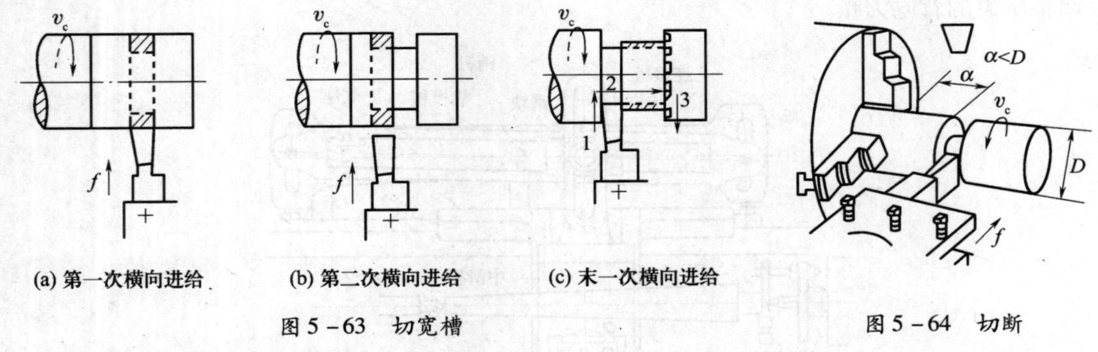

(a) 第一次横向进给　(b) 第二次横向进给　(c) 末一次横向进给

图 5-63　切宽槽

图 5-64　切断

2. 切断(切槽)刀及其安装

切槽和车端面很相似，所用的刀具为切槽刀，加工时沿径向由外向中心进刀。切断采用切断刀，形状与切槽刀相似，只是刀头更加窄长，所以很容易折断。切断(切槽)刀安装应注意以下事项。

(1) 切断刀刀尖必须与工件轴线等高。如切断刀安装过低，刀头易被压断(图 5-65(a))；切断刀安装过高，工具后面顶住工件，不易切削(图 5-65(b))。

(2) 在保证车刀能车到工件中心的前提下，车断刀伸出刀架之外的长度应尽可能短些。

(3) 切断刀和切槽刀必须与工件轴线垂直，否则车刀的副切削刃与工件两侧面产生摩擦。

(4) 切断刀的底平面必须平直，否则会引起副后角的变化，在切断时切刀的某一副后刀面会与工件强烈摩擦。

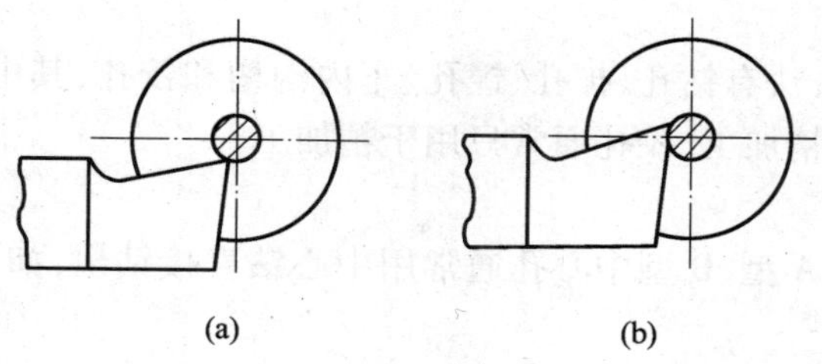

(a) (b)

图 5-65　切断刀的安装

3. 切断的方法

(1) 切断直径小于主轴孔的棒料时，可把棒料插在主轴孔中，用卡盘夹住，切断刀离卡盘的距离应小于工件的直径，否则容易引起振动或将工件抬起来而损坏车刀，如图 5-64 所示。

(2) 切断在两顶尖或一端卡盘夹住，另一端用顶尖顶住工件时，不可将工件完全切断。

(3) 切断时应注意的事项如下。

① 切断刀本身的强度很差，很容易折断，所以操作时要特别小心。

② 应采用较低的切削速度，较小的进给量。

③ 调整好车床主轴和刀架滑动部分的间隙。

④ 切断时还应充分使用冷却液，使排屑顺利。

⑤ 快切断时还必须放慢进给速度。

⑥ 一般切断时切削速度较低，用高速钢切断刀切断时，切削速度为 9m/min ~ 21m/min；用硬质合金切断刀切断时，切削速度为 36m/min ~ 72m/min。

4. 车外槽的方法

(1) 车削宽度不大的沟槽，可用刀头宽度等于槽宽的切槽刀一刀车出。

(2) 在车削较宽的沟槽时，应先用外圆车刀的刀尖在工件上刻两条线，把沟槽的宽度和位置确定下来，然后用切槽刀在两条线之间进行粗车，但这时必须在槽的两侧面和槽的底部留下精车余量，最后根据槽宽和槽底进行精车。

5. 车槽尺寸的测量

车槽工件的尺寸主要是槽宽和槽深，其测量方法可以采用卡钳与钢直尺配合测量，也可以用游标卡尺和千分尺测量。图 5-66 所示分别为用游标卡尺测量槽宽和用千分尺测量槽的底径。图 5-67 为外沟槽宽度的几种测量方法。

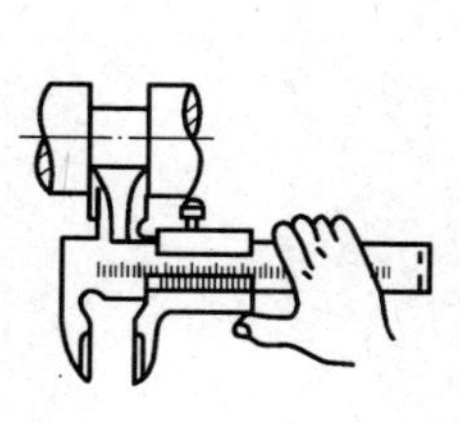

(a) 游标卡尺测量槽宽

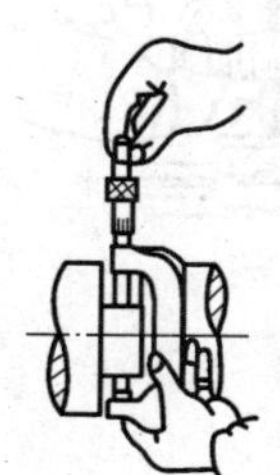

(b) 千分尺测量槽的底径

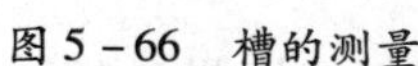

图 5-66　槽的测量

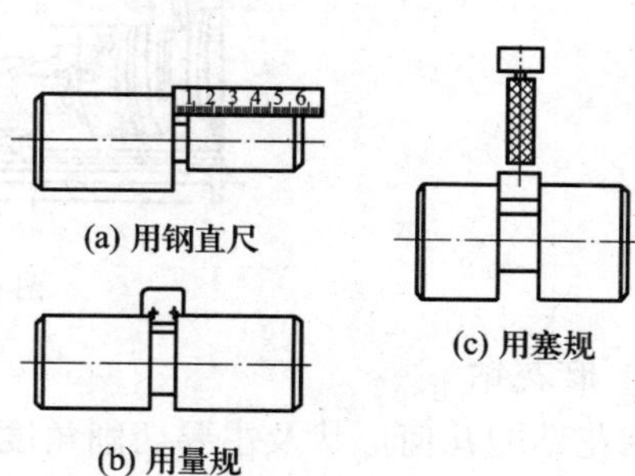

(a) 用钢直尺

(b) 用量规

(c) 用塞规

图 5-67　外沟槽宽度的测量

5.5.6 孔加工

车床上加工内孔的方法有钻孔、扩孔、镗孔、车内沟槽和铰孔，其中钻孔、扩孔适用于粗加工，镗孔用于半精加工与精加工，铰孔通常只用于精加工。

1. 钻中心孔

直径在6mm以下的A型、B型中心孔通常用中心钻直接钻出，如图5－39所示。其中心钻由高速钢制成。

1）钻削前的准备

（1）装夹并校正好工件并将工件端面车平。

（2）将钻夹头锥柄擦净后，装入车床尾座套筒内。

（3）选用中心钻，将中心钻装入钻夹头内，并用锥齿扳手拧紧。中心钻在钻夹内伸出长度应尽量短。移动尾座并调整尾座套筒伸出长度，然后将尾座锁紧。

（4）选择主轴转速。由于中心钻直径较小，主轴转速一般应高些，通常在800r/min以上（大直径轴除外）。

2）钻削要领

（1）试钻。启动车床，摇动尾座套筒，当中心钻钻尖钻入工件约为0.5mm时退出，目测判断中心钻是否对准工件中心。当中心钻对准工件旋转中心时钻出孔呈锥形；若中心偏移，则钻出的孔呈环形。纠偏方法是松开尾座紧定螺钉，调整尾座两侧的调整螺钉，使尾座横向移动，目测钻尖与工件旋转中心的位置，待钻尖与工件中心对准后再锁紧两侧螺钉。

（2）钻削方法。当中心钻钻削工件时，进给速度要慢而均匀，并经常退出中心钻以清除切屑及充分冷却。当钻至圆锥孔规定的尺寸时，应先停止进给，这时利用主轴惯性，再轻轻送进中心钻，使中心钻切削刃切下薄薄一层金属，以降低粗糙度值并修正中心孔。

（3）工件直径大或形状复杂的零件不便在车床上钻中心孔时，可先在工件上划好中心，然后在钻床上或用手电钻钻出中心孔。

2. 麻花钻钻孔

车床上钻孔如图5－68所示，常用麻花钻钻头。将尾架固定在合适的位置上，锥柄钻头装入尾架套筒内，直柄钻头用钻夹头夹持，再将钻夹头的锥柄插入尾架套筒内，并用手摇尾架手轮推动钻头纵向移动。

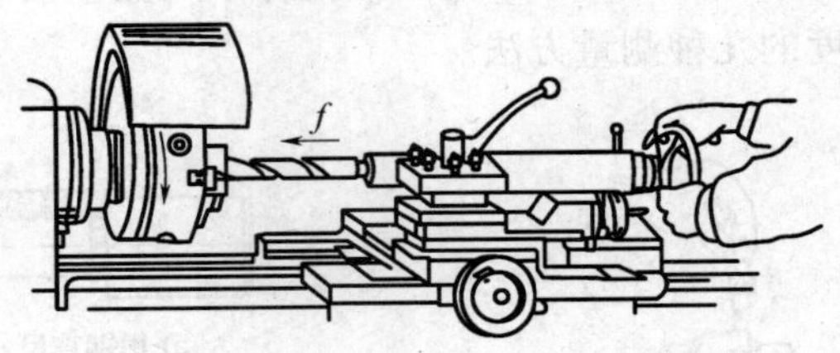

图5－68 车床上钻孔

1）麻花钻

麻花钻的几何形状及主要切削角度可参见钳工部分。刃磨的质量会直接影响加工质量。刃磨后应对麻花钻角度进行检测，方法如下。

（1）用万能角度尺直接测量两主切削刃对称性。测量时将刻度值调至121°，角度尺另一边检查主切削刃长度。检查时可用透光法来比较两切削刃的高低。两主切削刃高度不一致时应修磨，直至相等为止。

（2）用目测法检测钻头后角。如图 5－69 所示，在后刀面上主切削刃应在最高处，说明后角方向正确。

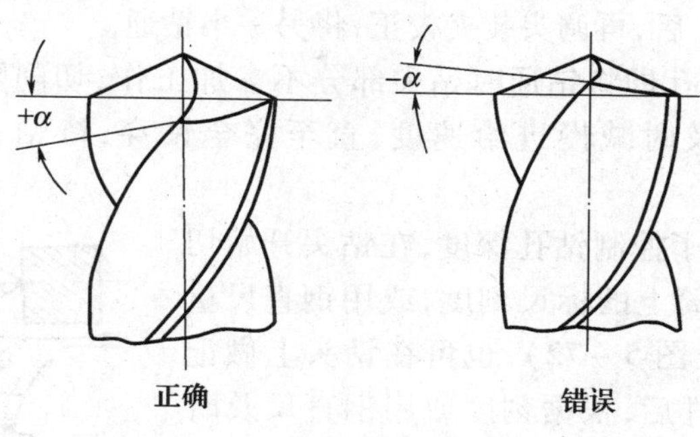

图 5－69　钻头后角

2）钻头的装卸

直柄麻花钻用尾座钻夹头装夹，如图 5－70 所示；锥柄麻花钻用一个或数个锥形过渡套筒装夹，如图 5－71 所示。钻头装入尾座套筒时，必须擦净各结合面，同时应用力顶紧。

图 5－70　尾座钻夹头

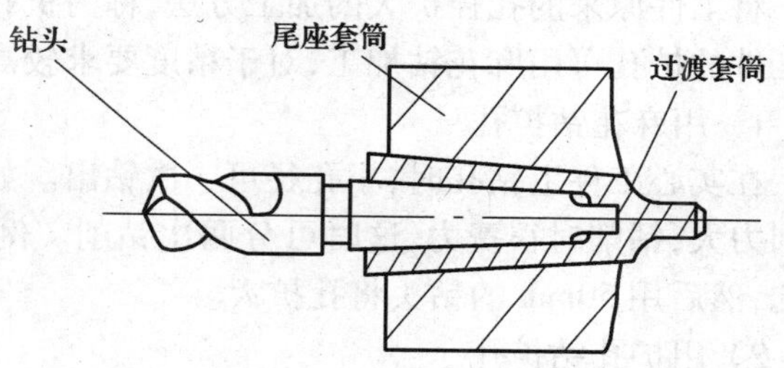

图 5－71　钻夹头装夹

3）钻削用量的选择

在实体工件上钻孔时吃刀量 α_p 为钻头直径一半，通常取进给量 $f=0.1\text{mm/r}\sim0.3\text{mm/r}$。钻脆性材料时，可选取较大值。用高速钢钻头钻孔时，切削速度通常取 $v_c=15\text{m/min}\sim30\text{m/min}$，钻较硬材料时应选用较小值。

4）切削液的选用

切削液主要用于减小切削过程中的摩擦和降低切削温度，从而提高刀具耐用度和减少工件的变形，改善加工表面的质量。切削液的选用，一般遵循如下原则。

（1）粗加工时，选择以冷却为主的切削液；精加工时，选择以润滑为主的切削液。

（2）使用高速钢刀具时必须使用切削液；使用硬质合金刀具可不使用切削液。

（3）加工铸件等脆性材料时，一般可加少量的煤油；加工钢件等塑性材料时，可用乳化液、植物油作切削液。

5）钻孔的操作要领

（1）钻孔前应根据钻孔直径选择尺寸合适的钻头，工件端面须车平，中心处不得有凸台。

（2）钻头装入尾座套筒后必须校正钻头中心位置，使其与工件回转中心一致。

（3）当钻头刚切入工件端面时不可用力过大，以免钻偏或折断钻头。

(4) 钻小直径孔时应先钻定位中心孔,再钻孔。

(5) 当钻入工件 2mm ~ 3mm 时应及时退出钻头,停车测量孔径是否符合要求。

(6) 钻较深孔时,手动进给时速度要均匀,并经常退出钻头以清除切屑。同时,应注入充分的切削液。对于精度要求不高、孔较深的工件,可采用调头钻孔的方法,先在工件一端将孔钻至大于工件长度的 1/2 后,再调头装夹校正,将另一半钻通。

(7) 对于钻通孔,当孔即将钻通时钻尖部分不参加工作,切削阻力明显减少,进刀时就会觉得很轻松,这时应及时减慢进给速度,直至完全钻穿,待钻头完全从孔内退出后再停车。

(8) 对于钻盲孔,为了控制钻孔深度,在钻头开始切入端面时即记下尾座套筒上的标尺刻度,或用钢直尺量出此时套筒的伸出长度(图 5-72),也可在钻头上做记号以控制孔深。钻入工件后,根据刻度或用钢直尺及时测量钻孔深度。

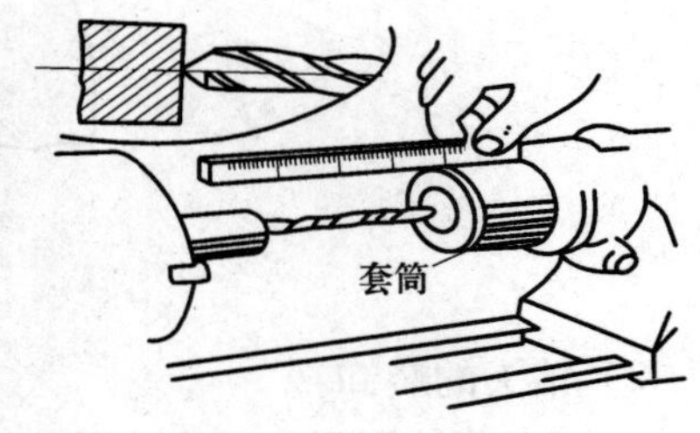

图 5-72　钻盲孔

(9) 刚钻完孔的工件与钻头一般温度都比较高,不可用手直接接触。

3. 扩孔

将工件原来的孔径扩大的加工方法,称为扩孔。常用的扩孔刃具有麻花钻、扩孔钻等。一般工件的扩孔可用麻花钻加工,对于精度要求较高的孔,可用扩孔钻加工。

1) 用麻花钻扩孔

在实心工件上钻孔时,小孔径可一次钻出。如果孔径大,钻头直径也大,由于横刃长,轴向切削力大,钻削时很费力,这时可分两次钻削。例如钻 50mm 直径的孔,可先用 25mm 的钻头钻孔,然后用 50mm 的钻头将孔扩大。

2) 用扩孔钻扩孔

扩孔钻有高速钢和硬质合金两种。扩孔钻在自动机床和镗床上用得较多,它的主要特点如下:

(1) 刀刃不必自外缘一直到中心,这样就避免了横刃所引起的不良影响。

(2) 由于扩孔钻钻心粗,刚性好,且排屑容易,可提高切削用量。

(3) 由于切屑少,容削槽可以做得小些,因此扩孔钻的刃齿可比麻花钻多,导向性比麻花钻好。因此,可提高生产效率,改善加工质量。

扩孔精度一般可达到 IT9 ~ IT10,表面粗糙度 $Ra6.3\mu m \sim 12.5\mu m$,用扩孔钻加工一般是孔的半精加工工序。

4. 镗孔

镗孔是最常用的孔加工方法,其公差等级可达 IT7 ~ IT9,表面粗糙度可达 $Ra1.6\mu m \sim 3.2\mu m$。

1) 镗孔刀具

车床镗孔常选用内孔镗刀,通常有通孔镗刀与盲孔镗刀两种,如图 5-73 所示。其切削部分的几何形状与外圆车刀相似。通孔镗刀用于镗通孔,其主偏角一般为 60° ~ 75°,副偏角为 10° ~ 20°;盲孔镗刀用于镗不通孔或台阶孔,其主偏角通常为 92° ~ 95°,刀尖到刀杆背面的距离 d 必须小于孔径的一半,否则无法镗平底平面。为了增加刀具刚度,适应较深孔的加工,还可采用装夹式内孔镗刀。选用内孔镗刀时,刀杆应尽可能粗,刀杆工作长度应尽可能短,一般取大于工件孔长 4mm ~ 10mm 即可。

2）刀具的刃磨

内孔镗刀的刃磨与外圆车刀的刃磨相似，不同的是内孔镗刀的后角应略大些。为避免刀杆后刀面与孔壁相碰，一般磨成双重后角 α_1、α_2，如图 5 - 74 所示。刃磨前刀面时如需磨断屑槽，应注意断屑槽的刃磨方向。粗车刀刃磨方向应平行于主切削刃刃磨；精车刀应平行于副切削刃刃磨。

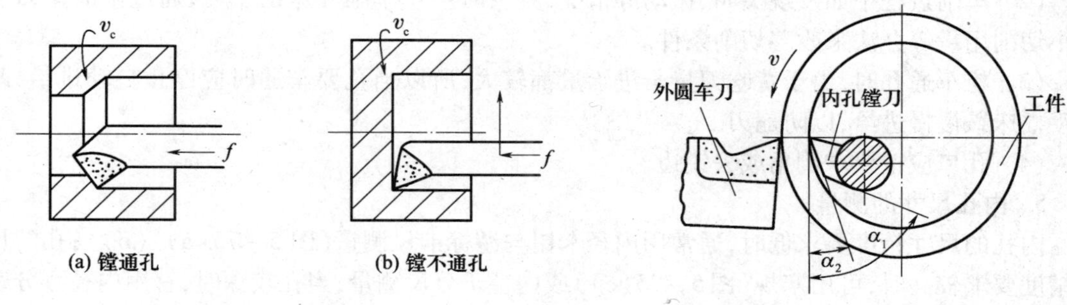

图 5 - 73　镗内孔　　图 5 - 74　内孔镗刀的后角

3）镗刀的装夹

(1) 装夹内孔镗刀，原则上刀尖高度应与工件旋转中心等高，实际加工时要适当调整。粗车时刀尖略低于工件中心，以增加前角；精车时可装得略高些，使工件后角稍增大些，这既减少刀具与工件的摩擦，又不会出现"扎刀"现象。

(2) 刀杆应与孔中心线平行，车刀伸出长度应尽可能短。

(3) 镗刀装夹后，在镗孔前应移动床鞍手轮使刀具在毛坯孔内来回移动一次，以检查刀具和工件有无碰撞。

4）镗内孔的操作要领

镗孔时车刀在工件内部进行，不便观察且不易冷却与排屑；刀杆尺寸受孔径限制，不能制得太粗又不能太短；对于薄壁工件车孔后易产生变形，尤其是小孔，加工难度更大。因此，镗内孔较车外圆难掌握。镗孔与车外圆的操作方法基本相同，不同的是镗内孔时中滑板进退刀的动作正好与车外圆相反，操作时必须引起重视。

粗镗时操作要领如下：

(1) 根据加工余量确定背吃刀量与进刀次数。通常背吃刀量 α_p = 1mm ~ 3mm；进给量 f = 0.2mm/r ~ 0.6mm/r；切削速度 v_c 应比车外圆的速度低 1/3 左右。粗车后留给精车的余量通常为 0.5mm ~ 1mm。

(2) 控制孔径尺寸的方法与车外圆一样，也要进行试切。试切深度一般至孔口 1mm ~ 3mm 内。

(3) 当长度车至尺寸时应迅速停止进给，此时车刀横向可不退刀，应直接纵向退出再停车。

精镗时操作要领如下。

(1) 精镗时，最后一刀的吃刀量以 α_p = 0.1mm ~ 0.2mm 为宜，进给量 f = 0.08mm/r ~ 0.15mm/r，用高速钢车刀精车时，切削速度 ν_c = 3m/min ~ 6m/min。

(2) 精镗孔时尺寸的控制是关键。控制尺寸的方法同样采用试切法来完成。试切时对刀要细心、精确。

(3) 当长度车至尺寸位置时应立即停止进给,并记下中滑板刻度,摇动中滑板手柄(注意退刀方向),使刀尖刚好离开孔壁即可,待车刀退出后再停车。

注意事项如下。

(1) 车削过程中应注意观察切削情况。如排屑不畅,应及时修正车刀的几何角度或改变切削用量,确保排屑流畅。

(2) 车削过程中如发现尖叫、振动等情况,应及时停止车削并退出车刀,通过修磨车刀或减小切削用量等办法来改善切削条件。

(3) 粗车通孔时,由于背吃刀量与进给量都较大,所以当孔要车通时应停止自动进给,改用手摇床鞍慢慢进给,以防崩刃。

(4) 孔口应按要求倒角或去锐边。

5. 内孔尺寸的测量

内孔的尺寸精度要求低时,通常用内径卡钳与游标卡尺测量(图 5-75(a)、(b));孔的尺寸精度要求较高时,可用塞规(图 5-75(c))或内径千分尺测量;当孔较深时,宜用内径百分表测量(图 5-75(d))。

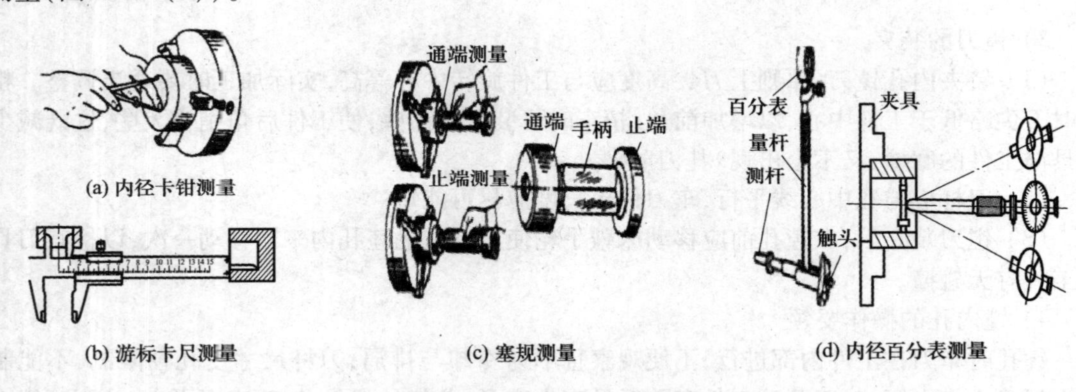

(a) 内径卡钳测量

(b) 游标卡尺测量

(c) 塞规测量

(d) 内径百分表测量

图 5-75 内孔的测量方法

5.5.7 螺纹加工

1. 螺纹分类及基本要素

螺纹的种类很多,按制别分有米制螺纹、英制螺纹;按牙型分有三角螺纹、矩形螺纹、梯形螺纹等,其中普通米制三角螺纹(又称普通螺纹)应用最广,如图 5-76 所示。

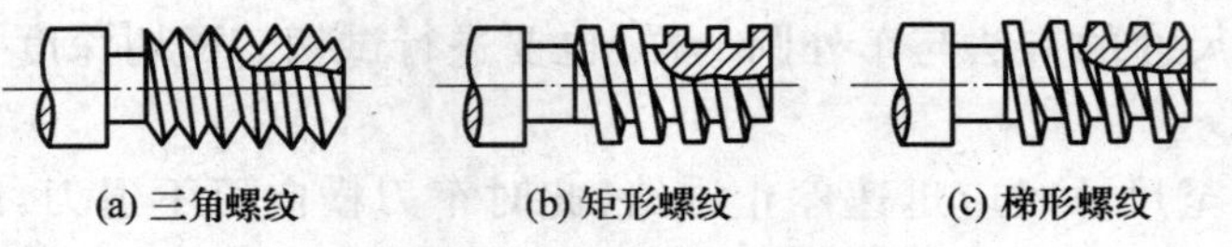
(a) 三角螺纹　(b) 矩形螺纹　(c) 梯形螺纹

图 5-76 螺纹的种类

内外螺纹总是成对出现的,决定内外螺纹能否配合,以及配合的精度有 3 个基本要素:牙型角 α、螺距 P、中径 $d_2(D_2)$,如图 5-77 所示。车普通螺纹的关键是如何保证这 3 个基本要素。

1）牙型角 α 及其保证方法

牙型角 α 是指在通过螺纹轴线的剖面上相邻两牙侧面的夹角。牙型角 α 应对称于轴线的垂线，即牙形半角 $\alpha/2$ 必须相等。普通三角螺纹牙型角 $\alpha=60°$。

各种螺纹的牙型都是靠刀具切出的，螺纹的牙型角和牙型半角准确与否，取决于车刀刃磨后的形状及其在车床上安装的位置。刃磨螺纹车刀时，应使其切削部分的形状与螺纹牙型相符（用对刀样板检验），普通螺纹车刀的刀尖角应刃磨成60°，并使其前角 $\gamma_0=0°$。螺纹车刀安装时，刀尖必须与工件中心等高，并用样板对刀，保证刀尖角的角平分线与工件轴线垂直，以保证车出的螺纹牙型两边对称，如图 5－78 所示。

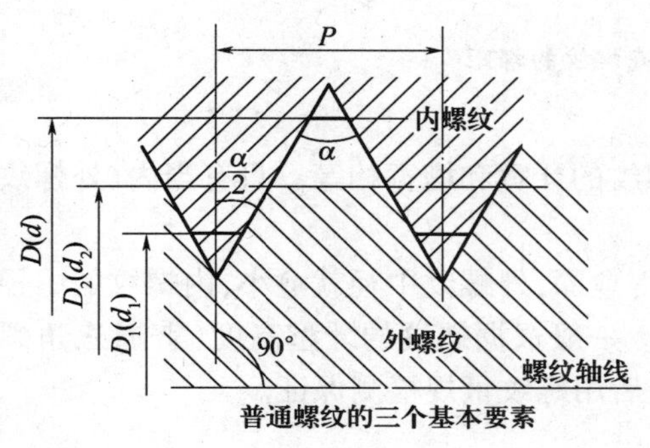

图 5－77　普通螺纹的 3 个基本要素

D、d—内、外螺纹大径（公称直径）；

D_1、d_1—内、外螺纹小径；D_2、d_2—内、外螺纹中径。

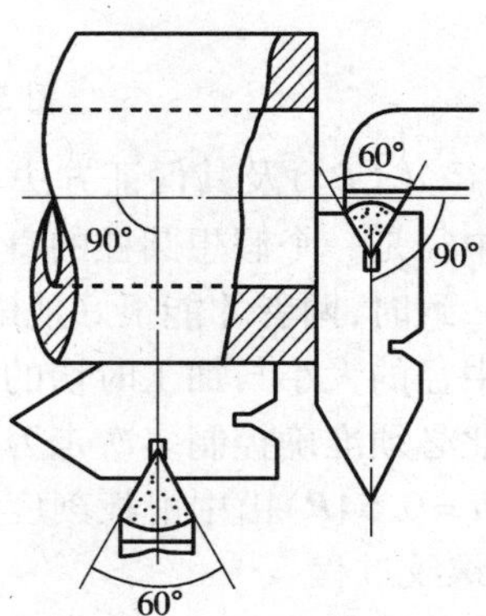

图 5－78　螺纹车刀的形状及对刀方法

2）螺距 P 及其保证方法

螺距 P 是螺纹相邻牙两个对应点之间的轴向距离。要获得准确的螺距，车螺纹时，工件转一周，车刀必须准确而均匀地沿纵向进给运动方向移动一个导程（单线螺纹为螺距）。为了获得上述关系，车螺纹应由丝杠带动刀架纵向运动。通常在具体操作时可按车床进给箱表牌上表示的数值按要加工工件的螺距值，更换挂轮和改变进给箱上手柄的位置即可，如图 5－79 所示。

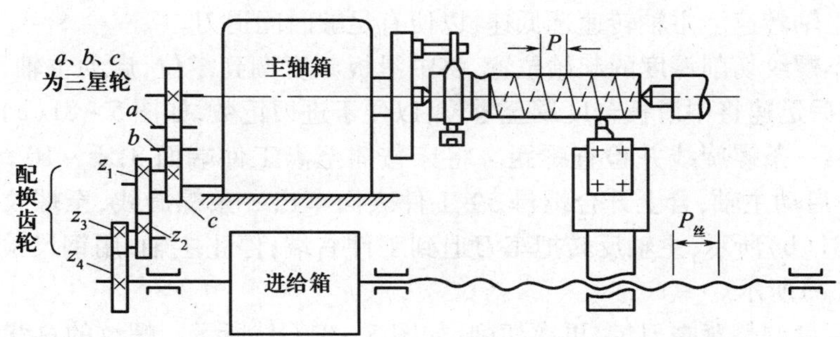

图 5－79　车螺纹传动示意图

在正式车螺纹之前还应试切，用螺距规检查试切螺纹是否正确，如图 5－80 所示。螺纹需经过多次走刀才能完成。在多次走刀中，必须保证车刀总是落在第一次走刀车出的螺纹槽内，否则就会“乱扣”而成为废品。若车床丝杠的螺距 $P_{丝}$ 是工件螺距 P 的整数倍，即可任意打开或合上开合螺母而不会“乱扣”。

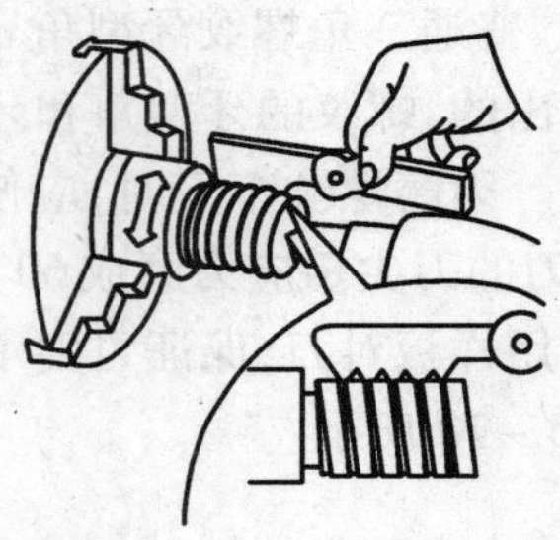

图 5－80　用扣规检查螺纹的螺距

3）中径 $d_2(D_2)$ 及其保证方法

螺纹中径是一个假想圆柱的直径，在中径处螺纹的牙宽和槽宽相等。只有当内、外螺纹的中径尺寸一致时，两者才能很好地配合。

螺纹中径的大小与加工时切的深度有关。切得愈深，外螺纹中径就愈小，内螺纹的中径就愈大。为此必须准确控制多次走刀的总背吃刀量。一般根据螺纹的牙型高度（普通三角螺纹牙型高度 $h = 0.54P$）由中滑板刻度盘大致控制，最后用螺纹量规检测保证。

2. 车螺纹过程

（1）安装工件并预加工外圆，工件的安装与车外圆一致，要装正夹紧，以免在加工的过程中出现松动。

（2）安装螺纹车刀时，车刀的刀尖角等于螺纹牙型角 $\alpha = 60°$，其前角 $\gamma_0 = 0°$，才能保证工件螺纹的牙型角，否则牙型角将产生误差。只有粗加工时或螺纹精度要求不高时，其前角可取 $\gamma_0 = 5° \sim 20°$。安装螺纹车刀时中心线要与工件轴线垂直，一般使用角度样板对刀，刀尖与工件的轴线等高，一般以尾架顶尖为标准进行调整。

（3）按螺纹规格车螺纹外圆，并按所需长度刻出螺纹长度终止线。先将螺纹外径车至尺寸，然后用刀尖在工件上的螺纹终止处刻一条微可见线，以它作为车螺纹的退刀标记。

（4）根据工件的螺距 P，查机床上的铭牌，然后调整进给箱上手柄位置及配换挂轮箱齿轮的齿数，以获得所需要的工件螺距。

（5）确定主轴转速。主轴转速选低速，以便有足够时间退刀。

（6）确定车螺纹切削深度的起始位置，将中滑板刻度调到零位，启动主轴，使刀尖轻微接触工件表面，然后迅速将中滑板刻度调至零位，以便于进刀记数，如图 5－81(a)所示。

（7）试切第一条螺旋线并检查螺距。将床鞍摇至离工件端面 8 牙～10 牙处，横向进刀 0.05mm 左右。启动主轴，合上开合螺母，在工件表面车出一条螺旋线，至螺纹终止线处退出车刀，如图 5－81(b)所示，主轴反转把车刀退到工件右端；停止主轴，用钢尺检查螺距是否正确，如图 5－81(c)所示。

（8）用刻度盘调整背吃刀量，再次切削，如图 5－81(d)所示。螺纹的总背吃刀量 α_p 与螺距的关系按经验公式 $\alpha_p \approx 0.65P$，第二次的背吃刀量约 0.1mm。

（9）车刀将至终点时，应做好退刀准备，先快速退出车刀，并停止主轴，然后反转主轴使车刀退回到起点位置，如图 5－81(e)所示。

（10）再次横向进刀，继续切削直至车出正确的牙型，如图 5－81(f)所示。

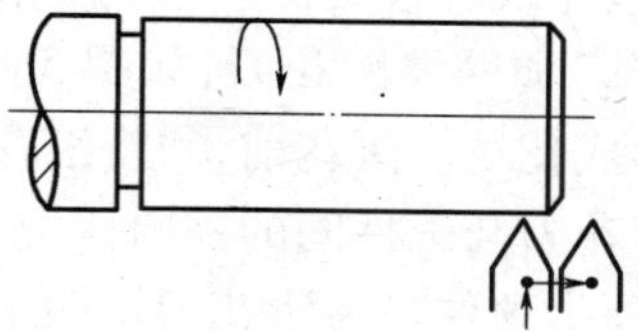

(a) 启动主轴，使车刀与工件轻微接触，记下刻度盘读数。向右退出车刀

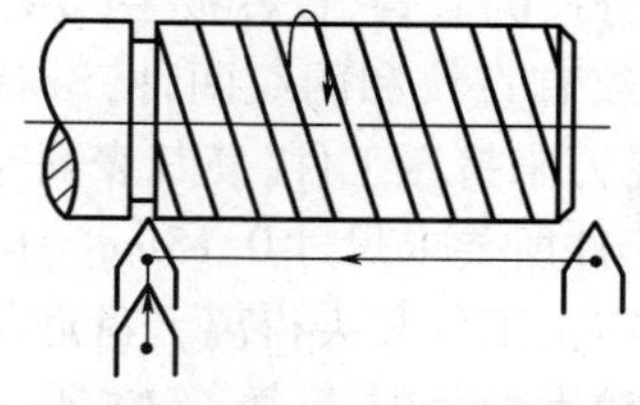

(b) 合上对开螺母，在工件表面车出一条螺旋线。横向退出车刀，停车

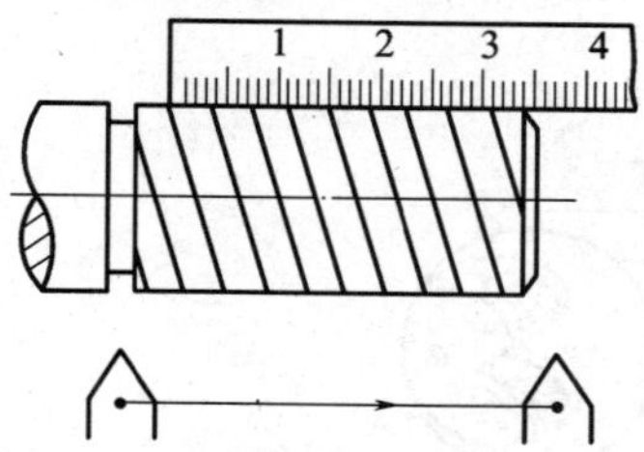

(c) 主轴反转使车刀退到工件右端，主轴停止。用钢尺检查螺距是否正确

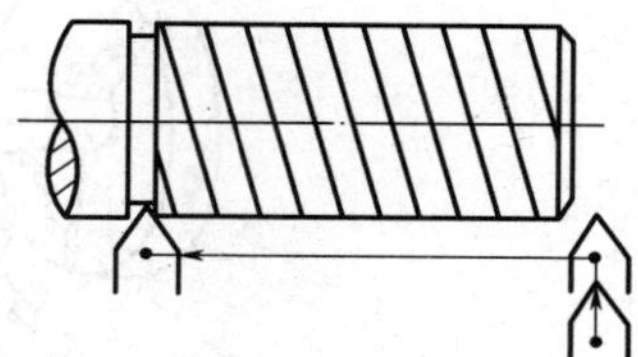

(d) 利用刻度盘调整切深。启动主轴切削，车钢料时加机油润滑

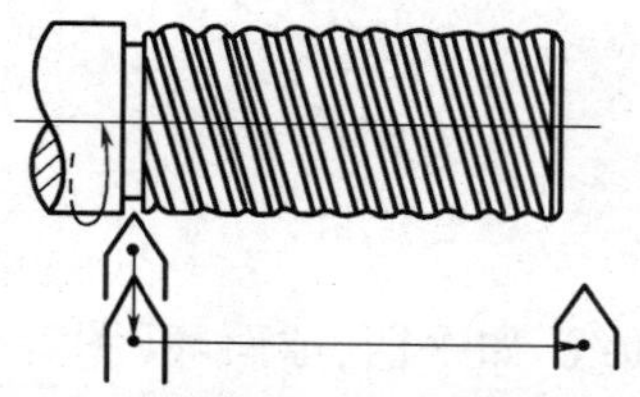

(e) 车刀将至行程终了时，应做好退刀准备。先快速退出车刀，并停止主轴，然后反转主轴使车刀退回到起点位置

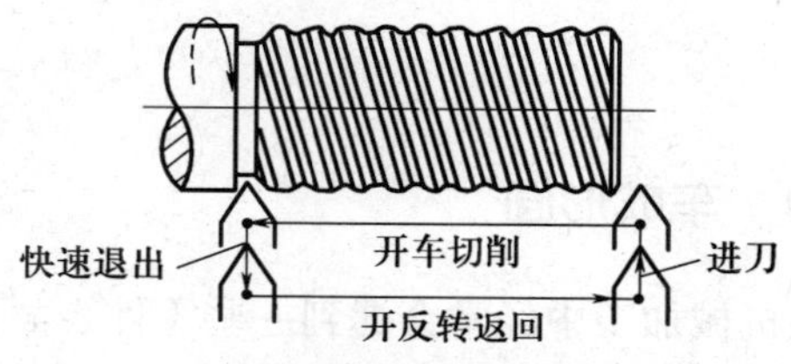

(f) 再次横向切入，继续切削。其切削过程的路线如图所示

图 5－81　螺纹切削方法与步骤

3. 螺纹车削注意事项

(1) 为保证每次走刀时刀尖都正确落在前次车削好的螺纹槽内，应保持主轴至刀架的传动系统不变，车刀在刀架上的位置不变，工件与主轴的相对位置不变。

(2) 在车削加工工件的螺距 P 与车床丝杆螺距 $P_{丝}$ 之比不是整数倍时，不能随意提起开合螺母，以免产生乱扣现象。

(3) 每次进刀要牢记刻度，作为下次进刀的基数。

(4) 吃刀量大会造成刀尖崩刃或工件被顶弯。

(5) 无退刀槽时，应注意及时退刀，退刀过早，则螺纹有效长度不够，下次车至此位置时，吃刀量激增，易损坏刀尖。退刀过迟，则车刀会撞上工件，使车刀和工件损坏或报废。

(6) 车削内螺纹时，车刀横向进退的方向与车外螺纹相反。

注意：车削螺纹时严格禁止以手触摸工件和用棉纱擦试转动的螺纹。

5.5.8 滚花

滚花是在金属制品的捏手处或其他工作外表滚压花纹的机械工艺，主要作用是防滑。

各种工具和机器零件的手握部分，为了便于握持和增加美观，常常在表面上滚出各种不同的花纹,如百分尺的套管,铰杠扳手以及螺纹量规等。这些花纹一般是在车床上用滚花刀滚压而形成的,花纹有直纹和网纹两种,滚花刀也分直纹滚花刀和网纹滚花刀,如图 5-82 所示。滚花是用滚花刀来挤压工件,使其表面产生塑性变形而形成花纹。滚花前,须将滚花部分的直径车得小于工件所要求尺寸 0.15mm~0.8mm。滚花时滚花刀与工件间的径向压力很大,为避免工件让刀,需把工件装夹得离卡盘近些,必要时可用尾顶尖顶住。在滚花刀接触工件开始吃刀时,必须用较大的径向压力,等吃到一定深度后,再纵向自动进给,纵向来回滚压 1 次 ~2 次,直到花纹滚好为止。滚花时工件的转速要低,并充分供给切削液。

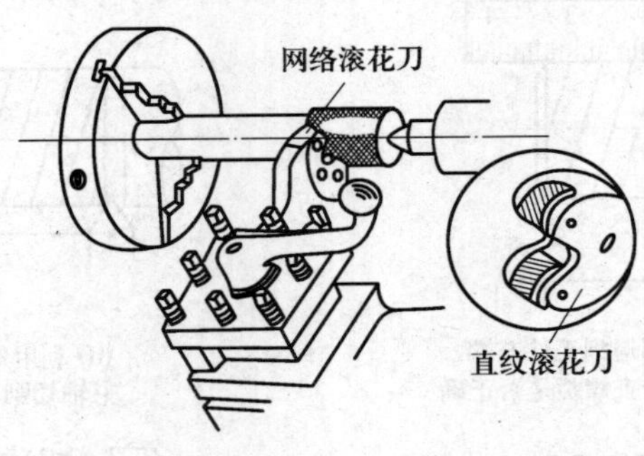

图 5-82　滚花

5.5.9　车成形面

在机械加工中经常会遇到一些零件表面的素线为曲线,如手柄、球面等(图5-83)。这种带有曲线轮廓的表面称为成形面。

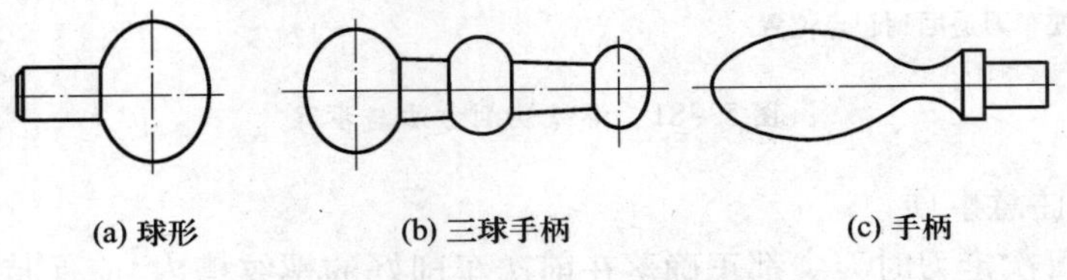

图 5-83　曲面工件

车成形面主要有双手控制法、样板刀法、仿形法以及用专用工具等几种。

1. 用双手控制法车成形面

如图 5-84 所示,在单件加工时通常采用该方法。即用右手摇动小滑板手柄,左手摇动中滑板手柄,通过双手协调的动作,使刀尖走过的运动轨迹与所要求的成形面曲线相仿,这样就能车出需要的成形面。也可采用右手摇动中滑板手柄,左手摇动床鞍手柄的协调动作来完成。

2. 成形刀法

如图 5-85 所示,成形刀法是利用刀刃形状与成形面轮廓相对应的成形刀进行成形面的车削加工。

用成形刀法车削成形面时,车刀只作横向进给。由于切削面积较大,易引起振动,故切削时切削用量必须要小,并保持良好的冷却润滑条件。此法的优点是操作方便,能获得准确的表面形状,生产效率高。缺点是受表面形状和尺寸的限制,刀具制备和刃磨困难,所以多在成批加工较短的成形面时使用。

图 5-84　双手控制法车削成形面

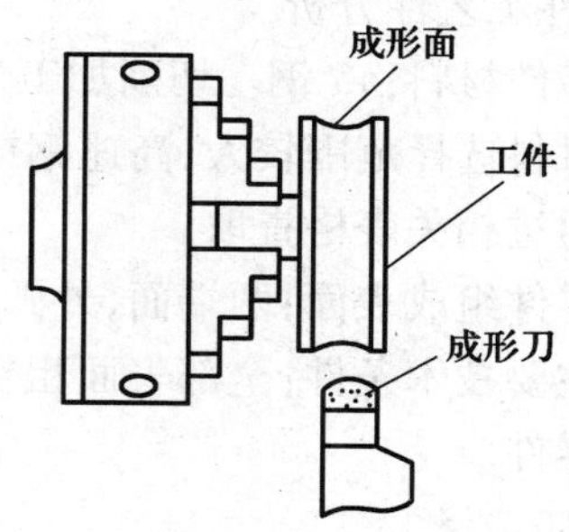

图 5-85　成形刀法车削成形面

3. 仿形法

如图 5-86 所示，用靠模法车削成形面的原理和方法与用靠模板法车圆锥面相似。只是要把滑板换成滚柱，把锥度靠模板换成带有所需曲线的靠模板。这种方法克服了成形刀法的缺点，且加工质量高，生产效率高，广泛地应用于大批量工件的加工生产之中。

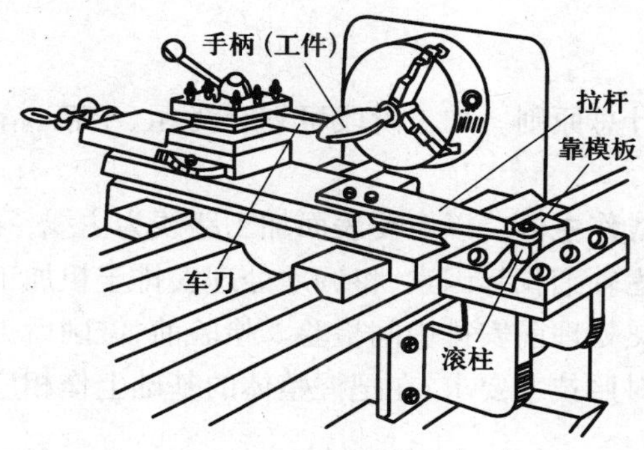

图 5-86　成形刀法车削成形面

5.6　典型车削零件工艺分析及加工

1. 典型轴类零件(一)

1）零件图(图 5-87)

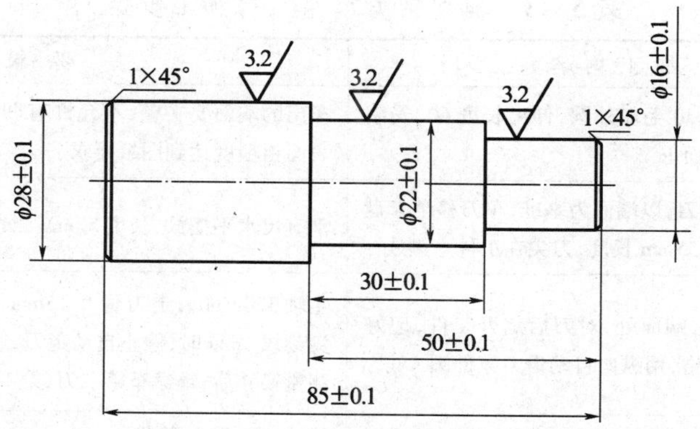

图 5-87　典型轴类零件(一)

2）零件工艺性分析

(1) 零件材料:45 钢。切削加工性良好,无特殊加工问题,故加工中不需采取特殊工艺措施。刀具材料选择范围较大,高速钢或 YT 类硬质合金均能胜任。刀具几何参数可根据不同刀具类型通过相关表格查取。

(2) 零件组成表面:两端面,外圆及其台阶面,倒角。

(3) 主要技术条件:全部表面粗糙度要求 $Ra3.2\mu m$,所有尺寸公差均为 ±0.1,属要求不高的简单零件。

3）毛坯选择

按零件特点,比较接近并能满足加工余量要求,尺寸可选择 ϕ30mm,90mm 圆钢,材质 45 钢。

4)零件各表面加工方法及加工路线

(1) 主要表面可能采用的加工方法:按 IT10 级精度,$Ra1.6\mu m$。

(2) 选择确定:按零件材料、批量大小、现场条件等因素,并对照各加工方法特点及适应范围确定采用半精车。

5）零件加工路线设计

(1) 注意把握工艺设计总原则。加工阶段可划分为粗、半精、精加工 3 个阶段;工序不宜过于集中也不宜太分散。

(2) 以机加工工艺路线作主体。以主要表面加工路线为主线,穿插次要表面加工。

(3) 穿插热处理。考虑轴细长等因素,将调质处理安排于粗加工之后进行。

(4) 安排辅助工序。热处理前安排中间检验。检验前,铣削后去毛刺。

(5) 调整工艺路线。对照技术要求,在把握整体的基础上作相应调整。

6）设备选择

采用卧式车床 C6132。

7）工序尺寸确定

本零件加工中,大部分工序尺寸为第一类工序尺寸,求解原则为由后往前推,依次弥补(外表面用加,内表面用减)余量获得,并按经济精度给出公差。

8）主要加工步骤(表 5-3)

表 5-3 典型轴类零件(一)加工步骤

工步	加工内容	要求
1	三爪卡盘夹持 ϕ30 毛坯外圆,伸出长度 60,安装 45°车刀车平端面	车出的端面要平整,不允许有凹凸存在,走刀纹要均匀,表面粗糙度达到图纸要求
2	安装 90°外圆车刀,以端面为基准,车刀移至卡盘方向,用钢尺量 55mm 长度,刀尖在工件上刻线	钢直尺水平摆放,长度 55mm 测量准确
3	车刀移至工件右端面处,对刀后离开工件,记好刻线进刀 50 小格,用纵向自动走刀车外圆	主轴 320r/min,走刀量 0.15mm/r ~ 0.2mm/r。车刀离刀尖刻线 1mm 时,停止自动走刀,用手动车到位,手动退出。测量尺寸后,继续车第二刀、第三刀至 ϕ22 尺寸符合要求
4	按第三步同样的方法加工 ϕ16 外圆,车至尺寸	尺寸 ϕ16 符合要求
5	用 45°车刀在 ϕ22、ϕ16 外圆上车 1×45°倒角	1×45°倒角符合尺寸要求

（续）

工步	加工内容	要求
6	卸下工件，掉头夹持 ϕ22 外圆，卡爪端面距离工件端面 2mm～3mm，校正工件夹紧。车端面控制总长 85	用游标卡尺测量工件总长符合尺寸要求，端面要求平整卡持工件时力度要适中，避免夹伤已加工表面
7	车 ϕ30 毛坯外圆至尺寸 ϕ28	尺寸 ϕ28 符合要求
8	用45°车刀在 ϕ28 外圆上车 2×45°倒角	2×45°倒角符合尺寸要求
9	卸下工件	检查工件所有尺寸符合图纸要求

2. 典型轴类零件(二)

该零件零件图如图 5－88 所示，加工步骤如表 5－4 所列。

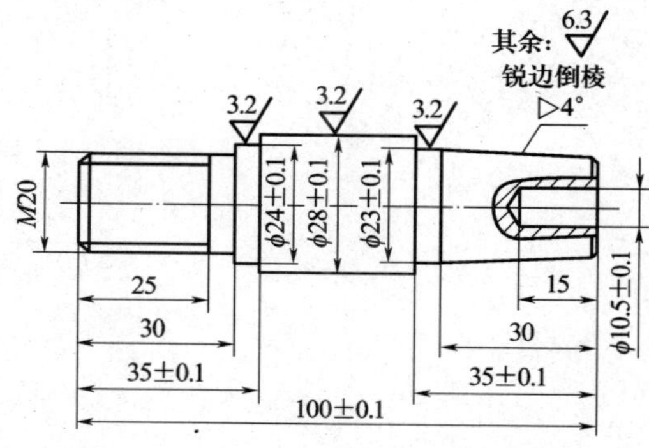

图 5－88 典型轴类零件(二)

表 5－4 典型轴类零件(二)加工步骤

工步	加工内容	要求
1	三爪卡盘夹持 ϕ30 毛坯外圆，伸出长度 70，安装 45°车刀车平端面	车出的端面要平整，不允许有凹凸存在，走刀纹要均匀，表面粗糙度达到图纸要求
2	安装 90°外圆车刀，以端面为基准，车刀移至卡盘方向，用钢尺量 70mm 长度，刀尖在工件上刻线	钢直尺要水平摆放，长度 70mm 测量准确
3	车刀移至工件右端面处，对刀后离开工件，记好刻线进吃刀深度，用纵向自动走刀车外圆，车至尺寸 ϕ28	主轴 320r/min，走刀量 0.15mm/r～0.2mm/r。车刀离刀尖刻线 1mm 时，停止自动走刀，用手移车到位，手动退出，测量尺寸 ϕ28 符合图纸要求，表面粗糙度达到 3.2μm
4	加工外圆 ϕ23，保证长度 35	外圆尺寸 ϕ23，长度尺寸 35 符合图纸要求，表面粗糙度达到 3.2μm
5	加工锥度，保证长度尺寸 30 和锥度 4°	用移动小滑板法进行锥度的加工，锥体各部分尺寸符合图纸要求
6	钻 ϕ10.5 孔，保证长度尺寸 15	先用中心钻钻中心孔，再用 ϕ10.5 的钻头钻孔
7	卸下工件，掉头夹持 ϕ28 外圆，校正工件夹紧。偏端面，保证总长尺寸 100mm	工件伸出长度 40mm 左右，工件总长尺寸符合图纸要求

（续）

工 步	加 工 内 容	要 求
8	加工外圆 ϕ24，保证长度尺寸 35	外圆尺寸 ϕ24，长度尺寸 35 符合图纸要求，表面粗糙度达到 3.2μm
9	加工外圆 ϕ19.8，保证长度尺寸 30	
10	加工 M20 的螺纹，保证长度尺寸 25	用 M20 的螺纹环规检查

第6章 铣削加工

在铣床上利用铣刀的旋转运动和零件的进给移动对零件进行切削加工的过程称为铣削加工,可加工各种平面、沟槽和成形面,也可进行钻孔、扩孔、铣孔、铰孔和分度等工作,在大批量生产中,除了加工狭长平面外,可以代替刨削加工。

6.1 金属铣削加工基础

6.1.1 铣削加工特点及应用

与其他切削加工相比,铣削加工具有以下鲜明的特点。

(1) 铣削刀具较复杂,一般是多刃刀具,工作时几个刀齿同时参加切削,刀齿有周期性切入或切离工件的动作,使每一刀齿的切削厚度处于变化之中,因此,引起切削力变化,切削过程容易引起振动,限制表面加工质量的提高。

(2) 由于铣削是多刃加工,提高铣刀的转速可以获得较高的切削速度,因此生产率较高。

(3) 铣刀刀齿在切离工件的一段时间内,可以得到一定的冷却,散热条件较好,但切入和切离时的热和力的冲击,会加速刀具的磨损,甚至可能引起硬质合金刀片的破裂。

(4) 铣削的加工精度一般可达IT7~IT8;表面粗糙度 $Ra0.8\mu m \sim 6.3\mu m$。

由于铣削加工的以上特点,所以其在机械制造中得到了广泛的应用,包括铣平面(水平面、垂直面、斜面、台阶面)、铣沟槽(直角沟槽、键槽、燕尾槽、T形槽、外圆槽、螺旋槽)、铣等分件(花键、齿轮、离合器)和铣多种成形表面等,如图6-1所示。

6.1.2 铣削运动与铣削方式

铣削运动是指在铣床上加工时,铣刀和工件的相对运动。铣削加工的主切削运动是刀具的旋转运动,通过铣床主轴带动铣刀杆上的铣刀进行旋转;工件装夹在机床工作台上,通过机械传动自动进给或操作者摇动手柄手动进给来完成进给运动,它是铣削中的辅助运动。在铣床上可以实现纵向、横向和垂直3种形式的进给运动。

铣削分为周铣和端铣两种铣削方法。周铣是利用铣刀的外圆面上的刀刃形成切削面的铣削方法,包括逆铣和顺铣两种铣削方式(图6-2(a));端铣是利用铣刀的端面刀刃形成切削面的铣削方法(图6-2(b))。

逆铣是指铣刀的旋转方向与工件的进给方向相反的铣削形式(图6-3(a))。顺铣是指铣刀的旋转方向与工件的进给方向相同的铣削形式(图6-3(b))。

逆铣时每个齿的切削厚度由零到最大,切削开始时由于铣刀刃口处总有圆弧存在,刀齿接触工件的初期,不能切入工件,刀刃先在工作表面上划过一小段距离,并对工件表面进行挤压和摩擦,引起刀具的径向振动,使加工表面产生波纹,加速刀具的磨损。顺铣时每个齿的切削厚度由最大到零,避免了逆铣带来的刀具的径向振动、加工表面的波纹以及刀具的磨损,从而

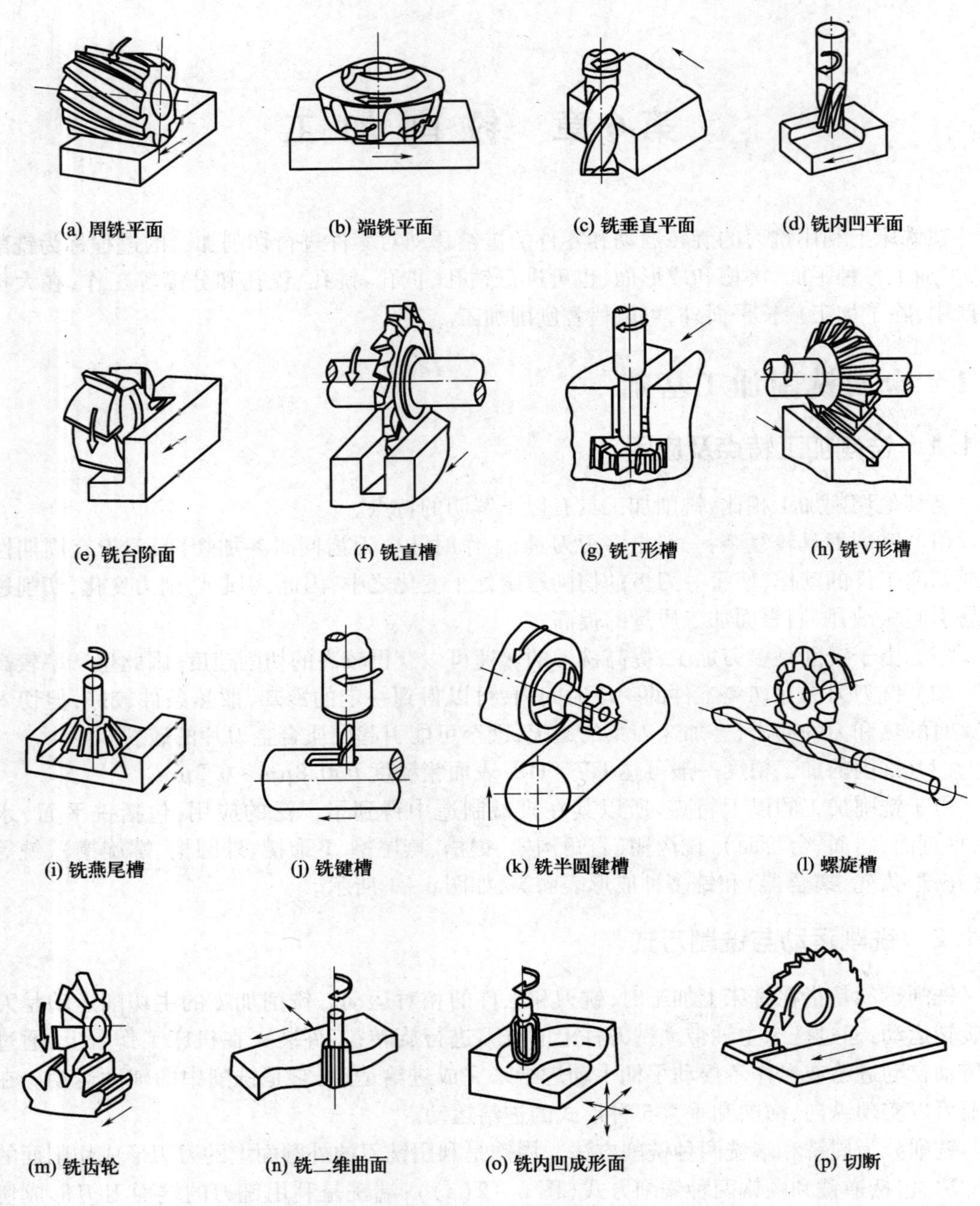

图 6-1　铣削加工范围

相对于逆铣，可以提高刀具的使用寿命，降低加工面的表面粗糙度。

逆铣时铣刀作用在工件上的垂直分力 F_V 向上，有将工件向上抬起的趋势，对工件的夹紧不利，还容易引起振动。作用在工件上的水平分力 F_H 与进给方向相反，使得进给运动受到额外的阻力，加大了动力消耗。

顺铣时铣刀作用在工件上的垂直分力 F_V 向下，有利于工件的夹紧，减少了工件振动的可能性。作用在工件上的水平分力 F_H 与工件的进给方向相同，工作台进给丝杆与固定螺母之

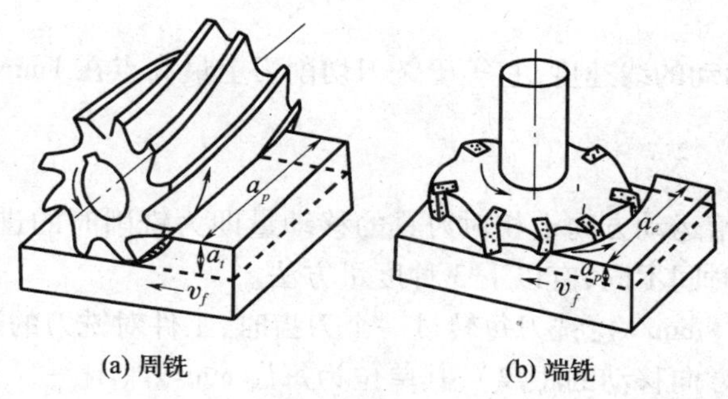

图 6-2 铣削方法

间一般都存在间隙，切削时会使工作台产生窜动，切削厚度会突然增大，从而使铣刀刀齿折断，或机床损坏。必须在纵向进给螺母副有消除间隙机构使轴向间隙消除的情况下才可采用顺铣。

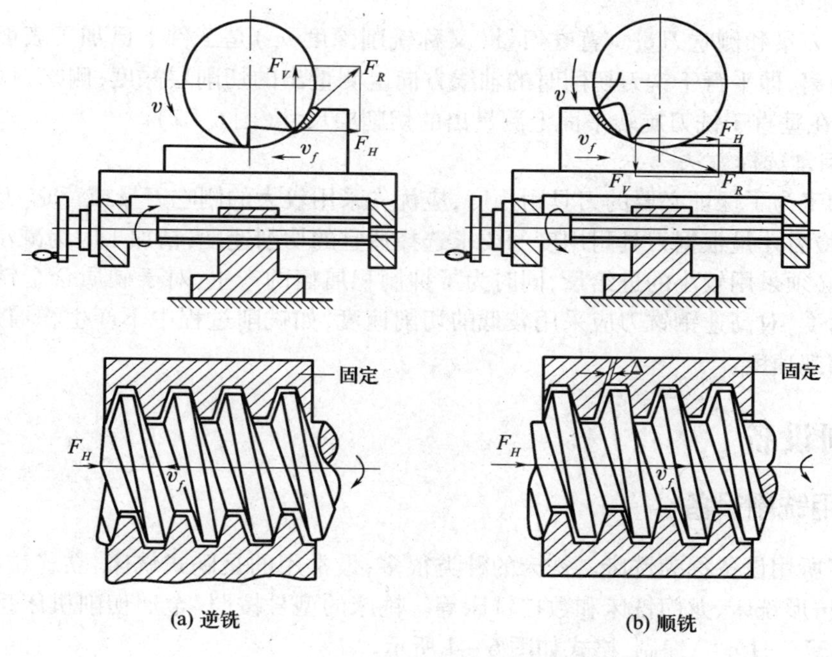

图 6-3 周铣的方式

现在生产中常用逆铣法铣削，可以有效地避免丝杆与固定螺母间隙对加工过程的影响。如果从提高刀具耐用度、提高工件表面质量、增加工件夹持的稳定性等来选择，可以采用顺铣。另外，在切削面上有硬质层、积渣、工件表面凹凸不平较显著时，如加工锻造毛坯、硬皮的铸件，应采用逆铣法。精加工时，铣削力较小，为提高加工表面质量和刀具耐用度，多采用顺铣。

6.1.3 铣削用量及其选择

1. 铣削用量

铣削用量包括铣削速度、进给量和吃刀量，它表示铣削运动的大小和铣刀切入被加工表面的深浅程度，铣削中需要根据铣削用量来调整铣床。

1）铣削速度

铣削速度就是主运动的线速度，它等于铣刀切削刃上最高点在1min内在被加工表面所走过的长度。

2）进给量

铣削时，工件在进给运动方向上相对刀具的移动量即为铣削时的进给量。由于铣刀为多刃刀具，计算时按单位时间不同，有以下3种度量方法。

（1）每齿进给量f_z（mm/z）：铣刀每转过一个刀齿时，工件对铣刀的进给量（即铣刀每转过一个刀齿，工件沿进给方向移动的距离），其单位为每齿mm/z。

（2）每转进给量f：铣刀每一转，工件对铣刀的进给量（即铣刀每转，工件沿进给方向移动的距离），其单位为mm/r。

（3）每分钟进给量v_f，又称进给速度：工件对铣刀每分钟进给量（即每分钟工件沿进给方向移动的距离），其单位为mm/min。

3）吃刀深度

包括背吃刀量和侧吃刀量。背吃刀量（又称铣削深度a_p）是工件上已加工表面和待加工表面的垂直距离，即平行于铣刀切削时的轴线方向上测量出的切削层深度；侧吃刀量（又称铣削宽度a_e）是在垂直于铣刀旋转平面上测量出的切削层尺寸（图6-2）。

2. 铣削用量选择方法

通常粗加工为了保证必要的刀具耐用度，应优先采用较大的侧吃刀量或背吃刀量，其次是加大进给量，最后才是根据刀具耐用度的要求选择适宜的切削速度；精加工时为减小工艺系统的弹性变形，必须采用较小的进给量，同时为了抑制积屑瘤的产生，对于硬质合金铣刀应采用较高的切削速度，对高速钢铣刀应采用较低的切削速度，如铣削过程中不产生积屑瘤时，也应采用较大的切削速度。

6.2 铣削设备

6.2.1 常用铣削设备

铣削加工所用设备称为铣床。铣床的种类很多，最常用的是卧式铣床、立式铣床，另外还有工具铣床、仿形铣床、龙门铣床和数控铣床等。铣床的型号按照《金屑切削机床型号编制方法》（GB/T 15375—1994）编制，格式如图6-4所示。

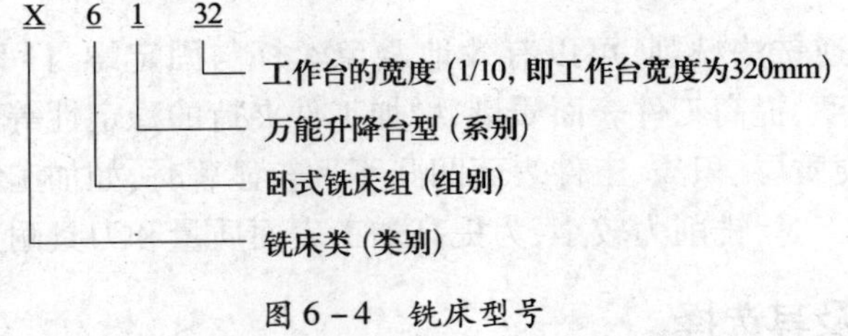

图6-4 铣床型号

1. 立式铣床

立式铣床主要特点是主轴线与工作台的台面垂直。在铣削时铣刀装在主轴上，绕主轴轴线旋转，主轴的旋转运动由电动机带动。工件安装在工作台上，工作台的纵向、横向和升降3

个运动既可用电动机带动(称为自动进给,简称机动),又可用手转动手柄传动。立式铣床由于工人在操作时,观察、检查和调整都比较方便,而且铣床上能装夹镶有硬质合金刀片的面铣刀进行高速铣削,故加工一般工件时其生产效率比卧式铣床高,因此在生产车间里应用较为广泛。

立式铣床最常用的是立式升降台铣床,其主要结构如图 6-5 所示,主要包含以下部件。

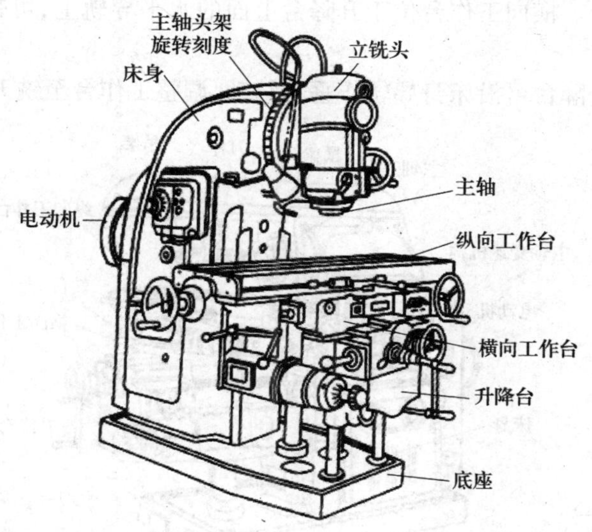

图 6-5 X5032 立式升降台铣床

(1) 床身。用于固定和支承铣床上所有部件,是机床的主体。电动机、主轴及主轴变速机构等安装在它的内部。床身正面有垂直导轨,可引导升降台上下移动。

(2) 立铣头。立铣头可沿床身上部圆形导轨转动,根据需要在垂直面内扳动到 ±45°范围内的角度,使主轴与工作台面倾斜成所需角度,用来加工各种角度面、椭圆孔等。

(3) 主轴。主轴是空心轴,前端有锥度为 7:24 的锥孔,用于安装铣刀或刀轴,并带动铣刀或刀轴旋转。

(4) 纵向工作台。用来安装工件或夹具,可沿导轨作纵向移动,以带动工作台上的工件纵向进给。

(5) 横向工作台。横向工作台位于升降台上面的横向水平导轨上,可带动工作台实现横向进给运动。

(6) 升降台。升降台可使整个工作台沿床身的垂直导轨上下移动,以调整工作台面到铣刀的距离,并作垂直进给。其内部装有供进给运动用的电动机及变速机构。

(7) 底座。底座是整个铣床的基础,用于支承床身及工作台,并提供盛放切削液的空间。

2. 卧式铣床

卧式铣床与立式铣床的不同主要是卧式铣床的主轴与工作台面平行,最常用的是卧式万能升降台铣床,如图 6-6 所示,其主要组成部分和作用如下。

(1) 床身。床身支承并连接各部件,其顶面水平导轨支承横梁,前侧导轨供升降台移动之用。床身内装有主轴和主运动变速系统及润滑系统。

(2) 横梁。它可在床身顶部导轨前后移动,吊架安装其上,用来支承铣刀杆。

(3) 主轴。主轴是空心的,前端有锥孔,用以安装铣刀杆和刀具。

(4) 转台。转台位于纵向工作台和横向工作台之间,下面用螺钉与横向工作台相连,松开螺钉可使转台带动纵向工作台在水平面内回转一定角度(左右最大可转过45°)。

(5) 纵向工作台。纵向工作台由纵向丝杠带动在转台的导轨上作纵向移动,以带动台面上的工件作纵向进给。台面上的T形槽用以安装夹具或工件。

(6) 横向工作台。横向工作台位于升降台上面的水平导轨上,可带动纵向工作台一起作横向进给。

(7) 升降台。升降台可沿床身导轨作垂直移动,调整工作台至铣刀的距离。

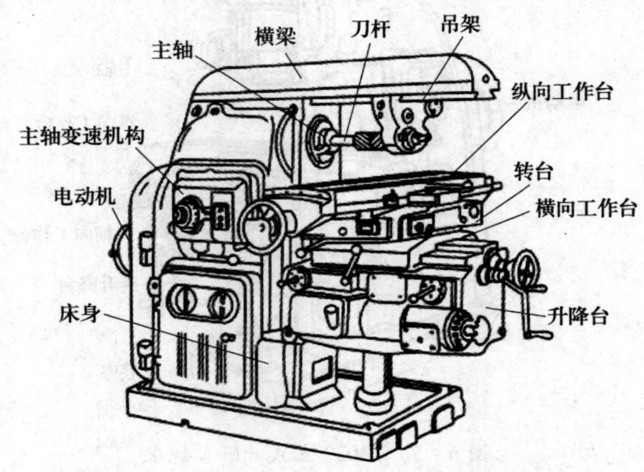

图6-6 卧式万能升降台铣床

6.2.2 铣床的操作

以X6132型卧式万能升降台铣床操作为例(图6-7)。

1. 最大切削规范

铣加工45#钢:铣刀直径 ϕ100mm,齿数4;铣削宽度50mm,铣削深度3mm,主轴转速750r/min,进给量750mm/min。

铣加工HT150:铣刀直径 ϕ110mm,齿数8;铣削宽度100mm,铣削深度8mm,主轴转速47.5r/min,进给量119mm/min。

2. 机床操作说明

1) 电器操作按钮及开关介绍

(1) 电源开关22:接通或切断机床电源。

(2) 主轴换向转换开关21:转换主轴顺时针或逆时针旋转。

(3) 圆工作台转换开关20:当使用机动圆工作台附件时,由工作台进给转换成圆工作台进给。

(4) 冷却泵开关19:冷却泵电动机的接通与断开。

(5) 主轴启动按钮7、12:主轴电动机启动。

(6) 主轴停止按钮6、11:切断主轴电动机电源并接通主轴制动电磁离合器。

(7) 工作台快速移动按钮8、14:使工作台在3个进给方向快速移动。

1.工作台纵向操纵手柄
31.工作台床鞍夹紧手柄
32.升降台夹紧手柄
南通机床

(a) 右视图

2.工作台纵向手动操纵手柄
3.手动油泵手柄
4.工作台纵向夹紧螺钉
5.急停按钮
6.主轴停止按钮
7.主轴启动按钮
8.工作台快速移动按钮
29.工作台纵向操纵手柄
30.工作台横向及垂向操纵手柄
27.工作台回转盘夹紧螺钉
25.工作台垂向手动操纵手柄
28.工作台进给变速手柄
26.工作台横向手动操纵手柄

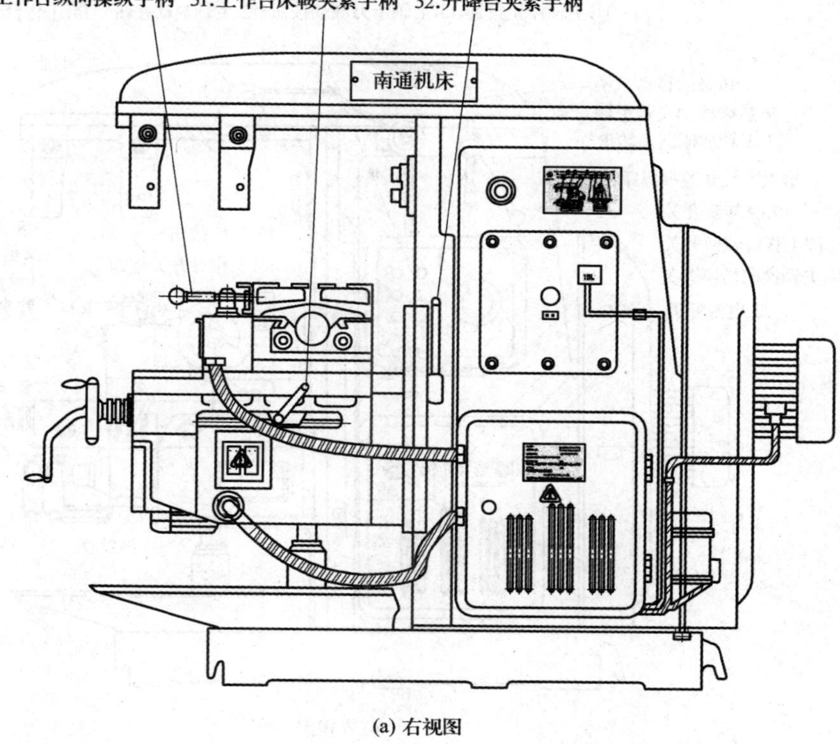

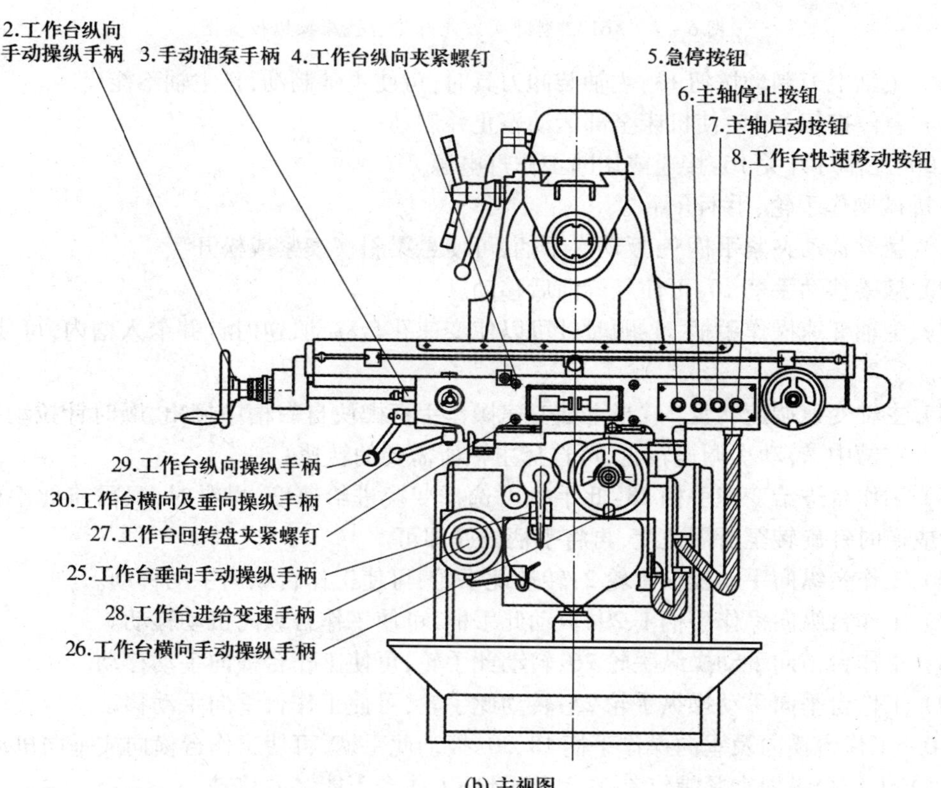

(b) 主视图

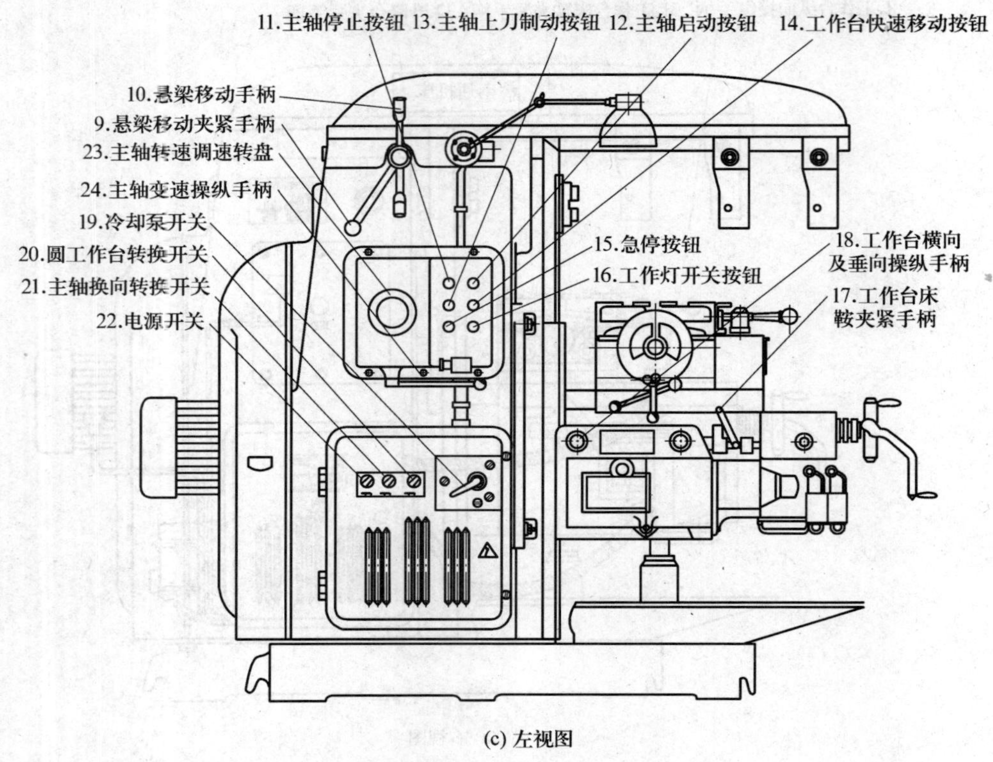

(c) 左视图

图 6－7　X6132 型卧式万能升降台铣床操纵位置图

(8) 主轴上刀制动按钮 13:主轴装卸刀具时,可使主轴制动,且主轴不能启动。

(9) 急停按钮 5、15:使机床全部运动停止并制动。

(10) 工作灯开关 16:接通或切断工作灯电源。

2)机械操作手轮、手柄介绍

(1) 悬梁移动夹紧手柄 9:扳动次手柄,可使悬梁斜楔楔紧或松开。

(2) 悬梁移动手柄 10:可使悬梁前后移动。

(3) 主轴变速操作手柄 24:顺时针可以使变速孔盘移动,逆时针并卡入槽内,可使滑移齿轮移动。

(4) 主轴变速调速转盘 23:当主轴变速操作手柄楔块自右槽中摘出,顺时针拉动手柄,使楔块落入左槽中,转动次调速转盘,可选择主轴所需要的转速。

(5) 工作台进给变速手柄 28:此手柄可选择变换进给速度,操纵时,只需将此手柄拉出,顺时针或逆时针旋转至所需速度,再将手柄推回即可。

(6) 工作台纵向手动操纵手轮 2:转动此手轮,可使工作台纵向手动移动。

(7) 工作台纵向操作手柄 1、29:扳动此手柄,可使工作台纵向机动移动。

(8) 工作台横向手动操纵手轮 26:转动此手轮,可使工作台横向手动移动。

(9) 工作台垂向手动操纵手轮 25:转动此手轮,可使工作台垂向手动移动。

(10) 工作台横向及垂向操作手柄 18、30:扳动此手柄,可使工作台横向或垂向机动移动。

(11) 工作台纵向夹紧螺钉 4:紧固此螺钉,工作台不能纵向移动。

（12）工作台回转盘夹紧螺钉27：紧固此螺钉，工作台回转盘不能移动。

（13）工作台床鞍夹紧手柄17、31：拉紧此手柄，工作台床鞍被固定在升降台横导轨上，不能做横向移动。

（14）升降台夹紧手柄32：拉紧此手柄，升降台不能在床身导轨上做垂向移动。

（15）手动油泵手柄3：拉紧此手柄，可使机床纵向、横向导轨面及工作台纵向丝杆、弧齿锥齿轮、离合器等处获得润滑。

6.2.3 铣床的维护与保养

（1）铣床的润滑。根据铣床说明书的要求按期加油或更换润滑油。对每天要加油的地方，如X6132型铣床的手拉油泵、X5032型铣床工作台底座上的“按钮式滑阀”等，以及各注油孔，都应按时加注润滑油。铣床启动后，检查其床身上各油窗的正常出油和油标油位。润滑油泵和油路发生故障时要及时维修或更换。

（2）铣床的清洁保养。开机前必须将导轨、丝杆等部件的表面进行清洁并加上润滑油，工作时不要把工、夹、量具置放在导轨面或工作台表面上，以防不测。

（3）合理使用铣床。合理选用铣削用量、铣削刀具及铣削方法，正确使用各种工夹具，熟悉所操作铣床的性能。不能超负荷工作，工件和夹具的重量不能超过机床的载重量。

（4）不宜用大刀盘的单刀齿和双刀齿作冲击性切削，以免因冲击和振动太大而损坏和降低机床的精度。

（5）进行切削工作前必须注意各变速手柄、进给手柄和锁紧手柄等是否放在规定和需要的位置。

（6）变速前应停车，否则容易碰坏齿轮、离合器等传动零件。

（7）工作过程中若要暂离机床，必须关掉电源。

（8）工作完毕后必须清除铣床上的铁屑和油污等杂物。对于台面、导轨面、丝杠等各滑动面，只能用毛刷和软布擦净，并在各运动部位适当加油以防生锈。尤其对各滑动面和传动件，一定要擦净并涂上润滑油。

6.3 刀具、量具和夹具

6.3.1 刀具

1. 铣刀基本要求

（1）硬度。在常温下，刀具切削部分必须具有足够的硬度才能切入工件。由于在切削过程中会产生大量的热星，因而要求刀具材料在高温下仍能保持较高的硬度，并能继续进行切削。

（2）韧性和强度。刀具在切削过程中要承受很大的冲击力，因此要求刀具切削部分的材料具有足够的强度、韧性，能够在承受冲击和振动的条件下继续进行切削，不易崩刃、碎裂。

2. 铣刀材料

（1）高速钢。有通用高速钢和特殊用途高速钢两种，其特点如下。

① 合金元素如W（钨）、Cr（铬）、Mo（钼）、V（钒）等的含量较高，淬火硬度可达到62HRC～70HRC，在600℃高温下，仍能保持较高的硬度。

② 刃口强度和韧性好，抗振性强，能用于制造切削速度较低的刀具，即使刚性较差的机床，采用高速钢铣刀，仍能顺利切削。

③ 工艺性能好，锻造、焊接、切削加工和刃磨都比较容易，还可以制造形状较复杂的刀具。

④ 与硬质合金材料相比，仍有硬度较低、热硬性和耐磨性较差等缺点。

高速钢在常温下的硬度为62HRC～65HRC，耐热温度为500℃～600℃，目前多用于制造整体铣刀。常用的牌号有W18Cr4V和W9Cr4V2。

(2)硬质合金。硬质合金是金属碳化物WC(碳化钨)、TiC(碳化钛)和以Co(钴)为主的金属粘结剂经粉末冶金工艺制造而成的，其特点如下。

① 耐高温。在800℃～1000℃左右仍能保持良好的切削性能。切削时可选用比高速钢高4倍～8倍的切削速度。

② 常温硬度高，耐磨性好。

③ 抗弯强度低，冲击韧度差，切削刃不宜磨得很锋利。

3. 铣刀的分类

铣刀的种类很多，按其装夹方式的不同可分为带孔铣刀和带柄铣刀两大类。采用孔装夹的铣刀称为带孔铣刀(图6-8)，一般用于卧式铣床。采用柄部装夹的铣刀称为带柄铣刀，有锥柄和直柄两种形式(图6-9)，多用于立式铣床。常用的铣刀形状和用途如下。

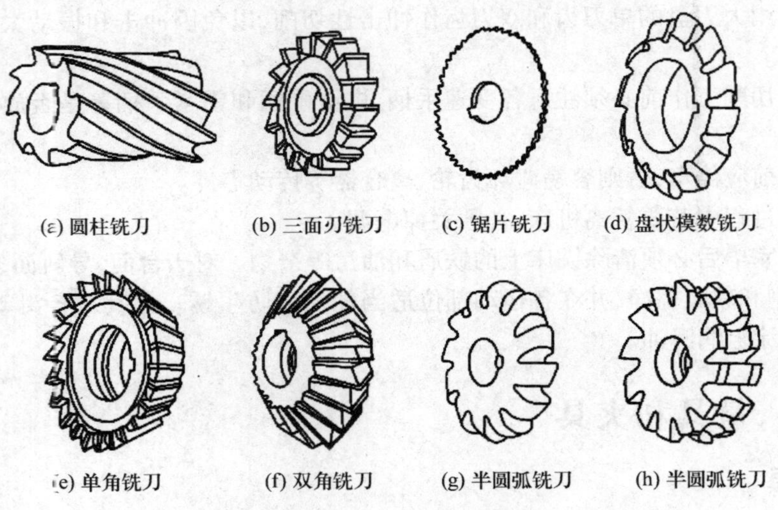

图6-8 带孔铣刀

1) 带孔铣刀

常用的带孔铣刀有圆柱铣刀、圆盘铣刀、角度铣刀、成形铣刀等。带孔铣刀的刀齿形状和尺寸可以适应所有加工的零件形状和尺寸。

(1) 圆柱铣刀。如图6-8(a)所示，其刀齿分布在圆柱表面，主要用圆周刃铣削平面。

(2) 圆盘铣刀。如图6-8(b)、(c)所示，三面刃铣刀和锯片铣刀都属于圆盘铣刀。三面刃铣刀主要用于加工不同宽度的直角沟槽、小平面、小台阶面等；锯片铣刀主要用于铣削窄槽或切断工件。

(3) 成形铣刀。如图6-8(d)、(g)、(h)所示，其切削刃呈凸圆弧、凹圆弧、齿槽形等形状，主要用于加工与切削刃形状对应的成形面。

(4) 角度铣刀。如图 6 -8(e)、(f)所示,它们具有各种不同的角度,用于加工各种角度槽及斜面等。角度铣刀又分为单角铣刀和双角铣刀,双角铣刀又分为对称双角铣刀和不对称双角铣刀。

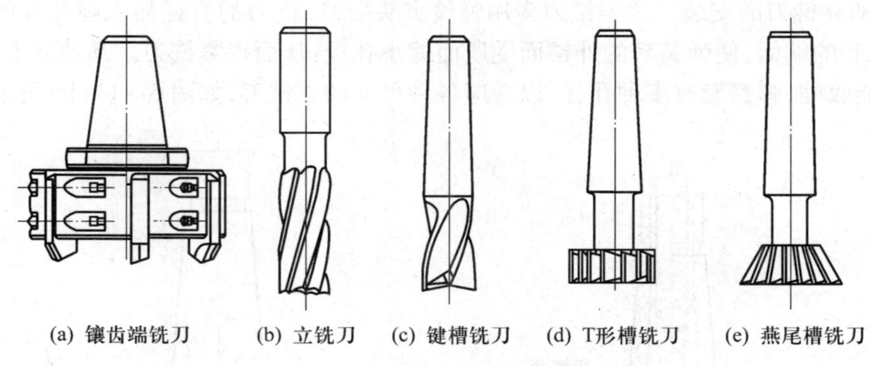

(a) 镶齿端铣刀　(b) 立铣刀　(c) 键槽铣刀　(d) T形槽铣刀　(e) 燕尾槽铣刀

图 6 -9　带柄铣刀

2) 带柄铣刀

常用的带柄铣刀有镶齿端铣刀、立铣刀、键槽铣刀、T 形槽铣刀、燕尾槽铣刀等,共同特点是都有供夹持用的刀柄。

(1) 镶齿端铣刀。如图 6 -9(a)所示,刀齿主要分布在刀体端面上,还有部分分布在刀体周边,刀齿上装有硬质合金刀片,刀柄伸出部分短,刚性好,可进行高速铣削,提高效率。

(2) 立铣刀。如图 6 -9(b)所示,它是一种带柄的铣刀,分为直柄和锥柄两种,直柄立铣刀直径较小,一般小于 20mm。多用于加工沟槽、小平面、端面、斜面、台阶面等。

(3) 键槽铣刀。如图 6 -9(c)所示,专门用于加工封闭式键槽。

(4) T 形槽铣刀。如图 6 -9(d)所示,专门用于加工 T 形槽。

(5) 燕尾槽铣刀。如图 6 -9(e)所示,专门用于加工燕尾槽。

4. 铣刀的装夹

1) 带孔铣刀的装夹

带孔铣刀一般用于卧式铣床,使用时需安装在刀杆上。安装时尽量使用短刀杆,以提高加工时刀杆的刚性,防止径向跳动影响加工质量。但是带孔铣刀中的圆柱形、圆盘形铣刀,多用长刀杆安装,如图 6 - 10 所示。刀杆的一端为锥体,装入机床主轴前端的锥孔中,并用拉杆螺钉穿过机床主轴将刀杆拉紧。主轴的动力通过锥面和前端的键来带动刀杆旋转。铣刀装在刀杆上尽量靠近主轴的前端,以减少刀杆的变形。

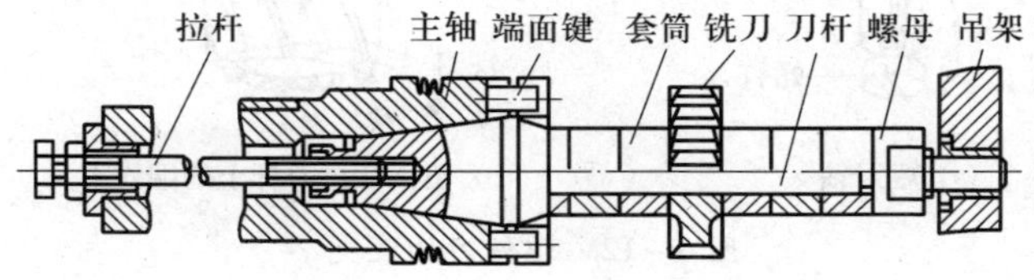

图 6 - 10　带孔铣刀的装夹

2) 带柄铣刀的安装

(1) 锥柄立铣刀的安装。如果锥柄立铣刀的锥柄尺寸与主轴孔内锥尺寸相同,则可以直接安装在主轴中,并用拉杆将铣刀拉紧;如果尺寸不同,则根据铣刀锥柄的大小来选择合适的变锥套,擦干净配合表面,然后用拉杆将铣刀及变锥套一起拉紧在主轴上,如图 6-11(a)所示。

(2)直柄立铣刀的安装。这类铣刀多用弹簧夹头安装,铣刀的直径插入弹簧套的孔中,用螺母压弹簧套的端面,使弹簧套的外锥面受压而缩小孔径,从而夹紧铣刀。弹簧套上有 3 个开口,受力时能收缩,弹簧套有多种孔径,以适应各种尺寸的立铣刀,如图 6-11(b)所示。

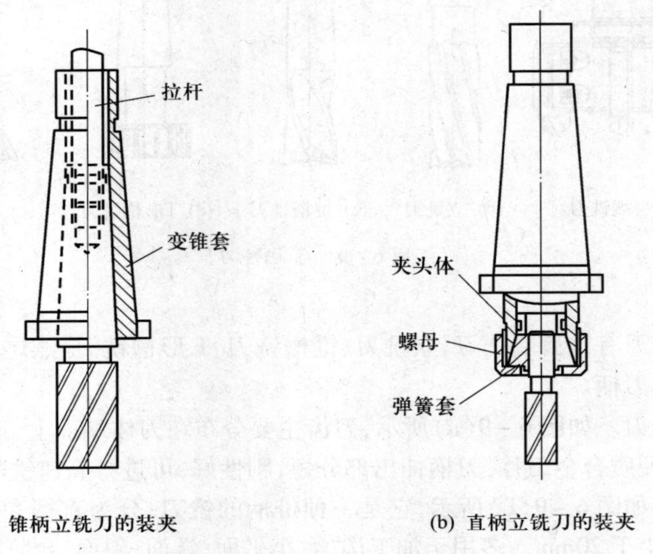

(a) 锥柄立铣刀的装夹　(b) 直柄立铣刀的装夹

图 6-11　带柄铣刀的装夹

3) 端铣刀的装夹

端铣刀一般中间带有圆孔,通常将铣刀装在短刀轴上,将刀轴装入机床的主轴上,再用拉杆螺母拉紧,如图 6-12 所示。

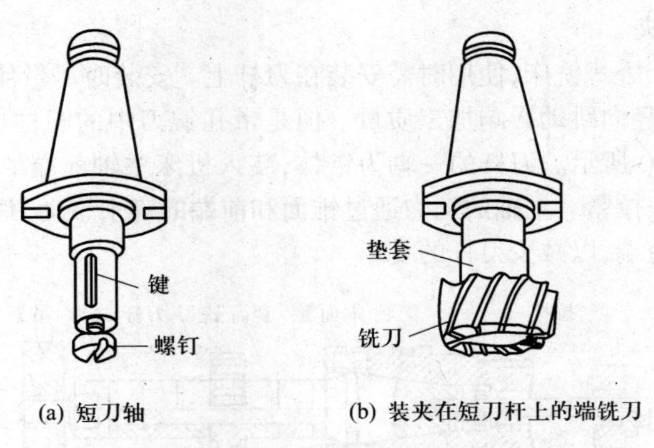

(a) 短刀轴　(b) 装夹在短刀杆上的端铣刀

图 6-12　端铣刀的装夹

6.3.2 铣床夹具

铣床上的夹具包括机床用平口虎钳、回转工作台、分度头等,用来安装零件,万能铣头用来安装刀具。同时,如果要安装的工件较大或形状特殊时,可以用压板、螺栓和挡铁把零件直接固定在工作台上进行铣削，如图 6－13 所示。当生产大批量时，可采用专用夹具或组合夹具安装零件。

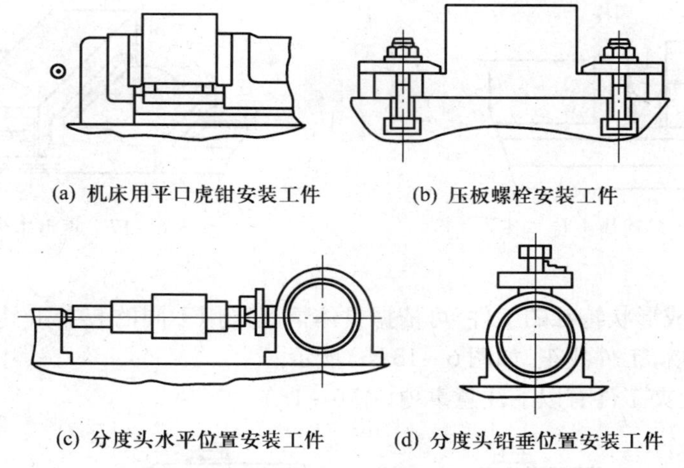

(a) 机床用平口虎钳安装工件　(b) 压板螺栓安装工件

(c) 分度头水平位置安装工件　(d) 分度头铅垂位置安装工件

图 6－13　工件在铣床上常用的装夹方法

1. 机床用平口虎钳

机床用平口虎钳是一种铣床常用的夹具之一，它安装使用方便，应用广泛。它有固定钳口和活动钳口，通过丝杠、螺母传动调整钳口间的距离，以安装不同尺寸的工件。它主要用于安装尺寸较小和形状简单的支架、盘套、板块、轴类等零件。

用平口虎钳装夹工件时应注意以下事项。

（1）工件的被加工面应高出钳口，必要时可用平行垫铁垫高工件，如图 6－14 所示。

（2）平口虎钳的钳口面根据需要位于铣床主轴轴心线垂直、平行或倾斜的位置。当需要转动上前钳口时，所转动角度利用钳座圆周面上的刻度进行控制。

（3）虎钳上用以夹紧活动钳口的扳手其长度已经足以将工件夹紧，所以不要再加用接长管，因为过大的夹紧力会损坏虎钳的精度。

（4）将比较平整的表面紧贴固定钳口和垫铁，防止铣削时工件松动。工件与垫铁间不能留有空隙，需一面夹紧，另一面用木榔头或铜棒敲击工件上部，如图 6－15 所示。

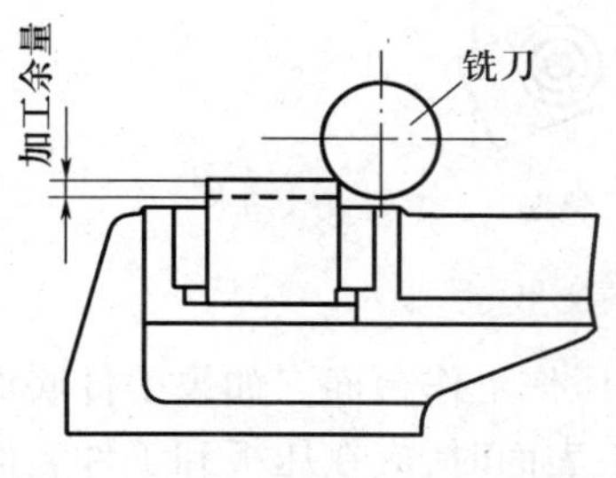

图 6－14　余量层高出钳口平面

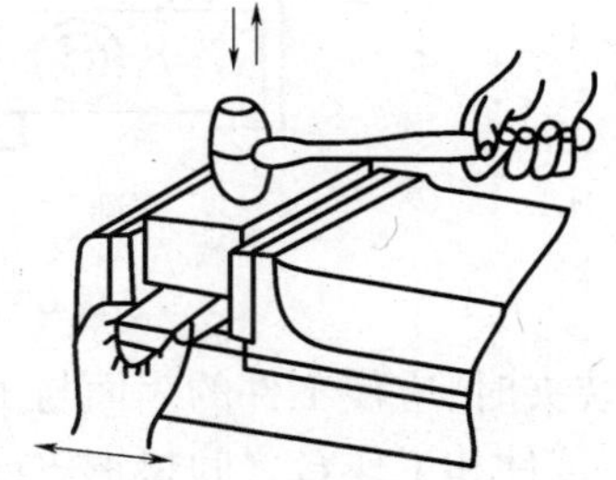

图 6－15　用平行垫铁装夹工件

（5）通常在钳口与工件之间垫软金属片，以防止夹伤工件的已加工面。

（6）装夹工件时，将基准面靠向固定钳口，在工件和活动钳口之间放一圆棒，通过圆棒将工件夹紧，这样能使基准面和钳口很好地贴合，保证铣削工件的两平面垂直，如图 6－16 所示。

（7）对于刚性不足的工件需要撑实，以免夹紧力使工件变形。图 6－17 所示为框形工件的夹紧，中间采用调节螺钉撑实。

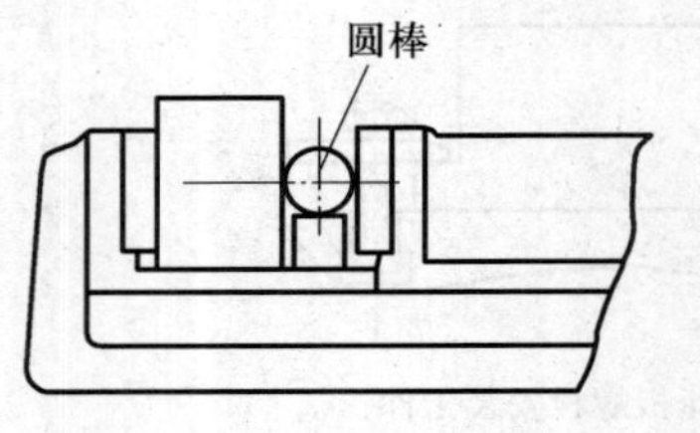

图 6－16　用圆棒夹持工件

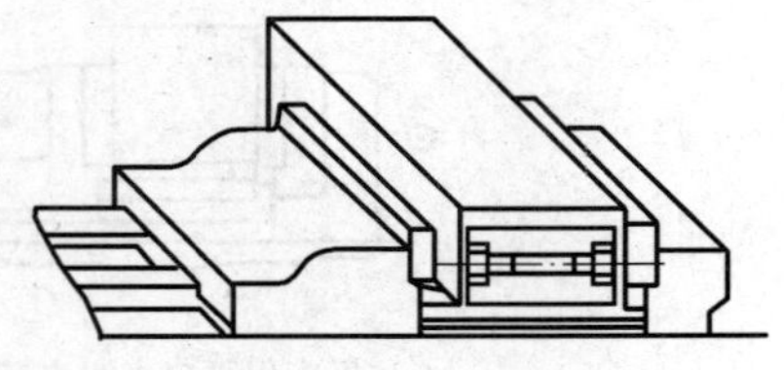
图 6－17　框形工件夹紧

2. 压板、螺栓

对于尺寸较大或形状特殊的工件，可依据具体情况采用不同的装夹工具直接固定在工作台上，安装时应先进行工件找正，如图 6－13(b) 所示。

用压板、螺栓装夹工件有以下注意事项（图 6－18）。

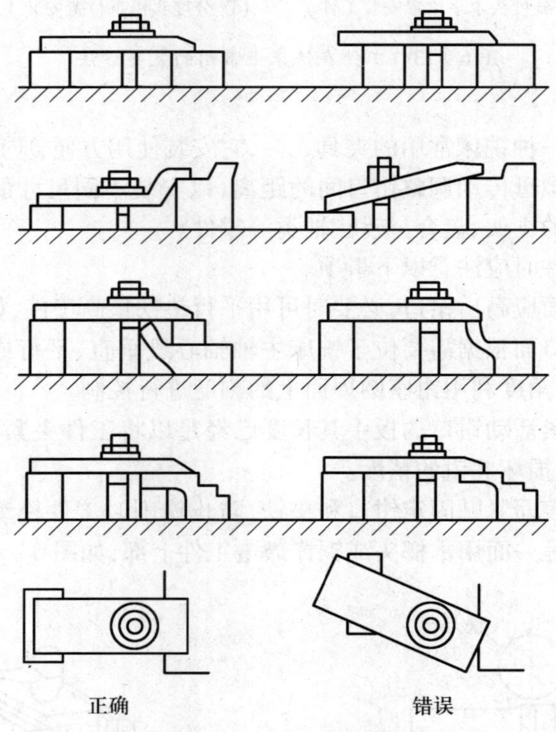

图 6－18　压板、螺栓的正确使用

（1）装夹时，应使工件的表面与工作台面贴实，以免压伤工作台面。如果工件底面是毛坯面时，应在工件和工作台之间垫铜皮或垫铁。夹紧已加工表面时，应在压板和工件表面间垫铜皮，以免压伤工件已加工面。

（2）压板的位置要适当，压点要靠近切削面。压板不应歪斜和悬伸太长，夹紧力要适当。压板必须压在垫铁处，以免工件受夹紧力而变形。

（3）装夹空心薄壁工件时，在其空心位置处应用活动支撑件支承住，防止工件因受切削力而产生振动和变形。

(4) 工件夹紧后,要检查安装位置是否正确,夹紧力是否得当,以免产生变形或移动。

3. 回转工作台

如图 6-19 所示,回转工作台又称作旋转台,一般用于铣削带圆弧形表面或圆弧沟槽。其内部有蜗轮蜗杆机构,手轮与蜗杆同轴连接,转台与蜗轮连接。转动手轮,通过蜗杆蜗轮传动,使转台转动。转台周围有 0°~360°刻度,可用来观察和确定转台位置。安装工件时将工件放在转台上面,利用转台中间的圆孔定位后,使用 T 形螺栓、螺母和压板将工件夹紧进行铣削。

4. 分度头

分度头主要用来装夹需要进行分度的零件,因为在铣削加工中,常用到铣多边形、齿轮、花键、刻线、螺旋面及球面。这时,工件每铣过一个面或一个槽之后,需要转过一个等分的角度,再铣削第二个面、第二个槽,这种方法称为分度。分度头就是对工件在水平、垂直和倾斜位置进行分度的夹具。分度头的种类很多,有简单分度头、万能分度头、光学分度头、自动分度头等,其中最常用的是万能分度头,如图 6-20 所示。

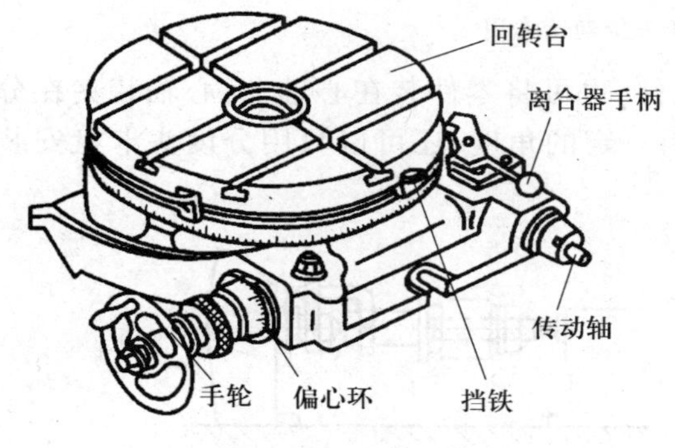

图 6-19 回转工作台

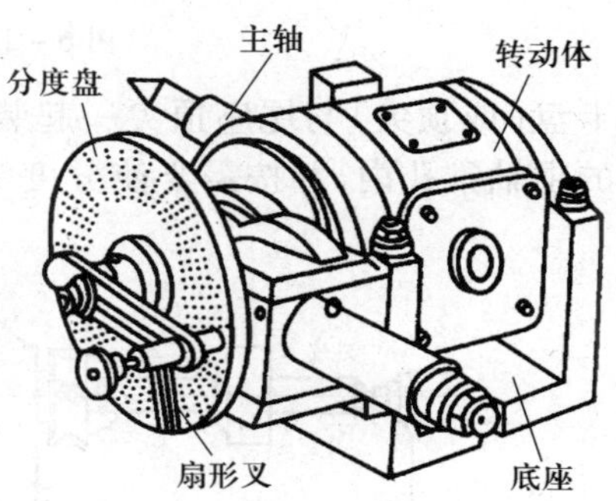

图 6-20 万能分度头

1) 万能分度头的结构

万能分度头的底座上装有回转体,分度头主轴可随回转体在垂直水平内转动 -6°~90°,主轴前端锥孔用于装顶尖,外部定位锥体用于装三爪自定心卡盘。分度时可转动分度手柄,通过蜗杆蜗轮带动分度头主轴旋转进行分度,图 6-21 为其传动示意图。

分度头中蜗杆与蜗轮的传动比为:

$$i = \frac{\text{蜗杆的齿数}}{\text{蜗轮的齿数}} = \frac{1}{40} \tag{6-1}$$

若工件在整个圆周上的分度数目 z 为已知时,则每分一个等分就要求分度头主轴转过 $1/z$ 圈。这时,根据以下比例关系推得分度手柄所需旋转圈数 n:

$$1:40 = \frac{1}{z}:n \tag{6-2}$$

即简单分度公式为

$$n = \frac{40}{z} \tag{6-3}$$

2) 用分度头装夹工件

分度头装夹工件一般用在等分工件中,装夹方式有图 6-22 所示的几种。既可以用分

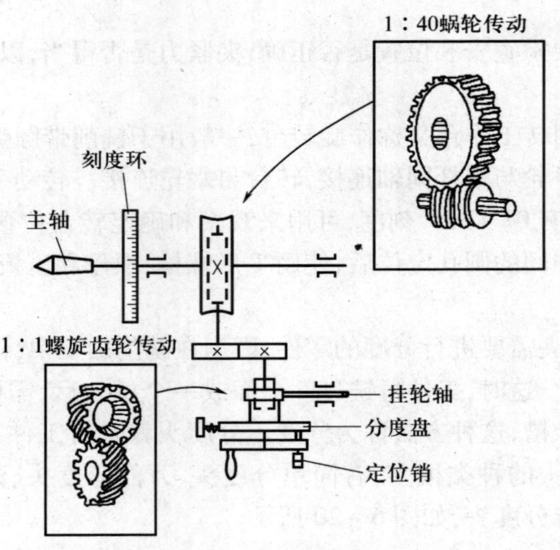

图 6-21　万能分度头传动示意图

度头卡盘(或顶尖)与尾座顶尖一起装夹轴类工件,也可将零件装在心轴上,心轴装夹在分度头的主轴锥孔内,并按需要使分度头主轴倾斜一定的角度,还可以只用分度头卡盘安装零件。

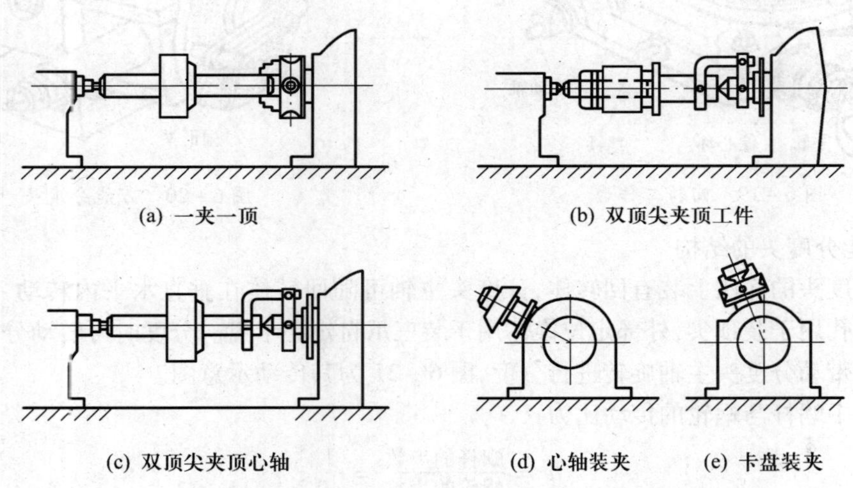

图 6-22　用分度头装夹工件的方法

6.4　铣削加工基本步骤与操作安全

铣削工作范围很广,常见的有铣平面、铣沟槽、铣成形面、钻孔、镗孔以及铣螺旋槽等。

1. 铣平面

铣平面的方法很多,主要包括圆柱铣刀周铣水平面、端铣刀端铣水平面等。在卧式铣床上铣平面应使用圆柱铣刀。圆柱铣刀分为直齿和螺旋齿两种,由于直齿切削每次只有一个齿进行切削,不如螺旋齿切削平稳,因而多用螺旋齿圆柱铣刀铣削平面。在立式铣床上铣平面应使用端铣刀。用端铣刀铣平面与用圆柱铣刀铣平面相比,其切削厚度变化较小,同时参与切削的刀齿较多,切削较平稳;端铣刀的主切削刃担负着主要的切削,而副切削刃具有修光的作用,表面加工质量较好;另外端铣刀易于镶装硬质合金刀齿,刀杆比圆柱铣刀的刀杆短,刚性较好,能减少加工中的振动,提高加工质量,因此广泛地用于铣削平面。

圆柱铣刀在选用时应注意铣刀的宽度要大于所铣平面的宽度;螺旋齿圆柱铣刀的螺旋线方向应使铣削时产生的轴向切削力指向主轴承方向。

铣削水平面的基本步骤如下。

(1) 装夹铣刀:根据零件尺寸精度要求及所用机床设备选用圆柱铣刀或端铣刀,并将铣刀按照安装要求安装在机床上。

(2) 装夹工件,铣平面时,工件可装夹在机床用平口虎钳上,也可用压板直接装夹在工作台上。

(3) 调整铣床,根据所选定的切削用量,调整主轴转速和工作台进给量。

(4) 开车使铣刀旋转,升高工作台,使工件和铣刀稍微接触,记下刻度盘数。

(5) 纵向退出工件,停车。

(6) 利用刻度盘调整侧吃刀量,使工作台升高到规定的位置。

(7) 固紧升降和横向进给锁紧手柄,调整纵向工作台机动停止挡铁,即可开始铣削(铣削钢料时应加切削液)。开车先手动进给,当零件被稍微切入后,可改为自动进给。

(8) 铣完一刀后停车,降下工作台后退刀,测量工件尺寸,并观察表面粗糙度,重复铣削到规定要求。

铣削中应注意以下几点。

(1) 铣削过程中如需要测量工件,必须使铣刀停止旋转,必要时还要使铣刀退离工件,再进行测量,以避免损坏量具或发生人身事故。

(2) 在铣平面时,一般应先试铣一刀,然后测量被铣削平面与基准面的尺寸和平行度,如不合乎要求应用垫片进行调整。在符合要求后才能继续铣削,以防止出现废品。

(3) 在铣削过程中,不要中途停止工作台的进给运动,而使铣刀在工件的一个位置上空转。因为在铣削时,由于铣刀和刀杆受铣削抗力的影响而被向上抬起一点,当工作台停止进给运动后,铣刀和刀杆受力很快减小,弹性变形恢复铣刀就会下降,这样在工件的加工面上就被切出一个凹面,这种现象在精铣时是绝对不允许的。如果在铣削中途必须停止进给运动时,则应先将工作台下降,使工件脱离铣刀后,才可停车。

2. 铣斜面

斜面常用以下铣削加工方法。

(1) 倾斜工件。此法是安装工件时,将斜面转到水平位置,然后按铣斜面的方法来加工此斜面,如图 6-23 所示。

(2) 倾斜刀轴。这种方法是在立式铣床或装有万能立铣头的卧式铣床上进行的。使用端铣刀或立铣刀,刀轴转过相应角度。加工时工作台须带动工件作横向进给,如图 6-24 所示。

(3) 可在卧式铣床上用与工件角度相符的角度铣刀直接铣斜面,如图 6-25 所示。

3. 铣键槽

键槽分为敞开式键槽和封闭式键槽。

1) 铣敞开式键槽

敞开式键槽多在卧式铣床上用三面刃铣刀进行加工,如图 6-26 所示。

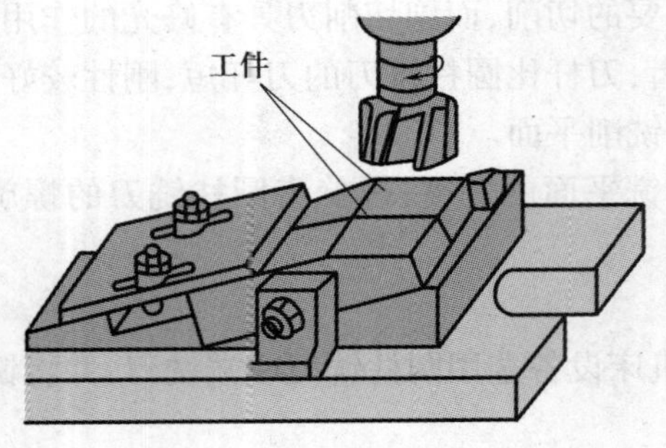

图 6-23　用倾斜工件法铣斜面

图 6-24　用倾斜刀轴法铣斜面

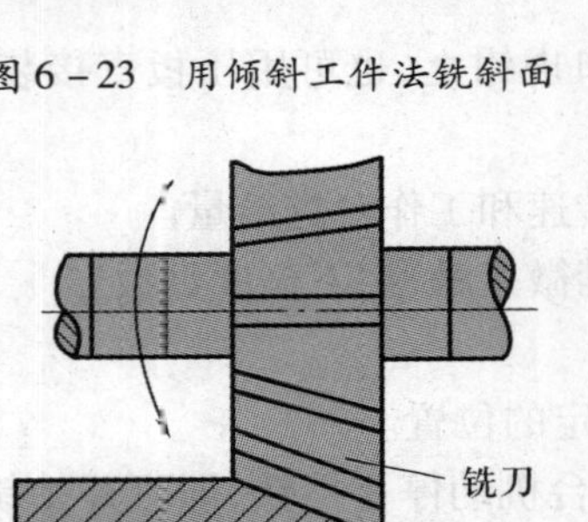

图 6-25　用角度铣刀铣斜面

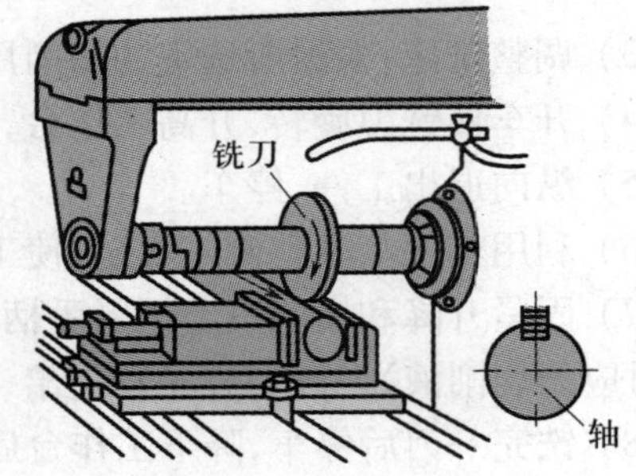

图 6-26　铣敞开式键槽

2）铣封闭式键槽

封闭式键槽一般是在立式铣床上用键槽铣刀或立铣刀进行铣削(图 6-27(a))。铣削时，首先根据要求选择相应的铣刀，装夹刀具和工件，要仔细地进行对刀，使工件的轴线与铣刀的中心平面对准，以保证所铣键槽的对称性，然后调整铣削的深度，进行铣削。键槽较深时，切削时要注意逐层切下，因键槽铣刀一次轴向进给不能太大，需多次走刀进行铣削(图 6-27(b))。

由于立铣刀端面中央无切削刃，不能向下进刀，必须预先在槽的一端钻一个下刀孔，才能用立铣刀铣键槽。

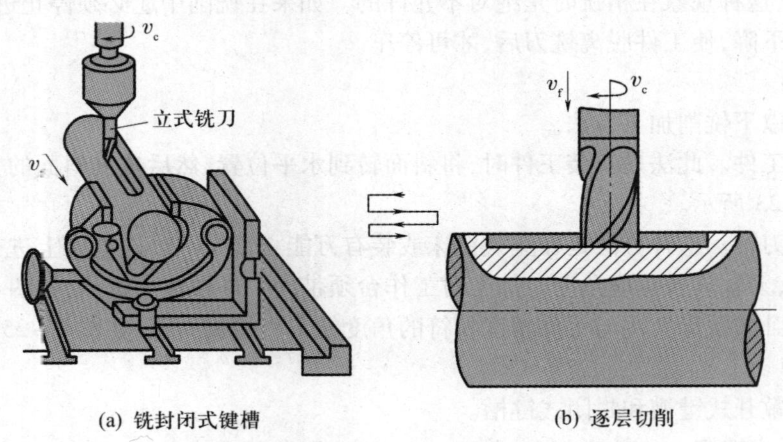

(a) 铣封闭式键槽　　(b) 逐层切削

图 6-27　在立式铣床上铣封闭键槽

4. 铣T形槽和燕尾槽

通常先用三面刃盘铣刀或立铣刀铣出直槽，再用T形槽铣刀或燕尾槽铣刀加工成形，如图6-28所示。注意铣T形槽铣削条件差、排屑困难，应使用较小的进给量，同时要加注切削液。

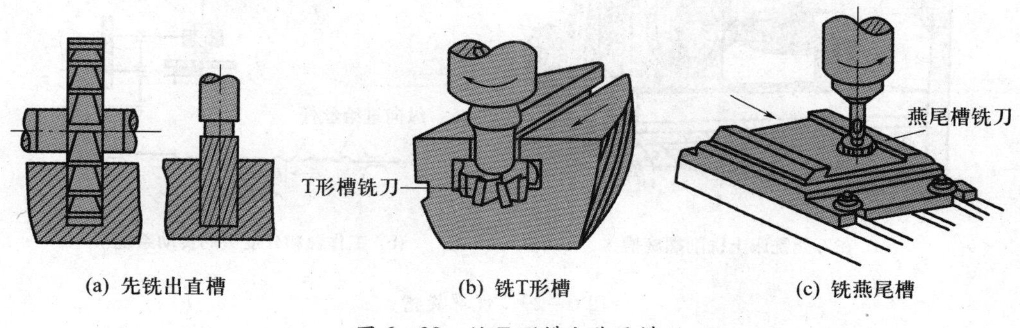

(a) 先铣出直槽　(b) 铣T形槽　(c) 铣燕尾槽

图6-28　铣T形槽和燕尾槽

5. 铣螺旋槽

在铣削加工中，经常会遇到螺旋槽的加工，如斜齿圆柱齿轮的齿槽、麻花钻头、立铣刀、螺旋圆柱铣刀的沟槽等。

旋槽的铣削常在卧式万能铣床上进行。铣削时，刀具作旋转运动，工件一方面随工作台作纵向直线移动，同时又被分度头带动作旋转运动。如图6-29(a)所示，两种运动必须严格保持如下关系：工件转动一周，工作台纵向移动的距离等于工件螺旋槽的一个导程P_h。该运动的实现，是通过丝杠分度头之间的配换齿轮z_1、z_2、z_3、z_4来实现的，传动系统如图6-29(b)所示。工作台丝杠与分度头侧轴之间的配换齿轮应满足下列关系：

$$\frac{P_h}{P}\frac{z_1}{z_2}\frac{z_3}{z_4}\times\frac{1}{1}\times\frac{1}{1}\times\frac{1}{40}=1 \tag{6-4}$$

化简后，得到铣螺旋槽时配换齿轮传动比i的计算公式：

$$i=\frac{z_1}{z_2}\frac{z_3}{z_4}=\frac{40P}{P_h} \tag{6-5}$$

式中　P_h——工件螺旋槽的导程(mm)；

P——工作台丝杠螺距(mm)。

为了使铣出的螺旋槽的法向截面形状与盘形铣刀的截面形状一致，纵向工作台必须带动工件在水平面内转过一个角度，以使螺旋槽的槽向与铣刀旋转平面相一致。工作台转过的角度等于工件的螺旋角，转过的方向由螺旋槽的方向决定，如图6-30所示。

6. 铣齿轮齿形

在铣床上铣削齿轮属于成形法加工，即利用与被切齿轮齿槽形状相符的成形刀具来切削齿形。所用的成形铣刀称为模数铣刀，用于卧式铣床的是盘状模数铣刀，用于立式铣床的是指状模数铣刀，如图6-31所示。

1）铣削过程

以在卧式铣床上加工一只$z=16$(即齿数为16)，$m=2$(即模数为2)的圆柱直齿轮为例，介绍齿轮的铣削加工过程。

(1) 检查齿坯尺寸。主要检查齿顶圆直径，便于在调整切削深度时，根据实际齿顶圆直径

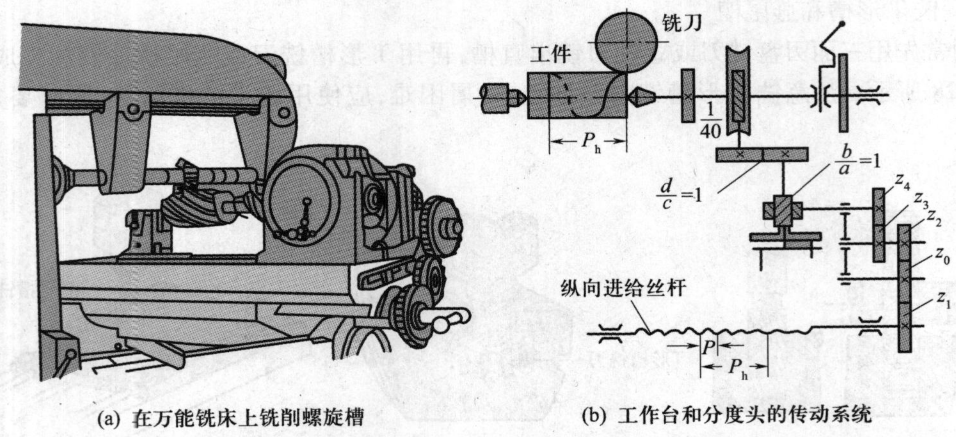

(a) 在万能铣床上铣削螺旋槽　(b) 工作台和分度头的传动系统

图 6－29　铣螺旋槽

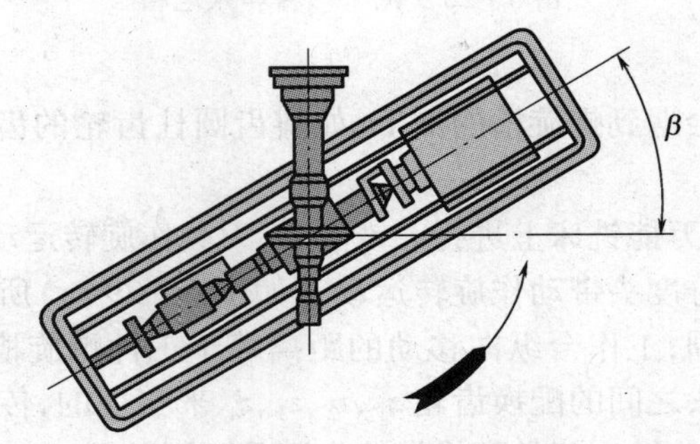

图 6－30　使螺旋槽工作台旋转 β 角

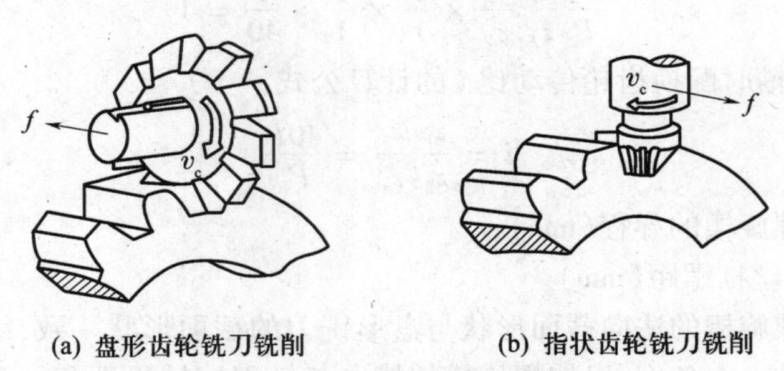

(a) 盘形齿轮铣刀铣削　(b) 指状齿轮铣刀铣削

图 6－31　用模数铣刀加工齿形

予以增减，保证分度圆齿厚的正确。

（2）齿环装夹和校正。正齿轮有轴类齿坯和盘类坯。如果是轴类齿坯，一端可以直接由分度头的三爪卡盘夹住，另一端由尾座顶尖顶紧即可；如果是盘类齿坯，首先把齿坯套在心轴上，心轴一端夹在分度头三爪卡盘上，另一端由尾顶尖顶紧即可。校正齿坯很重要。首先校正圆度，如果圆度不好，会影响分度圆齿厚尺寸；再校正直线度，即分度头三爪卡盘的中心与尾座顶尖中心的连线一定要与工作台纵向走刀方向平行，否则铣出来的齿是斜的；最后校正高低，即分度头三爪卡盘的中心至工作台面距离与尾座顶尖中心至工作台面距离应一致，如果高低尺寸超差，铣出来的齿就有深浅。

(3) 分度计算与调整。根据工件的齿数和精度要求,确定分度方法,进行分度计算,根据计算结果选择分度盘孔圈数孔数,并调整分度叉。

(4) 铣刀的选择、装夹和对中。根据齿轮的模数和齿数按表选择合适的铣刀刀号。首先选择与被切齿轮的模数相同的圆盘铣刀;其次根据表6-1选择铣刀刀号(因为同一模数的圆盘铣刀有8只,故选用2号铣刀)。

表6-1 圆盘铣刀刀号的选择

刀号	1	2	3	4	5	6	7	8
加工齿数范围	12~13	14~16	17~20	21~25	26~34	35~54	55~134	大于135

选好铣刀后,把铣刀装夹在刀杆上。安装铣刀时,为增加铣刀的刚性,应该使挂架和床身间的距离尽可能近些。铣刀装好后,检查铣刀的旋转方向和运转情况。铣刀装好后,检查铣刀的旋转方向和运转情况。如果偏摆,可通过转动刀杆垫圈等措施加以调整。铣刀的对中很重要,否则会使铣出的齿形不对称,影响齿轮的正常运转。在生产中常用的对中方法有两种:痕迹对中法和圆棒对中法。这里只介绍痕迹对中法。痕迹对中法是一种较方便的对中法,具体方法是使工作台向上运动,使齿坯接近铣刀;然后凭目测使铣刀廓形对称线大致对准齿坯中心;再开动机床使铣刀旋转,并逐渐升高工作台,使铣刀的圆周刀刃和齿坯微微接触,同时来回移动横向工作台;这时齿坯中出现了一个椭圆形刀痕,接着调整铣刀刀廓形对称线对准椭圆中心即可。

(5) 铣标记。即在齿坯的边缘上每隔三齿或五齿在齿槽的位置上铣出刀痕,其目的第一是检查分度计算和调整是否正确;第二是便于在铣削过程中能及时发现齿坯是否因铣削力的作用发生了移动。

(6) 调整切削深度。铣削深度应按齿厚尺寸来调整。小模数齿轮一般可以一次将齿形铣出,调整切削深度时,可先近于全齿高的切削深度试铣出几条齿槽,测量一下齿厚尺寸,然后根据齿厚实际尺寸再对切削深度作相应调整,直到齿厚尺寸达到图纸要求为止。对模数较大的齿轮,要分粗、精两次铣削,精铣的切削深度可根据粗铣后的齿厚尺寸来进行调整,切削深度调整好后,就可以开始正式铣削。当一个齿槽铣好后,就利用万能分度头进行一次分度,再铣下一个齿槽,直至铣完全部齿。

2) 成形法铣削齿轮的特点

(1) 设备简单,刀具成本低。

(2) 生产率低,因为每铣一个齿槽都要重复消耗切入、切出、退出和分度等辅助时间。

(3) 齿轮的精度低,一般公差等级可达到IT9~IT11级。

根据以上特点,成形铣削齿形主要用于修配或单件生产。

3) 铣削实训安全注意事项

(1) 进入实训场地,必须穿戴好劳动保护用品。男生不准打赤膊、赤脚、穿拖鞋进入场地。女生必须戴工作帽,长辫子、披肩长发必须盘入工作帽内,不准穿高跟鞋、裙子进入场地。

(2) 铣削过程中,如需改变铣削速度,应先停车再调速。

(3) 铣削工件时,应注意铣刀方向及工作台运动方向(一般只允许学生使用逆铣法加工)。

(4) 铣削过程中,严禁用手触摸工件,以免被铣刀切伤手指。不要站立在切屑溅出的方向，以免切屑飞入眼中。

(5) 铣削齿轮用分度头时，必须待铣刀完全离开工件后，才可转动手柄。

(6) 铣刀未完全停止转动前，不得用手去触摸、制动。

(7) 使用扳手时，用力方向应避开铣刀，以防扳手打滑时造成伤害。

(8) 操作中，突发故障或发生异响，应立即停机，并报告给指导老师等候处理。

(9) 清除切屑时要用毛刷，不可用手抓、用嘴吹或用棉纱扫。

(10) 下班时应做好以下工作：清除铁屑、擦拭机床、滑动面加上润滑油、摆放好工量具、打扫机床周围清洁、关闭电源。

6.5 典型铣削零件工艺分析及加工

1. 工艺分析

双台阶工件铣削加工如图 6-32 所示。此双台阶工件可在立式铣床上用立铣刀铣削加工，也可以在卧式铣床上用三面刃铣刀铣削加工。根据台阶侧面的精度要求，选择用卧式铣床上三面刃铣刀加工台阶，其余各面采用卧式铣床圆柱铣刀加工。

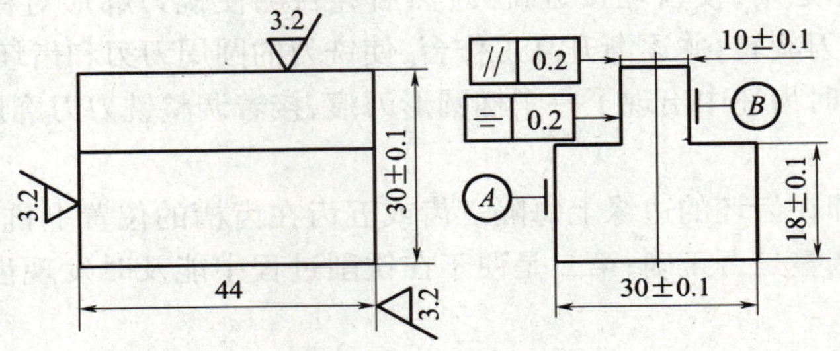

图 6-32 双台阶工件零件图

毛坯材质为 45 钢，尺寸为 46mm×33mm×33mm，采用锯切下料。

工艺过程为：检验毛坯—机用虎钳安装、找正—装夹、找正工件—安装圆柱铣刀—对刀、调整—铣削 44×30×30 的四方体—预检、换刀、安装三面刃铣刀—对刀、铣削侧台阶位置—预检—铣削另一侧台阶位置—双台阶工件铣削工序的检验。

2. 加工步骤

(1) 选择铣床。选用 X6132 型卧式万能铣床。

(2) 选择装夹方式。选用 125 型机用虎钳装夹工件。

(3) 选择刀具。根据图样给定的尺寸，先选用 $\phi35$ 的锥柄立铣刀，再选用宽度为 12mm 的标准直齿三面刃铣刀。

(4) 四面体加工。选择铣削用量。按工件材料(45 钢)和铣刀的规格选择和调整铣削用量，调整主轴转速 $n=75\text{r/min}$，进给量 $f=47.5\text{mm/min}$；对刀，用平口钳装夹，在卧式铣床上用圆柱形铣刀铣削如图 6-33 所示长方体工件，铣削步骤如下。

①铣基准面 A(平面 1)。平口钳固定钳口与铣床主轴轴线垂直安装。以面 2 为粗基准，靠向固定钳口，两钳口与工件间垫铜皮装夹工件，如图 6-33(a)所示。

②铣面 2。以面 1 为精基准靠向固定钳口，在活动钳口与工件间置圆棒装夹工件，如图 6-33(b)所示。

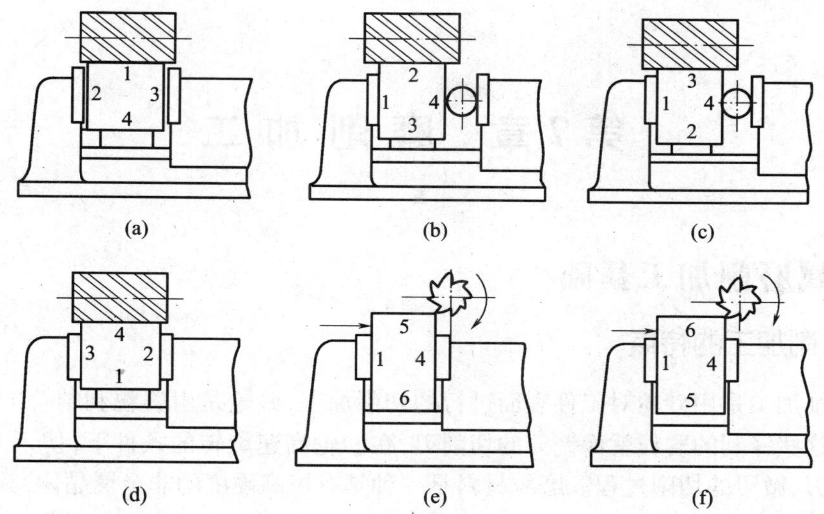

图 6－33　长方体工件的铣削顺序

③铣面 3。仍以面 1 为基准靠向固定钳口，用相同方法装夹工件，如图 6－33(c)所示。

④铣面 4。以面 1 为基准靠向平口钳钳体导轨面上的平行垫铁，面 3 靠向固定钳口装夹工件，如图 6－33(d)所示。

⑤铣面 5。调整平口钳，使固定钳口与铣床主轴轴线平行安装。以面 1 为基准靠向固定钳口，用 90°角尺校正工件面 2 与平口钳钳体导轨面垂直(图 6－34)，装夹工件，如图 6－33(e)所示。铣面 6 以面 1 为基准靠向固定钳口，面 5 靠向平口钳钳体导轨面装夹工件，如图 6－33(f)所示。

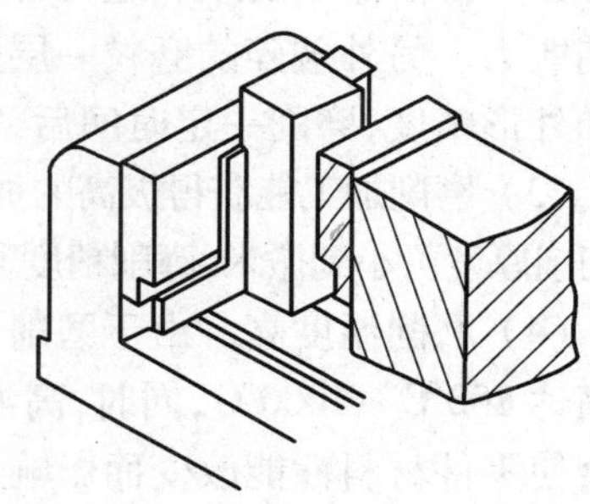
图 6－34　用 90°角尺校正工件面铣长方体端面

3. 对刀和一侧台阶铣削

(1) 侧面横向对刀。在工件一侧贴上一张薄纸，使三面刃铣刀的侧刃恰好将纸擦掉，在横向刻度盘上作记号，调整横向进给量使一侧面铣削量为 10mm(也可留 0.5mm 左右的精加工余量)。

(2) 上平面对刀。在工件上平面贴薄纸，对刀方法同上，在刻度盘上作记号，调整该方向进刀量，分几次切削，使工件共上升 12mm(也可留 0.5mm 左右的精加工余量)。

注意：粗铣纵向进给时，应紧固工作台横向，因工件夹紧面积较小，铣刀切入时工件较易被拉起，此时可用手动进给缓缓切入，待切削比较平稳时再使用自动走刀。

4. 铣削另一侧台阶

(1) 工作台横向移动键宽和刀具宽度的和，因此横向移动距离 $s=20$mm，铣削另一侧(也可留 0.2mm 左右的精加工余量)。

(2) 台阶加工方法与第一面时相同。

5. 检查尺寸精度与形位精度

检查工件各部分尺寸精度及形位精度与图样是否吻合。此工件加工的重点是掌握用三面刃铣刀铣削台阶的方法；难点是台阶宽度尺寸及平行度的控制。

第 7 章　磨削加工

7.1　金属磨削加工基础

7.1.1　磨削加工的特点

(1) 磨削加工是用砂轮对工件表面进行的切削加工,砂轮是由磨粒和结合剂粘结而成的磨削工具。这些锋利的磨粒就像铣刀的切削刃,在砂轮高速旋转的条件下,切入工件表面,磨削是一种多刃、微刃的切削过程。磨粒材料是一种具有极高硬度的非金属晶体,其硬度大于经热处理后钢材的硬度,具有极高的可加工性,可以磨各种碳钢、铸铁、有色金属,还能磨硬度很高的淬火钢、各种切削刀具和硬质合金,还可以加工一般刀具难以加工的高硬度材料。

(2) 磨削过程中,磨粒在高速、高压与高温的作用下,将逐渐磨损而变钝。此时如继续磨削则磨削力增大,最终使磨粒破碎或脱落而形成新的微刃继续切削,称为自锐性。砂轮的自锐性保证了磨削过程的顺利进行,但随着时间的增加,切屑和碎磨粒会把砂轮堵塞,使砂轮失去切削能力。另外破碎的磨粒一层层脱落下来会使砂轮失去外形精度,为了恢复砂轮的切削能力和外形精度,磨削一定时间后,需对砂轮进行整修。

(3) 磨削加工能获得极高的加工精度和极低的表面粗糙度。磨削的切削厚度极薄,每个微粒的切削厚度可小到微米,磨削精度通常可达到 IT6 ~ IT7,表面粗糙度可达到 $Ra0.8\mu m \sim 0.1\mu m$。

(4) 磨削温度高。由于磨削速度很高,挤压摩擦较严重,而砂轮导热性很差,使磨削温度可高达 800℃ ~1000℃,同时,高温的磨屑在空气中发生氧化作用,产生火花。在如此高温下,将会使零件材料性能改变而影响质量,因此在磨削过程中应大量使用切削液,用来减少摩擦和迅速散热,降低磨削温度,及时冲走磨屑,以保证零件表面质量。

7.1.2　磨削过程及磨削力和磨削热

1. 磨削过程

磨削加工的实质是工件被磨削的金属表层在无数磨粒的瞬间挤压、刻划、切削、摩擦抛光作用下进行的。磨粒是不规则的多面晶体,它有很大的楔角。磨粒在砂轮表面的分布是不规则的,一些比较突出、锋利的磨粒切入工件起切削作用;突出高度较小且较钝的磨粒,不能起磨削作用只起刻划作用;更钝的、隐附在其他磨粒下面的磨粒则起摩擦抛光作用,如图 7 -1 所示。

磨削瞬间,起切削作用的磨粒其磨削过程可分 4 个阶段:砂轮表面的磨粒与工件材料接触为弹性变形的第一阶段;磨粒继续切入工件,工件材料进入塑性变形的第二阶段;材料的晶粒发生滑移,使塑性变形不断增大,当磨削力达到工件的强度极限时,被磨削层材料产生挤裂,即进入第三阶段;最后被切离。

2. 磨削力

磨削力是磨削加工时工件材料抵抗砂轮磨削所产生的阻力。磨削力在空间可分解为 3 个

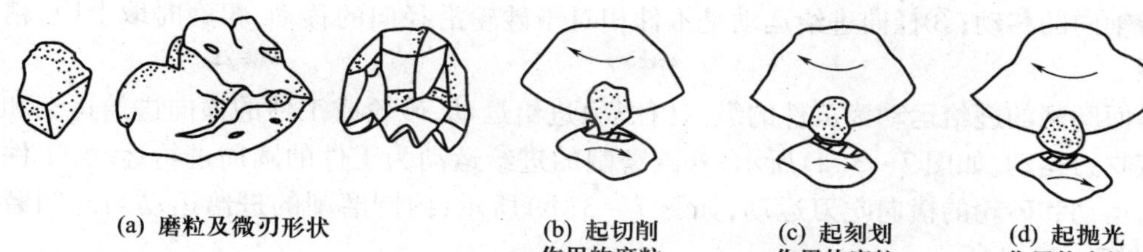

图 7－1　磨粒形状及磨粒的磨削作用

分力，如图 7－2 所示。

（1）切削力 F_c——总切削力在主运动方向上的正投影。

（2）背向力 F_p——总切削力在垂直与进给运动方向上的分力。

（3）进给力 F_f——总切削力在进给运动方向上的正投影。

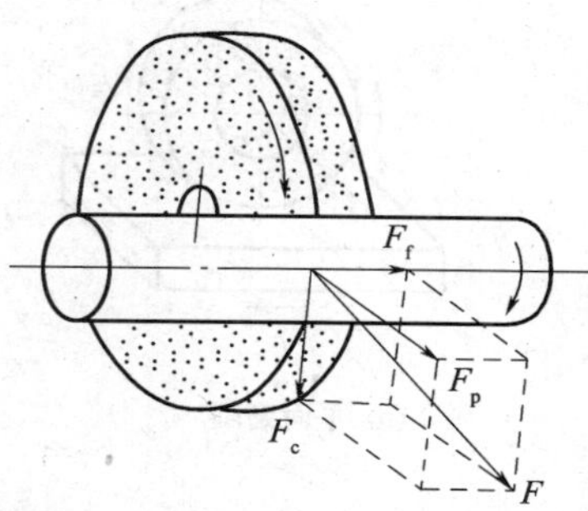

图 7－2　磨削力

一般背向力是切削力的 2 倍～3 倍。由于较大的背向力作用，使由机床—工件—砂轮组成的工艺系统产生较大的弹性变形，影响加工的精度。被磨材料的硬度越硬，磨削力越大。磨削力大小还与砂轮特性、砂轮的宽度和磨削用量等有关。磨削时应注意磨削力对加工的影响。

3. 磨削热

磨削热是在磨削过程中，由于被磨削材料层的变形、分离及砂轮与被加工材料间的摩擦而产生的热。磨削热较大，热量传入砂轮、磨屑、工件或被切削液带走。而砂轮是热的不良导体，因此几乎 80% 的热量传入工件和磨屑，并使磨屑燃烧。磨削区域的高温会引起工件的热变形，从而影响加工精度，严重的会使工件表面产生烧伤、裂纹等缺陷。因此磨削时应特别注意对工件的冷却和减小磨削热。

7.1.3　磨削用量的概念

磨削运动时，一般有主运动和进给运动，这些运动中的参数即构成了磨削用量。

1）主运动

主运动是砂轮的旋转运动，直接切除工件表层金属，使之变为切屑形成工件新表面的运动。

外圆磨削和平面磨削的砂轮圆周速度为 30m/s～35m/s，内圆磨削的砂轮圆周速度较低，一般为 18m/s～30m/s。

砂轮圆周速度对磨削工件的表面粗糙度和劳动生产率有直接的影响。当砂轮直径变小时，磨削质量会下降，就是由于砂轮圆周速度下降的缘故。砂轮直径及砂轮转速与圆周速度相对应。

2）进给运动

进给运动是使新的金属层不断投入磨削的运动。根据磨削方式的不同，其运动方向有所区别。进给运动分为：①圆周进给运动是工件的低速旋转运动；②纵向进给运动是工件相对于砂轮沿轴向的移动；③径向进给运动是工件相对于砂轮沿径向的移动，粗磨时取上限，精磨时取下限。

平面磨削的进给运动为工件的纵向(往复)进给运动，砂轮或工件的横向进给运动和砂轮的垂直吃刀运动，如图7－3(a)所示；外圆磨削的进给运动为工件的圆周进给运动、工件的纵向进给运动和砂轮的横向吃刀运动，如图7－3(b)所示；内圆磨削的进给运动与外圆磨削相同，如图7－3(c)所示。

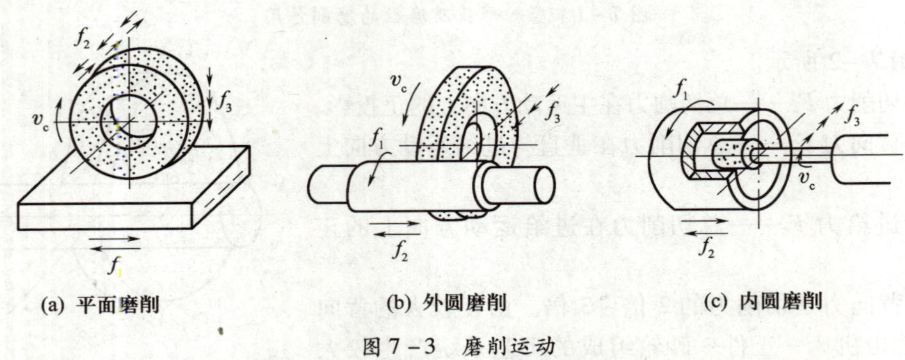

(a) 平面磨削　(b) 外圆磨削　(c) 内圆磨削

图7－3　磨削运动

磨削运动均由磨床的传动获得。磨床具有砂轮传动的部件，如砂轮架、磨头等，以完成磨削的主运动，磨床的进给机构或液压传动系统则完成磨削的进给运动。

7.1.4　磨削加工的范围

磨削加工的范围很广泛，可加工外圆、内圆、平面、圆锥、槽、斜面以及花键、螺纹、齿轮等，如图7－4所示。

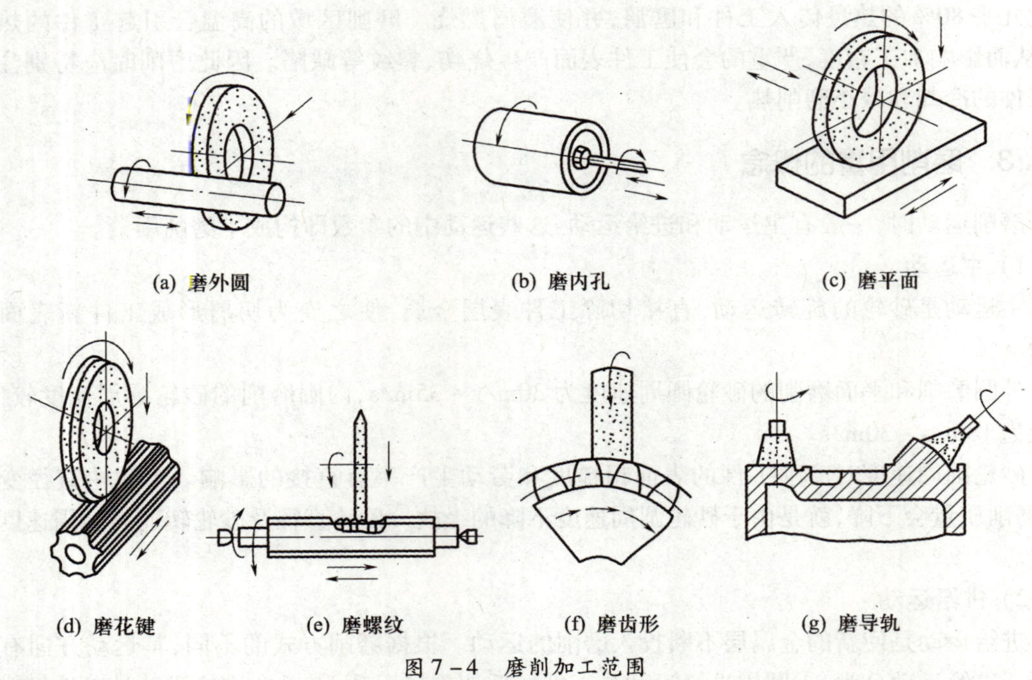
(a) 磨外圆　(b) 磨内孔　(c) 磨平面

(d) 磨花键　(e) 磨螺纹　(f) 磨齿形　(g) 磨导轨

图7－4　磨削加工范围

7.2 磨削设备

磨床是以砂轮作切削刀具的机床。磨床的种类很多,常用的有外圆磨床、内圆磨床、平面磨床、无心磨床、工具磨床和各种专门化磨床。

7.2.1 外圆磨床

外圆磨床主要用于磨削圆柱形和圆锥形外表面,还可以磨削内孔和内锥面,包括普通外圆磨床和万能外圆磨床两种。外圆磨床机床型号含义如图 7-5 所示。

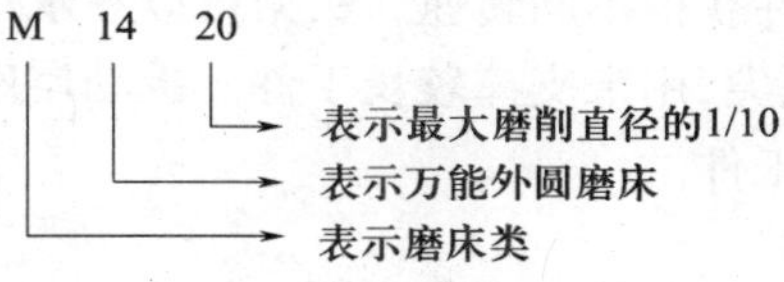

图 7-5 外圆磨床的型号含义

下面以 M1420 型万能磨床为例(图 7-6),其主要组成如下。

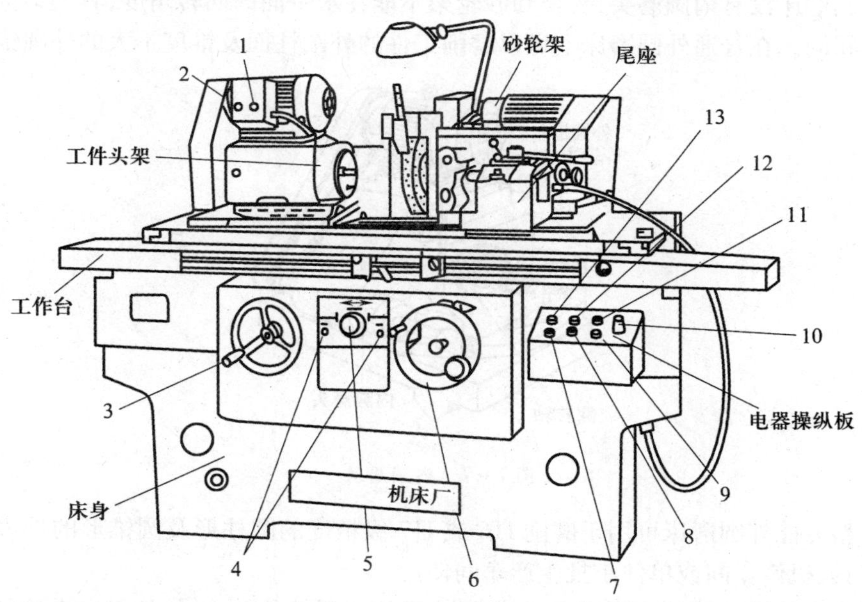

图 7-6 M1420 型万能外圆磨床

1—工件转动变速旋钮;2—工件转动点动按钮;3—工作台手动手轮;4—工作台左、右端停留时间调整旋钮;5—工作台自动及无级调速旋钮;6—砂轮横向手动手轮;7—砂轮启动按钮;8—砂轮引进、工件转动、切削液泵启动按钮;9—液压油泵启动按钮;10—砂轮变速旋钮;11—液压油泵停止按钮;12—砂轮退出、工件停转和切削液泵停止按钮;13—总停按钮。

1. 床身

床身用来支持磨床的各个部件,上部装有工作台和砂轮架。床身上有两组导轨,可供工作台和砂轮架作纵向和横向移动。床身内部装有液压传动系统。

2. 工作台

工作台由上、下两层组成,安装在床身和纵向导轨上,可沿导轨作往复直线运动,以带动工件作纵向进给。工作台上面装有头架和尾座。

3. 砂轮架

砂轮架安装在床身的横向导轨上，用来安装砂轮。砂轮架可由液压传动系统实现沿床身横向导轨的移动，移动方式有自动间歇进给、快速进退，还可实现手动径向进给。砂轮座还可绕垂直轴线偏转一定角度，以便磨削圆锥面。砂轮有单独的电动机作动力源，经变速机构变速后实现高速旋转。

4. 头架和尾架

头架的主轴端部可以安装顶尖、拨盘或卡盘，以便装夹工件。头架主轴由单独的电动机，通过带传动及变速机构，使工件获得不同转速。头架可以在水平面内偏转一定角度，以便磨削圆锥面。尾座的套筒内装有顶尖，用来支撑较长工件。扳动尾座上的杠杆，顶尖套筒可缩进或伸出，并利用弹簧的压力顶住工件。

5. 内圆磨头

内圆磨头以铰链方式安装在砂轮架的前上方，需要磨孔时翻下来（图 7-7），不用时翻向上方。内圆磨头由单小型电动机驱动，转速为每分钟几千转到几万转。

普通外圆磨床没有内圆磨头，头架和砂轮架不能在水平面内回转角度，其余结构与万能外圆磨床基本相同。在普通外圆磨床上可以磨削工件的外圆柱面及锥度不大的外圆锥面。

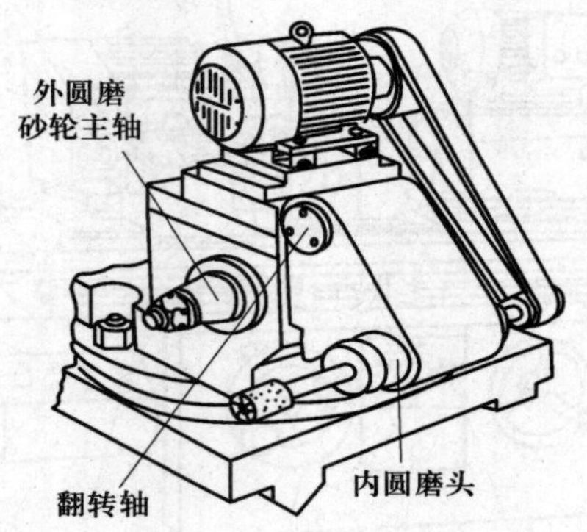

图 7-7 内圆磨头

M1420 型万能外圆磨床可用于磨削 IT6 或 IT7 级精度的圆柱形及圆锥形的外表面、内孔，最适用于工具、机修车间或单件小批生产车间使用。

机床工作台的纵向移动可液压无级传动，也可用于手轮传动，砂轮架横向进给可由液压自动周期进给，也可用手轮进给。砂轮架快速进退、工作台导轨润滑、垫板丝杠润滑均采用液压控制。表 7-1 是某公司生产的 M1420 型万能外圆磨床主要技术参数。

表 7-1 M1420 型万能外圆磨床主要技术参数

技术规格		
磨削工件直径	mm	$\phi8\sim\phi200$
最大磨削长度	mm	500,750,1000
工件最大重量	kg	50
砂轮尺寸	mm	$\phi400\times50\times\phi203$

（续）

技 术 规 格			
电机总功率	kW	7.125	
机床外形尺寸	mm	(2120,2654,3134)×1575×1570	
包装箱尺寸	mm	(3040,3040,3450)×1740×1870	
机床重量	kg	3500,4000,4500	
机床毛重	kg	4000,4500,5500	
工 作 精 度			
磨削顶尖间外圆工件的精度	圆度/mm	纵截面直径的一致性/mm	
	最大磨削长度/mm	a端/mm	b端/mm
	500,750	0.0015	0.005
	1000	0.0025	0.008
卡盘上磨外圆工件精度	圆度:0.0025mm		
卡盘上磨内圆工件精度	圆度:0.00525mm	纵截面内直径的一致性:0.005mm	
表面粗糙度	*Ra* 0.2		

7.2.2 平面磨床

平面磨床主要用于磨削平面，分为卧轴矩台式和立轴圆台式，如图7-8所示。平面磨床机床型号含义如图7-9所示。

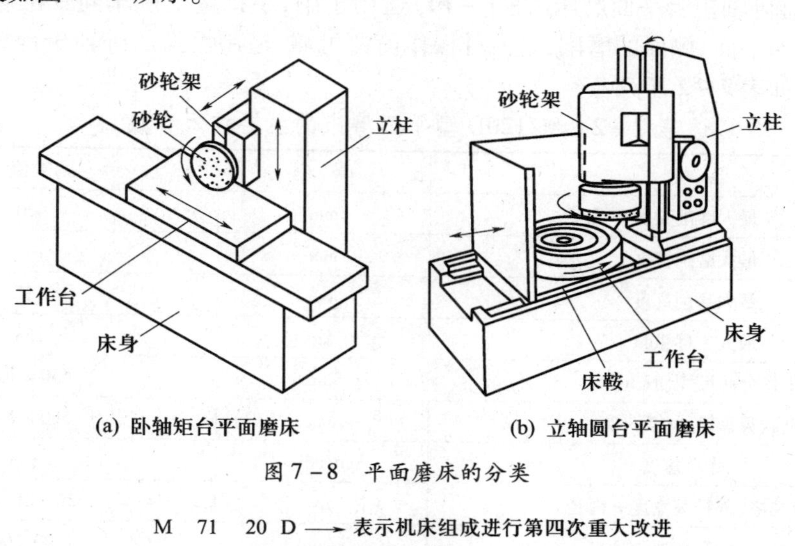

图7-8 平面磨床的分类

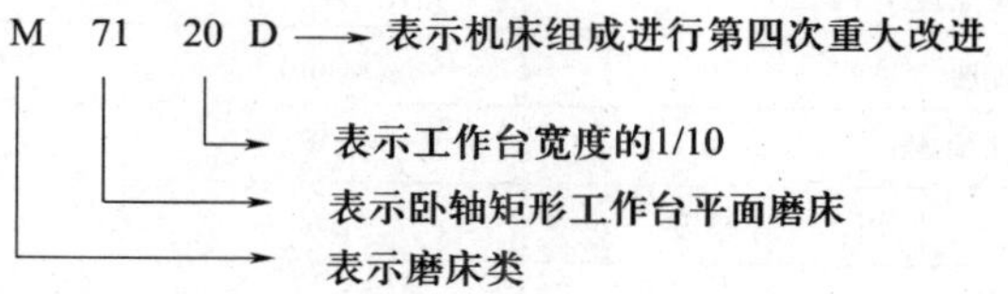

M 71 20 D → 表示机床组成进行第四次重大改进

20 → 表示工作台宽度的1/10

71 → 表示卧轴矩形工作台平面磨床

M → 表示磨床类

图7-9 平面磨床的型号含义

卧轴矩台式平面磨床主要由床身、工作台、立柱、砂轮修整器、滑板和磨头等部分组成，磨头上装有砂轮，如图7-10所示。

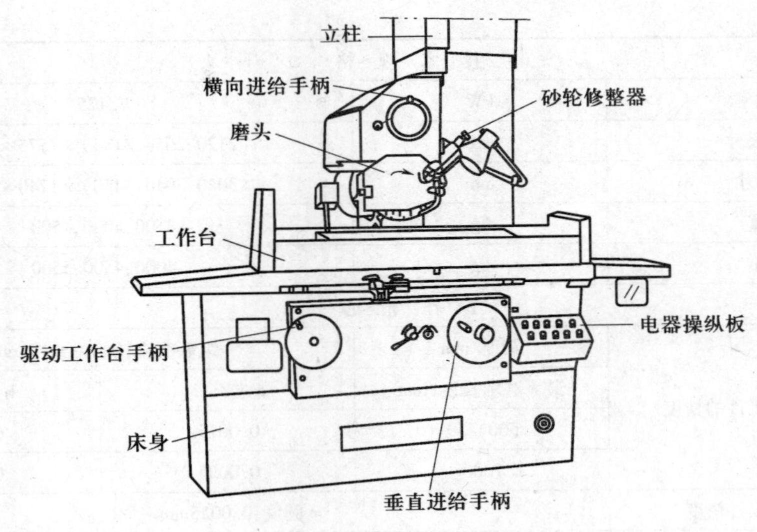

图 7-10 M7120D 型卧轴矩台平面磨床

工作台安装在床身的纵向导轨上。工作台的纵向往复运动由液压无级驱动。磨头可沿拖板的水平导轨作横向进给运动,为液压控制连续进给或断续进给,也可手动进给。磨头由手动作垂直进给。工作可吸附于电磁工作台或直接固定于工作台进行磨削。砂轮主轴采用精密滚动轴承支承。液压系统由床身作油池供油。

M7120D 型卧轴矩台平面磨床(图 7-10)适用于中、小批量生产车间及机修车间和工具车间各种零件的平面、侧面的磨削,是一种操作简便可靠、适用性强的卧轴矩台平面磨床。其主要技术参数如表 7-2 所列。

表 7-2 M7120D 型平面磨床的主要技术参数

参 数		单 位	数值
最大磨削长度		mm	630
最大磨削宽度		mm	200
最大磨削高度		mm	320
最大工件重量		kg	158
工作台面尺寸(长×宽)		mm	630×200
电磁吸盘尺寸(长×宽)		mm	560×200
工作台速度		m/min	2~20
砂轮规格(外径×宽度×内径)		mm	250×25×75
砂轮转速		r/min	1500/3000
砂轮电机功率		kW	2.4/3
工作精度	等厚度	μm	在 300 长度上为 5
	粗糙度		0.63
机床重量(净重)		kg	2500
机床外形尺寸(长×宽×高)		mm	2170×1300×2050

7.2.3 内圆磨床

内圆磨床主要用于磨削内圆柱面、内圆锥面及端面等。图 7－11 所示为 M2110 型内圆磨床，主要由床身、工作台、头架、磨具架、砂轮修整器等部分组成。内圆磨床的液压传动系统与外圆磨床相似，内圆磨床的磨削运动与外圆磨床相同。内圆磨床型号含义如图 7－12 所示。

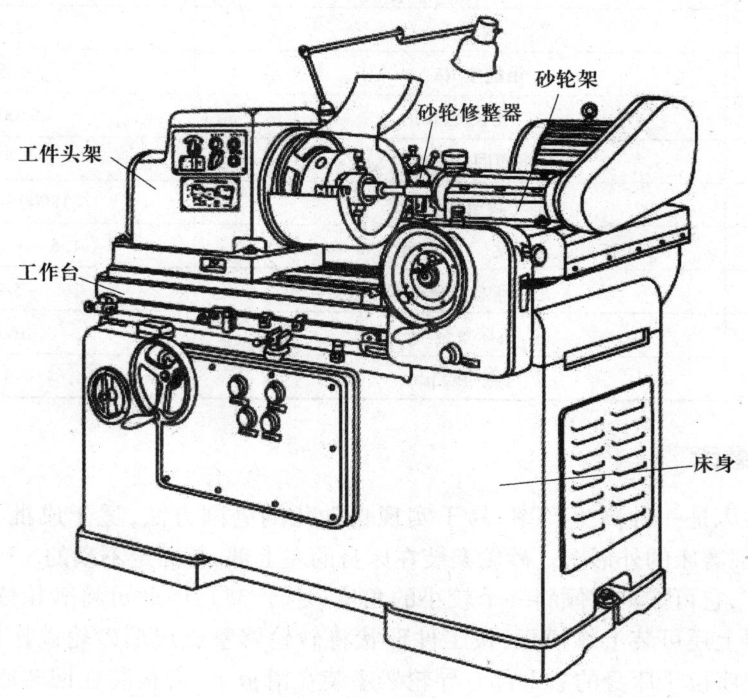

图 7－11 M2110 型内圆磨床

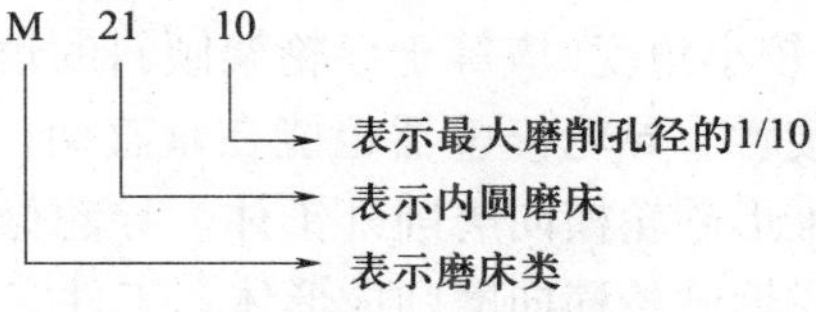

图 7－12 内圆磨床的型号含义

砂轮架安装在床身上，由单独电机驱动砂轮高速旋转，提供主运动；砂轮架还可以横向移动，使砂轮实现横向进给运动。工件头架安装在工作台上，带动工件旋转作圆周进给运动；头架可在水平面内扳转一定角度，以便磨削内锥面。工作台沿床身纵向导轨往复直线移动，带动工件作纵向进给运动。表 7－3 是某公司生产的 M2110 型内圆磨床主要技术参数。

表 7－3 M2110 型内圆磨床主要技术参数

序号	参数	数值
1	磨孔直径/mm	$\phi 6 \sim \phi 100$
2	工件最大旋径/mm	罩内 $\phi 260$ 罩外 $\phi 480$
3	工件转速/$r \cdot min^{-1}$	180～500 4 级

（续）

序号	参　　数	数　值
4	工作台最大行程/r·min^{-1}	550
5	进给分辨率/mm	0.002
6	机床外形尺寸/mm	2363×1260×1310
7	圆度/μm	2.5
8	粗糙度 *Ra*/μm	0.63
9	孔长度/mm	69100150
10	床头箱回转角度/(°)	20
11	砂轮转速/r·min^{-1}	18000~24000
12	工作台运动速度(工作修正)/m·min^{-1}	1.5~6　0.1~1
13	机床总功率/kW	3.8
14	机床重量/kg	1600
15	圆柱度/μm	4

7.2.4　无心磨床

无心外圆磨床是一种高生产率、易于实现自动化的磨削方法，适于成批、大量生产。图7-13为无心外圆磨床的外形图。砂轮架装在床身的左上部，是固定不动的。砂轮修整器安装在砂轮架左上方，它可按刻度倾斜一个较小的角度(小于3°)，因此可将砂轮修整成锥形以磨削锥体。修整器上还可装上靠模板，按工件形状将砂轮修整成成形砂轮以作横向成形磨削。导轮架和导轮架座位于床身的右上部。导轮架座装在滑板上，滑板装在回转底座的燕尾导轨上，能带动导轮作横向移动以吃刀。回转底座可在水平面内绕床身回转一定角度以适应磨锥体的需要。导轮架相对导轮架座能在垂直平面内倾斜一个角度，使导轮能带动工件纵向进给。导轮修整器能在水平面内转动较小角度(应等于导轮架倾斜的角度)，把导轮修整成单叶旋转双曲面，使导轮与工件能直线接触。导轮修整器也能在垂直面内转动较小角度(小于3°)，以便把导轮修整成圆锥形，配合锥形砂轮横向磨削外锥体。导轮修整器上也可装上靠模板按工件形状修整成成形导轮，配合成形砂轮横向磨削成形体。工件安置在工件支架的托板上。

无心磨床磨削工件时，被磨削的加工面即为定位面，工件不需打中心孔，也不需要用夹头安装，而是放在砂轮与导轮之间，由托板支持；工件轴线略高于导轮轴线，以避免工件在磨削时产生圆度误差。磨削时导轮、砂轮均沿顺时针方向移动，由于导轮材料摩擦系数较大，所以工件在摩擦力带动下，与导轮以相同的低速转动，并由高速旋转着的砂轮进行磨削。其工作原理如图7-14所示。

由于导轮轴线与工件轴线不平行，略倾斜一个角度α($\alpha=1°\sim4°$)，因而导轮旋转时所产生的线速度$v_w=v_r\cos\alpha$垂直于工件轴线，使工件产生旋转运动，而$v_{f_x}=v_r\sin\alpha$则平行于工件轴线，使工件作轴向进给运动。

无心外圆磨床的生产率高，主要用于成批及大量生产磨削细长轴和无中心孔的短轴等，一般无心外圆磨削的精度为IT5~IT6级，表面粗糙度*Ra*值为0.2μm~0.8μm。

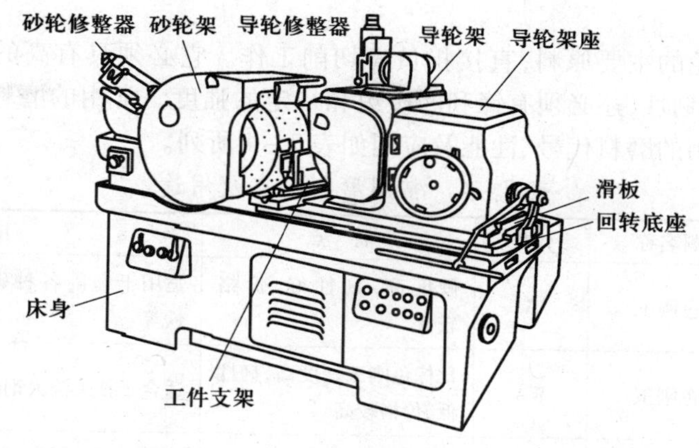

图 7-13 无心外圆磨床

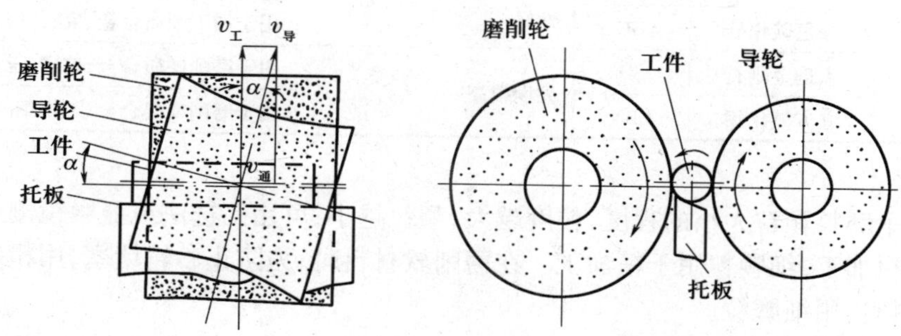

图 7-14 无心外圆磨削原理

7.3 磨削砂轮

砂轮是磨削的主要工具，它是由许多细小而且极硬的磨粒用结合剂粘结而成的疏松多孔的物体。磨粒、结合剂和空隙是构成砂轮的三大要素，如图 7-15 所示。这些锋利的磨粒就像铣刀的刀刃一样，在砂轮的高速旋转下切入工件表面，切下粉末状切屑，所以磨削的实质是一种多刀、多刃的超高速切削过程。

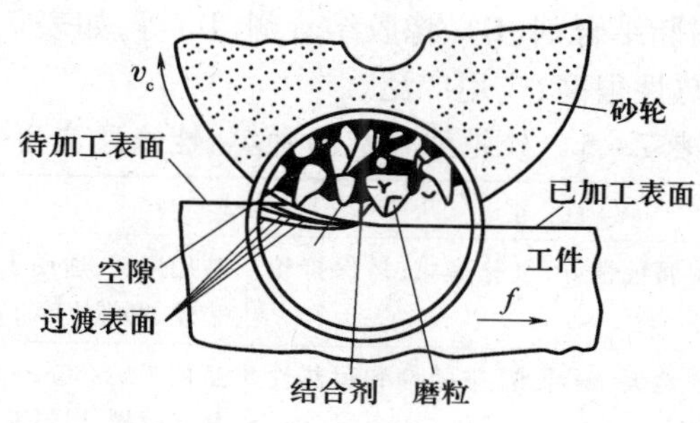

图 7-15 砂轮的组成

1. 砂轮的特性

砂轮的特性由以下因素决定：磨料、粒度、结合剂、硬度、组织、形状及尺寸。

1）磨料

磨料是制造砂轮的主要原料，直接担负着切削工作。它必须具有高的硬度，良好的耐热性，并且具有一定的韧性，还必须有锋利的棱边和一定的强度。常用的磨料有刚玉类、碳化硅类和超硬磨料。常用的磨料代号、性能及应用如表7-4所列。

表7-4 常用磨料特点及用途

系列	磨料名称	代号	特点	用途
氧化物系列 Al_2O_3	棕色刚玉	A	硬度高，韧性好，价格较低	适用于磨削各种碳钢、合金钢和可锻铸铁等
	白色刚玉	WA	比棕色刚玉硬度高，韧性低，价格较高	适合于技工淬火钢、高速钢、高碳钢
碳化物系列 SiC	黑色碳化硅	C	硬度高，绿色碳化硅更高，性脆而锋利，导热性好	用于磨削铸铁、青铜等脆性材料及硬质合金刀具
	绿色碳化硅	GC		用于加工硬质合金、宝石、陶瓷和玻璃等
硬磨料系列	人造金刚石	SD	硬度很高	用于磨削硬质合金、玻璃、玉石和硅片等
	立方氮化硼	CBN		用于磨削高温合金、不锈钢、高速钢等

2）粒度

粒度表示磨料颗粒大小的程度，粒度越大，颗粒越小，可用筛选法或显微镜测量法来区别。粗颗粒用于粗加工，细颗粒用于精加工。在磨削软材料时，为防止砂轮堵塞，用粗颗粒；在磨削硬、脆性材料时，用细磨粒。

3）硬度

砂轮的硬度是指砂轮的磨料在外力作用下，从砂轮表面脱落的难易程度。磨粒易脱落，说明砂轮硬度低，反之则表明砂轮硬度高。工作材料越硬，在磨削时应选择越软的砂轮，工作材料越软，应选择硬一些的砂轮。

砂轮硬度用字母G、H、J、K、L、M、N、P、Q、R、S、T、……表示，其硬度按顺序递增，常用砂轮的硬度在K~R之间。

4）结合剂

结合剂的作用是将磨粒粘合在一起，使之成为具有一定形状和强度的砂轮。常用结合剂有陶瓷结合剂（代号V）、树脂结合剂（B）、橡胶结合剂（R）等，如表7-5所列。其中陶瓷结合剂做成的砂轮耐蚀性和耐热性很高，应用广泛。

表7-5 砂轮结合剂的种类、性能及应用

种类	代号	性能	用途
陶瓷	V	耐热性、耐腐蚀性好，气孔率大，易保持轮廓，弹性差	应用广泛，适用于 $v<35m/s$ 的各种成形磨削、磨齿轮、磨螺纹等
树脂	B	强度高、弹性大、耐冲击、坚固性和耐热性差、气孔率小	适用于 $v>50m/s$ 的高速磨削，可制成薄片砂轮，用于磨槽、切割等
橡胶	R	强度和弹性更高、气孔率小、耐热性差、磨粒易脱落	适用于无心磨的砂轮和导轮、开槽和切割的薄片砂轮、抛光砂轮等
金属	M	韧性和成形性好、强度大、但自锐性差	可制造各种金刚石磨具

5）组织

砂轮的组织表示砂轮结构的松紧程度。它是指砂轮中磨料、结合剂、空隙三者体积的比例关系。砂轮的组织号是由磨料所占有的百分比来确定的，分为紧密、中等和疏松三大类，共分为15级（0~14）。常用的是5、6级，级数越大，砂轮越疏松。

6）形状和尺寸

为了适应磨削各种形状和尺寸的工件，砂轮可以做成不同的形状和尺寸，有平形、筒形、碗形和薄片等砂轮，如表7-6所列。

表7-6　常用砂轮的形状、代号、尺寸及主要用途

砂轮种类	断面形状	形状代号	主要尺寸/mm			主要用途
			D	d	H	
平行砂轮		P	3~90 100~1100	1~20 20~350	2~63 6~500	磨外圆、内孔、无心磨、周磨平面及刃磨刃口
薄片砂轮		PB	50~400	6~127	0.2~5	切断、磨槽
双面凹砂轮		PSA	200~900	75~305	50~400	磨外圆、无心磨的砂轮和导轮、刃磨车刀后面
双斜边一号砂轮		PSX_1	125~500	20~305	3~23	磨齿轮与螺纹
筒形砂轮		N	250~600	b=25~100	75~150	端磨平面
碗形砂轮		BW	100~300	20~140	30~150	端磨平面刃磨刀具后面
蝶形一号砂轮		D_1	75 100~300	13 20~400	8 10~35	刃磨刀具前面

砂轮的各特性按其形状、尺寸、磨料、粒度、硬度、组织、结合剂、线速度顺序书写，即可得到砂轮的代号，如图7-16所示。

2. 砂轮的安装与平衡

砂轮在高速状态下工作，安装前必须检查外观是否有裂纹，再用木槌轻敲，如果声音嘶哑，则禁止使用，以免高速旋转时破裂，飞出伤人。

砂轮安装时，要求砂轮不松不紧地套在轴上。在砂轮和法兰盘之间应使用皮革或橡胶弹性垫板，以便将压力均匀分布，螺母的拧紧力不能过大，否则导致砂轮破裂。砂轮的安装如图7-17所示。

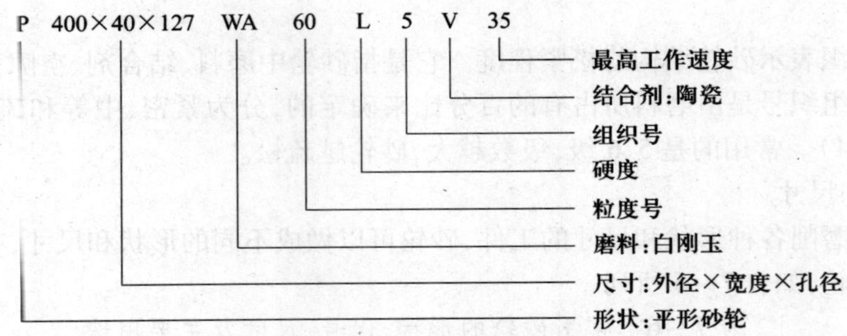

图 7－16 砂轮代号

为使砂轮工作平稳，一般在砂轮直径大于 125mm 时，安装砂轮都要进行平衡试验，如图 7－18所示。先将砂轮装在心轴上，再将心轴放在平衡架的平衡导轨的刃口上。若不平衡，较重的部分总会转到下面，可通过移动法兰盘端面环槽内的配重块进行调整。经过反复的平衡试验，直到砂轮可在刃口上任意位置都能静止，则说明砂轮各部分的质量分布均匀。这种方法称为静平衡。

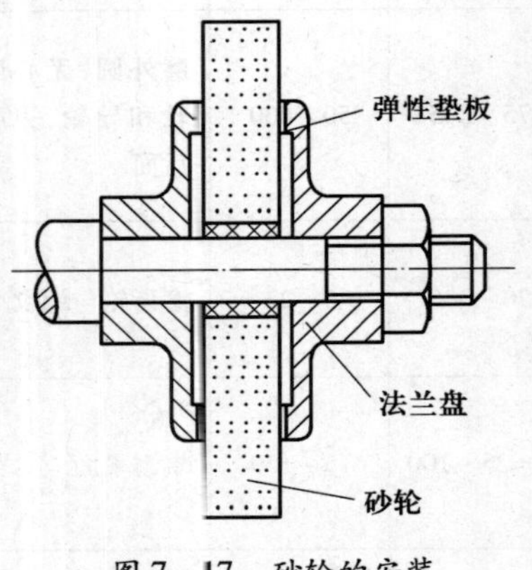

图 7－17 砂轮的安装

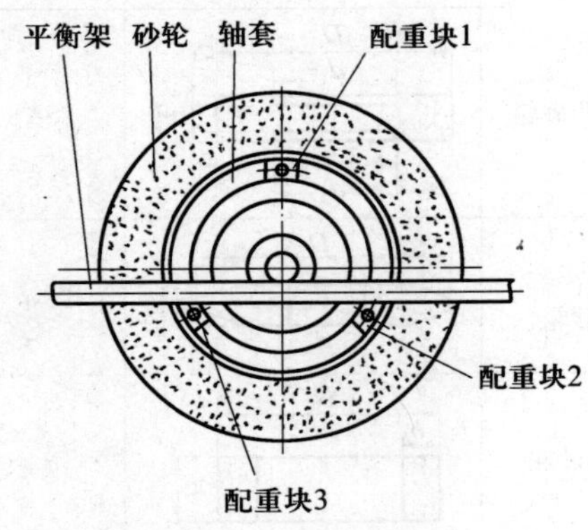

图 7－18 砂轮的平衡

砂轮工作一定时间后，磨粒逐渐变钝，砂轮工作表面的空隙被堵塞，使之丧失切削能力。而且，由于砂轮硬度不均匀及磨粒工作条件不同，使砂轮工作表面磨损不均匀，砂轮几何形状被破坏，这时必须进行修整。修整时，切去砂轮表面上的一层变钝的磨粒，使砂轮重新露出完整且锋利的磨粒和几何形状。砂轮常用金刚石进行修整，如图 7－19 所示。修整时要使用大量的冷却液，以免金刚石因温度急剧升高而破裂。

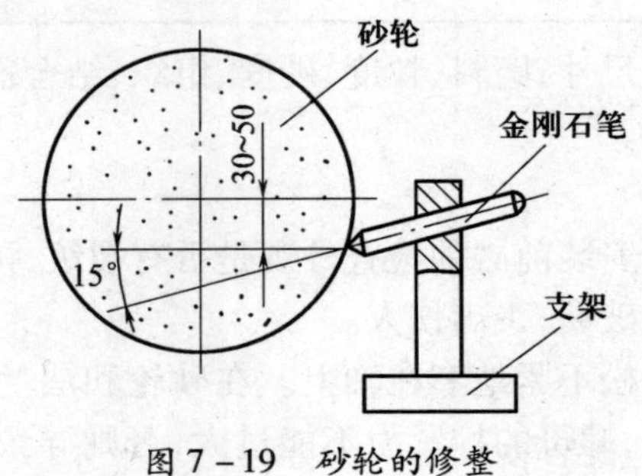

图 7－19 砂轮的修整

7.4 磨削加工基本步骤及操作要点

7.4.1 工件的装夹

1. 外圆磨削中工件的装夹

在外圆磨床上磨削外圆,工件常采用顶尖装夹、卡盘装夹和心轴装夹3种方式。

1)顶尖装夹

轴类零件常用两顶尖装夹,工件支承在顶尖之间,如图7-20所示。其装夹方法与车床顶尖装夹方法基本相同,不同之处是磨床所用的顶尖不是与工件一起转动的(死顶尖),这样是为了提高加工精度,避免由于顶尖转动所带来的误差。同时,尾座的顶尖靠弹簧推力顶紧工件,可自动控制松紧程度,避免工件轴向窜动带来的误差,又可以避免工件因磨削热可能产生的弯曲变形。

顶尖装夹是外圆磨削中最常用的装夹方法,特点是迅速方便,加工精度高。

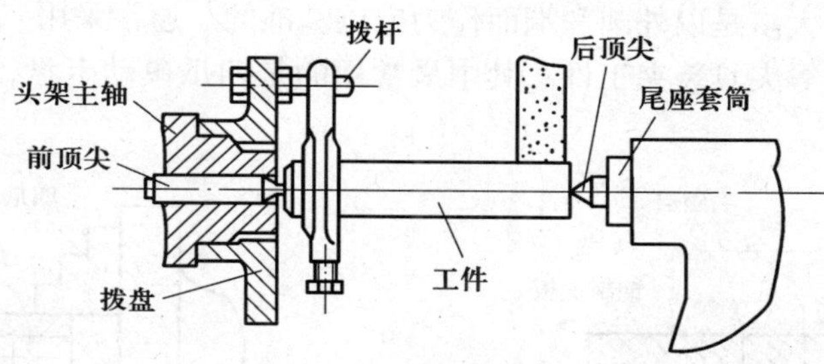

图7-20 顶尖装夹

2)卡盘装夹

磨削较短工件的外圆时,一般用三爪自定心卡盘或四爪单动卡盘装夹。其安装方法与车削中基本相同,但磨床用的卡盘的制造精度要比车床用卡盘高。用四爪单动卡盘装夹工件要用百分表找正。对形状不规则的工件还可采用花盘装夹,如图7-21(a)、(b)所示。

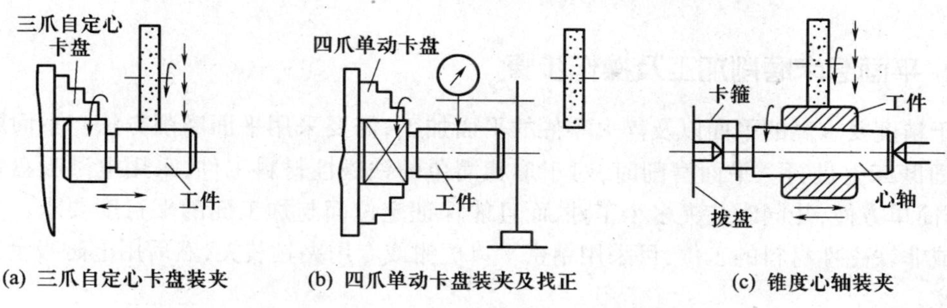

图7-21 外圆磨床上用卡盘和心轴装夹工件

3)心轴装夹

磨削盘套类空心工件常以内孔定位磨削外圆,大都采用心轴装夹。心轴分为小锥度心轴、内冷却式心轴、胀力心轴、螺纹伞形心轴、弹簧心轴和离心力夹紧心轴等,如图7-21(c)所示,必须和卡箍、拨盘等装置一起配合使用。装夹方法与车床类似,只是磨削用的心轴精度要求更高一些。

2. 平面磨削中工件的装夹

在平面磨床上磨削平面,工件装夹常采用电磁吸盘和精密虎钳两种方式。

1）电磁吸盘装夹

磨削平面时,一般是以一个平面为基准磨削另一个平面。若两个平面都要磨削且需求平行时,则可互为基准,反复磨削。

磨削中小型工件的平面,常采用电磁吸盘工作台吸住工件,其结构原理如图 7－22 所示。电磁吸盘工作台有长方形和圆形两种,分别用于矩台平面磨床和圆台平面磨床。当磨削键、垫圈、薄壁套等尺寸小而壁较薄的工件时,因工件与工作台接触面积小,吸力弱,容易被磨削力弹出去而造成事故。因此装夹这类工件时,必须在四周或左右两端用挡铁围住,以免工件走动。

2）精密虎钳装夹

当磨削的工件为非磁性材料制成时,需在电磁吸盘上先安装精密虎钳或简易夹具,然后将工件正确地装夹在虎钳或夹具中。

3. 内圆磨削中工件的装夹

磨削内圆时,工件大多是以外圆和端面作为定位基准的。通常采用三爪自定心卡盘、四爪单动卡盘、花盘及弯板等夹具装夹工件。其中最常用的是四爪单动卡盘,通过找正装夹工件,如图 7－23 所示。

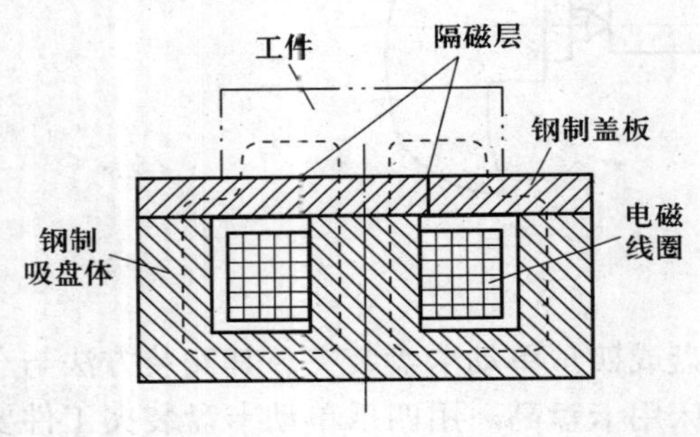

图 7－22　电磁吸盘结构原理图

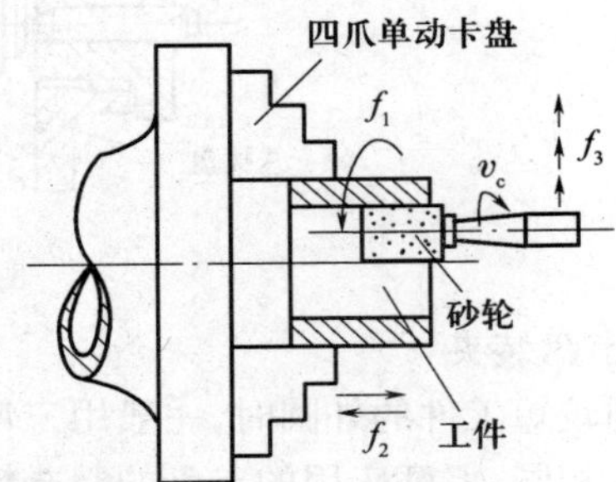

图 7－23　磨内圆的装夹方法及磨削运动

7.4.2　平面磨床磨削加工及操作步骤

对于精度要求高的平面以及淬火零件的平面加工,需要采用平面磨削方法。平面磨削主要在平面磨床上进行。平面磨削时,对于形状简单的铁磁性材料工件,采用电磁吸盘装夹工件,操作简单方便,能同时装夹多个工件,而且能保证定位面与加工面的平行度要求。对于形状复杂或非铁磁性材料的工件,可采用精密平口虎钳或专用夹具装夹,然后用电磁吸盘或真空吸盘吸牢。

1. 平面磨削方式

根据砂轮工作面的不同,平面磨削分为周磨和端磨两类。

1）周磨

周磨是利用砂轮的圆周面进行的磨削(图 7－24(a)、(b))。周磨时,砂轮与工件的接触面积小,磨削热少,排屑和冷却条件好,工件不易变形,砂轮磨损均匀,因此可获得较高的精度和较小的表面粗糙度 Ra 值,适用于批量生产中磨削精度较高的中小型零件,但生产率低。相同的小型零件可多件同时磨削，以提高生产率。

周磨达到的尺寸公差等级为 IT6 ~ IT7，表面粗糙度 Ra 值为 $0.2\mu m \sim 0.8\mu m$。

2）端磨

端磨是指利用砂轮的端面进行的磨削（图 7 - 24（c）、（d））。端磨时，砂轮轴悬伸长度短，刚性好，可采用较大的磨削用量，生产率较高。但砂轮与工件接触面积较大，发热量多，冷却与散热条件差，工件热变形大，易烧伤，砂轮端面各点圆周速度不同，砂轮磨损不匀，所以磨削质量较低。一般用于磨削精度要求不高的平面，或代替铣削、刨削作为精加工前的预加工。

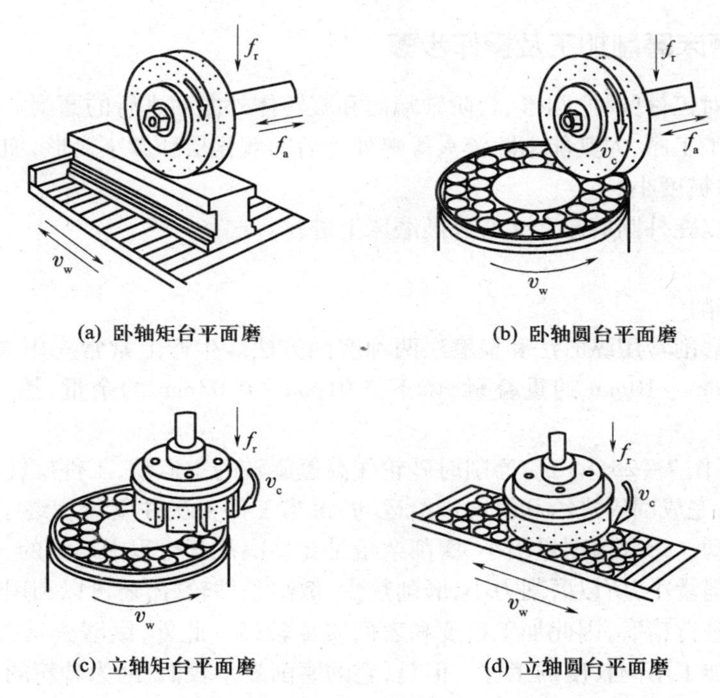

图 7 - 24　平面磨削方法

2. 平面磨削操作步骤

（1）将待加工零件去除毛刺及杂物，擦拭干净，再将工作台上的磁力吸盘表面清洁，清理干净。

（2）把清除干净后的工件置于磁力吸盘上，选择好合适的挡铁，置于工件左右，按电磁开关，用铜棒轻击左右挡铁，清除左右挡铁同工件间的间隙，使挡铁和工件间的结合面是最大面积的接触。

（3）根据实际需要，调整左右行程控制控块位置，控制工作台左右移动的行程。

（4）按砂轮运转控制开关（高速），使砂轮旋转，摇动砂轮垂直进给手轮（磨床正面右边手轮），使旋转砂轮向下作垂直移动，让砂轮渐渐靠近工件，即将控触时，开动横向、纵向的自动进给，使高速旋转的砂轮，在工件被加工表面的上边，作前后左右移动，同时继续进行缓慢的垂直进给，见有火花射出，立即停止垂直进给，并记下垂直进给手轮上的刻度。

（5）在垂直进给手轮上控制磨削深度，这里特别注意，磨削加工最大的危险是：在加工时，一次进刀量(磨削深度)太大,而导致高速旋转的砂轮爆裂,砂轮碎块飞出伤人。

(6) 进刀量开始可稍大,但磨削至快到要求尺寸时,为了提高被加工面的表面质量,进刀量就应取精磨时的磨削深度(精磨钢件进刀量取 0.005mm ~ 0.02mm;精磨铸件进刀量取 0.02mm ~ 0.05mm)。

(7) 当余量只剩 0.01mm ~ 0.02mm 时,停止垂直进给,但磨床还应继续工作,直到不见火花。

(8) 当砂轮横向退回时,按砂轮停止开关,使砂轮停转,逆时针扳回工作台,启动调速手柄(磨床正面中间的手柄),使工作台停下,关闭磁力吸盘,取下工件,将工件放于退磁器上退磁。

7.4.3 外圆磨床磨削加工及操作步骤

外圆磨削是对工件圆柱、圆锥、台阶轴端面和旋转体外曲面进行的磨削。磨削一般作为外圆车削后的精加工工序,尤其能消除淬火等热处理后的氧化层和微小变形,加工精度高(IT5 ~ IT6),加工表面粗糙度小。

外圆磨削可以在外圆磨床和无心外圆磨床上进行。

1. 磨削方法

1) 圆柱件磨削

圆柱件外圆磨削常用纵磨法和横磨法两种磨削方法。生产上常常先用横磨法分段粗磨,相邻两段间有 5mm ~ 10mm 的重叠量,留下 0.01mm ~ 0.03mm 的余量,然后用纵磨法进行精磨。

(1) 纵磨法(图 7 - 25(a))。磨削时砂轮作高速旋转的主运动,工件旋转并和工作台一起作往复直线运动,完成圆周进给和纵向进给运动,每当工件一次往复行程终了时,砂轮作周期性的横向进给运动。每次磨削量很小,磨削余量是在多次往复行程中切除的。

由于每次磨削量小,所以磨削力小,磨削热少,散热条件较好,还可以利用最后几次无横向进给的光磨行程进行精磨,因此加工精度和表面质量较高。此外,纵磨法具有较大的适应性,可以用一个砂轮加工不同长度的工件。但是,它的磨削效率较低,因为砂轮的宽度处于纵向进给方向,其前部分的磨粒担负主要切削作用,而后部分的磨粒担负修光作用,故广泛用于单件、小批生产及精磨,特别适用于细长轴的磨削。

(2) 横磨法(图 7 - 25(b))。又称切入磨法,磨削时,工件没有纵向进给运动,而砂轮以很慢的速度作连续的横向进给运动,直至磨去全部磨削余量。由于砂轮全宽上各处的磨粒的切削能力都能充分发挥,因此磨削效率高。但因为没有纵向进给运动,砂轮由于修整不好或磨损不均匀所产生的形状误差会反映到工件上;并且因砂轮与工件的接触长度大,磨削力大,发热量多,磨削温度高。因此,磨削精度比纵磨法的低,而且工件表面容易退火和烧伤。横磨法一般适于成批及大量生产中,磨削刚性较好,长度较短的工件外圆表面,或者两侧都有台阶的轴颈,如曲轴的曲拐颈等,尤其是工件上的成形表面,只要将砂轮修整成形,就可直接磨出,较为简便,生产率高。

2) 外锥面磨削

磨外圆锥面与磨外圆的主要区别是工件和砂轮的相对位置不同。磨外圆锥面时,工件轴线必须相对于砂轮轴线偏斜一圆锥斜角。常用转动上工作台或转动头架的方法磨外锥面,如图 7 - 26(a)、(b)所示。

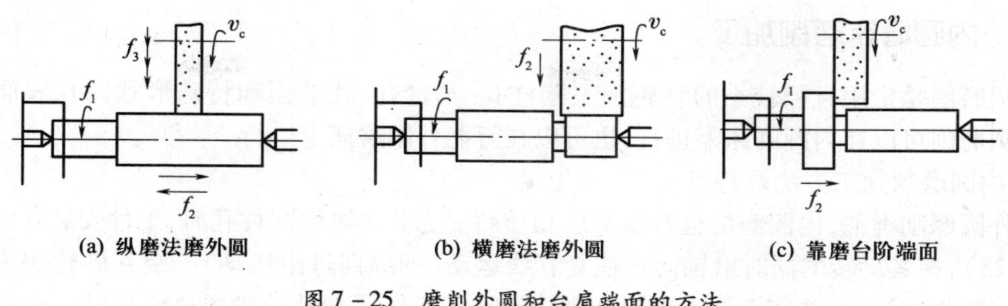

图 7-25 磨削外圆和台肩端面的方法

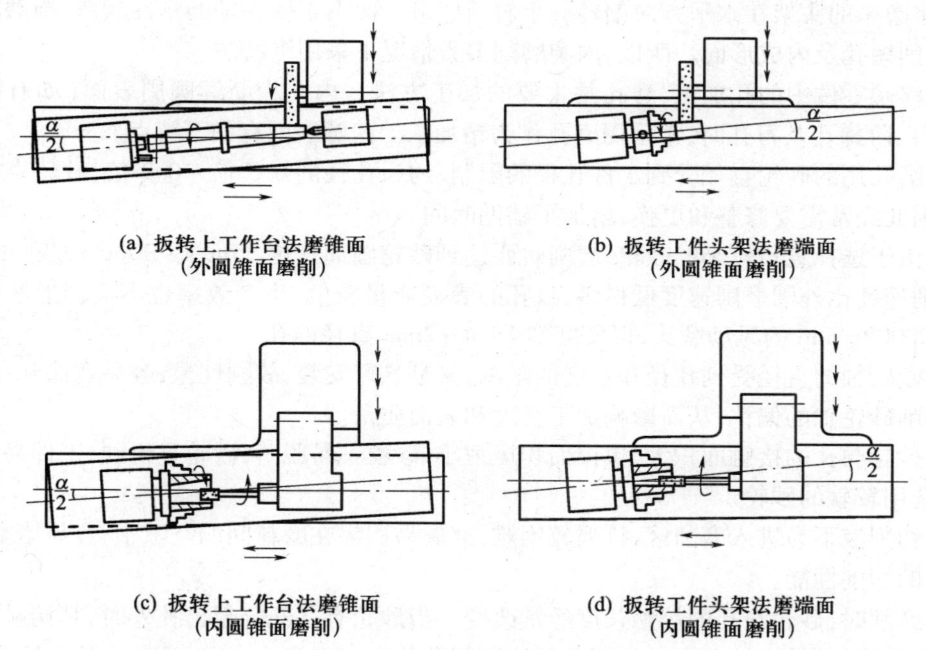

图 7-26 圆锥面的磨削方法

2. 外圆磨削操作步骤

在检查工件所留磨削余量及是否有锥度,安装外工件和调整机床以后,可按下列步骤磨外圆(纵磨法)。

(1) 开动机床液压系统,试运行,将砂轮慢慢靠近工件,快要碰到时,砂轮和工件转动,与工件稍微接触时开放冷却液。

(2) 在工件的左、中、又三处试吃刀后,使工件台纵向进给,进行一次试磨。磨完全长后,用千分尺检查有无锥度。如有锥度,转动工作台加以调整。

(3) 进行粗磨,工件每往复一次,切深为 0.01mm ~ 0.025mm。磨削时须有充分冷却液冷却,以免工件表面烧伤。留给精磨的切削余量一般为 0.03mm ~ 0.08mm。

(4) 进行精磨前,往往要修整砂轮。精磨切深为 0.05mm ~ 0.015mm,磨至规定尺寸时,停止砂轮的横向进给,但仍须使工作台纵向往复数次,直到无火花为止。

(5) 检查工件尺寸和表面粗糙度。由于在磨削过程中工件温度有所提高,测量时应考虑热膨胀对尺寸的影响。

7.4.4 内圆磨床磨削加工

内圆磨削是指用直径较小的砂轮加工圆柱孔、圆锥孔、孔端面和特殊形状内孔表面的方法。内圆磨削可以在内圆磨床上进行,也可以在万能外圆磨床上进行。

1. 内圆磨削加工方法及特点

与外圆磨削类似,内圆磨削也有纵磨法和横磨法之分。纵磨圆柱孔时,工件安装在卡盘上(图7-23),在其旋转的同时沿轴向作往复直线运动(即纵向进给运动)。装在砂轮架上的砂轮高速旋转作主运动,并在工件或砂轮往复行程终了时作周期性的横向进给运动。若磨圆锥孔,只需将磨床的头架在水平方向偏转一个斜角即可。而由于砂轮轴的刚性较差,横磨法仅适用于磨平削短孔及内成形面。所以,内圆磨削多数情况下采用纵磨法。

对于淬硬零件中的孔加工,磨孔是主要的加工方法。内孔为断续圆周表面(如有键槽或花键的孔)、阶梯孔及盲孔时,常采用磨孔作为精加工。内圆磨削有如下特点。

(1) 磨孔用的砂轮直径受到工件孔径的限制,约为孔径的0.5倍~0.9倍,砂轮直径小则磨耗快,因此经常需要修整和更换,增加了辅助时间。

(2) 由于选择直径较小的砂轮,磨削时要达到砂轮圆周速度25m/s~30m/s是很困难的。因此,磨削速度比外圆磨削速度低得多,故孔的表面质量较低,生产效率也不高。近些年来已制成有100000r/min的风动磨头,以便磨削1mm~2mm直径的孔。

(3) 砂轮轴的直径受到孔径和长度的限制,又是悬臂安装,故刚性差,容易弯曲和变形,产生内圆磨削砂轮轴的偏移,从而影响加工精度和表面质量。

(4) 砂轮与孔的接触面积大,单位面积压力小,砂粒不易脱落,砂轮显得硬,工件易发生烧伤,故应选用较软的砂轮。

(5) 切削液不易进入磨削区,排屑较困难,磨屑易积集在磨粒间的空隙中,容易堵塞砂轮,影响砂轮的切削性能。

(6) 磨削时,砂轮与孔的接触长度经常改变。当砂轮有一部分超出孔外时,其接触长度较短,切削力较小,砂轮主轴所产生的压移量比磨削孔的中部时为小,此时被磨去的金属层较多,从而形成"喇叭口"。为了减小或消除其误差,加工时应控制砂轮超出孔外的长度不大于1/2~1/3砂轮宽度。内圆磨削精度可达IT7,表面粗糙度可达$Ra0.2\mu m \sim 0.4\mu m$。

由于以上原因,内圆磨削生产率较低,加工精度不高,一般为IT7~IT8,粗糙度值为$Ra0.2\mu m \sim 1.6\mu m$。磨孔一般适用于淬硬工件孔的精加工。磨孔与铰孔、拉孔相比,能校正原孔的轴线偏斜,提高孔的位置精度,但生产率比铰孔、拉孔低,在单件、小批生产中应用较多。

2. 内圆磨削操作步骤

(1) 放下内磨装置,调整工作台。如果加工光滑直通孔,纵向进给运动就沿工件轴心线运动;如果加工锥孔,纵向运动方向与工件轴心线就成夹角。

(2)取下前顶针,装上卡盘。

(3) 将工件装夹在卡盘上,并找正。

(4) 调整行程挡块,控制其纵向往复运动行程。

(5) 开动砂轮,使工件和砂轮作相对的往复运动。

(6) 缓慢扳动横向进给手柄,让砂轮慢慢地接触被加工表面,见火花,即停止横向进给,记下刻度。

(7) 控制进刀量,切莫过大,每次进刀后,都要不见火花,再进刀。

(8) 反复以上步骤,从进刀手轮刻度上观察,余量不多时,进行检测,一般用塞规检测。

(9) 继续进刀,直至加工完毕。

7.5 磨床安全操作规程

(1) 开始工作前,应首先将机床上的灰尘、污垢等擦干净,并按机床说明书规定对磨床的有关部位进行润滑。

(2) 在机床导轨面与工作台面上,严禁放置工具、量具、工件或其他物件。

(3) 砂轮是一种脆性物质,又在高速旋转下工作,如使用不当,就有破裂飞出,造成严重的工伤事故,所以必须十分注意砂轮的安全使用(如正确地安装和紧固砂轮,不使用有裂纹的砂轮,工作时线速度不超过允许的安全线速度等)。

(4) 为了防止万一砂轮破裂时碎片飞出伤人,各种磨床都装有防护罩。

(5) 开车前必须调整好换向撞块的位置并将其紧固,以免由于撞块走动而使工作台行程过头。

(6) 开始磨削前,必须检查工件的装夹是否正确,紧固是否可靠。

(7) 磨削时必须在砂轮和工件开动后再吃刀,在砂轮退刀后再停车,否则容易挤碎砂轮和损坏机床,而且易使零件报废。

(8) 测量工件或调整机床都应在停车后进行,并不得在磨床开动时做清洁。

(9) 一个零件加工结束后,必须将砂轮架横进给手轮(外圆磨床)或垂直进给手轮(平面磨床)退出一圈,以免装好下一个零件再开车时,砂轮碰撞工件。

(10) 工作结束或完成一个段落时,应将磨床有关手柄放在"空挡"位置上。

(11) 采用干磨的磨床上必须装有吸尘设备,工作时应戴口罩。

7.6 典型磨削零件工艺分析及加工

7.6.1 工艺准备

1. 阅读分析图样

图 7-27 所示为零件简图。加工的尺寸公差等级为 IT6,圆柱度公差为 0.005mm,外圆柱表面对中心孔的径向圆跳动公差为 0.01mm。外圆柱面和台阶面的表面粗糙度为 $Ra0.4\mu m$,工件材料为 45 钢。$\phi30mm$、$\phi30mm$、$\phi40mm$ 三外圆面为装配表面,故有较高的加工要求。

2. 磨削工艺

分别用纵向法、切入法磨削台阶轴,留精磨的余量为 0.05mm。粗磨的磨削用量为:$v_s = 35m/s$、$n_w = 100r/min \sim 180r/min$、$a_p = 0.015mm$、$f = (0.4 \sim 0.8)mm/r$。精磨的磨削用量为:$v_s = 35m/s$、$n_w = 100r/min \sim 180r/min$、$a_p = 0.005mm$、$f = (0.2 \sim 0.4)mm/r$。

3. 工件的定位夹紧

工件的定位基准为中心孔,两中心孔构成了中心孔的中心轴线。采用两顶尖装夹方法,工件的中心孔需经研磨工序,装夹时应检查中心孔的精度。工件的加工面较多,可采用硬质合金顶尖以减少顶尖磨损对加工精度的影响。

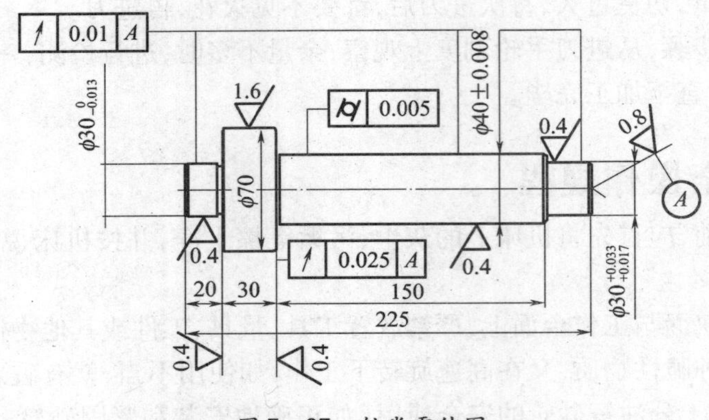

图 7－27　轴类零件图

4. 选择砂轮

选择砂轮为：WAF180L6V。

5. 选择设备

M1432B 型万能外圆磨床，M1412 型外圆磨床等。

7.6.2　工件磨削步骤及注意事项

1. 磨削步骤

操作的关键是将工件的径向圆跳动控制在公差范围内，磨削步骤如下。

（1）磨 ϕ40mm 外圆。找正工作台，保证圆柱度误差在 0.005mm 以内，留精磨余量 0.05mm。

（2）粗磨两个 ϕ30mm 外圆，留精磨余量 0.05mm。

（3）精细修整砂轮。

（4）用纵向法精磨 ϕ40mm 至要求尺寸，磨台阶面，保证端面的圆跳动 0.005mm。

（5）用切入法精磨右端 ϕ30mm 至要求尺寸。

（6）调头，用切入法精磨左端 ϕ30mm 至要求尺寸，磨台阶面至技术要求。

2. 注意事项

（1）首先用纵向法磨削长度最长的外圆，以便找正工作台，使工件的圆柱度达到公差要求。

（2）用纵向法磨削台阶旁外圆时，需细心调整工作台行程，使砂轮不撞到台阶面上。

（3）纵向法磨削台阶轴时，为了使砂轮在工件全长能均匀地磨削，待砂轮在磨削至台阶旁换向时，可使工作台停留片刻。

（4）磨削时注意砂轮横向进给手柄刻度位置，防止砂轮与工件碰撞。

（5）砂轮端面棱边要修整平整。磨台阶面时，切削液要充分，适当增加光磨时间。

3. 精度检测

（1）台阶轴圆跳动的测量。将工件安装在两顶尖之间，用杠杆千分表分别测量径向圆跳动和端面圆跳动误差。杠杆式千分表测量头角度应适宜。

（2）工件端面平面度的测量（用样板平尺测量平面度）。把样板平尺紧贴工件端面，用光隙法测量。如果样板平尺与工件端面间不透光，就表示端面平整，否则是内凹或内凸，一般允许内凹。

第三篇　先进制造及特种加工基础

第8章　数控车削

8.1　数控车削概述

8.1.1　数控车削应用

数控车床是一种高精度、高效率的自动化机床，也是使用数量最多的数控机床，约占数控机床总数的25%。它主要用于精度要求高、表面粗糙度好、轮廓形状复杂的轴类、盘类等回转体零件的加工，能够通过程序控制自动完成圆柱面、圆锥面、圆弧面和各种螺纹的切削加工，并进行切槽、钻、扩、铰孔等加工。图8－1是数控车床加工的典型零件。

图8－1　数控车床加工的零件

由于数控车床的数控系统有很多，不同的厂家采用不同的系统，在国内用的较多的主要有：FANUC数控系统、SIEMENS数控系统、华中数控系统和广州数控系统等。但它们的系统功能、编程指令和编程方法都有很多相同或者相似之处。

8.1.2　数控车床特点

（1）全封闭防护。

（2）排屑方便。

（3）主轴转速较高，工件夹紧可靠。

（4）自动换刀。

（5）主传动与进给传动分离，由数控系统协调。

（6）二轴联动车削为主，向多轴、车铣复合加工发展。

8.1.3 数控车床分类

1. 按主轴位置分

数控车床按主轴划分为以下两种。

1）卧式数控车床

卧式数控车床又分为数控水平导轨卧式车床（图 8－2）和数控倾斜导轨卧式车床如图 8－3所示。其倾斜导轨结构可以使车床具有更大的刚性，并易于排除切屑。

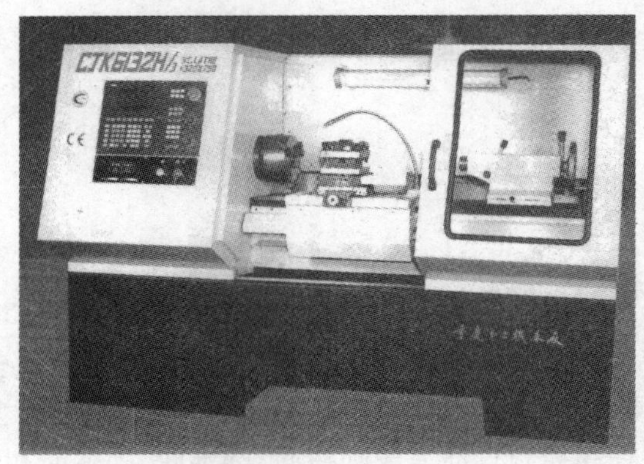

图 8－2 经济型数控车床

图 8－3 数控车床

2）立式数控车床

立式数控车床简称为数控立车，其车床主轴垂直于水平面，一个直径很大的圆形工作台，用来装夹工件。这类机床主要用于加工径向尺寸大、轴向尺寸相对较小的大型复杂零件，如图 8－4 所示。

2. 按刀架数量分类

1）单刀架数控车床

数控车床一般都配置有各种形式的单刀架，如四工位卧动转位刀架或多工位转塔式自动转位刀架，如图 8－5 所示。

2）双刀架数控车床

这类车床的双刀架配置平行分布，也可以是相互垂直分布，如图 8－6 所示。

图 8-4 立式数控车床

图 8-5 单刀架数控车床模型

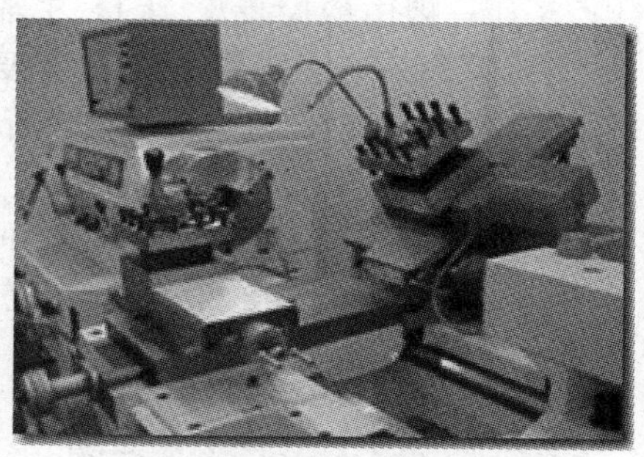

图 8-6 双刀架数控车床

3. 按功能分类

1）经济型数控车床

采用步进电动机和单片机对普通车床的进给系统进行改造后形成的简易型数控车床，成本较低，但自动化程度和功能都比较差，车削加工精度也不高，适用于要求不高的回转类零件的车削加工，如图 8-2 所示。

2）普通数控车床

根据车削加工要求在结构上进行专门设计并配备通用数控系统而形成的数控车床，数控系统功能强，自动化程度和加工精度也比较高，适用于一般回转类零件的车削加工。这种数控车床可同时控制两个坐标轴，即 X 轴和 Z 轴，如图 8-7 所示。

3）车削加工中心

在普通数控车床的基础上，增加了 C 轴和动力头，更高级的数控车床带有刀库，可控制 X、Z 和 C 三个坐标轴，联动控制轴可以是（X、Z）、（X、C）或（Z、C）。由于增加了 C 轴和铣削动力头，这种数控车床的加工功能大大增强，除可以进行一般车削外，还可以进行径向和轴向铣削、曲面铣削、中心线不在零件回转中心的孔和径向孔的钻削等加工，如图 8-8 所示。

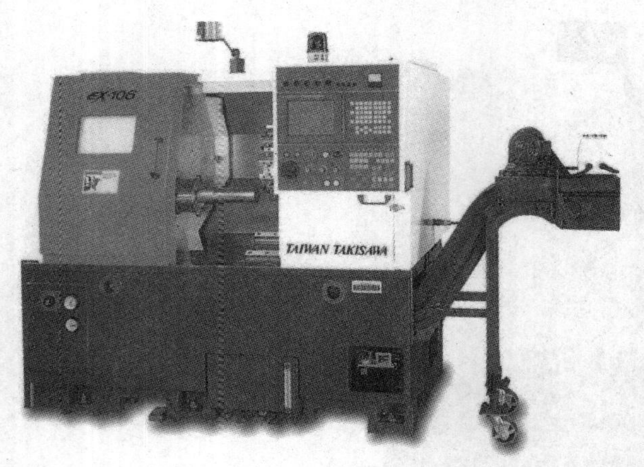

图 8-7 普通数控车床

图 8-8 车削加工中心

8.1.4 数控车床的基本组成

数控车床一般由数控装置、床身、主轴箱、刀架进给系统、尾座、液压系统、冷却系统、润滑系统、排屑器等部分组成。另外，根据需要还可以配备自动送料机、工件装卸机械手和工件装卸机器人等功能，如图 8-9～图 8-22 所示。

图 8-9 进给传动系统

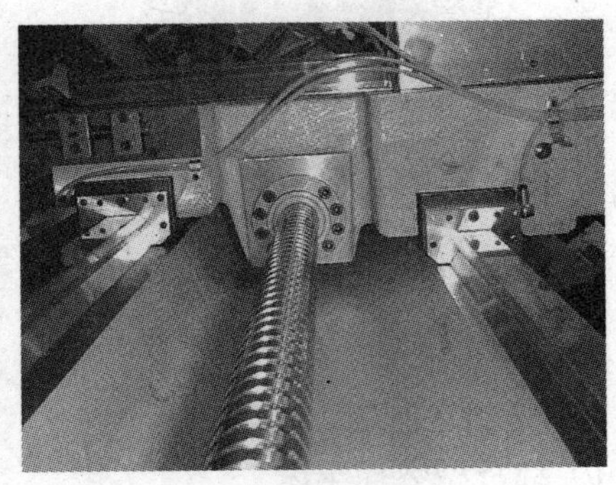

图 8-10 滚珠丝杠螺母副与滑动导轨

图 8-11 电动四方刀架

图 8-12 液压卡盘

图 8－13　电动(或液压)回转刀架

图 8－14　排式刀架

图 8－15　弹簧夹头卡盘

图 8－16　可编程控制液压尾座

图 8－17　光学对刀仪

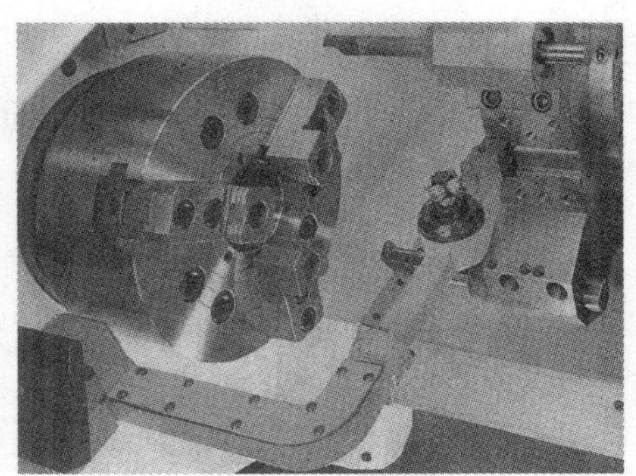

图 8－18　接触式对刀仪

图 8-19　跟刀架

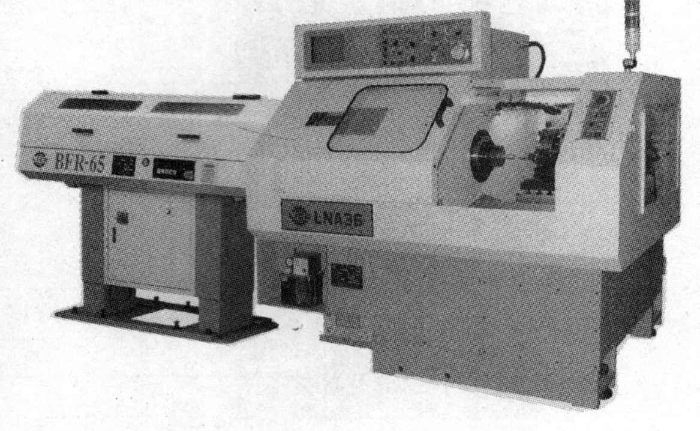
图 8-20　自动送料机

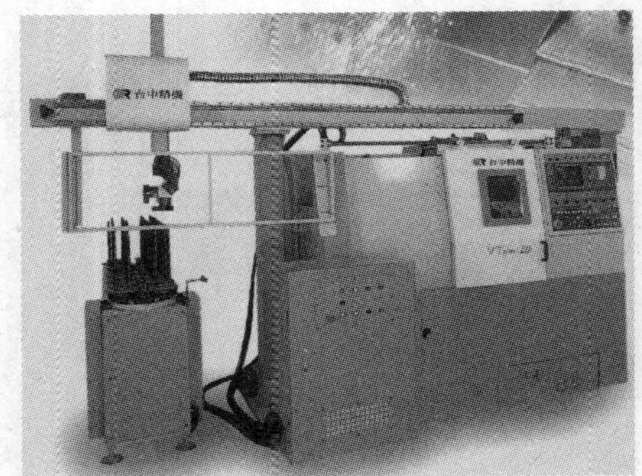
图 8-21　工件装卸机械手

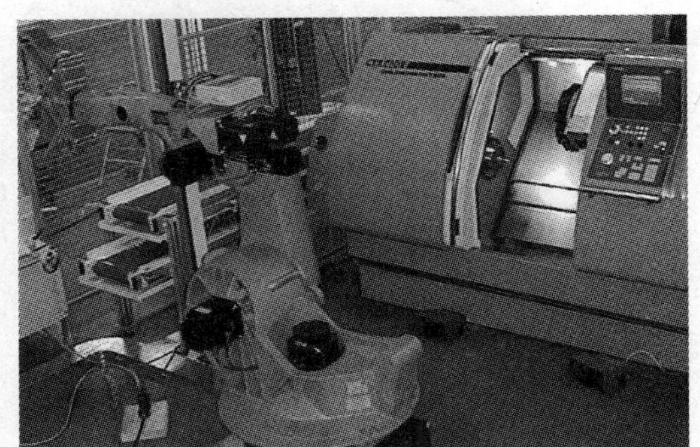
图 8-22　工件装卸机器人

8.2　数控车削加工基础

8.2.1　坐标系

通常情况下数控车床坐标系只有 X 轴和 Z 轴，Z 轴为主轴的回转中心线，X 轴与 Z 轴相垂直，其方向均以远离工件为正，如图 8-23 所示。

8.2.2　机床坐标系

在数控车床上，机床原点一般取在卡盘端面与主轴中心线的交点处，如图 8-24 所示。

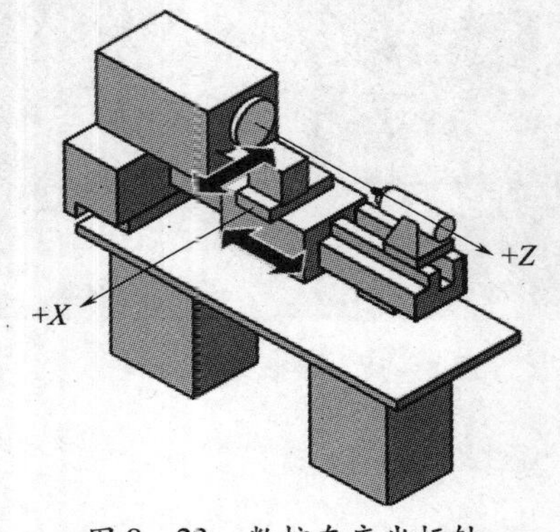

图 8-23　数控车床坐标轴

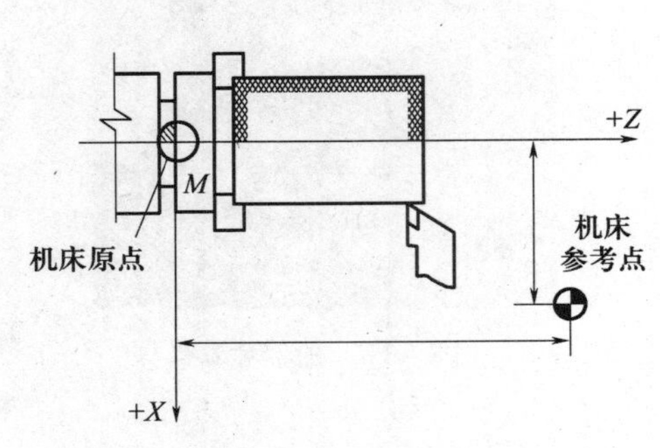

图 8-24　数控车床机床坐标系

8.2.3 工件坐标系(WCS)

为了编程方便,数控车床的工件坐标系原点一般取在主轴轴线与工件左端面(图 8-25(a))或右端面(图 8-25(b))的交点处;增量编程取右端面比较方便。在实际加工中一般将工件坐标系原点设置在主轴轴线与工件右端面的交点处,其主要目的是便于编程和减少计算量。

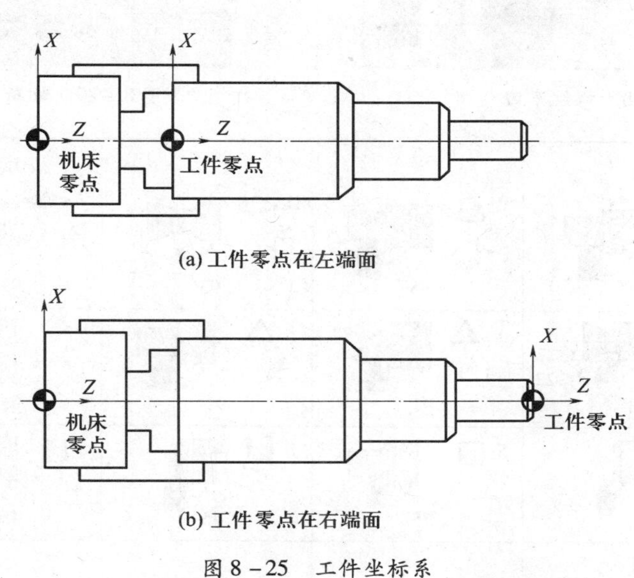

(a) 工件零点在左端面

(b) 工件零点在右端面

图 8-25 工件坐标系

8.2.4 数控车床常用刀具及选择

1. 数控车床常用刀具

在数控车床上使用的刀具有外圆车刀、钻头、镗刀、切断刀、螺纹加工刀具等,其中以外圆车刀、镗刀、钻头最为常用,如图 8-26 ~ 图 8-29 所示。

图 8-26 外圆车刀

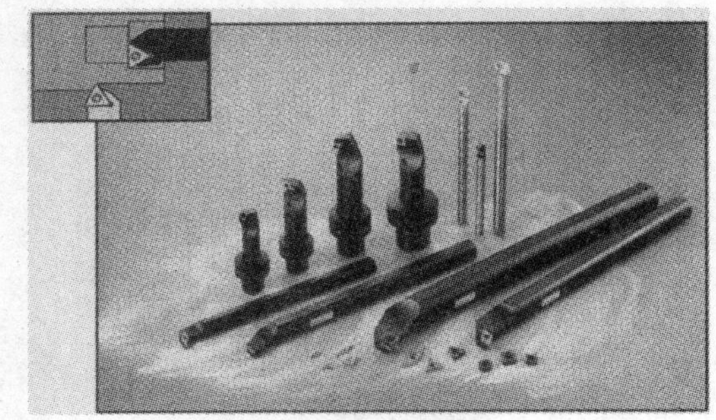

图 8-27 内孔车刀

2. 刀具选择

根据数控车床回转刀架的刀具安装尺寸、工件材料、加工类型、加工要求及加工条件从刀具样本中查表确定。

(1) 确定工件材料和加工类型(外圆、孔或螺纹),如图 8-30 所示。

图 8－28　螺纹车刀

图 8－29　切断(槽)车刀

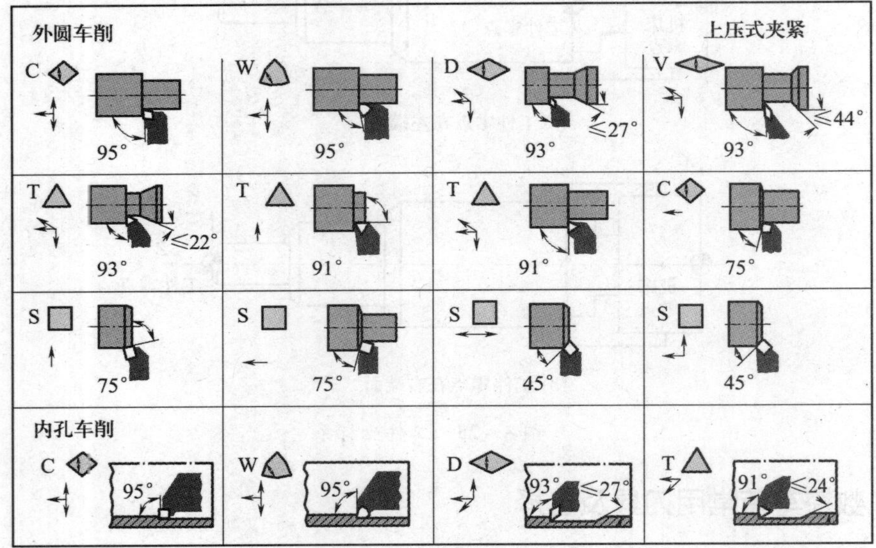

图 8－30　加工类型

(2) 根据粗、精加工要求和加工条件确定刀片的牌号和几何槽形,如图 8－31 所示。

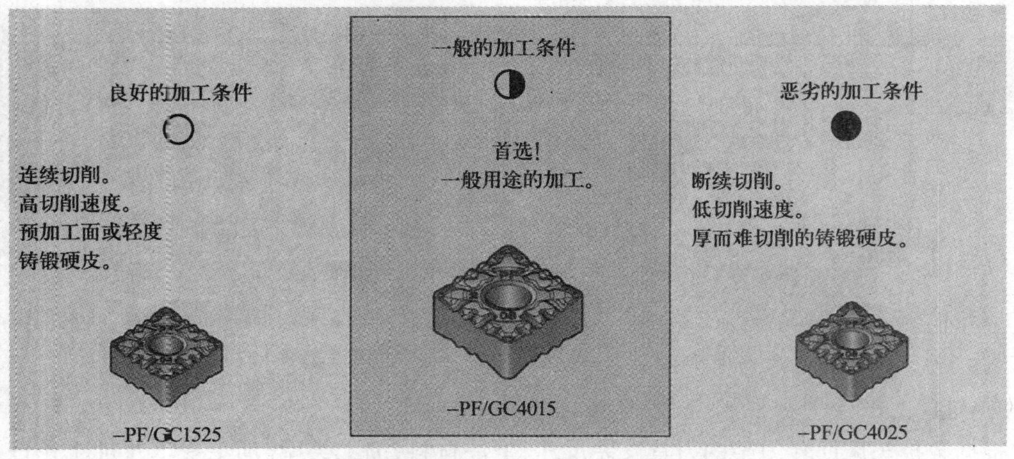

图 8－31　刀片的牌号和几何槽形

(3) 从相应的刀片资料中查找切削用量的推荐值,如图 8－32 所示。

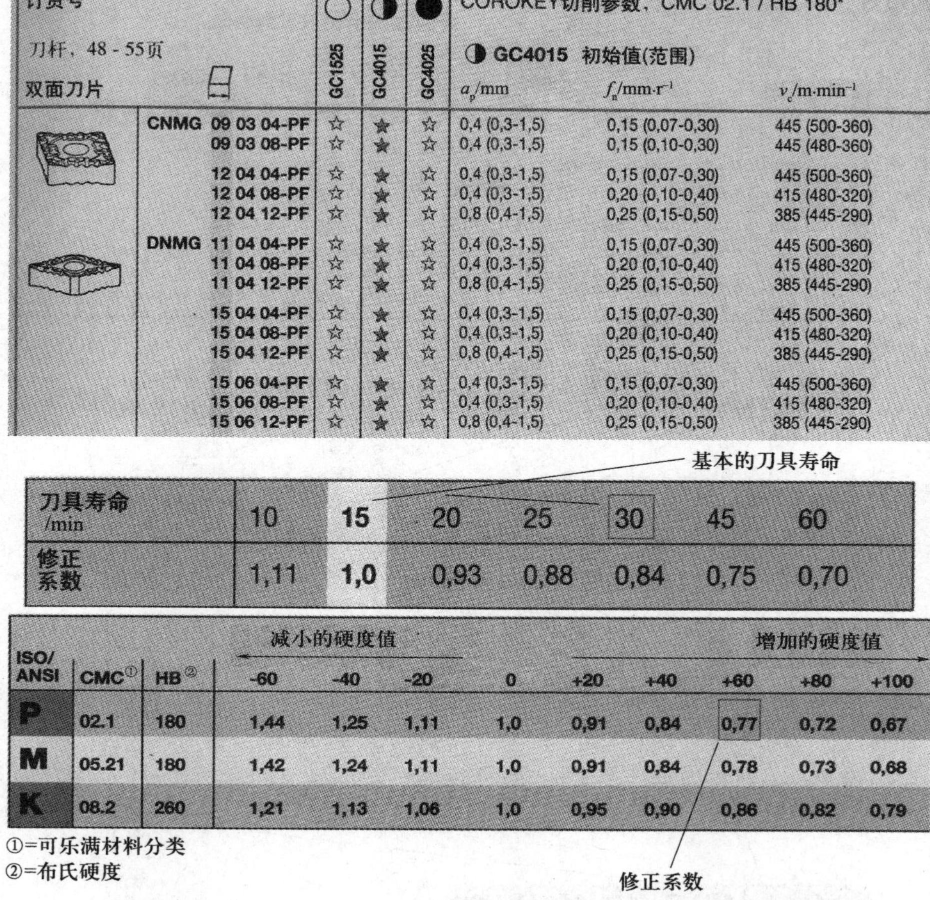

订货号 刀杆，48 - 55页 双面刀片		GC1525 ○	GC4015 ◑	GC4025 ●	COROKEY切削参数，CMC 02.1 / HB 180* ◑ GC4015 初始值(范围) a_p/mm	f_n/mm·r^{-1}	v_c/m·min^{-1}
CNMG	09 03 04-PF	☆	★	☆	0,4 (0,3-1,5)	0,15 (0,07-0,30)	445 (500-360)
	09 03 08-PF	☆	★	☆	0,4 (0,3-1,5)	0,15 (0,10-0,30)	445 (480-360)
	12 04 04-PF	☆	★	☆	0,4 (0,3-1,5)	0,15 (0,07-0,30)	445 (500-360)
	12 04 08-PF	☆	★	☆	0,4 (0,3-1,5)	0,20 (0,10-0,40)	415 (480-320)
	12 04 12-PF	☆	★	☆	0,8 (0,4-1,5)	0,25 (0,15-0,50)	385 (445-290)
DNMG	11 04 04-PF	☆	★	☆	0,4 (0,3-1,5)	0,15 (0,07-0,30)	445 (500-360)
	11 04 08-PF	☆	★	☆	0,4 (0,3-1,5)	0,20 (0,10-0,40)	415 (480-320)
	11 04 12-PF	☆	★	☆	0,8 (0,4-1,5)	0,25 (0,15-0,50)	385 (445-290)
	15 04 04-PF	☆	★	☆	0,4 (0,3-1,5)	0,15 (0,07-0,30)	445 (500-360)
	15 04 08-PF	☆	★	☆	0,4 (0,3-1,5)	0,20 (0,10-0,40)	415 (480-320)
	15 04 12-PF	☆	★	☆	0,8 (0,4-1,5)	0,25 (0,15-0,50)	385 (445-290)
	15 06 04-PF	☆	★	☆	0,4 (0,3-1,5)	0,15 (0,07-0,30)	445 (500-360)
	15 06 08-PF	☆	★	☆	0,4 (0,3-1,5)	0,20 (0,10-0,40)	415 (480-320)
	15 06 12-PF	☆	★	☆	0,8 (0,4-1,5)	0,25 (0,15-0,50)	385 (445-290)

基本的刀具寿命

刀具寿命 /min	10	15	20	25	30	45	60
修正系数	1,11	1,0	0,93	0,88	0,84	0,75	0,70

ISO/ ANSI	CMC①	HB②	减小的硬度值 -60	-40	-20	0	增加的硬度值 +20	+40	+60	+80	+100
P	02.1	180	1,44	1,25	1,11	1,0	0,91	0,84	0,77	0,72	0,67
M	05.21	180	1,42	1,24	1,11	1,0	0,91	0,84	0,78	0,73	0,68
K	08.2	260	1,21	1,13	1,06	1,0	0,95	0,90	0,86	0,82	0,79

①=可乐满材料分类

②=布氏硬度

修正系数

图 8 - 32　切削用量修正系数

(4) 根据刀架尺寸、刀片类型和尺寸选择刀杆，如图 8 - 33 所示。

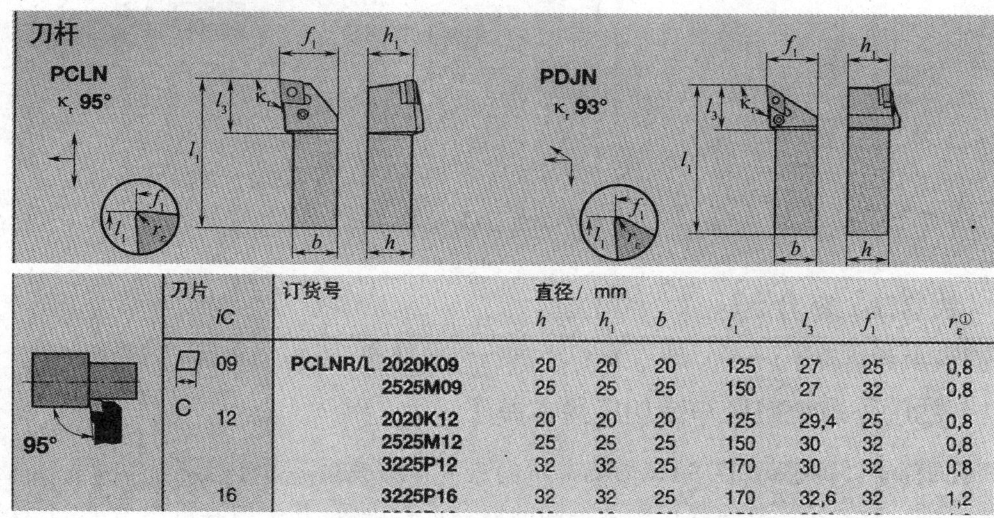

刀片	iC	订货号	直径/ mm h	h_1	b	l_1	l_3	f_1	r_ε①
C	09	PCLNR/L 2020K09	20	20	20	125	27	25	0,8
		2525M09	25	25	25	150	27	32	0,8
	12	2020K12	20	20	20	125	29,4	25	0,8
		2525M12	25	25	25	150	30	32	0,8
		3225P12	32	32	25	170	30	32	0,8
	16	3225P16	32	32	25	170	32,6	32	1,2

图 8 - 33　刀杆选择

(5) 刀片代号及意义,如图 8-34 所示。

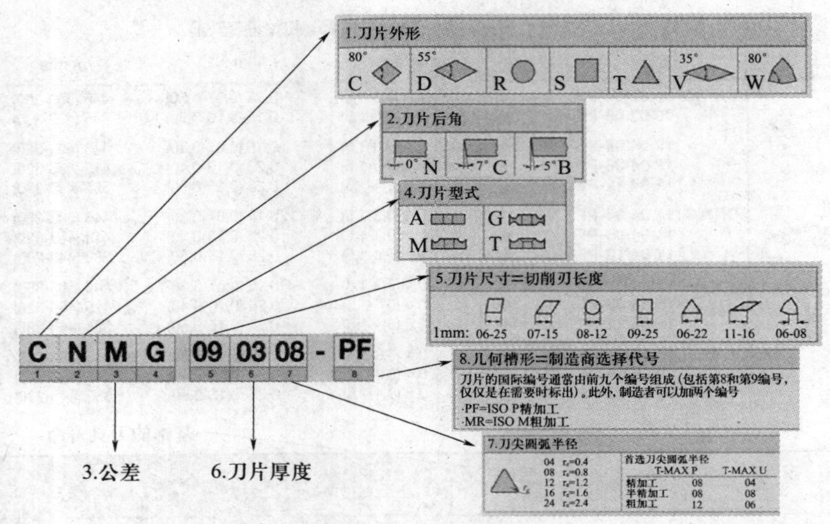

图 8-34　刀片代号及意义

(6) 刀杆代号及意义,如图 8-35 所示。

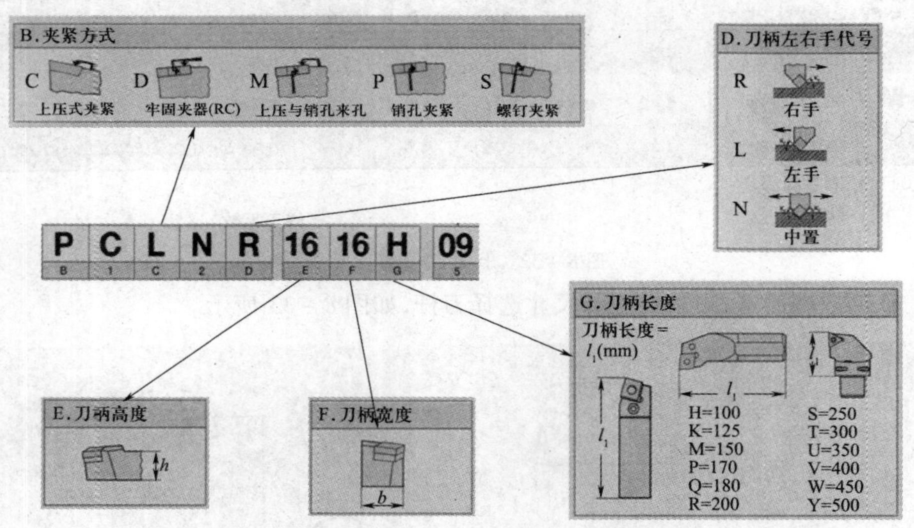

图 8-35　刀杆代号

8.3　数控系统介绍

由于数控系统较多,本章以西门子 802S 和广州数控 928TC 系统为例进行介绍。

8.3.1　西门子系统数控车床加工基本操作

由于西门子(SINUMERIK 802S/c base line)系统在车床和铣床操作过程中大部分内容是相同的,因此,本章只针对与数控铣床不同的内容进行讲解,其余内容可参考第 11 章数控铣床。

1. 系统开机和回参考点操作步骤

（1）将数控系统电源开关顺时针旋转 90°，接通电源，如“急停”按钮已按应顺时针方向旋转到复位状态。系统启动后进入“加工”操作区 JOG 运行方式，并出现“回参考点”窗口，如图 8－36 所示。

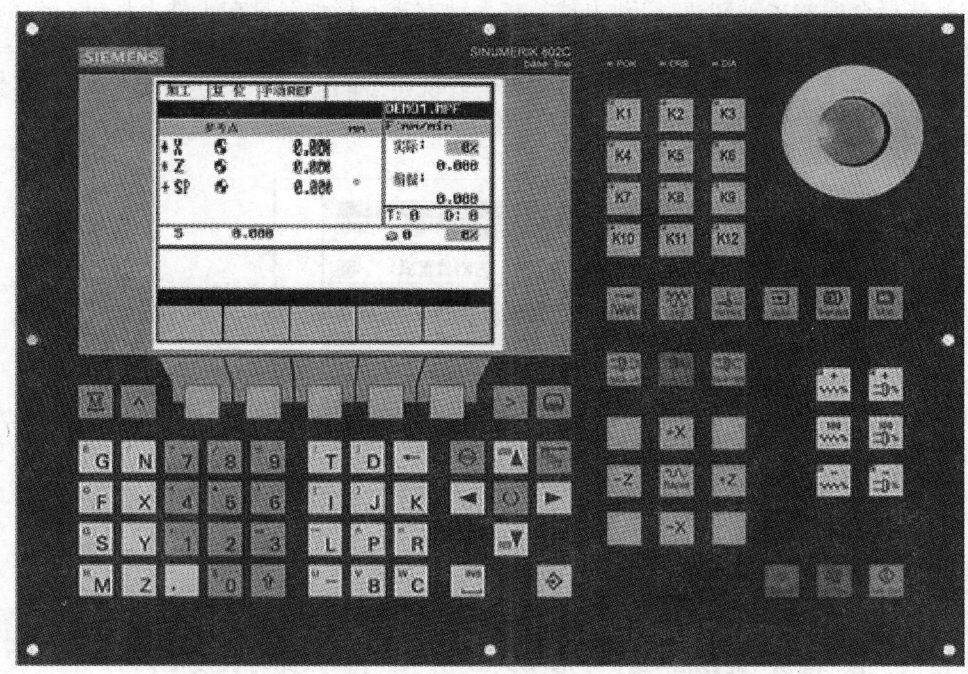

图 8－36　西门子 802S 操作界面及 JOG 方式回参考点

（2）按[回参考点]键，启动回参考点方式。在“回参考点”窗口中显示该坐标轴是否必须回参考点。如显示○表示坐标轴未回参考点；显示●表示坐标轴已达到参考点。

（3）长按方向键[+X]、[+Z]不放，进行回参考点运动，直到●符号出现。如果按到[-X]、[-Z]键，则机床不会产生运动。

对于数控车床一般情况下应先回 X 轴的参考点，再回 Z 轴参考点。其原因主要是让刀具离开工件表面，以避免发生刀具干涉或撞刀事故。可通过选择另一种运动方式（如 MDA、AUTO 或 JOG），结束回参考点操作。

2. 系统关机步骤

（1）将机床拖板移动至各轴的中间位置。

（2）按“急停”按钮。

（3）将数控系统电源开关逆时针旋转 90°，切断电源。

（4）断开机床总电源开关。

8.3.2　手动对刀与刀具参数设定

对于数控车床在零件加工之前必须通过适当的对刀方法来确定刀具与工件的位置，该位置应该尽量准确，否则极易发生撞刀或尺寸超差的现象。通常采用试切法来对刀，对刀方法及步骤如下。

(1) 检查机末是否已经回到参考点。

(2) 在机床上安装好试切工件和所用刀具。在 JOG 运行方式下,按操作面板区的"K4"键选择任意一把刀(一般是加工中使用的第一把刀)作为基准刀。

(3) 选择合适的主轴转速,启动主轴。在手动方式下移动刀具在工件上切出一个小台阶。

(4) 在 X 轴不移动的情况下沿 $+Z$ 方向将刀具移动到安全位置,停止主轴旋转。

(5) 测量所切出的台阶的直径,按屏幕下方软键对应的"参数"、"刀具补偿"键,屏幕显示"刀具补偿数据"窗口(图 8-37)。

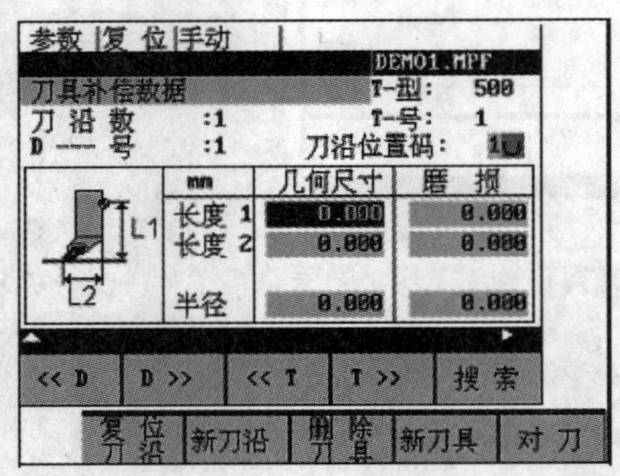

图 8-37 "刀具补偿数据"窗口

(6) 按"对刀"键,屏幕显示 X 轴对刀窗口(图 8-38)。

(7) 将测量出的直径值输入到"零偏"数据区,按"计算"键,系统将计算出的结果存入到 L1 数据区内。按"确认"键,屏幕返回到图 8-37 所示的窗口,此时长度 1 内的"几何尺寸"数据将自动变为 L1 的数据。

(8) 再次启动主轴,在手动方式下移动刀具在工件上切出一个端面。

(9) 在 Z 轴不移动的情况下沿 $+X$ 方向将刀具移动到安全位置,停止主轴旋转。测量所切的端面到所选基准点在 Z 方向的距离,按"对刀"、"轴 +"键,屏幕显示 Z 轴对刀窗口(图 8-39)。

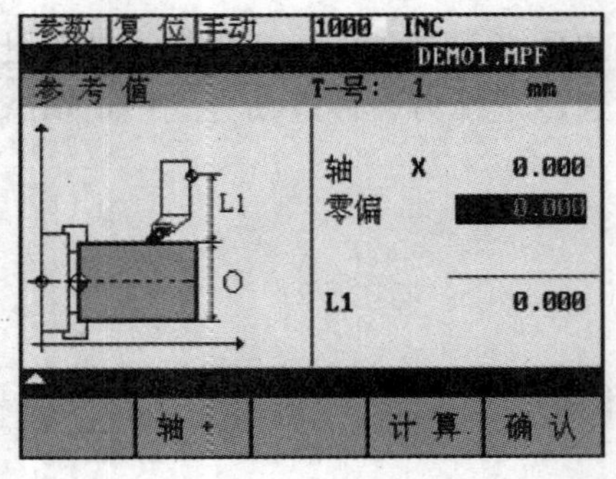

图 8-38 X 轴对刀窗口

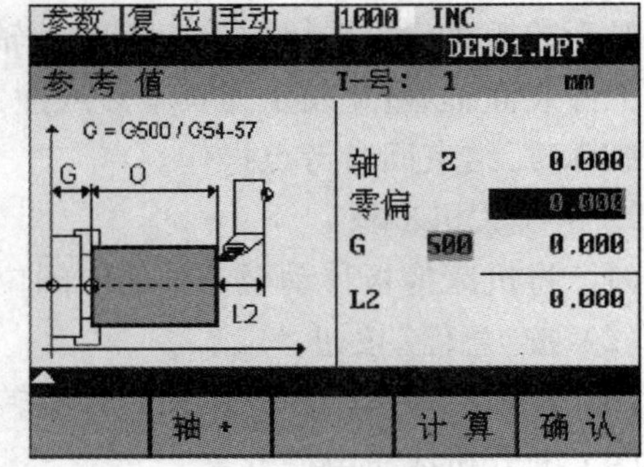

图 8-39 Z 轴对刀窗口

(10) 将测量出的长度值输入到"零偏"数据区,按"计算"键,系统将计算出的结果存入到 L2 数据区内。按"确认"键,屏幕返回到图 8-37 所示的窗口,此时"长度 2"内的"几何尺寸"数据将自动变为 L2 的数据。

(11) 按“K4”键换下一把刀,按T>>键切换到下一个刀号,并重复(3)~(10)步骤的操作对好其他刀具。

(12) 在工件坐标系没有变动的情况下,可以通过上述过程对任意一把刀进行对刀操作。在刀具磨损或调整一把刀时,操作非常快捷、方便。

注:用试切法对刀的关键之处在于对试切工件的测量。因此,为了测量得更精确,应先用游标卡尺测量再用千分尺测量,并以千分尺测量的尺寸为准。位于工件零点,则偏移值为零。

8.3.3 广州数控系统加工基本操作

1. 广州数控(GSK 928TC)操作面板介绍

广州数控具有集成式操作面板,如图8-40所示。其面板各按钮说明如下。

1) LCD显示器

数控系统的人—机对话界面,分辨率为320×240点阵。

2) 数字键

输入各类数据(0~9)。

3) 地址键

输入零件程序字段地址英文字母。

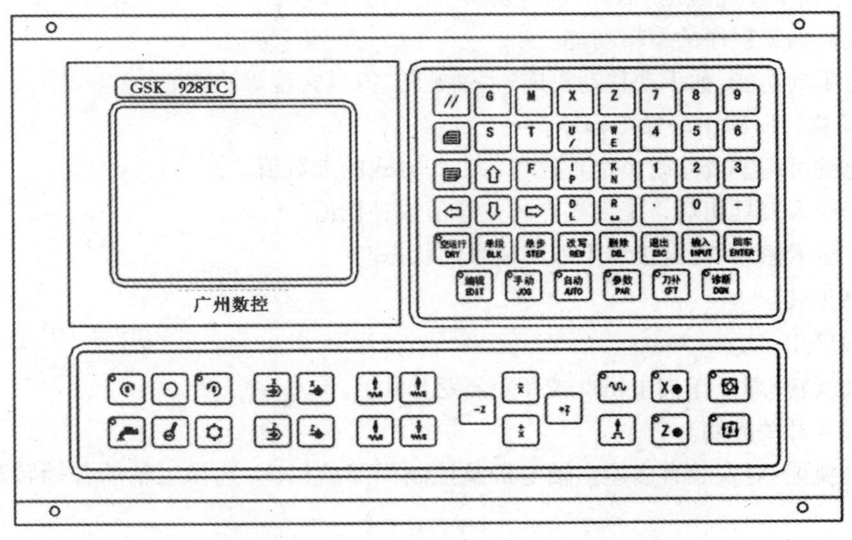

图8-40 GSK928TC操作面板

4) 复位键

//系统复位:按此键机床停止运行,并呈机床上电时的初时状态。

5) 编辑键

向前翻页:在编辑/参数/刀偏工作方式中向前翻一页检索程序或参数。在其他工作方式下使液晶显示器亮度增大。

向后翻页:在编辑/参数/刀偏工作方式中向后翻一页检索程序或参数。在其他工作方式下使液晶显示器亮度减小。

⇧光标向上移动:在编辑/参数/刀偏工作方式中使光标向上移动一行。

⇩光标向下移动:在编辑/参数/刀偏工作方式中使光标向下移动一行。

⇦光标向左移动:在编辑/参数/刀偏工作方式中使光标向左移动一个字符位置。

⇨光标向右移动:在编辑/参数/刀偏工作方式中使光标向右移动一个字符位置。

6）状态选择键

[改写 Rew]在编辑状态中按此键,输入方式在“插入/改写”方式下进行切换。

[删除 Del]在编辑工作方式中删除数字、字母、程序段或整个程序。

[退出 Esc]取消当前输入的各类数据或从当前工作状态中退出。

[输入 Input]用于输入各类数据、选择需要编辑或运行的程序、建立新的用户程序等。

[回车 Enter]确认所输入的各类数据。

7）功能键

[空运行 Dry]用于校验程序的正确性。在自动工作方式下选择此功能,程序将不执行 M、S、T 功能,其坐标轴也不运动,即机床处于锁住状态;在编辑方式下,可将光标移动到本行行号后的第一个字符。

[单段 Single]在自动工作方式下选择此功能,程序将在“单段/连续”方式下进行切换(单段方式:当前程序段执行完后,暂停执行,按“循环启动”键再继续执行)。

[单步 Step]在手动单步与点动方式下进行切换。

[编辑 EDIT]完成对加工程序的编辑功能。

[手动 JOG]执行手动功能,如手动移动机床、主轴旋转、刀具转位等功能。

[自动 AUTO]自动执行所编辑的加工程序。

[参数 PAR]按此键可调整或修改决定数控机床工作方式的参数值。

[刀补 OFT]用于输入刀具相对于工件零点的偏移值或补偿值。

[诊断 DGN]用于显示输入/输出接口中外部信号的状态。

主轴正转。

主轴停止。

主轴反转(对于单向电机此按钮将不起作用)。

冷却液开关控制。

主轴换挡:对安装有多速主轴电机及控制回路的机床,选择主轴的各挡转速(最多 16 挡)。

换刀键:选择与当前刀号相邻的下一个刀号的刀具。

X 轴回程序参考点。该方式仅在手动/自动方式下有效。

Z 轴回程序参考点。该方式仅在手动/自动方式下有效。

X 轴回机床参考点。该方式仅在手动方式下有效。

Z 轴回机床参考点。该方式仅在手动方式下有效。

快速倍率增加:手动方式中增大快速移动速度倍率;自动运行中增大 G00 指令速度倍率。

快速倍率减小:手动方式中减小快速移动速度倍率;自动运行中减小 G00 指令速度倍率。

进给倍率增加：手动方式中增大进给速度倍率；自动运行中增大 G01 指令速度倍率。

进给倍率减小：手动方式中减小进给速度倍率；自动运行中减小 G01 指令速度倍率。

-X 在手动运行方式下，使 X 轴向负方向运动。

+X 在手动运行方式下，使 X 轴向正方向运动。

-Z 在手动运行方式下，使 Z 轴向负方向运动。

+Z 在手动运行方式下，使 Z 轴向正方向运动。

快速/进给键：在手动运行方式下，控制快速移动速度与进给速度之间的相互切换。

手动步长选择：在手动单步/手轮工作方式中选择单步进给或手轮进给的各级步长（步长各级增量为：0.001、0.01、0.1、1、10、50）。

X X 轴手轮选择：当机床配置有手摇脉冲发生器时，按该键 X 轴的运动将由手轮进行控制。

Z Z 轴手轮选择：当机床配置有手摇脉冲发生器时，按该键 Z 轴的运动将由手轮进行控制。

循环启动：在"自动"方式下按该键，程序将启动并自动运行。

进给保持：在"自动"方式下按该键，程序将暂停。如要继续执行应再按"循环启动"键。

2. 系统开/关机步骤

1）开机步骤

（1）首先合上机床总电源开关。

（2）按数控系统电源开关接通电源，如"急停"按钮已按应顺时针方向旋转到复位状态，数控系统显示初始画面。在显示过程中，按住 // 键以外的任意键，将显示本系统使用的软件版本号，松开按键，系统进入当前正常工作方式。

2）关机步骤

（1）将机床拖板处于各轴的中间位置。

（2）按数控系统电源开关切断电源。

（3）断开机床总电源开关。

3. 零件程序的建立、删除、选择、更名和复制

零件程序的建立、选择、删除、更名和复制操作均在零件程序目录检索状态或程序编辑内容状态下进行。

1）零件程序的建立

（1）按 编辑 EDIT 键，进入"零件程序目录检索"状态，如图 8－41 所示。

（2）按 输入 Input 键，输入两位程序目录清单中不存在的程序号作为新程序号。

（3）按 回车 Enter 键，新零件程序建立完成，系统进入"程序编辑"状态，如图 8－42 所示。

2）零件程序的删除（图 8－43）

（1）在"零件程序目录检索"状态下按 输入 Input 键。

（2）输入需要删除的程序号。

（3）按 删除 Del 键，系统将显示 **确认？**。

（4）按 输入 Input 键，系统将删除所输入程序号的零件程序，按其他键将取消该操作。

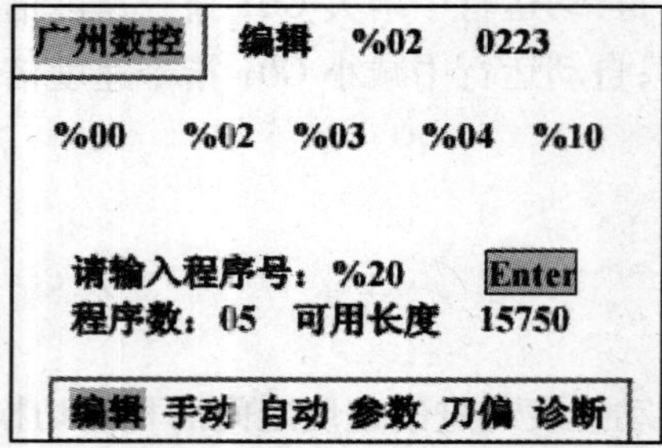

图 8－41 零件“程序目录检索”界面

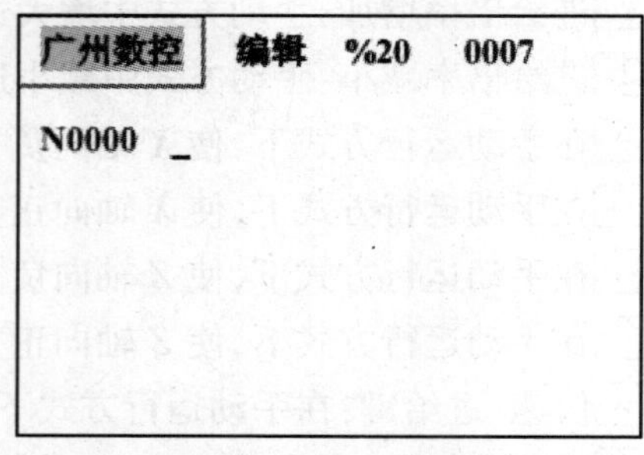

图 8－42 零件“程序编辑”界面

3）零件程序的选择（图 8－44）

（1）在“零件程序目录检索”状态下按输入 Input键。

（2）输入需要选择的程序号。

（3）按回车 Enter键，完成零件程序的选择并显示零件程序内容，系统进入“程序编辑”状态。

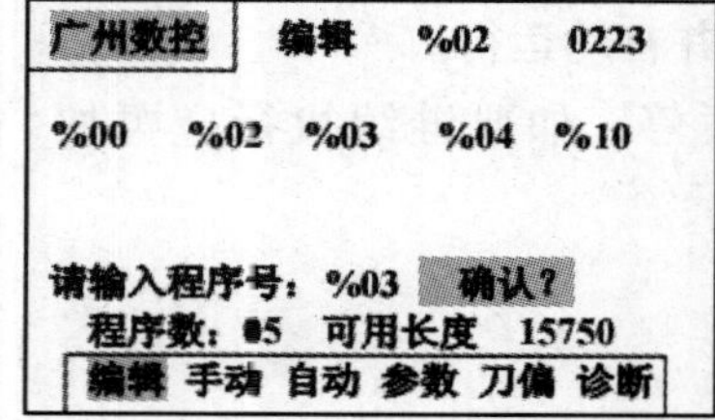

图 8－43 零件“程序删除”界面

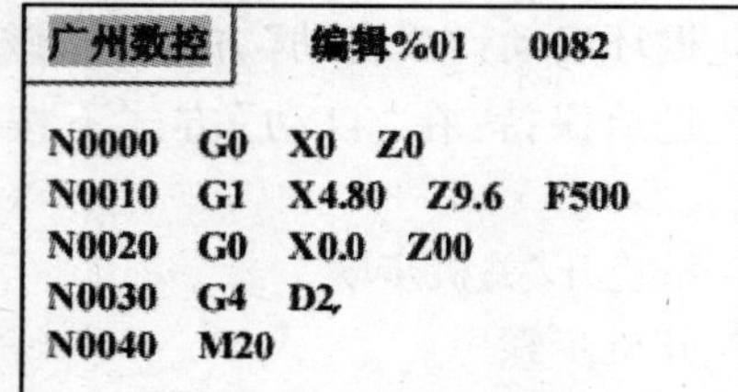

图 8－44 零件“程序编辑”界面

注：当选择好一个程序后，系统将一直保持不变，即使断电，除非选择其他程序。

4）零件程序的更名

将当前程序的程序号更改为另外的程序号。

（1）按输入 Input键，将显示%。

（2）输入程序列表中不存在的程序号，按改写 Rew键，将当前程序的程序号修改为输入的文件号。

5）零件程序的复制

将当前程序的内容复制成另外的程序，新程序成为当前程序。

（1）按输入 Input键，将显示%。

（2）输入程序列表中不存在的程序号，按输入 Input键，将当前程序的全部内容复制到以输入程序号为程序名的程序中，新程序将成为当前程序。

注：如输入的程序名已经存在，则系统将提示“程序名重复”，此时按任意键退出，重新输入程序列表中不存在的程序号，再按回车 Enter键即可。

4. 手动工作方式

按手动 JOG键，进入手动工作方式。

在手动工作方式下通过机床操作面板来完成机床拖板的移动、主轴及冷却液的启停、手动换刀、X 和 Z 轴回程序参考点和回机械零点等功能。

手动工作方式有手动点动和手动单步两种工作方式，系统上电默认为手动点动方式。可通过按[单步 Step]键，在两种方式之间相互切换。

1）手动点动

在手动点动进给方式中按住“手动进给”方向键不放开，机床拖板就按所选的坐标轴及方向连续移动；按键放开，机床拖板减速停止。手动点动的移动速度按选定的快速或进给速度执行。

注1：只有当系统外接的主轴及进给保持旋钮处于允许进给时，按“手动进给”键，机床拖板可以移动；处于进给保持时，按“手动进给”键，机床拖板不会移动。

注2：当电机高速运动时，虽然“手动进给”键已经放开，由于系统自动加减速的存在，机床拖板将继续移动而不会立即停止。具体移动长度随电机最高速度、系统加减速时间、进给倍率而定。速度越高、加减速时间越长，电机减速移动的距离越长，反之，移动距离越短。

2）手动单步（图8-45）

在手动单步进给方式中，机床拖板每次移动的距离是按事先选定好的步长，每按一次“手动进给”方向键，机床拖板就在所选的坐标轴及方向移动一个选定步长的距离。按键不放开，机床拖板将连续按步长进给，直到该键放开后移动完最后一个步长。

手动单步进给的步长分为0.001、0.01、0.1、1、10、50，共6级可选。按[⊥]键，可选择各级步长。每按一次该键，步长递减一级。到最后一级后又返回第一级，如此循环。

注1：在单步方式中可以按[⊡]键来终止移动，按此键，机床拖板移动减速停止，剩余步长不再保留，再按“手动进给”键执行下一次单步进给过程。*X*方向进给时步长表示为直径方向的移动量。

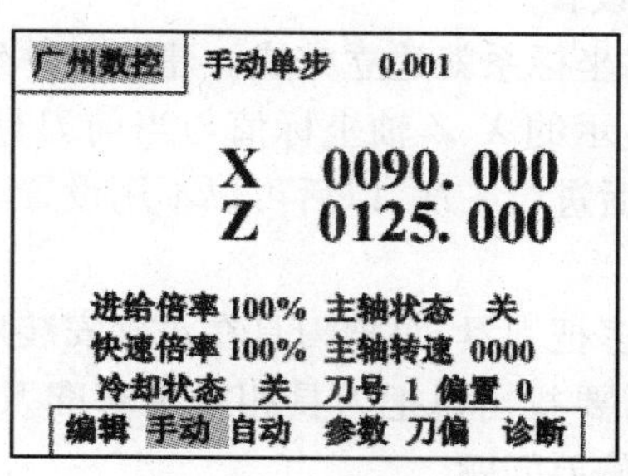

图8-45 手动单步进给

3）手动进给速度选择

在手动工作方式下，按[∿]键，使其指示灯灭，即进入手动进给方式。

在手动进给方式中其进给倍率大小可以通过按[↑%]、[↓%]键，使当前进给倍率增加或减小一挡。其范围为0%~150%，共16挡可选择。每挡对应的移动速度如表8-1所列。

表8-1 进给倍率与进给速率对应表

进给倍率	0	10	20	30	40	50	60	70	80	90	100	110	120	130	140	150
进给速度 /mm·min^{-1}	0	4.3	12.6	20	32	50	79	123	200	312	420	530	600	850	1000	1262

4）手动快速进给速度选择

在手动工作方式下，按[∿]键，使其指示灯亮，即进入手动快速进给方式。

在手动快速进给方式中其进给速度大小可以通过按[↑%]、[↓%]键，使当前快速进给倍率增加或减小一挡。其范围为25%、50%、75%、100%,共4挡可选择。

手动快速进给时实际进给速度由快速移动速度与快速倍率确定。其关系如下:X轴实际快速速度 = P06 × 快速倍率;Z轴实际快速速度 = P05 × 快速倍率。

5. 设置工件坐标系

GSK928TC数控系统采用浮动工件坐标系,该工件坐标系是对刀及相关尺寸的基准。设置工件坐标系的步骤如下。

(1) 在机床上装夹好试切工件和所用刀具,选择任意一把刀(一般是加工中使用的第一把刀)作为基准刀。

(2) 选择合适的主轴转速并启动主轴。在手动方式下移动刀具,以手动进给方式在试切工件上切出一个小台阶。

(3) 在X轴不移动的情况下沿Z方向将刀具移动到安全位置,停止主轴旋转。

(4) 测量所切出台阶的直径,按[输入 Input]键,屏幕显示[设置],再按[X]键,显示[设置 X],输入测量出的直径值,按[回车 Enter]键,系统自动设置好X轴方向的工件坐标。如按[退出 Esc]键,则取消X轴的工件坐标设置。

(5) 再次启动主轴,在手动方式下移动刀具在工件上切出一个端面。

(6) 在Z轴不移动的情况下沿X方向将刀具移动到安全位置,停止主轴旋转。

(7) 测量所切的端面到所选基准点在Z方向的距离,按[输入 Input]键,屏幕显示[设置],再按[Z]键,显示[设置 Z],输入测量出的数据,按[回车 Enter]键,系统自动设置好Z轴方向的工件坐标。如按[退出 Esc]键,则取消Z轴的工件坐标设置。

通过以上操作,系统的工件坐标系就建立完成。建立工件坐标系将清除原有的系统偏置。若不设置工件坐标系,则当前显示的X、Z轴坐标值与当前刀具实际位置会有偏差,设置工件坐标系的操作需在系统初始化后进行一次,以后可以不用设置。

6. 手动对刀方法

由于加工一个零件常需要多把刀具,每把刀具在正确安装后旋转到切削位置时,其刀尖所处位置不可能完全重合,因此需要找出每把刀具相对于基准刀在X和Z方向的偏差,以使用户在编程时无需考虑刀具间的偏差问题。

GSK928TC数控系统设置了试切法对刀和定点法对刀两种方式(在进行对刀工作前必须设置好工件坐标系),下面分别进行说明。

1) 试切对刀方式步骤

(1) 输入T00,撤销原刀偏。

(2) 在机床上装夹好试切工件和所用刀具,选择任意一把刀(一般是加工中使用的第一把刀)作为基准刀。

(3) 选择合适的主轴转速,启动主轴。在手动方式下移动刀具在工件上切出一个小台阶。

(4) 在X轴不移动的情况下沿Z方向将刀具移动到安全位置,停止主轴旋转。

(5) 测量所切出的台阶的直径,按[I]键,屏幕显示[刀偏 X],输入测量出的直径值,按[回车 Enter]键,屏幕显示[T * X](*表示当前的刀位号),按[回车 Enter]键,系统自动计算X轴方向的刀偏值,并将计算出的刀偏存入*对应的X轴刀偏参数区。可按[刀补 OFT]键进入刀偏工作方式下查看和修改刀偏值。当显示[T * X]时输入1~8的数字键再按[回车 Enter]键,则系统计算出的刀偏值,将存入输入的数字对应的 *X* 轴刀偏参数区,不按[回车 Enter]键,而按[退出 Esc]键,则取消当前的输入值。

(6) 再次启动主轴,在手动方式下移动刀具在工件上切出一个端面。

(7) 在 *Z* 轴不移动的情况下沿 *X* 方向将刀具移动到安全位置,停止主轴旋转。测量所切的端面到所选基准点在 *Z* 方向的距离,按[K]键,屏幕显示[刀偏 Z],输入测量出的数据,按[回车 Enter]键,系统自动计算 *Z* 轴方向的刀偏值,并将计算出的刀偏存入当前刀号对应的 *Z* 轴刀偏参数区。

(8) 换下一把刀,并重复(3)~(7)步骤的操作对好其他刀具。

(9) 在工件坐标系没有变动的情况下,可以通过上述过程对任意一把刀进行对刀操作。在刀具磨损或调整一把刀时,操作非常快捷、方便。有时刀补输不进去或计算出的数据不正确时,可以先撤销刀补(T00),或执行回零操作。

2) 定点对刀方式步骤

(1) 在机床上装夹好试切工件和所用刀具,选择任意一把刀(一般是加工中使用的第一把刀)作为基准刀。

(2) 选择合适的主轴转速并启动主轴。

(3) 选择合适的手动进给速度,以手动进给方式将刀具靠近工件上事先确定的对刀点,当确定刀具与对刀点重合后停止移动刀具。

(4) 按[回车 Enter]键,屏幕高亮显示当前刀号和刀偏号,连续按两次[□]键,屏幕正常显示当前刀号和刀偏号,系统自动记下当前坐标位置,并将当前坐标值作为其他刀的对刀基准(对非基准刀不能进行此步骤操作)。对于基准刀还需进行下一步操作。

(5) 按[回车 Enter]键,再按[输入 Input]键确认,屏幕正常显示当前刀号和刀偏号,系统自动计算出当前刀号对应的刀偏值并把刀偏值存入当前刀号对应的参数区。在刀偏工作方式中可以查看和修改该刀偏值。

(6) 用手动方式将刀具移出对刀位置到可以换刀处,通过手动换刀,将下一把需要的刀转到切削位置。

(7) 重复(2)、(3)、(5)项操作,直到全部刀具对刀完毕。

7. 手动坐标轴的移动

GSK928TC 数控系统可以在手动工作方式下控制机床的某一个轴进行运动。其运动方式分为绝对运动和相对运动,现分别介绍如下。

1) 手动坐标轴的绝对移动

在手动工作方式下,可以使某一个轴从当前位置直接移动到输入的坐标位置,具体操作步骤如下。

(1) 确定要移动的坐标轴,移动 *X* 轴则按[X]键,屏幕显示[移动 X],移动 *Z* 轴则按[Z]键,屏幕显示[移动 Z]。

(2) 从键盘输入实际需要达到位置的坐标值。

(3) 输入完数据后按[回车 Enter]键,屏幕显示[运行?],按[□]键,则所选轴向输入的坐标位置移动。如按[退出 Esc]键,则机床不移动并返回手动工作方式。

2) 手动坐标轴的相对移动

在手动工作方式下，可以使某一个轴从当前位置以增量移动方式移动到输入的坐标位置。具体操作步骤如下。

(1) 确定要移动的坐标轴，移动 X 轴则按 U 键，屏幕显示 移动 U，移动 Z 轴则按 W 键，屏幕显示 移动 W。

(2) 从键盘输入实际需要达到位置的坐标值。

(3) 输入完数据后按 回车 Enter 键，屏幕显示 运行?，按 循环启动 键，则所选轴向输入的坐标位置移动。如按 退出 Esc 键，则机床不移动并返回手动工作方式。

注 1：以上两种移动方式的 X 轴均为直径值。

注 2：以上两种移动方式均只能同时移动一个坐标轴。

注 3：以上两种移动方式的移动速度由当前所选定的手动移动速度来确定。

8. 手动换刀控制

GSK928TC 数控系统标准配置为四工位电动刀架，在手动工作方式中换刀控制方式有 3 种，现分别介绍如下。

(1) 将参数 P12 的 MODT 设置成 0，按一次 换刀 键，刀架旋转到下一个刀位号，显示器上显示相应刀位号。

(2) 将参数 P12 的 MODT 设置成 1，按一次 换刀 键，再按 回车 Enter 键，刀架旋转到下一个刀位号，显示器显示相应刀位号。如果按 回车 Enter 键后按其他键，刀架则不执行换刀动作。

(3) 从键盘直接输入 T＊0(其中＊表示要旋转到的刀位号)，再按 回车 Enter 键，刀架旋转到＊所表示的刀位上，0 表示取消刀具偏置。

注：方式(1)、(2)只能进行换刀动作，方式(3)既能执行换刀又能执行刀具补偿。如输入 T33，表示换 3 号刀，同时调入 3 号刀具补偿。

9. 自动加工状态下的程序验证

在做完自动加工前的所有工作后，即可进入自动加工状态。

在自动加工前，操作者还并不能完全了解所编制的程序是否正确，程序所加工出的零件尺寸是否合格。因此，需要验证程序的正确性。

1) 机床锁住状态运行

按 自动 AUTO 键，进入自动加工状态。按 空运行 Dry 键，使其灯亮，按 循环启动 键，此时程序将自动运行，但不执行 M、S、T 功能，其坐标轴也不运动，即机床处于锁住状态。为了便于验证刀路轨迹是否正确，可在按 循环启动 键之前按 T 键，将屏幕切换到图形显示界面(图 8－46)。在此情况下，当程序处于非运动状态时，可按 Z 键切换到刀尖轨迹的显示(图 8－47)。如再按 Z 键可退回到图形显示界面。如再按 T 键可退回到坐标显示界面。

在图形显示界面，为了便于观测，应根据所加工零件的尺寸调整图形大小。其参数有如下 4 个(图 8－48)。

(1) 长度：加工零件的毛坯的总长度，单位 mm。

(2) 直径：加工零件毛坯的最大外圆，单位 mm。

(3) 比例：确定显示零件形状的比例与实际加工比例无关。若零件尺寸过大，则选择比例缩小，若零件尺寸过小则选择比例放大，以获得较好的显示效果，便于观察。

(4) 偏移：编程基准点与毛坯起点间在 Z 方向的偏差，X 方向始终以零件中心线为基准。

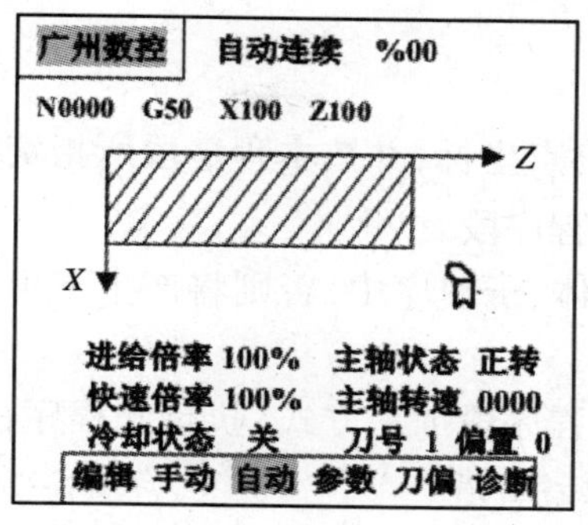

图 8－46 图形显示模式

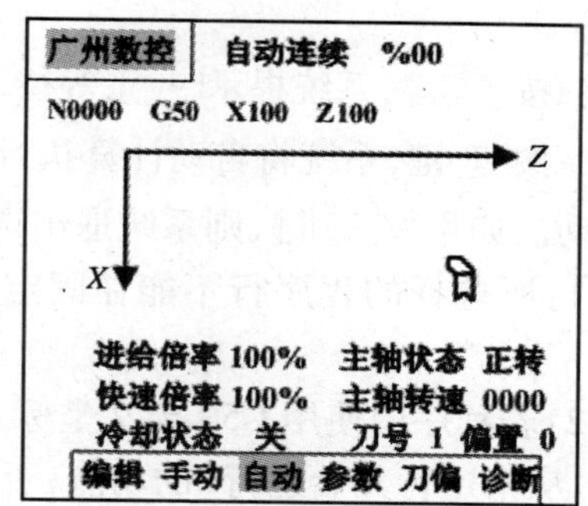

图 8－47 刀尖轨迹显示模式

例如：加工零件毛坯长 100mm（图 8－49），以端面 1 为编程原点，则偏移值输入 0；以端面 2 为编程原点，则偏移值输入 100。

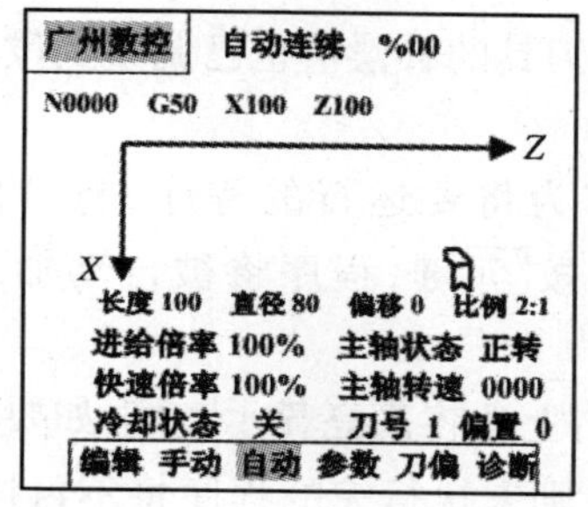

图 8－48 图形显示数据定义

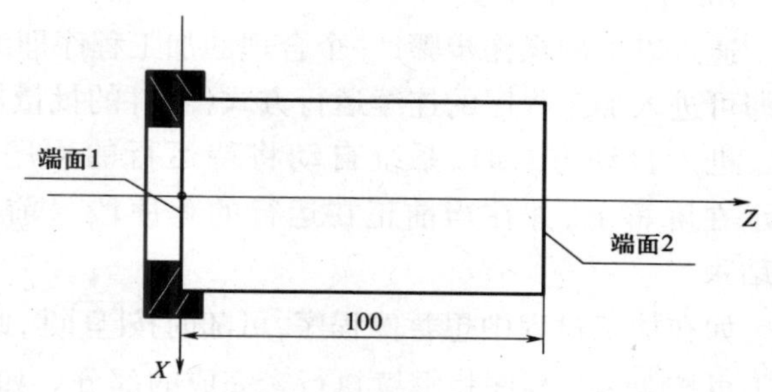

图 8－49 图形显示数据定义示例

2）单程序段加工方式

机床锁住状态只能验证程序的正确性，并不能验证所选切削要素和加工尺寸是否合格。因此，需要进行试切加工。

单程序段加工步骤如下。

（1）按［自动 AUTO］键，进入自动加工状态。按［单段 Single］键，使屏幕上方显示［单段停］。

（2）按［⊡］键，程序将自动执行一段后停止运行，屏幕上方显示［单段停］。如此时程序无误可按［⊡］键，继续执行下一段程序行，如此时程序与所设想的动作不一样，则应将程序停止，回到编辑状态，将有问题的程序行更改后方可继续执行。

3）从指定的程序行运行

从单程序段加工方式可以看出，如某些程序出现问题后，在修改后又需要从第一行继续执行，这将非常耗费时间。因此在一些特定情况下，需要人工指定从加工程序的某一行开始运行，以节省时间。

GSK928TC 数控系统允许从当前加工程序的任意行开始，而刀架可以停在任意位置。具体操作步骤如下。

（1）确定需要开始运行的指定程序行。若使用 G50 定义坐标系而要使用从指定行开始运行时，可先单段执行 G50 再选择所需运行的程序段。

① 按［输入 Input］键，系统显示当前运行程序的第一行。

② 按［⇩］键，选择所需运行的程序段。如按［退出 Esc］键，系统将退出选择，仍显示原来的程

序段。

（2）按[回车 Enter]键，系统提示[运行?]，等待下一步操作。

（3）按[⑪]键，系统将自动计算执行所选程序段的终点坐标，并按本程序段所指定的终点进行运动。如果按[退出 Esc]键，则系统退出选择，返回第一个程序段。

注1：所选择的程序行不能在固定循环、复合循环体、子程序中，否则将产生不可预料的结果。

注2：若程序中使用G50定义坐标系，则应先用“单程序段加工方式”执行此程序行后，才能使用“从指定行开始运行”的功能，否则移动结果可能会出错。

注3：从指定行开始运行时所选择的程序段最好为直线移动G01或M、S、T指令。当选择G02/G03指令时必须保证刀具和系统的坐标均停留在圆弧的起点上，否则不能保证加工出的圆弧符合要求。

10. 自动运行方式

通过以上的操作步骤，一个合理的加工程序即编制完成，刀具的补偿值也已调整到位。下面即可进入加工程序的连续运行方式（零件的批量加工）。

进入自动方式时，系统自动将待运行的程序前两行作为将要运行的程序，将其内容显示在屏幕上，并在当前正在运行的程序段号前显示 * 。按[⑪]键，程序将被自动加工直至结束。

如在加工过程中想暂停程序，可随时按[⑩]键，此时屏幕右上角将高亮显示[暂停!]，如要继续加工可按[⑪]键，程序将继续执行未完成的部分。如按[退出 Esc]键，则未执行完的程序将不再执行，程序将返回到第一行。

注1：“进给保持”键在程序执行过程中的任何一个时刻均可按下，使其暂停。而单程序段必须是在一个程序行执行完毕后才能停止。

注2：进给保持后，在继续运行程序前，必须确认主轴是否启动，否则会造成事故。

1）加工速度的倍率修调

自动运行方式中可以通过改变速度倍率修调来改变程序及参数中设定的速度值，而不必修改程序。

（1）进给倍率修调。按[↑%]、[↓%]键，修调程序中速度字F设定的值。关系如下：实际进给速度 = *F* × 进给倍率。

进给倍率有0% ~ 150%（间隔10%）共16挡，在程序执行中所有进给速度控制的指令均受进给倍率的控制。当进给倍率为零时运行停止。

（2）快速倍率修调。按[↑%]、[↓%]键，修调程序中快速移动指令（G00）的速度。关系如下：*X* 轴实际快速速度 = 参数P05 × 快速倍率；*Z* 轴实际快速速度 = 参数P06 × 快速倍率。

快速倍率有25%、50%、75%、100%共四挡。在程序执行中所有快速进给的指令及动作均受快速倍率的控制。

2）刀具偏置

GSK928TC数控系统共设置T1 ~ T8共8组刀偏值，每组刀偏又有 *X* 轴、*Z* 轴方向两个数据。其中可通过手动对刀操作自动生成的刀偏组数量和使用的刀具总数相同，其余的刀偏数据只能通过键盘输入。

9 号刀偏为回机械零点后的坐标设定值。在指令中不能使用 T＊9 刀补,否则将出现“参数错”报警。

按[刀补 OFT]键,进入刀偏设置工作方式,如图 8－50 所示。

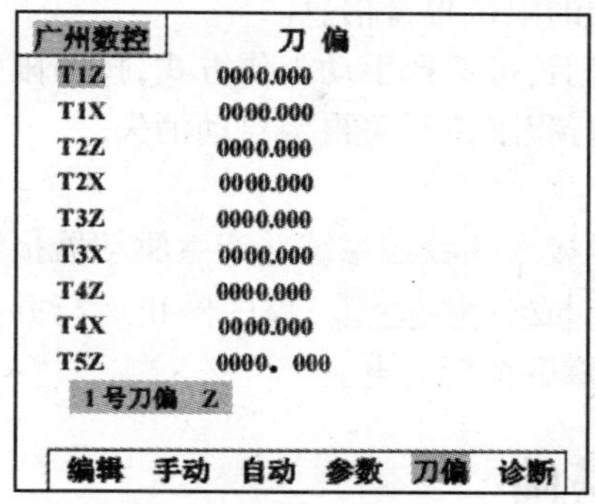

图 8－50 刀偏设置工作方式

(1) 刀偏数据的检索。在刀偏工作方式中按方向键,可以移动光标到需要的位置,以输入或修改刀偏值。也可通过按翻页键,检索前一页或后一页的刀偏值,每页共 9 行。

(2) 刀偏数据的输入。刀偏数据应通过操作面板上的数字键进行输入,其输入的方式有绝对输入和相对输入两种,现分别介绍如下。

① 刀偏数据的绝对输入。

a. 进入刀偏设置工作方式。

b. 移动方向键到要修改的刀偏号上。

c. 按[输入 Input]键,在屏幕上的刀偏号后会显示一个高亮块。

d. 输入刀偏数据。如输入过程出现错误,可按[⇦]键进行修改。

e. 输入完毕后按[回车 Enter]键,将所输入的数据存入到当前的刀偏号内。

② 刀偏数据的相对输入。

a. 进入刀偏设置工作方式。

b. 移动方向键到要修改的刀偏号上。

c. 按[输入 Input]键,在屏幕上的刀偏号后会显示一个高亮块。

d. 输入刀偏数据。如输入过程出现错误,可按[⇦]键进行修改。按[改写 Rew]键,则系统将把输入数据与所选参数的原数值进行运算。若输入数据为正,系统将输入数据与所选参数的原数值相加作为结果存入参数区。若输入数据为负,则系统将输入数据与所选参数的原数值相减作为结果存入到当前的刀偏号内。

11. 急停和行程限位报警

1) 急停

当机床在加工过程中发生紧急情况,可按该开关(位于机床操作面板上最大的红色的蘑菇状的按钮),系统立即进入紧急状态(所有轴停止进给,主轴、冷却液等全部开关量控制置为输出无效),屏幕将显示“急停报警”画面。

当急停条件解除后,可将“急停”开关按顺时针旋转,“急停”开关将自行抬起。再按系统键盘上的任意键,系统退出急停状态返回到急停之前的工作方式。

2）行程限位开关报警

为防止拖板超出正常工作范围而损伤机床精度，GSK928TC 数控系统安装有行程限位开关。当拖板移动压下行程限位开关时，机床停止进给但不关闭其他辅助功能，程序停止运行，并在屏幕右上角显示出相应轴的限位报警信息。

当产生行程限位开关报警后，可选择手动工作方式，按与限位方向相反的“手动进给”键，即可以退出行程限位，屏幕上行程限位开关报警自动消失。

3）驱动器报警

当驱动器的报警输出信号接入到数控系统并产生驱动器报警时，系统自动切断所有进给，并在屏幕右上角提示 X轴驱动报警 或 Z轴驱动报警 。程序停止运行并关闭所有输出信号，此时应检查驱动器及相关部分，排除故障后重新上电。

8.4 数控车床编程基础

数控车床的基本编程指令与铣床基本相同，这里不再详述，具体可查看本书的第 11 章。本章只列出广州数控 928TC 系统的指令代码，其他系统的代码可查看相应的厂家资料。

8.4.1 数控车床的编程特点

数控车床的编程有如下特点。

（1）在编程过程中，根据零件图的尺寸，可以采用绝对值编程、增量值编程或两者混合编程方式。

（2）为了测量与编程方便，数控车床的程序都以直径值表示；但也可用增量值编程，编程时其径向坐标值以实际位移量的二倍表示，并附上方向符号（正向可以省略）。

（3）为提高工件的径向尺寸精度，X 向的脉冲当量取 Z 向的一半。

（4）由于车削加工常用棒料或锻料作为毛坯，加工余量较大，所以为简化编程，数控装置常具备不同形式的固定循环，可进行多次重复循环切削。

（5）编程时，常认为车刀刀尖是一个点，而实际上为了提高刀具寿命和工件表面质量，车刀刀尖常磨成一个半径不大的圆弧，因此为提高工件的加工精度，当编制圆头刀程序时，需要对刀具半径进行补偿。大多数数控车床都具有刀具半径自动补偿功能（G41、G42），这类数控车床可直接按工件轮廓尺寸编程。

8.4.2 基本指令

1. G 功能——准备功能

G 功能定义为机床的运动方式，由字符 G 及后面两位数字构成，广州数控系统的准备功能指令（G 指令）如表 8－2 所列。

表 8－2 G 功能代码

指令	功 能	模态	编 程 格 式
G00	快速定位	*	G00 X(U)Z(W)
G01	直线插补	*	G01 X(U)Z(W)F
G02	顺圆插补	*	G02 X(U)Z(W)R F G02 X(U)Z(W)I K F

（续）

指令	功　能	模态	编 程 格 式
G03	逆圆插补	*	G03 X(U)Z(W)R　F
			G03 X(U)Z(W)I　K　F
G04	定时延时		G04D
G20	英制输入		
G21	公制输入		
G22	程序循环开始		G22 L
G26	*X*、*Z* 回参考点		G26
G27	*X* 轴回参考点		G27
G28			
G29	*Z* 轴回参考点		G29
G33	螺纹切削	*	G33 X(U)Z(W)P(E)I　K　F
G50	设置工件绝对坐标系		G50 X　Z
G71	外圆粗车循环		G71X　I　K　F　L
G72	端面粗车循环		G72 Z　I　K　F　L
G73			
G74	端面钻孔循环		G74 X(U)Z(W)I　K　E　F
G75	内、外圆切槽循环		G75 X(U)Z(W)I　K　E
G80	程序循环结束		G80
G90	内、外圆柱面循环		G90 X(U)Z(W)R　F
G92	螺纹切削循环	*	G92 X(U)Z(W)P(E)L　I　K　F
G93	系统偏置	*	G93 X(U)Z(W)
G94	内、外圆锥面循环	*	G94 X(U)Z(W)R　F
G96	恒线速控制		G96 S
G97	取消恒线速控制		G97 S

注 1：表中带 * 指令为模态指令，即在没有指定其他 G 指令的情况下一直有效。

注 2：表中指令在每个程序段只能有一个 G04 之外的 G 代码，仅 G04 指令可和其他 G 代码在同一程序段中出现。

注 3：通电及复位时系统处于 G00 状态。

注 4：模态指令与非模态指令的比较如下。

模态指令：这类指令一旦出现，它一直有效，直到被同组的其他指令所代替，如 F 代码、S 代码和常用的 G 代码。

非模态指令：这类指令只在当前的程序段有效，如 G04。

2. M 功能——辅助功能指令

M 功能指令主要用于控制机床的某些动作的开关以及加工程序的运行顺序，M 功能指令由地址符 M 后跟两位整数构成，GSK928TC 数控系统所使用的 M 功能指令如表 8－3 所列。

表 8－3　M 功能代码

指令	功　能	编程格式	说　明
M00	暂停指令	M00	按“运行”键再启动
M02	程序结束返回参考点	M02	
M03	主轴顺时针(正转)	M03	
M04	主轴逆时针(反转)	M04	
M05	主轴停	M05	
M08	冷却液开	M08	
M09	冷却液关	M09	
M10	工件夹紧	M10	
M11	工件松开	M11	
M20	程序结束返回参考点、返回程序第一段循环加工	M20	
M30	程序结束返回参考点、关冷却液、主轴停	M30	
M21	置 1 号用户输出有效	M21D	当有 D 参数时,可以使信号保持 D 指定的时间,时间到后,信号取消
M22	置 1 号用户输出无效	M22 D	
M23	置 2 号用户输出有效	M23D	
M24	置 2 号用户输出无效	M24 D	
M32	润滑液开	M32	
M33	润滑液关	M33	
M91	1 号用户输出有效时等待直到输入无效	M91 P	由 P 指定转入——程序段号
M92	1 号用户输出无效时等待直到输入有效	M92 P	
M93	2 号用户输出有效时等待直到输入无效	M93 P	
M94	2 号用户输出无效时等待直到输入有效	M94 P	
M97	程序转移	M97 P	由 P 指定转入——程序段号
M98	子程序调用	M98 P L	由 P 指定转入——程序段号,由 L 指定调用次数
M99	子程序返回	M99	

注 1:每个程序段只能有一个 M 代码,前导 0 可以省略。

注 2:在 M 指令与 G 指令同在一个程序段中时按以下顺序执行。

(1) M03、M04、M08 优于 G 指令执行。

(2) M00、M02、M05、M09、M20、M30 后于 G 指令执行。

(3) M20、M21、M23、M24、M91、M92、M93、M94、M97、M98、M99 只能单独在一个程序段内,不能与其他 G 指令或者 M 指令共段。

注 3:M91、M92、M93、M94 指令中的地址 P 可以省略。一般常见的 M 功能指令有 M00、M02、M03、M04、M05、M30、M98、M00。

3. F,S,T 功能

1) 进给功能—F 功能

进给功能也称 F 功能，是决定刀具切削进给速度的功能。用地址符 F 后跟 4 位整数来表示。范围为 0～9999，其单位有两种：每分钟进给量（mm/min）和主轴每转进给量（mm/r）；在 GSK928TC 系统中使用的是每分钟进给量（mm/min）。但在其他数控系统中，常用 G99 代码时设为主轴每转进给量（mm/r）；用 G98 代码时设为每分钟进给量（mm/min）。其设定方法如下。

（1）设定每转进给量（mm/r）。

指令格式：G99 F ______；

例如，G99 F0.3 表示进给速度为 0.3mm/r。加工螺纹时 F 的值即为螺距。

（2）设定每分钟进给量（mm/min）。

指令格式：G98 F ______；

例如，G98 R200；表示进给速度为 200mm/min。

（3）每转进给量和每分钟进给量的转换。

每分钟进给量（mm/min）= 每转进给量（mm/r）× 主轴转速（r/min）

2）主轴功能——S 功能

主轴功能也称 S 功能，用来设定主轴转速，单位为 r/min。S 功能的指定方法有直接指定法（即 S 后面的数值就是主轴的转速值）和用 S 后面跟 1 位～2 位数字代码表示（其每个代码与主轴某一转速相对应，从床头箱上的速度表中可查得）两种。

例如，S200 表示主轴的转速为 200r/min。S1 表示主轴的转速置为 1 挡。

另外，在 GSK928TC 系统中，还采用了恒切削速度控制和取消恒切削速度控制。具体设定方法如下。

（1）恒切削速度控制（G96）。

指令格式：G96 S ______；

车削如图 8－51 所示的阶梯轴时，如果主轴转速不变，车刀愈接近中心，其线速度愈低，使工件表面粗糙度愈高。为此可以采用恒切削速度功能 G96 避免上述现象。由于此时主轴转速在变，为了保证恒定的输出功率，可以用 M40 和 M41 选择主轴转速范围。

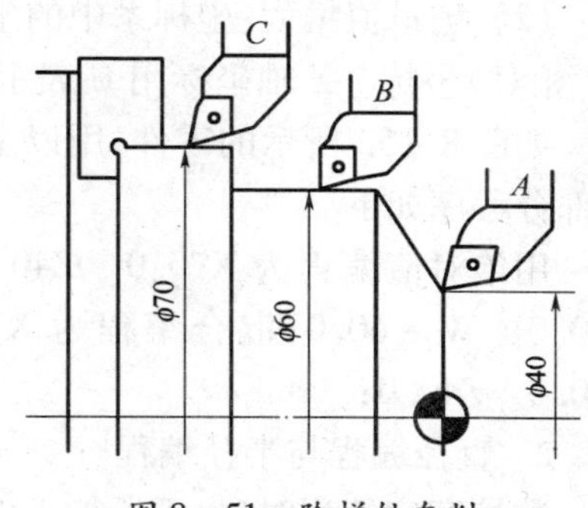

图 8－51　阶梯轴车削

例如，G96 S150：表示刀尖的线速度恒为 150m/min。主轴的转速可以由式（8－1）求出：

$$n = \frac{1000v}{\pi D} \qquad (8-1)$$

式中　n——主轴转速（r/min）；

v——切削速度（m/min）；

D——刀具直径或工件被加工部位的直径（mm）。

由式（8－1）可知，切削速度恒定时，当 $D=0$（车端面至中心）时，主轴转速为无穷大，会造成飞车现象，这是不允许的。因此在采用恒切削速度控制时，必须限制主轴的最高转速，在系统参数里可以设定。

（2）取消恒切削速度控制 G97。

采用 G97 代码编程，可直接指定主轴转速。电源接通时即为 G97 方式。

指令格式：G97 S ______；

例如，G97 S1000；表示主轴转速为1000r/min。

3）刀具功能——T功能

由于数控车床一般采用转动刀架，而刀具安装后的伸出长度也不一样，因此必须将刀尖离开基准点的距离（X，Z）测量出来（由对刀仪测量），并存储在刀具库（ToolData）中。给每把刀具对应一个偏置号（也可以一把刀具对应几个偏置号），编程时再由T功能调用偏置号，这样NC系统便会自动补偿X，Z方向的偏移距离。

指令格式为：T □ △；

其中：□ 表示刀具号（0～9）；△ 表示刀具偏置号（0～9）。

而在其他系统中刀具功能有用T后面跟4位数字组成，如华中数控系统。

指令格式为：T □□ △△；

其中：□□ 表示刀具号（0～99）；△△ 表示刀具偏置号（0～99）。

例如：T11表示选择1号刀具，1号刀补；T0505表示选择5号刀具，5号刀补。

如果刀号为零时，则表示只进行刀具补偿。如果刀补号为零时，则表示取消刀补。一般要求在使用刀具功能时，刀具号应与刀具偏置号对应，主要是便于记忆。

8.4.3 尺寸系统的编程方法

1. 绝对尺寸和增量尺寸

在数控系统编程时，刀具位置的坐标通常有两种表示方式：一种是绝对坐标，另一种是增量（相对）坐标。数控车床编程时，可采用绝对值编程、增量值编程或者两者混合编程。

（1）绝对值编程：所有坐标点的坐标值都是从工件坐标系的原点计算的，称为绝对坐标，用X、Z表示。

（2）增量值编程：坐标系中的坐标值是相对于刀具的前一位置（或起点）计算的，称为增量（相对）坐标。X轴坐标用U表示，Z轴坐标用W表示，正负由运动方向确定。

如图8－52所示的零件，用以上3种编程方法编写的部分程序如下。

用绝对值编程为X70.0 Z40.0；用增量值编程为U40.0 W－60.0；混合编程为X70.0 W－60.0；或U40.0 Z40.0；

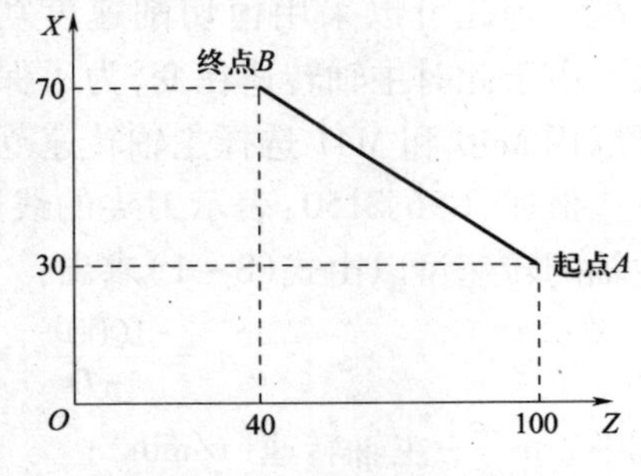

图8－52 绝对值/增量值编程

2. 直径编程与半径编程

数控车床编程时，由于所加工的回转体零件的截面为圆形，所以其径向尺寸就有直径和半径两种表示方法。采用哪种方法是由系统的参数决定的。数控车床出厂时一般设定为直径编程，所以程序中的X轴方向的尺寸为直径值。如果需要用半径编程，则需要改变系统中的相关参数，使系统处于半径编程状态。

3. 公制尺寸与英制尺寸

G20 英制尺寸输入；G21 公制尺寸输入。

工程图纸中的尺寸标注有公制和英制两种形式，数控系统可根据所设定的状态，利用代码把所有的几何值转换为公制尺寸或英制尺寸，系统开机后，机床处在公制G21状态。

公制与英制单位的换算关系为:1mm≈0.0394 英寸;1 英寸≈25.4mm。

8.4.4 数控车床编程技巧

1. 灵活设置进刀点

进刀点是刀具以快速进给变为切削进给的点。进刀点是编程中一个非常重要的概念,每执行完一次自动循环,刀具都必须返回到这个位置,准备下一次循环。然而,进刀点的实际位置并不是固定不变的,编程人员可以根据零件的直径、所用的刀具的种类、数量调整参考点的位置,缩短刀具的空行程,从而提高效率。

2. 化零为整法

对于短轴、销等零件,为避免机床主轴拖板在床身导轨局部频繁往复,造成机床导轨局部过度磨损,在编程过程时可在主程序中一次加工多个工件的外形尺寸,然后用子程序方式执行切断动作。

3. 优化参数,平衡刀具负荷,减少刀具磨损

由于零件结构的千变万化,有可能导致刀具切削负荷的不平衡。而由于自身几何形状的差异导致不同刀具在刚度、强度方面存在较大差异,例如:正外圆刀与切断刀之间,正外圆刀与反外圆刀之间。如果在编程时不考虑这些差异,用强度、刚度弱的刀具承受较大的切削载荷,就会导致刀具的非正常磨损甚至损坏,而零件的加工质量达不到要求。因此编程时必须分析零件结构,用强度、刚度较高的刀具承受较大的切削载荷,用强度、刚度小的刀具承受较小的切削载荷,使不同的刀具都可以采用合理的切削用量,具有大体相近的寿命,减少磨刀及更换刀具的次数。

8.5 数控车床工艺基础

8.5.1 数控车床编程加工工艺

1. 确定工件的加工部位和具体内容

确定被加工工件需在本机床上完成的工序内容及其与前后工序的联系、工件在本工序加工之前的情况。例如铸件、锻件或棒料、形状、尺寸、加工余量等。前道工序已加工部位的形状、尺寸或本工序需要前道工序加工出的基准面、基准孔等。为了便于编制工艺及程序,应绘制出本工序加工前毛坯图及本工序加工图。

2. 确定工件的装夹方式与设计夹具

根据已确定的工件加工部位、定位基准和夹紧要求,选用或设计夹具。数控车床多采用三爪自定心卡盘夹持工件;轴类工件还可采用尾座顶尖支持工件。由于数控车床主轴转速极高,为便于工件夹紧,多采用液压高速动力卡盘,因它在生产厂已通过了严格的平衡,具有高转速(极限转速可达4000r/min ~6000r/min)、高夹紧力(最大推拉力为2000N ~8000N)、高精度、调爪方便、使用寿命长等优点。还可使用软爪夹持工件,软爪弧面由操作者随机配制,可获得理想的夹持精度。通过调整油缸压力,可改变卡盘夹紧力,以满足夹持各种薄壁和易变形工件的特殊需要。为减少细长轴加工时受力变形,提高加工精度,以及在加工带孔轴类工件内孔时,可采用液压自动定心中心架,定心精度可达0.03mm。

3. 确定加工方案

在数控机床加工过程中,由于加工对象复杂多样,特别是轮廓曲线的形状及位置,加上材料不同、批量不同等多方面因素的影响,在对具体零件制定加工方案时,应该进行具体分析和区别对待,灵活处理。只有这样,才能使所制订的加工方案合理,从而达到质量优、效率高和成本低的目的。

制订加工方案的一般原则为:先粗后精,先近后远,先内后外,程序段最少,走刀路线最短以及特殊情况特殊处理。

4. 先粗后精

为了提高生产效率并保证零件的精加工质量,在切削加工时,应先安排粗加工工序,在较短的时间内,将精加工前大量的加工余量去掉(图 8-53),同时尽量满足精加工的余量均匀性要求。

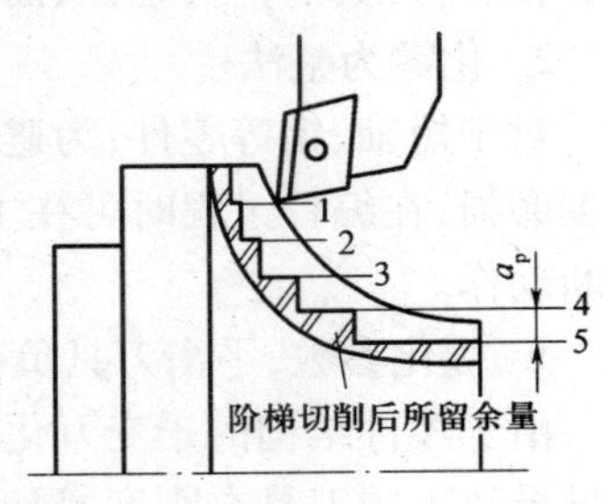

图 8-53 粗加工阶梯切削法

当粗加工工序安排完后,应接着安排换刀后进行的半精加工和精加工。其中,安排半精加工的目的是,当粗加工后所留余量的均匀性满足不了精加工要求时,则可安排半精加工作为过渡性工序,以便使精加工余量小而均匀。

在安排可以一刀或多刀进行的精加工工序时,其零件的最终轮廓应由最后一刀连续加工而成。这时,加工刀具的进退刀位置要考虑妥当,尽量不要在连续的轮廓中安排切入和切出或换刀及停顿,以免因切削力突然变化而造成弹性变形,致使光滑连接轮廓上产生表面划伤、形状突变或滞留刀痕等瑕疵。

5. 先近后远

这里所说的远与近,是按加工部位相对于对刀点的距离大小而言的。在一般情况下,特别是在粗加工时,通常安排离对刀点近的部位先加工,离对刀点远的部位后加工,以便缩短刀具移动距离,减少空行程时间。对于车削加工,先近后远有利于保持毛坯件或半成品件的刚性,改善其切削条件。

6. 先内后外

对既要加工内表面(内型、内腔),又要加工外表面的零件,在制订其加工方案时,通常应安排先加工内型和内腔,后加工外表面。这是因为控制内表面的尺寸和形状较困难,刀具刚性相应较差,刀尖(刃)的耐用度易受切削热影响而降低,以及在加工中清除切屑较困难等。

7. 走刀路线最短

确定走刀路线的工作重点主要用于确定粗加工及空行程的走刀路线,而精加工切削过程的走刀路线基本上都是沿其零件轮廓顺序进行的。

走刀路线泛指刀具从对刀点(或机床固定原点)开始运动,直至返回该点并结束加工程序所经过的路径,包括切削加工的路径及刀具切入、切出等非切削空行程。在保证加工质量的前提下,使加工程序具有最短的走刀路线,不仅可以节省整个加工过程的执行时间,还能减少一些不必要的刀具消耗及机床进给机构运动部件的磨损等。

优化工艺方案除了依靠大量的实践经验外,还应善于分析,必要时可辅以一些简单计算。但上述原则并不是一成不变的,对于某些特殊情况,则需要采取灵活可变的方案。

8.5.2 数控车削零件图工艺分析

在设计零件的加工工艺规程时，首先要对加工对象进行深入分析。对于数控车削加工应考虑以下几方面。

1. 构成零件轮廓的几何条件

在车削加工中手工编程时，要计算每个节点坐标；在自动编程时，要对构成零件轮廓的所有几何元素进行定义。因此在分析零件图时应注意以下几个方面。

（1）零件图上是否漏掉某尺寸，使其几何条件不充分，影响到零件轮廓的构成。

（2）零件图上的图线位置是否模糊或尺寸标注不清，使编程无法下手。

（3）零件图上给定的几何条件是否不合理，造成数学处理困难。

（4）零件图上尺寸标注方法应适应数控车床加工的特点，应以同一基准标注尺寸或直接给出坐标尺寸。

2. 尺寸精度要求

分析零件图样尺寸精度的要求，以判断能否利用车削工艺达到，并确定控制尺寸精度的工艺方法。

在该项分析过程中，还可以同时进行一些尺寸的换算，如增量尺寸与绝对尺寸及尺寸链计算等。在利用数控车床车削零件时，常常对零件要求的尺寸取最大和最小极限尺寸的平均值作为编程的尺寸依据。

3. 形状和位置精度的要求

零件图样上给定的形状和位置公差是保证零件精度的重要依据。加工时，要按照其要求确定零件的定位基准和测量基准，还可以根据数控车床的特殊需要进行一些技术性处理，以便有效地控制零件的形状和位置精度。

4. 表面粗糙度要求

表面粗糙度是保证零件表面微观精度的重要要求，也是合理选择数控车床、刀具及确定切削用量的依据。

5. 材料与热处理要求

零件图样上给定的材料与热处理要求，是选择刀具、数控车床型号、确定切削用量的依据。

8.5.3 数控车床加工路线与加工余量的联系

目前，在数控车床还未达到普及使用的条件下，一般应把床坯件上过多的余量，特别是含有锻、铸硬皮层的余量安排在普通车床上加工。如必须用数控车床加工时，则要注意程序的灵活安排。

（1）对大余量床坯进行阶梯切削时的加工路线。根据数控加工的特点，可以放弃常用的阶梯车削法，改用依次从轴向和径向进刀、顺工件毛坯轮廓走刀的路线。

（2）分层切削时刀具的终止位置当某表面的余量较多需分层多次走刀切削时，从第二刀开始就要注意防止走刀至终点时切削深度的猛增。

同一轴向位置上，主切削刃就可能受到瞬时的重负荷冲击。当刀具的主偏角大于90°，或接近90°时，也宜做出递退的安排，以延长粗加工刀具的寿命。

8.6 典型数控车床零件工艺分析及编程

8.6.1 轴套类零件的工艺处理及编程实例(图 8-54)

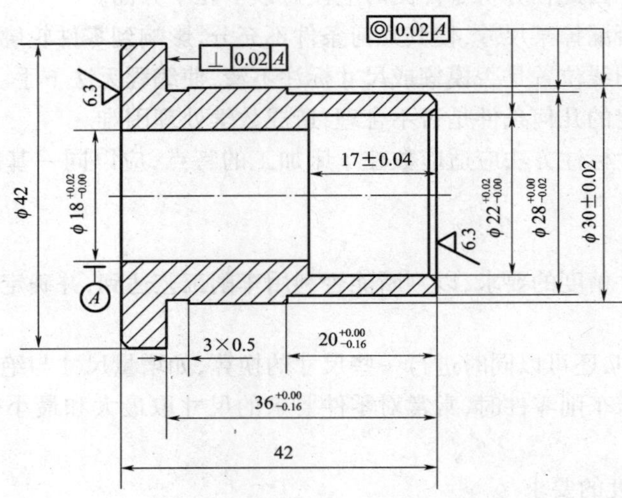

图 8-54 轴套类零件加工实例

1. 轴套类零件的特点

轴套类零件一般由内外圆柱面、端面、台阶孔、沟槽等组成。其结构特点如下。

(1) 内外表面的同轴度要求比较高,以内孔结构为主。

(2) 零件壁较薄,容易引起装夹变形或加工变形。

2. 工艺分析

1) 主要技术要求

内外圆同轴度公差为 0.02mm;$\phi18$ 的圆柱度公差为 0.01mm,B 端面对 $\phi18$ 孔轴线垂直度公差为 0.01mm。

2) 毛坯选择

根据零件材料及几何形状,选 $\phi45$、长度为 60mm 的中碳钢。

3. 位置精度的保证措施

内外表面的同轴度及端面与轴线的垂直度的一般保证方法。

(1) 在一次装夹中完成内外表面及端面的全部加工,定位精度较高,加工效率较高,但不适于尺寸较大的套筒。

(2) 先精加工外圆,再以外圆为精基准加工内孔。采用三爪自动定心卡盘装夹,工件装夹迅速可靠,但定位精度较低;采用软爪卡盘或弹簧套筒装夹,可获得较高的同轴度,且不易伤害工件表面。

(3) 先精加工内孔,再用心轴装夹精加工外表面。根据图纸的技术要求及毛坯等实际情况，该工件的加工应选择第一种：在一次装夹中完成的方法来保证位置精度。

4. 防止变形的措施

轴套类零件在加工过程中容易变形，防止变形的方法一般有以下几种。

(1) 粗、精车分开。

(2) 采用过渡套、弹簧套、软爪卡盘或弹簧套筒装夹或采用专用夹具轴向夹紧。

(3) 将热处理安排在粗、精加工之间，并将精加工余量适当增加。

根据该零件实际情况和以上选定的保证位置精度的措施，为防止零件在加工过程中变形，采用粗、精车分开的方法来适当分配切削余量，减少在粗加工时因切削力过大导致工件变形给加工带来的影响。

5. 刀具的选择

(1) 外圆粗车使用硬质合金90°偏刀，并作为1号刀。

(2) 外圆半精车、精车使用硬质合金90°偏刀，并作为2号刀。

(3) 内孔粗车、半精车、精车使用硬质合金内孔车刀，并作为3号刀。

(4) 硬质合金切槽、切断刀，主切削刃宽3mm，作为4号刀，刀位点取左刀尖。

6. 切削用量选择

(1) 粗车外圆、内孔：$S=400\text{r/min}$，$F=120\text{mm/min}$，$a_p=$外圆时(3mm)/内孔时(2mm)。

(2) 半精车外圆、内孔：$S=650\text{r/min}$，$F=50\text{mm/min}$，$a_p=0.3\text{mm}$。

(3) 精车外圆、内孔：$S=650\text{r/min}$，$F=50\text{mm/min}$，$a_p=0.3\text{mm}$。

加工要点：保持半精车、精车切削用量一致，可以利用半精车后测量得出数据，对程序或刀具偏置进行进一步调整，以保证加工精度的稳定性。

(4) 车槽、切断：$S=300\text{r/min}$，$F=30\text{mm/min}$。

7. 走刀路线

车端面→钻孔 $\phi16$(通孔)→钻孔 $\phi20$ 深度为16.5→粗车外圆 $\phi42$、$\phi30$、$\phi28$，内孔 $\phi18$、$\phi22$，留余量0.6mm→半精车内孔 $\phi18$、$\phi22$，外圆 $\phi42$、$\phi30$、$\phi28$，留余量0.3mm→检查尺寸、最后调整程序→左端内孔倒角→精车内孔 $\phi18$、$\phi22$ 到尺寸→左端外圆倒角→精车外圆 $\phi42$、$\phi30$、$\phi28$ 至尺寸→车槽至要求尺寸→切断→调头、校正、倒角。

8. 程序清单

程序清单如表8-4所列。

表8-4 轴套类零件加工NC代码(图8-54)

N10	%01	程序号
N20	G50 X100 Z50	设定工件坐标系
N30	G00 X45 Z1 T11 M03	换外圆刀，启动主轴，快速定位
N40	G71 X28.6 I3 K0.5 L6 F120	外圆粗车循环
N50	G01 Z0	描述最终轨迹的程序
N60	Z-19.8	
N70	X30.6	
N80	Z-35.8	
N90	X42.6	
N100	Z-42.5	

（续）

N110	G26	回参考点
N120	T33	换内孔车刀
N130	G00 X17.4 Z1	内孔粗车程序
N140	G01 Z-42.5 F120	
N150	G00 X15 Z1	
N160	G00 X19.4	
N170	G01 Z-16.8	
N180	X18	
N190	G00 Z1	
N200	G26 M05 M00	回参考点,主轴停止,程序暂停
N210	G00 X21.7 Z1	变换转速后进行内孔半精车
N220	G01 Z-16.9 F50	半精车内孔 $\phi22$
N230	X17.7	
N240	Z-43	半精车内孔 $\phi18$
N250	G00 X16 Z1	
N260	G26	
N270	T22	换外圆车刀,半精车外圆
N280	G00 X28.3 Z1	半精车外圆 $\phi28$
N290	G01 Z-19.9	
N300	X30.3	半精车外圆 $\phi30$
N310	Z-35.8	
N320	X42.3	半精车外圆 $\phi42$
N330	Z-42.5	
N340	G00 X100 Z50 M05 M00	主轴停止,程序暂停,测量尺寸
N350	G00 X25.99 Z1 M03	根据所得尺寸调整精车程序
N360	G01 Z0	精车外圆
N370	X27.99 W-1	倒角
N380	Z-19.92	精车外圆 $\phi28$
N390	X30	
N400	Z-35.92	精车外圆 $\phi30$
N410	X42.01	
N420	Z-42.5	精车外圆 $\phi42$
N430	G26	
N440	T33	换内孔车刀,精车内孔
N450	G00 X24.01 Z1	
N460	G01 Z0	
N470	X22.01 W-1	倒角

（续）

N480	Z-17	精车内孔 φ22
N490	X18.01	
N500	Z-42.5	精车内孔 φ18
N510	X17	
N520	G00 Z1	
N530	G26 M05 M00	回参考点，主轴停止，程序暂停
N540	T44	换切刀，调用 4 号刀补
N550	G00 X42.5 Z-35.92	切槽
N560	G01 X29 F30	
N570	G00 X30.2	
N580	W1	
N590	G00 X46	以下为切断加工程序
N600	Z-45	
N610	G01 X39	
N620	G00 X43	
N630	G00 W1.5	
N640	G01 X40 W-1.5	用切刀倒角
N650	G75 X17 I4 K0.5	切断循环
N660	G26 M30	返回参考点，加工完成

8.6.2 综合类零件的工艺处理及编程实例（图 8-55）

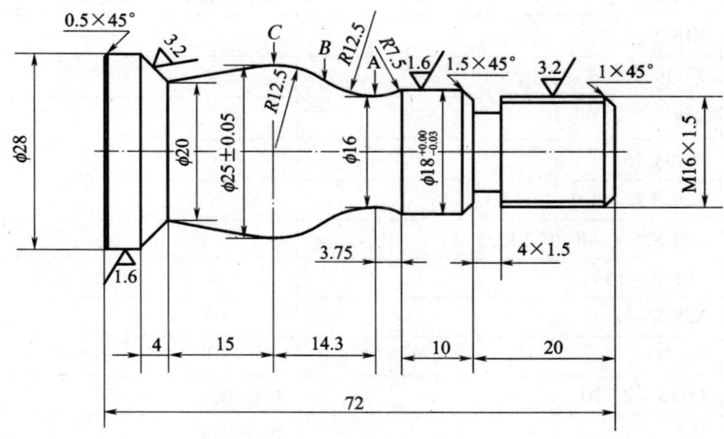

图 8-55 综合零件加工实例

1. 毛杯选择

根据图纸要求选择锻件为毛坯件，直径 φ30mm，长度 100mm，材料 45 钢。

2. 刀具的选择

（1）外圆粗车使用硬质合金尖头刀，副偏角大于 25°，作为 1 号刀。

(2) 外圆半精车、精车使用硬质合金尖头刀,副偏角大于28°,作为2号刀。

(3) 硬质合金外螺纹车刀,刀尖角为59°30′,作为3号刀。

(4) 硬质合金切断刀,主切削刃宽3mm,作为4号刀,刀位点取左刀尖。

3. 切削用量选择

(1) 粗车外圆:$S=500\mathrm{r/min}$,$F=120\mathrm{mm/min}$,a_{sp} = 外圆时(3mm)/内孔时(2mm)。

(2) 精车、半精车外圆:$S=800\mathrm{r/min}$,$F=60\mathrm{mm/min}$,$a_{sp}=0.3\mathrm{mm}$。

(3) 切槽、切断:$S=400\mathrm{r/min}$,$F=40\mathrm{mm/min}$。

(4) 车削螺纹:$S=400\mathrm{r/min}$,a_{sp}逐渐减少。

4. 装夹

一次装夹中完成所有部位加工,最后切断。

5. 走刀路线

粗车外圆 M16、$\phi18$→粗车圆弧 $R12.5$→粗车外圆 $\phi25$、$\phi28$→粗车外圆 $R7.5$→粗车圆弧 $R12.5$→粗车大锥度→粗车长度为4mm的锥度→半精车、精车所有外圆、圆弧、锥度→车螺纹→切退刀槽 4×1.5→倒角、切断→加工完成。

6. 程序清单

程序清单如表8-5所列。

表8-5 综合类零件加工NC代码(图8-55)

N10	%06	程序号
N20	G50 X50 Z50	建立工作坐标系
N30	G93 X0.6	系统偏置,X轴留余量0.6
N40	G00 X31 Z1 T11 M03	换外圆车刀,主轴启动,快速定位
N50	G71 X13 I3 K1 L10 F120	外圆粗车循环
N60	G01 Z0	以下为粗车最终描述程序
N70	X16 Z-1.5	
N80	Z-19.9	
N90	X18	
N100	Z-33.75	
N110	X20.5 Z-40.9	
N120	G02 X25 Z-48.05 R12.5	
N130	G01 W-15	
N140	X28 W-4	
N150	Z-77	
N160	G00 U1 Z-30	快速退刀
N170	X19	快速定位,
N180	G01 X18 F120	准备粗车R7.5圆弧
N190	G03 X16 Z-33.75 R7.5	粗车R7.5圆弧
N200	G03 X20.5 Z-40.9 R12.5	粗车R12.5圆弧
N210	G02 X21.15 Z-50.265 R12.5	粗车R12.5圆弧
N220	G01 X23 Z-63.05	粗车锥度

（续）

N230	X28 W-4	粗车长度为4的锥度
N240	G00 Z-50.265	快速定位到锥度第二粗车起点
N10	G01 X21.15	
N250	X20 Z-63.05	粗车锥度
N260	X28 W-4	粗车长度为4的锥度
N270	G00 X50 Z50 M05 M00	退刀，主轴停止，程序暂停，变精车转速
N280	G93 X-0.3	系统偏置，*X*方向留精车余量0.3
N290	M98 P0490 L2	调用精车程序两次（从程序段号N490开始）
N300	G00 X16 Z3 T33 M03	换螺纹车刀，主轴启动，快速定位
N310	G92 X15 Z-17 P1.5	螺纹车削循环
N320	X14.6	第二刀
N330	X14.35	第三刀
N340	X14.15	第四刀
N350	G26 M05 M00	回参考点，程序暂停，主轴停止
N360	G00 X18 Z-20 T44 M03	换切刀，启动主轴，快速定位
N370	G01 X13 F40	切槽4×1.5
N380	G00 X14.998	准备倒角
N390	G01 X17.998 W-1.5	倒角1.5×45°
N400	G00 X29	快速定位
N410	G00 Z-76	定位到切断位置
N420	G01 X27	切入2mm深
N430	G00 X28	退刀
N440	W0.5	准备倒棱
N450	G01 X27 W-0.5	倒棱0.5×45°
N460	G75 X0 K4 I1 F40	切断循环
N470	G00 X50	*X*轴快速退刀
N480	G26 M30	回参考点，加工结束
	以下程序为子程序	
N490	G00 X13 Z1 T22 M03	换精车刀，启动主轴，快速定位
N500	G01 Z0 F60	准备倒角
N510	X15.8 Z-1.5	倒角1.5×45°
N520	Z-19.9	半精车、精车螺纹外圆
N530	X17.998	车轴肩端面
N540	Z-30	半精车、精车ϕ18
N550	G03 X16 Z-33.75 R7.5	半精车、精车*R*7.5
N560	G03 X20.506 Z-40.9 R12.5	半精车、精车*R*12.5
N570	G02 X21.15 Z-50.265 R12.5	半精车、精车*R*12.5

（续）

N580	G01 X20 Z－63.05	半精车、精车锥度
N590	X27.975 W－4	半精车、精车长度为4的锥度
N600	Z－77	半精车、精车 $\phi28$
N610	G26 M05 M00	回参考点，取消所有偏置，程序暂停，主轴停止
N620	M99	调用子程序结束

7. 程序说明

粗车部分，运用G93系统偏置功能留出加工余量；半精车、精车部分，运用G93配合M98、M99（子程序调用）使用，用M98、M99调用两次精车程序，通过G93对余量进行控制，完成精车加工。

第9章　数控铣削

9.1　数控铣削生产工艺过程、特点和加工范围

9.1.1　数控铣削生产工艺过程

1. 数控铣床概述

数控机床就是采用了数控技术的机床,简称NC。数控机床将零件加工过程所需的各种操作(如主轴变速、主轴起动和停止、松夹工件、进刀退刀、冷却液开或关等)和步骤以及刀具与工件之间的相对位移量都用数字化的代码来表示,由编程人员编制成规定的加工程序,输入到计算机控制系统中,由计算机对输入的信息进行处理与运算,发出各种指令来控制机床的运动,使机床自动地加工出所需要的零件(图9－1)。现代数控机床综合应用了微电子技术、计算机技术、精密检测技术、伺服驱动技术以及精密机械技术等多方面的最新成果,是典型的机电一体化产品。

数控铣床在数控机床中是占有重要地位的数控机床。铣削加工是刀具做主运动,工件做进给运动的切削加工方法,也是在铣床上或者铣镗床上利用铣刀或者镗刀等刀具进行切削加工的方法。铣削加工的主要特点是用旋转的多刃刀具对工件进行切削,加工的精度和效率较高。铣削加工在金属切削加工中,占有显著的地位。

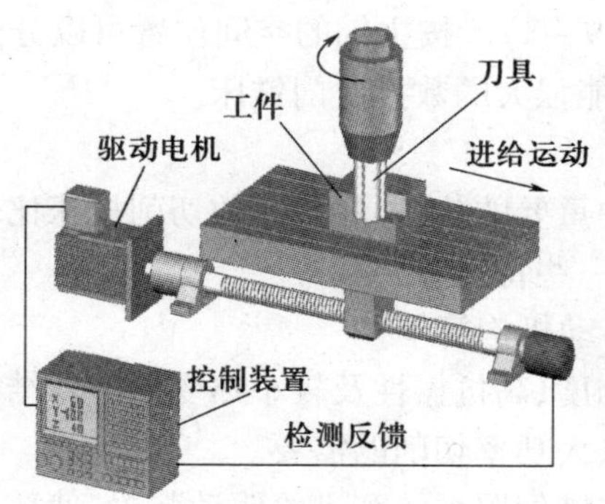

图9－1　数控加工示意图

2. 数控铣削生产工艺过程

一个零件的制造过程一般要经过毛坯生产—热处理—粗加工—半精加工—精加工—表面处理等多道工序。在数控铣床上加工的零件,往往处于切削加工的后期,即半精加工或精加工阶段,因此,其加工成本大幅提高。数控铣床加工需要经过以下流程,如图9－2所示。

1) 准备阶段

根据加工零件的图纸,确定有关加工数据(刀具轨迹坐标点、加工的切削用量、刀具尺寸

信息等），根据工艺方案，进行夹具选用、刀具类型选择等确定有关其他辅助信息和相关准备。

2）编程阶段

根据加工工艺信息，用机床数控系统能识别的语言编写数控加工程序（程序就是对加工工艺过程的描述），并填写程序单。

3）程序输入

将已编好的程序通过键盘或其他输入方式输入到数控系统中。目前，随着计算机网络技术的发展，可直接由计算机通过网络与机床数控系统通信（DNC）。

4）加工阶段

当执行程序时，机床数控系统将程序译码、寄存和运算，向机床伺服机构发出运动指令，以驱动机床的各运动部件，自动完成对工件的加工。

由此，数控机床就完成了普通机床中由人来进行的操作。不过，尺寸精度和形状精度等加工质量的好坏与操作人员编制的程序和夹具、刀具以及调试操作有极大的关系。因为数控机床不是通过人的双手来操作的，因此，程序的编制以及完善的器具准备和调试都显得很重要。

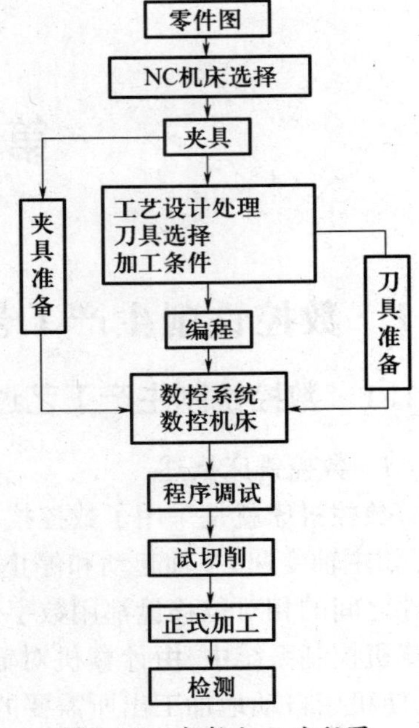

图9－2　数控加工流程图

9.1.2　数控铣床的类型、特点和功能

1. 常见数控铣床的类型

数控铣床的种类较多（图9－3）。按主轴的空间位置可以分为立式数控铣床、卧式数控铣床、立卧两用数控铣床以及功能强大的数控龙门铣床。

2. 数控铣床的特点

数控机床是现代制造业中重要的装备，和传统的切削机床比较，在性能和功能上都发生了很大的改变，相比之下有以下一些特点。

1）机床的主体刚度高、传动机构简单

数控机床采用了具有高刚度、高抗振性及较小热变形的新结构，具有良好的抗振和承载能力，满足了数控机床连续加工、大功率切削的需要。

广泛的采用了高性能的主轴伺服系统和进给驱动装置，使数控机床的传动链缩短，简化了机械传动体系的结构，传动精度高，运动平稳。

2）加工精度高、质量稳定

数控机床的脉冲当量一般为0.001mm，高精度的数控机床可达0.0001mm，运动分辨率远高于普通机床。另外，数控机床具有位置检测装置，可将移动部件的实际位移量或丝杠、伺服电动机的转角反馈到数控系统中，并进行补偿。因此，可获得比机床本身精度还高的加工精度。

数控机床加工零件的质量由机床保证，无人为操作误差的影响，所以同一批零件的尺寸一致性好，质量稳定。

(a)立式数控铣床

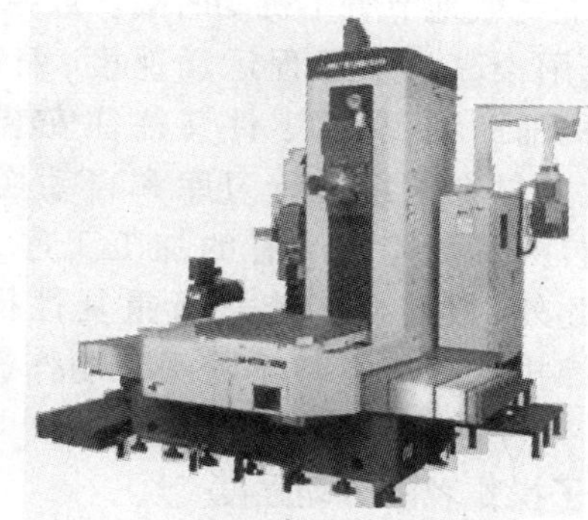

(b)卧式数控铣床

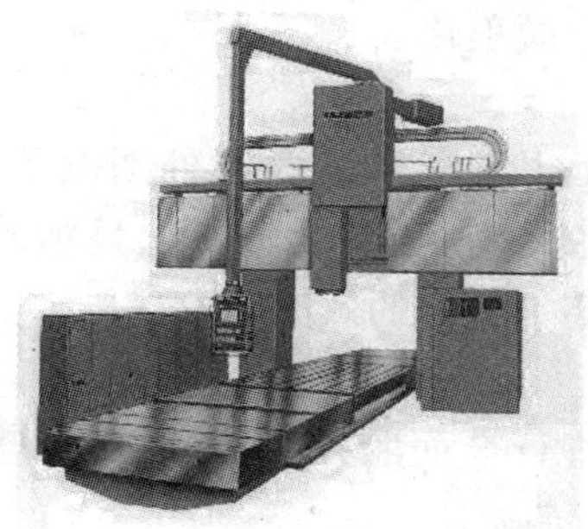

(c)立卧两用数控铣床

(d)龙门铣床

图 9-3　常见数控铣床类型

3）工艺复合化和功能集成化

可以进行铣、镗、钻、攻螺纹等工序的复合加工。可以实现多面加工，可以实现多达六轴连动进行复杂零件加工。

为实现更多功能集成化的要求，有的还带有自动刀具测量装置、刀具破损及寿命监控装置、工件检测装置和精度监控装置等。这些复合加工功能和多功能的结构和装置的控制都与机床数控系统密切相关，在应用中两者相互促进、不断发展。

4）高度的柔性

所谓柔性即“灵活”、“可变”，是相对“刚性”的组合机床和专用机床而言的。而采用数控机床，适用性强当加工对象改变后，只需变换加工程序、调整刀具参数等，生产准备周期大大缩短，故特别适合于多品种、中小批量和复杂型面的零件加工。它对企业在激烈的市场竞争中不断开发新产品发挥了很大的作用。

5）能加工复杂型面

因数控机床能实现多坐标联动而容易实现许多普通机床难以完成或无法加工的空间曲线、曲面。因此，数控机床首先在航空、航天、军工领域得到应用，并在复杂型面的模具加工中得到广泛应用。

6）加工生产效率高

数控机床能够减少零件加工所需的机动时间与辅助时间。数控机床的主轴转速和进给量的范围比普通机床的范围大，良好的结构刚性允许数控机床进行大切削用量的强力切削甚至高速切削，从而有效地节省了机动时间。数控机床移动部件在定位中均采用了加速和减速措施，并可选用很高的空行程运动速度，缩短了定位和非切削时间。对于复杂的零件可以采用计算机辅助编程，而零件又往往安装在简单的定位夹紧装置中，从而加速了生产准备过程，尤其是在使用带有刀库和自动换刀装置的数控加工中心机床时，工件往往只需进行一次装夹就能完成所有的加工工序，减少了半成品的周转时间，生产效率的提高更为明显。此外，数控机床能进行重复性操作，尺寸一致性好，减少了次品率和检验时间。由于数控机床加工零件不需手工制作靠模、凸轮、钻模板等专用工装，使生产成本进一步降低。

7）减轻了操作者的劳动强度

数控机床的动作是由程序控制的，操作者一般只需装卸零件和更换刀具并监视机床的运行，从而减轻了操作者的劳动强度，实现加工自动化和操作简单化。

8）具有故障诊断的能力

现代 CNC 系统一般具备软件查找故障的功能，包括查找计算机本身和外围设备的故障，如 SINUMERIK880 数控系统等。计算机本身和外围设备的故障可通过 CRT 上显示的菜单和按键自动地查找出来，并能诊断出故障的种类，极大地提高了检修的效率。

9）监控功能强

CNC 的计算机不仅控制机床的运动，而且可对机床进行全面监控，例如可对一些引起故障的因素提前报警，有效地预防一些故障的发生。

3. 数控铣床加工的功能

数控铣床（包括镗床）在切削加工机械中是很重要的数控机床，广泛地应用在航空航天、军工、汽车制造、一般机械加工和模具制造业中。

各种类型数控铣床所配置的数控系统虽然各有不同，但各种数控系统的功能，除一些特殊功能不尽相同外，其主要功能基本相同。

（1）点位控制功能。可以实现对相互位置精度要求很高的孔系加工。

（2）连续轮廓控制功能。可以实现直线、圆弧的插补功能及非圆曲线的加工。

（3）刀具半径偏置功能。可以根据零件图样的标注尺寸来编程，而不必考虑所用刀具的实际半径尺寸，从而减少编程时的复杂数值计算。

（4）刀具长度偏置功能。可以自动偏置刀具的长短，以适应加工中对刀具长度尺寸调整的要求。

（5）比例及镜像加工功能。可将编好的加工程序按指定比例改变坐标值来执行。镜像加工又称轴对称加工，如果一个零件的形状关于坐标轴对称，那么只要编出一个或两个象限的程序，而其余象限的轮廓就可以通过镜像加工来实现。

（6）旋转功能。可将编好的加工程序在加工平面内旋转任意角度来执行。

（7）子程序调用功能。有些零件需要在不同的位置上重复加工同样的轮廓形状，将这一轮廓形状的加工程序作为子程序，在需要的位置上重复调用，就可以完成对该零件的加工。

（8）宏程序功能。可用一个总指令代表实现某一功能的一系列指令，并能对变量进行运算，使程序更具灵活性和方便性。

9.1.3 数控铣床的加工范围

铣削加工是机械加工中最常用的加工方法之一，它主要包括平面铣削和轮廓铣削，也可以对零件进行钻、扩、铰、镗、锪加工及螺纹加工等。数控铣削还适合于下列几类零件的加工。

1. 平面类零件

平面类零件是指加工面平行或垂直于水平面，以及加工面与水平面的夹角为一定值的零件，这类加工面可展开为平面。图 9-4 所示的 3 个零件均为平面类零件。其中，图(a)中曲线轮廓面 A 垂直于水平面，可采用圆柱立铣刀加工。图(b)中凸台侧面 B 与水平面成一定角度，这类加工面可以采用专用的角度成形铣刀或者仿型铣刀加工。图(c)中曲面 C，在工件尺寸不大时，可以用斜板垫平后加工；工件尺寸较大时，常采用行切加工法加工，这时会在加工面上留下进刀时的刀锋残留痕迹，要用钳修方法加以清除。

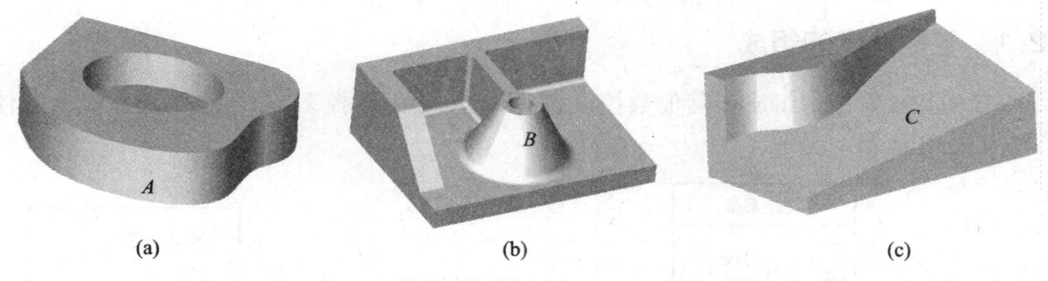

图 9-4 平面类零件

2. 直纹曲面类零件

直纹曲面类零件是指由直线依某种规律移动所产生的曲面类零件。图 9-5 所示零件的加工面就是一种直纹曲面，当直纹曲面从截面(1)至截面(2)变化时，其与水平面间的夹角从 3°10′均匀变化为 2°32′，从截面(2)到截面(3)时，又均匀变化为 1°20′，最后到截面(4)，斜角均匀变化为 0°。直纹曲面类零件的加工面不能展开为平面。

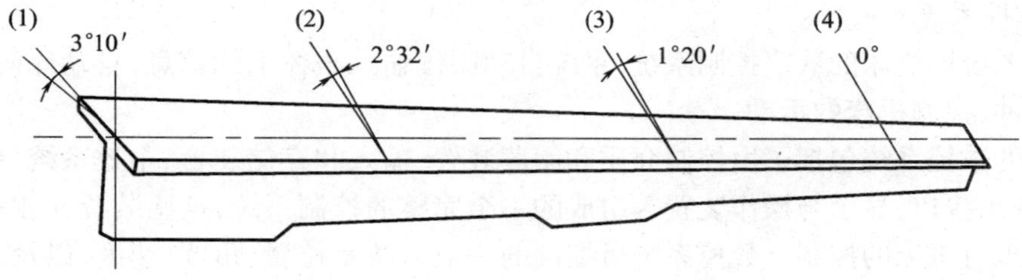

图 9-5 直纹曲面类零件

当采用四坐标或五坐标数控铣床加工直纹曲面类零件时，加工面与铣刀圆周接触的瞬间为一条直线。这类零件也可在三坐标数控铣床上采用行切加工法实现近似加工。

3. 立体曲面类零件

加工面为空间曲面的零件称为立体曲面类零件。这类零件的加工面不能展成平面，一般使用球头铣刀切削，加工面与铣刀始终为点接触，若采用其他刀具加工，易于产生干涉而铣伤邻近表面。加工立体曲面类零件一般使用三坐标数控铣床,常采用行切法(图9-6)和三坐标联动加工(图9-7)。

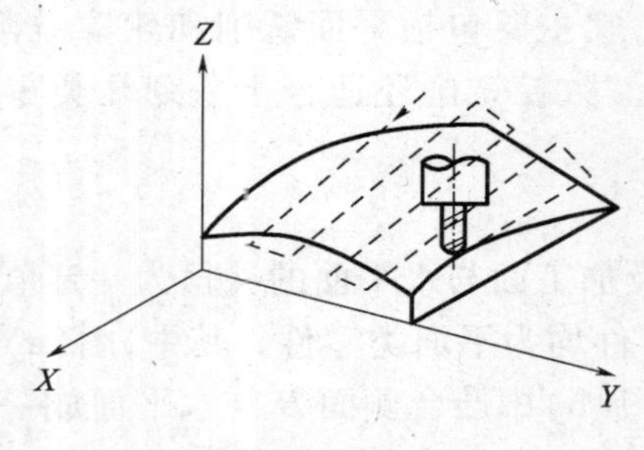

图9-6 行切法加工

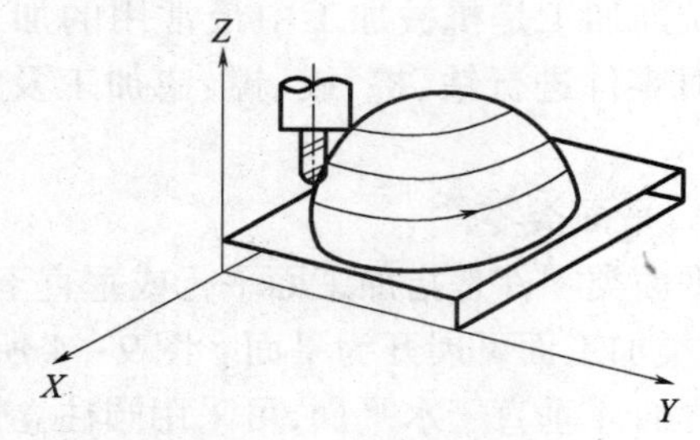

图9-7 三坐标联动法加工

9.2 数控系统及编程基础

9.2.1 数控铣末的组成

现代的数控铣床的组成和其他数控设备一样,主要由数控系统、伺服系统和机床本体组成,如图9-8所示。

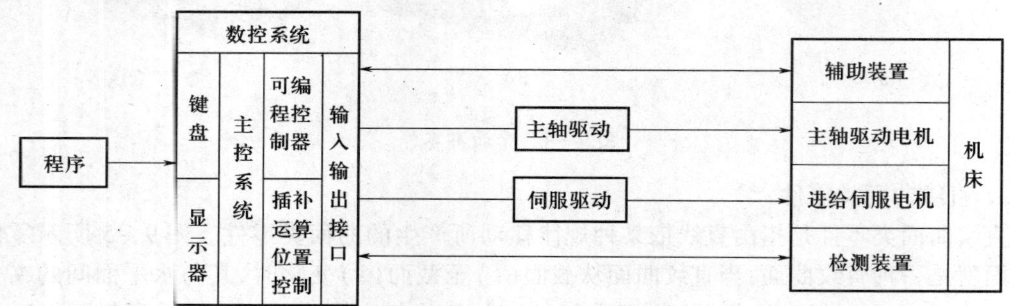

图9-8 数控机床的组成

1. 数控系统

数控系统即机床的数字控制系统,系统自动阅读输入载体上的信息,自动译码,输出符合指令的脉冲,控制机床的运动。

现代的数控系统包括了由控制介质和阅读装置、输入和存储装置、主控系统、可编程控制器、输入输出接口、显示与操作装置等组成的一个完整的控制系统,这些装置在相关的软件的支持下实现对机床的控制。数控系统所控制的一般对象是位置、角度、速度,以及压力和流量等。其控制方式可以分为数据运动控制和时序逻辑控制两大类。其中主控制器内的插补运算模块就是进行相应的刀具轨迹插补运算和对刀具运动的控制。其时序控制主要由可编程序控制器PLC完成,在运行过程中,按照预定的逻辑顺序进行刀具更换,主轴起停和变速、零件的夹紧和装卸、切削液控制等作用。S、M、T功能信息的控制和面板信号的控制、处理,使机床各部件有条不紊按序工作。

在国内比较有影响的数控装置有NC-110(蓝天)、HNC系统(华中)、SINUMERIK系统(德国)、FUNAC系统(日本)。

2. 伺服系统

伺服系统包括伺服驱动电机、驱动控制系统和位置检测反馈装置等，它是数控系统的执行部分。它的作用是把来自数控装置的脉冲信号转换成机床移动部件移动的运动，每一个脉冲信号使机床移动部件移动的位移量叫作脉冲当量（也叫最小设定单位）。常用的脉冲当量为0.001mm/脉冲。每个进给运动的执行部件都有相应的伺服驱动系统，整个机床的性能主要取决于伺服系统。

常用伺服驱动电机（图9-9）有步进电机、交流伺服电机和直线电机。驱动控制系统则是伺服电机的动力源。不同类型的伺服电机配置不同的驱动控制。检测反馈装置的作用是对机床的实际运动速度、方向、位移量以及加工状态加以检测，把检测结果转化为电信号反馈给数控装置，通过比较，计算出实际位置与指令位置之间的偏差，并发出纠正误差指令。检测反馈系统可分为半闭环和闭环两种系统。位置检测主要使用感应同步器、磁栅、光栅（图9-10）、激光测距仪等。

(a) 伺服电机　(b) 直线电机

图9-9　伺服元件

图9-10　光栅尺检测元件

伺服系统按控制方式可分成开环伺服控制、半闭环伺服控制和闭环伺服控制，对应的也可以分成开环数控机床、半闭环数控机床和闭环数控机床。

3. 机床本体

机床本体指的是数控机床机械结构实体。它与传统的普通机床相比较，同样由主传动机构、进给传动机构、工作台、床身以及立柱等部分组成，也包括ATC刀具自动交换机构、APC工件自动交换机构、工件夹紧放松机构、回转工作台、液压控制系统、润滑装置、切削液装置、排屑装置、过载与限位保护功能等部分。机床加工功能与类型不同，所包含的部分也不同。数控机床的整体布局、外观造型、传动机构、刀具系统及操作机构等方面都发生了很大的变化。

（1）床身机架具有很高的动、静刚度。床身机架是数控机床的基础件，由床身、立柱、横梁、工作台、底座等构成，形成了机床的基本框架。高刚度是其基本的要求。

（2）采用高性能主传动及主轴部件，具有传递功率大、刚度高、抗振性好及热变形小等优点。数控铣床和加工中心的主传动系统包括主轴电机、传动系统和主轴部件。数控铣和加工中心的变速功能大部分或者全部由主轴电机无级调速完成，和普通铣床比较，结构相对简单，在加工中心上使用的电主轴，是主轴驱动电机和主轴为一体直接驱动系统，能实现0至上万转每分钟的无级调速。在一般的数控铣床上，往往只有二级或三级的齿轮变速系统，满足各种切削运动对转距的要求，并具有大范围的调速。

(3) 进给传动采用高效传动件。具有传动链短、结构简单、传动精度高等特点，一般采用滚珠丝杠副、直线滚动导轨副和采用直接驱动的直线驱动系统。

滚珠丝杆螺母副是回转运动和直线运动相互转换的装置，在一般的数控铣床上和加工中心上使用广泛(图 9－11(a))。其结构特点是在具有螺旋槽的丝杆和螺母之间装有滚珠作为中间传动元件，减小了摩擦。其优点是摩擦系数小，传动效率高，灵敏性高，传动平稳；运动精度和定位精度高；磨损小，精度保持性好；运动具有可逆性。

为了提高进给系统的快速响应特性，现在的一般铣床和加工中心上往往采用塑料导轨和直线滚动导轨(图 9－11(b))；在高档的加工中心上采用直线电机驱动系统，具有更高的高速响应特性和高的精度(避免了机械传动系统引起的误差)，具有更高的稳定性。

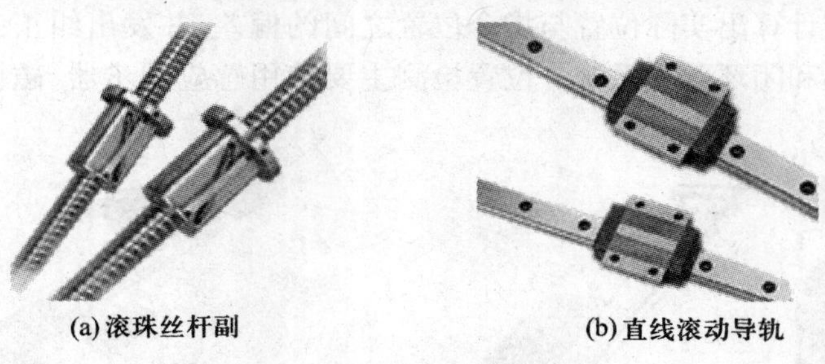

(a) 滚珠丝杆副　(b) 直线滚动导轨

图 9－11　进给传动部件

9.2.2 数控系统介绍

随着数控技术的不断深入与发展，数控系统的生产厂家较多，且每个厂家的系统又有不同的型号，但各个系统的基本功能大体是相似的，只是编程方式与操作步骤有所不同。因此，为节省篇幅，本书以西门子(SINUMERIK 802S/c base line)系统为例进行介绍。

SINUMERIK 802S/c base line 具有集成式操作面板，分为三大区，即 LCD 显示区，NC 键盘区和机床控制面板区，如图 9－12 所示。

1. LCD 显示区

8"液晶黑白显示、640×320 像素点、VGA 显示、CCFL 背光。

2. NC 键盘区

由 34 个数字字符键、5 个软键、7 个功能键和 4 个特殊键组成，如图 9－13 所示。

各按键功能说明如下。

(1) 加工显示键：按此键后，屏幕立即回到加工显示的画面，在此可以见到当前各轴的加工状态。

(2) 返回键：返回到上一级菜单。

(3) 软键：在不同的屏幕状态下，操作对应的软键，可以调用相应的画面。

(4) 删除/退格键：在程序编辑画面时，按此键删除(退格)前一字符。

(5) 报警应答键：报警出现时，按此键可以消除报警(取决于报警级别)。

(6) 选择/转换键：在设定参数时，按此键可以选择或转换参数。

(7) 光标向上键/上挡：向上翻页键。

(8) 菜单扩展键：进入同一级的其他菜单画面。

(9) 区域转换键：不管目前处于何画面，按此键都可以立即回到主画面。

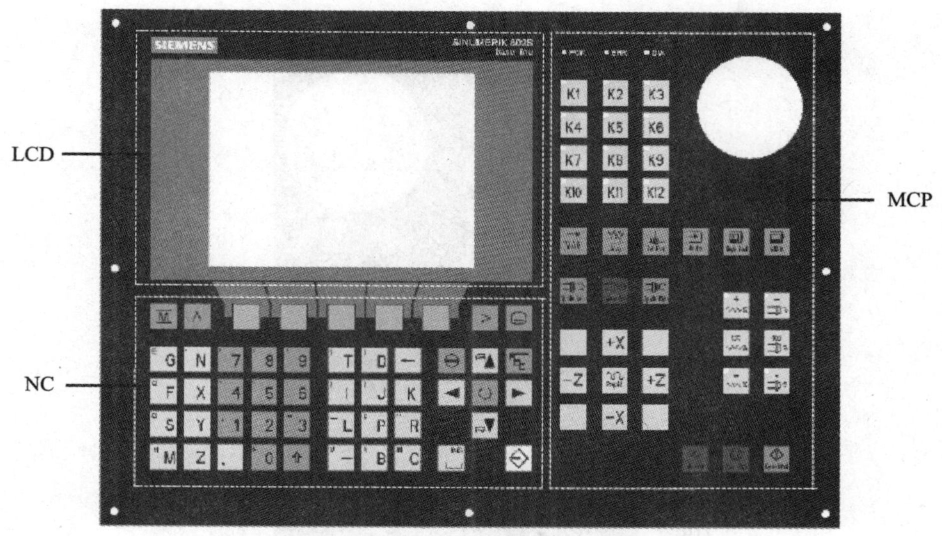

图 9-12　SINUMERIK 802S/c 操作面板

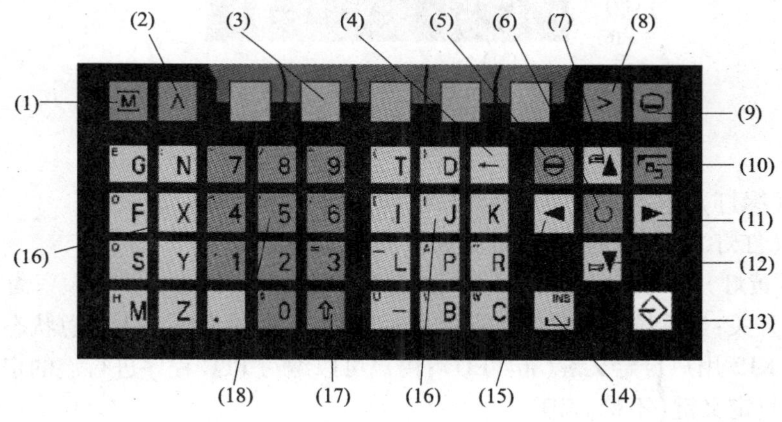

图 9-13　NC 键盘区

(10)垂直菜单键:在某些特殊画面,按此键可以垂直显示可选项。

(11) 光标向右键。

(12) 光标向下键/下挡:向下翻页键。

(13) 回车/输入键:按此键确认所输入的参数或者换行。

(14) 空格键:在编辑程序时,按此键插入空格。

(15) 光标向左键。

(16) 字母键:用于字符输入,上挡键可转换对应字符。

(17) 上档键:按数字键或者字母键时,同时按此键可以使该数字/字符的左上角字符生效。

(18) 数字键:用于数字输入。

3. MCP 机床控制面板区域

由 27 个功能键、12 个用户定义键、16 个 LED 显示组成,如图 9-14 所示。

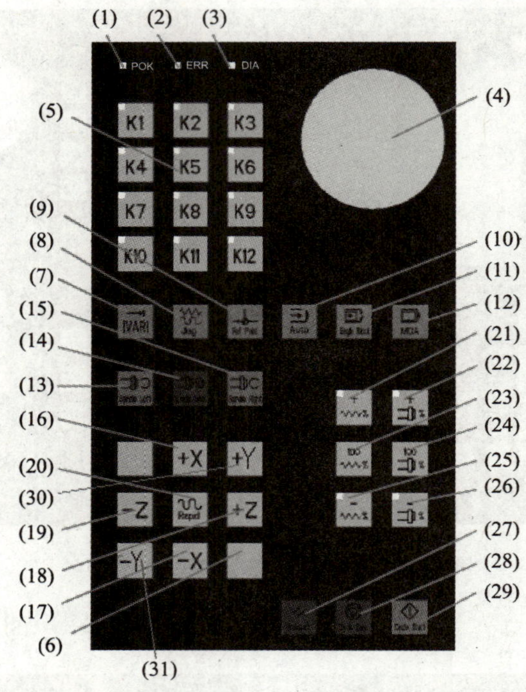

图 9-14 MCP 机床控制面板

主控键:

(1) POK(绿灯):电源上电。灯亮表示电源正常供电。

(2) ERR(红灯):系统故障。此灯亮表示 CNC 出现故障。

(3) DIA(黄灯):诊断。该灯显示不同的诊断状态,正常状态时闪烁频率为 1:1。

(4) 急停开关:当系统出现紧急情况时应及时按该键,使系统进入紧急状态。

(5) K1 ~ K12 用户自定义键(带 LED):用户可以编写 PLC 程序进行键的定义。

(6) 用户自定义键(不带 LED)。

运行方式键:

(7) 增量选择键:在 JOG 方式(手动运行方式)下,按此键可以进行增量方式的选择,范围为:1μm,10μm,100μm,1000μm。

(8) 点动方式键:按此键切换到手动方式。

(9) 参考点方式键:在此方式下运行回参考点。

(10) 自动方式键:按此键切换到自动方式,按照加工程序自动运行。

(11) 单段方式键:自动方式下复位后,可以按此键设定单段方式,程序按单段运行。

(12) MDA 方式键:在此方式下手动编写程序,然后自动执行。

(13) 主轴键:按此键,主轴正方向旋转。

(14) 主轴停键:按此键,主轴停止转动。

(15) 主轴键:按此键,主轴反方向旋转。

点动键:

(16) *X* 轴点动正向键:在手动方式下按此键,*X* 轴在正方向点动。

(17) *X* 轴点动负向键:在手动方式下按此键,*X* 轴在负方向点动。

(18) *Z* 轴点动正向键:在手动方式下按此键,*Z* 轴在正方向点动。

(19) *Z* 轴点动负向键:在手动方式下按此键,*Z* 轴在负方向点动。

(20) 快速运行叠加键:在手动方式下,同时按此键和一个坐标轴点动键,坐标轴按快速进给速度点动。

(21) *Y* 轴点动正向键:在手动方式下按此键,*Y* 轴在正方向点动。

(22) *Y* 轴点动负向键:在手动方式下按此键,*Y* 轴在负方向点动。

倍率键:

(23) 进给轴倍率增加键:进给轴倍率大于 100% 时 LED 亮;达到 120% 时(最大) LED 闪烁。

(24) 主轴倍率增加键:主轴倍率大于 100% 时 LED 亮;达到 120% 时(最大) LED 闪烁。

(25) 进给轴倍率 100% 键:按此键大于 MD14510[13] 所设定的时间值(缺省值为 1.5s)时,进给轴倍率直接变为 100%。

(26) 主轴倍率 100% 键:按此键大于 MD14510[13] 所设定的时间值(缺省值为 1.5s)时,进给轴倍率直接变为 100%。

(27) 进给轴倍率减少键:按此键大于 MD14510[12] 所设定的时间值(缺省值为 1.5s)时,进给轴倍率直接变为 0%。进给轴倍率在 0% ~100% 时进给轴倍率减少键 LED 亮,降为 0%(最小) LED 闪烁。

(28) 主轴倍率减少键:按此键大于 MD14510[12] 所设定的时间值(缺省值为 1.5s)时,主轴倍率直接变为 50%。主轴倍率在 50% ~100% 时主轴倍率减少键 LED 亮,降为 50%(最小) LED 闪烁。

(29) 启动/停止键。

(30) 复位键:按此键,系统复位,当前程序中断执行。

(31) 进给保持键:按此键,当前执行的程序将暂停。如要继续执行应再按"循环启动"键。

(32) 循环启动键:按此键,系统开始执行程序,进行加工。

4. 屏幕划分(图 9-15)

屏幕中的缩略符号具有如下含义。

(1) 当前操作区域:加工、参数、程序、通信、诊断(可以在主菜单上通过选择不同的软件进行操作)。

(2) 程序状态:程序停止——按 Cycle Stop 键后程序停止运行;程序运行——按 Cycle Start 键后程序开始运行;程序复位——按 Reset 键后程序复位。

(3) 运行方式:点动方式——按 Jog 键进行点动方式运行;自动方式——按 Auto 键进行自动方式运行;MDA 方式——按 MDA 键进行 MDA 方式运行。

(4) 状态显示:程序段跳跃、空运行、快速修调、单段运行、程序停止、程序测试、步进增量。

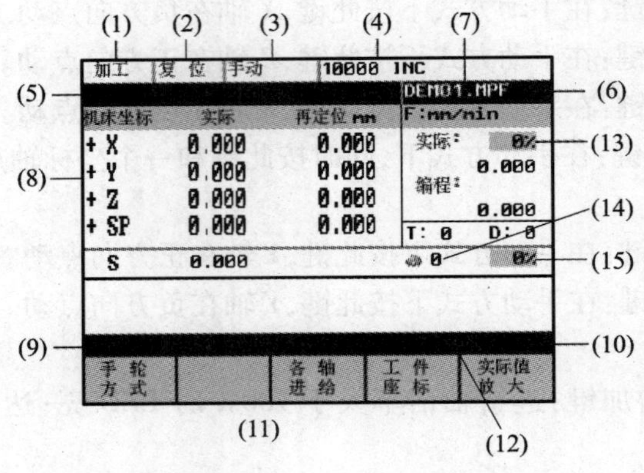

图 9－15　屏幕划分

（5）操作信息。

（6）程序名。

（7）报警显示行。

（8）工作窗口。

（9）返回键。

（10）扩展键。

（11）软键。

（12）垂直菜单。

（13）进给轴速度倍率。

（14）齿轮级。

（15）主轴速度倍率。

5. 操作区域

控制器中基本功能可以划分为以下几个操作区域，如图 9－16 所示。

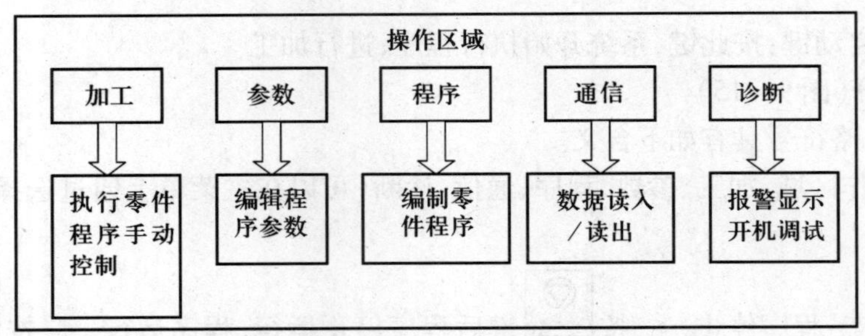

图 9－16　SINUMERIK 802S/c base line 操作区域

操作区域更换：按“加工显示”键 [M] 可以直接进入加工操作区；按“区域转换”键 [⊖] 可以从任何操作区域返回主菜单，连续按两次后又回到以前的操作区。系统开机后首先进入“加工”操作区。

6. 屏幕软件各级菜单功能(图 9－17)

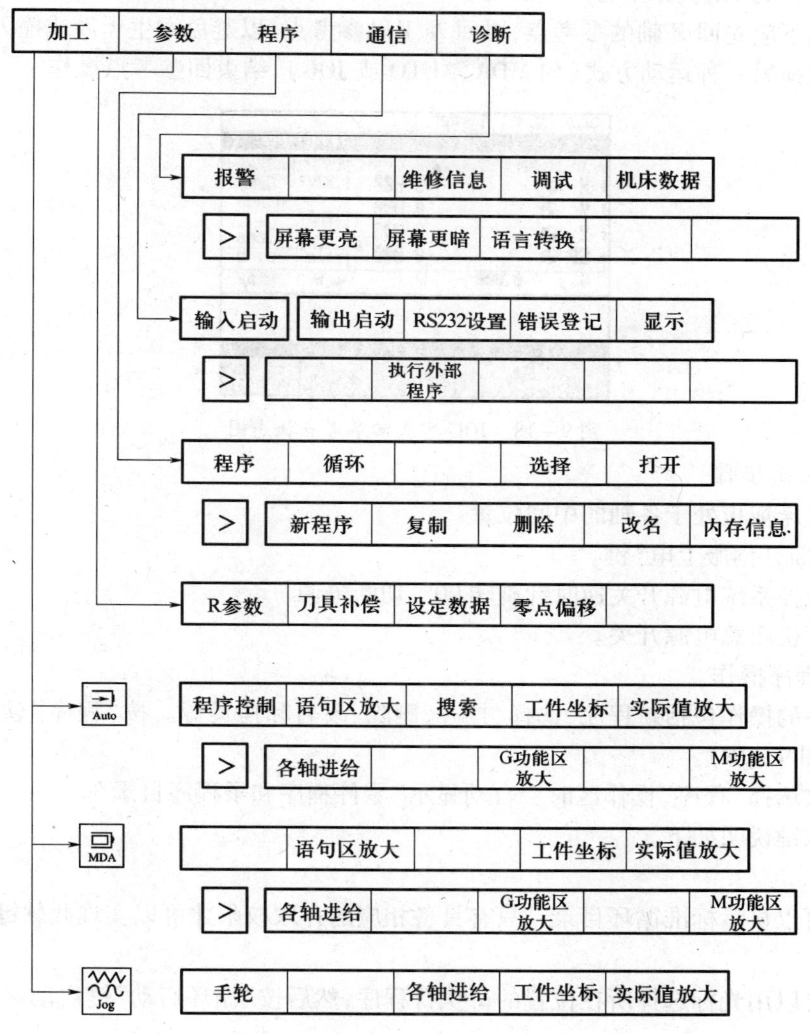

图 9－17　屏幕软件功能

9.2.3 数控系统的基本操作方法

1. 系统开机和回参考点操作步骤

(1) 将数控系统电源开关顺时针旋转 90°,如“急停”按钮已按下,则应顺时针方向旋转到复位状态。系统启动后进入“加工”操作区 JOG 运行方式。按“伺服上电”键接通伺服电源。按“复位”键,屏幕出现“回参考点”窗口,如图 9－18 所示。

(2) 按[回参考点]键,启动回参考点方式。在回参考点窗口中显示该坐标轴是否必须回参考点。若显示○,则坐标轴未回参考点;若显示◐,则坐标轴已达到参考点。

(3) 长按方向键[+X]、[+Y]、[+Z]不放,进行回参考点运动,直到◐符号出现。如果按到

-X、-Y、-Z键，则机床不会产生运动。

一般情况下应先回 Z 轴的参考点，再回 X、Y 轴参考点，以避免发生干涉或撞刀现象。

可通过选择另一种运动方式（如 MDA、AUTO 或 JOG），结束回参考点操作。

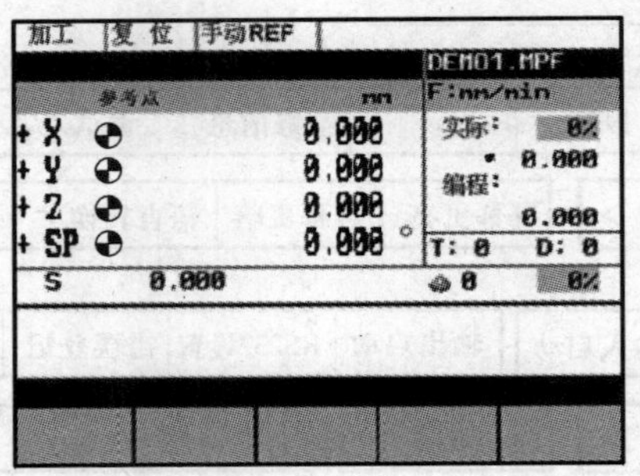

图 9-18 JOG 方式回参考点状态图

2. 系统关机步骤

（1）将机床拖板处于各轴的中间位置。

（2）按“断开伺服上电”键。

（3）将数控系统电源开关逆时针旋转 90°，切断电源。

（4）断开机床总电源开关。

3. 零件程序操作

零件程序的操作包括新程序、选择、打开、删除、改名和拷贝等。按“程序”软键，进入“程序”操作区（图 9-19）。

在第一次选择“程序”操作区时会自动显示“零件程序和子程序目录”。

各功能软键说明如下。

1）循环

按此键可以显示标准循环目录。只有具备相应的存取权限才可以实现此软键功能。

2）选择

按此键可以用光标选择所在位置的待执行程序，然后按“循环启动”键启动该程序。

3）打开

按此键可以打开光标所在位置的待执行文件。

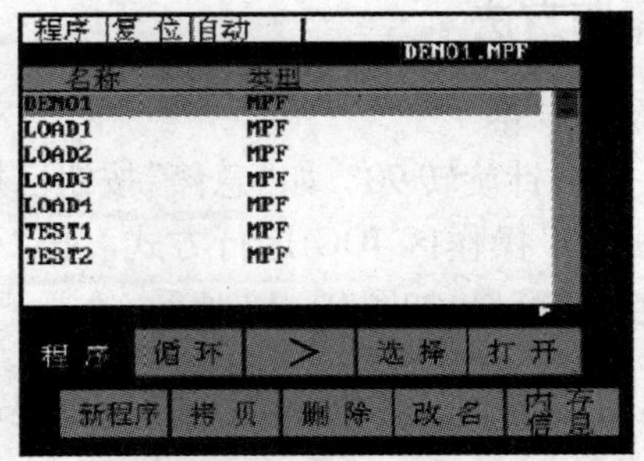

图 9-19 “程序”窗口

4）>

按此键以打开下一级菜单。

5）新程序

按此键可以输入新的程序，系统将出现一窗口（图 9－20），要求输入程序名和程序类型，按“确认”键，调用程序编辑器，进行程序的输入，用“^”键取消此功能。

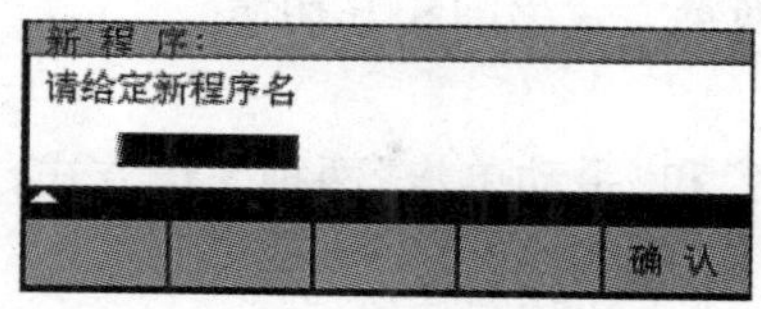

图 9－20 “新程序”窗口

注 1：主程序扩展名.MPF 可以自动输入，而子程序扩展名.SPF 必须与文件名一起输入。

注 2：程序名的前两个字符必须是字母。

6）拷贝

按此键可以把所选择的程序拷贝到另一个程序中。

7）删除

按此键可以删除光标所在位置的程序。

按“确认”键执行删除功能，按“返回”键取消并返回。

8）改名

按此键系统将出现一窗口，在此可以更改光标所在位置的程序名称，输入新的程序名后按“确认”键，完成名称更改，用“返回”键取消此功能，按“程序”键可以切换到程序目录菜单。

9）内存信息

操作此键，显示系统可以使用的 NC 内存（单位：K——字节）。

4. 零件程序的运行

在主菜单下选择“程序”键，出现程序目录窗口，用“光标”键选择待执行的程序。

按“打开”键，调用所选择的程序编辑器，屏幕上出现“编辑”窗口（图 9－21），此时可以进行程序的编辑，且所有的修改会立即存储。

用“选择”键选择编辑程序，按“循环启动”键启动该程序。

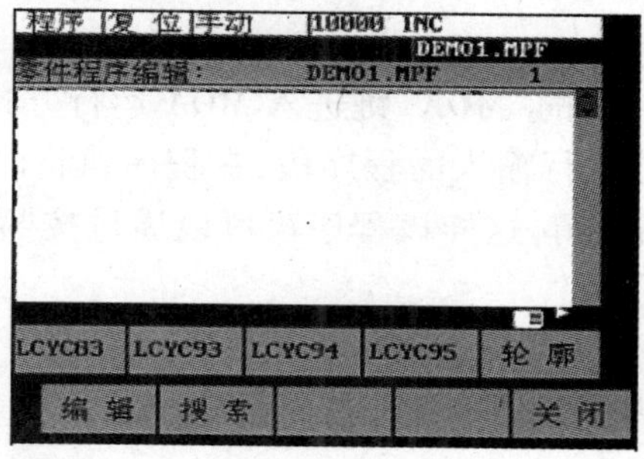

图 9－21 “编辑”窗口

5. 手动工作方式

按机床控制面板区域上的 Jog 键，进入手动工作方式。

在手动工作方式下通过机床操作面板来完成机床拖板的移动，主轴及冷却液的启停，手动换刀,X、Y 和 Z 轴回机床机械零点等功能。

手动工作方式有“JOG”和“MDA”两种工作方式,系统上电默认为“JOG”方式。可通过按机床操作面板中的 MDA 键,在两种方式之间相互切换。

1) JOG 工作方式

JOG 工作方式有“手动点动”和“手动单步”两种工作方式,系统上电默认为“手动增量”方式。可通过按 VAR 键,在两种方式之间相互切换。

(1) 手动点动。在手动点动进给方式中按住方向键不放,机床拖板就按所选的坐标轴及方向连续移动;按键放开,机床拖板减速停止。手动点动的移动速度按选定的进给速度执行。进给速度可按 + 、…、 − 、“修调开关”调节速度。

修调开关的调节速度有:0%、1%、2%、4%、8%、10%、20%、30%、40%、50%、60%、75%、80%、85%、90%、95%、100%、105%、110%、115%、120%,共 21 挡供选择。

如果同时按相应的坐标轴键和“快进”键 Rapid,则坐标轴以快进速度运行。

(2) 手动增量。在手动增量进给方式中,机床拖板每次移动的距离是按事先选定好的步长,每按一次增量选择键 VAR 可选下一级步长,范围为:1μm,10μm,100μm,1000μm。每按一次方向键,机床拖板就在所选的坐标轴及方向移动一个选定步长的距离。如按键不放开,机床拖板将连续按步长进给,直到该键放开后移动完最后一个步长。

2) MDA 工作方式

在 MDA 工作方式中可以分别输入零件程序段加以执行,但不能加工由多个程序段描述的轮廓(如倒角、倒圆)。

注 1:此运行方式中所有的安全锁定功能与自动方式中一样,其他相应的前提条件也与自动方式中一样。

注 2:在 MDA 方式下启动一个 NC 程序段之前,必须等待“段存储有效”信息在屏幕上出现。

通过按机床控制面板区域上的“MDA”键进入 MDA 运行方式(图 9-22),通过操作面板输入程序段,按“循环启动”键执行输入的程序段,在程序执行时不能再对程序段进行编辑。执行完毕后,输入区的内容仍保留,这样该程序段可以通过按“循环启动”键再次重新运行。输入一个字符可以删除程序段。

3) 自动运行方式

当前面的操作步骤已经完成后,即可进入自动运行方式,进行零件程序的自动加工。

操作步骤如下。

(1) 按 Auto 键,进入“自动方式”状态(图 9-23)。

(2) 如果有必要,可单击“程序控制”按钮,控制程序的运行状态(图 9-24)。

(3) 按 Cycle Start 键,程序将被自动加工直至结束。如在加工过程中想暂停程序,可随时按

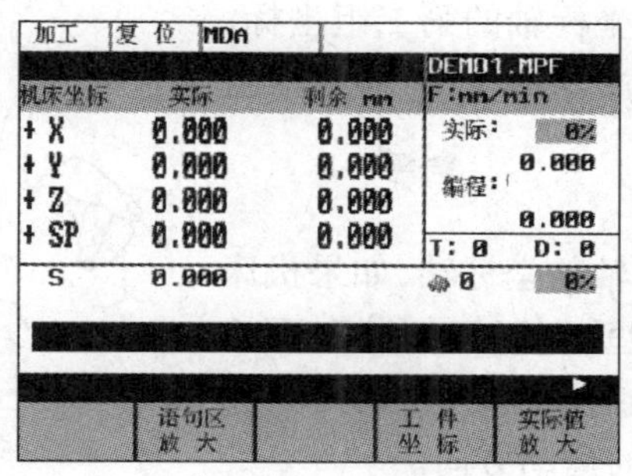

图 9-22 MDA 工作方式

Cycle Stop 键,如要继续加工可按 Cycle Start 键,程序将继续执行未完成的部分。如按 Reset 键,则未执行完的程序将不再执行,程序将返回到第一行。

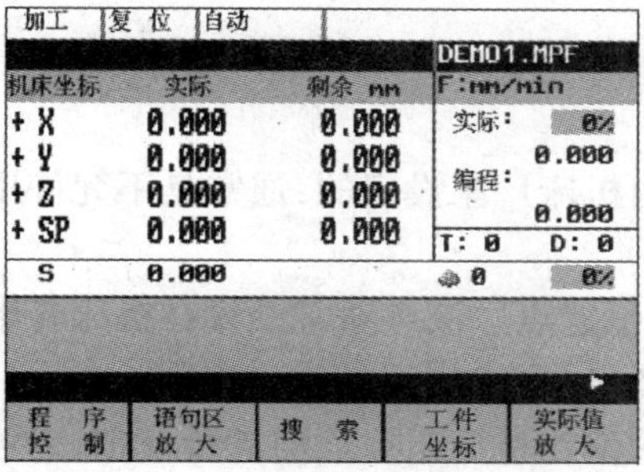

图 9-23 “自动方式”状态图

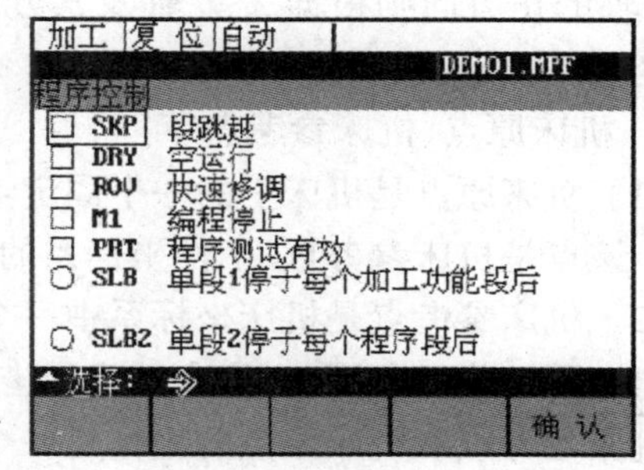

图 9-24 “程序控制”窗口

9.2.4 工件坐标系的建立

1. 坐标系确定的原则

机床的运动形式是各不相同的,为了描述刀具与零件的相对运动,避免出现混淆,ISO 和我国都统一规定了数控机床坐标轴的代码及其运动方向。

1)刀具相对于零件运动

由于机床的结构不同,机床的运动方式也不同。因此,为了编程方便,一律规定为工件固定,刀具相对于工件运动。

2)坐标系采用右手笛卡儿坐标系

大拇指的方向为 X 轴的正方向;食指的方向为 Y 轴的正方向;中指的方向为 Z 轴的正方向(图 9-25)。

2. 坐标系的确定

数控机床的坐标系采用右手笛卡儿坐标系(图 9-25)。它规定笛卡儿坐标 X、Y、Z 三轴正方向用右手定则判定,围绕 X、Y、Z 各轴的回转运动及其正方向 $+A$、$+B$、$+C$ 用右螺旋法则判定。用 $+X'$、$+Y'$、$+Z'$、$+A'$、$+B'$、$+C'$ 表示与 $+X$、$+Y$、$+Z$、$+A$、$+B$、$+C$ 相反的方向,即工件相对于刀具运动的方向。

笛卡儿坐标 X、Y、Z 又称为主坐标系或第一坐标系。如机床的运动轴多于此 3 个坐标,则用 U、V、W 表示平行于 X、Y、Z 坐标轴的第二组坐标。同样用 P、Q、R 表示平行于 X、Y、Z 坐标轴的第三组坐标。

1）Z 轴的确定

Z 轴定义为平行于机床主轴的坐标轴，如果机床有一系列主轴，则应选尽可能垂直于工件装夹面的主要轴为 Z 轴，其正方向定义为从工作台到刀具夹持的方向，即刀具远离工作台的运动方向。

2）X 轴的确定

X 轴为水平的、平行于工件装夹平面的坐标轴，它平行于主要的切削方向，且以此方向为正方向。

3）Y 轴的确定

Y 轴的正方向则根据 X、Z 轴及其方向用右手笛卡儿坐标系确定。

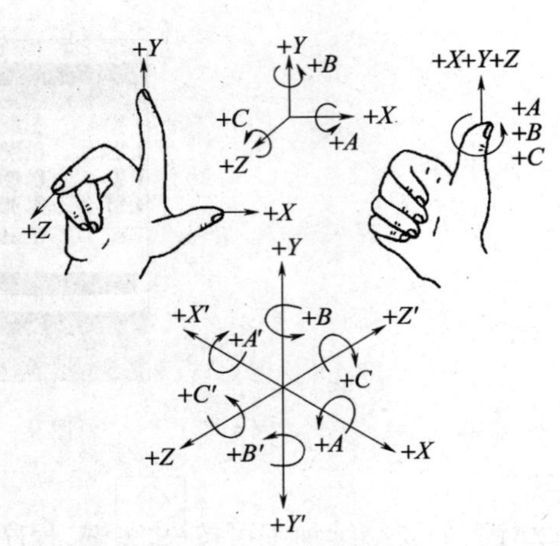

图 9－25　右手笛卡儿坐标系

3．机床原点、机床参考点

（1）机床原点是机床上的一个固定点，其位置是由机床厂家设定的，通常是不允许用户改变的。该点是机床参考点、工件坐标系的基准点。

（2）机床参考点是机床坐标系中一个固定不变的位置点。该点通常设置在机床各轴靠近正方向极限的位置。因此，机床的机械坐标值通常为负值（在坐标系的第三象限）。

机床参考点对机床原点的坐标是一个已知定值，该值在机床出厂之前进行设定，它可以根据机床参考点在机床坐标系中的坐标值间接确定机床原点的位置。

数控机床通电后，通常要做回零操作（即回参考点）。回零操作后机床即对控制系统进行初始化，使机床运动坐标的各计数 X、Y、Z 等显示为零。

4．工件坐标系和工件原点

在数控编程过程中，编程人员拿到图纸以后，为了编程方便需要在工件的图纸上设置一个坐标系，该坐标系就叫工件坐标系，该坐标系的原点就叫工件原点。有了它，编程就不必考虑工件毛坯在机床上的实际装夹位置了。

选择工件原点的一般原则如下。

（1）工件原点应选在工件图样的基准上，以利于编程。

（2）工件原点应尽量选在尺寸精度高、粗糙度值低的工件表面上。

（3）工件原点最好选在工件的对称中心上。

（4）要便于测量和检验。

5．工件坐标系的建立

当工件在机床上固定好以后，工件放置在工作台的具体位置并没有确定，必须进行测量。一般有两种测量方法：①杠杆百分表、量棒、量块等工具搭配测量；②寻边器等专用的工件测量头进行测量。

按“参数”、“零点偏移”键，即可进入工件坐标系设置窗口（图 9－26）。

SINUMERIK 802S/c base line 数控机床可以设定 4 个（G54 ~ G57）工件坐标系，这些坐标系原点的值可用手动方式进行输入。如图 9－27 中的 X1、Y1、X2、Y2 的值，即可分别输入到在

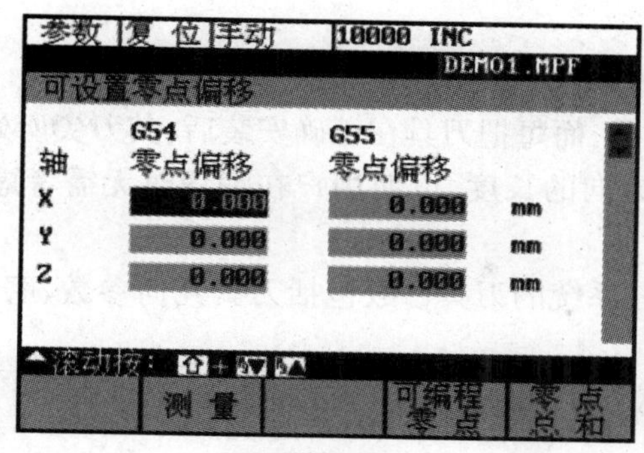

(a)设置窗口

(b)寻边器

图 9-26 工件坐标系设置窗口与寻边器

机床存储器 G54 和 G55 的 *X*、*Y* 内。这些值在机床重开机时仍然存在，因此批量加工零件时常用该方式。

注意：在 G54 ~ G59 指令中输入的 *X*、*Y*、*Z* 值均为负值。

当程序中指定了 G54 ~ G59 之一，则在以后程序段中的坐标值均为相对此程序原点的值。以图 9-27 为例，此图中有两个工件，其坐标系的值分别存储在 G54 和 G55 内，以下程序即实现如何在两个坐标系内的相互转换。

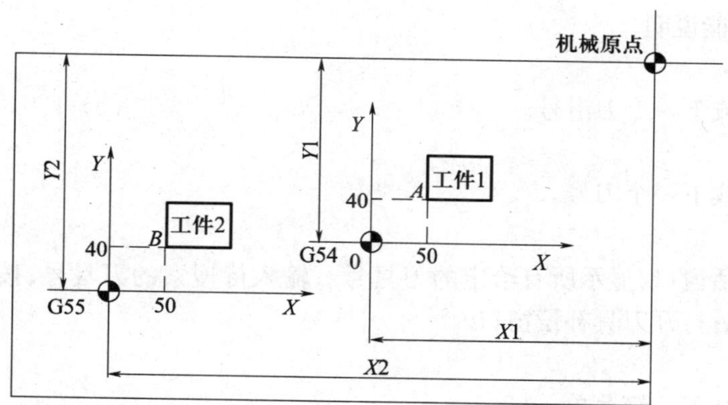

图 9-27 工件坐标系设置

```
…
    N10 G00 G90 G54 X50 Y40 ;以 G00 方式移动到 G54 坐标系的 A 点
…
…
    N100 G56                ;选择 G56 坐标系作为当前工件坐标系
    N110 G00 G90 X50 Y40    ;以 G00 方式移动到 G56 坐标系的 B 点
…
```

显然，对于多程序原点偏移，采用 G54 ~ G59 原点偏置寄存器存储所有程序原点与机床参考点的偏移量，然后在程序中直接调用 G54 ~ G59 进行原点偏移是很方便的。

采用程序原点偏移的方法还可实现零件的空运行试切加工，具体应用时，将程序原点向刀具（*Z* 轴）方向偏移，使刀具在加工过程中抬起一个安全高度即可。

9.2.5 数控系统的刀具设定

由于加工一个零件常需要多把刀具，而每把刀具在正确安装后，其刀尖所处位置不可能完全重合，因此需要找出每把刀具在 Z 方向的长度，以使用户在编程时无需考虑刀具长度不一致的问题。

SINUMERIK 802S/c base line 数控系统的刀具参数包括刀具几何参数、磨损量参数、刀具号参数和刀具型号参数等内容。

按"参数"、"刀具补偿"按钮，进入"刀具补偿数据"窗口（图 9－28）。

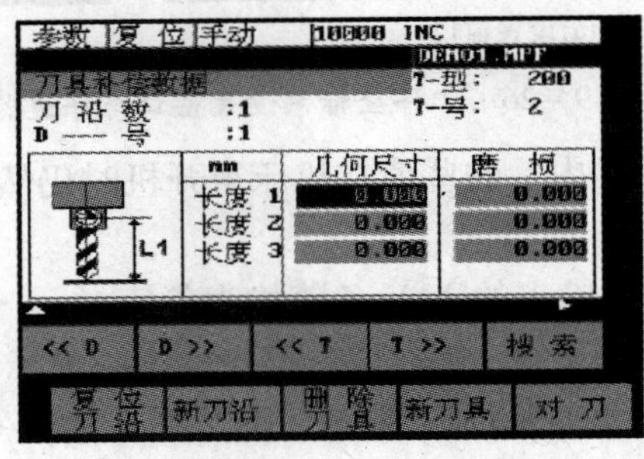

图 9－28 "刀具补偿数据"窗口

1．各按键功能说明

1）≪D,D≫

选择上一个或下一个刀沿号。

2）≪T,T≫

选择上一个或下一个刀号。

3）搜索

打开一个对话窗口，显示所有给定的刀具号。输入待搜索的刀具号，按"确认"键开始搜索。刀具寻找到后打开刀具补偿窗口。

4）>

按此键可打开下一级菜单。

5）复位刀沿

使所有的刀具补偿值复位为零。

6）新刀沿

建立一个新的刀沿，设立刀补参数。当新刀补建立到当前刀具上时，自动分配下一个刀沿号（D1～D9）。在内存中最多可以建立 30 个刀沿。

7）删除刀具

删除一个刀具所有刀沿的刀补参数。

8）新刀具

建立一个新刀具的刀具补偿参数。按此键，系统出现"新刀具"窗口（图 9－29），显示所给定的刀具号。输入新的"T－"号（最大为 3 位数），并定义刀具类型。按"确认"键，确认输入，刀具补偿参数窗口打开。

注：最多可以建立 20 个刀具。

2. 刀具补偿参数输入(图 9-30)

刀具补偿参数分为刀具长度补偿和刀具半径补偿。“刀具补偿数据”窗口会因刀具类型不同而不同。输入刀补参数数据:移动光标到要修改的区域,输入数据,按“输入”键确认。

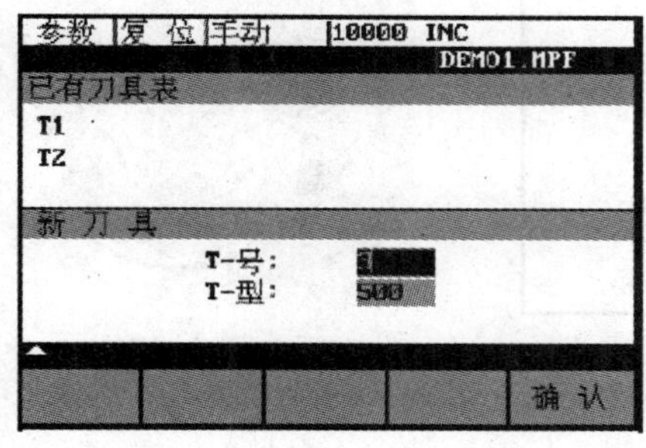

图 9-29 “新刀具”窗口

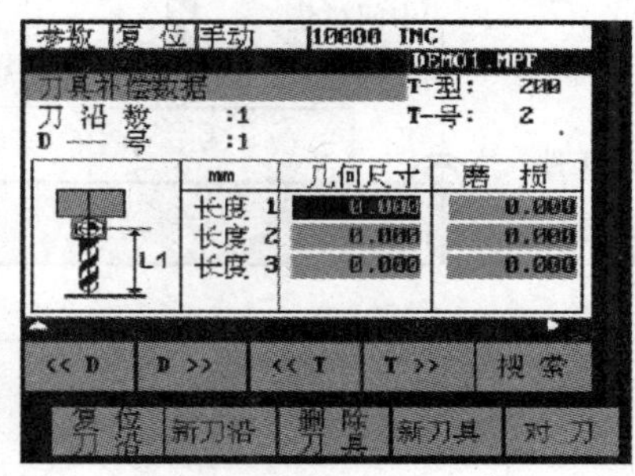

图 9-30 “刀具补偿数据”窗口

3. 刀具补偿值的确定

数控铣床和加工中心的刀具是将刀具(钻头、铣刀、镗刀、丝锥等)经过刀柄(柄部 7:24 锥度)夹持,然后装夹于机床主轴锥孔内的。编程用的刀具长度是指刀柄柄部(即 7:24 锥度大端基准线)至刀尖的距离,如图 9-31 所示。

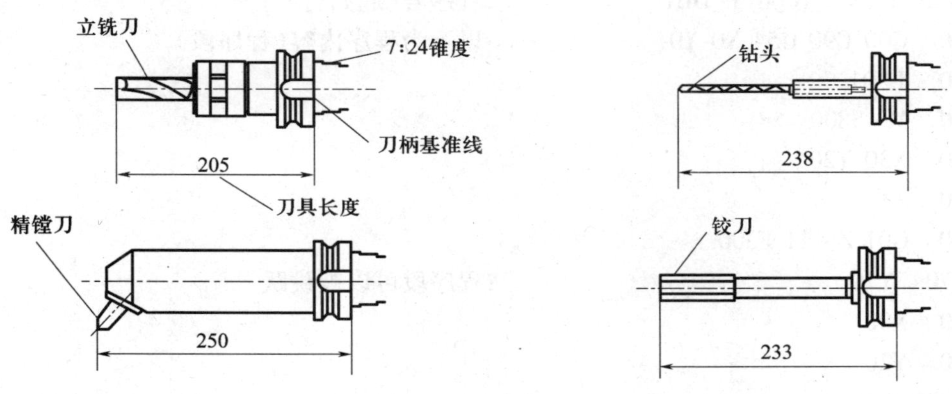

图 9-31 各类刀具长度

数控机床的对刀方式较多,由于数控铣床所用的刀具数量较少,因此,在确定刀具长度补偿值时通常采用对刀仪对刀。操作步骤如下。

(1) 将刀具的刀尖(或编程所用的刀尖)移动到摆放在工件基准平面上的对刀仪测量平面上方。

(2) 分别从手摇脉冲发生器的大挡到小挡调节刀具的高度位置,使对刀仪的指示灯亮(即刀尖和对刀仪的距离最小)。

(3) 记录下屏幕上 Z 轴机械坐标值,并加上对刀仪的理论高度值,将其输入到“长度 1”后的“几何尺寸”内,如图 9-32、图 9-33 所示。

注:对于铣刀必须计算刀具长度 1 和半径;对于钻头,只需计算长度 1 即可。

说明:可以使用一个已经计算出的零点偏置(如 G54 值)作为已知的机床坐标。在这种情况下,可以使刀沿运行到工件零点。如果刀沿位于工件零点,则偏移值为零。

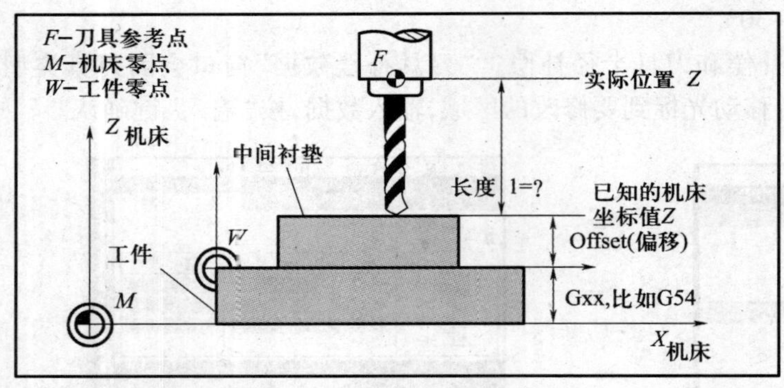

图 9-32 计算钻头长度补偿

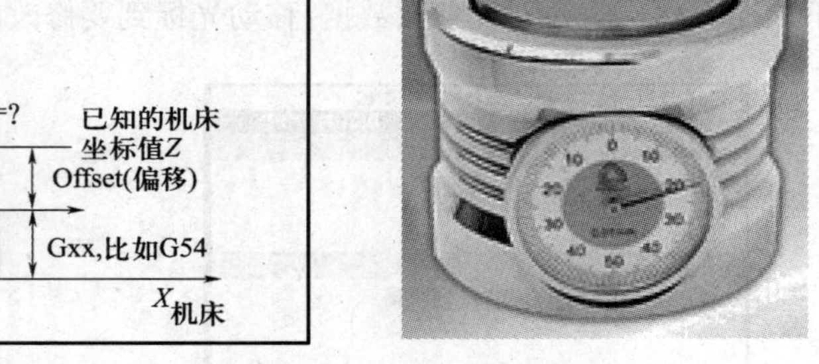

图 9-33 Z 轴对刀仪

9.2.6 数控铣床编程基础

1. 程序结构

一个完整的数控加工程序由程序号、程序内容和程序结束3部分组成。

示例如下：

```
%_N_PROG1_MPF
;$ PATH=/_N_MPF_DIR              ;程序号(起始行)
N10  G00 G90 G54 X0 Y0          ;以下为程序内容(程序段)
N20  T1D1
N30  M3 S800
N40  X30 Y20
N50  Z3
N60  G01 Z-11 F300
/N70  Y70                        ;程序段可以被跳跃
N80  X80
N90  Y20
N100  X30
N110  G00 G40 X0 Y0
N120  Z100
N130  M2                         ;程序结束(结束段)
```

1）程序号

程序号是每个程序的开始部分，为程序的开始标记，以便于程序的查找、调用。

SINUMERIK 802S/c base line 数控系统对程序号的要求如下。

(1) 开始的两个符号必须是字母。

(2) 其后的符号可以是字母、数字或下划线。

(3) 最多为8个字符。

(4) 不得使用分隔符。

2）程序主体内容

程序内容是整个程序的核心部分，它由多个程序段组成。每个程序段由若干个字组成，每个字又由字母和若干个数字组成。每个程序段一般占一行。

3）程序结束

程序结束用辅助功能代码 M02 来表示，要求单列一段。

2．程序段格式

一个程序段由一个以上的代码组成，代码又由相应的大写字母加数值组成，字母用 A ~ Z 表示，相应的字母决定了跟在其后面的数字的意义，相同的字母会因指令的不同而有差异。下面是构成单个程序段的基本要素。

N10	G01	X50 Y -70	F200	M03	S1000	L_F
顺序号	准备功能	坐标字	进给功能	辅助功能	主轴功能	程序段结束符号

各常用代码字母的含义如表 9 - 1 所列。

表 9 - 1　常用代码字母意义

功 能	代 码 字 母	意 义 描 述
程序号	%	主程序、子程序号
顺序号	N	程序段的顺序编号
准备功能	G	指定动作方式
辅助功能	M	机床动作指令
坐标字	X、Y、Z A、B、C U、V、W I、J、K R	坐标轴的移动指令 附加轴的移动指令 第二附加轴的移动指令 圆弧圆心坐标 指定圆弧半径
进给功能	F	进给速度指令（mm/min、r/min）
主轴功能	S	主轴速度（r/min）
刀具功能	T	刀具编号
补偿功能	D H	刀具半径偏置号 刀具长度偏置号
暂停功能	P、X	指定暂停时间
扩展地址	=	CR = 5 设定圆弧半径为 5mm
结束符	L_F	每行程序段结束符号

3．常见程序指令

1）G00 快速点定位

刀具以点位控制方式从当前位置快速移动到指令给定的位置。该指令只用于快速定位，不能进行切削加工。

格式:G00 X __ Y __ Z __L_F

用 G00 指令快速移动时进给速度 F 无效。该指令所控制的轴数应根据机床所能控制的轴数而定,如普通的三坐标机床,该指令就能控制最多 3 个轴的同时移动(当然,也可以一个轴或两个轴同时移动,应视具体情况而定)。

快速移动的速度大小可通过机床的参数进行设置。该速度的大小根据不同的机床有相应的变化,如 20m/min、32m/min 等。该值越大说明其移动越快,机床的性能也就越好。因此,该参数也是反映机床性能的一项重要指标。

2)G01 直线插补

刀具以 F 指定的进给速度从当前位置直线移动到指令给定的位置,并在此过程中进行切削加工。

格式:G01 X __ Y __ Z __ F __L_F

3)G02、G03

圆弧加工指令。G02 为顺时针圆弧插补;G03 为逆时针圆弧插补。

由于 SIMENS 的圆弧加工方式指令有 9 种之多,限于篇幅,本书只介绍最常用的半径 + 终点坐标编程方式,其余编程方式读者可查阅相关系统说明书。

格式:G02(G03)X __ Y __ CR = __ F __L_F

或 G02(G03)X __ Y __ I __ J __ F __L_F

其中:X、Y 为圆弧终点坐标值。

I、J 为从圆弧起点运动到圆心的增量坐标值。

CR 为圆弧的半径。当圆弧的圆心角≤180°时,CR 取正值;当圆弧的圆心角 >180°时,CR 取负值。

注意:用 R 方式不能加工整圆;用 I、J 方式既可以加工整圆也可以加工圆弧。

(1) 编程举例 1:I、J 和 CR 的使用。

以图 9-34 为例,使用绝对值方式编程的程序行如下。

G90 G02 X35.453 Y6.251 I-9.317 J-34.773 F200L_F(I、J 方式)

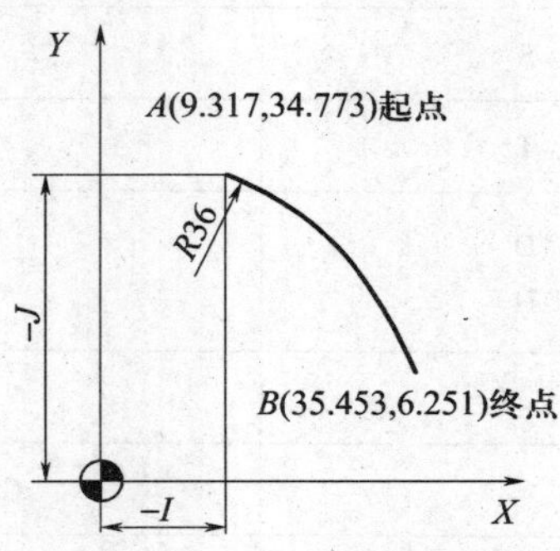

图 9-34 圆弧编程示例 1

或 G90 G02 X35.453 Y6.251 CR=36 F200L_F(R 方式)

如果其运动方向相反(即 B 点为起点,A 点为终点),编程程序行如下。

G90 G03 X9.317 Y34.773 I-35.453 J-6.251 F200L_F

或 G90 G03 X9.317 Y34.773 CR=36 F200L_F

(2) 编程举例2:CR正负的判断。

从图9-35可以看出,如果不考虑半径的正负,不论是路径1还是路径2,从A点运动到B点的程序均为:G02 X32 Y-14 CR=35 F200;反之亦然。由此可见,该方式将会出现不唯一性,这是数控编程中所不允许的。因此,用半径方式编程必须根据圆弧圆心角的大小来确定格式。

路径1的程序为:G02 X32 Y-14 CR=35 F200L_F(圆心角大于180°)。

路径2的程序为:G02 X32 Y-14 CR=35 F200L_F(圆心角小于180°)。

(3) 编程举例3:整圆的加工。

图9-36所示整圆的加工程序如下(加工的起点在第一点)。

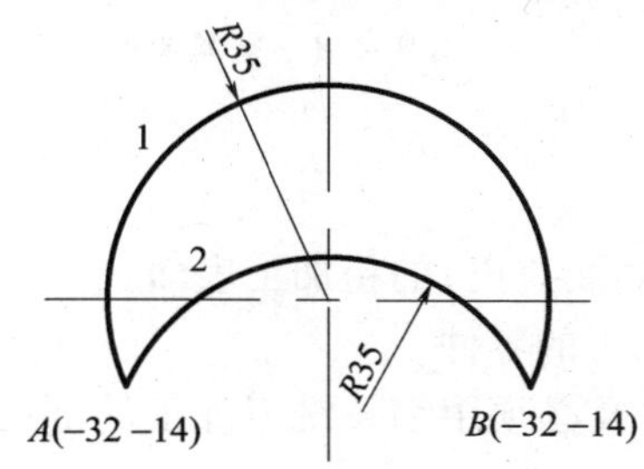

图9-35 圆弧编程示例2

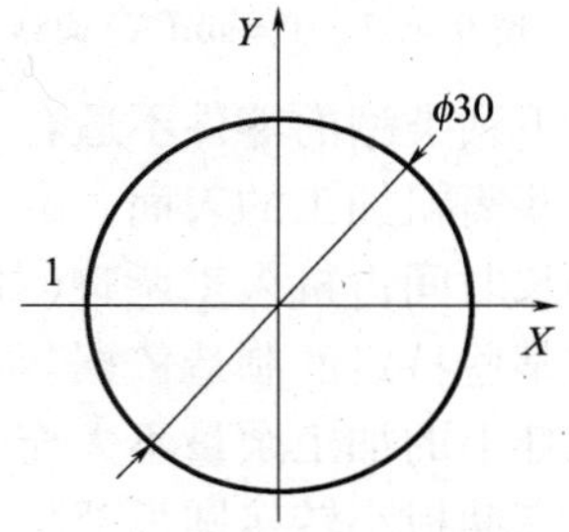

图9-36 整圆编程示例

N10 G90 G00 G54 X0 Y0L_F	用绝对方式快速运动到圆心点
N20 M03 S600L_F	主轴以600r/min的速度正转
N30 G01 X-15 F300L_F	以300mm/min的切削进给速度运动到1点
N40 G02 I15L_F	用顺时针方式加工ϕ30mm的圆
N50 G01 X0 F600L_F	返回到圆心点
N60 M30L_F	程序结束并返回程序头

9.3 数控铣削加工工艺的制订

制订零件的数控铣削加工工艺是数控铣削加工的一项首要工作。数控铣削加工工艺制订的合理与否,将直接影响到零件的加工质量、生产效率和加工成本。数控铣削加工工艺分析所要解决的主要问题大致可归纳为以下几个方面。

9.3.1 选择并确定数控铣削加工部位及工序内容

在选择数控铣削加工内容时,应充分发挥数控铣床的优势和关键作用。主要选择的加工内容如下。

(1) 工件上的曲线轮廓,特别是由数学表达式给出的非圆曲线与列表曲线等曲线轮廓,如图9-37所示的正弦曲线。

(2) 已给出数学模型的空间曲面,如图9-38所示的空间曲面。

(3) 形状复杂、尺寸繁多、划线与检测困难的部位。

(4) 用通用铣床加工时难以观察、测量和控制进给的内外凹槽。

(5) 以尺寸协调的高精度孔和面。

(6) 能在一次安装中顺带铣出来的简单表面或形状。

(7) 用数控铣削方式加工后,能成倍提高生产率、大大减轻劳动强度的一般加工内容。

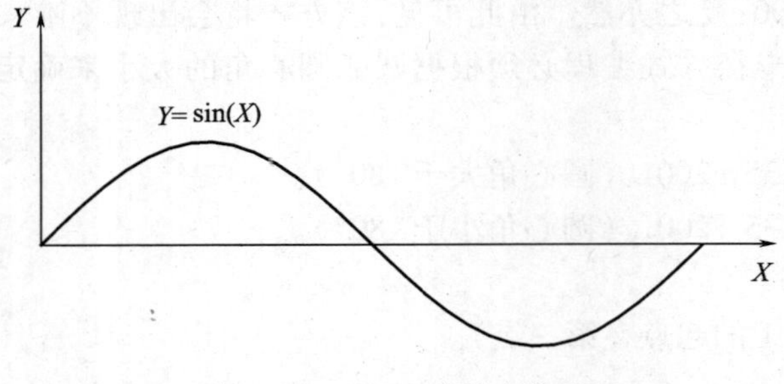

图 9-37　$Y=\sin(X)$ 曲线图

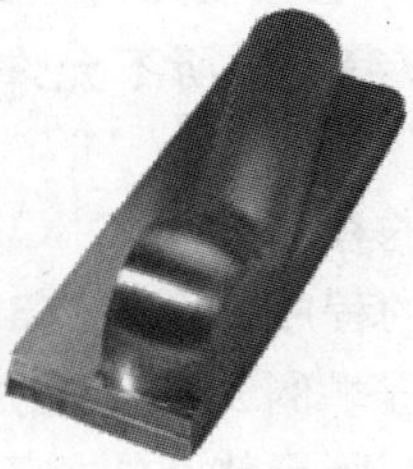

图 9-38　空间曲面

但对于下列类型的零件不适合选用数控铣削加工。

(1) 一些需粗加工的表面。

(2) 需长时间占机人工调整(如以毛坯粗基准定位划线找正)的粗加工表面。

(3) 按某些特定的制造依据(如样板、模胎、配作)加工的零件。

(4) 毛坯上的加工余量不太充分或不太稳定的部位及必须用细长铣刀加工的部位(如狭窄的深槽或高肋板小转接圆弧部位)。

(5) 必须用特定的工艺装备协调加工的零件。

9.3.2　零件图样的工艺性分析

根据数控铣削加工的特点,对零件图样进行工艺性分析时,应主要分析与考虑以下一些问题。

1. 零件图样尺寸的正确标注

由于加工程序是以准确的坐标点来编制的,因此,各图形几何元素间的相互关系(如相切、相交、垂直和平行等)应明确,各种几何元素的条件要充分,应无引起矛盾的多余尺寸或者影响工序安排的封闭尺寸等。

例如,零件在用同一把铣刀、同一个刀具半径补偿值编程加工时,由于零件轮廓各处尺寸公差带不同(图 9-39),如果按基本尺寸编程,就很难同时保证加工后零件的各处尺寸在公差范围内。这时一般采取的方法是:兼顾各处尺寸公差,在编程计算时,改变轮廓尺寸并移动公差带,将其改为对称公差,采用同一把铣刀和同一个刀具半径补偿值加工。如对图 9-39 中括号内的尺寸,其公差带均作了相应改变,在计算与编程时就可用括号内尺寸来进行。这样既能使编程方便快捷,又能避免编程和加工过程中犯不必要的错误,从而导致更大的损失。

2. 统一内壁圆弧的尺寸

加工轮廓上内壁圆弧的尺寸往往限制刀具的尺寸。

1) 内壁转接圆弧半径 R

如图 9-40(ε)所示,当工件的被加工轮廓面的最大高度 H 较小,内壁转接圆弧半径 R 较大时,则可采用刀具切削刃长度 L 较小,直径 D 较大的铣刀加工。这样,底面 A 的走刀次数较少,表面质量较好,因此,工艺性较好。反之如图 9-40(b)所示,铣削工艺性则较差。通常,当 $R<0.2H$ 时,则属工艺性较差。

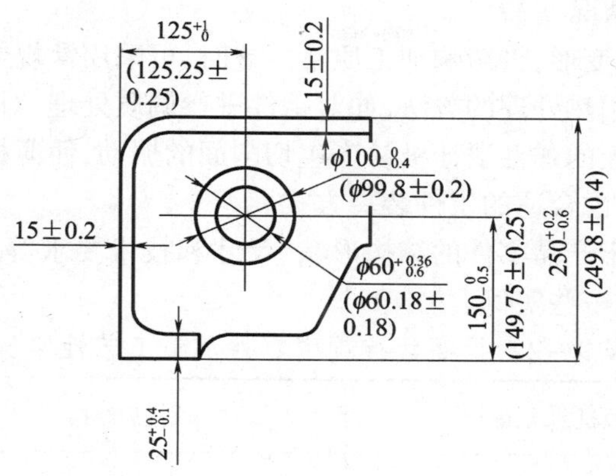

图 9-39　零件尺寸公差带的调整

2）尽量统一零件轮廓内圆弧的有关尺寸

加工图 9-41 所示的工件，铣刀直径 D 一定时，工件的内壁与底面转接圆弧半径 r 越小，铣刀与铣削平面接触的最大直径 $d=D-2r$ 也越大，铣刀端刃铣削平面的面积越大，则加工平面的能力越强，因而，铣削工艺性越好。

当底面铣削面积大，转接圆弧半径 r 也较大时，只能先用一把 r 较小的铣刀加工，再用符合要求 r 的刀具加工，分两次完成切削。

总之，一个零件上内壁转接圆弧半径尺寸的大小和一致性问题对数控铣削的工艺性显得相当重要。因此，转接圆弧半径尺寸大小要力求合理，半径尺寸尽可能一致，至少要力求半径尺寸分组靠拢，达到局部统一，以尽量减少所使用铣刀的规格与换刀次数，从而避免因换刀而增加加工面上的接刀痕迹，以提高表面质量。

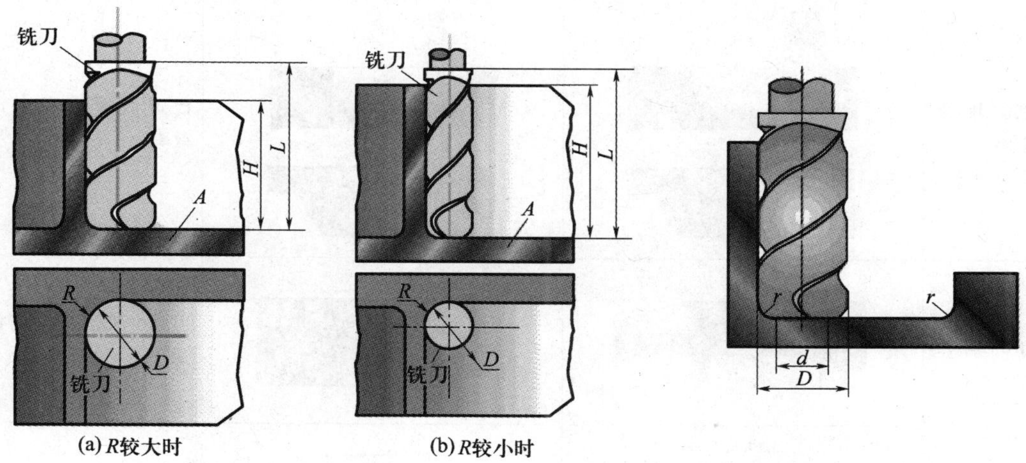

(a) R较大时　　(b) R较小时

图 9-40　内壁圆弧的加工　　图 9-41　底面的铣削

3）保证基准统一的原则

有些工件需要在铣削完一面后，再重新安装铣削另一面，由于数控铣削时，不能使用通用铣床加工时常用的试切方法来接刀，往往就会因为零件的重新安装而接不好刀。因此，最好采用统一基准定位。

4）分析零件的变形情况

铣削工件在加工时的变形，将影响加工质量。这时，可采用常规方法，如粗、精加工分开及对称去余量法等，也可采用热处理的方法，如对钢件进行调质处理、对铸铝件进行退火处理等。加工薄板时，切削力及薄板的弹性退让极易产生切削面的振动，使薄板厚度尺寸公差和表面粗糙度难以保证，这时，应考虑合适的工件装夹方式。

总之，加工工艺取决于产品零件的结构形状、尺寸和技术要求等。在表9-2中给出了改进零件结构提高工艺性的一些实例。

表9-2　提高数控铣削零件加工工艺性实例

提高工艺性方法	改进前结构	改进后结构	说明
改进内壁形状	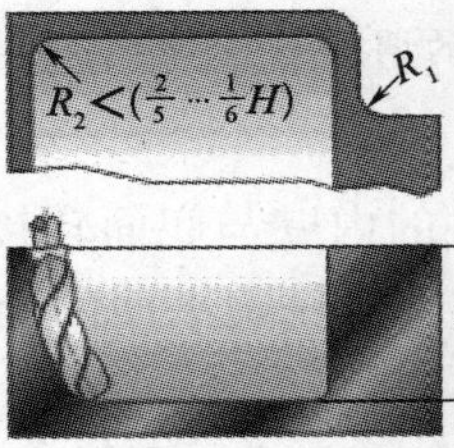 $R_2<(\frac{2}{5}\cdots\frac{1}{6}H)$　R_1　H	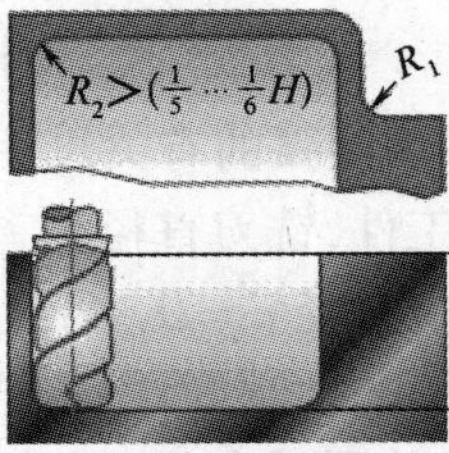 $R_2>(\frac{1}{5}\cdots\frac{1}{6}H)$　R_1　H	改进后可采用较高刚性刀具
统一圆弧尺寸	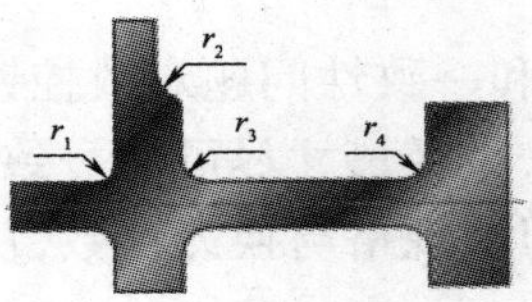 r_1　r_2　r_3　r_4	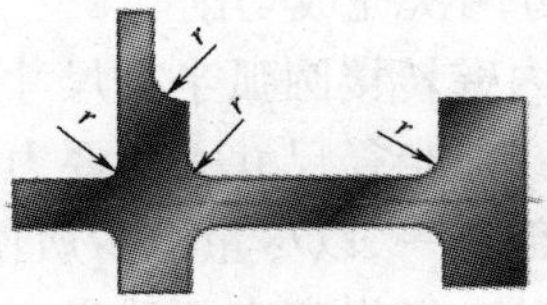 r　r　r　r	改进后可减少刀具数和更换刀具次数，减少辅助时间
选择合适的圆弧半径 R 和 r	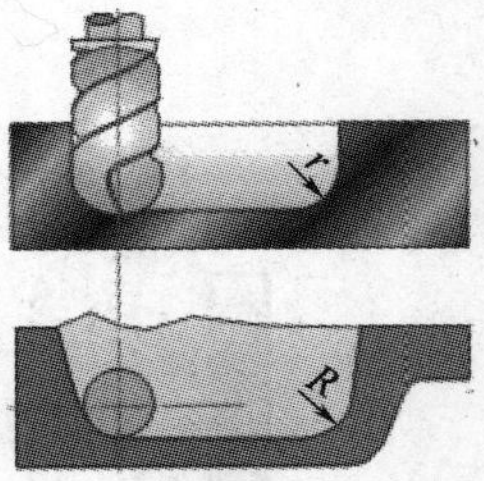 r　R	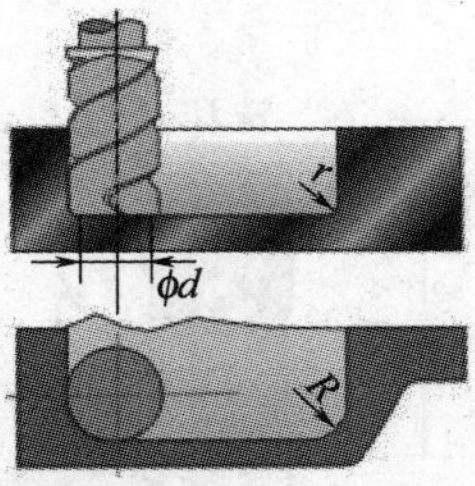 r　ϕd　R	改进后可提高生产效率
用两面对称结构	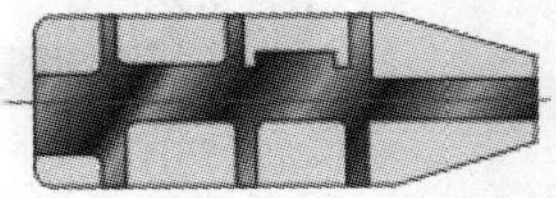	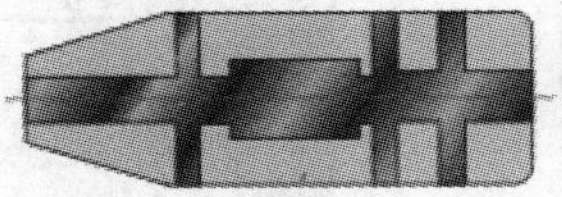	可减少编程时间，简化编程
改进尺寸比例	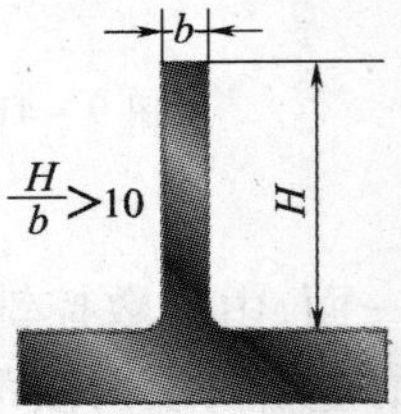 b　$\frac{H}{b}>10$　H	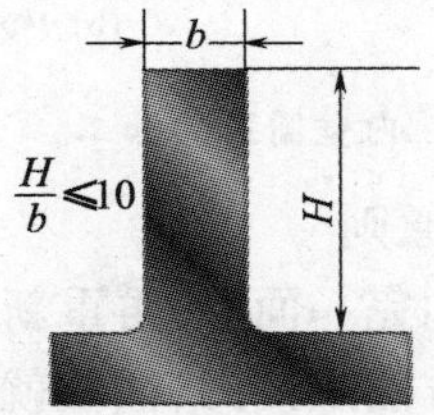 b　$\frac{H}{b}\leqslant10$　H	可用较高刚度刀具加工，提高生产率

（续）

提高工艺性方法	改进前结构	改进后结构	说明
合理改进凸台分布	$a<2R$	$a>2R$	可减少加工劳动量
改进结构形状		≤0.3	可减少加工劳动量
在加工和不加工表面间加入过渡		0.5…1.5	可减少加工劳动量
改进零件几何形状	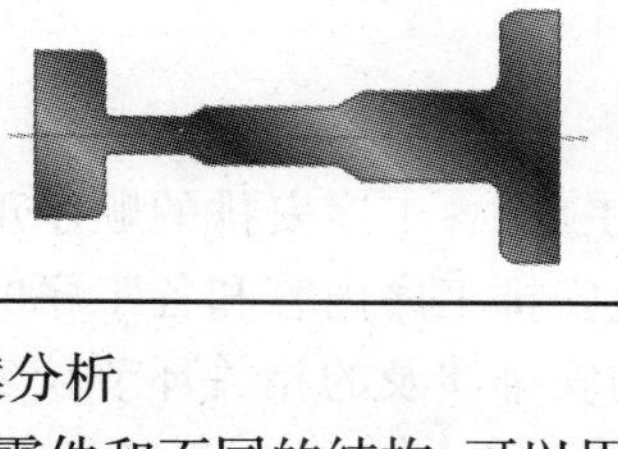	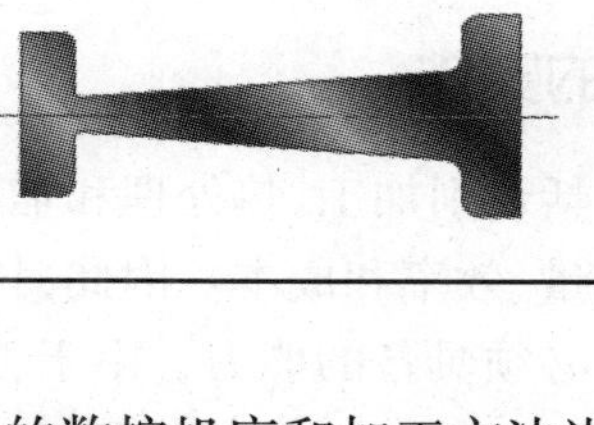	斜面筋代替阶梯筋，节约材料

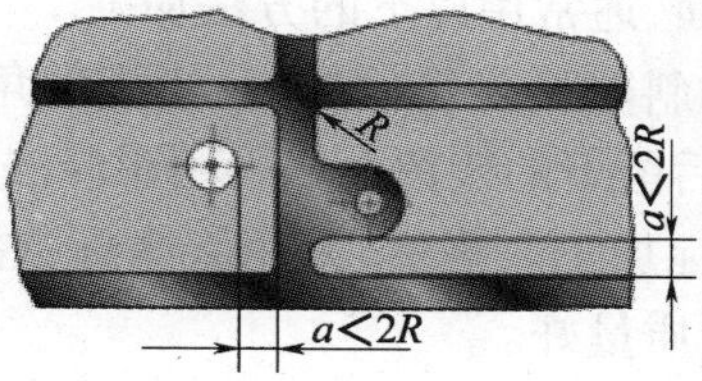

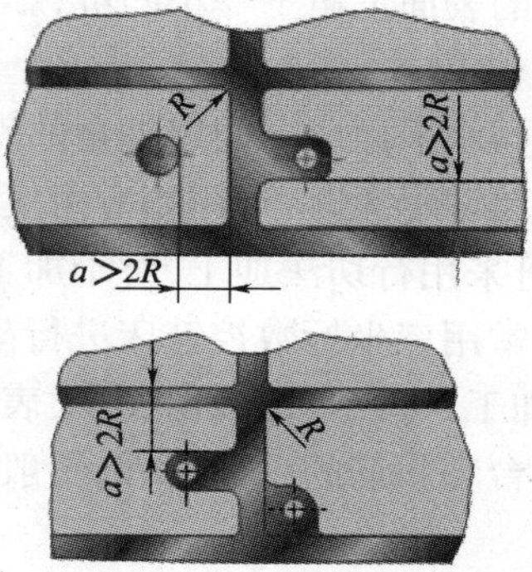

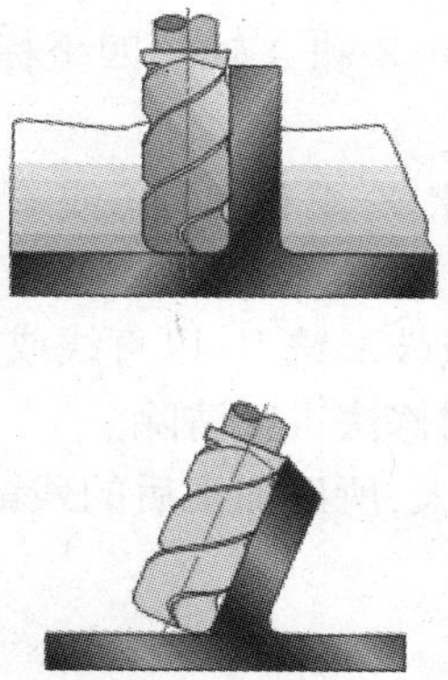

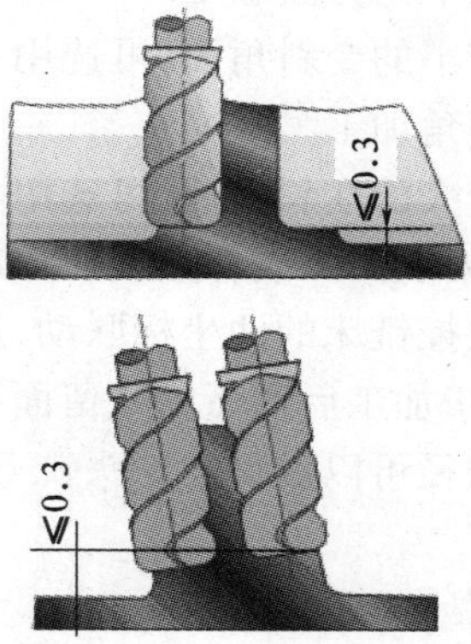

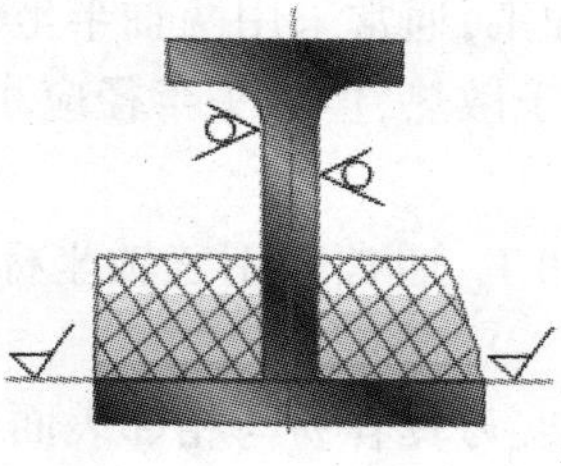

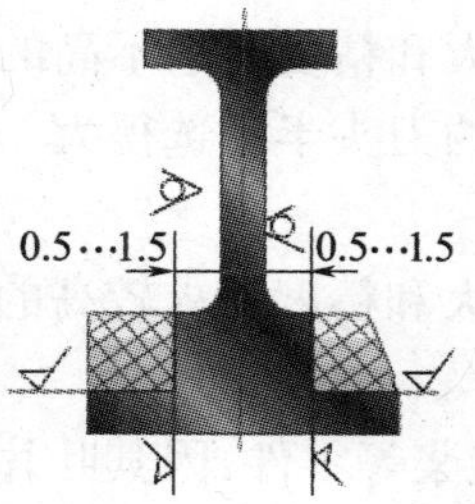

3. 加工方案分析

对于不同的零件和不同的结构，可以用不同的数控机床和加工方法进行加工，但主要应从企业的经济成本入手，考虑合理的加工方案。下面主要针对几种常见的结构进行简要说明。

1）平面轮廓类零件

该类零件大多数是由直线、圆弧、各种曲线构成，通常只需用三坐标数控铣床进行两轴半

(即 X、Y、Z 三轴中任意两轴作联动插补,第三轴作单独的周期进给)坐标加工。

在加工过程中为了保证加工面的光滑,切入和切出部分的加工轨迹应尽量以切线或切弧的方式与加工的起点和终点相连接。如从法线方向切入和切出,就会因为刀具轨迹方向的突然改变而在工件的表面上留下一小凹坑,影响表面质量。

2)固定斜角类零件

固定斜角平面是与水平面成一固定夹角的斜面,通常用以下的方法加工。

(1) 当零件角度尺寸不大时,可用相应角度的斜垫板垫平后加工;当零件角度尺寸较大,斜面斜度又较小时,可采用行切法加工,对于加工后留下的残留面积可用钳修法进行清除。

(2) 该类零件通常用三坐标数控铣床进行坐标加工。当然,采用五坐标数控铣床是最佳的方法,主轴摆角后加工,可以不留残留面积,表面质量好。

(3) 对于带正圆台和斜筋的平面零件,一般采用专用的角度成形铣刀加工。

3)变斜角类零件

该类零件通常用以下的方法加工。

(1) 对曲率变化较小的变斜角面,可选用具有 X、Y、Z 和 A 轴的四坐标联动的数控铣床,用立铣刀以插补方式摆角加工。

(2) 对曲率变化较大的变斜角面,可选用具有 X、Y、Z、A 和 B 轴(或 C 转轴)的五坐标联动的数控铣床,用立铣刀以圆弧插补方式摆角加工。

(3) 采用三坐标数控铣床的两坐标联动,用球头或鼓形铣刀,以直线或圆弧插补方式进行分层铣削加工,同样对于加工后留下的残留面积可用钳修法进行清除。

由于鼓形铣刀的鼓径可以做得比球头铣刀的球径大,所以加工后的残留面积高度小,加工效果比球头铣刀好。

4)立体曲面类零件

立体曲面类零件应根据曲面形状、刀具形状和精度要求采用以下几种铣削方法加工。

(1) 对曲率变化不大和精度要求不高的曲面粗加工,通常采用两轴半坐标的行切法加工。此时应尽量将球头铣刀的刀头半径选得大一些,以利于散热,但刀头半径应小于内凹曲面的最小曲率半径。

(2) 对曲率变化较大和精度要求较高的曲面精加工,通常采用三轴坐标联动插补的行切法加工。

(3) 对于叶轮、螺旋桨等零件,因其叶片形状复杂,刀具容易与相邻表面干涉,通常采用五坐标联动加工。

9.3.3 加工工序的安排

加工工序主要包括切削加工、热处理和辅助等工序,各工序安排的顺序正确与否,将直接影响到零件的加工质量、效率和成本。因此,科学地安排工序内容和各工序的相关参数,是一个合格的工艺人员所必须具备的能力。由于工序的安排涉及的相关环节较多,本节只介绍最基本的几个原则。

1. 先粗后精

对于需要进行数控加工的零件一般都需要经过粗加工、半精加工、精加工 3 个阶段,如果还要求更高的精度,将进行光整加工阶段。

2. 基准先行

为了保证加工精度和前后基准统一,都需要先将精基准加工出来。如精度要求较高的轴类零件,往往要先将两端的中心孔加工出来,这样不论零件怎么调头加工外圆、端面和沟槽,均以此中心孔为基准,这对于保证形位精度起到了至关重要的作用。

3. 先面后孔

对于需要加工孔的箱体、支架等零件,平面尺寸轮廓较大,定位稳定,且孔的深度尺寸基准又是以平面为基准,故应先加工平面,再加工孔。

4. 先主后次

即先加工主要部位的尺寸要素,后加工次要部位的尺寸要素。

9.3.4 确定定位和夹紧方案

定位基准分为粗基准和精基准。用未加工过的毛坯表面作为定位基准称为粗基准;用已加工过的表面作为定位基准称为精基准。一般情况下除第一道工序采用粗基准外,其余工序都应使用精基准。

在确定定位和夹紧方案时应注意以下几个问题。

(1) 尽可能做到设计基准、工艺基准与编程计算基准的统一。

(2) 尽量将工序集中,减少装夹次数,尽可能在一次装夹后能加工出全部待加工表面。

(3) 避免采用占机人工调整时间长的装夹方案。

(4) 装卸方便,辅助时间尽量短。

(5) 夹具结构应力求简单。

(6) 对小型或工序时间不长的零件,可考虑采用多工位夹具,以提高加工效率。

(7) 夹紧机构或其他元件不得影响机床进给,且加工部位要敞开。

(8) 夹紧力的作用点应落在工件刚性较好的部位,保证夹紧变形的量最小。

9.3.5 确定刀具与工件的相对位置

对于数控机床来说,在加工开始时,确定刀具与工件的相对位置是很重要的,这一相对位置是通过确认对刀点来实现的。对刀点是指通过对刀确定刀具与工件相对位置的基准点。对刀点可以设置在被加工零件上,也可以设置在夹具上与零件定位基准有一定尺寸联系的某一位置,对刀点往往就选择在零件的加工原点。对刀点的选择原则如下。

(1) 所选的对刀点应使程序编制简单。

(2) 对刀点应选择在容易找正、便于确定零件加工原点的位置。

(3) 对刀点应选在加工时检验方便、可靠的位置。

(4) 对刀点的选择应有利于提高加工精度。

例如,加工图 9-42 所示零件时,当按照图示路线来编制数控加工程序时,选择夹具定位元件圆柱销的中心线与定位平面 A 的交点作为加工的对刀点。显然,这里的对刀

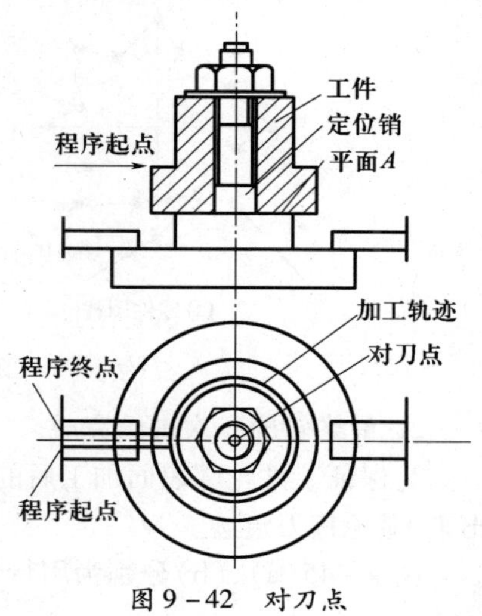

图 9-42　对刀点

点也恰好是加工原点。

在使用对刀点确定加工原点时，就需要进行“对刀”。所谓对刀是指使“刀位点”与“对刀点”重合的操作。每把刀具的半径与长度尺寸都是不同的，刀具装在机床上后，应在控制系统中设置刀具的基本位置。“刀位点”是指刀具的定位基准点。圆柱铣刀的刀位点是刀具中心线与刀具底面的交点；球头铣刀的刀位点是球头的球心点或球头顶点；车刀的刀位点是刀尖或刀尖圆弧中心；钻头的刀位点是钻头顶点。各类数控机床的对刀方法是不完全一样的，应结合所使用的机床分别进行讨论，如图 9－43 所示。

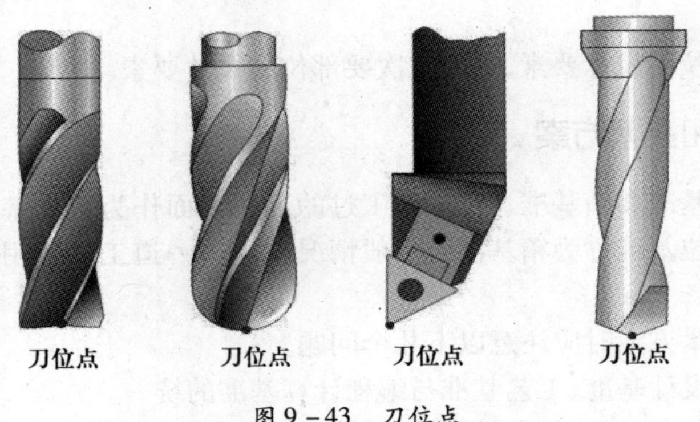

图 9－43　刀位点

9.3.6　进给路线的确定

进给路线就是刀具在整个加工工序中的运动轨迹，它对零件的加工精度和表面质量有直接影响。它不但包括了工步的内容，也反映出工步顺序，它也是编写程序的依据之一。下面对确定进给路线时应注意的几点问题进行说明。

1. 寻求最短加工路线

如加工图 9－44(a)所示零件上的孔系。图 9－44(b)的走刀路线为先加工完外圈孔后，再加工内圈孔。若改用图 9－44(c)的走刀路线，减少空行程时间，则可节省定位时间近一倍，提高了加工效率。

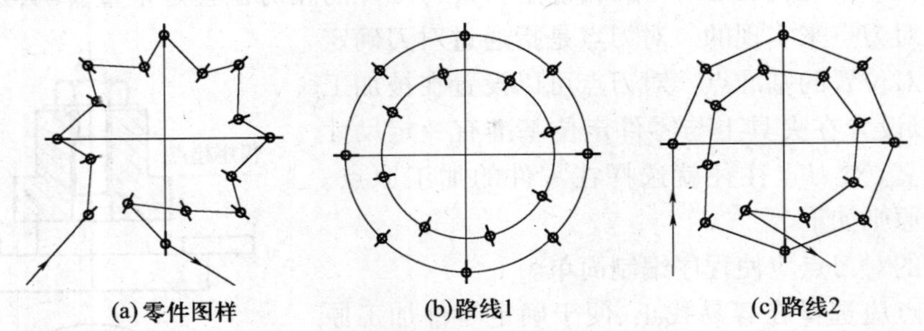

图 9－44　最短走刀路线的设计

2. 最终轮廓一次进给完成

为保证工件轮廓表面加工后的粗糙度要求，最终轮廓应安排在最后一次走刀中连续加工出来，避免接刀痕迹。

图 9－45(a)、(b)分别为用行切法和环切法加工内腔的进给路线。这两种进给路线的优

点是：都能切除内腔中的全部余量，不留死角，不伤轮廓，同时尽量减少重复进给的重叠量。

行切法的缺点是：进给路线比环切法短，但将在每两次进给的起点和终点间留下残留高度，而达不到要求的表面粗糙度。

环切法的缺点是：虽然表面粗糙度要好于行切法，但环切法的进给路线需要逐渐向外扩展轮廓线，刀位点的计算较复杂。

综合行、环切法的优点，可采用图 9－45（c）所示的进给路线，先用行切法切去中间部分的余量，最后用环切法沿周向环切一刀，光整轮廓表面，既能使进给路线大大缩短，又能获得较好的表面粗糙度。

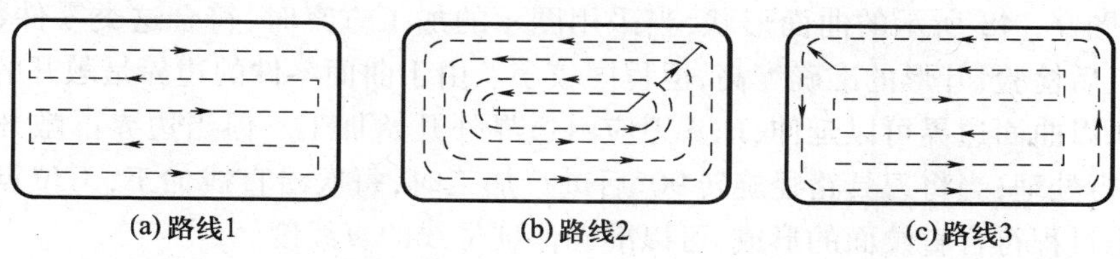

图 9－45　铣削内腔的 3 种进给路线
（a）路线 1；（b）路线 2；（c）路线 3。

3．选择切入切出方向

考虑刀具的进、退刀（切入、切出）路线时，刀具的切出或切入点应在沿零件轮廓的切线上，以保证工件轮廓光滑；应避免在工件轮廓面上垂直上、下刀而划伤工件表面；尽量减少在轮廓加工切削过程中的暂停（切削力突然变化造成弹性变形），以免留下刀痕，如图 9－46 所示。

当铣削封闭的内轮廓表面时，刀具同样不能沿轮廓曲线的法线切入和切出。可以沿一过渡圆弧切入和切出工件轮廓，如图 9－47 所示。

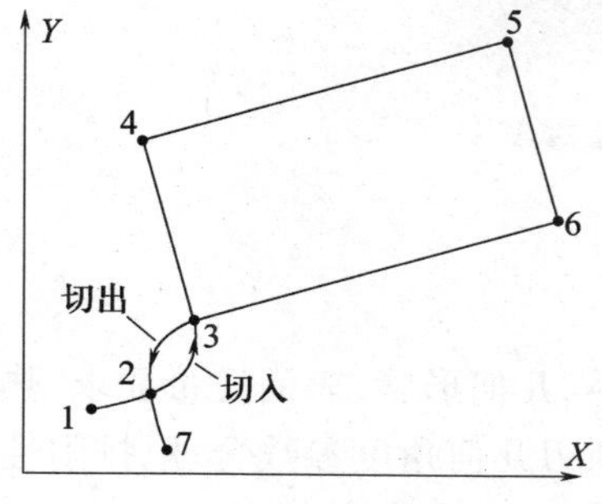

图 9－46　刀具切入和切出外轮廓时的进给路线

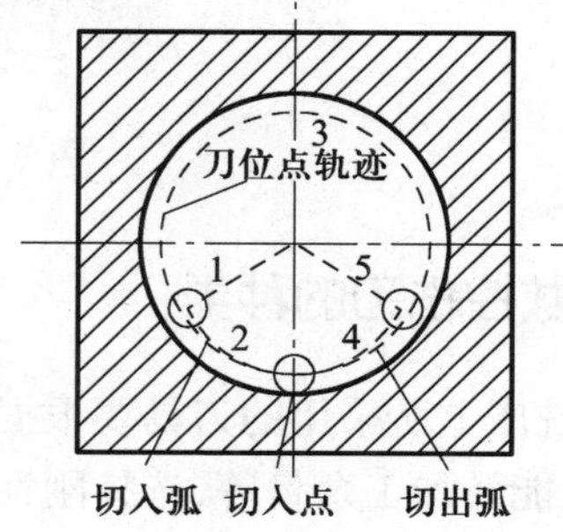

图 9－47　刀具切入和切出内轮廓时的进给路线

4．顺铣和逆铣的选择

在铣削加工中，采用顺铣还是逆铣方式是影响加工表面粗糙度的重要因素之一。

逆铣时切削力 F 的水平分力 F_H 的方向与进给运动 v_f 方向相反，如图 6－3（a）所示。此时刀具是从工件的内部向外部切削，切屑厚度由零到最厚，切削力使工件离开工作台。因此，当工件表面有硬皮、机床进给机构有间隙时，应选用该方式。因为，此时刀齿是从工件的已加工表面切入，不会使刀齿崩刃，机床进给机构的间隙也不会引起振动和爬行。

顺铣时切削力 F 的水平分力 F_H 的方向与进给运动 v_f 的方向相同，如图 6－3（b）所示。此时刀具是从工件的外部向内部切削,切屑由厚到薄,切削力将工件压向工作台。因此当工件表面无硬皮、机床进给机构无间隙时,为减小刀具的磨损,应选用该方式。该方式主要用于精铣,特别是材料为铝镁合金、钛合金或耐热合金时。

综上所述,铣削方式的选择应视零件图样的加工要求,工件材料的性质、特点以及机床、刀具等条件综合考虑。通常,由于数控机床传动采用滚珠丝杠结构,其进给传动间隙很小,顺铣的工艺性就优于逆铣。

5. 铣削曲面的进给路线

铣削曲面时,常采用球头刀具用行切法进行加工。对于边界敞开的曲面加工,可采用两种进给路线。图 9-48 所示的曲面形状,当采用图示的加工方案时,符合这类零件数据给出情况,便于加工后检验,叶形的准确度高,但程序较多。由于曲面零件的边界是敞开的,没有其他表面限制,所以曲面边界可以延伸,球头刀应由边界外开始加工。但当边界不敞开时,确定进给路线要另行处理;当将刀具路径旋转 90°后进行加工时,每次沿直线加工,刀位点计算简单,程序少,加工过程符合直纹面的形成,可以准确保证母线的直线度。

通过以上的分析,可以得出确定进给路线的总体原则是:在保证零件加工精度和表面质量的条件下,尽量缩短加工路线,以提高生产率。但在生产实际中,加工路线的确定要根据生产单位的具体情况和零件结构的特点进行综合考虑,灵活应用。

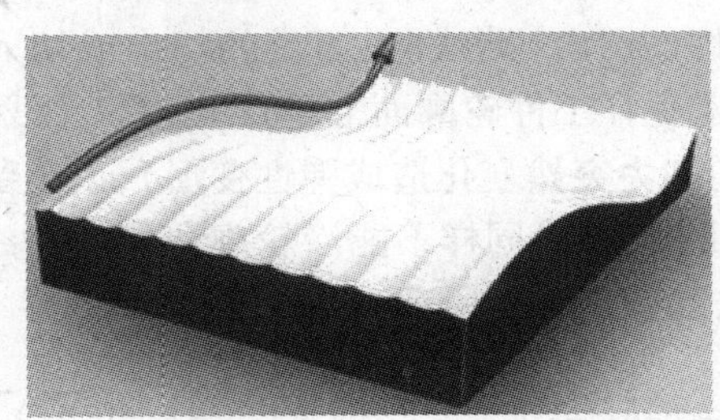

图 9-48　铣削曲面的进给路线

9.3.7　数控铣刀的种类

数控铣床上所采用的刀具要根据被加工零件的材料、几何形状、表面质量要求、热处理状态、切削性能及加工余量等,选择刚性好、耐用度高、切削刃几何角度参数合理、排削性能好的铣刀,这些都是充分发挥数控铣床的生产效率和获得满意加工质量的前提。

由于数控铣床所用的刀具种类较多,这里只介绍几种较常用的铣刀。

1. 面铣刀

面铣削时工件向着铣刀做直线进给运动,铣刀在垂直于进给轴线方向的平面内绕轴线旋转。图 9-49 所示为面铣刀,它的周围表面和端面上都有切削刃,端部上的切削刃为副切削刃。现在面铣刀多采用可转位式(即将可转位刀片通过夹紧元件固定在刀体上,当刀片的一个切削刃用钝后,直接在机床上将刀片转位或更换新刀片)。因此,这种铣刀在提高产品质量、加工效率、降低成本、操作使用方便等方面都有明显的优越性。而对于整体焊接式和机夹—焊接式面铣刀,由于其焊接质量难以保证、刀具的耐用度低、重磨费时等缺点,目前已逐步被淘汰。

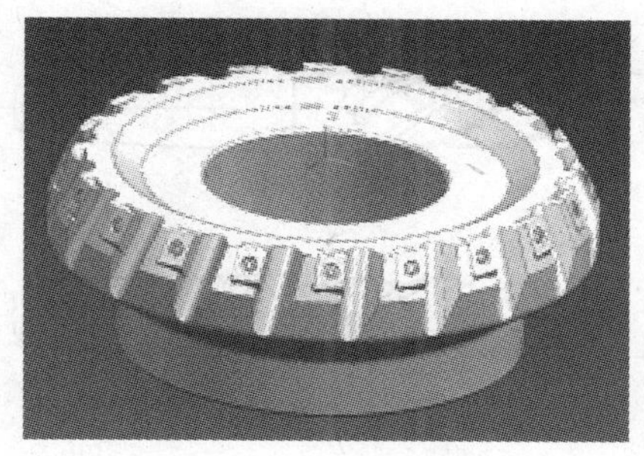

图 9-49 可转位式面铣刀

2．立铣刀

立铣刀是数控机床上用得非常普遍的一种铣刀，其型号和规格也非常的多，图 9-50 所示的立铣刀是最常见的结构形式。

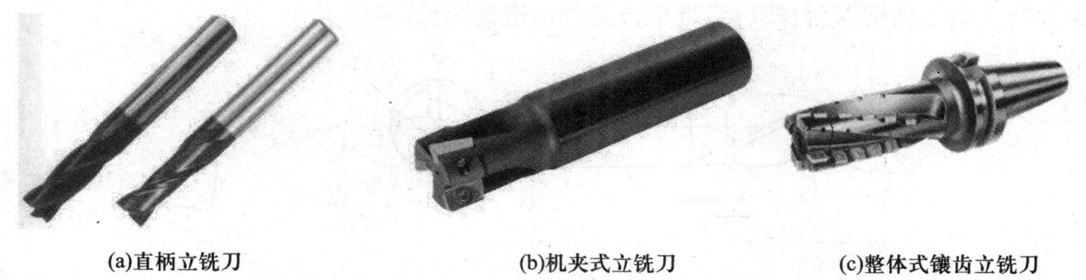

(a)直柄立铣刀 (b)机夹式立铣刀 (c)整体式镶齿立铣刀

图 9-50 数控机床常用立铣刀

从结构形式上来区分可分为直柄（图 9-50(a)）、直柄机夹式（图 9-50(b)）、整体式（图 9-50(c)，刀具的柄部与机床主轴的锥度相匹配，图示为 7∶24 的锥度）、莫氏锥柄等结构形式。

从立铣刀的刀齿数来区分可分为稀齿和密齿两类。稀齿刀一般用于粗加工，因为它的刀齿数较少，容屑槽圆弧半径较大，增大了容屑空间，利于切屑的排出，这正适合了粗加工在最短的时间内切除大部分余量的要求。密齿刀一般用于精加工，因为在相同刀具直径下，它的刀齿数较稀齿刀具多，容屑槽圆弧半径减小，容屑空间也相应减小，这正适合了精加工保证产品质量的要求。

从图 9-50 中可以看出立铣刀的圆柱表面和端面上都有切削刃，它们既可以同时切削，也可以单独切削。其圆柱表面上的切削刃为主切削刃，端面上的切削刃为副切削刃。主切削刃一般为螺旋齿，这样可以增加切削平稳性，提高加工精度。端面刃主要用来加工与侧面相垂直的底平面。需要注意的是在普通立铣刀的端面中心处无切削刃，所以立铣刀不能作轴向进给。

3．模具铣刀

模具铣刀主要分为圆锥形立铣刀（图 9-51(a)）、圆柱形球头立铣刀（图 9-51(b)）和圆锥形球头立铣刀（图 9-51(c)）3 类。它们的特点是在球头或端面上布满了切削刃，圆周刃与球头刃圆弧连接，可以作径向和轴向进给。

4．键槽铣刀

键槽铣刀一般有两个刀齿（图 9-52），圆柱面和端面都有切削刃，端面刃延至中心，加工

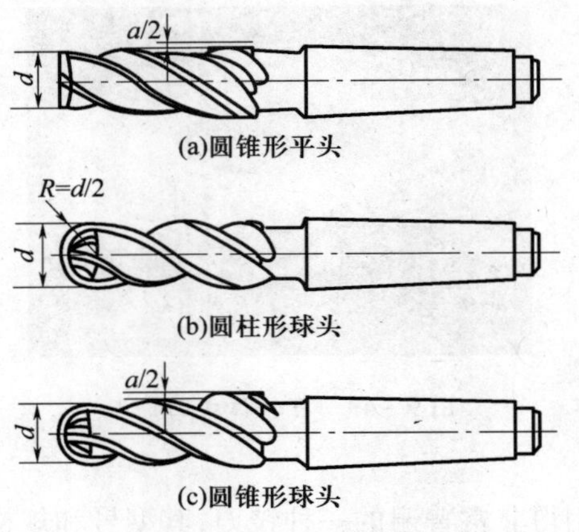

图 9－51　模具铣刀

时先轴向进给达到槽深后，然后沿键槽方向铣出键槽全长。

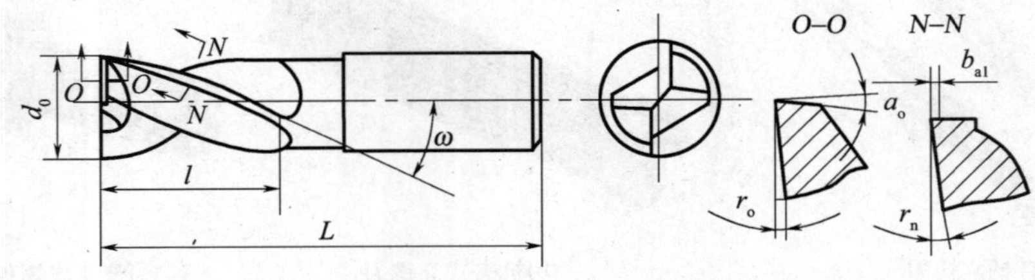

图 9－52　键槽铣刀

5．鼓形铣刀

鼓形铣刀的切削刃分布在半径为 R 的圆弧面上，端面无切削刃。加工时控制刀具上下位置，相应改变刀刃的切削部位，可以在工件上切出从负到正的不同斜角。R 越小，鼓形刀所能加工的范围越广，但获得的表面质量也越差。这种刀具的缺点是刃磨困难，切削条件差，而且不适合加工有底的轮廓表面，如图 9－53 所示。

6．成形铣刀

此类刀具一般是为特定的工件或加工内容专门设计制造的，如角度面、凹槽、特形孔或台等。因此它的通用性就较差，通常对于批量加工的零件才会选用此类刀具，如图 9－54 所示。

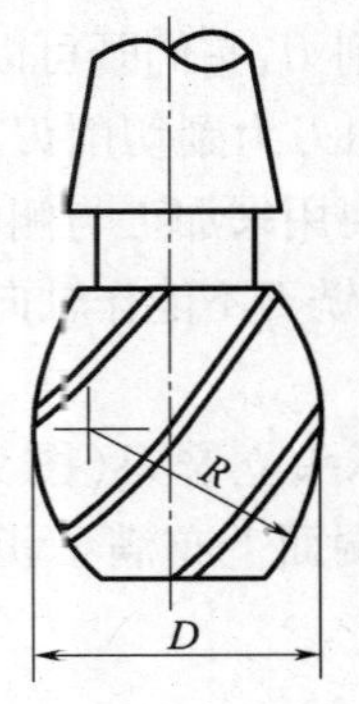

图 9－53　鼓形铣刀

图 9－54　成形铣刀

9.3.8 数控刀具的材料

对于金属切削加工,刀具材料的切削性能直接影响到生产效率、零件的加工精度和加工成本等。而对于数控机床,由于一次性投资很高,因此,刀具材料的好坏就直接影响到这些先进设备能否发挥出最大效益。

1. 数控刀具材料应具有的性能

在金属切削加工时,刀具的切削部分直接和工件与切屑接触,工作在高温、高压和剧烈摩擦的环境下。因此,刀具切削部分的材料应具备以下基本性能。

(1) 高硬度。通常要求刀具材料的常温硬度必须在62HRC以上。

(2) 足够的强度和韧性。由于刀具切削部分的材料在切削时承受着很大的切削力和冲击力;因此,刀具材料必须具备足够的强度和韧性。

(3) 耐磨性和耐热性好。刀具材料的耐磨性和耐热性有着密切的关系,其耐热性通常表现在高温下保持较高硬度的能力。其耐热性越好,允许的切削速度越高。

(4) 导热性好。刀具材料的导热性用热导率表示。热导率越大,表示导热性越好,切削时产生的热量就容易发散出去,从而降低切削部分的温度,减轻刀具磨损。

(5) 互换性好,便于快速换刀。

(6) 寿命高,切削性能稳定、可靠。

(7) 刀具的尺寸便于调整,以减少换刀调整时间。

(8) 刀具应能可靠地断屑或卷屑,以利于切屑的排出。

(9) 系列化、标准化,以利于编程和刀具管理。

2. 刀具材料

随着数控加工的应用普及,以及机夹可转位刀具的广泛应用,刀片材料在世界各国发展非常迅速,目前,铣削加工中常用的刀具材料有高速钢、硬质合金、陶瓷、立方氮化硼(CBN)和金刚石等,并且广泛地采用了涂层技术,其中硬质合金起着主导作用,在切削加工中应用广泛,且在通用刀具方面逐渐地替代着高速钢刀具。

1) 高速钢(High Speed Steel,HSS)

高速钢是含钨(W)、钼(Mo)、铬(Cr)、钒(V)、钴(Co)等元素的高合金钢。它具有较好的韧性,可以承受冲击载荷,化学稳定性、制造工艺性、刃磨性较好,红硬性不如硬质合金好,一般应用在数控加工中的低速切削中。但是一些数控刀具材料生产厂家近年来研制了一些新型高速钢,提高了其耐磨耐热性能,也可以用来进行中速切削和对不锈钢等难加工材料的加工。

2) 硬质合金(Cemented Carbide)

硬质合金是采用高硬度的金属碳化物(WC、TiC、NbC等)与金属粘结剂(Co、Ni等)通过粉末冶金的方法制造的烧结体。它具有较高的硬度、良好的耐磨性和耐热性,是数控机床刀具应用最为广泛的材料,适于数控加工的中速和高速切削。ISO标准中把硬质合金分为P、M、K三类,其中P类主要用于长切屑黑色金属加工,如钢、不锈钢、可锻铸铁等;M类主要用于长切屑或短切屑黑色金属和有色金属加工,如钢、锰钢、奥氏体不锈钢等;K类主要用于短切屑黑色金属、有色金属和非金属材料的加工,如铸铁、有色金属等。但是一些数控刀具材料生产厂家通过调整金属碳化物与金属粘结剂的比例和粒度,研制了一些新型硬质合金,改变了原有硬质合金的性能,在硬度和韧性等性能指标方面进行调整,用来适应一些特殊加工需要,如超耐磨硬质合金、超微粒子硬质合金等。我国生产的硬质合金主要有碳化钨基类和碳化钛基类两大类。其中国产碳化钨基类硬质合金刀具材料品种,基本分为三大类:一是以 WC 为主的加上钴粘结剂的钨钴类,牌号为“YG”;第二类是以 WC + TiC 为主的加上钴粘结剂的钨钴钛类,牌号为“YT”;第三类是在 WC + TiC 的基础上,加入少量的 NbC(碳化铌)、TaC(碳化钽)等碳化物,形成一种所谓“万能型”的硬质合金,牌号为“YW”。但是随着技术的进步和从国外引进材料品种的增多,硬质合金的牌号也不仅限于以上几个种类,具体编号、性能和应用可以参照相关硬质合金刀具材料生产厂家产品样本。

3) 陶瓷(Ceramics)

陶瓷材料是在氧化铝(Al_2O_3)基体内加入氧化物、碳化物或氮化物的无机非金属材料。早期的陶瓷刀片由于脆性、不均匀性和强度低,同时又因使用不当等原因,没有取得令人满意的效果。通过对陶瓷材料的粒子细微化和高密度化等方面的改进,现在有了强度高、材质均匀、质量稳定的各类陶瓷刀片,配合功率更高、刚性更好的高速数控机床,其应用已经取得了重大进展,如晶须强化陶瓷刀片、致密氮化硅基陶瓷刀片、赛隆陶瓷刀片等。

陶瓷材料的硬度高达 91HRA ~ 95HRA,耐磨性好;在 1200℃ 高温下仍能保持良好的切削性能;具有良好的化学稳定性,较低的摩擦系数,较强的抗粘结磨损与抗扩散磨损能力。这种材料的主要缺点是抗弯强度低、耐冲击性能差。目前主要用于高速精车、精铣与半精车半精铣等。部分韧性较高的陶瓷刀具材料也可用于粗车或粗铣。

4) 立方氮化硼(CBN)

CBN 是 20 世纪 70 年代出现的超硬刀具材料,是氮化硼(BN)的同素异形体,其结晶结构与金刚石相似。在分子结构构成上主要有单晶体和聚晶体两大类。单晶体主要用于制造砂轮,聚晶体用作制造切削刀具,可制成圆形、方形和三角形等各种形状的无孔刀片。CBN 具有良好的耐热性,能够在 1300℃ 的高温下保持其硬度,因而也具有有良好的耐磨性,可在高速下切削高温合金,其切削速度比硬质合金高 4 倍 ~6 倍。另外,它还具有良好的化学稳定性,在 1200℃ ~1300℃ 高温下也不与铁族金属起化学作用,表现出良好的抗氧化和抗化学侵蚀的性能。所以,CBN 刀具在加工钢铁材料的应用方面,具有比其他超硬刀具材料(如金刚石刀具)更广泛的用途。

聚晶 CBN 可做成整体刀片,也可做成复合刀片,即以硬质合金为基体,在高温高压下,使聚晶 CBN 和硬质合金形成一个整体,在硬质合金上烧结一层厚度为 0.5mm 左右的聚晶 CBN,构成复合刀片。这种刀片既具有 CBN 的硬度和耐磨性,又兼有硬质合金的韧性,所以具有良好的使用性能。根据加工中需要的形状和尺寸,可制成复合 CBN 的各种可转位刀片。

立方氮化硼刀片主要用于精加工与半精加工。一般适用于加工硬度等于或大于 45HRC 的冷硬铸铁、合金结构钢、工具钢、高速钢、轴承钢以及硬度等于或大于 35HRC 的镍基合金、钴基合金、高钴粉末冶金零件。其寿命比硬质合金高达十几倍,目前得到了广泛的应用。近些年来,国内外刀具生产厂家新研制的 CBN 复合刀片进一步提高了韧性和强度,已被用于粗加工切削,在成形面加工用的成形刀具和加工淬硬齿面齿轮的齿轮刀具等方面取得了很好的应用效果。

由于 CBN 刀具硬度高,韧性不足,所以在使用立方氮化硼刀片时应选择刚性好、功率足够的机床。避免刀杆振动,刀柄的伸出量尽可能小。采用负前角切削加工。一般情况下推荐采用冷却液,刃口倒钝处理,特别是在进行间断切削时。要在刀片开始变钝时立即换刀,可采用比硬质合金大的切削速度和进给量,听到颤声时要立即停止切削。

5）金刚石

金刚石刀具材料有天然单晶金刚石与人造聚晶金刚石（PCD）两种。天然单晶金刚石作为切削刀具材料，已有很长历史，而人造聚晶金刚石作为切削刀具材料还是近期的事。聚晶金刚石刀片绝大多数是将聚晶金刚石微粉与硬质合金基体一起烧结而成。

（1）天然单晶金刚石。天然单晶金刚石是目前最硬的物质，具有极好的耐磨性，可切削极硬的材料而长时间保持尺寸稳定；同时刀具的刃口极为锋利，具有很小的摩擦系数，加工表面粗糙度 Ra 可达纳米级，比较适合用于超精加工。但是，其抗弯强度较低，韧性很差，不能承受较大的切削力和振动冲击，热稳定性不好，当切削温度达到 700℃ ~800℃时，就会失去硬度。另外它具有较强的与铁族元素的亲和力，所以一般不适合于加工钢铁，且价格较高。单晶金刚石刀具主要用于有色金属及合金的超精密加工和用于非金属材料加工，如酚醛塑料等。

（2）人造聚晶金刚石。PCD 是在高温高压下由一层人造金刚石微粉加溶剂和催化剂聚合而成的多晶体材料，一般以硬质合金为基体结合成整体刀片。聚晶金刚石层的厚度为 0.5mm左右，可用电火花线切割切成需要的不同形状、角度和尺寸的刀片。聚晶金刚石的硬度比天然金刚石低，但其金刚石微粒是无规则的排列，无方向性，再加上硬质合金基体的支承，抗弯强度比天然金刚石强，具有良好的抗冲击和抗振性能。聚晶金刚石刀片与硬质合金相比，其硬度、耐磨性和寿命更高，刀刃锋利，加工精度稳定，生产效率高，适用于有色金属和非金属材料的高速、高精度加工，特别适合加工高硅铝合金、碳纤复合材料等。

6）金属陶瓷（Cermet）

金属陶瓷是以碳化钛（TiC）、氮化钛（TiN）以及碳氮化钛（TiCN）为基体，以镍（Ni）为粘结剂，加入少量其他材料（如 Cr、Mo、W 等）构成的复合材料，其性质介于硬质合金和陶瓷之间。它的硬度和红硬性高于硬质合金，低于陶瓷；其抗弯强度高于陶瓷低于硬质合金。特别是金属陶瓷的化学稳定性很好，具有良好的抗氧化性和抗月牙洼磨损的性能，在高温下具有较高的抗击钢的反应能力，所以能够得到优良的加工表面粗糙度。金属陶瓷制造工艺性较好，相对于陶瓷刀具可以在刀片上方便地压出断屑槽，用于控制切屑的流动和进行断屑，且有较高的寿命。

金属陶瓷刀具一般应用于硬度低于 45HRC 的金属材料的高、中速精加工和半精加工，如各种铸铁、合金钢、不锈钢、耐高温合金等，但是它不适合于加工淬硬钢和高硅铝合金。一些刀具材料生产厂家目前也提供可以用于一般钢、合金钢高效率粗加工的金属陶瓷刀片。目前，金属陶瓷刀片在实际应用中逐渐代替硬质合金刀片或陶瓷刀片，提高了生产效率，降低了产生成本，在机夹可转位刀片中已经成为占有较大比重的部分。

7）涂层硬质合金刀具材料

硬质合金材料由于是粉末冶金材料，虽然相对于高速钢其具有高硬度、高耐磨性、良好的红硬性的特点，但是高速大功率切削时，容易产生粘结磨损，耐热冲击性能不好，容易产生崩刃。而高速钢材料虽然具有韧性好、工艺性好、刀刃锋利的特点，但是其红硬性、耐磨性欠佳的特点使之在实际应用中受到较大的限制。涂层刀具材料就是为了提高刀具（刀片）的表面硬度和改善其耐磨性、润滑性，通过化学气相沉积（CVD）、物理气相沉积（PVD）或者物理化学气相沉积（P－CVD）技术在硬质合金或高速钢的基体上（其中以涂层硬质合金刀具材料应用最为广泛），涂上极薄的一层或多层硬度高、耐磨性好、抗氧化、耐腐蚀、抗粘结的金属化合物材料所构成的新型刀具材料。

涂层硬质合金材料既有基体的韧性，又有高硬度、抗氧化、耐腐蚀的性能，在生产中显示出很大的优越性。20 世纪 70 年代初,碳化钛单涂层硬质合金出现后,把普通硬质合金的切削速度从 80m/min 提高到 180m/min;1976 年碳化钛(TiC)—氧化铝(Al_2O_3)双涂层硬质合金问世,把切削速度提高到 250m/min;1981 年国外出现了碳化钛—氧化铝—氮化钛三涂层硬质合金,使切削速度提高到 300m/min,目前,各种复合涂层技术、金刚石涂层技术等相继问世并投入使用。切削速度的大幅度提高,既提高了加工效率,又避免切削过程中积屑瘤的生成,从而改善了加工质量并延长了刀具的使用寿命。由于涂层硬质合金刀片可以适应较广泛的加工范围,即以少量的几种刀片就能完成品种繁多的普通硬质合金刀片才能完成的切削任务,因此它的出现,使刀具材料的品种和刀具的库存数量大大减少,使加工成本投入降低,并简化了刀具的管理。

目前各工业发达国家在涂层硬质合金的研究和推广使用方面,发展非常迅速。涂层硬质合金刀具在机夹可转位刀具刀片中已经成为主要组成部分,在各种材料的高速高效率加工中起着不可替代的作用。

9.3.9 数控铣刀的选择

铣刀类型应与工具表面形状与尺寸相适应,因此通常情况下铣刀选择的原则是:加工较大的平面应选择面铣刀;加工凹槽、较小的台阶面及平面轮廓应选择立铣刀;加工空间曲面、模具型腔或凸模成形表面多选用模具铣刀;加工封闭的键槽选择键槽铣刀;加工变斜角零件的变斜面应选用鼓形铣刀;加工各种直的或圆弧形的凹槽、斜角面、特殊孔等应选用成形铣刀。根据不同的加工材料和加工精度要求,应选择不同参数的铣刀进行加工。

1. 铣刀角度的选择(以面铣刀为例)

铣刀的角度有前角、后角、主偏角、副偏角、刃倾角等。为满足不同的加工需要,有多种角度组合形式。各种角度中最主要的是主偏角和前角。

1) 主偏角 K_r

主偏角为切削刃与切削平面的夹角,如图 9-55 所示。铣刀的主偏角有 90°、88°、75°、70°、60°、45°等几种。

主偏角对径向切削力和切削深度影响很大。径向切削力的大小直接影响切削功率和刀具的抗振性能。铣刀的主偏角越小,其径向切削力越小,抗振性也越好,但切削深度也随之减小。

(1) 90°主偏角,在铣削带凸肩的平面时选用,一般不用于单纯的平面加工。该类刀具通用性好(既可加工台阶面,又可加工平面),在单件、小批量加工中选用。由于该类刀具的径向切削力等于切削力,进给抗力大,易振动,因而要求机床具有较大功率和足够的刚性。在加工带凸肩的平面时,也可选用 88°主偏角的铣刀,较之 90°主偏角铣刀,其切削性能有一定改善。

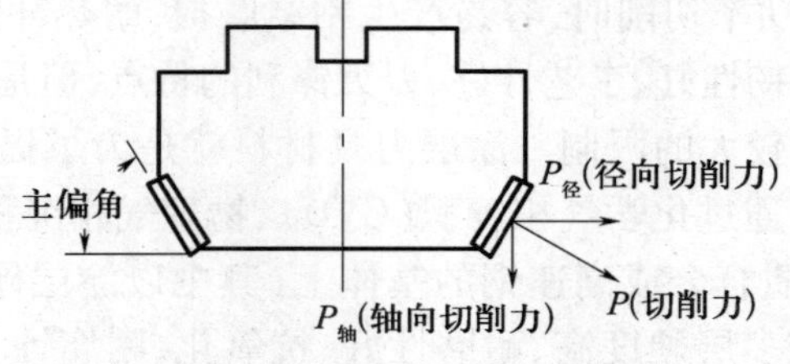

图 9-55 主偏角 K_r

(2) 60°～75°主偏角，适用于平面铣削的粗加工。由于径向切削力明显减小（特别是60°时），其抗振性有较大改善，切削平稳、轻快，在平面加工中应优先选用。75°主偏角铣刀为通用型刀具，适用范围较广；60°主偏角铣刀主要用于镗铣床、加工中心上的粗铣和半精铣加工。

(3) 45°主偏角，此类铣刀的径向切削力大幅度减小，约等于轴向切削力，切削载荷分布在较长的切削刃上，具有很好的抗振性，适用于镗铣床主轴悬伸较长的加工场合。用该类刀具加工平面时，刀片破损率低，耐用度高；在加工铸铁件时，工件边缘不易产生崩刃。

2) 前角 γ

铣刀的前角可分解为径向前角 γ_f（图9－56(a)）和轴向前角 γ_p（图9－56(b)），径向前角 γ_f 主要影响切削功率；轴向前角 γ_p 则影响切屑的形成和轴向力的方向，当 γ_p 为正值时切屑即飞离加工面。常用的前角组合形式如下。

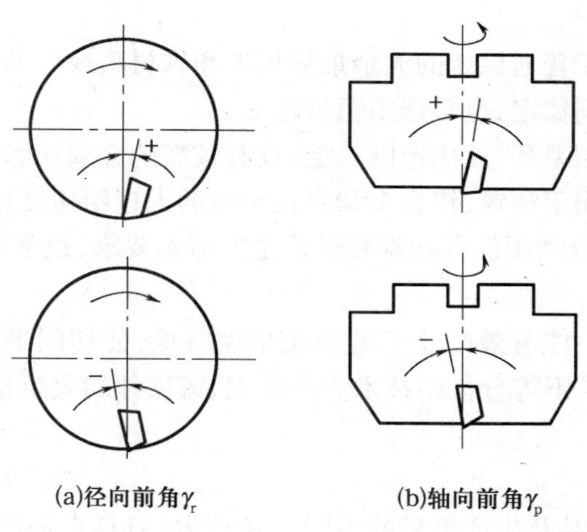

图9－56　前角 γ

(1) 双负前角：双负前角的铣刀通常均采用方形（或长方形）无后角的刀片，刀具切削刃多（一般为8个），且强度高、抗冲击性好，适用于铸钢、铸铁的粗加工。由于切屑收缩比大，需要较大的切削力，因此要求机床具有较大功率和较高刚性。轴向前角为负值，切屑不能自动流出，当切削韧性材料时易出现积屑瘤和刀具振动。凡能采用双负前角刀具加工时建议优先选用双负前角铣刀，以便充分利用和节省刀片。当采用双正前角铣刀产生崩刃（即冲击载荷大）时，在机床允许的条件下亦应优先选用双负前角铣刀。

(2) 双正前角：双正前角铣刀采用带有后角的刀片，这种铣刀楔角小，具有锋利的切削刃。由于切屑收缩比小，所耗切削功率较小，切屑成螺旋状排出，不易形成积屑瘤。这种铣刀最宜用于软材料和不锈钢、耐热钢等材料的切削加工。对于刚性差（如主轴悬伸较长的镗铣床）、功率小的机床和加工焊接结构件时，也应优先选用双正前角铣刀。

(3) 正负前角（轴向正前角、径向负前角）：这种铣刀综合了双正前角和双负前角铣刀的优点，轴向正前角有利于切屑的形成和排出；径向负前角可提高刀刃强度，改善抗冲击性能。此种铣刀切削平稳，排屑顺利，金属切除率高，适用于大余量铣削加工。

面铣刀前角的选择如表9-3所列。

表9-3　面铣刀前角的选择

工件材料 / 前角 / 刀具材料	铜	铸铁	黄铜、青铜	铝合金
高速钢	10°~20°	5°~15°	10°	25°~30°
硬质合金	-15°~15°	-5°~5°	4°~6°	15°

2. 铣刀的齿数(齿距)选择

铣刀齿数多,可提高生产效率,但受容屑空间、刀齿强度、机床功率及刚性等的限制,不同直径的铣刀齿数均有相应规定。为满足不同用户的需要,同一直径的铣刀一般有粗齿、中齿、密齿3种类型。

(1) 粗齿铣刀:适用于普通机床的大余量粗加工和软材料或切削宽度较大的铣削加工;当机床功率较小时,为使切削稳定,也常选用粗齿铣刀。

(2) 中齿铣刀:是通用系列,使用范围广泛,具有较高的金属切除率和切削稳定性。

(3) 密齿铣刀:主要用于铸铁、铝合金和有色金属的大进给速度切削加工。在专业化生产(如流水线加工)中,为充分利用设备功率和满足生产节奏要求,也常选用密齿铣刀(此时多为专用非标铣刀)。

(4) 不等分齿距铣刀:能有效防止工艺系统出现共振,使切削平稳。如WALTER公司的NOVEX系列铣刀均采用了不等分齿距技术。在铸钢、铸铁件的大余量粗加工中建议优先选用不等分齿距的铣刀。

3. 铣刀直径的选择

铣刀直径的选用视产品及生产批量的不同差异较大,刀具直径的选用主要取决于设备的规格和工件的加工尺寸。

1) 平面铣刀

选择平面铣刀直径时主要需考虑刀具所需功率应在机床功率范围之内,也可将机床主轴直径作为选取的依据。平面铣刀直径可按$D=1.5d$(d为主轴直径)选取。在批量生产时,也可按工件切削宽度的1.6倍选择刀具直径。

2) 立铣刀

立铣刀直径的选择主要应考虑工件加工尺寸的要求,并保证刀具所需功率在机床额定功率范围以内。如系小直径立铣刀,则应主要考虑机床的最高转数能否达到刀具的最低切削速度(60m/min)。

3) 槽铣刀

槽铣刀的直径和宽度应根据加工工件尺寸选择,并保证其切削功率在机床允许的功率范围之内。

4. 铣刀的最大切削深度

不同系列的可转位铣刀有不同的最大切削深度。最大切削深度越大的刀具所用刀片的尺寸越大,价格也越高,因此从节约费用、降低成本的角度考虑,选择刀具时一般应按加工的最大余量和刀具的最大切削深度选择合适的规格。当然,还需要考虑机床的额定功率和刚性应能满足刀具使用最大切削深度时的需要。

9.3.10 切削用量的选择

切削用量包括:主轴转速、进给速度、背吃刀量。对于不同的加工方法,需要选用不同的切削用量。切削用量的选择原则是:保证零件加工精度和表面粗糙度,充分发挥刀具切削性能,保证合理的刀具耐用度,并充分发挥机床的性能,最大限度提高生产率,降低成本。

进给速度是数控机床切削用量中的重要参数,主要根据零件的加工精度和表面粗糙度要求以及刀具、工件的材料性质选取。最大进给速度受机床刚度和进给系统的性能限制。

确定进给速度的原则:当工件的质量要求能够得到保证时,为提高生产效率,可选择较高的进给速度,一般在100mm/min~200mm/min范围内选取;在切断、加工深孔或用高速钢刀具加工时,宜选择较低的进给速度,一般在20mm/min~50mm/min范围内选取;当加工精度、表面粗糙度要求高时,进给速度应选小些,一般在20mm/min~50mm/min范围内选取;刀具空行程时,特别是远距离"回零"时,可以设定该机床数控系统的最高进给速度。

背吃刀量或侧吃刀量的选择应根据机床、工件和刀具等系统刚度和工件表面质量的要求来决定。

(1) 在系统刚度允许的条件下,应尽可能使背吃刀量等于工件的加工余量,这样可以减少走刀次数,提高生产效率。

(2) 为了保证加工表面质量,在工件表面粗糙度值要求为$Ra12.5\mu m \sim 25\mu m$时,如果圆周铣削的加工余量小于5mm,端铣的加工余量小于6mm,粗铣一次进给就可以达到要求。但如果余量较大,系统的刚性不足,可分两次进给完成。

(3) 在工件表面粗糙度值要求为$Ra3.2\mu m \sim 12.5\mu m$时,可分粗铣和半精铣两步进行。粗铣时背吃刀量或侧吃刀量的选取同前。粗铣后留0.5mm~1.0mm余量,在半精铣时切除。

(4) 在工件表面粗糙度值要求为$Ra0.8\mu m \sim 3.2\mu m$时,可分粗铣、半精铣、精铣三步进行。半精铣时背吃刀量或侧吃刀量取1.5mm~2mm。精铣时圆周铣侧吃刀量取0.3mm~0.5mm,面铣刀背吃刀量取0.5mm~1.0mm。

切削用量的具体数值应根据机床性能、相关的手册并结合实际经验用类比方法确定。同时,使主轴转速、切削深度及进给速度三者能相互适应,以形成最佳切削用量。

切削用量不仅是在机床调整前必须确定的重要参数,而且其数值合理与否对加工质量、加工效率、生产成本等有着非常重要的影响。所谓"合理的"切削用量是指充分利用刀具切削性能和机床动力性能(功率、扭矩),在保证质量的前提下,获得高的生产率和低的加工成本的切削用量。

9.4 典型零件的数控铣削加工工艺分析

平面轮廓零件是数控铣削加工中较常见的零件之一,其轮廓大多由直线、圆弧、非圆曲线(公式曲线、样条曲线)等几种组成。所用机床多为两轴半或三轴联动的数控铣床。

加工过程大同小异，下面就以图 9－57 所示的平面槽轮板零件为例分析其数控铣削加工工艺。

1. 零件图纸工艺分析

图样分析主要是分析零件的轮廓形状、尺寸和技术要求、定位基准及毛坯等。

本例零件是一种带内、外轮廓的槽形零件，由圆弧和直线组成，需用两轴半联动的数控铣床进行加工。材料为 45 钢，切削加工性能较好。

该零件在数控铣削加工前已经过普通铣床的粗加工，尺寸为 80mm × 80mm × 20mm 的长方体。

该零件组成几何要素之间关系清楚，条件充分，无相互矛盾之处，无封闭尺寸。编程时所需坐标可通过手工计算或由工艺人员在相关软件上分析后在图形上标出即可。

槽轮板的四个槽形对 A、B 面有对称度要求，在装夹前一定要将平口虎钳找正，然后用寻边器找出工件零点即可保证。

2. 制订数控加工工步过程（表 9－4）

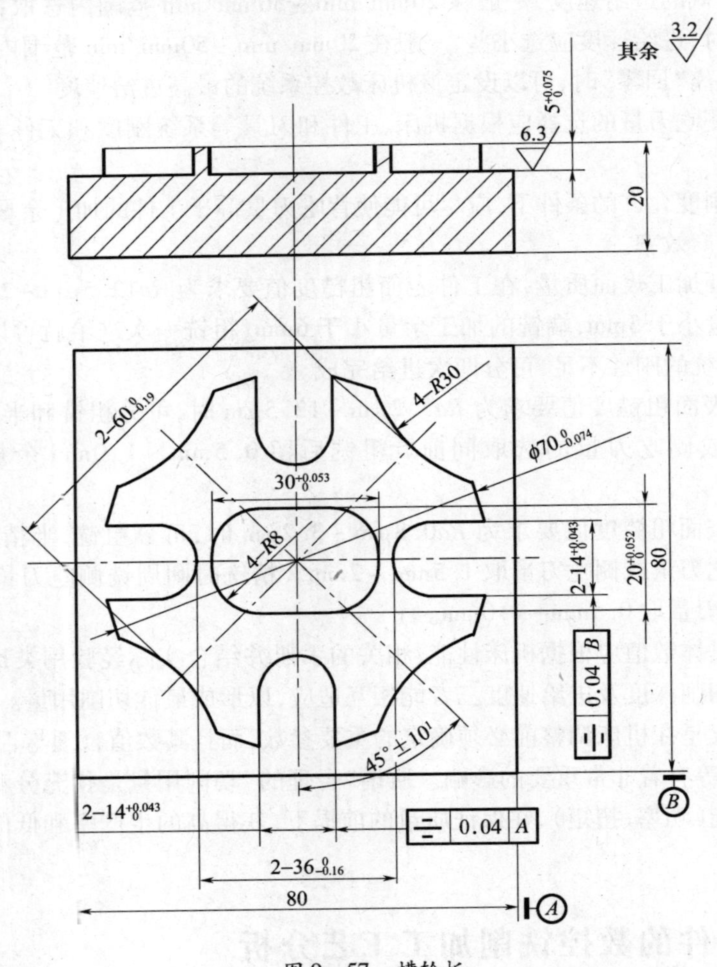

图 9－57　槽轮板

表 9-4　数控加工工序卡片

（工厂）	数控加工工序卡片		产品名称或代号		零件名称		材料	零件图号
					槽轮板		45	
工序号	程序编号	夹具名称	夹具编号		使用设备			车间
		平口虎钳						
工步号	工步内容	加工面	刀具号	刀具规格 /mm	主轴转速 /r·min^{-1}	进给速度 /mm·min^{-1}	背吃刀量 /mm	备注
1	粗铣圆柱外轮廓 $\phi70$		T01	$\phi20$	300	150		
2	粗铣 4-$R30$ 凹圆弧和 4 个 U 形槽		T02	$\phi12$	300	50		
3	半精铣外轮廓		T02	$\phi12$	350	150		
4	精铣外轮廓至尺寸		T02	$\phi12$	400	60		
5	粗铣矩形槽		T03	$\phi12$	500	100		
6	半精铣矩形槽		T03	$\phi12$	550	100		
7	精铣矩形槽至尺寸		T03	$\phi12$	600	80		
编制		审核		批准			共 1 页	第 1 页

（1）粗铣圆柱外轮廓 $\phi70$，留 0.5mm 单边余量。

（2）粗铣 4-$R30$ 凹圆弧及 4 个 U 形槽，留 0.5mm 单边余量。

（3）半精铣整个外轮廓，留 0.2mm 单边余量。

（4）根据实测工件尺寸，调整刀具参数，精铣整个外轮廓至尺寸。

（5）粗铣矩形槽，留 0.5mm 单边余量。

（6）半精铣矩形槽，留 0.2mm 单边余量。

（7）根据实测工件尺寸，调整刀具参数，精铣矩形槽至尺寸。

3. 确定装夹方案

对于大批量加工的零件，为了减少装夹和找正的时间，一般用专用夹具进行装夹。而对于形状简单的小批量零件加工，最好使用通用夹具进行装夹。本例的形状简单，只需用平口虎钳装夹，下面用等高垫块垫平，使工件伸出钳口 8mm 左右，夹紧后用百分表找正，然后可用寻边器采用碰双边法确定工件原点。

4. 确定进给路线

进给路线包括平面内进给和深度进给两部分路线。对于平面内进给，当为外凸轮廓时可从切线方向切入，当为内凹轮廓时可从过渡圆弧切入；对于深度进给在两轴联动的数控铣床上有两种方法：一种是在 xz 或 yz 平面内用斜插式下刀（即铣刀在平面内来回铣削逐渐进刀到给定深度）；另一种方法是先做出一个工艺孔，然后从工艺孔进刀到给定深度。

本例加工对 $\phi70$ 外圆采用切线方向切入；对 4-$R30$ 凹圆弧采用过渡圆弧切入；对 U 形槽可直接从槽的延长线方向切入；对矩形槽可采用图 9-44(c)的进给路线。

为了提高尺寸精度和表面质量，在精铣时应采用顺铣法。

5. 选择刀具及切削用量

铣刀材料和几何参数主要根据零件材料切削加工性、工件表面几何形状和尺寸大小选择；切削用量是依据零件材料特点、刀具性能及加工精度要求确定。通常为提高切削效率要尽量选用较大直径的铣刀；侧吃刀量取刀具直径的1/3～1/2，背吃刀量应大于冷硬层厚度；切削速度和进给速度应通过试验选用效率和刀具寿命的综合最佳值。精铣时切削速度应高一些。

本例零件材料为45钢，属于一般材料，切削加工性较好。本例选用立铣刀和键槽铣刀，刀具材料为高速钢。其切削参数如表9－5所列。

表9－5　数控加工刀具卡片

产品名称或代号			零件名称	槽轮板		零件图号		程序号	
工步号	刀具号	刀具名称	刀柄型号	刀具		补偿量/mm		备注	
				直径/mm	刀长/mm				
1	T01	立铣刀		ϕ20	50				
2	T02	立铣刀		ϕ12	50				
3	T03	键槽铣刀		ϕ12	50				
编制		审核		批准			共1页	第1页	

6．部分程序明细

```
%_N_PROG1_MPF
;$ PATH=/_N_MPF_DIR
N10   G21
N12   T1   O1
N14   G0 G54 X50 Y-50
N16   M3 S400
N18   Z100
N20   Z5
N22   G1 Z-5    F400
N24   G41 X40.753 Y-42.003 F60
N26   G3 X14.32 Y-31.936 CR=20
N28   G2 X-14.32 CR=35
N30   G3 X-31.936 Y-14.32 CR=30
N32   G2 Y14.32 CR=35
N34   G3 X-14.32 Y31.936 CR=30
N36   G2 X14.32 CR=35
N38   G3 X31.936 Y14.32 CR=30
N40   G2 Y-14.32 CR=35
N42   G3 X14.32 Y-31.936 CR=30
N44   X26.064 Y-57.667 CR=20
N46   G1 G40 X44.802 Y-64.661
N48   G0 Z100
N50   M5
N52   M30
```

第10章 加工中心

10.1 加工中心的特点、加工范围和发展趋势

10.1.1 加工中心的基本特点

加工中心为了加工出零件所需形状，至少要有3个坐标运动，即由3个直线运动坐标 X、Y、Z 和3个转动坐标 A、B、C 适当组合而成，多者能达到30个以上运动坐标。其控制功能应最少三轴联动，多的可实现五轴联动、六轴联动，从而控制刀具按复杂的轨迹运动。加工中心应具有各种辅助功能，如各种加工固定循环、刀具半径自动补偿、刀具长度自动补偿、刀具破损报警、刀具寿命管理、过载自动保护、丝杠螺距误差补偿、丝杠间隙补偿、故障自动诊断、工件与加工过程显示、工件在线检测和加工自动补偿乃至切削力控制或切削功率控制、提供直接数控（DNC）接口等，这些辅助功能使加工中心更加自动化、高效、高精度。同样，生产的柔性促进了产品试制、实验效率的提高，使产品改型换代成为易事，从而适应于灵活多变的市场竞争。

加工中心作为一种高效多功能机床，在有自动换刀功能的基础上还可以增加回转工作台或者分度头，使其制造工艺与传统工艺及普通数控加工有很大不同，随着加工中心自动化程度的不断提高和工具系统的发展使其工艺范围不断扩展。

加工中心相对于普通的数控机床具有以下一些特征。

(1) 有自动换刀装置（包括刀库和机械手）能实现工序之间的自动换刀，这是加工中心的结构性标志。

(2) 三坐标以上的全数字控制，往往采用高档的数控系统，如SINUMERIK840D和FUNAC15。

(3) 多工序的功能，能一次装夹完成多道工序，一般应有回转工作台。

(4) 可配置自动更换的双工作台，实现机床上、下料自动化。

现代加工中心更大程度地使工件一次装夹后，实现多表面、多特征、多工位的连续、高效、高精度加工。

(5) 有较完善的刀具自动交换（ATC）和管理系统。工件在加工中心类机床上一次安装后，能自动换刀，完成或者接近完成工件各面的加工工序。具有带刀库的自动换刀装置是加工中心所必需的，由刀库和刀具交换机构组成。

(6) 有工件自动交换、工件夹紧与放松机构。加工中心中最为常见的换料装置是托盘交换器（APC），它不仅是加工系统与物流系统间的工件输送接口，也起物流系统工件缓冲站的作用。托盘交换按其运动方式有回转式和往复式两种，如图10－1、图10－2所示。托盘交换器在机床单机运行时是加工中心的一个辅件。

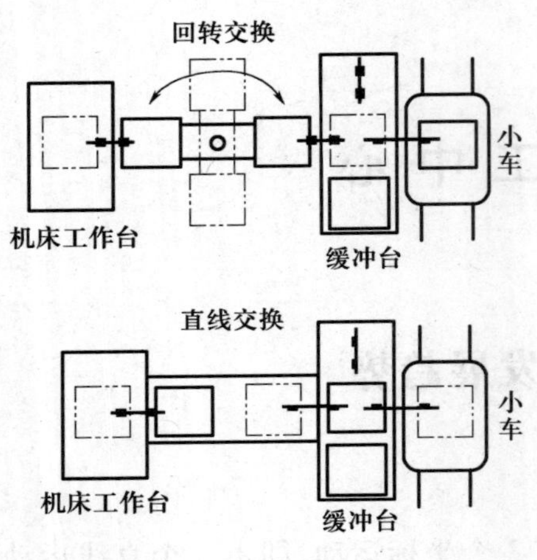

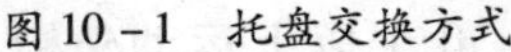
图 10-1　托盘交换方式

图 10-2　具有工作台交换装置的加工中心

(7) 采用全封闭罩壳。由于数控机床是自动完成加工,为了操作安全等,一般采用移门结构的全封闭罩壳,对机床的加工部位进行全封闭。

10.1.2　加工中心的种类及功能特点

1. 立式加工中心

立式加工中心的优点是装夹工件方便、便于操作、找正容易、易于观察切削情况、调试程序容易、占地面积小及应用广泛等,如图 10-3 所示。但它受立柱高度及 ATC 的限制,不能加工太高的零件,也不适加工箱体等零件。

2. 卧式加工中心

一般情况下卧式加工中心比立式加工中心复杂、占地面积大,有能精确分度的数控回转工作台,可实现对零件的一次装夹多工位加工,适合于加工箱体类零件及大型模具型腔,如图 10-4所示。但在调试程序及试切时不宜观察、生产时不宜监视、装夹不便、测量不便及加工深孔时切削液不易到位(若没有用内冷却钻孔装置),因此,卧式加工中心准备时间比立式更长。但随着加工件数增多,其多工位加工、主轴转速高、机床精度高的优势就表现得越明显,所以卧式加工中心适合于批量加工。

3. 带 APC 的加工中心

立式加工中心、卧式加工中心都可带有 APC 装置,交换工作台可有两个或多个,如图 10-5 所示。在有的制造系统中,工作台在各机床上通用,通过自动运送装置,工作台带着装夹好的工件在车间内形成物流,因此这种工作台也叫托盘。因为装卸工件不占机加工时,因此其自动化程度更高,效率也更高。

4. 复合加工中心

复合加工中心兼有立式和卧式加工中心的功能或者具有其他加工技术的功能,如图 10-6 所示。复合加工中心一般具有五轴联动以及五面加工功能,如意大利 FIDIA 公司的 K156RT 五轴联动立式加工中心,瑞士 DIXI 公司的 DHP80-5A 高精度五轴联动卧式加工中心等,均能同时实现主轴回转、摆动、工作台倾斜、回转、摆动等功能。复合加工中心工艺范围更广,使本来要两台不同机床完成的任务在一台上完成。德国 INDEX 公司的

TRAUB TNX65 型多功能数控车削中心能一次装卡完成多形面车铣工作。德国 DMG 公司的 TWIN65 型双主轴车削中心可实现六面加工。由于没有二次定位，精度也更高，但价格昂贵。

5. 龙门式加工中心

龙门式加工中心的形状和数控龙门铣床相似，工作台位于两立柱之间，如图 10－7 所示。龙门加工中心的主轴多为垂直设置，除自动换刀装置以外，还带有可以更换主轴头的附件，数控装置的功能比较齐全，具有多种加工功能，尤其适用于大型、复杂零件的加工。

6. 虚拟轴机床

虚拟轴机床是当今世界上近几年兴起的一类并联闭链对称结构加工机床，它与传统机床相比，具有模块化程度高，结构简单，速度、动态响应快，造价低等优点。虚拟轴机床加工笛卡儿坐标（X、Y、Z、A、B、C）没有一一对应的关系，任意坐标的运动轨迹是通过杆系之间的相关运动而实现的，俗称六杆机床，也称为并联结构机床。变革了数控机床的固定模式，在技术上成功地实现了创新与突破，有广泛的应用前景。可选用各种铣刀对平面、沟槽、曲线、曲面、复杂异形件、螺旋类复杂零件、模具等进行高速、高精度加工。图 10－8 为我国自行研制和制造的龙门虚拟轴（并联串联混合式）机床，该机床可使刀具相对工件具有 X、Y、Z、A 四个自由度，实现四轴联动，其中 Y、Z、A 为虚轴。

图 10－3　立式加工中心

图 10－4　卧式加工中心

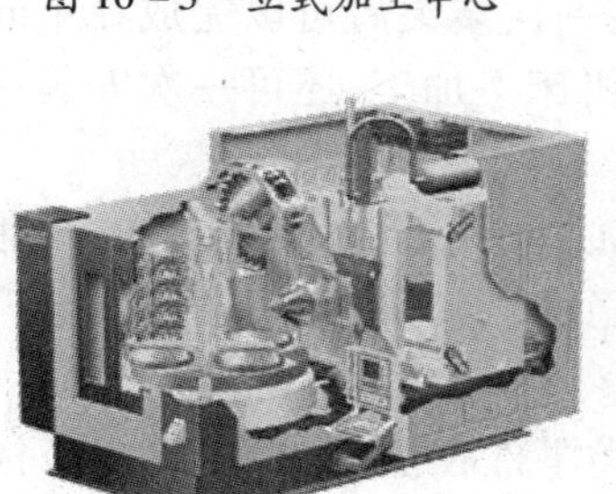

图 10－5　四托盘加工中心

图 10－6　复合加工中心

10.1.3　加工中心的加工范围

1. 箱体类零件

箱体类零件是指具有一个以上的孔系，内部有一定型腔，在长、宽、高方向有一定比例的零

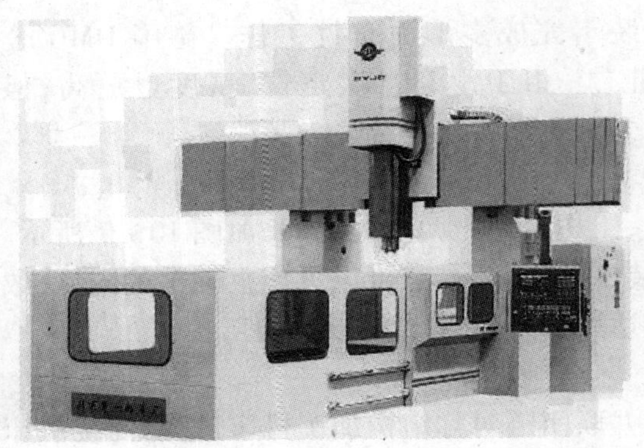

图 10-7　龙门加工中心

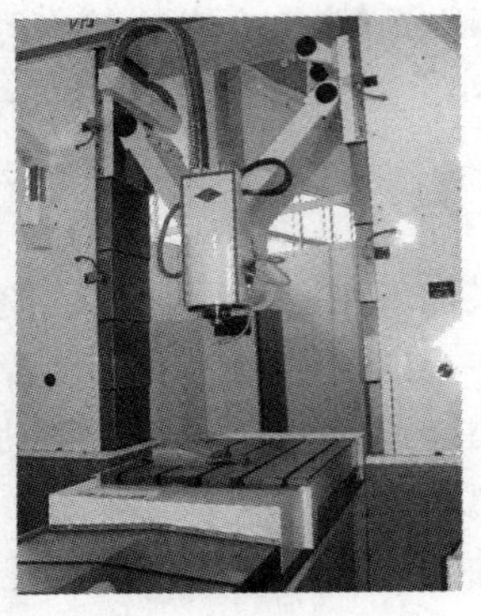

图 10-8　虚拟轴机床

件。该类零件在汽车、摩托车、机械、飞机、军工等行业应用较多,如汽车、摩托车的发动机缸体,机床主轴箱、高射炮的供弹箱等。图 10-9 为摩托车的发动机曲轴箱缸体。

图 10-9　摩托车发动机的曲轴箱缸体

箱体类零件的精度要求较高,特别是形状和位置精度较严格,通常要经过铣、钻、扩、镗、铰、锪、攻螺纹等工序,需要的刀具较多,在普通机床上有加工难度大、工装套数多、精度不易保证、加工周期长、成本高等缺点。

由于加工中心具有自动换刀装置等特点,使得工件在一次装夹后可以完成在不同面上的平面铣削和孔系的加工。如果在具备五面体加工能力的机床上加工,还可一次安装后完成除装夹面以外的 5 个面的加工。

正是因为加工中心的这些优点,使得零件在加工中心上一次装夹就可完成普通机床的 60% ~95% 的工序内容,零件的各项精度一致性好,质量稳定,生产周期短,降低了生产成本。

2. 复杂曲面

主要是指加工面由复杂曲线、曲面组成的零件。该类零件在加工时,需要多坐标联动加工,这在普通机床上是难以甚至无法完成的,加工中心是这类零件的最有效的设备。最常见的有以下几类零件。

(1) 凸轮类。这类零件有各种曲线的盘形凸轮、圆柱凸轮、圆锥凸轮和端面凸轮等,加工时可根据凸轮表面的复杂程度,选用三轴、四轴或五轴联动的加工中心,如图 10-10(a)所示。

(2) 模具类。常见的模具有锻压模具、铸造模具、注塑模具及橡胶模具等,如图 10-10

(b)、(c)所示。由于工序高度集中,动模、静模等关键件基本上可在一次安装中完成全部的机加内容,尺寸累计误差及修配工作量小。同时,模具的可复制性强,互换性好。

(3)整体叶轮类。整体叶轮常见于空气压缩机、航空发动机的压气机、船舶水下推进器等,它除具有一般曲面加工的特点外,还存在许多特殊的加工难点,如通道狭窄,刀具很容易与加工表面和邻近曲面产生干涉。图10-10(d)所示为轴向压缩机涡轮,它的叶面是一个典型的三维空间曲面,加工这样的型面,可采用四轴以上联动的加工中心。

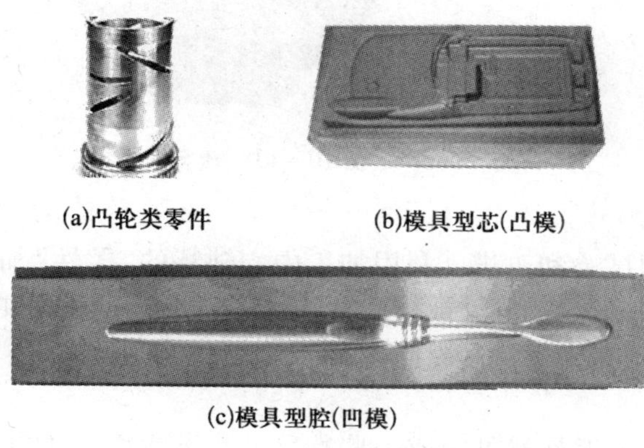

(a)凸轮类零件 (b)模具型芯(凸模)

(c)模具型腔(凹模)

(d)轴向压缩机涡轮

图10-10 加工中心加工的复杂曲面

3. 外形不规则的异形零件

异形零件是指支架、拨叉这一类外形不规则的零件,大多要点、线、面多工位混合加工,如图10-11所示的连接架。一般异形零件的刚性较差,装夹和压紧以及切削变形难以控制,加工精度不易保证。在普通机床上通常采取工序分散的原则加工,需用工装较多,周期较长。此时可发挥加工中心多工位点、线、面混合加工的特点,通过一到两次的装夹完成大部分甚至全部工序内容。

图10-11 连接架

4. 盘、套、板类零件

这类零件端面上有平面、曲面和孔系,径向也常分布一些径向孔,例如带法兰的轴套、带有键槽或方头的轴类零件、各种机壳盖等,如图10-12、图10-13所示。

通常加工部位集中在单一端面上的盘、套、板类零件宜选择立式加工中心,加工部位不是位于同一方向表面上的零件宜选择卧式加工中心。

5. 加工精度较高的中小批量零件

针对加工中心的加工精度高、尺寸稳定的特点,对加工精度较高的中小批量零件,选择加工中心加工,容易获得所要求的尺寸精度和形状位置精度,并可得到很好的互换性。

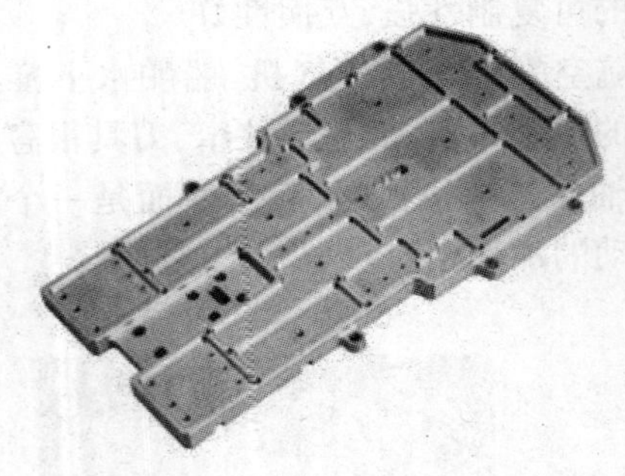
图 10-12　板类零件

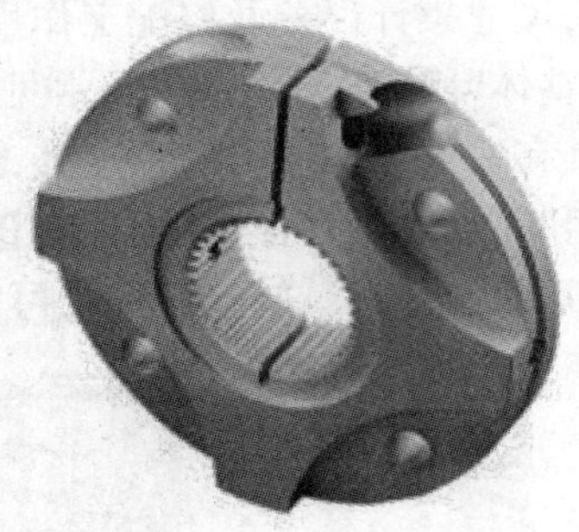
图 10-13　盘类零件

6. 新产品试制中的零件

在新产品定型之前,需要经过反复的试验和改进。利用加工中心独特的“柔性”加工特点,可省去许多通用机床加工所需的试制工装。当零件被修改时,只需修改相应的程序并适当地调整夹具、刀具即可,大大地节省了费用,缩短了试制周期。

7. 特殊加工

在加工中心上配合一定的工装和专用工具就可完成一些特殊的工艺内容。例如在金属表面上刻字、刻图案;在加工中心的主轴上安装高频电火花电源,可对金属表面进行线扫描表面淬火;在加工中心上利用增速刀柄装夹高速磨头,可进行各种曲线、曲面的磨削;等等。

10.1.4　加工中心的发展趋势

加工中心的发展,代表了数控机床和数控加工技术的发展方向。随着计算机技术、驱动技术、编程技术、材料及工艺的发展,高速高效化、复合化、智能化、环保型是其发展主流。

1. 高速、高效和高精度

指数控机床的高速切削和高速插补进给(转速大于 10000r/min,移动速度大于 40m/min),目的是在保证加工精度的前提下,提高加工速度。采用高速的 32 位以上的微处理器和采用直线电机直接驱动机床的直线伺服进给方式,使得数控系统的输入、译码、计算、输出、执行环节都在高速下完成,并可提高数控系统的分辨率及实现连续小程序段的高速、高精加工;增强了插补运算功能、快速进给功能,实现高速加工,实现更多轴控制功能,一般控制轴数为 3 轴~15 轴,同时控制轴数 5 轴以上。

采用高进给分辨率、高定位精度和重复定位精度、高动态刚度的高性能闭环交流数字伺服系统或者直线伺服系统,实现更高精度的加工(纳米级)。

2. 多功能、高可靠性

具有多种监控、检测及补偿功能。如刀具磨损的检测、系统精度及热变形的检测、刀具寿命的管理等功能。大多数现代数控机床都采用 CRT 显示,进行二维图形的轨迹显示,未来的数控系统将具有三维彩色动态图形显示和强大的多媒体功能。现代数控系统具有硬件、软件及故障的自诊断功能,未来的数控系统将具有远程(基于网络的)硬件、软件及故障自诊断功能及网络控制功能。

数控系统工作的可靠性一直是人们经常关注的重要性能指标。为提高数控系统的可靠性，人们采取了下面的一些措施。

1）提高数控系统的硬件质量

选用高质量元器件，建立一系列完整的质量保证体系。采用三维插装技术，使控制装置更加小型化，进而将典型的硬件进行集成化，做成专用芯片，为提高系统的可靠性提供了保证。

2）模块化、标准化和通用化

现代数控系统的性能越来越完善，功能越来越丰富，促使系统的硬件、软件结构实现了模块化、标准化和通用化。机床的使用范围根据不同的加工要求，通过改变轴的配置、尺寸、主轴箱、全自动附件和不同种类的外围设备，如自动换刀装置和自动托盘等而扩大。提高了制作和运行的可靠性，扩大了应用的范围，便于用户的使用、维修和保养。

3）智能化、开放性

所谓智能化就是具有拟人智能特征，使系统具有模拟、扩展、适应等智能行为的知识处理活动。在现代数控系统中，引进了自适应控制技术。自适应控制技术是能调节在加工过程中所测得的工作状态特性，且能使切削过程达到并维持最佳状态的技术。现代数控系统智能化的发展，主要体现在以下几个方面。

（1）工件自动检测、自动定心。

（2）刀具破损检测及自动更换备用刀具。

（3）刀具寿命及刀具收存情况管理。

（4）负载监控和调整。

（5）数据管理。

（6）维修管理。

（7）利用反馈控制的实时补偿功能。

（8）根据加工时的热变形，对滚珠丝杠、床身等进行实时补偿功能。

新一代的数控机床的控制系统具有开放式、模块化的体系结构。系统的软件和硬件“可移植”，具有互换性与“升级”能力，功能上具有可伸缩性，最大限度地满足用户的要求。（世界制造技术与装备市场. 中国机床与工业协会. 开放式数控系统的概念和特征）采用新的数控编程将由现在的面向机床运动的编程方式转向面向对象（零件）的编程方式，实现 CAD/CAM 和 CAC 之间的双向交流，使系统在加工上更加智能化。

未来的数控系统具有强大的网络功能，使企业之间的数据可以基于开放式的数控机床与数据服务器之间通过网络直接进行信息交换，通过信息共享，将设计、加工维修、管理控制联系起来，构成一个虚拟的网络，使网络化成为现实。

3. 工艺复合化和功能集成化

即在一台机床上工件一次装夹就可以完成多工艺、多工序的加工，是在功能扩展基础的功能复合机床，要求加工中心至少具备五面加工和复杂零件的加工，实现一机多能。加工中心除了铣镗加工中心和车削加工中心外，出现了集成的车/铣加工中心、铣/激光加工中心、自动更换电极的电火花加工中心和内外圆磨削中心。复合加工能大幅度缩短零件的加工周期和减少制品的储存，减少工件的安装次数，避免安装误差，减少投资，降低成本，适用于复杂零件的高效加工，如图 10－14 所示。

4. 环保型

无污染，节能节耗的环保型机床，符合 ISO1400 环保标准。采用气压代替液压，风冷却、自

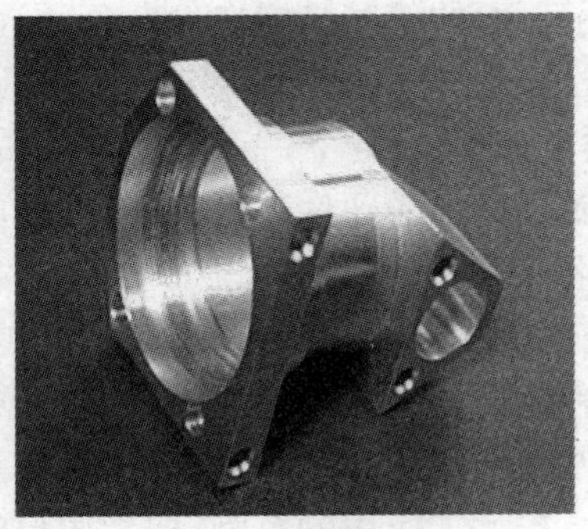

图 10-14　车铣复合加工样件

润滑等技术,减少泄漏污染,减少对环境的危害,节约能源。

10.2　加工中心工艺方案的制订

加工中心的工艺方案制订是数控加工的一项重要工作,其主要内容包括分析零件的工艺性、选择合理的加工内容和设计零件的加工工艺等。

10.2.1　零件的工艺性分析

零件的工艺性分析是制订加工中心加工工艺的首要工作,其任务是分析零件图的完整性、正确性和技术要求。

1. 加工工艺内容的选择

在选择加工内容时,一般可按下列顺序考虑。

(1) 通用机床无法加工的内容,如复杂曲线、曲面等。

(2) 通用机床难加工、质量也难以保证的内容,如尺寸精度和相互位置精度要求较高的表面。

(3) 通用机床加工效率低、工人手工操作劳动强度大的内容,可在数控机床尚存在剩余加工能力时选择。

2. 尺寸标注应符合数控加工的特点

在数控编程中,所有点、线、面的尺寸和位置都是以编程原点为基准的。因此零件图样上最好直接给出坐标尺寸,或尽量以同一基准引注尺寸。

3. 几何要素的条件应完整、准确

在程序编制中,编程人员必须充分掌握构成零件轮廓的几何要素参数及各几何要素间的关系。因为在自动编程时要对零件轮廓的所有几何元素进行定义,手工编程时要计算出每个节点的坐标,无论哪一点不明确或不确定,编程都无法进行。但由于零件设计人员在设计过程中考虑不周或被忽略,常常出现参数不全或不清楚,如圆弧与直线、圆弧与圆弧是相切还是相交或相离。所以在审查与分析图纸时,一定要仔细核算,发现问题及时与设计人员联系。

4. 定位基准分析

在数控加工中,加工工序往往较集中,以同一基准定位十分重要。在零件上应有一个或几个共同的定位基准。该定位基准一方面要能保证零件经多次装夹后其加工表面之间相互位置的正确性;另一方面要满足加工中心工序集中的特点。定位基准最好是零件上已有的面或孔。

若合适的面或孔，也可专门设置一些辅助基准，或在毛坯上增加一些工艺凸台。如图 10－15(a)所示的零件，为增加加工过程定位的稳定性，可在底面增加一工艺凸台，如图 10－15(b)所示，在完成定位加工后再除去。

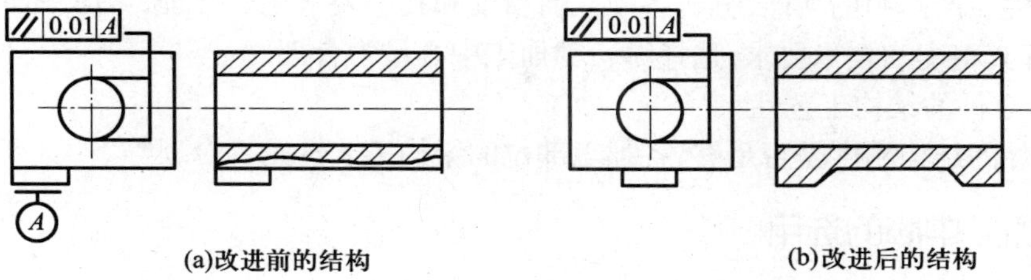

图 10－15　工艺凸台的应用

例如图 10－16 所示的零件图样。在图 10－16(a)中，*A*、*B* 两面均已在前面工序中加工完毕，在加工中心上只进行所有孔的加工。以 A、B 两面定位时，由于高度方向没有统一的设计基准，ϕ48H7 孔和上方两个 ϕ25H7 孔与 *B* 面的尺寸是间接保证的，欲保证 32.5 ±0.1 和 52.5 ±0.04 尺寸，须在上道工序中对 105 ±0.1 尺寸公差进行压缩。若改为图 10－16(b)所示的标注尺寸，各孔位置尺寸都以 *A* 面为基准，基准统一，且工艺基准与设计基准重合，各尺寸都容易保证。

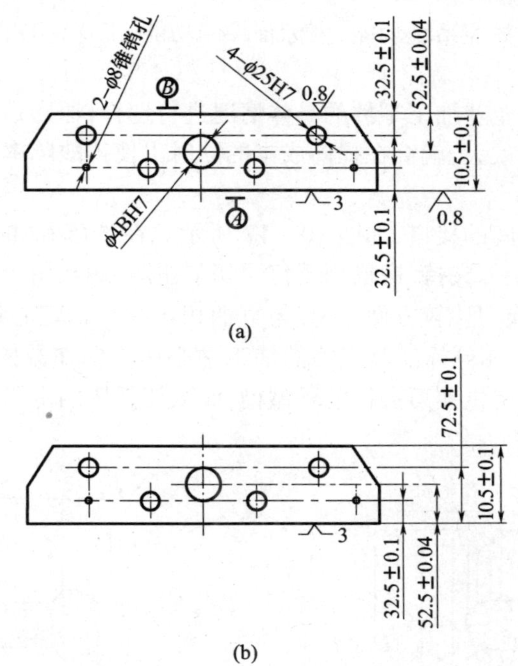

图 10－16　零件加工的基准统一

5. 零件结构的工艺性

为保证零件在加工中心上的高效、经济的加工，其零件的结构工艺性应具备以下几点要求。

(1) 零件的切削加工量要小，以便减少加工中心的切削时间，降低加工成本。

(2) 零件上孔和螺纹的尺寸规格应尽可能少，以减少加工时刀具的数量。

(3) 零件尺寸规格应尽量标准化，以便采用标准化刀具。

（4）零件的加工表面应具备加工的可能性和方便性。

（5）零件的结构应具有足够的刚性，以减少夹紧变形和切削变形。

6. 分析零件的技术要求

根据零件在产品中的功能，分析各项几何精度和技术要求是否合理；考虑在加工中心上加工，能否保证其精度和技术要求，选择哪一种加工中心最为合理。

7. 审查零件的结构工艺性

分析零件的结构刚度是否足够，各加工部位的结构工艺性是否合理等。

10.2.2 加工中心的选用

规格相近的加工中心，一般卧式加工中心比立式加工中心贵50% ~100%，复合加工中心比卧式加工中心贵50% ~100%。因此，从经济角度考虑，在机床的选用上首选立式加工中心。

1. 加工中心规格的选择

规格的选择主要考虑工作台的大小、坐标行程、坐标数量和电机功率等。

2. 加工中心精度的选择

精度的选择主要考虑单轴定位精度、单轴重复定位精度、铣圆精度等。

3. 加工中心功能的选择

功能的选择主要考虑数控系统功能、坐标轴控制功能、工作台自动分度功能等。

4. 刀库容量的选择

刀库的容量主要根据企业加工零件的具体情况进行选择，原则是：稍大于企业典型零件一次安装所需刀具数。如果太大，就会在提高成本的同时也使得故障率提高。

5. 刀柄的选择

刀柄是机床和刀具之间的接口，如图10-17所示。在铣床和加工中心上一般采用7:24锥柄，环型槽用于机械手换刀夹持，键槽用于传递切削扭矩，螺孔用于调节拉杆或拉钉，供拉紧刀柄。这种锥柄不自锁，换刀比较方便，并且与直柄相比有高的定心精度和刚性，刀柄和拉钉（图10-18）已经标准化。相同标准及规格的加工中心用刀柄在数控铣床上也能用。其主要的区别是加工中心的刀柄有供换刀夹持的环型槽，而数控铣床的专用刀柄则没有这种环型槽。

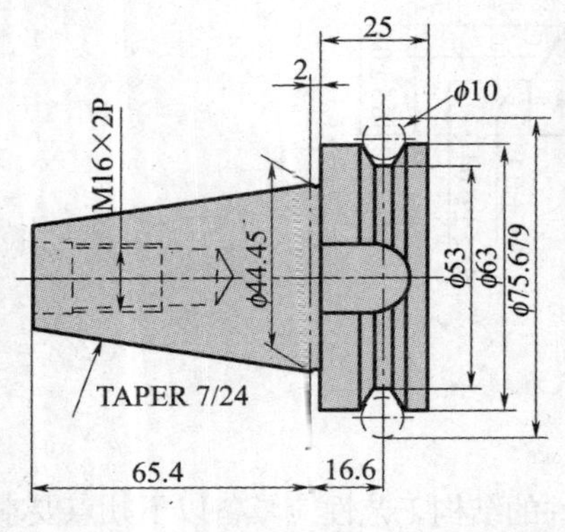

图10-17 加工中心用刀柄

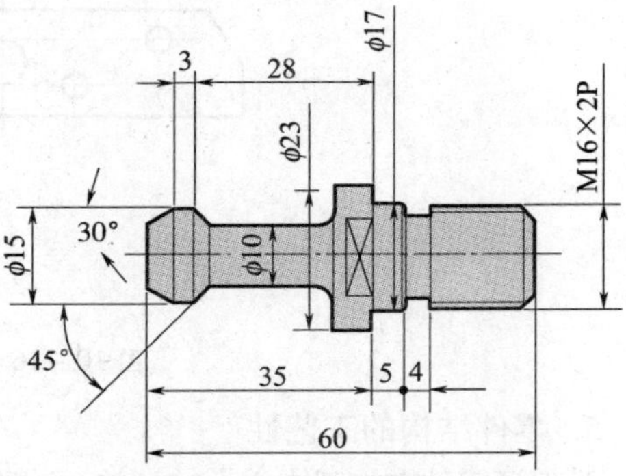

图10-18 拉钉

1）常用刀柄规格

常用加工中心刀柄标准有：JT系列刀柄（ISO、德国DIN标准、中国GB标准）；BT系列刀柄(日本 MAS 标准);JT－U 系列刀柄(美国 ANSI 标准);ST 系列刀柄(中国 GB 标准);SK 系列刀柄(德国 DIN 标准)。

其表示方法是标准代号＋锥度号,如 JT40、BT50。

JT:表示采用国际标准 ISO7388 的加工中心机床用锥柄柄部;其后数字为相应的 ISO 锥度号,40 分别代表大端直径 44.45 的 7:24 锥度。

BT:表示采用日本标准 MAS403 的加工中心机床用锥柄柄部;其后数字为相应的 ISO 锥度号:50 代表大端直径 69.85 的 7:24 锥度。

2）刀柄的分类

由于在加工中心上要适应多种形式零件的不同部位加工,就使得刀具种类很多,结构、形式、尺寸多种多样。把通用性较强的装夹工具标准化、系列化就成为工具系统,包括了夹持部件和加长杆等。镗铣工具系统可分为整体式与模块式两类。

整体式工具系统针对不同刀具都要求配有一个刀柄,这样工具系统使用方便、可靠,但由于所用的刀柄规格品种数量较多,给生产、管理带来不便,成本上升。

为了克服上述缺点,国内、外相继开发出多种多样的模块式工具系统,如图 10－19 所示。它是把工具的柄部和工作部分分开,制造成系统化的主柄模块、中间模块和工作模块,这样,既方便了制造,也方便了使用和保管,大大减少了用户的工具储备。模块式工具系统由于其定位精度高,装卸方便,连接刚性好,具有良好的抗振性,是目前用得较多的一种形式。它具有单圆柱定心、径向销钉锁紧的连接特点,它的一部分为孔,而另一部分为轴,两者之间进行插入连接,构成一个刚性刀柄,一端和机床主轴连接,另一端安装上各种可转位刀具便构成一个工具系统。中间接杆有等径和变径两类,根据不同的内外径及长度将刀柄和工作头模块相连接。工作头有可转位钻头、粗镗刀、精镗刀、扩孔钻、立铣刀、面铣刀、弹簧夹头、丝锥夹头、莫氏锥孔接杆、圆柱柄刀具接杆等多种类型。可以根据不同的加工工件尺寸和工艺方法,按需要组合成铣、钻、镗、铰、攻丝等各类工具进行切削加工。

不同标准的刀柄(钻铣)按其对刀具的夹紧形式可以分成以下一些类型。

(1) 钻夹头刀柄。如图 10－20(a)所示,主要用于夹持 13mm 以下的钻头、中心钻、铰刀。

(2) 莫氏锥度刀柄。如图 10－20(b)所示,这种刀柄可以与莫氏圆锥类的刀具配合进行钻铰加工。

(3) 面铣刀柄。如图 10－20(c)所示,用于面铣刀的夹持。

(4) 侧固式刀柄。如图 10－20(d)所示,对刀具的固定采用螺钉压紧,结构简单、夹持力强,但刀具和刀柄的同轴度差,夹持尺寸单一,适合低速和粗加工场合。

(5) 弹簧夹头刀柄。如图 10－20(e)所示,对刀具实现 360°夹紧,用以快速定位、夹紧直柄刀具。具有灵巧、结构精致和功能强大、使用方便、适用性广泛的特点。其优点主要表现在以下几个方面。

能精确地定位与夹紧刀具,具有抵抗扭矩和承受来自多方向切削力的功能。

① 具有增大驱动力(拉力)和转换驱动力为刀具夹紧力的功能。

② 具有快速松开刀具的功能。

③ 具有在不降低加工精度和使工件不受损害前提下的高重复精度。

④ 具有能在较宽的主轴转速范围内工作与只有极小的夹紧力损失的能力。

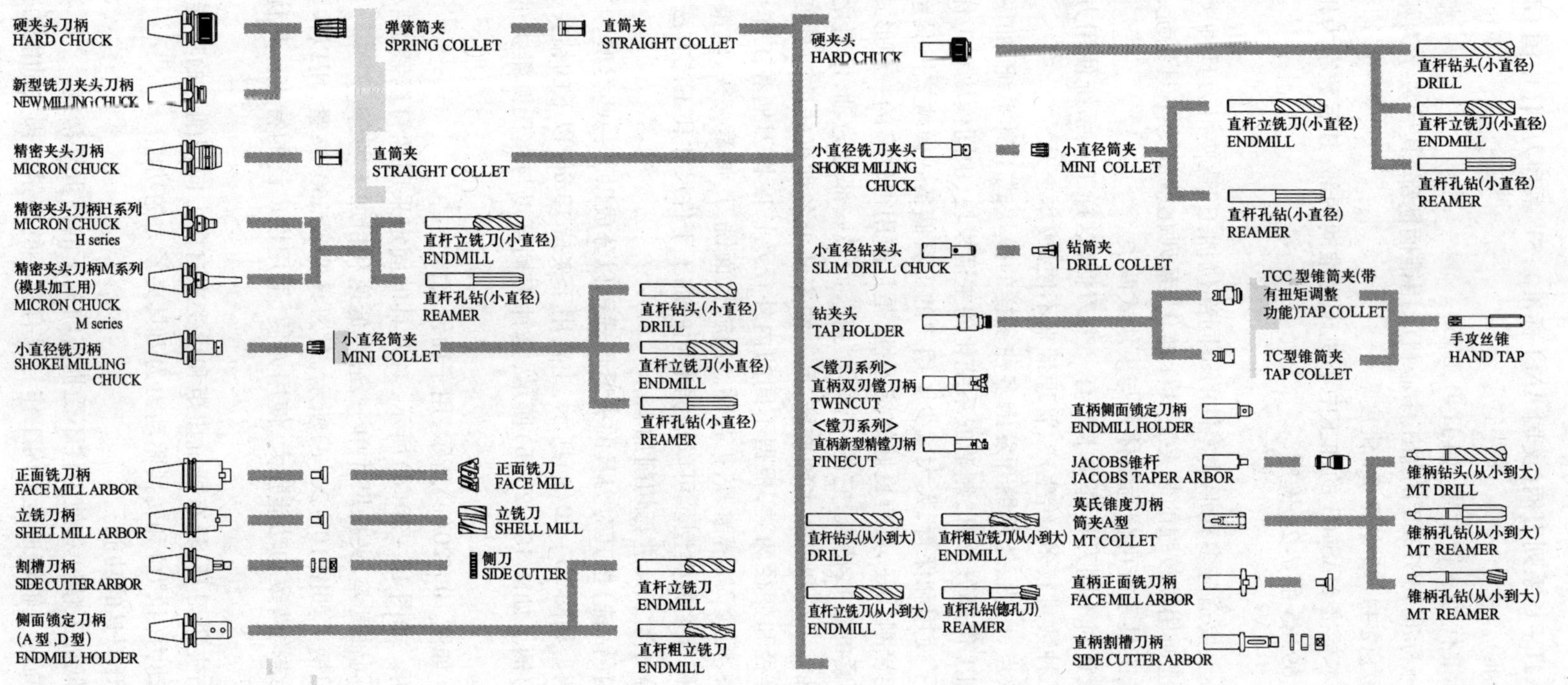

图 10-19 模块式工具系统

(a) 钻夹头刀柄

(b) 莫氏锥度刀柄

(c) 面铣刀柄

(d) 侧固式刀柄

(e) 弹簧夹头刀柄

图 10－20　刀柄类型

10.2.3　加工中心刀具的选用

在数控机床上加工的零件,多是形状复杂、精度要求较高的零件,多工序集中加工,连续工作时间更长。刀具只有具有高的切削性能才能充分发挥铣床和加工中心的优势。

加工中心上的刀具系统一般由钻削系统、铣削系统、镗削系统、螺纹、槽加工刀具等组成。

1．钻削系统

钻孔在加工中心中应用较多,耐磨、耐用、断屑是对钻头的基本要求。钻头从结构上可以分成整体式钻头、焊接式钻头和可转位式钻头。为了降低刀具成本,广泛地采用可转位刀片钻头(图 10－21)。

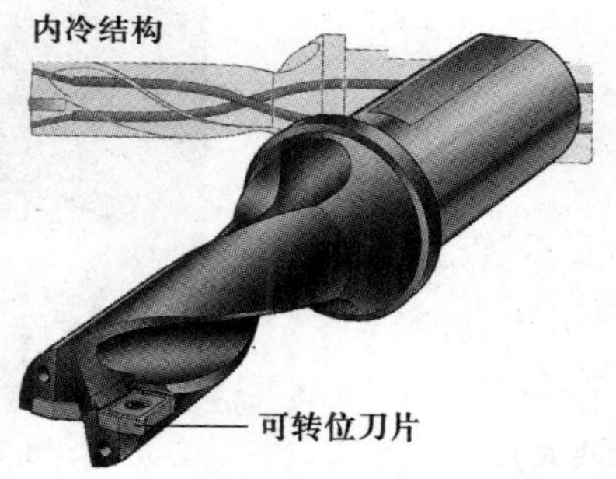

图 10－21　可转位刀片钻头

为适应自动化生产,加工中心用钻头改进了钻头结构,增加了钻头的钻削性能等一些特殊处理。

(1) 钻头的表面处理。采用高速钢、硬质合金为基体材料,采用涂层技术进行表面涂层,增加钻头的耐磨性,提高钻头的耐用度。

(2) 钻头横刃的处理。为了减小轴向切削力,除了修磨横刃外,采用无横刃结构的钻头使轴向切削力大幅降低。

(3) 切屑处理。钻头工作时,切屑的形状对钻头的切削性能非常重要。形状不合格时,将引起细微的切屑阻塞(粉状屑、扇形屑)、长的切屑缠绕钻头(螺旋屑状屑)、长切屑阻碍切削液进入(螺旋屑、带状屑)等现象,螺旋槽的改进和横刃修磨很好地达到了断屑要求。

(4) 采用内冷却结构。

2．镗削系统

加工中心的镗削系统普遍采用模块式刀柄,如图 10－22 所示。镗刀刀杆内部可通切削液,使切削油直入切削区,带走切屑、降低温度;减振镗削刀适合对较深的孔的加工,能有效地提高加工精度和表面质量，降低刀具的磨损。

加工中心镗削系统镗刀的种类较多，按切削刃数量可分为单刃镗刀和双刃镗刀，如图10－23所示。

单刃镗刀的刚性较差，切削时容易引起振动，但它的结构简单，通过微调机构可以方便地在一定范围内进行微调，调节方便且尺寸精度较高，因此通常用于精加工。

双刃镗刀的两端有一对称的切削刃同时参加切削，与单刃镗刀相比，其刚性更好，不易产生振动，每转进给量可提高一倍左右，生产效率更高。但由于它的结构较单刃镗刀复杂，尺寸不易准确调整，因此通常用于粗加工。

图10－24为用双刃镗刀镗孔的两种使用方法。其中图10－24(a)是利用该刀具能径向调整的功能，使两切削刃的高度完全一致，这样就能达到一种理想的平衡状态，防止加工过程中出现的振动；图10－24(b)也是利用该刀具能轴向调整的功能，将两切削刃分为前(内)、后(外)刃，这样就适合于大切削量的加工，使切削变厚，有利于断屑。

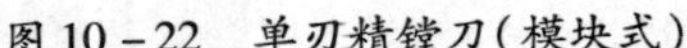

图10－22　单刃精镗刀(模块式)

图10－23　双刃镗刀

对于镗削大直径的孔可选用图10－25所示的双刃镗刀。这种镗刀的头部可以在较大范围内进行调整，且调整方便，其最大的镗孔直径可达1000mm。

3. 铣削系统

加工中心常用的铣刀有面铣刀、方肩铣刀、立铣刀、槽铣刀、锯片铣刀等。面铣刀主要用来加工平面和倒角；方肩铣刀能对平面、垂直面、斜面、圆周和槽铣削，能对型腔进行粗加工和半精加工，还具有既能圆周插补又能螺旋插补的能力。而立铣刀则使用灵活，具有多种加工方式，能进行台阶面、内外圆周表面和槽的铣削，仿型铣刀(R刀、牛鼻刀)更适合对曲面的铣削。铣削系统与数控铣相近。

机夹螺纹铣刀适用于较大直径(如D>25mm)的螺纹加工。其特点是刀片易于制造，价格较低，有的螺纹刀片可双面切削，但抗冲击性能较整体螺纹铣刀稍差。因此，该刀具常推荐用于加工铝合金材料。图10－26所示为两种机夹螺纹铣刀及刀片。图10－26(a)为机夹单刃螺纹铣刀及三角双面刀片，图10－26(b)为机夹双刃螺纹铣刀及矩形双面刀片。

螺纹铣刀利用加工中心的三轴联动功能，使螺纹铣刀做行星运动，切削加工出螺纹，只要一把螺纹铣刀就可加工出同螺距的各种直径的螺纹，如图10－27、图10－28所示。

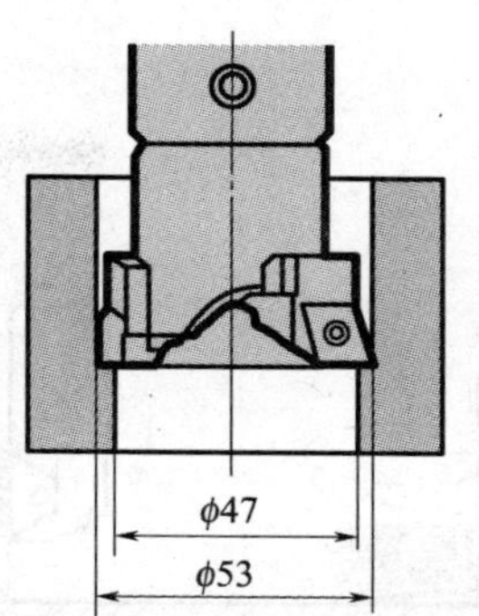

(a)平衡切削　　(b)差断切削

图 10－24　双刃镗刀镗孔的两种方法

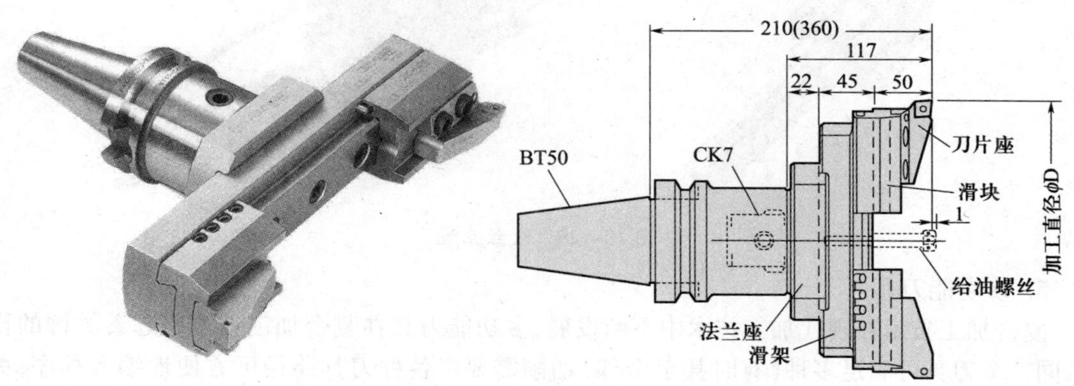

图 10－25　大直径不重磨可调双刃镗刀

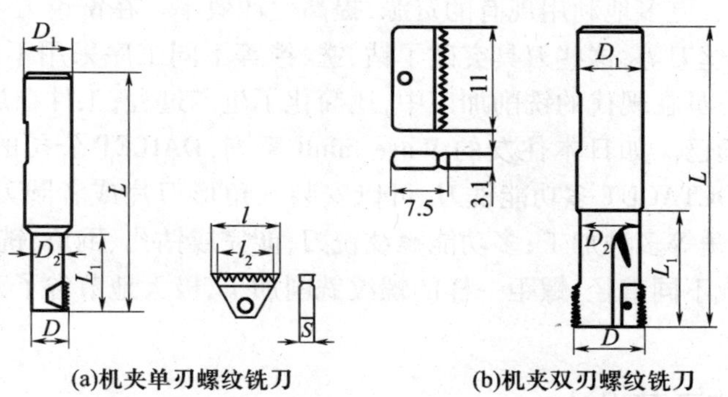

(a)机夹单刃螺纹铣刀　　(b)机夹双刃螺纹铣刀

图 10－26　机夹螺纹铣刀和铣刀片

4．攻丝系统

丝锥夹头有专门的结构，丝锥的夹头有 3mm ~ 5mm 的浮动距离，能防止丝锥在攻到盲孔底部时丝攻折断。在螺纹加工的刀具中，还有内冷丝锥、螺纹铣刀等，如图 10－29 所示。

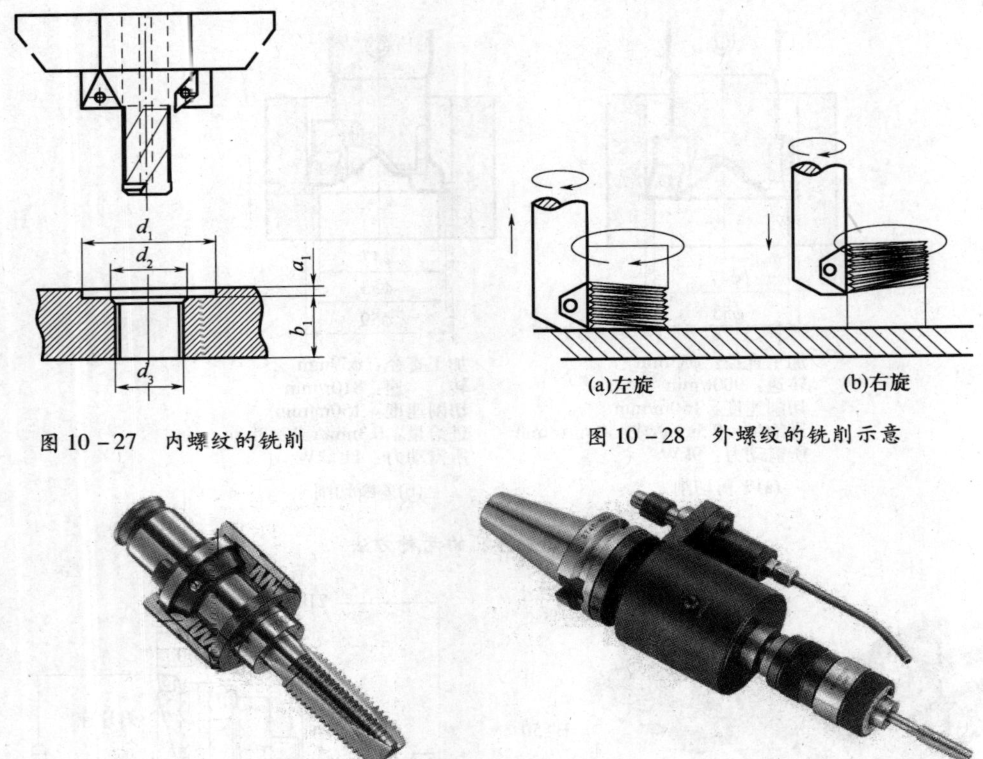

图 10-27　内螺纹的铣削

图 10-28　外螺纹的铣削示意

图 10-29　攻丝系统

5. 多功能刀具

复合加工技术在现代加工技术中不断发展，多功能刀具在复合加工技术中起着关键的作用，同一个刀具可满足多种（有时甚至全部）切削需要。各种刀具路径可方便地编入程序，更可运用坡走铣（斜面铣削）和圆弧插补等方法；可以减少换刀和刀具的准备，减少工件的装夹次数和设备的投入，更多地利用现有的资源，提高生产效率。在铣镗为主的加工中，有镗铣刀、钻铣刀、钻孔—攻丝刀等，这些刀具突破了钻、铣、镗等不同工序采用不同刀具的传统概念，一刀多用。多功能刀具在现代的铣削加工中，还简化了生产过程，工件在加工尺寸上的变化只需要简单调整程序而已。如日本住友的 Wave minll 系列，DAILET 公司的 DIEMATE DDM 系列等。三菱公司的 OCTACUT 多功能铣刀，可以安装八角形刀片或者圆刀片，能用于铣端面、斜面、钻孔、镗孔、倒角等多种加工；多功能螺纹铣刀，能完成钻孔、倒角、铣螺纹等多道工序，一个螺纹铣刀可以完成不同直径、螺距一样的螺纹铣削加工，极大地节省了刀具的投入和提高了加工效率。

10.2.4　零件的工艺设计

1. 加工顺序的安排

在加工中心上加工零件，一般都有多个工步，需要多把刀具，因此加工顺序的安排是否合理将直接影响到加工精度和效率、刀具数量和经济效益等。一般加工顺序的安排应遵循先面后孔、基准先行、先粗后精、先主后次的原则。此外还应考虑在一次装夹中，尽可能完成所有能够加工表面的加工，以及每道工序应尽量减少刀具的空行程移动量，按最短路线安排加工表面的加工顺序。

安排加工顺序时可参考采用粗铣大平面—粗镗孔、半精镗孔—立铣刀加工—加工中心孔—钻孔—攻螺纹—平面和孔精加工（精铣、铰、镗等）加工顺序。

2. 装夹方案的确定

装夹方案应根据所要加工的表面和现有定位基准的情况来具体确定，可主要从以下几点来考虑。

（1）夹紧机构或其他元件不得影响进给，加工部位要敞开。

（2）必须保证最小的夹紧变形。

（3）装卸方便，辅助时间尽量短。

（4）对小型零件或工序不长的零件，可考虑在工作台上同时装夹多个零件进行加工。

（5）夹具结构应力求简单。

（6）夹具应便于与机床工作台面及工件定位面间的定位连接。

3. 进给路线的确定

在确定进给路线时主要考虑精度和效率两个方面。

对位置精度要求较高的孔系加工，要特别注意安排孔的加工顺序，安排不当，就有可能将传动副的反向间隙带入，直接影响位置精度。例如，安排图 10－30（a）所示零件的孔系加工顺序时，若按图 10－30（b）的路线加工，由于 5、6 孔与 1、2、3、4 孔在 Y 向的定位方向相反，Y 向反向间隙会使误差增加，从而影响 5、6 孔与其他孔的位置精度。按图 10－30（c）所示路线，可避免反向间隙的引入。

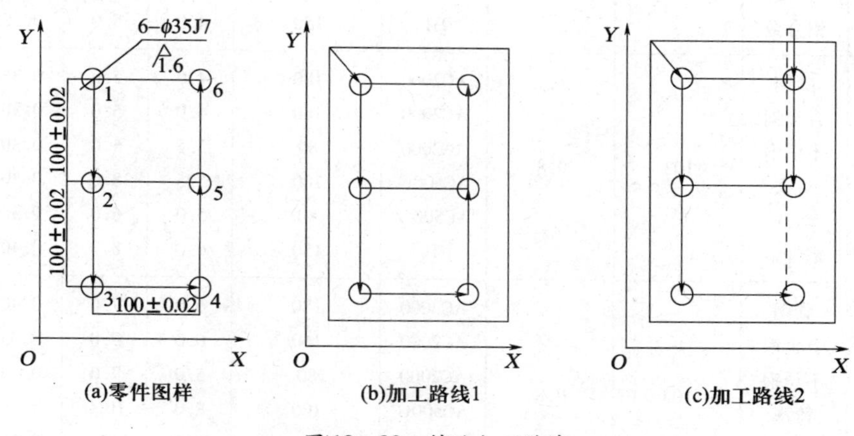

图 10－30　镗孔加工路线

4. 切削用量的选择

切削用量的选择在机械加工过程中占有非常重要的地位，其参数选择的合理性直接影响到加工质量、刀具磨损情况、加工成本、切削功率等因素。切削用量选择的总体原则是：在能保证加工质量和刀具耐用度的前提下，充分发挥机床和刀具的切削性能，使切削效率最高，加工成本最低。

粗加工切削用量的选择原则：首先选取尽可能大的背吃刀量；其次要根据机床功率和工装系统的刚性选取尽可能大的进给量；最后根据刀具耐用度确定最佳的切削速度。

精加工切削用量的选择原则：首先根据粗加工后的余量确定背吃刀量；其次根据已加工表面粗糙度要求，选取尽可能小的进给量；最后在保证刀具耐用度的前提下选取较高的切削速度。

当前在国内、国际上有许多的著名刀具厂家，它们在不同条件下对优化切削用量参数作了大量的实验。因此，在选择切削用量参数时可根据本企业的具体情况，再适当参考这些厂家的参数可取得较好的效果。表10-1所示为日本BIG公司的RW型粗镗头的切削用量取值，表10-2所示为加工材料为钢的端面铣削切削用量取值。

表10-1 RW型粗镗头的切削用量取值

镗头型号	工件材质	有效加工深度/mm	刀片		切削速度/m·min^{-1}	切削量/mm·r^{-1}		进给量/mm·r^{-1}	
			刀尖半径/mm	刀片材质		推荐值	最大值	推荐值	最大值
RW25-33CK2	碳钢	73	0.4	AC2000	130	2.5	3.0	0.25	0.30
	合金钢			AC2000	110	2.0	3.0	0.20	0.30
	不锈钢			AC2000	60	2.2	3.0	0.22	0.30
	铸铁			AC500G	100	3.0	4.0	0.25	0.30
	球铁			AC500G	80	2.5	3.0	0.20	0.30
	铝合金			H1	150	3.0	4.0	0.30	0.35
RW32-42CK3	碳钢	88	0.8	AC2000	180	3.5	4.0	0.30	0.40
	合金钢			AC2000	160	3.0	4.0	0.25	0.35
	不锈钢			AC2000	80	3.0	4.0	0.30	0.35
	铸铁			AC500G	100	4.0	5.0	0.30	0.40
	球铁			AC500G	80	3.5	4.0	0.25	0.30
	铝合金			H1	150	4.0	5.0	0.30	0.40
RW41-54CK4	碳钢	103	0.8	AC2000	180	4.0	5.0	0.35	0.45
	合金钢			AC2000	160	4.0	5.0	0.30	0.40
	不锈钢			AC2000	80	3.5	5.0	0.30	0.40
	铸铁			AC500G	100	5.5	8.0	0.30	0.40
	球铁			AC500G	80	5.0	6.0	0.30	0.40
	铝合金			H1	150	6.0	8.0	0.40	0.45
RW53-70CK5	碳钢	103	0.8	AC2000	180	6.0	7.0	0.40	0.50
	合金钢			AC2000	160	6.0	7.0	0.35	0.45
	不锈钢			AC2000	80	5.0	7.0	0.35	0.45
	铸铁			AC500G	100	8.0	10.0	0.40	0.50
	球铁			AC500G	80	7.0	8.0	0.35	0.45
	铝合金			H1	150	8.0	10.0	0.40	0.55
RW68-100CK6 RW100-150CK6	碳钢	103	0.8	AC2000	180	8.0	10.0	0.40	0.50
	合金钢			AC2000	160	7.0	10.0	0.35	0.45
	不锈钢			AC2000	80	7.0	9.0	0.35	0.45
	铸铁			AC500G	100	9.0	12.0	0.40	0.50
	球铁			AC500G	80	8.0	10.0	0.35	0.45
	铝合金			H1	150	9.0	12.0	0.40	0.55

表 10-2 端面铣削切削常用切削速度和进给量

ISO	材料		硬度/HB	YBG40	YBC301	YNG151	YC30S
				进给量/mm^{-1}			
				0.3~0.2~0.1	0.3~0.2~0.1	0.2~0.15~0.1	0.4~0.2~0.1
				切削速度/m·min^{-1}			
P	碳素钢	C=0.25% C=0.8% C=1.4%	110 150 310	150~200~250 100~120~165 75~110~135	200~260~320 180~225~280 110~140~180	300~330~380 275~300~330 240~280~300	135~185~235 90~110~150 70~100~125
	低合金钢	退火淬硬	125~225 220~450	100~120~165 55~75~95	150~190~230 80~100~120	200~230~260 160~180~200	90~120~150 55~65~90
	高合金钢	退火淬硬	150~250 250~500	90~115~150 60~75~90	110~140~180 80~100~120	160~180~200 100~120~140	80~105~135 50~60~90
	高合金钢	退火高速钢 淬火工具钢	150~250 250~350	75~105~130	110~130~180 85~105~130	130~150~190 95~115~140	70~95~120 55~75~90
	铸钢	碳钢 低合金钢 高合金钢	150 150~250 160~200	80~120~150 70~100~120 55~70~80	130~185~210 110~140~165 65~100~130	140~200~220 120~150~185 75~110~140	75~110~135 65~90~110 50~65~75
	铸钢	铁素体、马氏体不锈钢	150~250	50~80	80~120~190	100~130~210	45~60~70

10.3 典型零件的加工中心加工工艺分析

本节选用一典型零件——摩托车汽缸头的其中一道工序为例讲解加工中心的加工工艺，以便进一步掌握制订加工中心加工工艺的方法和步骤，如图 10-31 所示。

汽缸头的加工在摩托车行业是非常常见的零件，其典型的加工内容通常是铣平面、钻孔、扩孔、铰孔、镗孔及攻螺纹等。零件材料通常是铝合金，使用的刀具材料一般为硬质合金。

1. 分析图样，选择加工内容

该零件的材料为 ZL111，基准面 *A* 在前一工序已做好。由于该零件不大，在一个机床上可安装两个工位，工位 1 所要加工内容为铣上平面，保证平面度 0.02mm；铰 2-ϕ8H7 销孔；钻 2-ϕ7.5 螺钉孔；钻 ϕ5 孔。工位 2 所要加工内容为钻 4-ϕ12 螺钉孔、铰 2-ϕ13H7 销孔。

2. 选择加工中心

由于该零件的加工部位较少，只有铣平面、钻孔、铰孔等工步，故选择立式加工中心。该零件所需加工的刀具共10把，因此选用国产VMC800型立式加工中心即可满足上述要求。该机床工作台尺寸为490mm×1000mm，x轴行程为800mm，y轴行程为510mm，z轴行程为600mm，主轴端面到工作台表面距离为140mm～740mm，x、y、z定位精度为0.01mm，x、y、z重复定位精度为±0.0025mm，刀库容量为22把，主轴锥孔型号为BT40，主轴电机功率为7.5/11kW(连续30min)，主轴转速范围为40r/min～6000r/min。

3. 设计工艺

1) 选择加工方法

工位1：上平面用铣平面方法加工，该平面在上一工序已粗加工，因其表面粗糙度Ra为1.6μm，平面度0.02mm，故采用半精加工—精加工方案；2－ϕ8H7销孔，为防止钻偏和达到IT7级精度，按钻中心孔—钻孔—铰孔方案进行；2－ϕ7.5孔只是螺钉孔没有太多的要求，由于在前一工序已做出了中心孔，故只需用ϕ7.5的钻头进行加工即可。ϕ5孔也没有太多的要求，故只需用ϕ5的钻头进行加工即可。孔口的0.5×45°倒角直接用一倒角钻进行加工。

工位2：4－ϕ12孔是螺钉孔，无太大的要求，但为防止钻偏按钻中心孔—钻孔方案进行；2－ϕ13H7销孔由于在上一工步已做出ϕ12底孔，故直接用ϕ13H7的铰刀加工。孔口的0.5×45°倒角直接用一倒角钻进行加工。

2) 确定加工顺序

按照先面后孔、先粗后精、基面先行的原则确定加工顺序。具体加工工艺如表10－3、表10－4所列。

3) 确定装夹方案和选择夹具

由于该零件尺寸不大，且加工的批量较大，考虑到加工效率的问题，在一个机床上可安装两个工位，每次加工后就有一个零件完成在该机床上的加工工序。因此，在夹具的设计上就考虑了同时安装两个零件的位置，由于基准面A和2－ϕ10孔在上一工序已完成，因此在工位1上就采用“一面两销”的定位原则；工位2同样就可用在工位1上已加工好的平面和2－ϕ8H7销孔，采用“一面两销”的定位原则进行定位。

4) 选择刀具

该零件加工所需的刀具有面铣刀、中心钻、钻头、铰刀、倒角钻等，其规格根据加工尺寸选择。在面铣刀的选择上选择可转位式结构，铣刀的直径考虑到刀库允许装刀直径和刀具的重量选择ϕ160mm的面铣刀，由于ϕ160mm大于相邻刀库允许的尺寸，但由于在该机床上的加工只需10把刀，远小于刀库的总容量，因此在装刀的过程中，该面铣刀的相邻位置就不要安装其他刀具，以免发生干涉。这样在加工过程中就可通过一次走刀将平面加工完成，保证了加工精度和加工效率。对于钻头、铰刀，由于该零件的加工批量较大，为了保证刀具的耐用度和减少更换刀具的时间，都选用硬质合金刀具。

5) 确定进给路线

对于平面的铣削，由于该面的形位精度和表面粗糙度要求较高，因此在进给路线上应考虑在Z轴方向分半精加工和精加工两次进刀完成。对于所有孔的加工路线均按最短路线确定，因为机床的定位精度完全能够保证孔的位置精度。

6）选择切削用量

根据相关资料查出切削速度和进给量，然后计算出机床主轴转速和进给速度，如表 10－3、表 10－4 所列。

7）编制程序。

编制的程序如表 10－5、表 10－6 所列。

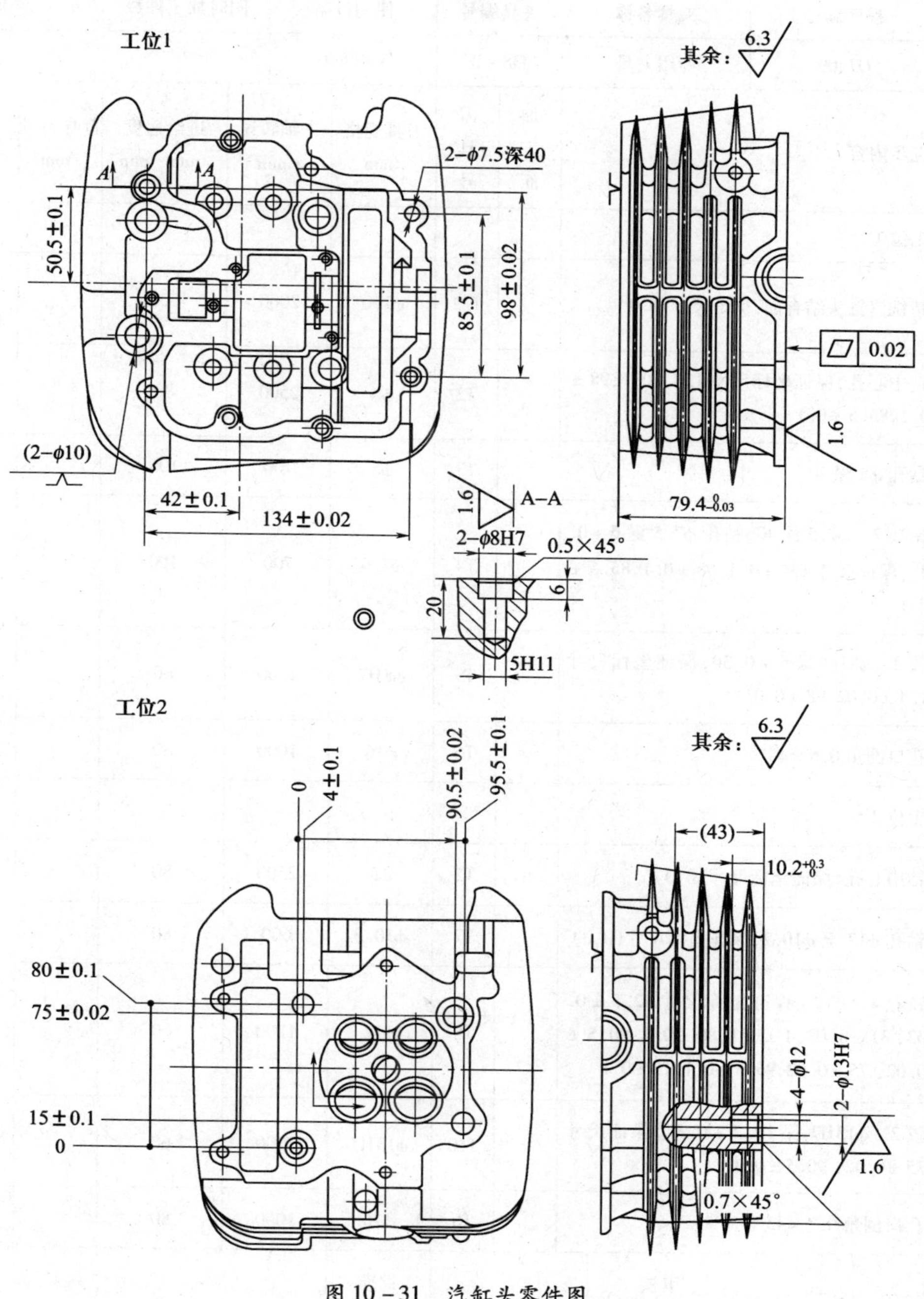

图 10－31　汽缸头零件图

表 10－3　数控加工工序卡片

(工厂)	数控加工工序卡片	产品名称或代号	零件名称	材料	零件图号
			汽缸头	ZL111	

工序号	程序编号	夹具名称	夹具编号	使用设备	同时加工件数	车间
	O7、09	专用夹具	J38－3	VMC800	2	

工步号	工步内容	加工面	刀具号	刀具规格/mm	主轴转速/r·min^{-1}	进给速度/mm·min	背吃刀量/mm	备注
	工位 1							
1	精铣汽缸头结合面，保证尺寸79.4$^{0}_{-0.03}$		T22	ϕ160	2000	200		
2	钻中心孔，保证坐标尺寸 134 ±0.1，98 ±0.1，85.5 ±0.1		T2	ϕ3	2500	80		
3	钻孔 ϕ5 深 20		T3	ϕ5	700	100		
4	钻孔 2－ϕ7.5 深 40，钻孔 ϕ7.5 深 6 +0.3^{0}，保证尺寸 134 ±0.1，98 ±0.1，85.5 ±0.1		T4	ϕ7.6	700	100		
5	铰 2－ϕ8H7 深 6 +0.30，保证坐标尺寸 134 ±0.02，98 ±0.02		T5	ϕ8H7	1500	60		
6	孔口倒角 0.5 ×45°		T6	ϕ16	1000	80		
	工位 2							
7	钻中心孔，保证坐标尺寸(0，0)		T2	ϕ3	2500	80		
8	钻孔 ϕ12 至 ϕ10.2，保证坐标尺寸(0，0)		T7	ϕ10.2	600	80		
9	铰孔 4－ϕ12，保证坐标尺寸 42.5 ±0.03，31 ±0.03，4 ±0.1，80 ±0.1，90.5 ±0.02，75 ±0.02，95.5 ±0.1，15 ±0.1		T8	ϕ12	1200	60		
10	铰 2－ϕ13H7 深 10.2 +0.3^{0}，保证尺寸 75 ±0.02，90.5 ±0.02		T10	ϕ13H7	1200	60		
11	孔口倒角 0.7 ×45°		T6	ϕ16	1000	80		

编制		审核		批准		共 1 页	第 1 页

表 10－4　数控加工刀具卡片

产品名称或代号				零件名称	汽缸头	零件图号		程序编号	07 09
序号	刀具号	刀具名称	刀柄型号		刀具		补偿量		备注
					直径/mm	长度/mm			
1	T22	面铣刀	BT40－XM40－75		ϕ160	140			
2	T2	中心钻	BT40－Z10－90		ϕ3	175			
3	T3	钻头	BT40－Z10－90		ϕ5	220			
4	T4	钻头	BT40－Z12－45		ϕ7.6	225			
5	T5	铣铰刀	WALTER DPB－29 SK40 D16A60		ϕ8H7	100			
6	T6	倒角钻	WALTER DPB－29 SK40 D16A60		ϕ16	105			
7	T7	钻头	BT40－Z12－45		ϕ10.2	240			
8	T8	铣铰刀	BT40－CTH25－070		ϕ12H7	120			
9	T10	铣铰刀	WALTER KPB－01 A300 4.402－20ER		ϕ13H7	115			
编制		审核			批准		共 1 页		第 1 页

表 10－5　数控加工程序卡片

（工厂）	数控加工程序卡片	产品名称或代号	零件名称	材 料	程序编号
			汽 缸 头	ZL111	07
顺序号	程序内容	注	顺序号	程序内容	注
	工位 1			M6 T4;（ϕ7.6 钻头）	
	G0 G90 G55 X0. Y0. ;			M3 S700;	
	M6 T22;（面铣刀）			G43 H4 Z100;	
	M3 S2000;			G0 G90 X134. Y－98. M8;	
	G43 H22 Z100;			G99 G83 R2 Z－42.4 Q8 F60;	
	X65 Y120;			G91 Y85.5;	
	G0 Z10;			G80 M9;	
	G1 Z0.15 F1000;			M6 T5;（ϕ8H7 铣铰刀）	
	G91 Y－338. F200 M8;			M3 S1500;	
	G0 G90 Z30.;			G43 H5 Z100;	
	Y120.;			G0 G90 X0. Y0. M8;	
	G1 Z0.;			G99 G82 R2 Z－6 P1000 F60;	
	G91 Y－338. F200;			X134. Y－98.;	
	G0 G90 Z100. M9;			G80 M9;	
	M6 T2;（中心钻）			M6 T6;（倒角钻）	
	M3 S2500;			M3 S1000;	
	G43 H2 Z100;			G43 H6 Z100;	

表 10－6　数控加工程序卡片 2

（工厂）	数控加工程序卡片	产品名称或代号	零件名称	材 料	程序编号
			汽 缸 头	ZL111	09
顺序号	程 序 内 容	注	顺序号	程 序 内 容	注
	工位 2			M6 T6；（倒角钻）	
	G0 G90 G56 X0. Y0.；			M3 S1000；	
	M6 T2；（中心钻）			G43 H6 Z100；	
	M3 S2500；			G0 G90 X0. Y0. M8；	
	G43 H2 Z100 M8；			G99 G82 R2 Z－6.9 P1000 F80；	
	G98 G82 R2 Z－5 P1000 F80；			X90.5 Y75.；	
	G80 M9；			X4. Y80. Z－6.4；	
	M6 T7；（ϕ10.2 钻头）			X95.5 Y15.；	
	M3 S600；			G80 M9；	
	G43 H7 Z100 M8；			G0 Z150；	
	G0 G90 X0. Y0.；			Y200；	
	G98 G83 R2 Z－46. Q8 F80；			M30；	
	G80 M9；				
	M6 T8；（ϕ12H7 铣铰刀）				
	M3 S1200；				
	G43 H8 Z100 M8；				
	G0 G90 X0. Y0. M8；				
	G99 G82 Z－44. R2 P1000 F60；				
	X4. Y80.；				
	X90.5 Y75.；				
	X95.5 Y15.；				
	G80 M9；				
	M6 T10；（ϕ13H7 铣铰刀）				
	M3 S1200；				
	G43 H10 Z100；				
	G0 G90 X0. Y0. M8；				
	G99 G82 R2 Z－10.3 P1000 F60；				
	X90.5 Y75.；				
	G80 M9；				
编制		审核	批准	共 1 页	第 1 页

第11章 特种加工

11.1 概述

自20世纪50年代以来,特别是近20年,随着航空航天、核能、电子及汽车、机械工业的迅速发展,各种新材料和复杂形状的精密零部件大量涌现,产品要求具有很高的强度重量比和性能价格比,并正在朝着高速度、高精度、高可靠性、耐腐蚀、高温高压、大功率、尺寸大小两极分化的方向发展,对机械制造部门提出了新的迫切需要解决的问题。例如,各种难切削材料的加工(硬质合金、钛合金、耐热钢、金刚石、宝石等各种高硬度、高强度、高韧性、高脆性的金属及非金属材料的加工);各种结构形状复杂、尺寸或微小或特大、精密零件的加工(喷气涡轮机叶片、整体涡轮、锻压模和注射模的立体成形表面、喷油嘴 、喷丝头上的小孔、窄缝等的加工);解决各种超精、光整或具有特殊要求的零件的加工问题(对表面质量和精度要求很高的航空航天陀螺仪、伺服阀以及细长轴、薄壁零件 、弹性元件等低刚度零件的加工)。而从第一次产业革命到第二次世界大战前长达150多年间,机械制造行业一直沿用着传统的机械加工方法(切削加工和磨削)。这种机械方法的本质和特点为靠刀具材料比工件硬、靠机械能切除工件上多余材料。采用传统加工方法加工这些材料和零件十分困难,甚至无法加工。

于是人们一方面通过研究高效加工的刀具和刀具材料、自动优化切削参数、提高刀具可靠性和在线刀具监测系统、开发新型切削液、研制新型自动机床等各种途径,进一步改善切削状态,提高切削加工水平,并解决了一些问题;另一方面,则冲破传统加工方法的束缚,不断地探索寻求新的加工方法,于是一种本质上区别于传统加工的特种加工便应运而生。

后来,由于新颖制造技术的进一步发展,人们就从广义上来定义特种加工,即将电、磁、声、光、化学等能量或其组合施加在工件的被加工部位上从而实现材料被去除、变形、改变性能或被镀覆的非传统加工方法统称为特种加工(Non - Traditional Machining,NTM)。它是一种涉及多学科、学科交叉融合的先进制造技术,具有传统加工所无可比拟的特点。

特种加工的特点如下。

(1) 加工范围不受材料物理、机械性能的限制,能加工任何硬的、软的、脆的、耐热或高熔点金属以及非金属材料。

(2) 易于加工复杂型面、微细表面以及柔性零件。

(3) 易获得良好的表面质量,热应力、残余应力、冷作硬化、热影响区等均比较小,尺寸稳定性好。

(4) 多数特种加工不需要工具,有的即使采用工具,也不直接与工件接触,且几乎不承受加工作用力。因此,工具材料的硬度可低于工件材料的硬度。

(5) 两种或两种以上不同类型的能量可相互组合形成新的复合加工,其综合加工效果明显，且便于推广应用。

尽管特种加工优点突出，应用日益广泛，但是各种特种加工的能量来源、作用形式、工艺特点却不尽相同，其加工特点与应用范围自然也不一样，而且各自还都具有一定的局限性。为了更好地应用和发挥各种特种加工的最佳功能及效果，必须依据工件材料、尺寸、形状、精度、生产率、经济性等情况作具体分析，区别对待，合理选择特种加工方法。

特种加工的分类还没有明确的规定，常见的特种加工方法有电火花加工、电火花线切割加工、电解加工、超声加工、激光加工、快速原型制造、数控雕刻、电子束加工等。具体内容如表11－1所列。

表11－1 常用特种加工方法分类表

特种加工方法		能量来源形式	作用原理	英文缩写
电火花加工	电火花成形	电能、热能	熔化、汽化	EDM
	电火花线切割	电能、热能	熔化、汽化	WEDM
电化学加工	电解加工	电化学能	金属离子阳极溶解	ECM(ELM)
	电解磨削	电化学能、机械能	阳极溶解、磨削	EGM(ECG)
	电解研磨	电化学能、机械能	阳极溶解、研磨	ECH
	电铸	电化学能	金属离子阳极沉积	EFM
	涂镀	电化学能	金属离子阳极沉积	EPM
激光加工	激光切割打孔	光能、热能	熔化、汽化	LBM
	激光打标记	光能、热能	熔化、汽化	LBM
	激光处理、表面改性	光能、热能	熔化、相变	LBT
电子束加工	切割、打孔、焊接	电能、热能	熔化、汽化	EBM
离子束加工	蚀刻、镀覆、注入	电能、动能	原子撞击	IBM
等离子弧加工	切割、喷镀	电能、热能	熔化、汽化	PAM
超声波加工	切割、打孔、雕刻	声能、机械能	磨料高频撞击	USM
化学加工	化学铣削	化学能	腐蚀	CHM
	抛光	化学能	腐蚀	CHP
	光刻	光、化学能	光化学腐蚀	PCM

特种加工发展趋势如下。

(1) 采用自动化技术。充分利用计算机技术对特种加工设备的控制系统、电源系统进行优化，建立综合参数自适应控制装置、数据库等，进而建立特种加工的CAD/CAM和FMS系统——这是当前特种加工技术的主要发展趋势。

(2) 微细化。目前，国际上对微细电火花加工、微细超声波加工、微细激光加工、微细电化学加工等的研究正方兴未艾，特种微细加工技术有望成为三维实体微细加工的主流技术。

(3) 开发新工艺方法及复合工艺，如电解磨削、电火花磨削、电解放电加工、超声电火花加工等，以适应产品的高性能要求和新型材料的加工要求。

(4) 拓宽应用领域，例如，非导电材料的电火花加工，电火花、激光、电子束表面改性等。

11.2 电火花线切割

11.2.1 电火花线切割加工的原理、特点

电火花线切割(Wire Cut EDM,WEDM)是在电火花加工基础上于20世纪50年代最早在苏联发展起来的一种新的工艺形式,电火花线切割时在电极丝和工件之间进行脉冲放电,如图11-1所示。电极丝接脉冲电源的负极,工件接脉冲电源的正极。当来一脉冲电源时,在电极丝和工件之间产生一次火花放电,在放电通道的中心瞬时温度可高达10000℃以上,高温使工件金属熔化,甚至有少量汽化。高温也使电极丝和工件之间的工作液部分产生汽化,这些汽化后的工作液和金属蒸气瞬间迅速膨胀,并具有爆炸的特性。这种热膨胀和局部微爆炸,抛出熔化和汽化的金属材料而实现对工件材料的电蚀切割加工。通常认为电极丝与工件的放电间隙$\delta_{电}$在0.01mm左右,若电脉冲电压高,放电间隙会大一些。线切割编程时,一般取$\delta_{电}=0.01mm$。

每来一个电脉冲时,要保证在电极丝和工件之间产生的是火花放电而不是电弧放电,必须创造必要的条件。首先必须是两个电脉冲之间有足够的间隙时间使放电间隙中的介质消电离,即使放电通道中的带电粒子复合为中性粒子,恢复本次放电通道处间隙中介质的绝缘强度,以免总在同一处发生放电而导致电弧放电。一般脉冲间隙应为脉冲宽度的4倍以上。

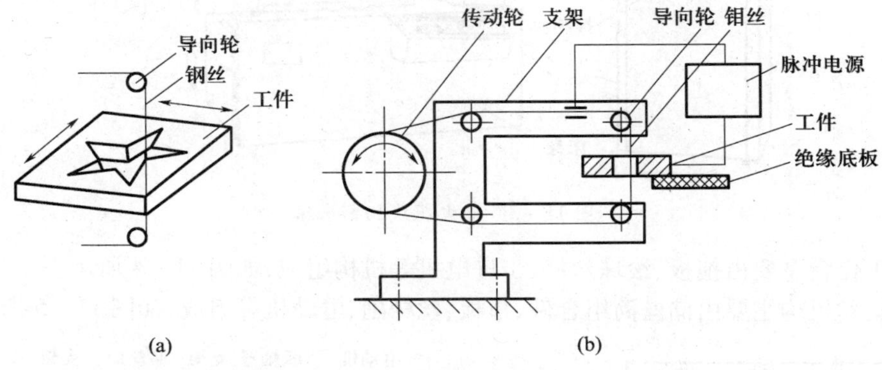

图11-1 线切割机床加工基本原理

为了保证火花放电时电极丝(一般用钼丝)不被烧断,必须向放电间隙注入大量工作液,以使电极丝得到充分冷却。同时电极丝必须作高速轴向运动,以避免火花放电总在电极丝的局部位置而被烧断(电极丝速度约在7mm/s~10mm/s)。高速运动的电极丝有利于不断往放电间隙中带入新的工作液,同时也有利于把电蚀产物从间隙中带出去。

电火花线切割加工时,为了获得比较好的表面粗糙度和好的尺寸精度,并保证钼丝不被烧断,应选择好相应的脉冲参数,以使工件与钼丝之间是电火花放电,而不是电弧放电。

11.2.2 电火花线切割加工设备

下面以DK7725线切割机床为例进行讲解,数控电火花线切割机型号DK7725的含义如图11-2所示。

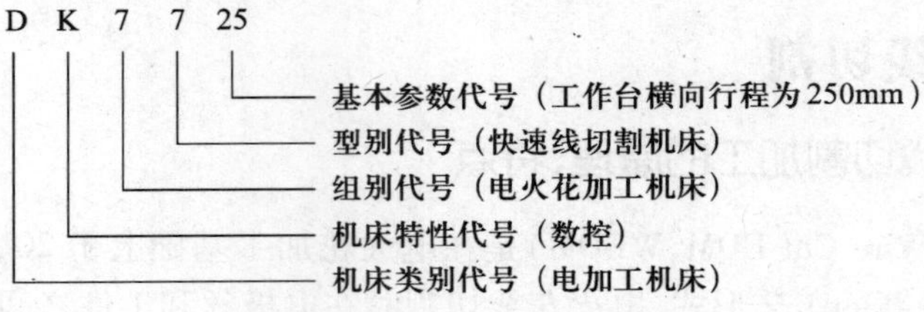

图 11-2 DK7725 含义

主要参数有以下几项。

工作行程：X 轴 320mm、Y 轴 250mm。

最大切削厚度：140mm；加工表面粗糙度：$Ra2.5\mu m$。

加工精度：0.012mm；最大切削速度：$80mm^2/min$。

数控电火花线切割机床主要由工作台、运丝机构、丝架、床身以及控制台组成，如图 11-3 所示。

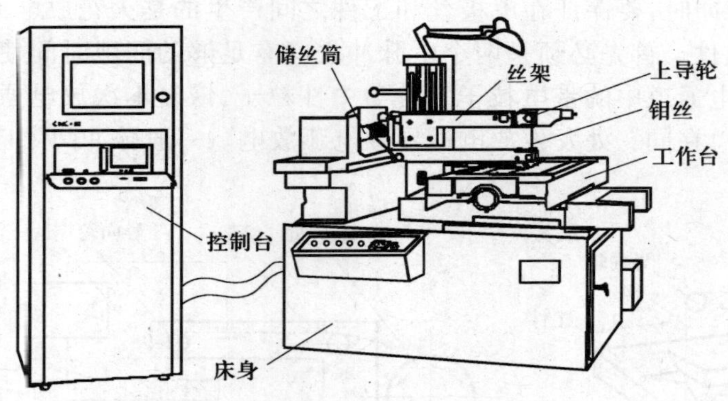

图 11-3 电火花线切割机床

（1）工作台主要由拖板、滚珠丝杆、步进电机等机构组成，如图 11-4 所示。

（2）运丝机构主要由储丝筒组合件、拖板、丝杆副、电动机等组成，如图 11-5 所示。

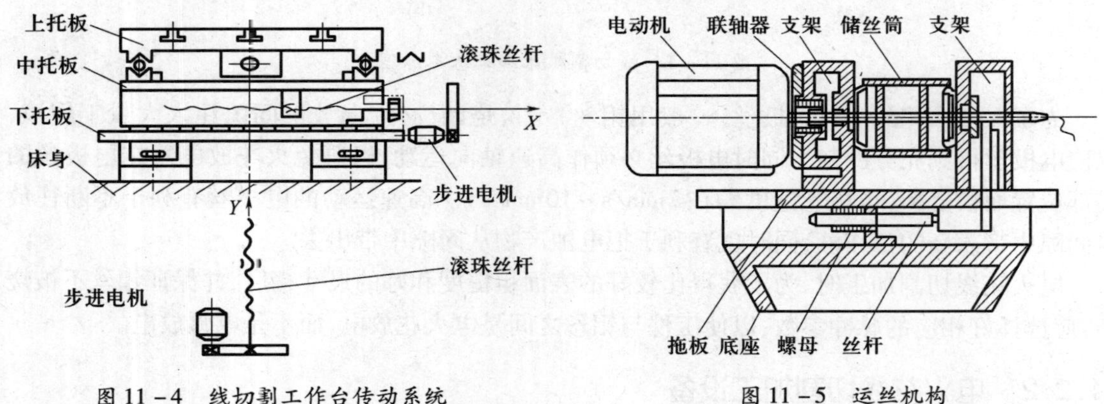

图 11-4 线切割工作台传动系统

图 11-5 运丝机构

（3）丝架走丝示意图如图 11-6 所示。

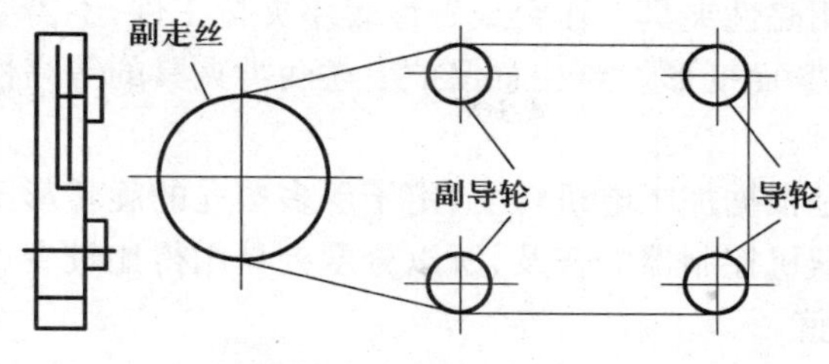

图 11-6 走丝示意图

11.2.3 工件装夹与加工准备

1. 线切割机床的工件装夹

1)线切割机床工件装夹的一般要求

工件装夹的形式对加工精度有直接的影响。电火花线切割机床的夹具比较简单,一般是在线切割机床通用夹具上采用压板螺钉固定工件。为了适应各种形状的加工要求,还可以使用磁性夹具、旋转夹具或者专用夹具等。

工件装夹的一般要求如下。

(1) 工件基准面应该清洁无毛刺,经热处理的工件在穿丝孔内及扩孔的台阶处,要求清洁热处理的多余废物和氧化皮。

(2) 夹具应该具有必要的精度,将其稳定地固定在工作台上,拧紧螺丝时用力要均匀。

(3) 工件装夹时的位置应该有利于工件的找正,并应该与机床行程相适应。工件台移动时工件不得与线架有接触。

(4) 对工件的夹紧力要均匀,不得使工件变形或者是移位。

(5) 大批零件加工时,最好采用专用的夹具,以提高生产效率。

(6) 细小、精密、薄壁的工件应该固定在不易变形的辅助夹具上。

2) 常见的装夹方案

(1) 悬臂式装夹。悬臂方式装夹工件,这种方式装夹方便、通用性强。但由于工件一端悬伸,易出现切割表面与工件上、下平面间的垂直度误差,仅用于加工要求不高或悬臂较短的情况。

(2) 两端支撑方式装夹。两端支撑方式装夹工件,这种方式装夹方便、稳定,定位精度高,但不适于装夹较大的零件。

(3) 桥式支撑方式装夹。这种方式是在通用夹具上放置垫铁后再装夹工件,这种方式装夹方便,对大、中、小型工件都适用。

3) 常用夹具的名称、规格及用途

(1) 压板夹具。压板夹具主要用于固定平板类的工件,对于稍大的工件要成对使用。夹具上如有定位基准面则在加工前应该预先用划针或百分表将其夹具定位基准面与工作台对应的导轨校正平行,这样在加工批量工件的时候比较方便(因为切割型腔的划线一般是以模板的某一部分面为基准面的)。夹具的基准面与夹具底面的距离是有要求的,夹具成对使用时两件基准面的高度一定要相等,否则切割出来的型腔工件与工件的端面不相垂直,造成废品,V 形件夹具可以用于夹持轴类零件。

(2) 磁性夹具。采用磁性夹具工作台或磁性表座夹持工件,不需要压板和螺钉,操作方便快速,定位后不会因为压紧而变形。要注意保护上述两类夹具的等高性,夹具的绝缘性也应该经常检查和测试。

(3) 分度夹具。它是根据加工电机转子、定子等多型孔的旋转形工件设计的,可保证高的分度精度。近年来因为微机控制器的普及,所以分度夹具用得比较少。

2. 电极丝位置的调整

线切割加工之前,应将电极丝调整到切割的起始坐标位置上,其调整方法有以下几种。

1) 目测法

对于加工要求较低的工件,在确定电极丝与工件基准间的相对位置时,可以直接利用目测或借助2倍~8倍的放大镜进行观察。图11-7是利用穿丝处划出的十字基准线,分别沿划线方向观察电极丝与基准线的相对位置,根据两者的偏离情况移动工作台,当电极丝中心分别与纵、横方向基准线重合时,工作台纵、横方向上的读数就确定了电极丝中心的位置。

2) 火花法

如图11-8所示,移动工作台使工件的基准面逐渐靠近电极丝,在出现火花的瞬时,记下工作台的相应坐标值,再根据放电间隙推算电极丝中心的坐标。此法简单易行,但往往因电极丝靠近基准面时产生的放电间隙,与正常切割条件下的放电间隙不完全相同而产生误差。

3) 自动找中心

所谓自动找中心就是让电极丝在工件孔的中心自动定位,此法是根据线电极与工件的短路信号来确定电极丝的中心位置。数控功能较强的线切割机床常用这种方法。如图11-9所示,首先让线电极在 X 轴方向移动至与孔壁接触,则此时当前点 X 坐标为 $X1$,接着线电极往反方向移动与孔壁接触,此时当前点 X 坐标为 $X2$,然后系统自动计算 X 方向中点坐标 $X0(X0=(X1+X2)/2)$,并使线电极到达 X 方向中点 $X0$;接着在 Y 轴方向进行上述过程,线电极到达 Y 方向中点坐标 $Y0(Y0=(Y1+Y2)/2)$。这样经过几次重复就可找到孔的中心位置。当精度达到所要求的允许值之后,就可确定孔的中心。

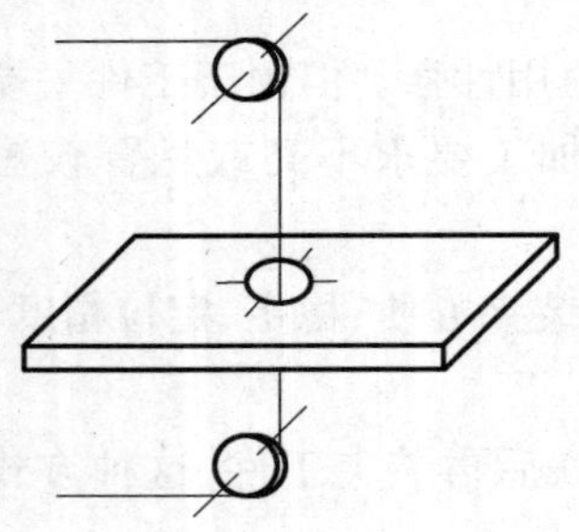

图11-7 目测电极丝位置

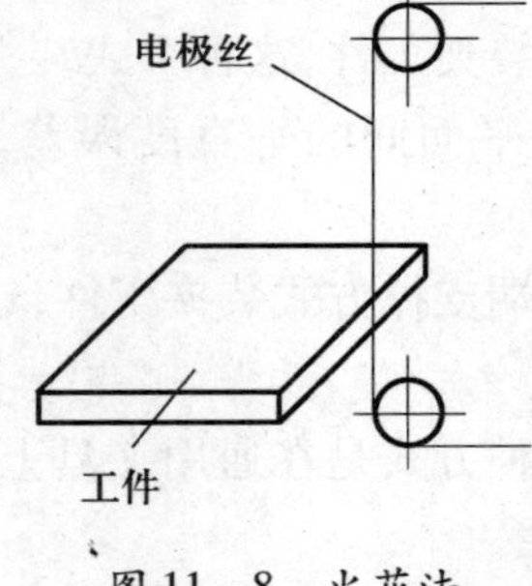

图11-8 火花法

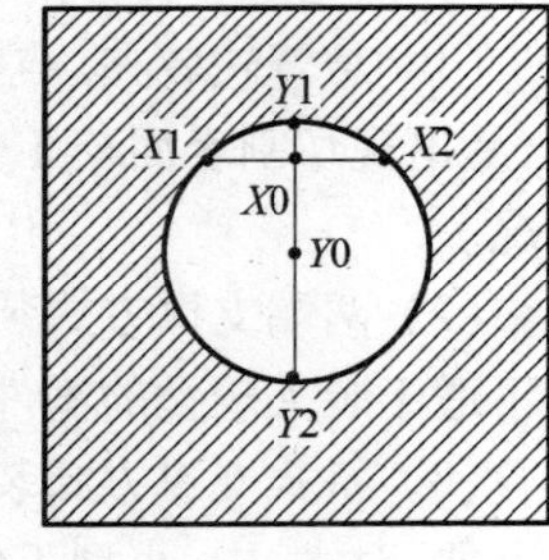

图11-9 自动找中心

3. 工艺参数的选择

1) 电参数的选择

要对电参数进行选择,必须熟悉脉冲电源,线切割机床的脉冲电源主要有以下参数。

(1) 脉冲宽度。脉冲宽度 t_i 选择按钮共分六挡,从左边开始往右边分别为:4μs、8μs、16μs、32μs。4个按钮可根据加工情况分别进行组合。

(2) 功率管。功率管个数选择按钮可控制参加工作的功率管个数,如5个开关均接通,则

5 个功率管同时工作,这时峰值电流最大。如 5 个按钮全部关闭,只有一个功率管工作,此时峰值电流最小。每个开关控制一个功率管,5 个按钮可根据加工情况分别进行组合。

(3) 幅值电压。幅值电压选择按钮用于选择空载脉冲电压幅值,开关按至“低压”位置,电压为 75V 左右,按至“高压”位置,则电压为 100V 左右。

(4) 脉冲间隙。脉冲间隙为脉冲宽度的倍数,有 1、2、4、8 共四挡供选择。4 个按钮可根据加工情况分别进行组合。

改变脉冲间隔 t_0 调节电位器阻值,可改变输出矩形脉冲波形的脉冲间隔,即能改变加工电流的平均值。当脉冲间隔为 1 时,脉冲间隔最小,加工电流的平均值最大。

线切割加工一般都采用晶体管高频脉冲电源,用单个脉冲能量小、脉宽窄、频率高的脉冲参数进行正极性加工。加工时,可改变的脉冲参数主要有峰值电流、脉冲宽度、脉冲间隔、空载电压、放电电流等。

要求获得较好的表面粗糙度时,所选用的电参数要小;若要求获得较高的切割速度,脉冲参数要选大一些,但加工电流的增大受排屑条件及电极丝截面积的限制,过大的电流易引起断丝,快速走丝线切割加工脉冲参数的一般选择如表 11-2 所列。

在工艺条件基本相同的条件下,电参数对工艺指标的影响主要有如下规律。

(1) 切割速度随着脉冲电流、脉冲电压、脉冲宽度及脉冲频率的增大而提高。

(2) 加工表面粗糙度随着脉冲电流、脉冲电压、脉冲宽度的减小而减小。

(3) 加工间隙随着脉冲电压的提高而增大。

(4) 表面粗糙度的改善有利于提高加工精度。

(5) 在脉冲电流一定的情况下,脉冲电压增大有利于提高加工稳定性和脉冲利用率。

表 11-2 快速走丝线切割加工脉冲参数的选择

应用	脉冲宽度 $t_i/\mu s$	峰值电流 I_a/A	脉冲间隔 $t_0/\mu s$	空载电压 U/V
快速切割或加大厚度工件 $Ra>2.5\mu m$	20~40	>12	为实现稳定加工,一般选择 $t_0/t_i=3\sim4$ 以上	一般为 70~90
半精加工 $Ra=1.25\mu m\sim2.5\mu m$	6~20	6~12		
精加工 $Ra<1.25\mu m$	2~6	<4.8		

根据上述分析,为兼顾加工效率和质量两方面情况,当采用乳化液和高速走丝方式时,通常脉冲电压在 60V~120V 范围内选取,其中 70V~110V 为最佳脉冲电压。当脉冲电压高于 120V 时,脉冲电源稳定性变差,工件进给速度将小于电火花放电腐蚀速度,此时放电通道不稳定,极易引起烧丝或断丝。

通常在精加工时,将脉冲宽度限制在 20μs 内,一般加工可在 20μs~60μs 范围内选取,且与工件厚度有关:厚度越大,脉冲间隔也越大。

2) 电极丝及其移动速度

电火花线切割加工使用的金属丝有钼丝、黄铜丝、钨丝和钼钨丝等。

对于高速走丝采用钨丝和钨钼丝加工可以获得较好的加工效果,但放电后丝质变脆,容易断丝,一般不采用。黄铜丝切割速度高,加工稳定性好,但抗拉强度低、损耗大,不宜用于快速走丝线切割。采用钼丝,虽然加工速度不如前几种,但它的抗拉强度高、不易变脆、断丝较少,因此在实际生产中快速走丝线切割广泛采用钼丝作电极丝,快速走丝线切割机床走丝速度一般采用6m/s～12m/s。

3）进给速度

进给速度要维持在接近工件被蚀除的线速度，使进给均匀平稳。进给速度太快，超过工件的蚀除速度，会出现频繁的短路现象；进给速度太慢，滞后于工件的蚀除速度，极间将频于开路，这两种情况都不利于切割加工，影响加工速度指标。

4）工件材料及其厚度

在采用快速走丝方式和乳化液介质的情况下，通常切割铜、铝、淬火钢等材料比较稳定，切割速度也较快。而切割不锈钢、磁钢、硬质合金等材料时，加工不太稳定，切割速度较慢。对淬火后低温回火的工件用电火花线切割进行大面积去除金属和切断加工时，会因材料内部残余应力发生变化而产生很大变形，影响加工精度，甚至在切割过程中造成材料突然开裂。工件材料薄，工作液容易进入并充满放电间隙，对排屑和消电离有利，灭弧条件好，加工稳定。但工件太薄，金属丝易产生抖动，对加工精度和表面粗糙度不利。工件厚，工作液难于进入和充满放电间隙，加工稳定性差，但电极丝不易振动，因此精度较高，表面粗糙度值较小。

4. 工作液的选配

工作液对切割速度、表面粗糙度、加工精度等都有较大影响，加工时必须正确选配。常用的工作液主要有乳化液和去离子水。

(1) 慢速走丝线切割加工，目前普遍使用去离子水。为了提高切割速度，在加工时还要加入有利于提高切割速度的导电液，以增加工作液的电阻率。加工淬火钢电阻率在$2\times10^4\Omega\cdot cm$左右；加工硬质合金电阻率在$30\times10^4\Omega\cdot cm$左右。

(2) 对于快速走丝线切割加工，目前最常用的是乳化液。乳化液是由乳化油和工作介质配制（浓度为5%～10%）而成的。工作介质可用自来水，也可用蒸馏水、高纯水和磁化水。

11.2.4 CF7763型线切割机操作系统

1. 系统简介

该系统是目前国内比较先进的线切割机床控制系统，它功能强大、可靠性高、抗干扰能力强、切割跟踪稳定。其系统为中英文提示，界面友好，操作简单易学。

其主要功能如下。

(1) 一控多功能。可在一台计算机上同时控制四台机床切割不同的工件，并可在加工过程中进行绘图、编程等功能。

(2) 锥度加工采用四轴/五轴联动控制技术。上下异形和简单输入角度两种锥度加工方式，使锥度加工变得快捷、容易，可作变锥度及等圆弧加工。

(3) 模拟加工。可快速显示加工轨迹，特别是锥度及上下异形工件的上下面加工轨迹，并显示终点坐标结果。

(4) 实时显示加工图形进程。通过切换画面，可同时监示四台机床的加工状态，并显示相对坐标X、Y、J和绝对坐标X、Y、U、V等变化数值。断电保护，如加工过程中突然断电，在恢复供电后，系统自动恢复各台机床的加工状态。系统内储存的文件可长期保留。

(5) 可对基准面和丝架距作精确的校正计算。对导轮切点偏移作U向和V向的补偿，从而提高锥度加工的精度，大锥度切割的精度大大优于同类软件。

(6) 浏览图库。可快速查找所需的文件。

(7) 有钼丝偏移补偿(无须加过渡圆)、加工比例调整、坐标变换、循环加工、步进电机限速、自动短路回退等多种功能。

(8) 可从任意段开始加工,到任意段结束。可正向、逆向加工。

(9) 可随时设置(或取消)当前加工段。

(10) 有暂停、结束、短路自动回退及长时间短路(1min)报警。

(11) 可将 AutoCAD 的 DXF 格式及 IGES 格式作数据转换。

(12) 系统接入客户的网络系统,可在网络系统中进行数据交换和监视各加工进程。

(13) 加工插补半径最大可达 2000mm。

(14) 机床加工工时自动积累,便于生产管理。

2. 系统操作使用

上电后计算机即可快速进入系统。选择“1. RUN 运行”,按 Enter 键即进入主菜单。在主菜单下,可移动光标或按相应菜单上红色的字母键进行相应的作业。

1) 文件调入

切割工件之前,都必须把该工件的 3B 指令文件调入虚拟盘加工文件区。所谓虚拟盘加工文件区,实际上是加工指令暂时存放区,操作如下。

首先,在主菜单下按 F 键,然后再根据调入途径分别作下列操作。

(1) 从图库 WS – C 调入。将光标移到所需文件,按 Enter 键即可调入,按 Esc 键退出。

(2) 从硬盘调入。按 F4 键再按 D 键,把光标移到所需文件。按 F3 键把光标移到虚拟盘按 Enter 键即可调入,再按 Esc 键退出。

(3) 从软盘调入。按 F4 键插入软盘,按 A 键把光标移到所需文件。按 F3 键把光标移到虚拟盘按 Enter 键即可调入,再按 Esc 键退出。

(4) 修改 3B 指令。有时需临时修改某段 3B 指令。操作方法如下:在主菜单下按 F 键把光标移到需修改的 3B 文件,按 Enter 键显示 3B 指令,按 Insert 键后,用[↑ ↓ ← →]箭头及空格键即可对 3B 指令进行修改。修改完毕,按 Esc 键退出。

(5) 手工输入 3B 指令。有时切割一些简单工件(如圆形或方形等),可直接用手工输入 3B 指令,操作方法如下。

在主菜单下按 B 键,再按 Enter 键,然后按标准格式输 3B 指令。

(6) 浏览图库。本系统有浏览图库的功能,可快速查找到所需的文件,操作如下。

在主菜单下按 Tab 键,则自动依次显示图库内的图形及其对应的 3B 指令文件名。按空格键暂停,再按空格键继续。

2) 模拟切割

调入文件后正式切割之前,为保险起见,先进行模拟切割,以便观察其图形(特别是锥度和上下异形工件)及回零坐标是否正确,避免因编程疏忽或加工参数设置不当而造成工件报废,操作如下。

(1) 在主菜单下按 X 键,显示虚拟盘加工文件(3B 指令文件)。如无文件,须退回主菜单调入加工文件。

(2) 光标移到需要模拟切割的 3B 指令文件,按 Enter 键,即显示出加工件的图形。如图形的比例太大或太小,不便于观察,可按“+”、“–”键进行调整。如图形的位置不正,可按[↑ ↓ ← →]箭头键调整。

(3) 如果是一般工件(即非锥度、非上下异形工件)可按 F4 键、Enter 键,及时显示终点 X、Y 回零坐标。

(4) 锥度或上下异形工件,须观察其上下面的切割轨迹。按 F3 键显示模拟参数设置子菜单。

3) 开始切割

经模拟切割无误后即可装夹工件、开启丝筒、水泵、高频,进行正式切割。

(1) 在主菜单下,选择加工#1(只有一块控制卡时只能选择该项,如同时安装多块控制卡时可选择加工#2、加工#3、加工#4,按 Enter 键),显示加工文件。

(2) 光标移到要切割的 3B 文件,按 Enter 键显示出该 3B 指令的图形,调整大小比例及适当位置。

(3) 按 F3 键,显示加工参数设置子菜单。

① V. F 变频:切割时钼丝与工件的间隙,数值越大,跟踪越紧。

② Offset 补偿值:设置补偿值/偏移量。

③ 补偿方法:沿切割前进方向看,钼丝向左边偏移取正补偿,钼丝向右边偏移取负补偿。不必加过渡圆,但必须是闭合图形。如在编程时已作钼丝偏移补偿,则此处不能再补偿,应设为 0。

④ Grade 锥度值:按 Enter 键,进入锥度设置子菜单。

⑤ Ratio 加工比例:图形加工比例。

⑥ Axis 坐标转换:可选 8 种坐标转换,包括镜像转换。

⑦ Loop 循环加工:循环加工次数(1 表示一次;2 表示二次;最多 255 次)。

⑧ Speed 步速:进入步进电机限速设置子菜单。

Limit 限速是防止拖板快速移动时步进电机速度过快导致失步。不同型号的机床其限速值有所不同,可通过实践取得。限速值设定后不应随便更改。Speed 速度是拖板实际工作时的最高进给速度,设定合适的速度配合变频调整(V. F),可使切割跟踪稳定。工件越厚,其步进速度值应越小,在加工过程中可以调整。

⑨ XYUV 拖板调校:进入拖板调校子菜单。

⑩ Autoback 回退:选择要不要自动回退。

短路回退选择,每按一次 Enter 键增加 5s,最大为 35s。此时间为短路发生多少秒之后自动进入回退,短路消失后立即自动恢复前进。持续回退 1min 仍未排除短路,则自动停机报警。设置 0sec(0 秒)时为手动回退,即短路时需人工操作进入回退,排除短路后人工操作恢复前进。如发生短路持续 1min 后无人工干预,则自动停机报警。

⑪ HFdelay 清角:每段指令加工完后高频停留的时间,用于清角。

⑫ Hours 机时:机床实际工作时间。

限速设置子菜单如下。

① XY speed 速度:XY 轴工作时的最高进给速度(单位:μm/s,下同)。

② UV speed 速度:UV 轴工作时的最高进给速度。

③ XY limit 限速:XY 轴快速移动时的最高进给速度。

④ UV limit 限速:UV 轴快速移动时的最高进给速度。

拖板调校子菜单如下。

① Motor 步距角:设置机床步进系统的步距角。

步距角即步进电机的工作方式,对每一型号的机床来说,步距是固定的。一经设定就不可随意更改,否则会报废工件。所以为保险起见,要连续按 3 次 Enter 才可以更改。

② XY 拖板调校:调校/移动 XY 拖板。

③ UV 拖板调校:调校/移动 UV 拖板。

按 Enter 键后,按[↑　↓←　→]箭头键,可使 X、Y、U、V 拖板移动,按一次走一步(用于维修),按住不放则连续移动(用于校正工件)。如按 Enter 键后输入数值,开高频、进给,此数值可当作一条直线指令进行切割。

(4) 各参数设置完毕后按 Esc 键退出。按 F1 键显示起始段 1,表示从第 1 段开始切割。(如要从第 N 段开始切割,则按 Del 键清除 1 字,再输入数字 N)。再按 Enter 键显终点段 × ×(同样,如果要在第 M 段结束,按 Del 键清除 × ×,再输入数字 M),再按 Enter 键。

(5) 按 F12 键锁住进给(进给菜单由蓝底变浅绿,再按 F12 键,则由浅绿变蓝,松进给),按 F10 键选择自动(菜单浅绿底为自动,再按 F10 键,由浅绿变蓝为手动),按 F11 键开高频,开始切割。

3. Towedm 线切割编程软件使用

Towedm 线切割编程系统,是一个中文交互式图形线切割自动编程软件,用户利用键盘、鼠标等输入设备,按照屏幕菜单的显示及提示,只需将加工零件图形画在屏幕上,系统便可立即生成所需数控程序。本自动编程软件具有丰富的菜单意义,兼有绘图和编程功能。它可绘出由曲线、圆弧、齿轮、非圆曲线(如抛物线、椭圆、渐开线、阿基米德螺旋线、摆线)组成的任何复杂图形。任一图形均可窗口建块、局部或全部放大、缩小、增删、旋转、对称、平移、复制和打印输出,对屏幕上绘制的任意图形,系统软件快速对其编程,并可进行旋转、阵列、对称等加工处理,同时显示加工路线,进行动态仿真。数控程序还可以直接传送到线切割控制单板机上。

进入系统后将显示如图 11－10 所示的主界面。屏幕分 4 个窗口区间,即图形显示区、可变菜单区、固定菜单区和对话区。移动箭头键或鼠标,在所需的菜单位置上按 Enter 键(或鼠标左键),则可以选择某一操作命令。

1) 主菜单

(1) 数控程序:进入数控程序菜单可进行数控加工路线处理。

(2) 数据接口:根据会话区提示进行选择。

(3) 高级曲线:进入高级曲线菜单。

(4) 上一屏图形:恢复上一屏图形。当图形被放大或缩小之后,用此菜单可恢复上一图形状态。

(5) 打开文件:进入文件管理器,读取磁盘内的图形数据文件(DAT 文件)进行再编辑。可以通过打开一个不存在的图形文件来新建文件。

(6) 并入文件:进入文件管理器,并入一个图形数据文件。

(7) 文件存盘:将当前正在编辑的图形文件存盘。存盘后的图形数据文
件名为当前文件名,以 DAT 为后缀。如没有文件名,进入文件管理器可直接输入文件名。

(8) 文件另存为:进入文件管理器,将当前正在编辑的线切割图形文件换一个文件名存盘。存盘后当前文件名即为新的文件名。

(9) 打印:打印功能是将当前屏显输出到位图文件“. bmp”。

(10) 退出系统:退出图形状态。

(11) 暂存系统:在 Windows98 下运行时,用于切换操作程序。

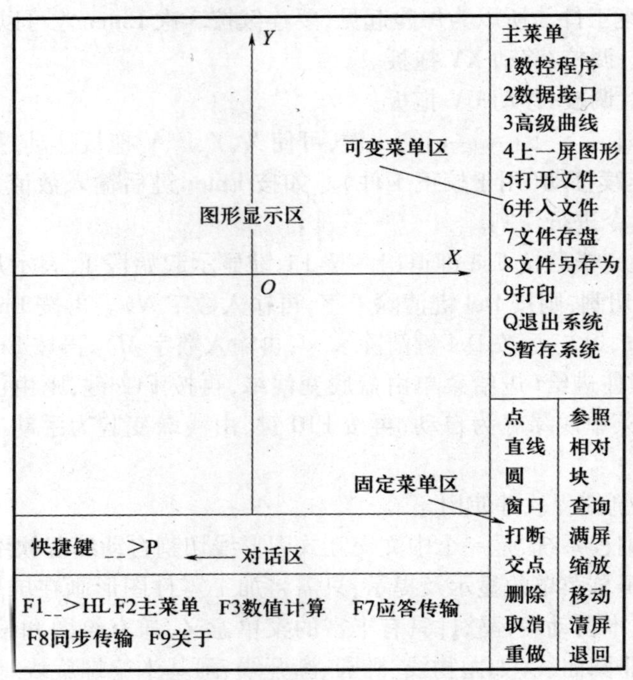

图 11－10 Towedm 线切割编程系统主界面

2）固定菜单

（1）点:进入点菜单。

（2）直线:进入直线菜单。

（3）圆:进入圆菜单。

（4）窗口:将选定矩形(窗口)内的图形放大显示。

（5）打断:要执行打断功能,应先确定要打断的直线、圆或圆上有两个点存在。执行打断后光标所在的两点间的图素部分被剪掉。如果在执行打断操作前预先按 Ctrl 键,将执行反向打断,辅助线不能被打断。

（6）交点:捕捉交点,要求交点在两相交图素内。移动光标至需要求交点附近,按 Enter 键或鼠标左键,自动求出准确的交点。操作完毕,按 Esc 键终止。当只拾取点时也可以不预先使用此操作,而直接选图素交接处为交点。

（7）删除:删除几何元素,对点、直线、圆、圆弧进行删除。输入 ALL,按 Enter 键,则全部图形将被删除。如只删除某一图素,只要将光标移动到被删除的图素上,再按 Enter 键或鼠标左键。操作完毕,按 Esc 键终止。

（8）取消:取消上一次操作。如果上一次操作中绘制了图素,就将它删除;如果上一次操作删除了图素,就将它恢复。

（9）重做:将上一次取消操作中删除的图素或其他操作中删除的图素恢复,或将上一次取消操作恢复的图素再删除。只支持一步重做操作。

（10）参照:建立用户参照坐标系。

（11）相对:进入相对菜单。

（12）块:进入块菜单。

（13）查询:查询点、直线、圆、圆弧几何信息。

（14）满屏:满屏幕显示整个图形。

（15）缩放:将图形按输入的缩小放大倍数缩小放大显示。除了按以上方式缩小放大图形外,也可以在作图的任一时候,按 Page Down 键执行缩小、Page Up 键执行放大功能。

（16）移动:拖动显示图形。

（17）清屏:隐藏所有图形。

（18）退回:退回主菜单,并在会话区显示当前文件名。

3）文件管理器

文件管理器除可用于文件的读取和存盘外,还可进行图形预览、文件排序等。

4）图形输入操作

Towedm 的图形菜单有点、直线、圆以及高级曲线所包括的各种非圆曲线,用户可以根据这些命令绘制出自己所需要加工的零件。

5）图形编辑操作

Towedm 块菜单可以对图形的某一部分或全部进行删除、缩放、旋转、复制和对称处理,对被处理的部分,首先必须用窗口建块或用增加元素方法建块,块元素以洋红色表示。

（1）窗口选定。屏幕显示“第一角点”,指定窗口的一个角,按 Esc 键或鼠标右键中止;“第二角点”指定窗口的另一个角,按 Esc 键或鼠标右键中止。

（2）增加块元素。屏幕显示“增加块元素 *”,如需增加某一元素到块中,可移动鼠标选取,被选取的块元素显示为洋红色。

（3）减少块元素。屏幕显示“减少块元素 *”,如需在块中减少某一元素,移动鼠标选取,被减少的块元素恢复为正常颜色。

（4）取消块。屏幕显示“取消块 <Y/N? >”,按“确认”键后,将所有块元素恢复为非块,全部洋红色元素恢复为正常颜色。

（5）删除块元素:将所有块元素删除。屏幕显示“删除块元素 <Y/N? >”,按“确认”键后,将删除所有洋红色显示的元素。

（6）块平移(块复制)。屏幕显示“平移距离 <DX,DY>”和“平移次数 <N> =”,平移复制所有块的元素。

（7）块旋转。屏幕显示“旋转中心 <X,Y>”和“绕旋角度 <A> =”,旋转复制所有块的元素。

旋转次数 <N> =旋转次数(不包括本身)。

（8）块对称。屏幕显示“对称于点、直线、对称于某一点或直线”,对称复制所有块的元素。

（9）块缩放:按输入的比例在尺寸上缩放所有块的元素。

（10）清除重合线:清除重合的线、圆弧。如果错误地多次并入了同一个文件可以使用此功能清除重复的线、圆弧。

（11）反向选择:将所有块元素设为非块,所有非块元素设为块。

（12）全部选定:将所有直线、圆、圆弧全部设为块元素。

（13）相对选定:Towedm 提供相对坐标系,以方便一些有相对坐标系要求的图形处理。

(14) 相对平移。

屏幕显示"平移距离 < Dx,Dy > = 相对平移距离"。

将当前整个图形往 X 轴方向平移 Dx，Y 轴方向平移 Dy。

(15) 相对旋转。

屏幕显示"旋转角度 < A >:绕原点旋转 A 角"。

将当前整个图形绕原点旋转 A 角度。

(16) 取消相对。取消已作的相对操作，回复相对操作前的图形状态。

(17) 对称处理。

屏幕显示"对称于坐标轴 < X/Y? >"。

将当前整个图形对称于 X 或 Y 轴。

(18) 原点重定。

屏幕显示"新原点 < X,Y > ="。

以一个点作为新的坐标原点。

6) 自动编程操作

Towedm 可对封闭或不封闭图形生成加工路线，并可进行旋转和阵列加工，可对数控程序进行查看、存盘，可直接传送至线切割机床单板机。

(1) 加工路线。开始加工代码的生成过程。

① 选择加工起始点和切入点。

② 选择加工方向(Yes/No)。

③ 给出尖点圆弧半径。

④ 给出补偿间隙，根据图形上箭头所提示的正负号来给出数值。

⑤ 回答"重复切割"，如答否(No)，则按正常产生 3B 代码。如答是(Yes)，则会进行以下步骤。

a. 系统提问"切割留空?"，输入多次切割的最后一刀预留余量(单位:mm)。

b. 再按提示输入第二次切割的补偿间隙，系统自动产生第二次逆向切割的 3B 代码。

c. 系统会再提问"重复切割?"，答是(Yes)并重复步骤 b. 可产生第二、第三次、第 N 次切割的 3B 代码；答否(No)则结束。

⑥ 操作完成后如果无差错即会给出生成后的代码信息，有错误则给出错误提示。

提示信息格式如下。

R = 尖点圆弧、F = 间隙补偿、NC = 代码段数、L = 路线总长、X = X 轴校零、Y = Y 轴校零。

(2) 上一步代码。即旧 AUTOP 的"取消旧路线"(取消已生成的加工路线)，不同的是在有多个跳步存在的情况下，一次只取消一步。

(3) 代码存盘。将已生成的加工代码保存到磁盘，存盘后扩展名为".3B"。

(4) 轨迹仿真。用于以图形的直观方式查看加工顺序。按 F10 键也可重画加工路线。

(5) 起始对刀点。当生成的加工代码的起割点不是要求的起点时，可使用此功能将其引导到需要的起点上去。

(6) 终止对刀点。当生成的加工代码终止点不是要求的终止点时，可以用此功能将它引导到要求的终止点上去。

(7) 旋转加工。

屏幕显示:旋转中心 <X,Y> =

旋转角度 <A>:

旋转次数 <N> = 旋转次数(不包括本身)

(8)阵列加工。

屏幕显示:阵列点 <X,Y> =

输入 X,Y 数值或用鼠标单击屏幕上已有的点,即将已有的加工路线,以该点为起始点,再产生一次。与旧 AUTOP 不同,Towedm 需要先用"点菜单"中的"点阵"生成需要的点阵,再单击各个跳步程序的起始点来生成阵列。这样做的好处是,用户可以更好地安排跳步程序的路线,以节省空走的路程。如图 11-11 所示,按 Esc 键退出后,再选"阵列加工",则可成倍增加跳步程序。

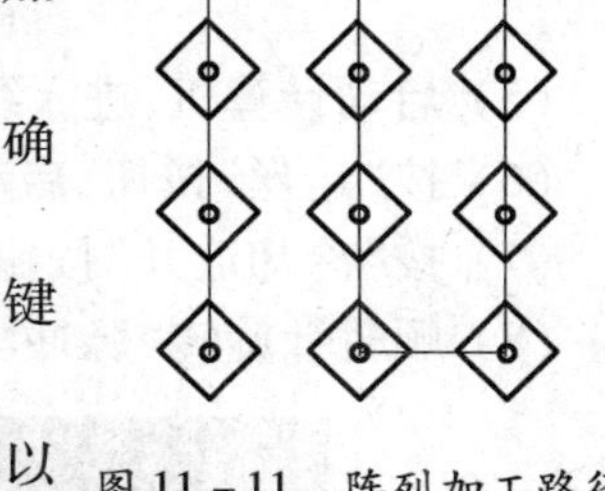

图 11-11 阵列加工路径

(9) 查看代码。使用"查看代码"功能可以查看当前已生成的加工代码。

(10) 载入代码。屏幕显示"取消当前代码 <Y/N? >",按"确认"键后,调用文件管理器,调入已有的 3B 文件。

加工起始点 <X,Y>:选择一个点,作加工路线起点。按 F10 键可在屏幕上重画加工路线。

(11) 代码传送。"应答传输"即"送数控程序",将加工代码以"应答传输"的方式送到机床单板机;"同步传输"即"穿数控纸带",将加工代码以"同步传输"的方式送到机床单板机。

注:3B 发送的方式通过在 HL 主画面的"Var. 系统参数"菜单中设定"Autop. cfg 设置" 来设定。机床单板机所要求使用的接收方式必须同程序发送的方式对应,否则传送不能成功。

11.2.5 操作实例

1. 线切割机床操作准备

(1) 检查脉冲电源、控制台接线、各按钮位置是否正常。

(2) 检查线切割机床的电极丝是否都落入导轮槽内,导电块是否与电极丝有效接触,钼丝松紧是否适当。

(3) 检查行程撞块是否在两行程开关之间的区域,冷却液管是否通畅。

(4) 用油枪给工作台导轮副、齿轮副、丝杠螺母及储丝机构加油(HJ-30 机械油),线架导轮加 HJ-5 高速机械油。

(5) 开机前确定机床处于下列状态:电柜门必须关严,丝筒行程撞块不能压住行程开关,"急停"按钮处于复位状态。

(6) 安装工件,电极丝接脉冲电源负极,工件接脉冲电源正极。

2. 数控快走丝电火花线切割机床的开/关机

在操作机床之前必须将开关机熟悉,以应对操作过程中的突变情况,图 11-12、图 11-13 分别为 CF7763 型线切割机床的操作面板和高频脉冲电源操作面板。按照图 11-12、图 11-13 所示进行开关机操作,具体如下。

1) 开机步骤

(1) 合上机床主机电源总开关。

(2) 松开机床电气面板上“急停”按钮。

(3) 按高频脉冲电源操作面板上的“QA”开关,开启脉冲电源。

(4) 根据加工零件调整好脉冲参数。

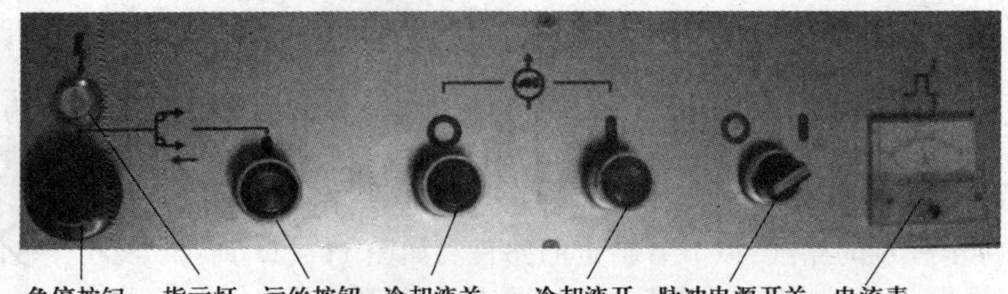

图 11-12　CF7763 型线切割机床的操作面板

(5) 启动计算机,进入线切割机床控制系统。

(6) 按“运丝”按钮,启动运丝电机。

(7) 按“冷却液开”按钮,启动冷却泵。

(8) 顺时针旋转“脉冲电源开关”,接通脉冲电源。

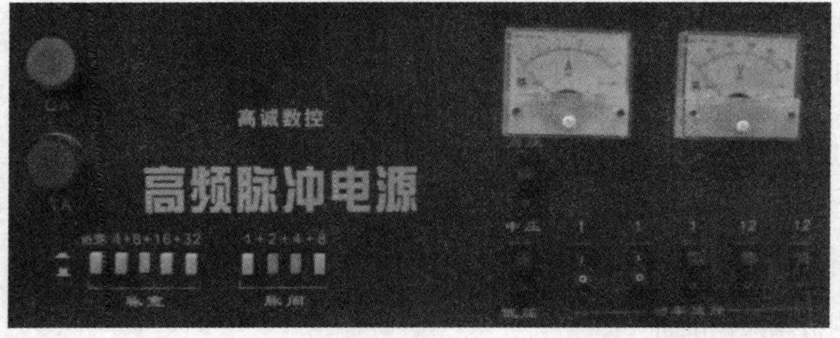

图 11-13　高频脉冲电源操作面板

2)关机步骤

(1) 逆时针旋转“脉冲电源开关”,切断脉冲电源。

(2) 按“急停”按钮,运丝电机和冷却泵将同时停止工作。

(3) 按高频脉冲电源操作面板上的“TA”开关,关闭脉冲电源。

(4) 关闭机床主机电源。

3. 加工实例

熟悉前面的操作后,下面进行图 11-14 所示加工实例的讲解。

(1) 首先进入系统后将显示如图 11-10 所示的主界面,进行图形输入操作。

① 板类零件,如图 11-14 所示。首先将 X 轴向上向下各平移 35,Y 轴向右平移 60。

② 取其交点为当前点作相对极坐标点(140,15),以该极坐标点为圆心,15 为半径作一小圆。

③ 以原点为圆心,40 为半径作一大圆。

④ 连接大圆与高度 35 的水平辅助线在 Y 轴右边的交点及极坐标点(200,80)为一条直线。

⑤ 过直线左端点作直线(点+角度,角度 90°)交于高度 -35 的水平辅助线。

⑥ 连接直线下端点与高度为 -35 的辅助线同大圆的左交点为实直线。

⑦ 作小圆与高度 35 辅助线交点，打断小圆，连接其他需要连接的直线。

⑧ 在交点处执行尖点变圆弧，圆弧半径 2。

⑨ 保存文件。

(2) 将文件另存为 F 盘，并且取好文件的文称以便与其他文件区别。

(3) 进入数控程序选项确定加工起始点、加工路线，在确定加工路线无误后代码存盘。

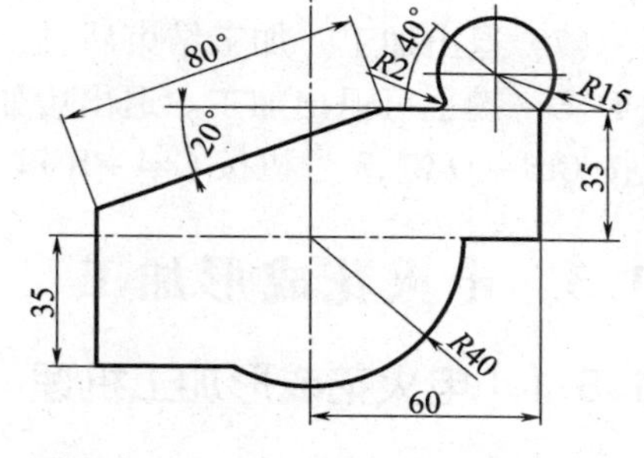

图 11 - 14 板类零件

(4) 按 Esc 键退出，再次保存文件，按 Q 键退出系统。

(5) 进入加工主界面，选择加工#1 按 Enter 键，选择要加工的文件，按 Enter 键打开刚才命名的文件。

(6) 装夹加工工件。

(7) 启动线切割机床，合上机床主机电源总开关，松开机床电气面板上"急停"按钮，按高频脉冲电源操作面板上的"QA"开关，开启脉冲电源。

(8) 根据加工零件调整好脉冲参数。

(9) 按"运丝"按钮，启动运丝电机，并按计算机键盘上的 F11 键，选择高频脉冲。

(10) 线切割加工之前利用火花法，将电极丝调整到切割的起始坐标位置上。

(11) 按"冷却液开"按钮，启动冷却泵。

(12) 按 F12 键锁住手动进给，再连续两次按 F1 键，线切割加工开始。

(13) 检查工件加工好后桌面后弹出一个对话框，选择程序终止按 Enter 键，再关机，关机步骤：逆时针旋转"脉冲电源开关"，切断脉冲电源。按"急停"按钮，运丝电机和冷却泵将同时停止工作，按高频脉冲电源操作面板上的"TA"开关，关闭脉冲电源。

(14) 关闭机床主机电源。

(15) 清理机床、打扫卫生。

4. 切割过程中各种情况的处理

(1) 跟踪不稳定。按 F3 键后，用[←、→]箭头键调整变频值，直至跟踪稳定为止。当切割厚工件跟踪难以调整时，可适当调低步进速度值后再进行调整，直到跟踪稳定为止。调整完后按 Esc 键退出。

(2) 短路回退。发生短路时，如在参数中设置了自动回退，数秒钟后(由设置数字而定)，则系统会自动回退，短路排除后自动恢复前进。持续回退 1min 后短路仍未排除，则自动停机报警。如果参数设置为手动回退，则要人工处理：先按空格键，再按 B 键进入回退。短路排除后，按空格键，再按 F 键恢复前进。如果短路时间持续 1min 后无人处理，则自动停机报警。

(3) 临时暂停。按空格键暂停，按 C 键恢复加工。

(4)设置当前段切割完暂停，按 F 键即可，再按 F 键则取消。

(5) 中途停电。切割中途停电时，系统自动保护数据。复电后，系统自动恢复各机床停电前的工作状态。首先自动进入 1 号机画面，此时按 C、F11 键即可恢复加工。然后按 Esc 键退出。再按相应数字键进入该号机床停电前的画面，按 C、F11 键恢复加工。

(6) 中途断丝。按空格键,再按 W、Y、F11、F10 键,拖板即自动返回加工起点。

(7) 退出加工。加工结束后,按 E、Esc 键即退出加工返回主菜单。加工中途按空格键再按 E、Esc 键也可退出加工。退出后如想恢复,可在主菜单下按 Ctrl + W 键(1 号机),对于 2 号机按 Ctrl + O 键,3 号机按 Ctrl + R 键,4 号机按 Ctrl + K 键。

11.3 电火花成形加工

11.3.1 电火花成形加工机理

电火花加工又称放电加工(Electrical Discharge Machining,EDM),是一种利用电、热能量进行加工的方法。它是在加工过程中,利用工具和工件两极间脉冲放电时局部瞬时产生的高温把金属腐蚀去除.以达到对零件的尺寸、形状及表面质量预定的加工要求 ,来对工件进行加工的一种方法。因放电过程中可见到火花,故称之为电火花加工,日、英、美称之为放电加工,前苏联称电蚀加工。

由于电火花放电时,火花通道中产生瞬时高温,使金属局部熔化,甚至汽化,从而将金属蚀除下来,这是电火花腐蚀的主要原因。

图 11 – 15 所示为电火花加工原理示意图。工件与工具电极分别与脉冲电源 的两输出端相连接。自动进给调节装置(此处为电动机及丝杆螺母机构)使工具和工件间经常保持一很小的放电间隙,当脉冲电压加到两极之间,便在当时条件下相对某一间隙最小处或绝缘强度最低处击穿介质,在该局部产生火花放电,瞬时高温使工具和工件表面都蚀除掉一小部分金属,各自形成一个小凹坑,如图 11 – 16 所示。其中图 11 – 16(a)表示单个脉冲放电后的电蚀坑,图 11 – 16(b)表示多次脉冲放电后的电极表面。经连续不断地重复放电,工具电极不断地向工件进给,就可将工具的形状复制在工件上,加工出所需要的零件,整个加工表面将由无数个小凹坑所组成。

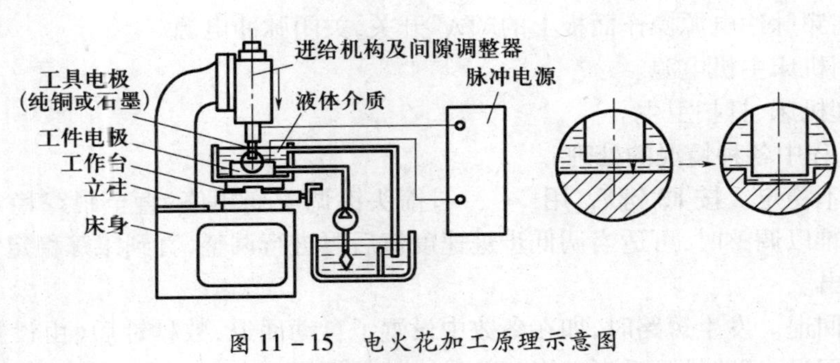

图 11 – 15 电火花加工原理示意图

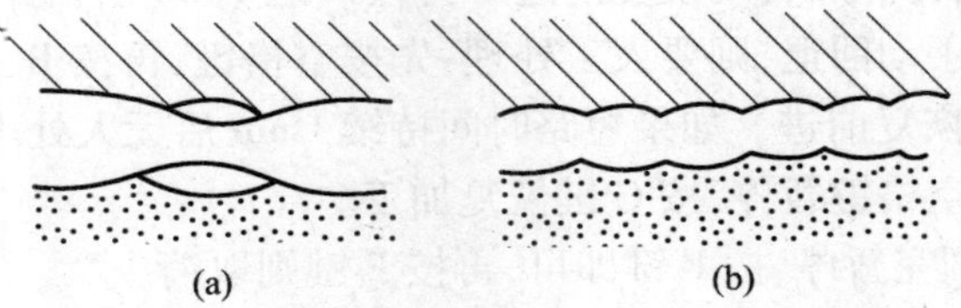

图 13 – 16 电火花加工表面局部放大图

电火花加工应具备的条件如下。

(1) 工具电极和工件电极之间必须维持合理的距离。在该距离范围内,既可以满足脉冲电压不断击穿介质,产生火花放电,又可以适应在火花通道熄灭后介质消电离以及排出蚀除产物的要求。若两电极距离过大,则脉冲电压不能击穿介质,不能产生火花放电;若两电极短路,则在两电极间没有脉冲能量消耗,也不可能实现电腐蚀加工。

(2) 两电极之间必须充入介质。在进行材料电火花尺寸加工时,两极间为液体介质(专用工作液或工业煤油);在进行材料电火花表面强化时,两极间为气体介质。

(3) 输送到两电极间的脉冲能量密度应足够大。

(4) 放电必须是瞬时的脉冲放电。

由于放电时间短,使放电时产生的热能来不及在被加工材料内部扩散,从而把能量作用局限在很小范围内,保持火花放电的冷极特性。

(5) 脉冲放电需重复多次进行,并且多次脉冲放电在时间上和空间上是分散的。

这里包含两个方面的意义:其一,时间上相邻的两个脉冲不在同一点上形成通道;其二,若在一定时间范围内脉冲放电集中发生在某一区域,则在另一段时间内,脉冲放电应转移到另一区域。只有如此,才能避免积炭现象,进而避免发生电弧和局部烧伤。

(6) 脉冲放电后的电蚀产物能及时排放至放电间隙之外,使重复性放电顺利进行。

在电火花加工的生产实际中,上述过程通过两个途径完成。一方面,火花放电以及电腐蚀过程本身具备将蚀除产物排离的固有特性;蚀除物以外的其余放电产物(如介质的汽化物)亦可以促进上述过程;另一方面,还必须利用一些人为的辅助工艺措施,例如工作液的循环过滤,加工中采用的冲、抽油措施等。

电火花加工微观物理过程如下。

(1) 极间介质的电离、击穿,形成放电通道。工具电极与工件电极靠近时,极间的电场强度增大,两极间距离最近的A、B处电场强度最大(图11-17)。

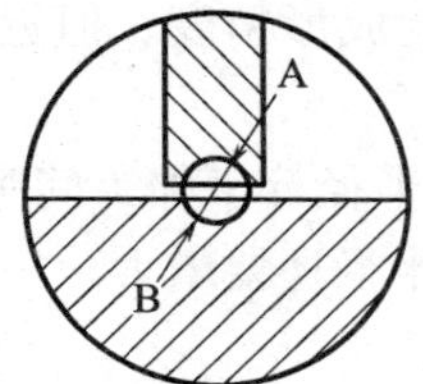

图11-17 电极靠近

图11-18 电极间材料熔化、汽化

(2) 介质热分解、电极材料的熔化、汽化热膨胀(图11-18)。液体介质被电离、击穿,形成放电通道后,粒子间相互撞击,产生大量的热能,使通道瞬间达到很高的温度。通道高温首先使工作液汽化,然后高温向四周扩散,使两电极表面的金属材料开始熔化、沸腾、汽化。

(3) 电极材料的抛出。正负电极间产生的电火花现象,使放电通道产生高温高压。通道中心的压力最高,工作液和金属汽化后不断向外膨胀,形成内外瞬间压力差,高压力处的熔融金属液体和蒸气被排挤,抛出放电通道,大部分被抛入到工作液中。

(4) 极间介质的消电离。工作液流入放电间隙,将电蚀产物及残余的热量带走,并恢复绝缘状态,使工作液介质消电离。若电火花放电过程中产生的电蚀产物来不及排除和扩散,产生的热量将不能及时传出,使该处介质局部过热,局部过热的工作液高温分解、积炭,使加工无法继续进行,并烧坏电极。

整个过程是在很短的一段时间内完成的，在1s内可以完成数千次甚至数万次。一个脉冲结束后，经过一个脉冲间隔，第二个脉冲又作用到工具电极和工件上，整个过程不断重复。

这样以相当高的频率连续不断地放电，工件不断地被蚀除，故工件加工表面将由无数个相互重叠的小凹坑组成。

11.3.2 电火花加工的特点与分类

1. 主要优点

(1) 适合于难切削材料的加工。

由于加工中材料的去除是靠放电时的电热作用实现的，材料的加工性主要取决于材料的导电性及其热学特性，如熔点、比热容、热导率、电阻率等，而几乎与其力学性能（硬度、强度等）无关。这样可以突破传统切削加工对刀具的限制，可以实现用软的工具加工硬韧的工件。目前电极材料多采用纯铜（俗称紫铜）或石墨，因此工具电极较容易加工。

(2) 可以加工特殊及复杂形状的零件。

(3) 直接利用电能加工，便于实现过程的自动化。

加工条件中起重要作用的电参数容易调节，能方便地进行粗、半精、精加工各工序，简化工艺过程。

(4) 工艺灵活性大，还可与其他工艺结合，形成复合加工，如与电解加工复合。

2. 电火花加工的局限性

(1) 主要用于加工金属等导电材料，但在一定条件下也可以加工半导体和非导体材料。

(2) 一般加工速度较慢。因此通常安排工艺时多采用切削来去除大部分余量，然后再进行电火花加工以求提高生产率，但最近已有新的研究成果表明，采用特殊水基不燃性工作液进行电火花加工，其生产率甚至可不亚于切削加工。

(3) 存在电极损耗。由于电极损耗多集中在尖角或底面，影响成形精度。但近年来粗加工时已能将电极相对损耗比降至0.1%以下，甚至更小。

(4) 小角部半径有限制。一般电火花加工能得到的最小角部半径等于加工间隙（通常为0.02mm～0.3mm），若电极有损耗或采用平动或摇动加工，则角部半径还要增大。

3. 电火花加工的分类

电火花加工是在电加工行业中应用最为广泛的一种加工方法，约占该行业的90%。按工具电极和工件相对运动的方式不同，大致可分为电火花成形加工、线切割加工、电火花磨削加工、电火花同步共轭回转加工、电火花高速小孔加工、电火花表面强化与刻字加工等六大类。其中线切割加工占了电火花加工的60%，电火花成形加工占了30%。随着电加工工艺的蓬勃发展，线切割加工就成了先进工艺制作的标志。

11.3.3 电火花加工术语

1. 工具电极

电火花加工用的工具是电火花放电时的电极之一，故称为工具电极，有时简称电极，如图11-19所示。由于电极的材料常常是铜，因此又称为铜工。

2. 脉冲周期 t_p（μs）

一个电压脉冲开始到下一个电压脉冲开始之间的时间称为脉冲周期，显然 $t_p = t_i + t_0$，如

图 11 - 20 所示。

3. 脉冲间隔 t_o(μs)

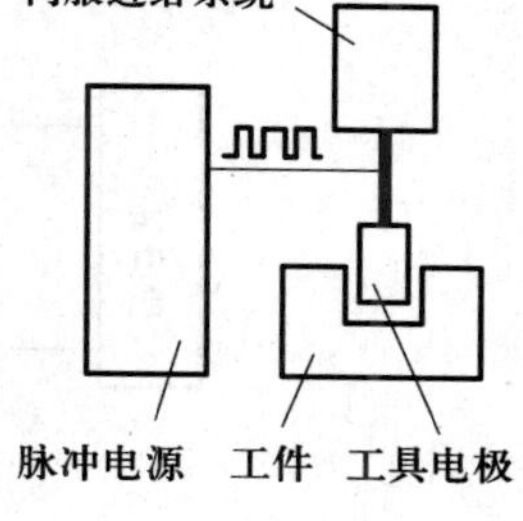

图 13 - 19 工具电极位置

脉冲间隔简称脉间或间隔是两个电压脉冲之间的间隔时间，如图 11 - 20 所示。

4. 放电间隙

放电间隙是指电极和工件间的距离。一般选择的放电间隙在 0.01mm ~ 0.5mm之间。

5. 放电时间(电流脉宽)t_e(μs)

放电时间是工作液介质击穿后，放电间隙中流过放电电流的时间，即电流脉宽，如图 11 - 20 所示。

6. 电压脉冲宽度 t_i(μs)

脉冲宽度简称脉宽是加到电极和工件(两端放电间隙)上的脉冲电压的持续时间，如图 11 - 20所示。

7. 击穿延时 t_d(μs)

从间隙两端加上脉冲电压后，一般均要经过一小段延续时间 t_d，工作液介质才能被击穿放电，这一小段时间 t_d 称为击穿延时，如图 11 - 20 所示。

8. 脉冲频率 f_p(Hz)

脉冲频率是指单位时间内电源发出的脉冲个数。显然，它与脉冲周期 t_p 互为倒数，即

$$f_p = \frac{1}{t_p} \tag{11 - 1}$$

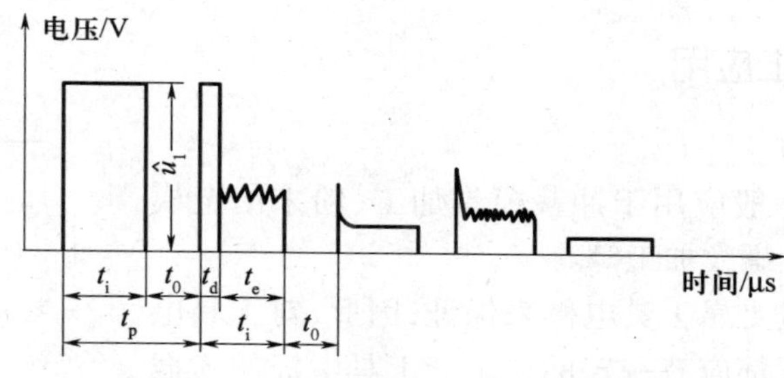

图 13 - 20 脉冲参数

11.3.4 极性效应、覆盖效应与二次放电现象

1. 极性效应

电火花加工时，相同材料由于正负电极接法不同而导致两电极的被蚀除量不同的现象叫作极性效应。如果两电极材料不同，则极性效应更加明显。

在生产中，将工件接脉冲电源正极(工具电极接脉冲电源负极)的加工称为正极性加工，反之称为负极性加工(图 11 - 21)。

在实际加工中，极性效应受到电极及电极材料、加工介质、电源种类、单个脉冲能量等多种因素的影响，其中主要原因是脉冲宽度。

在电场的作用下，放电通道中的电子奔向正极，正离子奔向负极。在短脉宽度加工时，由于电子惯性小，运动灵活，大量的电子奔向正极，并轰击正极表面，使正极表面迅速熔化和汽

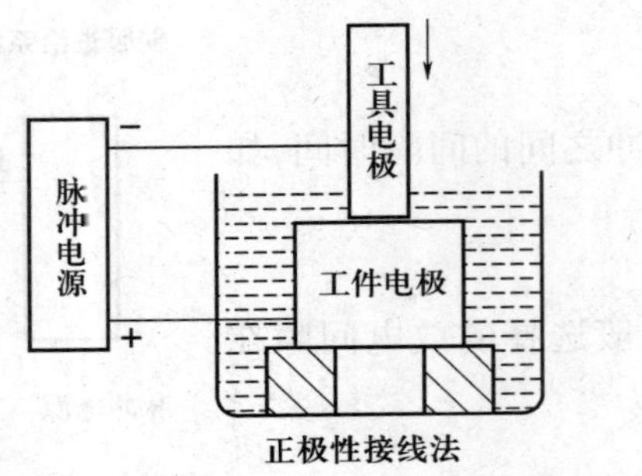

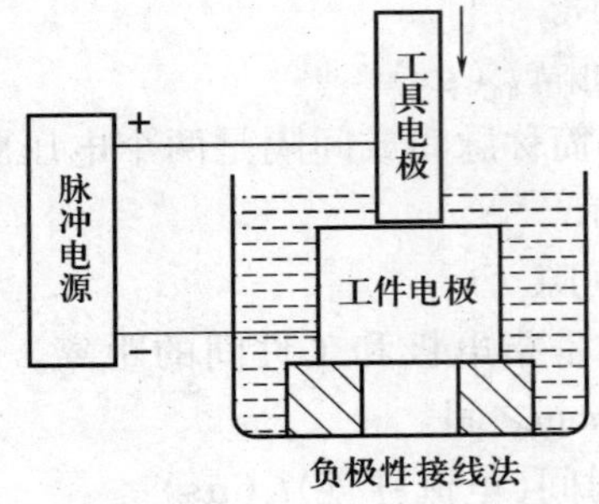

图 11-21 电极的极性

化;而正离子惯性大,运动缓慢,只有一小部分能够到达负极表面,而大量的正离子不能到达,因此电子的轰击作用大于正离子的轰击作用,正极的电蚀量大于负极的电蚀量,这时应采用正极性加工。

2. 覆盖效应

在油类介质中放电加工会分解出负极性的游离碳微粒,在合适的脉宽、脉间条件下将在放电的正极上覆盖碳微粒,叫覆盖效应。利用覆盖效应可以降低电极损耗,注意负极性加工才有利做覆盖效应。

3. 二次放电现象

电火花加工时,由于工具电极下面部分加工时间长,损耗大,因此电极变小,

而入口处由于电蚀产物的存在,易发生因电蚀产物的介入而再次进行的非正常放电(即"二次放电"),因而产生加工斜度,如图 11-22 所示。

11.3.5 电火花加工应用

1. 电火花穿孔加工

电火花穿孔加工一般应用于冲裁模具加工、粉末冶金模具加工、拉丝模具加工、螺纹加工等。

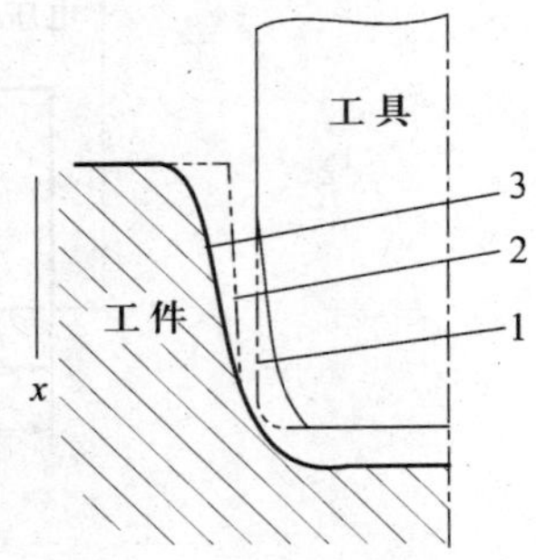

图 11-22 二次放电现象
1—电极无损耗时的工具轮廓线;2—电极有损耗而不考虑二次放电时的工作轮廓线;3—实际工件轮廓线。

冲模的尺寸精度主要靠工具电极来保证,因此,对工具电极的精度和表面粗糙度都应有一定的要求。工具电极的横截面形状和加工的型孔横截面形状相一致,其轮廓尺寸比相应的型孔尺寸周边均匀地内缩一个值,即单边放电间隙。影响放电间隙大小的因素三要是加工中采用的电规准,当采用单个脉冲能量大(指脉冲峰值电流与电压大)的粗规准时,被蚀除的金属微粒大,放电间隙大;反之,当采用精规准时,放电间隙小。电火花加工时,为了提高生产率,常用粗规准蚀除大量金属,再用精规准保证加工质量。为此,可将穿孔电极制成阶梯形,其头部尺寸周边缩小 0.08mm~0.12mm,缩小部分长度为型孔长度的 1.2 倍~2 倍,先由头部电极进行粗加工,而后改变电规准,接着由后部电极进行精加工。

如冲模的尺寸为 L_2,工具电极相应的尺寸为 L_1,火花间隙值为 S_L(图 11-23),则

$$L_2 = L_1 + 2S_L \tag{11-2}$$

其中火花间隙值 S_L 主要决定于脉冲参数与机床的精度,只要加工规准选择恰当,保证加工的

稳定性，火花间隙值的误差是很小的，因此，只要工具电极的尺寸精确，用它加工出的凹模也是比较精确的。对冲模，配合间隙是一个很重要的质量指标，它的大小与均匀性都直接影响冲模的质量及模具的寿命，在加工中必须给予保证。达到配合间隙的方法有很多种，电火花穿孔加工常用“钢打钢”直接配合法。此法是直接用钢凸模作为电极直接加工凹模，加工时将凹模刃口端朝下形成向上的“喇叭口”，加工后将工件翻过来使“喇叭口”向下作为凹模，电极也倒过来把损耗部分切除或用低熔点合金浇铸作为凸模。

工具电极的选择应注意以下几个方面。

(1) 电极材料的选择。凸模一般选优质高碳钢 T8A、T10A 或铬钢 Crl2、6Cr15，硬质合金等。应注意凸、凹模不要选用同一种钢材型号，否则电火花加工时更不易稳定。

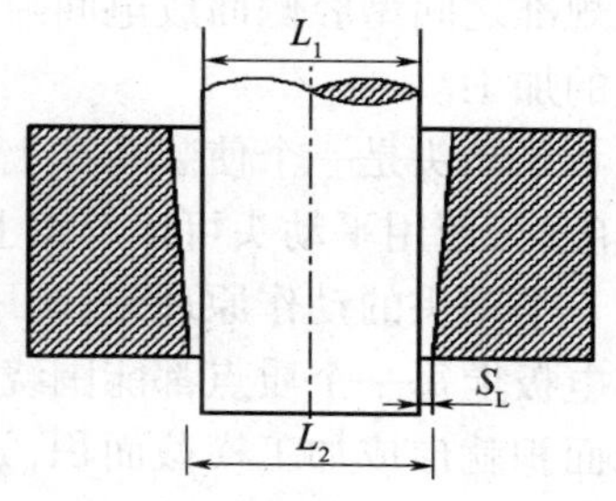

图 11－23　电极火化间隙

(2) 电极的设计。由于凹模的精度主要决定于工具电极的精度，因而对它有较严格的要求，要求工具电极的尺寸精度和表面粗糙度比凹模高一级，一般精度不低于 IT7，表面粗糙度小于 $Ra1.25\mu m$，且直线度、平面度和平行度在 100mm 长度上不大于 0.01mm。

(3) 电极的制造。冲模电极的制造，一般先经普通机械加工，然后成形磨削。目前，直接用电火花线切割加工电极获得广泛应用。

工件的准备如下：

电火花加工前，工件(凹模)型孔部分要加工预孔，并留适当的电火花加工余量。余量的大小应能补偿电火花加工的定位、找正误差及机械加工误差。一般情况下，单边余量以 0.3mm～1.5mm为宜，并力求均匀。对形状复杂的型孔，余量要适当加大。

2. 电规准的选择及转换

所谓电规准是指电火花加工过程中一组电参数，如电压、电流、脉宽、脉间等。电规准选择正确与否，将直接影响模具加工工艺指标。应根据工件的要求、电极和工件的材料、加工工艺指标和经济效果等因素来确定电规准，并在加工过程中及时地转换。冲模加工中，常选择粗、中、精 3 种规准。对粗规准的要求是生产率高，工具电极的损耗小。主要采用较大的电流，较长的脉冲宽度。中规准用于过渡性加工，以减少精加工时的加工余量，提高加工速度，中规准采用的脉冲宽度一般为 $10\mu m$ ~ $100\mu m$。精规准用来最终保证模具所要求的配合间隙、表面粗糙度、刃口斜度等质量指标，并在此前提下尽可能地提高其生产率。故应采用小的电流、高的频率、短的脉冲宽度(一般为 $2\mu m$ ~ $6\mu m$)。粗规准和精规准的正确配合，可以适当地解决电火花加工时的质量和生产率之间的矛盾。

3. 型腔模的电火花加工

型腔模包括锻模、压铸模、胶木模、塑料模、挤压模等，其加工特点如下。

(1) 电火花型腔加工为盲孔加工，工作液循环困难，电蚀产物排除条件差。

(2) 型腔多由球面、锥面、曲面组成，且在一个型腔内常有各种圆角、凸台或凹槽，有深有浅，还有各种形状的曲面相接，轮廓形状不同，结构复杂。这就使得加工中电极的长度和型面损耗不一，故损耗规律复杂，且电极的损耗不可能由进给实现补偿，因此型腔加工的电极损耗较难进行补偿。

(3) 加工面积变化大，要求电规准的调节范围相应也大。

(4) 材料去除量大,表面粗糙度要求严格。

型腔模电火花加工主要有单电极平动法、多电极更换法和分解电极加工法等。

1) 单电极平动法

单电极平动法在型腔模电火花加工中应用最广泛。它是采用一个电极完成形腔的粗、中、精加工的。首先采用低损耗、高生产率的粗规准进行加工,然后利用平动头作平面小圆运动,按照粗、中、精的顺序逐级改变电规准。与此同时,依次加大电极的平动量,以补偿前后两个加工规准之间型腔侧面放电间隙差和表面微观不平度差,实现型腔侧面仿型修光,完成整个型腔模的加工。

平动头是一个使装在其上的电极能产生向外机械补偿动作的工艺附件。当用单电极加工型腔时,使用平动头可以补偿上一个加工规准和下一个加工规准之间的放电间隙差。

平动头的动作原理是:利用偏心机构将伺服电机的旋转运动通过平动轨迹保持机构转化成电极上每一个质点都能围绕其原始位置在水平面内作平面小圆周运动,许多小圆的外包络线面积就形成加工横截面积,如图 11-24 所示,其中每个质点运动轨迹的半径就称为平动量,其大小可以由零逐渐调大,以补偿粗、中、精加工的电火花放电间隙 δ 之差,从而达到修光型腔的目的。

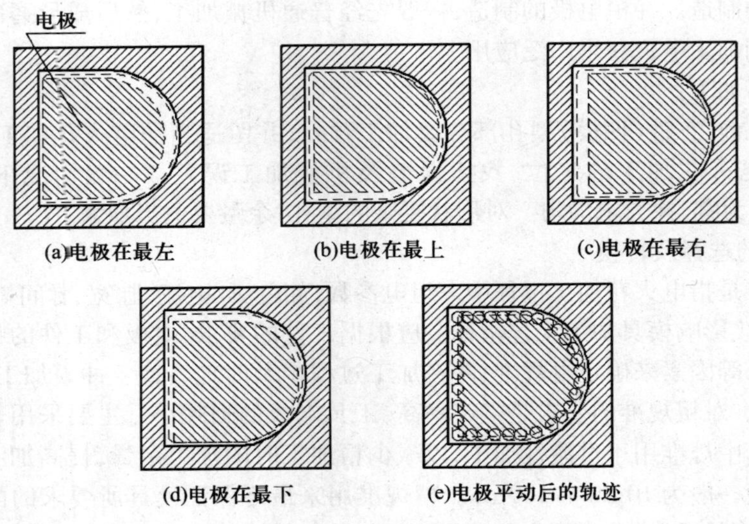

图 11-24 单电极平动原理

2) 多电极更换法

多电极更换法是采用多个电极依次更换加工同一个型腔,如图 11-25 所示。近年来国外广泛采用像加工中心那样具有电极库的 3 坐标~5 坐标数控电火花机床,事先把复杂型腔分解为简单表面和相应的简单电极,编制好程序,加工过程中自动更换电极和转换规准,实现复杂型腔的加工。一般只用于精密型腔的的加工,例如盒式磁带、收录机、电视机等机壳的模具。

多电极更换法仿型精度高,尤其适用于尖角、窄缝多的型腔模加工;但是需要制造多个电极,并且对电极的重复制造精度要求很高。另外,在加工过程中,电极的依次更换需要有一定的重复定位精度。所以在选择加工方法时要具体产品选择具体加工方法,以确保公司的最大利益。

3) 分解电极法

分解电极法是单电极平动加工法和多电极更换加工法的综合应用。根据型腔的几何形状，把电极分解成主型腔电极和副型腔电极，分别制造。先用主型腔电极加工出主型腔，后用副型腔电极加工尖角、窄缝等部位的副型腔。

分解电极法优点是能根据主、副型腔不同的加工条件，选择不同的加工规准，有利于提高加工速度和改善加工表面质量，同时还可简化电极制造，便于电极修整；缺点是主型腔和副型腔间的精确定位较难解决。

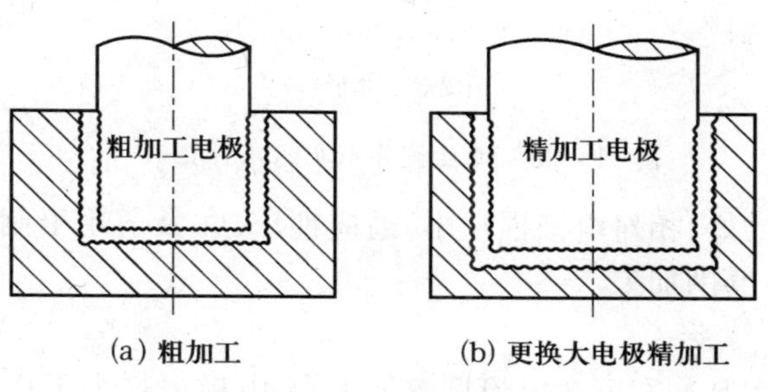

(a) 粗加工　　(b) 更换大电极精加工

图 11－25　多电极更换法原理

4）小孔电火花加工

小孔加工也是电火花穿孔成形加工的一种应用，电火花高速小孔加工工艺是近年来新发展起来的。其工作原理是采用管状电极，加工时电极作回转和轴向进给运动，管电极中通入 1MPa ~ 5MPa 的高压工作液（去离子水、蒸馏水、乳化液或煤油）。由于高压工作液能迅速将电极产物排除，且能强化火花放电的蚀除作用，因此这一加工方法的最大特点是加工速度高，一般小孔加工速度可达 60mm/min 左右，比钻孔速度还要快。

小孔加工的特点是：①加工面积小，深度大，直径一般为 ϕ0.05mm ~ ϕ2mm，深径比达 20 以上；②小孔加工均为盲孔加工，排屑困难。

小孔加工由于工具电极截面积小，容易变形；不易散热，排屑又困难，因此电极损耗大。工具电极应选择刚性好、容易矫直、加工稳定性好和损耗小的材料，如铜钨合金丝、钨丝、铜丝、钢丝等。加工时为了避免电极弯曲变形，还需设置工具电极的导向装置。为了改善小孔加工时的排屑条件，使加工过程稳定，常采用电磁振动头，使工具电极丝沿轴向振动，或采用超声波振动头，使工具电极端面有轴向高频振动，进行电火花超声波复合加工，可以大大提高生产率。如果所加工的小孔直径较大，允许采用空心电极（如空心不锈钢管或铜管），则可以用较高的压力强迫冲油，加工速度将会显著提高。

电火花加工不但能加工圆形小孔，而且能加工多种异形小孔，图 11－26 为喷丝板异形孔的几种孔形。

11.3.6　电极材料

在电火花成形加工中，电极的材料选择和电极的制造直接影响加工质量。根据被加工工件的材料，合理选择电极材料对保证零件的加工形状、加工精度和表面粗糙度是非常重要的。根据电火花加工的特点，选择电极材料时首先要求电极材料必须具有导电性能良好、损耗小、造型容易，而且加工稳定、效率高，其次是材料来源丰富、价格便宜等特点。常用的电极材料有紫铜、石墨、黄铜、铜钨合金、钢和铸铁等。

1. 紫铜电极

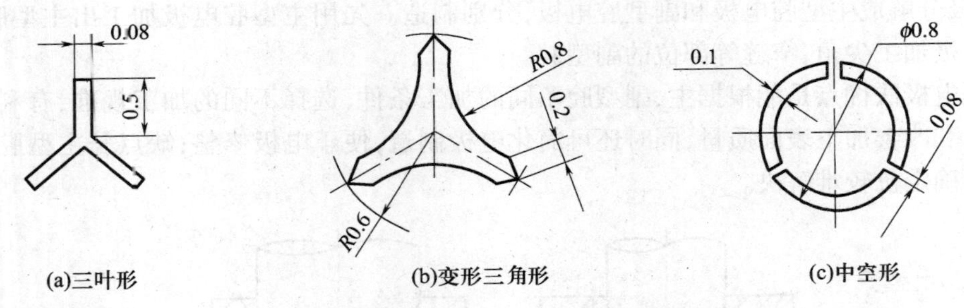

图 11－26　喷丝板异形孔的几种孔形

紫铜电极加工稳定性好，相对电极损耗小，适应性广，尤其适用于制造精密花纹模。其缺点是精车困难，难以进行磨削加工。

2. 石墨电极

石墨电极适用于在大脉冲宽度大电流型腔加工中，电极损耗小于 0.5%，抗高温，变形小，制造容易，重量轻。缺点是：容易脱落、掉渣，加工表面粗糙度较差，加工时容易拉弧。

3. 黄铜电极

黄铜电极稳定性好、制造较容易，缺点是：损耗比一般电极大，被加工件不容易一次成形，一般用于简单的模具加工或通孔加工。

4. 铸铁电极

铸铁电极主要特点是：制造容易，价格低廉，放电加工稳定性较好，特别适合于复合式脉冲电源加工，电极损耗为 20% 以下，适合于加工冷冲模。

5. 钢电极

钢电极和铸铁电极相比，加工稳定性差，效率也低，但可把电极和冲头合为一体，可以一次成形，可缩短电极与冲头的制造工时。电极损耗与铸铁相似，适合于"钢打钢"冷冲模加工。

6. 铜钨合金与银钨合金电极

此类电极损耗小，机械加工成形也较容易，特别适用于工具钢、硬质合金等模具加工及特殊异形孔、槽的加工。加工稳定，在放电加工中是一种性能较好的材料。缺点：价格较贵，尤其是银钨合金电极。

11.4　激光加工

11.4.1　概述

利用光的能量经过透镜聚焦后在焦点上达到很高的能量密度，靠光热效应来加工各种材料的方法叫激光加工。

激光加工是激光系统最常见的应用。根据激光束与材料相互作用的机理，大体可将激光加工分为激光热加工和光化学反应加工两类。激光热加工是指利用激光束投射到材料表面产生的热效应来完成加工过程，包括激光焊接、激光切割、表面改性、激光打标、激光钻孔和微加工等；光化学反应加工是指激光束照射到物体，借助高密度高能光子引发或控制光化学反应的加工过程，包括光化学沉积、立体光刻、激光刻蚀等。

由于激光具有高亮度、高方向性、高单色性和高相干性四大特性，因此就给激光加工带来一些其他加工方法所不具备的特性。由于它是无接触加工,对工件无直接冲击,因此无机械变形;激光加工过程中无"刀具"磨损,无"切削力"作用于工件;激光加工过程中,激光束能量密度高,加工速度快,并且是局部加工,对非激光照射部位没有或影响极小。因此,其热影响的区小工件热变形小后续加工最小;由于激光束易于导向、聚焦,实现方向变换,极易与数控系统配合对复杂工件进行加工,因此它是一种极为灵活的加工方法;生产效率高,加工质量稳定可靠,经济效益和社会效益好。

激光加工作为先进制造技术已广泛应用于汽车、电子、电器、航空、冶金、机械制造等国民经济重要部门,对提高产品质量、劳动生产率、自动化、无污染、减少材料消耗等起到愈来愈重要的作用。

11.4.2 激光加工的基本原理

激光是单色光,强度高,相干性和方向性好,通过一系列光学系统,可将激光束聚焦成光斑,直径小到几微米,能量密度高达 $10^8 W/cm^2 \sim 10^{10} W/cm^2$,能产生 10^4℃以上的高温,并能在千分之几秒甚至更短的时间内使任何可熔化、不可分解的材料熔化、蒸发、汽化而达到加工目的。

可以认为,激光加工是以激光为热源对工件材料进行的热加工。其加工过程大体分为如下几个阶段:激光束照射工件材料,工件材料吸收光能;光能转变为热能使工件材料无损加热;工件材料被熔化、蒸发、汽化并溅出去除或破坏;作用结束与加工区冷凝。

1. 光能的吸收及其能量转化

激光束加工是一个高速熔化、汽化的过程。光能传至工件表面时,工件材料吸收光能有一个瞬态过程。开始时,即使工件表面很粗糙,反射光也都是较高的(尤其是金属材料);当工件表面材料的温度逐渐上升,高温下表面被氧化或成熔融状态之后,反射率便逐渐降低,吸收率迅速增加。激光的功率密度愈高,这一过程作用时间就愈短。此间,光能转换为热能。

2. 工件材料的加热

光能转换成热能的过程就是工件材料的加热。激光束在很薄(0.01mm~0.1mm)的金属表层内被吸收,使金属中自由电子的热运动能增加,并在与晶格碰撞中的极短时间内($10^{-11}s \sim 10^{-10}s$)将电子的能量转化为晶格的热振动能,引起工件材料温度的升高,同时按热传导规律向周围或内部传播,改变工件材料表面或内部各加热点的温度。

3. 工件材料的熔化气化及去除

在足够的功率密度的激光束照射下,工件材料表面才能达到熔化、汽化的温度,从而使工件材料汽化蒸发或熔融溅出,达到去除的目的。

4. 工件加工区的冷凝

激光辐射作用停止后,工件加工区材料便开始冷凝,其表层将发生一系列变化,形成特殊性能的新表面层。

11.4.3 激光加工优点与应用

1. 激光加工的优点

(1) 激光功率密度大,工件吸收激光后温度迅速升高而熔化或汽化,即使熔点高、硬度大和质脆的材料（如陶瓷、金刚石等）也可用激光加工。

(2) 激光头与工件不接触，不存在加工工具磨损问题。

(3) 工件不受应力，不易污染。

(4) 可以对运动的工件或密封在玻璃壳内的材料进行加工。

(5) 激光束的发散角可小于 1mrad，光斑直径可小到微米量级，作用时间可以短到纳秒和皮秒，同时，大功率激光器的连续输出功率又可达千瓦至十千瓦量级，因而激光既适于精密微细加工，又适于大型材料加工。

(6) 激光束容易控制，易于与精密机械、精密测量技术和电子计算机相结合，实现加工的高度自动化和达到很高的加工精度。

(7) 在恶劣环境或其他人难以接近的地方，可用机器人进行激光加工。

2. 激光加工的应用

几十年来，激光加工以其自身和结合多种技术的特点，得到迅速的发展及广泛的工业应用。目前，激光束加工的主要应用有打孔、切割、焊接、金属表面的激光强化等。

1）激光束打孔

随着电子产品朝着便携式、小型化的方向发展，对电路板小型化提出了越来越高的需求，提高电路板小型化水平的关键就是越来越窄的线宽和不同层面线路之间越来越小的微型过孔和盲孔。传统的机械钻孔最小的尺寸仅为 100μm，这显然已不能满足要求，取而代之的是一种新型的激光微型过孔加工方式。目前用 CO_2 激光器加工在工业上可获得过孔直径达到在 30μm～40μm 的小孔。目前在世界范围内激光在电路板微孔制作和电路板直接成形方面的研究成为激光加工应用的热点，利用激光制作微孔及电路板直接成形与其他加工方法相比其优越性更为突出，在生产上已应用于火箭发动机和柴油机的燃料喷嘴加工，化学纤维喷丝头打孔、钟表及仪表中的宝石轴承打孔、金刚石拉丝模加工、集成电路碳化钨引线小孔加工等方面。例如，钟表行业加工宝石轴承小孔：$\phi0.12$mm～$\phi0.18$mm、深 0.6mm～1.2mm，采用工件自动传送，激光束自动连续打孔，每秒钟可加工 12 个孔。该加工方法具有极大的商业价值。

2）激光束切割

激光束切割采用连续或重复脉冲工作方式，切割过程中激光束边照射，边与工件作相对移动。生产上，一般都是移动工件，若是直线切割，还可借助于柱面透镜将激光束聚焦成线，以提高切割速度，激光来切割的切缝窄、切割边缘质量好、噪声小，几乎无切割残渣。激光束切割速度快，成本也不高，且其切割的热切口区小。由于激光辐射能以极小的惯性快速偏移，又能切割任意形状，因此，激光束可用于各种材料的切割。例如，采用同轴吹氧工艺切割金属材料，可提高切割速度和切口质量；切割纸张、木材等易燃材料时，可采用同轴吹保护气体（二氧化碳、氩气、氮气等），能防止烧焦和切口缩小；采用喷气切割塑料时，切缝宽可控制在 0.025mm 以下，且切口平直、光洁；切割陶瓷、玻璃、石英等脆性材料时，采用热应力切割；对布料、纸张还可作分层切割，切口边沿光滑质量好，制衣时可不再拷边。

新的激光切割技术不断出现，如水冷激光切割、高功率 CO_2 激光切割、红外、紫外双波激光切割等，这些新技术有些已应用于工业生产。

3）激光束焊接

激光束焊接是激光材料加工技术应用的重要方面之一，焊接过程属热传导型，即激光辐射加热工件表面，表面热量通过热传导向内部扩散，通过控制激光脉冲的宽度、能量、峰功率和重复频率等参数,使工件熔化,形成特定的熔池。由于其独特的优点,已成功地应用于微、小型零件焊接中。与其他焊接技术比较,激光焊接的主要优点是:激光焊接速度快、深度大、变形小;能在室温或特殊的条件下进行焊接,焊接设备装置简单;焊接过程极为迅速,激光束不与被焊材料接触,也不产生焊渣;可焊接同种金属,也可焊接异种金属;等等。所以其发展很快、应用广泛,已成为目前工业激光应用的第三大领域。例如在汽车制造业,车身部件及其组装均已采用激光束焊接逐步取代传统的电阻点焊;汽车上各种材料、厚度的车门框等也都采用激光束焊接。在电子工业,采用 YAG 激光器焊接显像管电子枪,并用于生产线上;集成电路引线、继电器、微机键盘字键等采用激光束焊接均已获得成功。

4) 激光强化

金属表面的激光强化是一项高新技术,激光强化可使金属工件表面显著地提高硬度、强度、耐磨性、耐蚀性、高温性等性能,从而提高产品质量,延长产品使用寿命、降低产品成本,具有明显的经济效益。激光强化包含激光淬火、激光涂覆、激光合金化、激光冲击硬化、激光非晶化和微晶化等。目前,激光强化已在汽车、机车、机床与工具、模具与刀具、军工等许多工业部门应用与开发,被称之为激光束加工应用的第二代。

11.5 快速原型制造

11.5.1 快速原型制造技术简介

快速原型制造技术(Rapid Protoyping Manufacturing, RPM)在 20 世纪 80 年代后期源于美国,是最近 20 年来世界制造技术领域的一次重大突破。RPM 是机械工程、计算机技术、数控技术以及材料科学等技术的集成,它能将已具数学几何模型的设计迅速、自动地物化为具有一定结构和功能的原型或零件,对促进企业产品创新、缩短新产品开发周期、提高产品竞争力有积极的推动作用。自该技术问世以来,已经在发达国家的制造业中得到了广泛应用,并由此产生一个新兴的技术领域。

RPM 技术获得零件的途径不同于传统的材料去除或材料变形方法,而是在计算机控制下,基于离散/堆积原理采用不同方法堆积材料最终完成零件的成形与制造的技术。从成形角度看,零件可视为由点、线或面的叠加而成,即从 CAD 模型中离散得到点、面的几何信息,再与成形工艺参数信息结合,控制材料有规律、精确地由点到面,由面到体地堆积零件。从制造角度看,它根据 CAD 造型生成零件三维几何信息,转化为相应的指令传输给数控系统,通过激光束或其他方法使材料逐层堆积而形成原型或零件,无需经过模具设计制作环节,极大地提高了生产效率,大大降低生产成本,特别是极大地缩短生产周期,被誉为制造业中的一次革命。

现在快速原型制造技术主要用于快速直接模具制造和原型间接模具制造。传统制造方法如硅胶模、金属冷喷涂、精密铸造、电铸和离心铸造等方法都被用来和快速原型制造技术相结合生产模具。快速原型制造件还可以直接或间接制得电火花加工(EDM)电极。快速原型制造技术与这些传统制造方法的有效结合,使得复杂零部件的生产周期大大缩短,生产成本下降。

11.5.2 RPM 系统的基本工作原理

RPM 系统可以根据零件的形状,每次制作一个具有一定微小厚度和特定形状的截面,然后再把它们逐层粘结起来,就得到了所需制造的立体零件。当然,整个过程是在计算机的控制下,由快速成形系统自动完成的。不同公司制造的 RPM 系统所用的成形材料不同,系统的工作原理也有所不同,但其基本原理都是一样的,那就是“分层制造、逐层叠加”。这种工艺可以形象地叫作“增长法”或“加法”。每个截面数据相当于医学上的一张 CT 相片;整个制造过程可以比喻为一个“积分”过程。

RPM 技术是在现代 CAD/CAM 技术、激光技术、计算机数控技术、精密伺服驱动技术以及新材料技术的基础上集成发展起来的。RPM 技术的基本原理是:将计算机内的三维数据模型进行分层切片得到各层截面的轮廓数据,计算机据此信息控制激光器(或喷嘴),有选择性地烧结一层接一层的粉末材料(或固化一层又一层的液态光敏树脂,或切割一层又一层的片状材料,或喷射一层又一层的热熔材料或粘合剂)形成一系列具有一个微小厚度的的片状实体,再采用熔结、聚合、粘结等手段使其逐层堆积成一体,便可以制造出所设计的新产品样件、模型或模具,如图 11-27 所示。

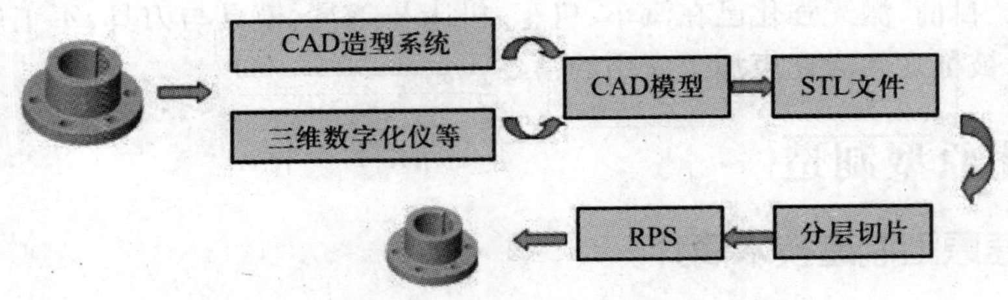

图 11-27　RPM 原理

11.5.3　RPM 技术的特征与优点

1. RPM 技术的特征

(1) 快速性。快逗原型技术的一个重要特点就是其快速性。这一特点适合于新产品的开发与管理。

(2) 高度柔性。快速原型技术的最突出特点就是柔性好,它取消了专用工具,在计算机管理和控制下可以制造出任意复杂形状的零件,它可重编程、重组、连续改变的生产装备用信息方式集成到一个制造系统中。

(3) 设计制作一体化。快速原型技术的另一个显著特点就是 CAD/CAM 一体化。在传统的 CAD/CAM 技术中,由于成形思想的局限性,致使设计制造一体化很难实现。而对于快速原型技术来说,由于采用离散/堆积分层制作工艺,能够很好地将 CAD/CAM 结合起来。

(4) 技术的高度集成。快速原型技术是计算机技术、数控技术、激光技术与材料技术的综合集成。只有在计算机技术、数控技术高度发展的今天,快速原型技术才有可能进入实用阶段。

(5) 材料的广泛性。在快速原型领域中,由于各种快速原型工艺的成形方式不同,因而材料的使用也各不相同。

(6) 自由形状制造。快速原型技术的这一特点是基于自由形状制造的思想。

2. RPM 技术的优点

(1) 大大缩短新产品研制周期,确保新产品上市时间,使模型或模具的制造时间缩短数倍甚至数十倍。

(2) 提高了制造复杂零件的能力,使复杂模型的直接制造成为可能。

(3) 显著提高新产品投产的一次成功率,可以及时发现产品设计的错误,做到早找错、早更改,避免更改后续工序所造成的大量损失。

(4) 支持同步(并行)工程的实施,使设计、交流和评估更加形象化,使新产品设计、样品制造、市场定货、生产准备等工作能并行进行。

(5) 支持技术创新、改进产品外观设计,有利于优化产品设计,这对工业外观设计尤为重要。

(6) 成倍降低新产品研发成本,节省了大量的开模费用,快速模具制造可迅速实现单件及小批量生产,使新产品上市时间大大提前,迅速占领市场。

11.5.4 几种常用的快速成形技术

1. 立体光固化成形(Stereo Lithography Apparatus,SLA)

立体光固化成形法使用液态光敏树脂作为成形原料。SLA 工艺(图 11-28)成形时,计算机控制紫外光束以预定零件的各分层截面轮廓信息为轨迹,在液态树脂表面进行逐点扫描,使被扫描区域的树脂薄层产生光聚合反应而硬化,从而形成零件的一个薄层。当一层固化完毕后,工作台下移一个层厚的距离,然后在原先固化好的树脂表面敷上一层新的液态树脂,再进行扫描加工,新生成的固化层即牢固地粘结在前一层上,如此反复,直至整个原型零件制造完毕。

光固化法的优点是可成形任意复杂形状零件,制造精度高, 达 ±0.1mm,表面质量好,生产零件强度和硬度好,原材料利用率接近 100%;不足之处是材料昂贵,光敏树脂有一定毒性。

2. 熔融沉积成形(Fused Deposition Modeling,FDM)

熔融沉积成形(图 11-29)时,材料在喷头中被加热并略高于其熔点,喷头在计算机控制下做 X-Y 向联动扫描以及 Z 向运动并喷出熔融的材料,快速冷却形成 1 个加工层,犹如极细的丝状物“编织”成 1 个层面并与上一层牢牢连接在一起,这样层层扫描叠加便可形成模腔,现在用于具有复杂冷却流道的注塑模。

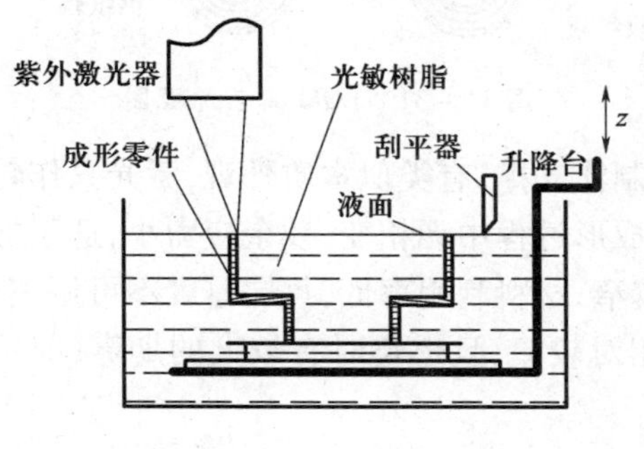

图 11-28 SLA 工艺原理图

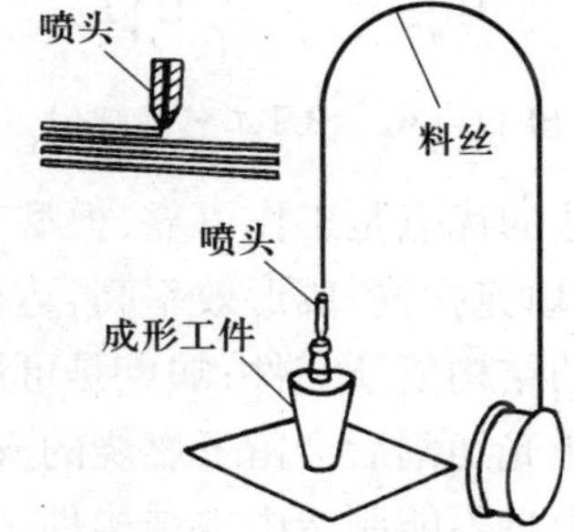

图 11-29 FDM 工艺原理图

熔融沉积法的优点是方法简单,制造时间短,成形零件力学性能较好,强度较高,构件结构柔性化和防水性好,成形材料成本低,无异味;缺点是成形精度不高,不宜制作复杂精细结构。

3. 选择性激光烧结成形(Selected Laser Sintering,SLS)

SLS 工艺(图 11-30)成形时,将金属粉末用易消失性树脂裹覆,通过二氧化碳高功率激光束,在 CAD 分层信息控制下,有选择地熔化粉末上的树脂,使粉末烧结得到金属粉末的粘结实体,再将树脂在一定温度下分解消失,然后,使成形的金属粉末在高温下烧结而得到金属烧结件,用第二相低熔点金属渗入烧结件而直接形成金属模具。

选择性激光烧结法的优点是无需支撑,成形零件的力学性能好,强度高,应用范围广,制造周期短,可制成结构复杂的零件;缺点是粉末材料的物理特性(如粒度、密度、热膨胀系数以及流动性等)对零件中缺陷形成、成形件的精度和粗糙度具有重要的影响,可导致成形件孔隙的增加和抗拉强度的降低。激光和烧结工艺参数(如激光功率、扫描速度和方向及间距、烧结温度、烧结时间以及层厚度等)对层与层之间的粘结、烧结体的收缩变形、翘曲变形甚至开裂都会产生影响,粉末较松散,烧结后精度不高,尤其是 Z 轴精度较难控制。

4. 叠层实体制造技术(Laminated Object Manufacturing,LOM)

LOM 工艺(图 11-31)是将背面涂有热溶性粘合剂的箔材,根据 CAD 模型分层切片的平面几何信息,在计算机控制下驱动二氧化碳激光头切出本层轮廓(分层实体切割),随后工作台下降一层高度,再铺上一层箔材,用滚子碾压使新铺上的一层牢固粘结在已成形体上,再切割该层轮廓,如此逐层叠加,裁切后形成所需的立体三维零件。采用这种方法直接制成的原型件的强度相当于优质木材的强度。LOM 关键技术是控制激光的光强和切割速度,使它们达到最佳配合,以便保证切口质量。

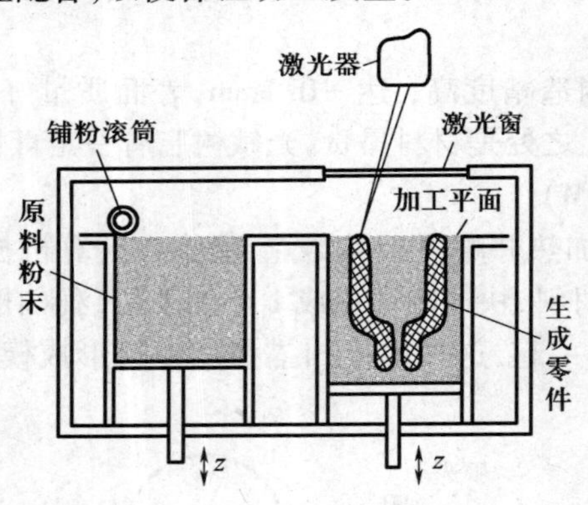

图 11-30 SLS 工艺原理图

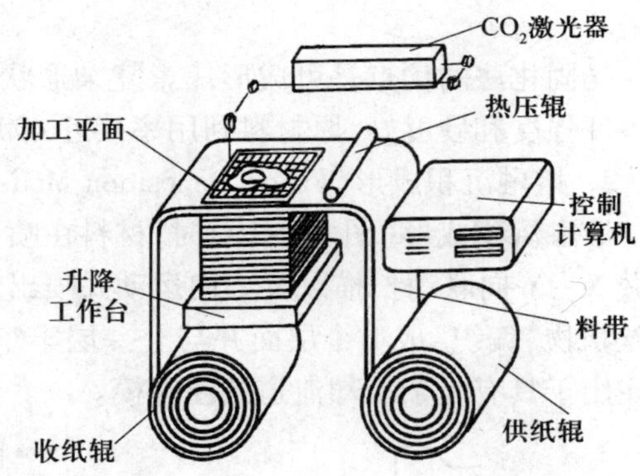

图 11-31 LOM 工艺原理图

叠层法的优点是工作可靠,模型支撑性好,无需制作支撑,有类似木质外观,激光只作轮廓扫描,无需填充扫描,成形效率高,运行成本低,且在成形过程中无相变,残余应力小,适于加工尺寸较大的结构复杂零件;缺点是可用材料的范围较窄,材料利用率低,每层厚度不可调整,每层轮廓被激光切割后会留下燃烧的灰烬,表面质量相对较差,且燃烧时有较大的烟雾,前后处理费时费力且不能制造中空结构件。

11.5.5 Mold-3D 快速成形机介绍

Mold-3D 快速成形机(图 11-32)可以直接从三维模型用完美的,可打磨、铣,甚至涂漆的坚固 ABS 塑料制成的工作模型。它具有模型成形时间短、成本低、高耐用性、操作简单等优点。快速成形应用的领域几乎包括了制造领域的各个行业,在医疗、人体工程、文物保护、精密铸造业和珠宝行业等行业也得到了越来越广泛的应用。Mold－3D 三维打印机的特点如下。

(1) 不使用激光,维护简单,成本低:价格是成形工艺是否适于三维打印的一个重要因素,多用于概念设计的三维打印机对原型精度和物理化学特性要求不高,便宜的价格是其能否推广开来的决定性因素。

(2) 塑料丝材,清洁,更换容易:与其他使用粉末和液态材料的工艺相比,丝材更加清洁,易于更换、保存,不会在设备中或附近形成粉末或液体污染。

图 11－32　快速成形机

(3) 后处理简单:仅需要几分钟到一刻钟的时间剥离支撑后,原型即可使用。

(4) 成形速度较快:一般来讲,FDM 工艺相对于 SL、SLS、3DP 工艺来说,速度是比较慢的。但针对三维打印应用,其也有一定的优势。首先,SL、SLS、3DP 都有层间过程(铺粉/液,挂平),因而它们一次成形多个原型是速度很快,例如 3DP 可以做到 1h 成形 25mm 左右高度的原型。三维打印机成形空间小,一次多成形 1 个～2 个原型,相对来讲,它们的速度优点就不甚明显了。其次三维打印机对原型强度要求不高,所以 FDM 工艺可通过减小原型密实程度的方法提高成形速度。通过试验,平均壁厚超过 5mm 的模型,最高成形速度可以达到 $60cm^3/h$。通过软件优化及技术进步,估计可以达到 $200cm^3/h$ 的高速度。

11.5.6　Mold－3D 快速成形机操作过程

(1) 打开三维打印机/快速成形系统,上电。

(2) 启动 ModelWizard 软件(图 11－33)。

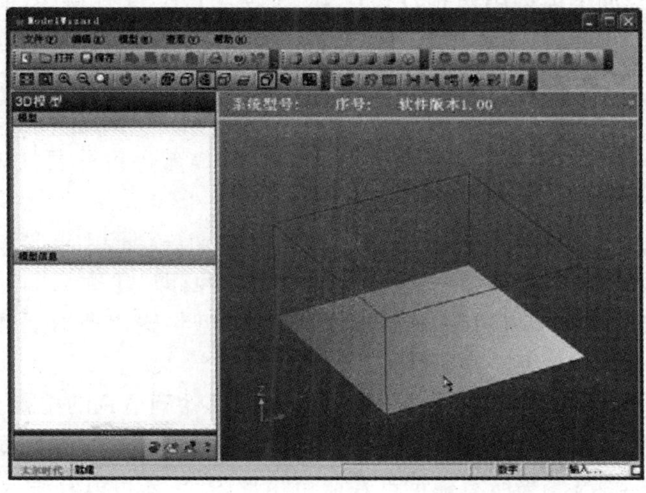

图 11－33　ModelWizard 工作界面

(3) 启动"初始化"命令,让三维打印机/快速成形系统执行初始化操作。如果系统刚完成前一个模型,或者刚修复好错误,则需要恢复就绪状态,选择"文件/三维打印机/恢复就绪状态"命令。

(4) 使用系统按钮或本软件的手动调试对话框,启动温控(由于喷头,成形室温度上升需要一定时间,该步骤可以节省等待时间,当然,该步骤也可省略)。

(5) 载入三维模型(如果模型已经处理成二维模型,则可省略本步骤)。选择"文件/ 载入模型"命令,将模型用"变形"、"自动排放"等命令放置到合适的位置(三维图形和二维图形窗口显示了三维打印机/快速成形系统的工作台面)。用户应根据需要放置到合理的位置。选择一个 STL 文件后,系统开始读入 STL 模型,读入模型后,系统自动更新,显示 STL 模型(图 11 - 34)。

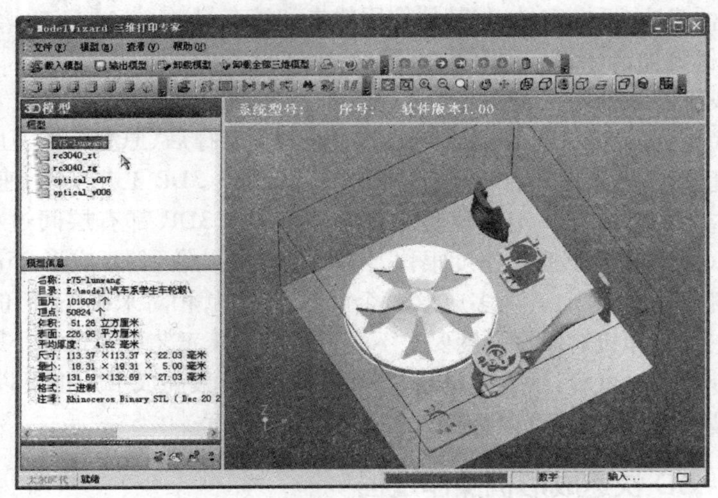

图 11 - 34 载入 STL 模型

(6) STL 模型检验和修复。STL 模型会自动以不同的颜色显示,当出现法向错误时,该面片会以红色显示处理. 如果模型中出现红色区域,则说明该文件有错误,需要修复。选择"文件/ 校验并修复"命令,可以自动修复模型的错误。启动该功能后,系统提示用户设定校验点数,点数越多,修复的正确率越高,但时间越长,一般设为 5 就足够了。

(7) 分层处理,选择"模型/分层"命令,根据三维打印机/快速成形系统安装的喷头大小和实际需要,选择合适的参数集(图 11 - 35),对三维模型进行分层处理,并保存为 CLI 文件。

(8) 载入 CLI 模型,在工具栏中单击"载入模型"按钮,选择相应 CLI 文件载入(图 11 - 36)。CLI 层片中的不同实体用不同颜色显示,共分为 3 种,即"轮廓","填充"和"支撑",其显示颜色可以在"色彩设定"对话框中选择。注意:打印模型将输出所有已载入的二维模型,并非选中的层片模型。

如成形位置要变动,则可以在二维图形窗口内将其移动到适宜的位置。按 Ctrl 键,在图形窗口内单击鼠标左键,然后进行拖动,图形窗口会显示一条红色的线段,该线段代表模型移动的方向和距离(图 11 - 37)。当所有模型都在蓝色矩形内时,才可以开始成形。

(9) 调整并测量高度。升高工作台到靠近喷头的高度。注意,升高工作台时应小心注意,防止工作台升高过快,撞击喷头,发生意外。为保证高度测量准确,可以先将喷头移动到成形位置附近。

(10) 工作台一般要升高到距离喷头 1mm ~ 5mm 的高度,然后测量工作台到喷头的距离,记录下来。

分层参数(单位:mm)

分层

E:\model\12-25 AG DEKSEL.stl

高度: -5.30--0.00

层厚: 0.225 参数集:

起点: -5.300000190 终点: 0

支撑

支撑角度: 50

支撑线宽: 0.53

支撑间隔: 4

最小面积: 5

表面层数: -4

路径

轮廓线宽: 0.5 扫描次数: 1

填充线宽: 0.5 填充间隔: 4

填充角度: 45.0,135.0 (循环)

填充偏置: 0,0,2,2 (循环)

水平角度: 45 表面层数: 4

交叉率: 0

计算精度: 0.02

支撑间隔: 0.415

☑ 强制封闭轮廓

确定 取消

图 11-35 “分层参数”对话框

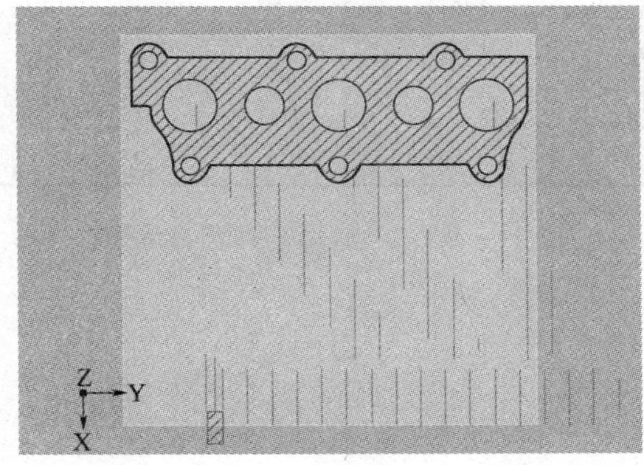

图 11-36 二维模型层片显示

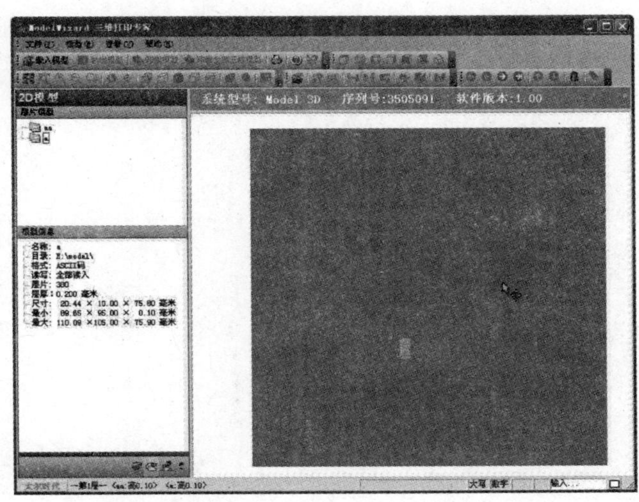

图 11-37 移动二维模型

(11) 选择“文件/三维打印/打印模型”命令,系统弹出“三维打印专家”对话框,用户可以选择要输出的层数,即“层片范围”中的起始层和结束层,系统默认从第一层到最后一层。其他参数为预留选项,暂时没有使用。

(12) 然后系统弹出“工作台高度”对话框,输入前面测量的工作台到喷头的距离。

(13) 系统自动开始打印(图 11-38)。

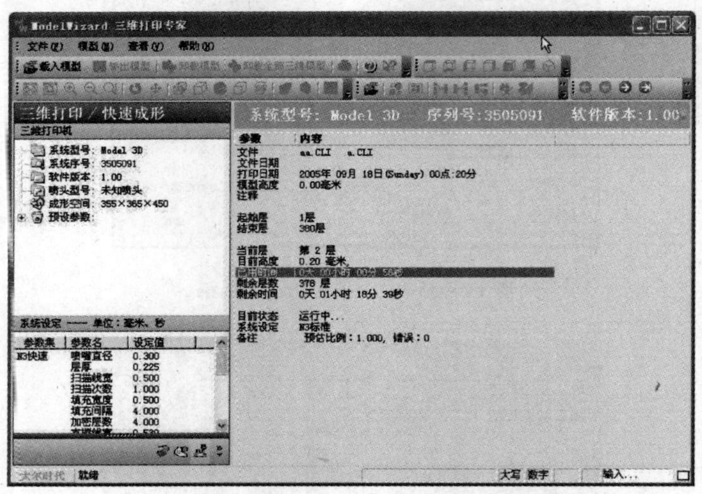

图 11-38 “三维打印专家”对话框

第四篇 钳工与装配

第12章 钳工与装配

12.1 钳工概述

钳工是手持工具对金属材料进行切削加工的一种方法,是金属切削加工中的重要工种之一,也是机械制造中不可缺少的一个工种。

1. 钳工基本操作

钳工基本操作包括划线、锯削、锉削、錾削、钻孔、铰孔、攻螺纹、套螺纹、刮削、研磨、装配和修理等。

2. 钳工的工作范围

(1) 零件加工前的准备工作,如毛坯的清理、划线等。

(2) 对精密零件的加工,如刮研机器、零件、量具的配合表面和制作模具、锉制样板等。

(3) 在单件、小批量生产中,配合机械加工一般精度的零件。

(4) 机器装配前对零件进行钻孔、铰孔、攻螺纹、套扣等,装配时对相互配合的零件进行修配;装配后对机器进行调试。

(5) 机器设备的维修等。

3. 钳工的分类

钳工根据所从事的主要工作可分为普通钳工、划线钳工、修理钳工、装配钳工、模具钳工、工具样板钳工、钣金钳工等。各钳工之间并无严格的区别,只是工作内容的侧重点不同,进而要求的操作技能水平不同,例如模具钳工比其他钳工工作所要求的技能水平更高。

4. 钳工的工作特点

(1) 加工灵活、方便,能够加工形状复杂、质量要求较高的零件。

(2) 工具简单,制造刃磨方便,材料来源充足,成本低。

(3) 劳动强度大,生产率低,对工人技术水平要求较高。

5. 钳工的作用

目前虽然零件有各种先进的加工方法,但很多工作仍然需要由钳工来完成,如形状复杂、精度要求高的量具、模具、样板、夹具等的加工,一些机床无法完成或工具无法进入的零件的加工,如机器、设备的装配、调试、检测和维修等,都离不开钳工。因此,钳工工作在机械制造和维修中有着重要的作用。

12.2 钳工常用设备及器具

12.2.1 常用设备

1. 钳工工作台

钳工工作台用来安装台虎钳，放置工具、量具和工件等，完成在台虎钳上进行的若干钳工工作及划线等操作的设备。

工作台台面一般用硬木制成，其余用硬木或铸铁制成，要求牢固平稳，台上安装有安全防护网。台面高度一般为 800mm ~ 900mm，或以台面上安装台虎钳后钳口高度与人手肘部平齐，长度和宽度则随工作需要而定，如图 12 - 1 所示。

钳工工作台的物品摆放规定：在台钳左边放的是量具，如卡尺、千分尺等，右边放的是各种刀具，如锉刀、刮刀等，台钳的正前方为各种样板，如角度样板、畸形样板等。

2. 台虎钳

台虎钳是用来夹持工件的通用夹具，其规格以钳口的宽度表示，常用的有 100mm、125mm、150mm 三种。

台虎钳按结构分又有固定式和回转式两种类型。回转式台虎钳的整个钳身可以在水平面内回转，能满足不同方位的加工需要，因此使用方便，应用较广，其构造如图 12 - 2 所示。

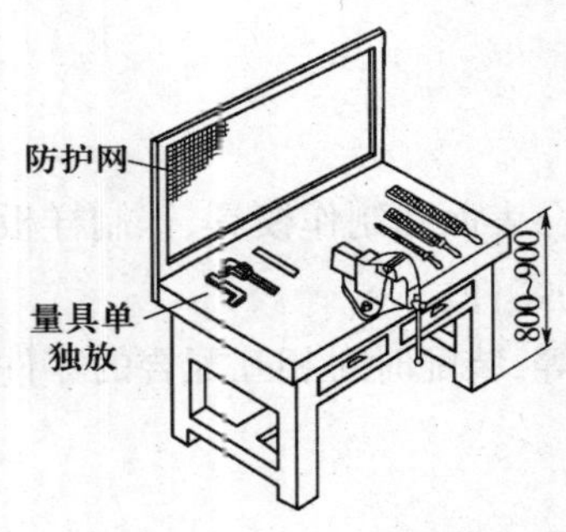

图 12 - 1　钳工工作台图

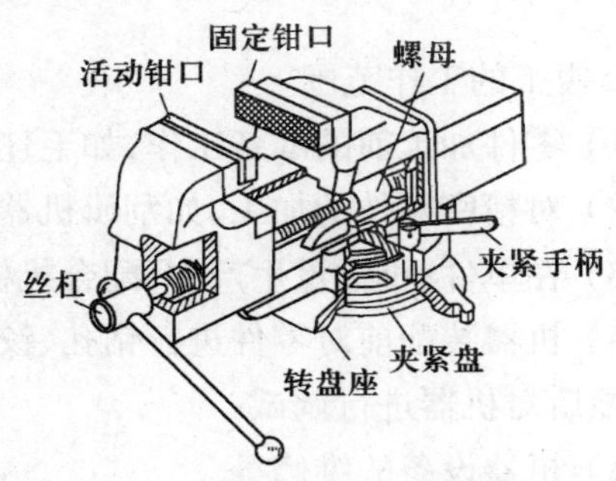

图 12 - 2　回转式台虎钳结构示意图

3. 钻床

用钻头对工件进行各类圆孔加工的机床称为钻床，分为台式钻床、立式钻床和摇臂钻床等。

1) 台式钻床

台式钻床是一种放在工作台上使用的钻床(图 12 - 3)，其特点为：①重量轻，移动方便；②进给运动由手动完成；③主要加工小型零件，一般加工的孔径不大于 12mm；④由于加工的孔径较小，主轴要有较高的转速，台钻的转速通常在 400r/min ~ 10000r/min，转速可通过改变 V 形带在塔式带轮上的位置调节；⑤适用于单件或小批量小型零件的孔加工。

台式钻床型号：以型号 Z4012 台式钻床为例，Z 代表钻床类，40 表示台式钻床，12 表示最大钻孔直径为 12mm。

2) 立式钻床

立式钻床主要由主轴、主轴变速箱、进给箱、立柱、工作台和底座组成(图 12 - 4)。其特点为：①刚性好、功率大，主要加工中型零件的孔，可采用较大的切削用量，并可自动走刀，生产效率高；②主轴的转速和进给量可调范围大，所以可得到较高的加工精度；③可以完成钻孔、扩孔、铰孔、锪孔、攻螺纹等加工，由于立式钻床的主轴只能上下移动，靠移动工件来对准钻孔中心，因此只适合于加工单件、小批量中小型零件上的孔。

立式钻床型号：主要型号有 Z5125、Z5135、Z5140、Z5145 等。型号 Z5125 中 Z 代表钻床类，51 表示立式钻床，25 表示最大钻孔直径为 25mm。

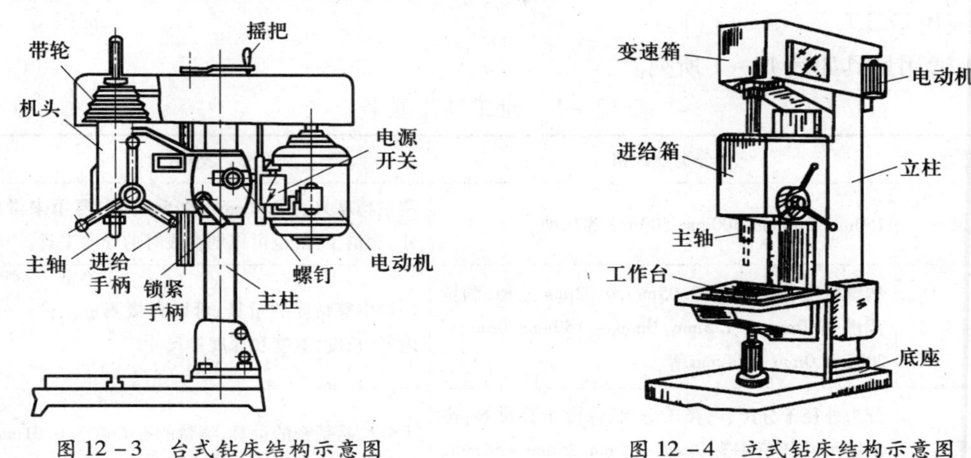

图 12－3　台式钻床结构示意图　　　图 12－4　立式钻床结构示意图

3）摇臂钻床

摇臂钻床有一个能绕立柱旋转的摇臂，摇臂带着主轴箱可沿立柱垂直移动，同时主轴箱等还能在摇臂上作横向移动，主轴可沿自身轴线垂直移动或进给（图 12－5）。其特点为：有 3 个调整位置的辅助运动，能方便地调整刀具位置对准被加工孔的中心，而不需要移动工件来进行加工，因此可加工一个零件上不同位置的孔，大大增加了加工的机动性和工作适应性；适用于单件或中小批量生产的大、中型零件或多孔零件的孔加工。摇臂钻床除了用于钻孔外，还能扩孔、锪孔、铰孔、镗孔、攻螺纹等。

摇臂钻床型号：以 Z3050 型号摇臂钻床为例，Z 表示钻床类，30 表示摇臂钻床，50 表示最大钻孔直径为 50mm。

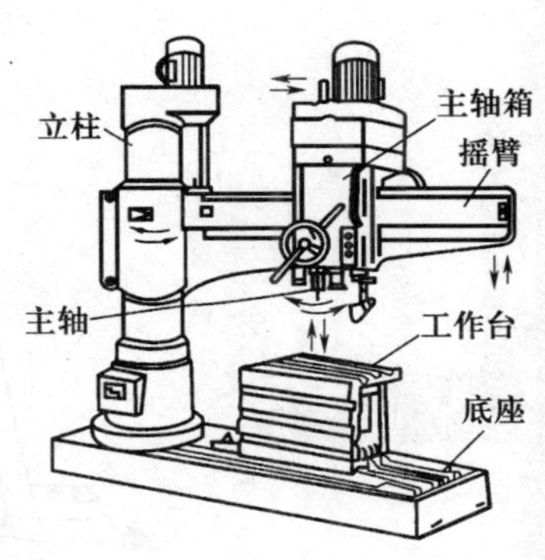

图 12－5　摇臂钻床示意图

12.2.2　常用工具

钳工常用工具有划线用的划针、划针盘、划规（圆规）、中心冲（样冲）和平板，錾削用的手锤和各种錾子,锉削用的各种锉刀,锯割用的锯弓和锯条,孔加工用的麻花钻、各种锪钻和铰刀,攻螺纹、套螺纹用的各种丝锥、板牙和铰手,刮削用的平面刮刀、曲面刮刀以及各种扳手和起子等。

12.2.3 常用量具

1. 通用量具

钳工通用量具如表 12-1 所列。

表 12-1 钳工通用量具

量具名称	分类及规格	作用
钢直尺	150mm、200mm、300mm、500mm 等几种。	测量精度只有 0.2mm ~ 0.5mm,主要用来量取尺寸、测量工件,也可作划直线时的导向工具。
普通游标卡尺	测量精度有 0.1mm、0.05mm、0.02mm 三种,测量范围有 0mm ~ 125mm、0mm ~ 150mm、0mm ~ 200mm、0mm ~ 300mm 等。	一种中等精度的量具,可以直接测量工件的外径、内径、长度、宽度和深度等尺寸。
千分尺	分为外径千分尺、内径千分尺、深度千分尺等;按测量尺寸的范围有 0mm ~ 25mm、25mm ~ 50mm、50mm ~ 75mm、75mm ~ 100mm 等规格。	千分尺是精密的量具,测量的准确度为 0.01mm,用来测量加工精度要求较高的工件尺寸。
百分表	其分度值为 0.01mm。	可用来精确测量工件圆度、圆跳动、平面度、垂直度、直线度等形位误差。
注:其余通用量具还有塞规、卡规、量规等		

2. 专用量具

1) 游标深度尺和游标高度尺(图 12-6)

分别用于测量深度和高度,高度游标尺还可用作精密划线。

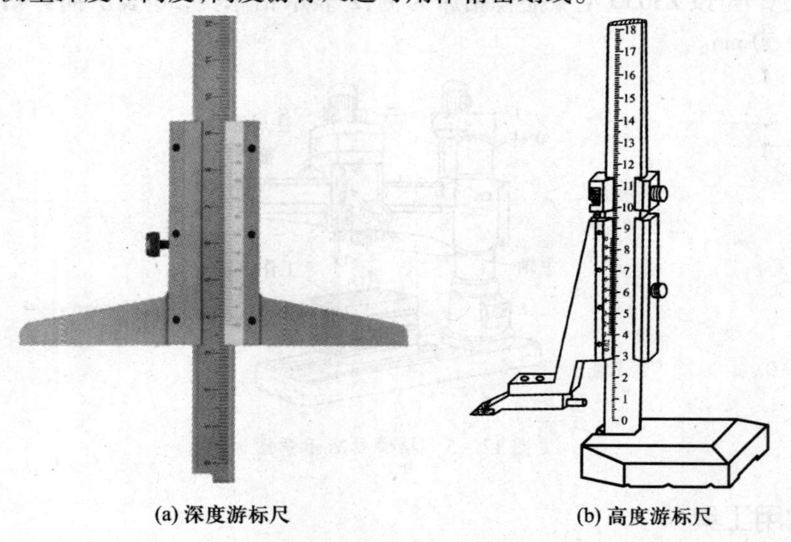

(a) 深度游标尺 (b) 高度游标尺

图 12-6 深度游标尺和高度游标尺

2）塞尺（图 12－7）

塞尺又称厚薄规，由一组钢薄片组成，其厚度一般为 0.01mm～0.3mm。塞尺在修理安装工作中常用来检验相配合表面间的间隙大小，或与其他量具配合，检验工件相关表面间的位置误差。

3）刀口形直尺（图 12－8）

刀口形直尺用于检查平面的平、直误差。测量时把刀口形直尺与被测量表面贴合，如刀口与平面之间有间隙，说明平面不平，可用塞尺塞间隙，即可测出间隙的大小。

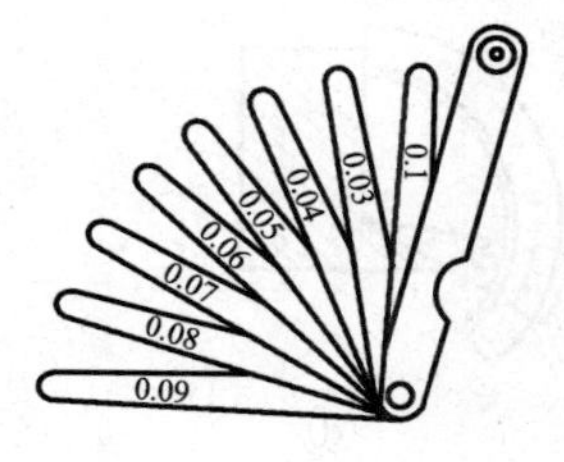

图 12－7 塞尺

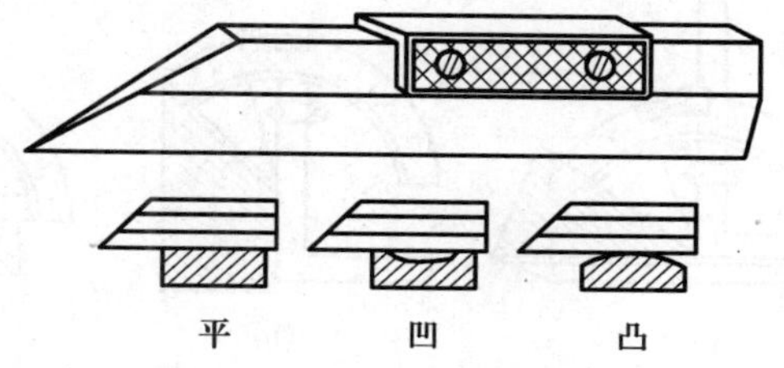

图 12－8 刀口形直尺及其应用

4）直角尺（图 12－9）

直角尺在划线时常用作划平行线或垂直线的导向工具，也可用来找正工件平面在划线平台上的垂直位置。直角尺内外两边各成准确的 90°，经常与塞尺配合使用，来检测工件的垂直度。使用时，直角尺的一边与被测工件的一面贴平，此时若工件的另一面与直角尺的另一边之间存在间隙，则用塞尺测出垂直度的误差值。

5）万能角度尺（图 12－10）

万能角度尺是利用游标原理来测量零件内、外角度的量具，其刻线原理与读数方法与游标卡尺相同，主尺刻线每格为 1′。游标的刻线是取主尺的 29°，等分为 30 格，因此游标刻线 1 格为 29/30＝58′，即主尺一格与游标一格的差值为 2′，也就是万能角度尺测量精度为 2′。

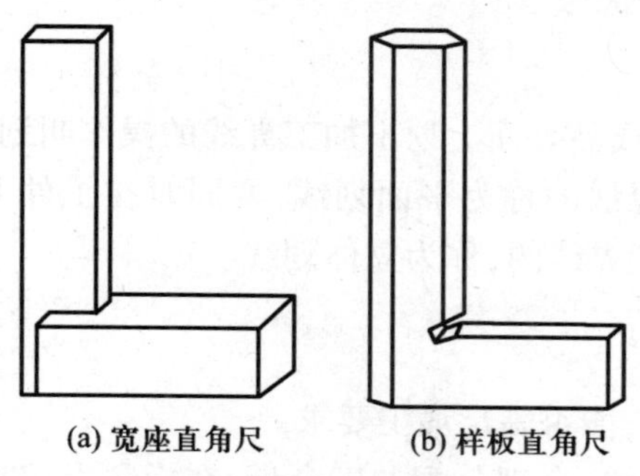

图 12－9 直角尺

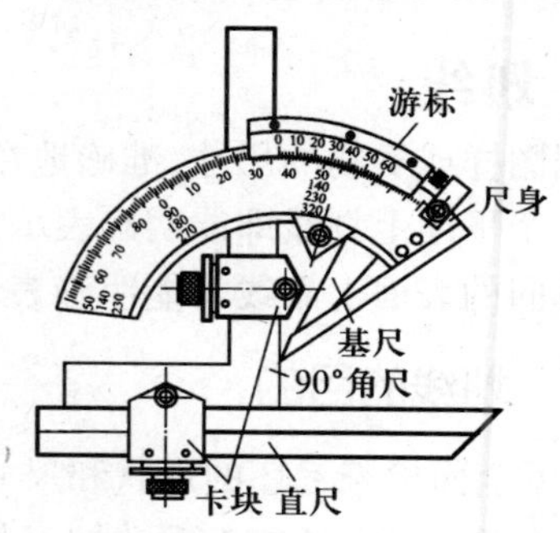

图 12－10 万能角度尺

万能角度尺读数方法如下。

读数＝游标零线所指刻度盘上整数＋游标上与主尺刻度线对齐的刻线格数×2′。

万能角度尺使用方法如下。

（1）使用前将万能角度尺擦拭干净，检查各部件移动是否平稳可靠。

（2）校对零位，即装上直角尺与直尺，使直角尺的底边及基尺均与直尺无间隙，检查主尺与游标的“0”线是否对准。

（3）调整好零位后，通过改变基尺、直角尺、钢直尺的相互位置来测量 0°～320°范围内的任意角度。图 12－11(a)所示为将被测件放在基尺和直尺的测量面之间,用以测量 0°～50°的工件角度。图 12－11(b)所示为把钢直尺和卡块卸下来,并把直角尺往下移,将被测件放在基尺和直角尺的测量面之间,用以测量 50°～140°的工件角度。图 12－11(c)所示为把钢直尺和卡块卸下来,直角尺往上推,并将直角尺和基尺的测量面紧贴在被测件的表面上,用以测量 140°～230°的工件角度。图 12－11(d)所示为把钢直尺、直角尺和卡块都卸下来,直接用基尺和扇形板的测量面测量,用以测量 230°～320°的工件角度。

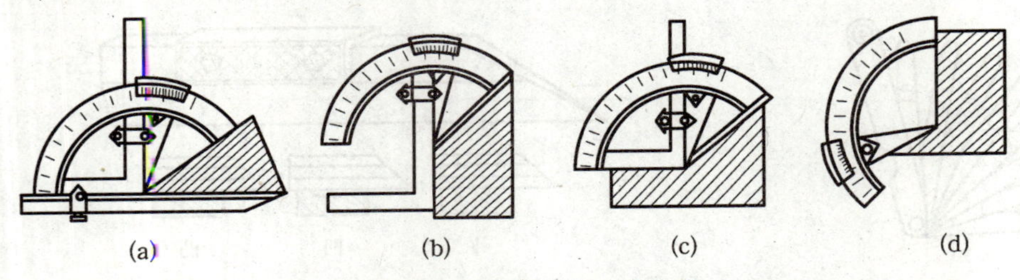

图 12－11 万能角度尺的应用

3. 量具的维护和保养

量具是用来测量工件尺寸的工具,在使用过程中应加以精心维护和保养,才能保证零件的测量精度,延长量具的使用寿命。因此,必须做到以下几点。

(1) 使用前应该擦拭干净,用完后也必须擦拭干净、涂油并放入专用量具盒内。

(2) 不能随便乱放、乱扔,应放在规定的地方。

(3) 不能用精密量具去测量毛坯尺寸、运动着的工件或温度过高的工件,测量时用力应适当,不能过猛、过大。

(4) 量具如有问题,不能私自拆卸修理,应交实习老师处理。精密量具必须定期送计量部门鉴定。

12.3 划线

根据图样或实物的尺寸,准确地在工件毛坯或半成品表面上划出加工界线的操作叫划线。只需在一个平面上划线即能明确表示出工件的加工界线的称为平面划线,要同时在工件上几个不同方向的表面上划线才能明确表示出工件的加工界线的,称为立体划线。

12.3.1 划线的目的

(1)可全面检查毛坯的形状和尺寸是否符合图样,能否满足加工要求。

(2)确定工件上各加工面的加工基准和加工轮廓线,合理分配加工余量;在板料上按划线下料,可做到正确排料,合理使用材料。

(3)确定复杂工件安装时的基准,作为工件安装的依据。

(4)当在坯料上出现某些缺陷的情况下,可通过划线进行“借料”处理,来达到补救的目的。

12.3.2 划线工具

1. 基准及支持工具

1) 划线平板

划线平板(图 12－12)是划线的基准工具,其工作表面经过精刨或刮削加工,要求平直光洁，一般用木架搁置，安放时要平稳牢固，上平面要保持水平。

划线平板的用途：是检查机器零件平面度、直线度等形位公差的测量基准，用于一般零件及精密零件的划线、研磨工艺加工及测量等，也可用于安装设备等用途。

划线平板的材质：一般为高强度铸铁 HT200 ~ HT300，工作面硬度为 170HB ~ 240HB，经过两次人工处理（人工退火 600℃ ~700℃ 或自然时效 2 年 ~3 年）后精度稳定，耐磨性能好。

划线平板规格及精度级别：划线平板尺寸有从 100mm×100mm 到 3000mm×6000mm 多个规格，精度级别分别为 0、1、2、3 四个等级。

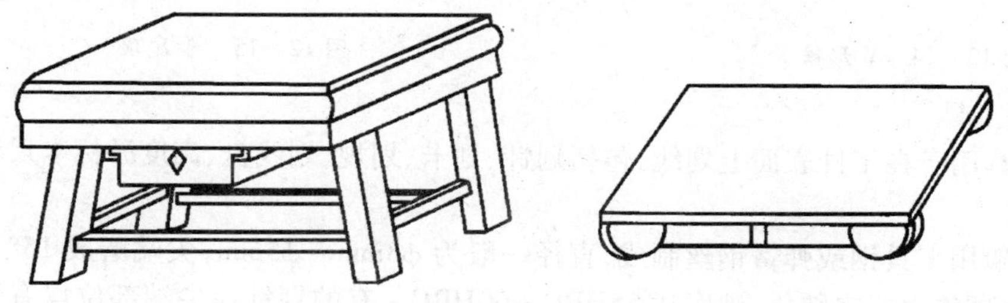

图 12－12　划线平板

2）划线方箱

方箱是用铸铁制成的空心立方体，6 个面都已加工，互成直角，其尺寸精度和形位位置精度均较高。方箱上带有 V 形槽和支持装置，用于夹持较小的工件。通过在平板上翻转方箱，便可在工件表面上划出相应垂直的线（图 12－13）。

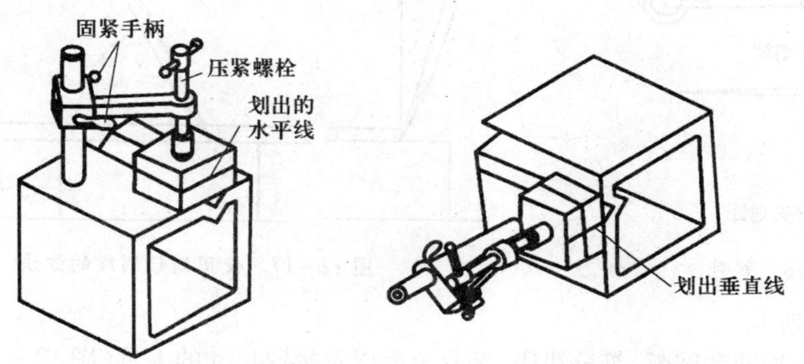

图 12－13　方箱

3）V 形铁

V 形铁用钢或铸铁做成，主要用于安装轴、套筒等圆柱形工件，使工件轴线与平板平行，也可方便地确定工件中心，并画出中心线（图 12－14）。

4）千斤顶

千斤顶是在平板上支撑较大或形状不规则工件时使用的工具，通常三个一组，其高度可以调整（图 12－15）。

2. 测量工具

测量工具包括钢尺、直角尺、游标卡尺、高度游标尺等。其中高度游标尺能直接测量出高度尺寸，其读数精度和游标卡尺一样，也可用于精密划线。

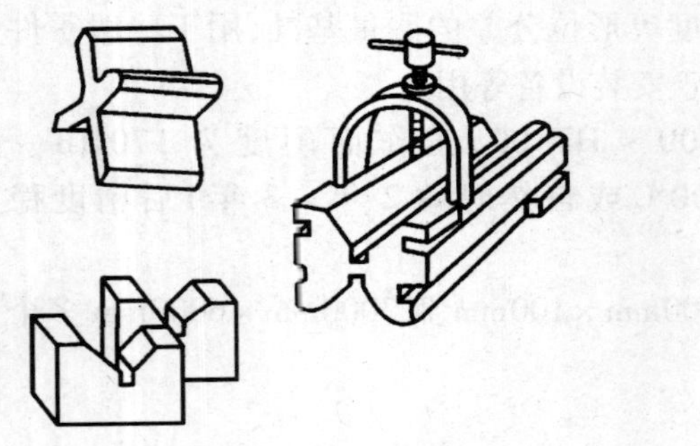
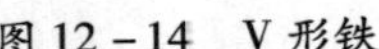

图 12-14 V形铁

图 12-15 千斤顶

3. 划线工具

划线工具用于在工件表面上划线，包括划针、划卡、划规、划线盘、高度游标卡尺和样冲等。

1）划针

划针一般用工具钢或弹簧钢丝制成，直径一般为 ϕ3mm ~ ϕ5mm，尖端磨成 15° ~ 20°的尖角，并经热处理淬火使之硬化，硬度达 55HRC ~ 60HRC。有的划针在尖端部位焊有硬质合金，耐磨性好（图 12-16）。

划针要依靠钢尺或直尺等导线工具而移动，并向外侧倾斜 15° ~ 20°，向划线方向倾斜约 45° ~ 75°，如图 12-17 所示。要尽量做到一次划成，以使线条清晰、准确。

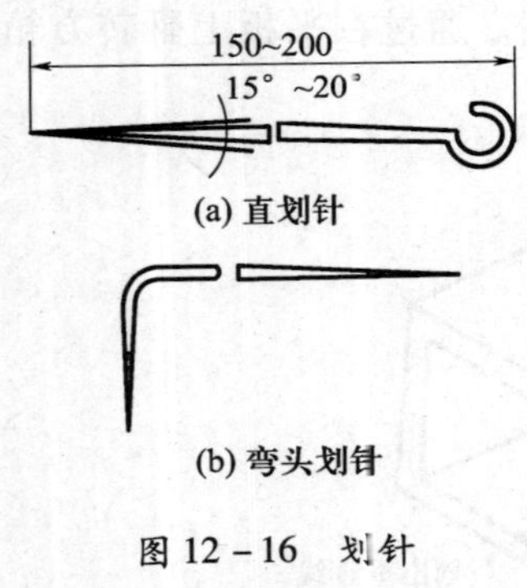

图 12-16 划针

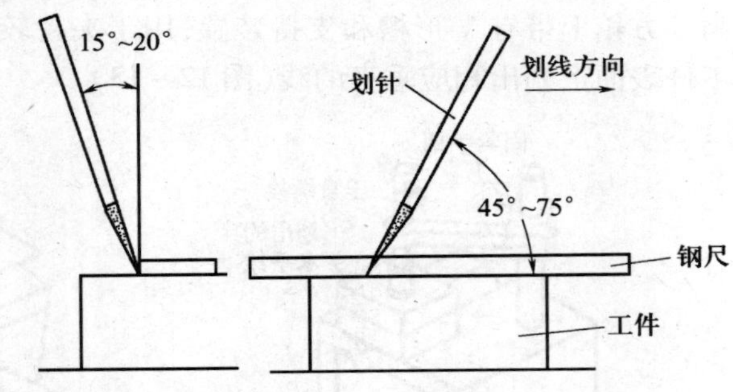

图 12-17 使用划针划线的方法

2）划规和划卡

划规是平面划圆和圆弧、等分线段、等分角度以及量取尺寸的工具（图 12-18）。

划卡也称为单脚划规，用来确定轴和孔的中心位置。其使用方法如图 12-19 所示，先划出 4 条圆弧线，再在圆弧线中冲一样冲点。

3）划线盘

划线盘又称划针盘，是立体划线和找正工件位置时用的工具，由底座、立杆、划针和锁紧装置等组成，用来在划线平台上对工件进行划线或找正工件在台上的正确安放位置（图 12-20、图 12-21）。

普通划线盘的划针一端（尖端）一般焊上硬质合金，作划线用，另一端制成弯头，用来校正工件。普通划线盘刚性好、不易产生抖动，应用很广。可微调划线盘使用方法与普通划线盘相同，不同的是其具有微调装置，拧动调整螺钉，可使划针尖端有微量的上下移动，使用时调整尺

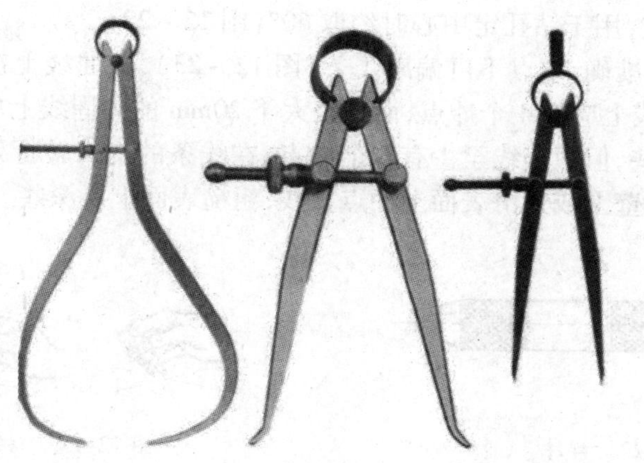
图 12－18 划规

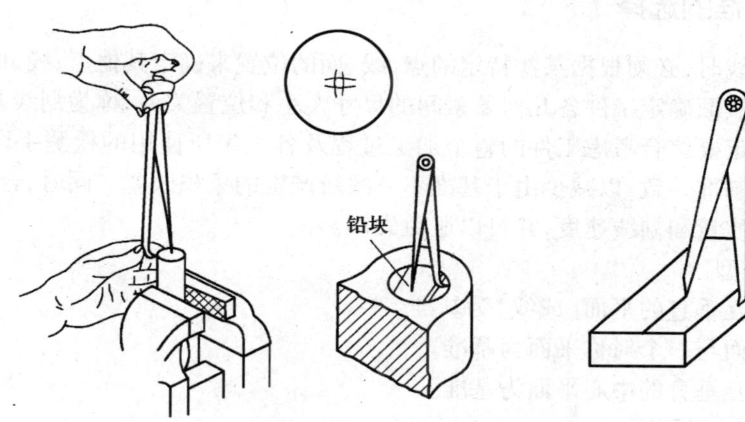

图 12－19 划卡及使用方法

寸方便，但刚性较差。

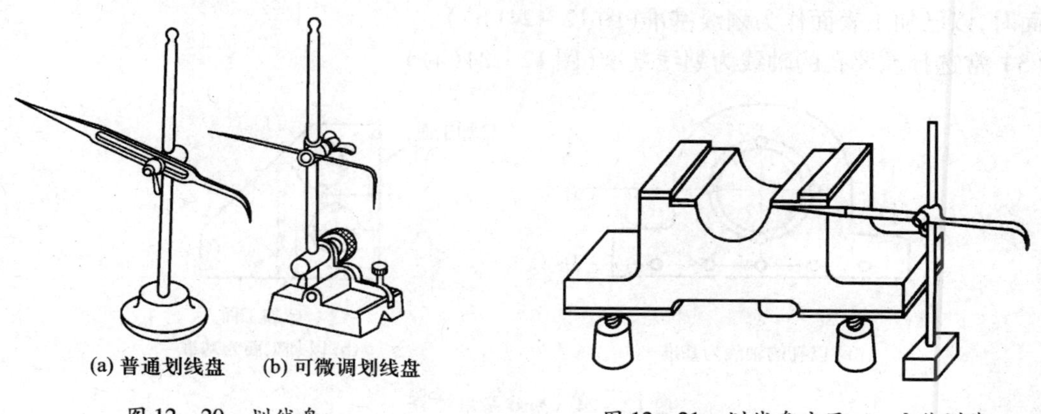

图 12－20 划线盘

图 12－21 划线盘应用——立体划线

4）样冲

样冲用来在已划好的线上打上样冲眼，用来作加强界限标志或者用来打圆弧或钻孔中心点。它一般用工具钢制成，尖端处淬硬，工厂常用废丝锥、铰刀等改制，其顶尖角度在用于加强界限标记时大约为40°，用于钻孔定中心时约取60°（图12－22）。

冲点要求：位置要准确，中点不可偏离线条（图12－23），在曲线上冲点距离要小些，如直径小于20mm的圆周线上应有4个冲点，而直径大于20mm的圆周线上应有8个以上冲点，在直线上冲点距离可大些，但短直线至少有3个冲点；在线条的交叉转折处则必须冲点，冲点的深浅要掌握适当，在薄壁上或光滑表面上冲点要浅，粗糙表面上要深些。

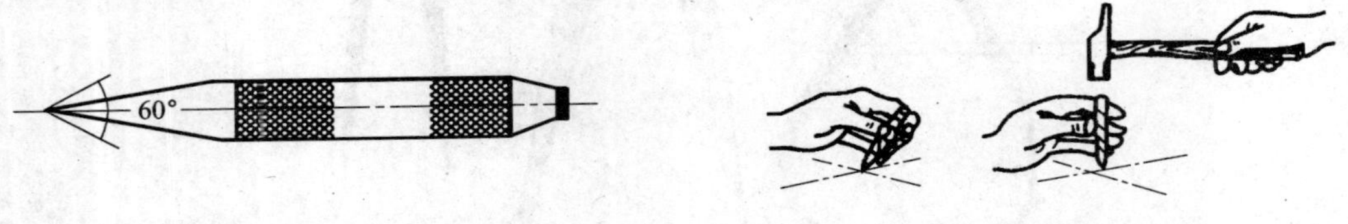

图12－22　样冲　　　图12－23　样冲冲点方法

12.3.3　划线基准的选择

在工件表面划线时，必须根据某些特定的点、线、面的位置来确定其他点、线、面的位置，这些作为依据的点、线、面确定工件各几何要素间的尺寸大小和位置关系，称为划线基准。

划线基准的确定要综合考虑工件的整个加工过程及各工序所使用的检测手段，应尽可能使划线基准与设计基准一致，以减少由于基准不一致所产生的累积误差。同时，合理地选择划线基准能提高划线质量和划线速度，并可以避免失误。

1. 划线3种类型

(1) 以两个相互垂直的平面（或线）为基准。

(2) 以一个平面与一个对称平面为基准。

(3) 以两个相互垂直的中心平面为基准。

2. 划线基准的选择原则

(1) 尽量使划线基准与工件图样的设计基准重合。

(2) 工件上没有已加工表面时，以较大、较长的不加工表面作为划线基准；工件上有已加工表面时，以已加工表面作为划线基准（图12－24(b)）。

(3) 常选择重要孔的轴线为划线基准（图12－24(a)）。

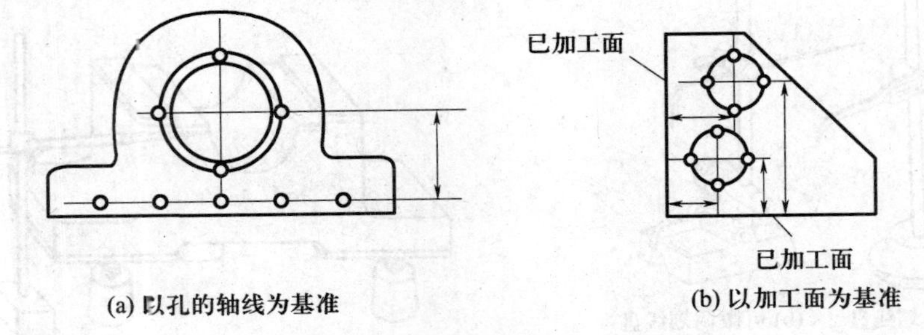

图12－24　划线基准选择

(4) 以对称面或对称线作为划线基准。

(5) 需两个以上的划线基准时，以互相垂直的表面作为划线基准。

(6) 毛坯一般选其轴线或安装平面作基准。

12.3.4　划线步骤

（1）划线前准备。毛坯在划线前要进行清理（将毛坯表面的脏物清除干净，清除毛刺），划线表面需涂上一层薄而均匀的涂料，毛坯面用白浆或粉笔；已加工面用紫色涂料（龙胆紫加虫胶和酒精）或绿色涂料（孔雀绿加虫胶和酒精）。有孔的工件，还要用铅块或木块堵孔，以便确定孔的中心。

（2）熟悉图形，并按各图应采取的划线基准及最大轮廓尺寸，安排好各图基准线在工件上的合理位置，划好基准线。

（3）正确安放工件并准备好所用的划线工具，按各图的编号顺序及所标注的尺寸，根据基准线依次划出水平线、垂直线、斜线，最后划出圆、圆弧和曲线等。

（4）对图形、尺寸复检校对，确认无误后，敲样冲眼。

12.3.5　什么是划线借料

当毛坯误差不大时，通过划线适当分配加工余量，使其各加工表面都有足够的余量，从而使毛坯件的缺陷和误差在加工后得到排除。这种用划线补救毛坯件缺陷的方法称为借料。

12.3.6　划线实例

1. 平面划线（图 12－25）

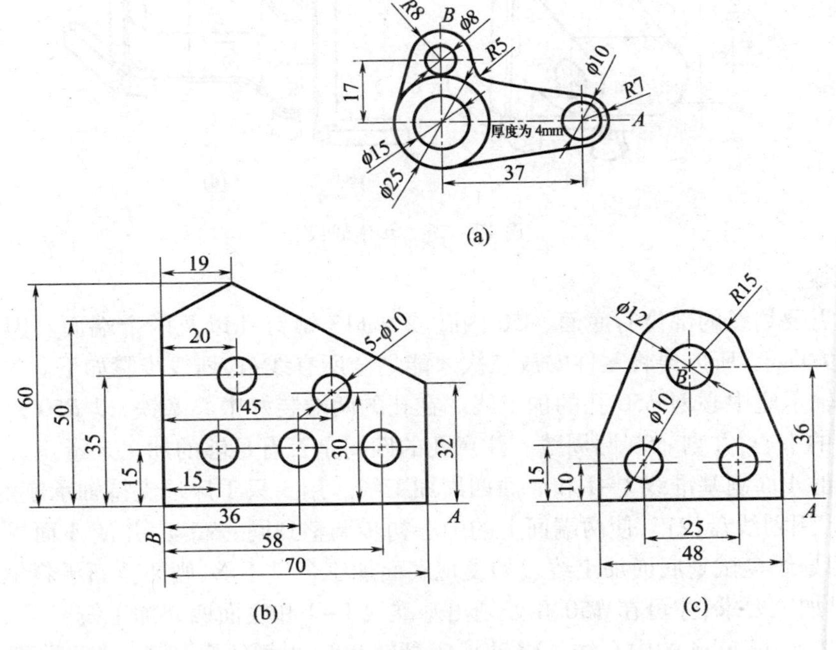

图 12－25　平面划线

操作步骤：

（1）清理加工件：擦拭加工表面油污或锈斑。

（2）涂颜料：用粉笔在加工件表面涂后用手轻擦，使粉笔附在加工件表面上。

(3) 选定划线基准:划图 12 - 25(a)所示的工件时,找 A 为第一基准,然后用直尺找 B 为第二基准;划图 12 - 25(b)所示的工件时,先找 A 为基准,然后以 A 基准定长,找出 B 点为第二基准;划图 12 - 25(c)所示的工件时,找 A 为第一基准,然后用直尺找 B 为第二基准。

(4) 找交点划外轮廓。

(5) 各圆心点,打上样冲眼,划圆及连接圆弧。

(6) 检查各尺寸,打样冲眼。

2. 立体划线(图 12 - 26)

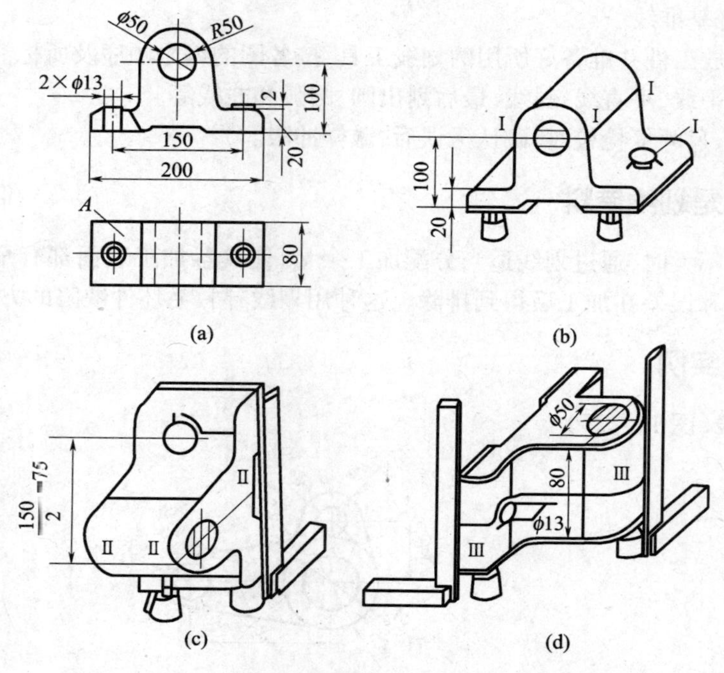

图 12 - 26 立体划线

操作步骤:

轴承座需要划线的部位有底面、$\phi50$ 内孔、$2\times\phi13$ 螺钉孔以及两个端面。因为划线尺寸分布在 3 个方向上,所以要将零件安放三次才能划全所有线条,划线步骤如下。

(1) 找轴承座中心划 $\phi50$ 孔的加工线。在孔的两端装好中心塞铁,以 $R50$ 外轮廓为基准找出 $\phi50$ 圆的中心,并划 $\phi50$ 圆周线。注意孔的四周是否有足够的加工余量。

(2) 找正 A 面划基准线 I - I 和底面四周加工线。用 3 只千斤顶支持轴承座的底平面(图 12 - 26(b)),用划线盘找正,使两端面上的中心初步调整到同一高度,并使 A 面尽量达到水平位置,然后用划线盘试划底面加工线。如发现底面加工余量不够,则要重新借料把中心适当提高,直到满足加工要求,才可在 $\phi50$ 孔处划出基准线 I - I 和底面四周加工线。

(3) 划 $2\times\phi13$ 螺孔的中心线。将轴承座翻转 90°,用划线盘找正,使两端面上的中心处于同一高度,同时用角尺按底面加工线找正垂直位置,接着用划线盘在 $\phi50$ 中心位置划出基准线 II - II,根据图纸划出两个螺钉孔的中心线。

(4) 划两端加工线。将零件翻转到图 12 - 26(d)所示位置,用千斤顶和角尺调整找正,使 II - II 线与底面加工线处于垂直位置,然后以两边螺钉孔的中心为依据,划出两端面加工线。

若不能保证有足够的加工余量,可通过调整螺钉孔中心借料,最后找出 III - III 基准和两个端面的加工线。

(5) 检查各尺寸,打样冲眼。

12.4 钳工切削加工方法

12.4.1 锯削

用手锯对工件或材料进行切断或切槽的加工方法称为锯削。工件坯料或半成品的分割、钳工加工过程中多余料头的去除,以及在工件上开槽、工件的尺寸或形状的修整等加工,都须应用锯削操作。

1. 锯削工具

1) 手锯的构造

手锯由锯弓和锯条构成,如图 12 - 27 所示。锯弓用来安装锯条,有固定式(图 12 - 27(a))和可调试(图 12 - 27(b))两种。固定式锯弓只能安装一种长度的锯条,而可调式锯弓通过调整可以安装几种长度的锯条。

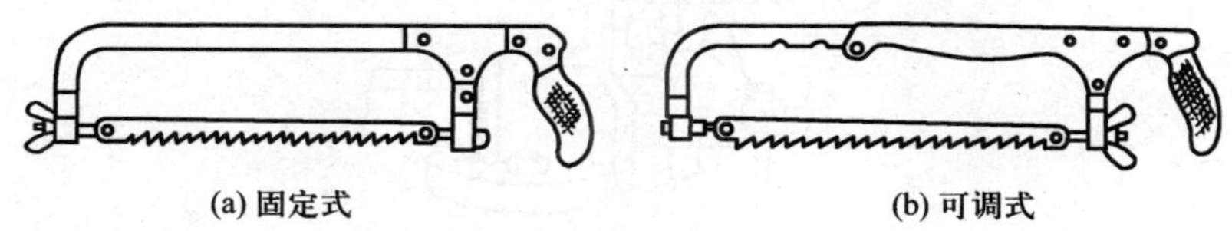

图 12 - 27 手锯

2) 锯条及其正确选用

锯条是用来直接切削工件或材料的刃具,一般用碳素工具钢(T12 或 T12A)或合金工具钢制成,并经热处理淬硬。锯条的规格以两端安装孔的中心距来表示,常用锯条长 300mm、宽 12mm、厚 0.8mm。此外,锯条还根据齿距的大小分为细齿、中齿和粗齿 3 种,使用时应根据所锯材料的软硬和厚薄来选用(表 12 - 2)。

表 12 - 2 锯齿的粗细及选择

锯齿粗细	每 25mm 长度内锯齿的数目/个	用途
粗齿	14 ~ 16	锯削铜、铝等软金属及厚度大的工件
中齿	18 ~ 24	锯削普通钢材、铸铁及中等厚度的工件
细齿	26 ~ 32	锯削硬钢、板料及薄壁管件

2. 锯削操作

1) 锯条的安装

手锯是在向前推进时才起到切削作用,因此锯条安装时应使齿尖的方向朝前,如图 12 - 28(a)所示。注意齿条平面要与中心平面平行,不得歪斜和扭曲。通过蝶形螺母调节锯条的松紧,过紧则锯条受力过大,锯削中用力稍有不当则易折断;过松则锯条受力后易扭曲,也会出现折断,而且锯缝极易歪斜。

2) 工件的夹持

工件一般应夹在台虎钳的左面,以便操作;工件伸出钳口不应过长,一般锯缝离开钳口侧

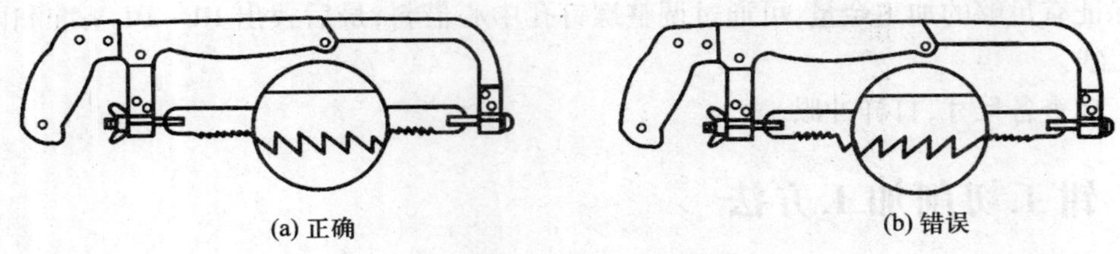

图 12－28　锯条的安装

面约 20mm，过长则锯割时会产生振动，锯缝线要与钳口侧面保持平行，便于控制锯缝不偏离划线线条；工件夹紧要牢靠，同时要避免将工件夹变形。

3）起锯

手锯的握法：手锯的常见握法是右手满握锯柄，左手扶住锯弓前端，如图 12－29 所示。锯削时，推力和压力由右手控制，左手主要配合右手扶正锯弓，压力不要过大。

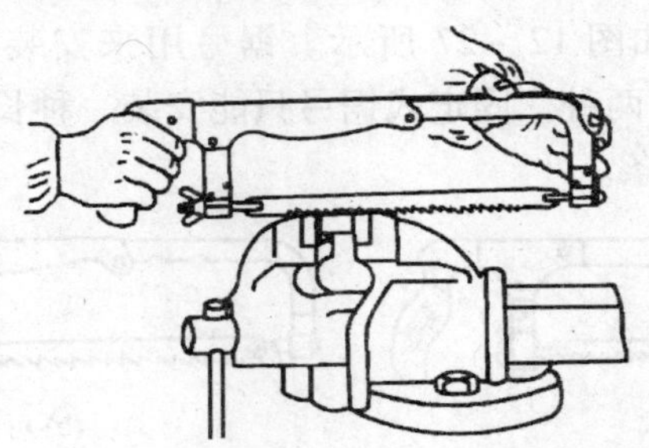

图 12－29　手锯的握法

起锯方法：起锯是锯割工作的开始。起锯质量的好坏，直接影响锯割质量，如果起锯不正确，会使锯条跳出锯缝将工件拉毛或者引起锯齿崩裂。

起锯有远起锯和近起锯两种（图 12－30）。起锯时，左手拇指靠住锯条，使锯条能正确地锯在所需要的位置上，行程要短，压力要小，速度要慢。起锯角约为 15°。起锯角太小不易切入，太大容易被工件棱角卡住或引起崩裂。一般情况下采用远起锯较好，因为远起锯锯齿是逐步切入材料，锯齿不易卡住，起锯也较方便。起锯锯到槽深有 2mm～3mm，锯条已不会滑出槽外，左手拇指可离开锯条，扶正锯弓逐渐使锯痕向后（向前）成为水平，然后往下正常锯割。

4）锯削

锯削时左脚超前半部，身体略向前倾与台虎钳中心约成 75°。两腿自然站立，人体重心稍偏于右脚。锯削时视线要落在工件的切削部位。推锯时身体上部稍向前倾，给手锯以适当的压力而完成锯削。锯削运动一般采用小幅度的上下摆动式运动（图 12－31（a）），对锯缝底面要求平直的锯割，必须采用直线运动（图 12－31（b））。

锯削时应尽量利用锯条的有效长度，一般往复行程不应小于锯条全长的 2/3。手锯向前推为切削行程，应施加推力和压力，返回行程不切削，不加压力作自然拉回。工件快要锯断时压力要小，避免碰伤手臂或折断锯条。锯割运动的速度一般为 60 次/分左右，锯割硬材料慢些，锯割软材料快些，同时，锯割行程应保持均匀，返回行程的速度应相对快些。

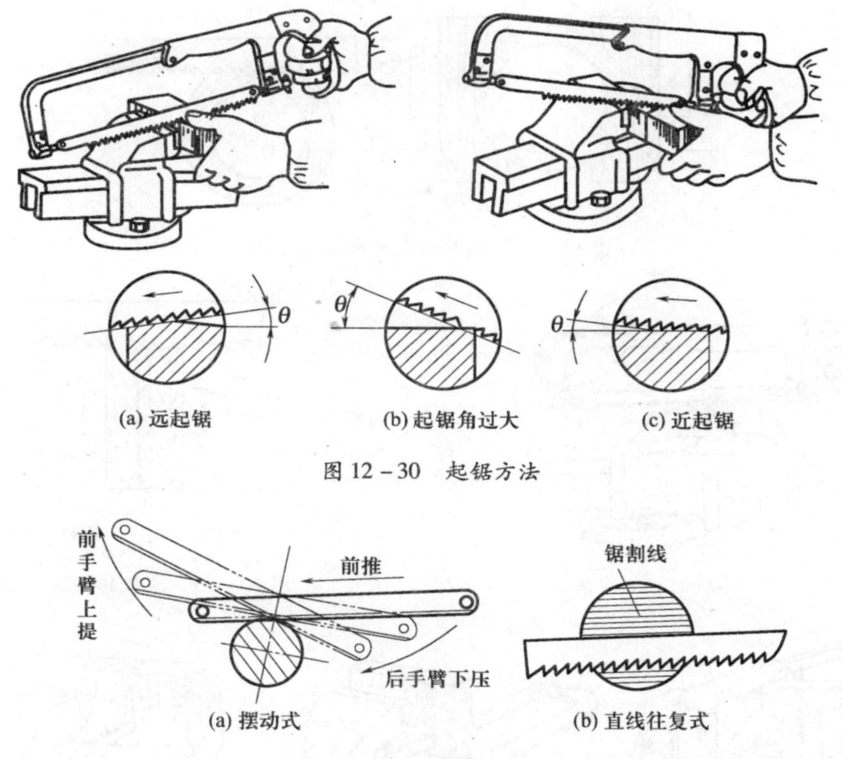

图 12-30 起锯方法

图 12-31 锯削运动方式

3．常见材料的锯削

（1）扁钢、型钢。在锯口处划一周圈线，分别从宽面的两端锯下，两锯缝将要接触时，轻轻敲击使之断裂分离（图 12-32）。

（2）钢管。锯削薄壁或精加工的钢管时，应将之夹在带有 V 形槽的两木板之间。选用细齿锯条，当管壁锯透后随即将管子沿着推锯方向转动一个适当角度，再继续锯削，依次转动，直至将整个钢管锯断（图 12-33）。

（3）棒料。如果断面要求平整，则应从开始连续锯到结束，若要求不高，可分几个方向锯下，以减小锯切面，提高工作效率（图 12-34）。

（4）薄板。锯削时尽可能从宽面锯下去，若必须从窄面锯下时，可用两块木垫夹持，连木块一起锯下，也可把薄板直接夹在虎钳上，用手锯作横向斜推锯（图 12-35）。

（5）深缝。当锯缝的深度超过锯弓高度时，应将锯条转 90°重新装夹，当锯弓高度仍不够时，可将锯齿朝向锯内（转 180°）装夹进行锯削（图 12-36）。

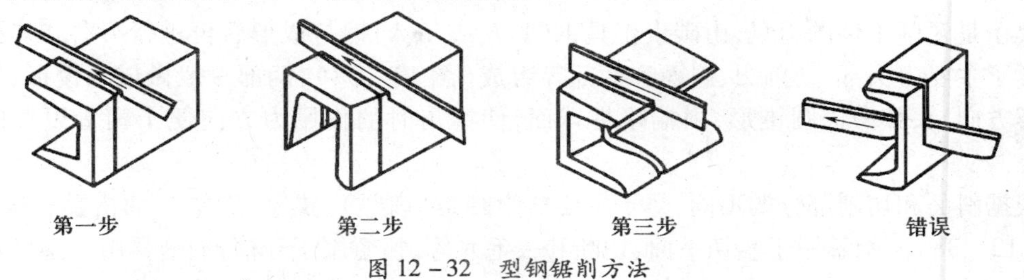

图 12-32 型钢锯削方法

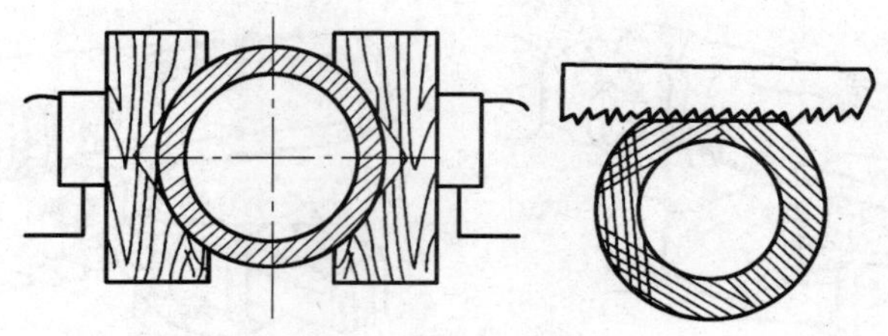

图 12-33　钢管的夹持和锯削方法

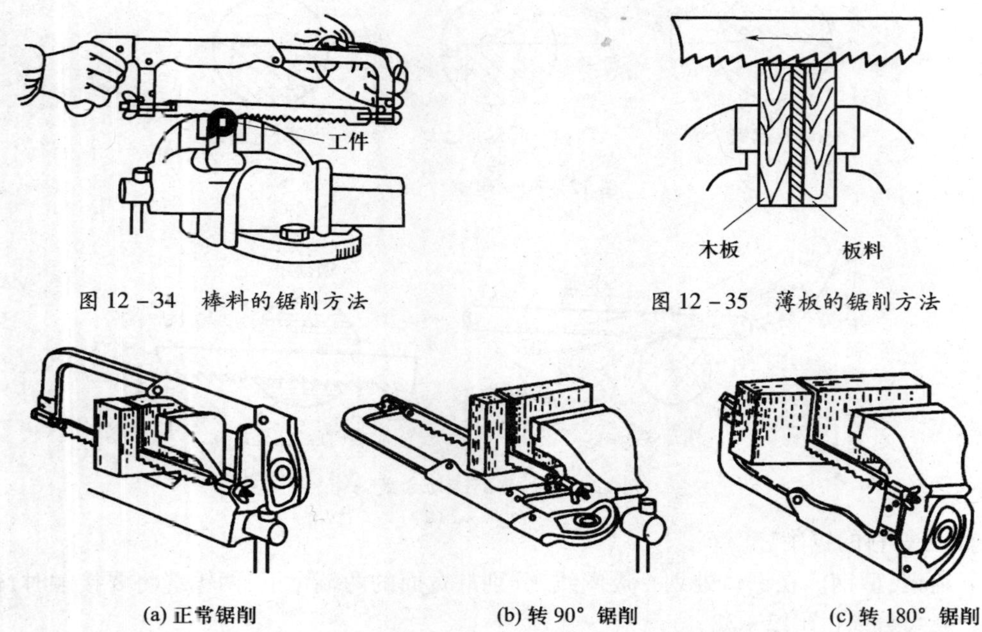

图 12-34　棒料的锯削方法

图 12-35　薄板的锯削方法

(a) 正常锯削　(b) 转 90° 锯削　(c) 转 180° 锯削

图 12-36　深缝的锯削

12.4.2　錾削

錾削是用手锤锤击錾子，对金属工件进行切削加工的操作。錾削可以加工平面、沟槽、切断金属以及清理铸锻件上的飞边、毛刺、浇冒口、凸缘等，是一种粗加工方法，其工作效率比较低，劳动强度大，但由于使用的工具简单，操作方便，常用在不便于机械加工或单件生产的场合。

1. 錾削工具及应用

1）錾子

錾于是錾削工件的刀具，由碳素工具钢（T7A 或 T8A）锻打成形后再进行刃磨和热处理而成。錾子主要由头部、切削刃、斜面和柄部等组成（图 12-37），柄部一般做成八棱形，便于控制捉錾方向，头部做成圆锥形，顶端略带球面，使锤击时的作用力方向便于朝着刃口的錾切方向。

根据斜面和切削部分的不同，錾子主要分为阔錾（扁錾）、狭錾（尖錾）、油槽錾和扁冲錾 4 种（图 12-38）。阔錾用于錾切平面、切断和去毛刺等，狭錾用于开槽，油槽錾用于錾切润滑油槽,扁冲錾用于打通两个钻孔之间的间隔。錾子的楔角主要根据加工材料的硬软来决定。

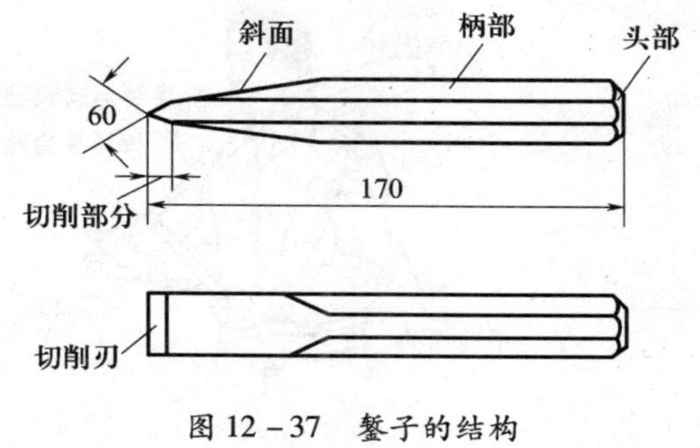

图 12-37 錾子的结构

2）手锤

手锤又称榔头,是钳工常用的敲击工具,由锤头、木柄和楔子组成,锤头由碳素工具钢（T7 或 T8）制成,并经热处理淬硬,木柄用比较坚韧的木材制成,长约 350mm（图 12-39）。木柄装入锤孔后用楔子楔紧,以防锤头脱落。手锤的规格以锤头的质量来表示,有 0.25kg、0.5kg、0.75kg 和 1kg 等。

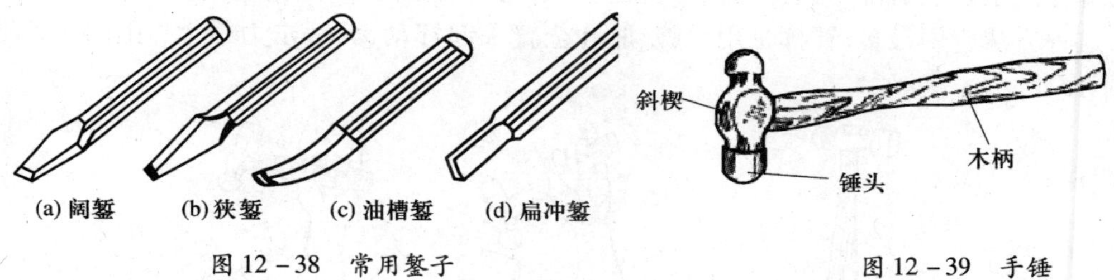

图 12-38 常用錾子

图 12-39 手锤

2. 錾削姿势

1）手锤的握法

錾削时,右手握锤有两种方法,即松握法和紧握法。

紧握法:用右手五指紧握锤柄,大拇指合在食指上,虎口对准锤头方向（木柄椭圆的长轴方向）,木柄尾端露出约 15mm～30mm。在挥锤和锤击过程中,五指始终紧握（图 12-40）。

松握法:只有大拇指和食指始终紧握锤柄。在锤打时,中指,无名指和小指依次握紧锤柄;挥锤时则相反,小指、无名指和中指依次放松。这种握法优点是锤击力大,且手还不易疲劳（图 12-41）。

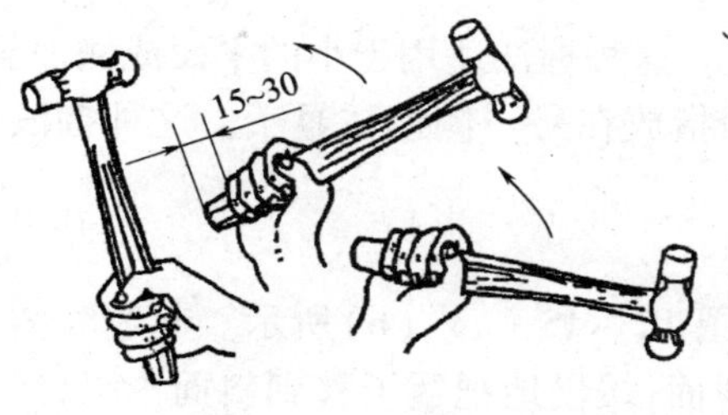

图 12-40 手锤紧握法

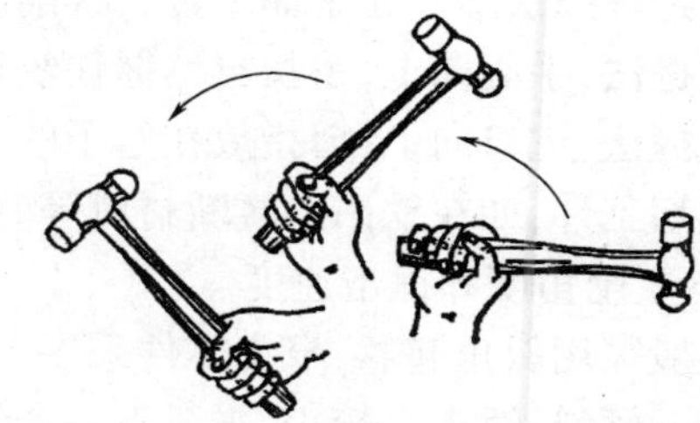

图 12-41 手锤松握法

2）步位和姿势

錾削时,操作者的步位和姿势应便于用力。身体的重心偏于右腿,挥锤要自然,眼睛要正视錾刃，而不是看錾子的头部，正确姿势如图 12－42 所示。

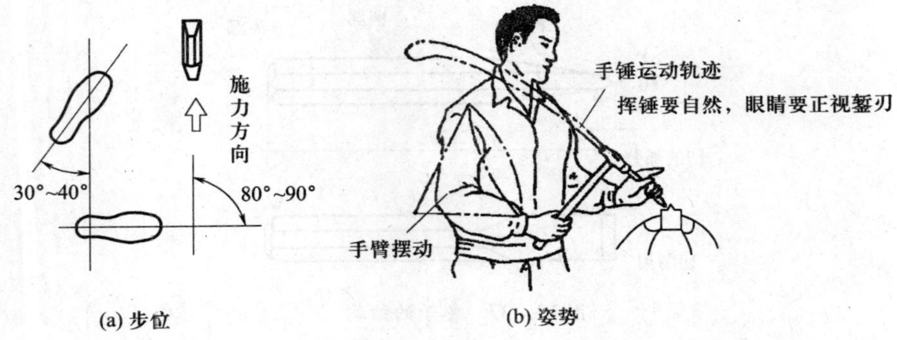

图 12－42　錾削步位和姿势

3）挥锤方法

挥锤有腕挥、肘挥和臂挥 3 种方法，如图 12－43 所示。腕挥仅用手腕的动作进行锤击运动，采用紧握法握锤，一般用于錾削余量较少或錾削开始或结尾，或油槽、打样冲眼等用力不大的地方；肘挥是用手腕与肘部一起挥动作锤击运动，采用松握法握锤，因挥动幅度较大，故锤击力也较大，这种方法应用最多；臂挥是用手腕、肘和全臂一起挥动，其锤击力最大，用于需要大力錾削的工作。

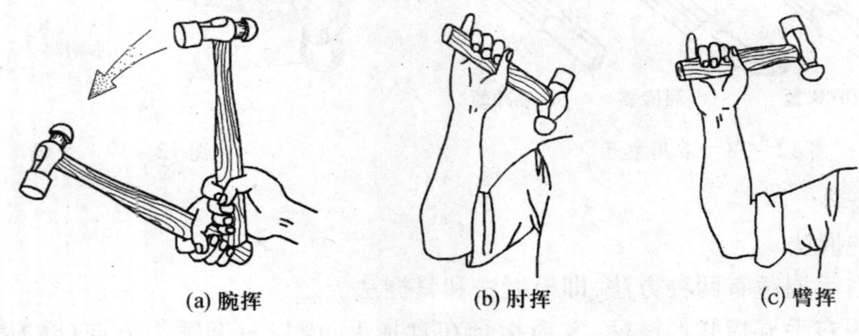

图 12－43　挥锤方法

4）錾子的握法

錾子的握法随工作条件的不同而不同，常有以下几种方法，如图 12－44 所示。

正握法：手心向下，用虎口夹住錾身，拇指和食指自然伸开，其余三指自然弯曲靠拢，握住錾身。这种握法适于在平面上进行錾削。

反握法：手心向上，手指自然握住錾柄，手心悬空。这种握法适用于小的平面或侧面錾削。

立握法：虎口向上，拇指放在錾子的一侧，其余四指放在另一侧捏住錾子。这种握法适于垂直錾切工件，如在铁砧上錾断材料等。

3. 錾削角度和锤击速度

一般采用斜角起錾，窄小零件采用正面起錾，如图 12－45（a）、（b）所示。起錾时錾子尾部略向下倾斜，锤击力较小，先錾下一个约 45°的小斜面，缓慢地把錾子移到斜面中央，然后按正常錾削角度进行錾削。

錾削时，錾子与工件夹角如图 12－45（c）所示。粗錾时，刃部表面与工件夹角 α 为 3°～5°；细錾时，α 角略大些。当錾削到靠近工件尽头时，应调转工件从另一端錾掉剩余部分。

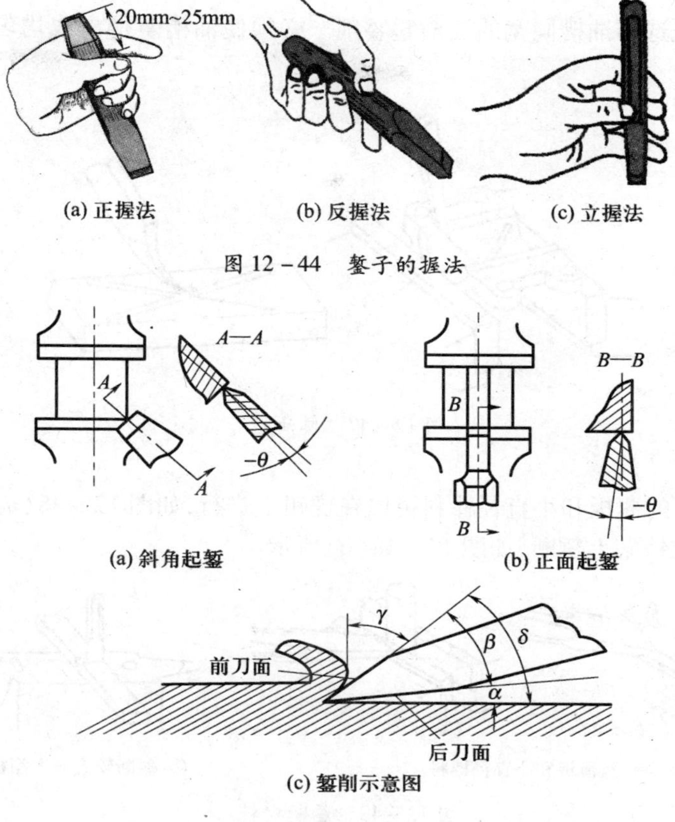

(a) 正握法　(b) 反握法　(c) 立握法

图 12-44　錾子的握法

(a) 斜角起錾　(b) 正面起錾

(c) 錾削示意图

图 12-45　錾削方法

錾削时的锤击要稳、准、狠,其动作要有节奏地进行,一般在肘挥时约 40 次/min,腕挥时约 50 次/min。

4. 錾削方法

1）錾平面

较窄的平面可用平錾进行,每次厚度为 0.5mm ~ 2mm。对于宽平面,应先用窄錾开槽,再用平錾錾平,如图 12-46 所示。

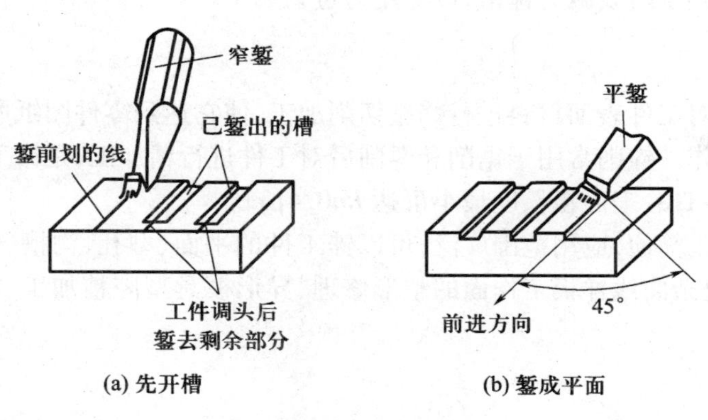

(a) 先开槽　(b) 錾成平面

图 12-46　平面錾削

2）錾油槽

錾油槽时，要先选与油槽同宽的油槽錾錾削。必须使油槽錾得深浅均匀，表面平滑，如图12－47所示。

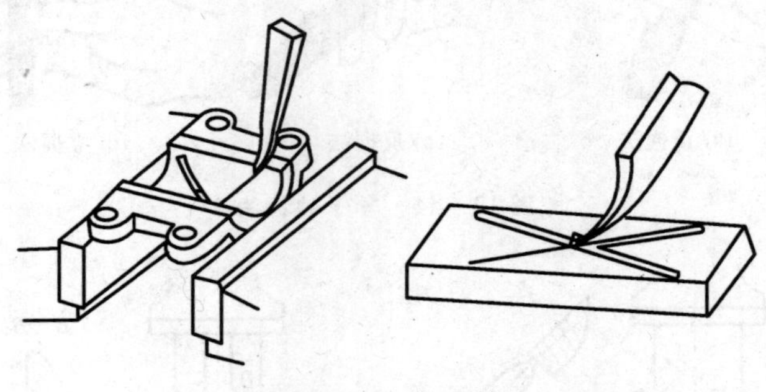

图12－47　錾油槽

3）錾断

錾断4mm以下的薄板和小直径棒料可以在虎钳上进行，如图12－48(a)所示。对于较长或较大的板材，可在铁砧上錾断，如图12－48(b)所示。

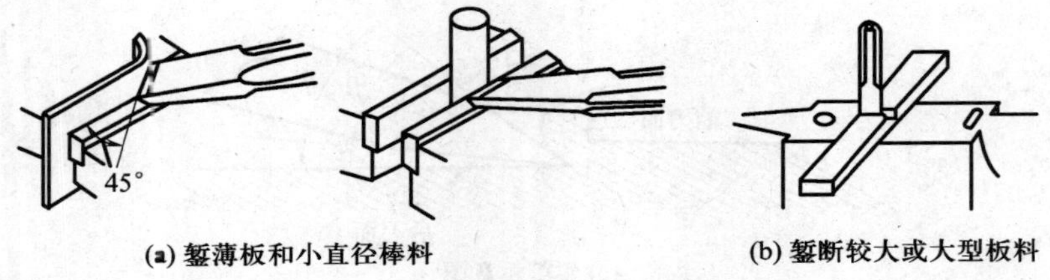

(a) 錾薄板和小直径棒料　　(b) 錾断较大或大型板料

图12－48　錾断材料

5. 錾削操作的注意事项

(1) 先检查錾口是否有裂纹。

(2) 检查锤子手柄是否有裂纹，锤子与手柄是否有松动。

(3) 不要正面对人操作。

(4) 錾头不能有毛刺。

(5) 操作时不能戴手套，以免打滑。

(6) 錾削临近终了时要减力锤击，以免用力过猛伤手。

12.4.3　锉削

锉削是用锉刀对工件表面材料进行修整切削加工，使它达到零件图纸所要求的形状、尺寸和表面粗糙度的操作。锉削常用于锯削和錾削后对工件进行精加工，是钳工的基本操作之一，锉削精度可达IT7～IT8，表面粗糙度最小可达$Ra0.4\mu m$。

锉削特点是加工简便，应用范围广泛，可以锉工件的平面、型孔、沟槽、倒角和各种形状复杂的表面，尤其是复杂曲线样板工作面的整形修理、异形模具型腔精加工、零件的锉配等都离不开锉削加工。

1. 锉削工具

1）锉刀的构造

锉刀是锉削的主要工具，常用碳素工具钢T12、T13制成，并经热处理淬硬至62HRC～

67HRC。锉刀由锉刀面、锉刀边、锉刀尾、锉刀舌、木柄等部分组成，如图 12－49 所示，其中，锉刀面是锉刀的主要工作面，梢部做成弧形；锉刀边是锉刀的两个侧面，一面有锉纹一面无锉纹，其中无锉纹的侧面称为光边，在锉内直角时，用它靠在直角的侧面上去锉另一个面，可使不加工的表面免受锉伤，有锉纹的侧面用来锉削工件表面的氧化皮。

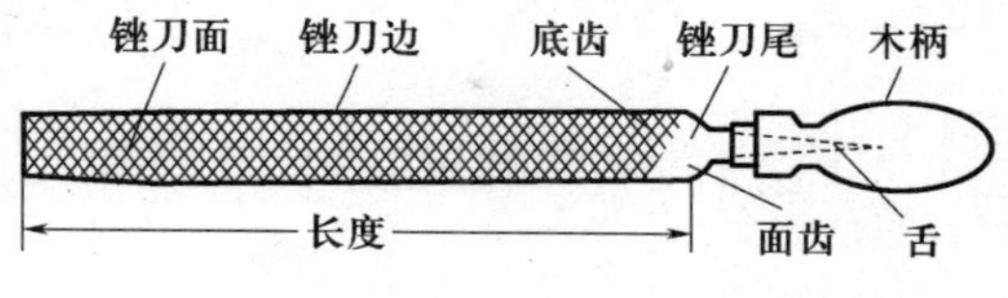

图 12－49 锉刀的构造

锉刀面上的齿纹有单齿纹和双齿纹两种。单齿纹锉刀在锉刀面上只有一个方向的齿纹，用于锉削软金属，如铝、铜等。双齿纹锉刀，在锉刀面上有两个方向交叉的齿纹，适用于锉削硬材料。

2）锉刀的种类

按用途来分，锉刀可分为普通锉、特种锉和整形锉（什锦锉）3 类。整形锉（什锦锉）尺寸较小，通常以 10 把形状各异的锉刀为一组，主要用于精细加工及修整工件上机械加工难以进行的细小部位。特种锉是为加工零件上特殊表面用的，它有直的、弯曲的两种，其截面形状很多，如图 12－50 所示。

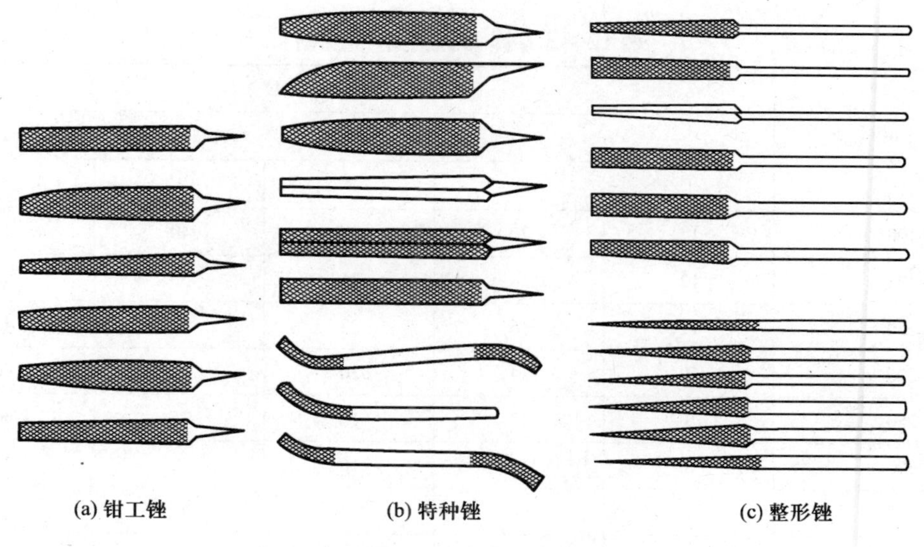

图 12－50 锉刀的种类

普通锉按其截面形状可分为平锉、方锉、圆锉、半圆锉及三角锉 5 种（图 12－51）。

锉刀按每 10mm 锉面上齿数多少，分为粗锉刀（4 齿～12 齿）、细锉刀（13 齿～24 齿）和光锉刀（30 齿～40 齿）3 种。粗锉刀的齿间容屑槽较大，不易堵塞，适于粗加工或锉削铜和铝等软金属，细锉刀多用于锉削钢材和铸铁；光锉刀又称油光锉，只适用于最后修光表面。

3）锉刀的规格

锉刀的规格分尺寸规格和锉齿的粗细规格。不同锉刀的尺寸规格用不同的的参数表示，圆锉以直径表示，方锉以边长表示，其他锉刀均以长度表示。钳工常用的锉刀锉身长度有

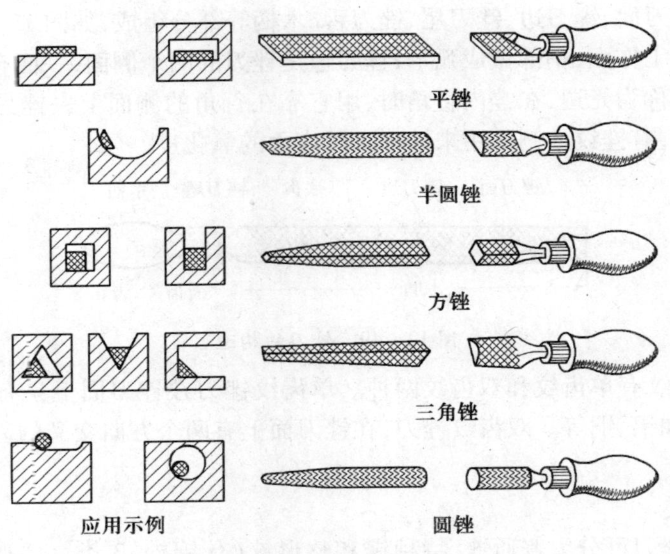

图 12-51 普通锉的种类

100mm、150mm、200mm、250mm、300mm、350mm 及 400mm 等几种。

粗细规格:根据锉刀齿距的大小将锉纹分为 1 号 ~5 号,号数越大锉纹越细,如表 12-3 所列。

表 12-3 锉刀齿纹粗细规格

锉身长度/mm	10mm 长度内主要锉纹条数				
	锉 纹 号				
	1	2	3	4	5
100	14	20	28	40	56
125	12	18	25	36	50
150	11	16	22	32	45
200	10	14	20	28	40
250	9	12	18	25	36
300	8	11	16	22	32
350	7	10	14	20	
400	6	9	12		
450	5.5	8	11		

4) 锉刀的选择

合理选用锉刀,对保证加工质量、提高工作效率和延长锉刀寿命有很大的影响。

选择锉刀的形状:应根据加工表面的形状来选择,即锉刀的断面形状应与工件加工部位的形状相适应。锉内圆弧时用圆锉或半圆锉;锉内三角时选用三角锉;锉内直角表面用扁锉或方锉等(图 12-52)。

选择锉齿粗细:锉齿的粗细取决于工件的加工精度、加工余量、表面粗糙度。加工精度高、

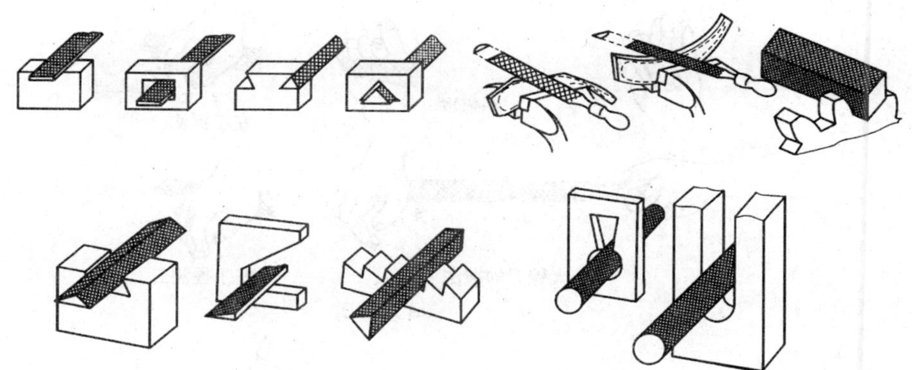

图 12－52 锉刀形状的选择

加工余量小、表面粗糙度值低而材料较硬的工件，选用细齿锉刀。反之，则选用粗齿锉刀。油光锉一般用于最后修光工件表面(表 12－4)。

表 12－4 锉刀锉齿的粗细选择

锉刀齿纹	号数	齿纹齿距/mm	齿数/mm	适用场合		
				锉刀余量/mm	尺寸精度/mm	表面粗糙度/mm
粗齿	1	0.8～2.3	4.5～12	0.5～1	0.2～0.5	50～12.5
中锉	2	0.42～0.77	13～24	0.2～0.5	0.05～0.20	14.3～3.2
细锉	3	0.25～0.33	30～40	0.02～0.05	0.02～0.05	14.3～1.6
双细齿锉	4	0.2～0.25	40～50	0.03～0.05	0.01～0.02	3.2～0.8
油光锉	5	0.16～0.2	50～63	0.03 以下	0.01	0.8～0.4

选择锉刀长度：锉刀长度尺寸的选用取决于工件的加工面积与加工余量、表面粗糙度的要求及工件材料的软硬。一般加工面积小、精度高、余量少的工件，选用较短的锉刀；加工面积大、余量多的工件，选用较长的锉刀。

选择锉刀纹路：锉削有色金属等软材料，应选择单齿纹锉刀或粗齿锉刀，防止切削堵塞；锉削钢铁等硬材料，应选用双齿纹锉刀或细齿锉刀。

2. 锉削操作

1）锉刀的握法

大锉刀的握法：右手心抵着锉刀木柄的端头，大拇指放在锉刀木柄的上面，其余四指弯在下面，配合大拇指捏住锉刀木柄。左手根据锉刀大小和用力的轻重，采用多种姿势配合(图 12－53(a))。

中锉刀的握法：右手握法与大锉刀握法相同，左手用大拇指和食指捏住锉刀前端。

小锉刀的握法：右手食指伸直，拇指放在锉刀木柄上面，食指靠在锉刀的刀边，左手几个手指压在锉刀中部。

更小锉刀(什锦锉)的握法：一般只用右手拿着锉刀，食指放在锉刀上面，拇指放在锉刀的左侧(图 12－53(b))。

2）工件的正确装夹

工件尽量装夹在钳口宽度方向的中间，且锉削面应靠近钳口，防止振动影响锉削质量。装

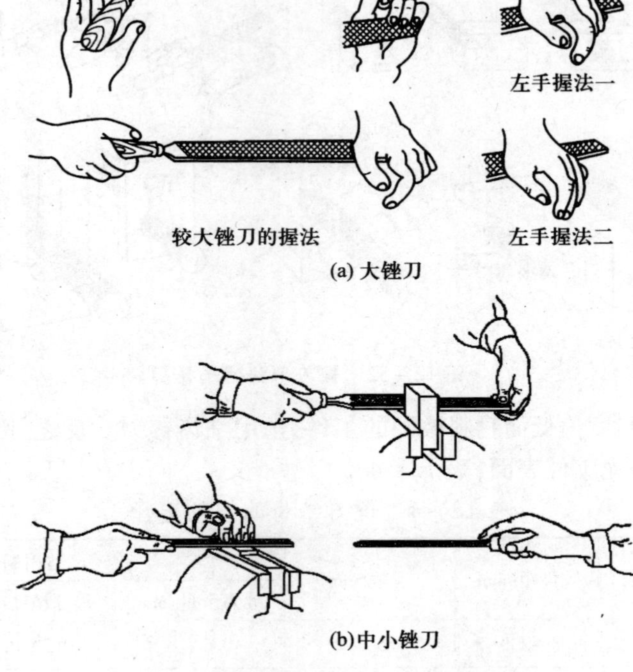

图 12－53　锉刀的握法

夹力适当，保证工件夹持稳固又不变形。装夹精密工件和已加工表面时，应在钳口上加衬纯铜皮或铝皮，防止夹伤工件表面。

3）锉削站位及动作

在台虎钳上锉削时，操作者应站在台虎钳正面中心线的左侧，其站立位置如图 12－54 所示。锉削时，两肩自然放平，目视锉削位置，右手小臂同锉刀呈一直线，且与锉刀面平行，左臂弯曲，左小臂与锉刀平面基本平行。

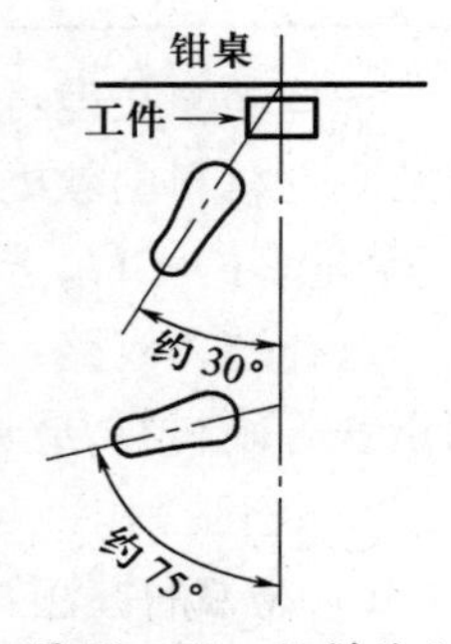

图 12－54　锉削站立的姿势

锉削时，两脚站稳不动，靠左膝的屈伸使身体做往复运动，手臂和身体的运动要互相配合，并要使锉刀的全长充分利用。开始锉削时身体要向前倾 10°左右，左肘弯曲，右肘向后（图 12－55（a））；锉刀推出 1/3 行程时，身体向前倾斜 15°左右（图 12－55（b）），这时左腿稍弯曲，左肘稍直，右臂向前推；锉刀推到 2/3 行程时身体逐渐倾斜到 18°左右（图 12－55（c））；左腿继续弯曲，左肘渐直，右臂向前使锉刀继续推进，直到推尽，身体随着锉刀的反作用退回到 15°位置（图 12－55（d））。行程结束后，把锉刀略微抬起，使身体与手回复到开始时的姿势，如此反复。要锉出平直的平面，必须使锉刀保持直线的锉削运动。为此，锉削时右手的压力要随锉刀推动而逐渐增加，左手的压力要随锉刀推动而逐渐减小，回程时不加压力以减少锉齿的磨损。锉削速度一般是每分钟 40 次左右，推出时稍慢，回程时稍快，动作要自然协调。

4）锉削力的运用

锉削力的正确运用是锉削的关键。锉削的力量有水平推力和垂直压力两种。水平推力主

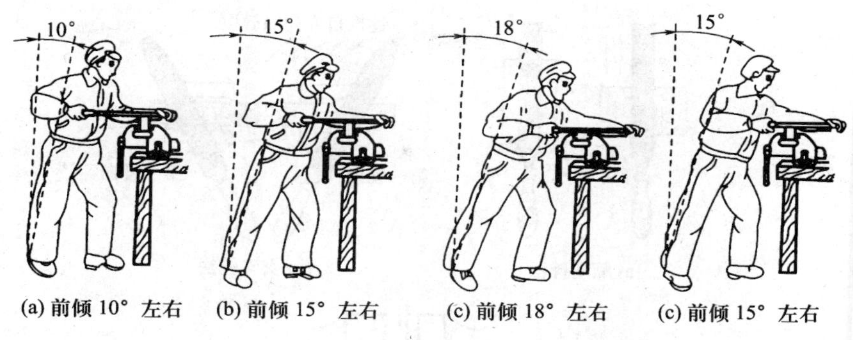

图 12－55 锉削动作

要由右手控制，其大小必须大于切削阻力才能锉去切屑。垂直压力是由两手控制的，其作用是使锉齿深入金属表面。两种压力大小也必须随着变化保证两手压力对工件中心的力矩相等，这是保证锉刀平直运动的关键（图 12－56）。

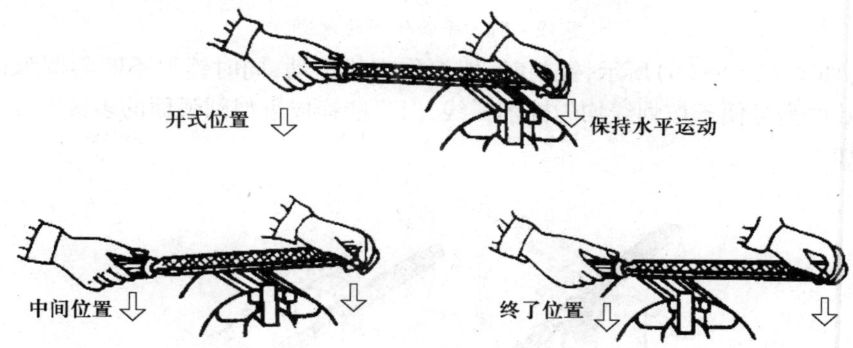

图 12－56 锉削平面时两手的用力

3．锉削方法

1）平面锉削

顺向锉：锉刀的运动方向与工件夹持方向始终保持一致（顺着同一方向）的锉削方法称为顺向锉，如图 12－57（a）所示。一般锉削不大的平面和精锉都用这种方法，其特点是锉纹正直，整齐美观。

交叉锉：锉刀从两个交叉的方向对工件表面进行锉削的方法称为交叉锉，如图 12－57（b）所示。交叉锉时，锉刀与工件接触面大，锉刀掌握平衡，容易锉平，但表面较粗糙。因此，交叉锉适用于粗锉，最后用顺锉法精锉。

推锉：两手对称握住锉刀，用两大拇指均衡用力推着锉刀进行切削的方法称为推锉，如图 12－57（c）所示。推锉法由于切削量小及效率不高，通常用于狭长平面或局部修整的场合。

2）曲面锉削

（1）外圆弧面锉削。锉削外圆弧面所用的锉刀都为扁锉，锉削时要同时完成前推运动和绕工件圆弧中心的转动。常用的外圆弧面锉削方法有两种：顺向锉和横向锉。

顺向锉：如图 12－58（a）所示，锉削时，锉刀向前，右手下压，左手随着上抬，这种方法能使圆弧面锉削得光洁圆滑，但锉削位置不易掌握且效率不高，故适用于精锉圆弧面。

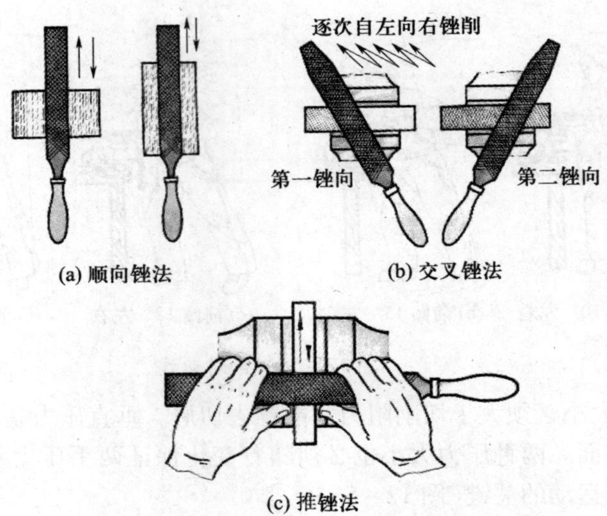

图 12-57 平面锉削的方法

横向锉：如图 12-58(b)所示，锉削时，锉刀作直线运动，同时锉刀不断随圆弧面摆动，这种方法锉削效率高且便于按划线均匀锉削弧线，但只能锉成近似圆弧面的多棱形面，故适用于圆弧面的粗加工。

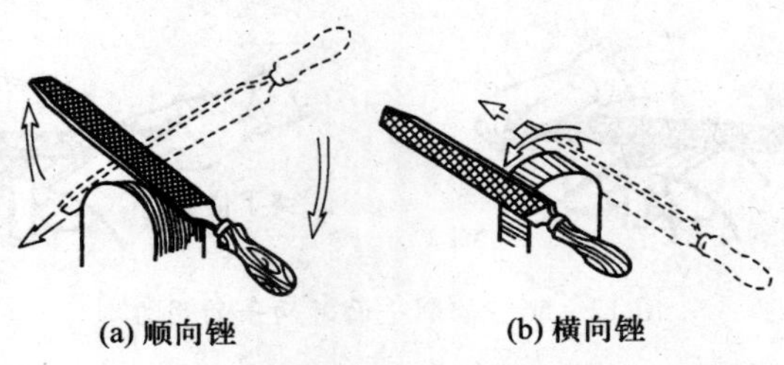

图 12-58 外圆弧面锉削

(2) 内圆弧面锉削。锉削内圆弧面时，锉刀可选用圆锉、半圆锉、方锉(圆弧半径较大时)。锉削时，锉刀要同时完成 3 个运动：锉刀的前推运动、锉刀的左右移动和锉刀自身的转动。如图 12-29 所示。3 个运动要协调配合，才能保证锉出的弧面光滑、准确。

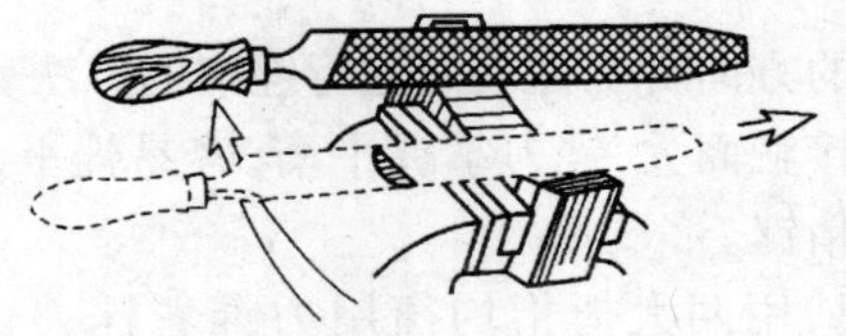
图 12-59 内圆弧面锉削

12.5 钻孔、扩孔及铰孔

在制造业中，孔的应用非常广泛，例如用于支撑及配合的轴承孔、用于定位的销孔、用于连接的光孔及螺纹孔、用于润滑的油孔等。孔的类型很多，有普通圆孔、微孔、深孔及超大圆孔、特型孔等。各种零件的孔加工，除一部分由铸造、锻压等热加工和车、铣、镗等冷机械加工外，很大一部分是由钳工利用钻床和钻孔工具完成的。

在钻床上采用不同的刀具,可以完成钻中心孔、钻孔、扩孔、铰孔、攻螺纹、锪孔和锪平面等。在钻床上钻孔精度低,但也可通过钻孔——扩孔——铰孔加工出精度要求很高的孔(IT6 ~ IT8,表面粗糙度 RC 为 1.6μm ~ 0.4μm),还可以利用夹具加工有位置要求的孔系。

12.5.1 钻孔

用钻头在工件实体上加工孔的方法称为钻孔。钻孔时,工件固定,钻头装夹在钻床主轴上作旋转运动,称为主运动;钻头同时沿轴线方向运动,称为进给运动,如图 12-60 所示。

钻孔工艺特点如下。

(1)钻头是在半封闭的状态下进行切削的,切削量大,排屑困难。

(2)摩擦严重,产生热量多,散热困难。

(3)转速高,切削温度高,致使钻头磨损严重。

(4)挤压严重,所需切削力大,容易产生孔壁的冷作硬化。

(5)钻头细而悬臂伸长,加工时容易产生弯曲和振动。

(6) 钻孔精度低,尺寸精度为 IT12 ~ IT13,表面粗糙度 *Ra* 为 12.5μm ~ 14.3μm。

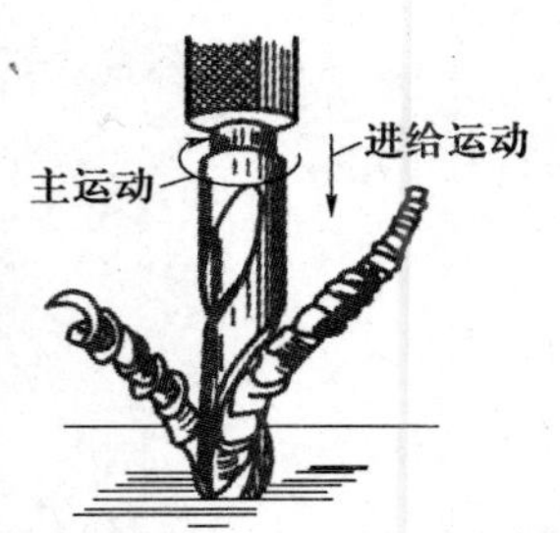

图 12-60 钻孔时钻头的运动

1. 钻削工具

钻削用工具主要是钻头,有麻花钻、中心钻、扁钻、深孔钻等,其中以麻花钻应用最为广泛,分为直柄钻和锥柄钻两类,直柄钻传递扭矩力较小,锥柄钻顶部是扁尾,起传递扭矩的作用,如图 12-61 所示。

麻花钻通常用高速钢制成,工作部分热处理淬硬至 62HRC ~ 65HRC,特别适合于 30mm 以下的孔的粗加工,有时也可用于扩孔。它由刀柄、颈部及刀体组成,图 12-61 所示。

刀柄:是钻头的夹持部分,起传递动力的作用。

颈部:是在制造钻头时砂轮磨削退刀用的,钻头直径、材料、厂标一般也刻在颈部。

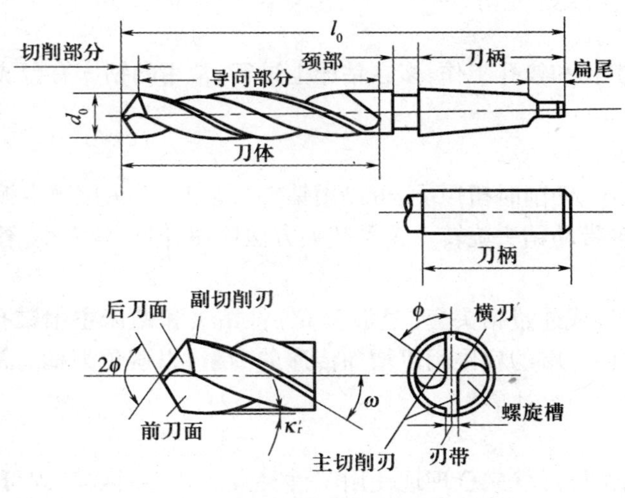

图 12-61 麻花钻的结构

刀体:刀体的前端为切削部分,承担主要的切削工作,后端为导向部分,起引导钻头的作用,也是切削部分的后备部分。刀体有两个对称的刃瓣、两条对称的螺旋槽;导向部分磨有两条棱边。

中心钻用于加工轴类工件的中心孔。钻孔时,先打中心孔,有利于钻头的导向,可防止孔的偏斜(图 12-62)。

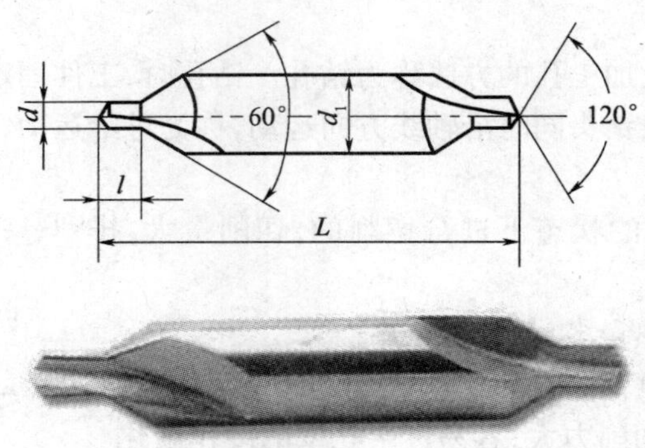

图 12-62 中心钻

深孔钻是专门用于钻削深孔的钻头(图 12-63)。为解决深孔加工中的断屑、排屑、冷却润滑和导向等问题,人们先后开发了外排屑深孔钻、内排屑深孔钻、喷吸钻和套料钻等多种深孔钻。

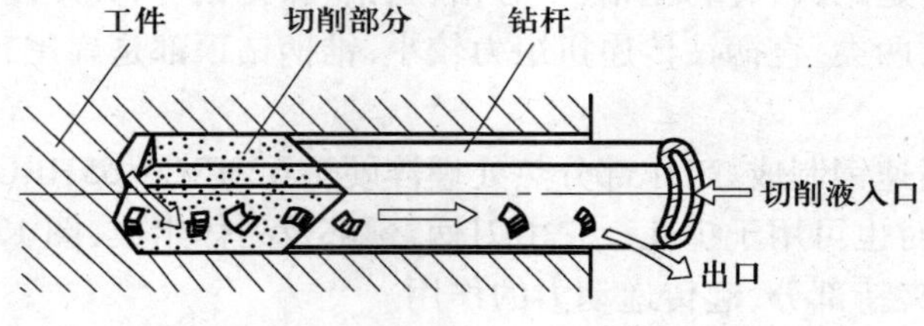

图 12-63 深孔钻加工

2. 钻削设备

钳工用的钻孔、扩孔和铰孔工作,多在钻床上进行,常用的钻床有台式钻床、立式钻床和摇臂钻床等。

3. 钻头的装夹

直柄钻头的直径小,切削时扭矩小,可以用钻夹头装夹,夹头用固定扳手拧紧,钻头夹再和钻床主轴配合,由主轴带动钻头旋转。这种装夹方法简便,但夹紧力小,容易产生滑动和跳动,如图 12-64(a)所示。

锥柄钻头可以直接或通过钻头套(过渡套筒)将钻头和钻床主轴锥孔配合。这种方法配合牢靠、同轴度高,锥柄末端的扁尾用以增加传递的力量,以避免刀柄打滑,并便于拆下钻头,如图 12-64(b)所示。

4. 工件的装夹

根据钻孔直径和工件形状来合理地使用工件夹具。装夹时要牢固可靠,但又不能损伤工件,常用的有平口钳、手虎钳、V 形架、压板等(图 12-65)。

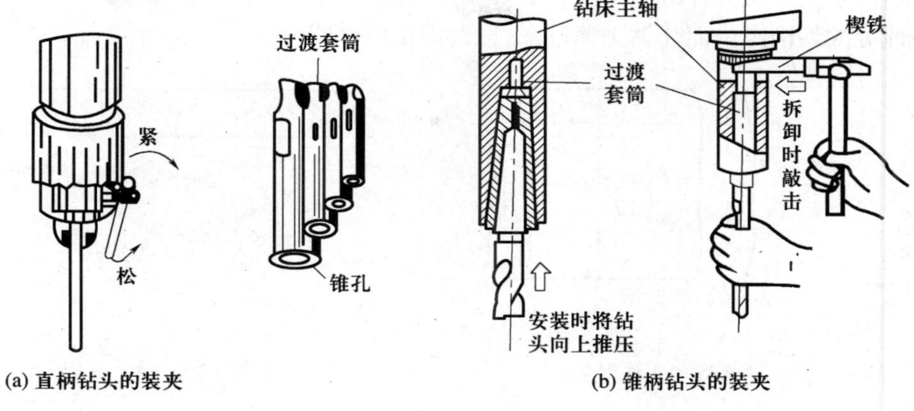

图 12－64　钻头的装夹

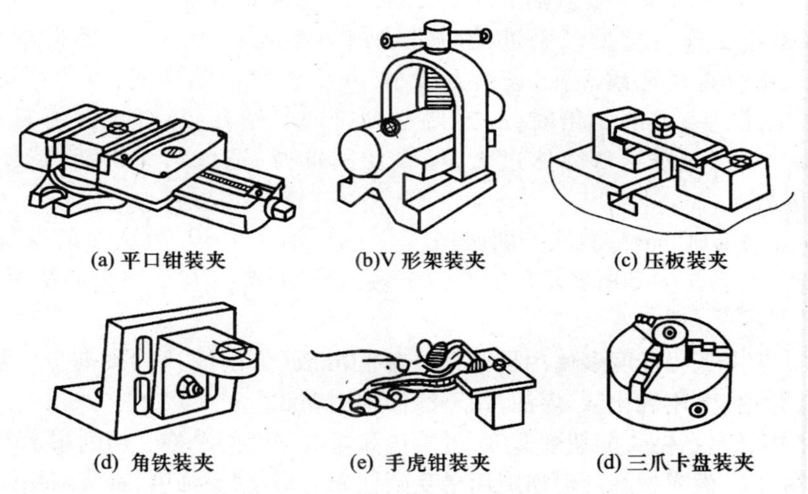

图 12－65　工件的装夹方法

5. 钻孔方法

1）钻孔前的工件划线

按钻孔的位置尺寸要求，划出孔位的十字中心线，并打上中心冲眼（要求冲眼要小，位置要准），按孔的大小划出孔的圆周线。对钻直径较大的孔，还应划出几个大小不等的检查圆（图 12－66（a）），以便钻孔时检查和借正钻孔位置。当钻孔的位置尺寸要求较高，为了避免敲击中心冲眼时所产生的偏差，也可直接划出以孔中心线为对称中心的几个大小不等的方格（图 12－66（b）），作为钻孔时的检查线，然后将中心冲眼敲大，以便准确落钻定心。

2）起钻

起钻的位置是否正确，直接影响到孔的加工质量。起钻前先把钻尖对准中心孔，然后启动主轴先试钻一浅坑，看所钻的锥坑是否与所划的圆周线同心，如果同心可以继续钻下去，如果不同心，则要借正之后再钻。

3）借正

发现所钻的锥孔与所划的圆周线不同心时，应及时借正，一般靠移动工件的位置来借正。

如果偏移量较多,也可用样冲或油槽錾在需要多钻去的材料部位錾上几条槽,如图 12-67 所示,以减少此处的切削阻力而让钻头偏过来,达到借正的目的。

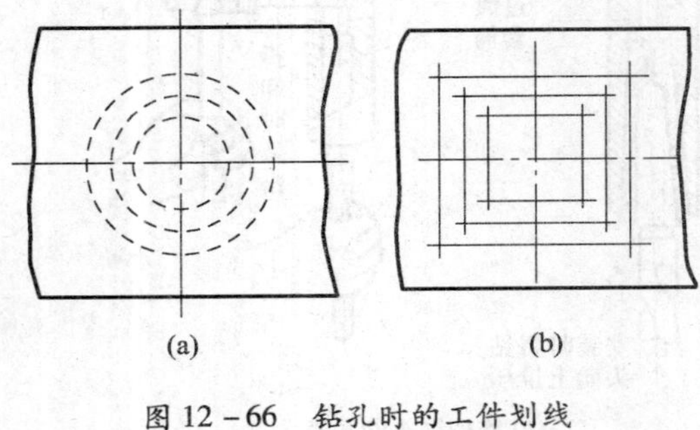

图 12-66 钻孔时的工件划线

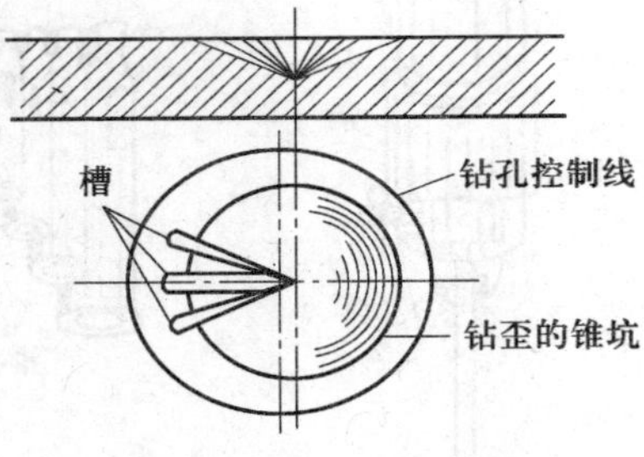

槽

钻孔控制线

钻歪的锥坑

图 12-67 借正方法

4)钻孔

当起钻达到钻孔的位置要求后,即可压紧工件完成钻孔。钻通孔时工件下面应放垫铁,或把钻头对准工作台空槽。手进给时进给用力不应使钻头产生弯曲现象,以免使钻孔轴线歪斜。钻小直径孔或深孔,进给力要小,并要经常退钻排屑,以免切屑阻塞而扭断钻头,一般在钻深达直径的 3 倍时,一定要退钻排屑。钻孔将穿时,应将自动变为手动,进给力必须减小,以防进给量突然过大,增大切削抗力,造成钻头折断,或使工件随着钻头转动造成事故。

直径(D)超过 ϕ30mm 的孔应分两次钻。第一次用(0.5~0.7)D 的钻头先钻,然后再用所需直径的钻头将孔扩大到所要求的直径。分两次钻削,既有利于钻头的使用(负荷分担),也有利于提高钻孔质量。

钻钢件时,为降低粗糙度多使用机油作冷却润滑液(切削液),为提高生产效率则多使用乳化液。钻铝件时,多用乳化液、煤油,钻铸铁件则用煤油。

钻孔切削用量是指钻头的切削速度、进给量和切削深度的总称。切削用量越大,单位时间内切除量越多,生产效率越高。但切削用量受到钻床功率、钻头强度、钻头耐用度、工件精度等许多因素的限制,不能任意提高。

钻孔时选择切削用量的基本原则是:在允许范围内,尽量先选较大的进给量,当进给量受孔表面粗糙度和钻头刚度的限制时,再考虑较大的切削速度。

12.5.2 扩孔

扩孔(图 12-68)常用于已铸出、锻出或钻出孔的扩大。扩孔属于半精加工,可作为铰孔、磨孔前的预加工,也可以作为精度要求不高的孔的最终加工。扩孔比钻孔的质量好,其尺寸公差等级可达 IT9~IT10,表面粗糙度 Ra 值可达 3.2μm~14.3μm。扩孔对铸孔、钻孔等预加工孔的轴线的偏斜,有一定的校正作用。

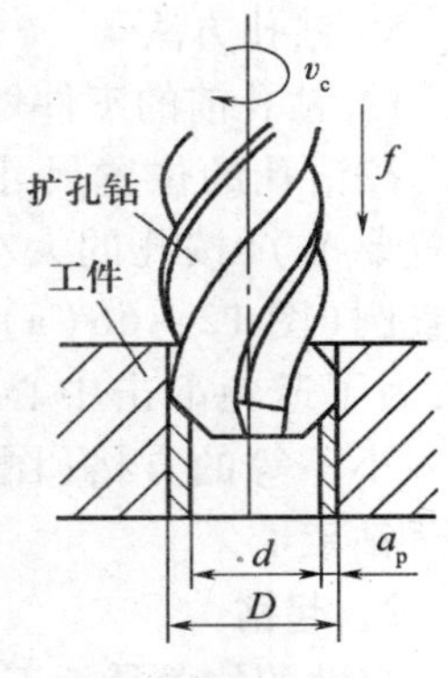

图 12-68 扩孔

1. 扩孔钻

麻花钻可以作扩孔用,但是在精度要求较高或生产批量较大时,应采用专用的扩孔钻。如图 12-69 所示,扩孔钻基本和钻头相同,不同的是,它有 3 个~4 个切削刃,无横刃,刚度、自身导向性好,切削平稳,所以加工孔的精度、表面粗糙度较好。

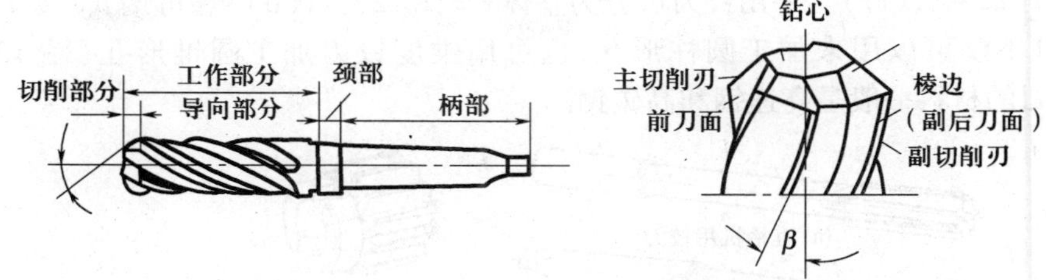

图 12-69 扩孔钻结构

2. 扩孔切削速度与进给量

扩孔时的切削速度大约是钻孔的一半,进给量约为钻孔的 1.5 倍 ~2 倍。

3. 扩孔的特点

(1)刀齿数较多,有 3 个 ~4 个,导向性好,切削平稳。

(2)加工余量较小,切削深度较小,容屑槽可做得较浅,故钻心较粗,钻头刚度大,可采用较大的进给量和切削速度。

(3)无横刀,切削条件好,可以纠正钻孔时形成的位置误差。

(4)扩孔直径 $10\text{mm} < d_m < 80\text{mm}$。

12.5.3 铰孔

铰孔是用铰刀在已经粗加工的孔(钻孔和扩孔)的孔壁上切除微量金属层,以提高其尺寸精度和降低表面粗糙度的方法。铰孔可加工圆柱形孔,也可加工圆锥形孔。由于铰刀的刀刃数多(6 个 ~12 个)、导向性好、尺寸精度高而且刚性好,因此其加工精度一般可达 IT6 ~ IT7,表面粗糙度可达到 0.8μm。加工余量少,一般粗铰为 0.15mm ~ 0.5mm,精铰为 0.05mm ~ 0.25mm。

铰孔的方式有机铰和手铰两种。在机床上进行铰削称为机铰,如图 12-70(a)所示;用手工进行铰削的称为手铰,如图 12-70(b)所示。

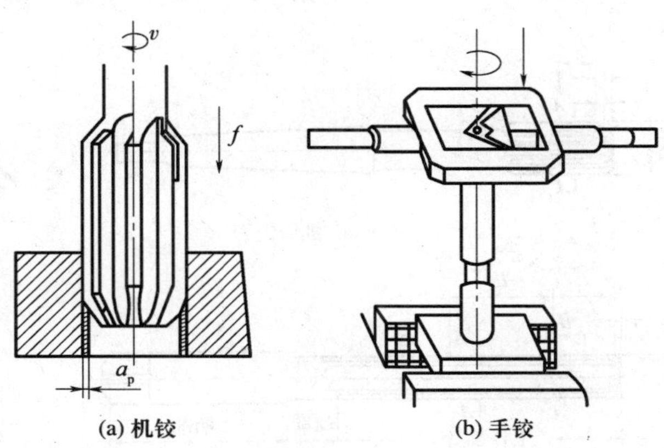

图 12-70 铰孔及其切削运动

1. 铰刀

铰刀按使用方式分为机用铰刀和手用铰刀,机用铰刀可分为带柄的(直径 1mm ~20mm 为直柄，直径 10mm ~ 32mm 为锥柄，如图 12 - 71(a)、(b)、(c)所示)和套式的(直径 25mm ~ 80mm，如图 12 - 71(f))。手用铰刀可分为整体式(图 12 - 71(d))和可调式(图 12 - 71(e))两种。铰削不仅可以用来加工圆柱形孔，也可用锥度铰刀加工圆锥形孔(图 12 - 71(g)、(h))。铰刀的材料一般是高速钢和高碳钢。

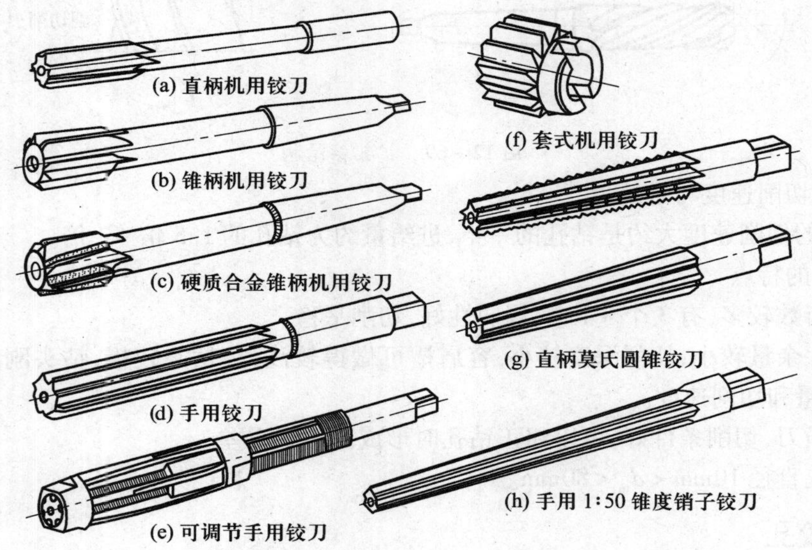

图 12 - 71 铰刀的基本类型

机用铰刀：其工作部分较短，导向锥角 2φ 较大，切削部分有圆柱和圆锥两种。柄部有圆柱和圆锥两种，分别装在钻夹头和钻床主轴锥孔内使用。机用锥柄圆柱形铰刀如图 12 - 72(a)所示。

手用铰刀：用于手工铰孔，工作部分较长，导向锥角 2φ 较小，切削部分也有圆柱和圆锥两种，柄部为圆柱形，端部有方榫，可夹在铰杠内使用。手用圆柱形铰刀如图 12 - 72(b)所示。

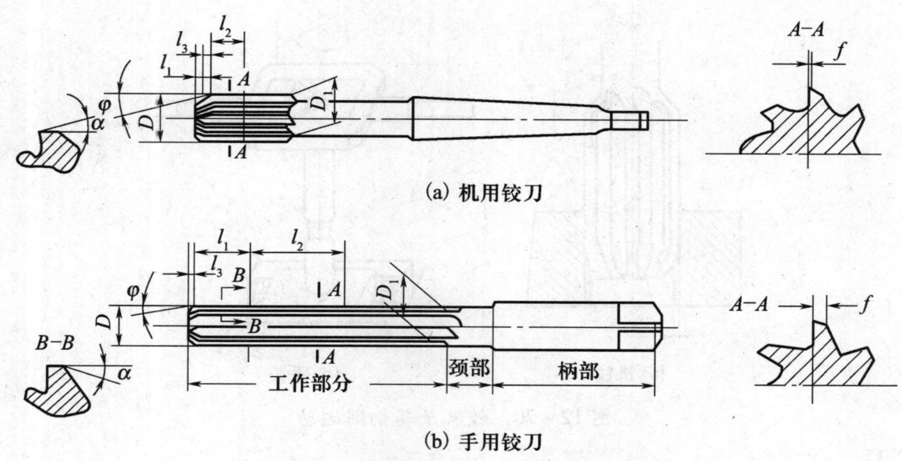

图 12 - 72 圆柱形铰刀

2. 铰孔方法

1）铰孔余量确定

铰孔是孔的精加工工序，铰孔余量是否合适，对铰出孔的表面质量和尺寸精度影响很大。如余量太大，不但孔铰不光，且铰刀易磨损；余量过小，则不能去掉上道工序留下的刀痕，也达不到要求的表面粗糙度。一般情况下，直径小于5mm的孔，预留的直径余量为0.08mm～0.15mm；直径6mm～20mm的孔，余量为0.12mm～0.25mm；直径20mm～35mm的孔，余量为0.2mm～0.3mm。

2）铰孔切削速度和进给量

铰孔时切削速度和进给量要选择适当，过大和过小都将直接影响铰孔质量和铰刀的使用寿命。太大时铰刀易磨损，易产生积屑瘤；太小时刀齿以很大的压力推挤被切削的材料，产生塑性变形和表面硬化。

使用普通高速钢铰刀绞孔时，当工件材料为铸铁时，切削速度不应超过10m/min，进给量控制在0.8mm/r左右；当工件为钢时，切削速度不应超过8m/min，进给量控制在0.4mm/r左右。

3）孔加工

对于精度要求不高的孔可用钻—扩—铰的方法；对于精度要求高的孔可用钻—扩—粗铰—精铰的方法进行加工。如精度较高的ϕ30mm的孔的加工过程为：钻孔ϕ28—扩孔ϕ29.6—粗铰ϕ29.9—精铰ϕ30，分别如图12－73的(a)～(d)所示。

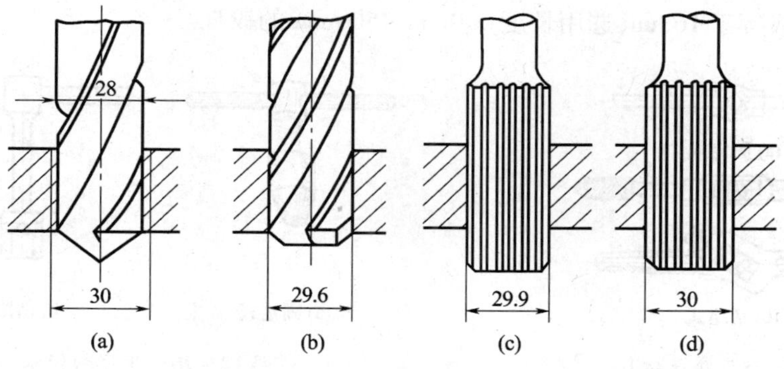

图12－73　圆柱孔的加工方法及工序

12.6　攻螺纹与套螺纹

攻螺纹和套螺纹是钳工的重要工作内容之一。攻螺纹就是用丝锥在孔中加工出内螺纹，套螺纹就是用板牙在外圆柱体上加工出外螺纹。

12.6.1　攻螺纹

1. 丝锥和铰杠

1）丝锥

丝锥的构造：丝锥是攻制内螺纹的刀具，一般由合金工具钢或高速钢制成。前端切削部分制成圆锥，有锋利的切削刃。中间为校准部分，起修光校正和引导丝锥轴向运动的作用。柄部都有方榫，用于连接工具(图12－74)。

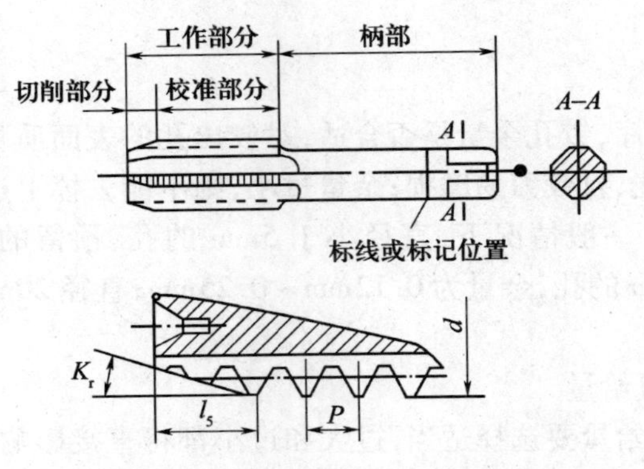

图 12－74 丝锥的构造

丝锥的种类：常用的丝锥分为手用丝锥与机用丝锥两种。手用丝锥由两支或三支组成一套。通常 M6～M24 的丝锥一套有两支，M24 以上的一套有三支，分别称为头锥、二锥和三锥。细牙丝锥均为两支一套。

2）铰杠

铰杠即丝锥扳手，是用于夹持和扳动丝锥的工具，分为普通铰杠（图 12－75）和丁字形铰杠（图 12－76），又分为固定铰杠和可调铰杠。可调式铰杠可以调节方孔尺寸，应用范围广。

丝锥直径小于或等于 6mm，选用长度 150mm～200mm 的铰杠；丝锥直径 8mm～10mm，选用长度 200mm～250mm 的铰杠；丝锥直径 12mm～14mm，选用长度 250mm～300mm 的铰杠；丝锥直径大于或等于 16mm，选用长度 400mm～500mm 的铰杠。

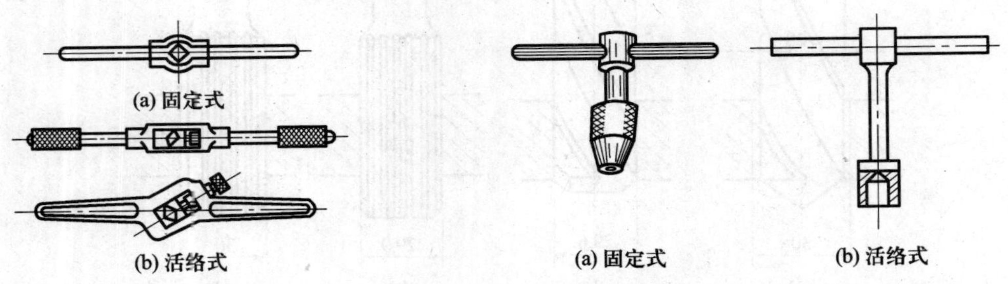

图 12－75 普通铰杠　　图 12－76 丁字形铰杠

2. 手工攻螺纹操作步骤

（1）攻螺纹前必先钻孔，钻孔直径 D，可查表或根据下列经验公式计算：

加工钢料及塑性金属时　　$D = D_0 - p$　　（12－1）

加工铸铁及脆性金属时　　$D = D_0 - 1.1p$　　（12－2）

式中　D_0——螺纹大径（mm）；

p——螺距（mm）。

若孔为盲孔（不通孔），由于丝锥不能攻到底，所以钻孔深度要大于螺纹长度，其深度按式（12－3）计算：

$$L = l + 0.7D_0 \tag{12-3}$$

式中　L——孔的深度（mm）；

l——螺纹长度(mm)。

(2)攻螺纹时,两手握住铰杠中部,均匀用力,使铰杠保持水平转动,并在转动过程中对丝锥施加垂直压力,使丝锥切入孔内1圈~2圈,如图12-77所示。

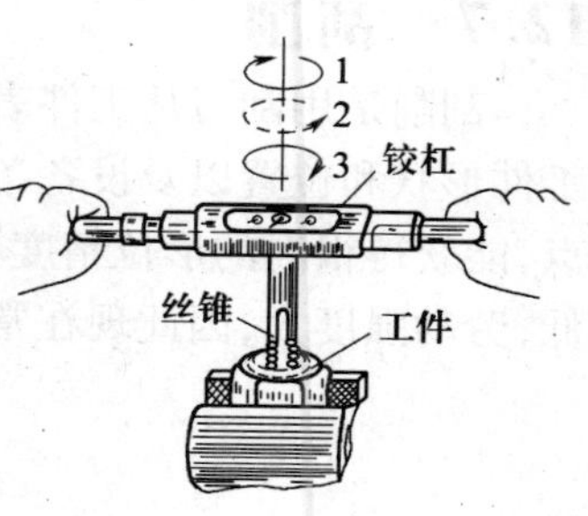

图12-77 攻螺纹

(3)用90°角尺检查丝锥与工件表面是否垂直。若不垂直,丝锥要重新切入,直至垂直。

(4)深入攻螺纹时,两手紧握铰杠两端,正转1圈~2圈后反转1/4圈。在攻螺纹过程中,要经常用毛刷对丝锥加注机油。在攻不通孔螺纹时,攻螺纹前要在丝锥上做好螺纹深度标记。在攻螺纹过程中,还要经常退出丝锥,清除切屑。当攻比较硬的材料时,可将头、二锥交替使用。

(5)将丝锥轻轻倒转,退出丝锥,注意退出丝锥时不能让丝锥掉下。

12.6.2 套螺纹

1. 套螺纹工具

套螺纹用的工具是板牙和板牙架。板牙有固定式和开缝式(可调式)两种,如图12-78(a)所示;板牙架如图12-78(b)所示。

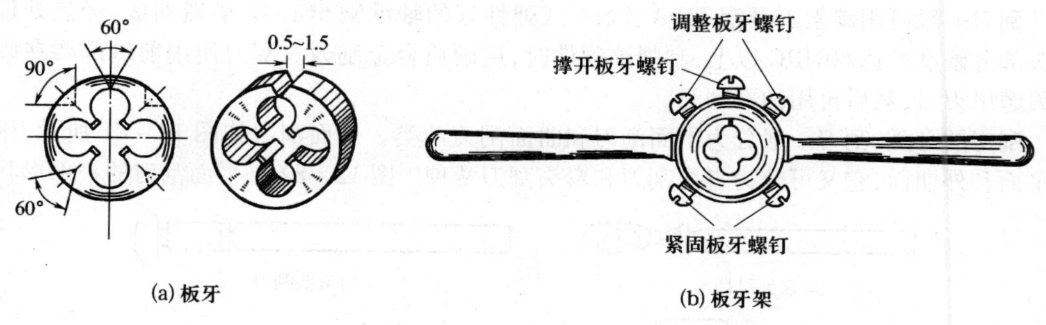

图12-78 套螺纹工具

2. 套螺纹操作步骤

(1)确定螺杆直径。圆杆直径D应小于螺纹公称尺寸,可通过查有关表格或用下列经验公式来确定:

$$D = D_0 - 0.2p \tag{12-4}$$

式中 D_0——螺纹大径。

(2)将圆杆顶端倒角15°~20°。

(3)将圆杆夹在软钳口内,要夹正紧固,位置尽量低些。

(4)板牙开始套螺纹时,要检查校正,务必使板牙与圆杆垂直,然后适当加压力按顺时针方向扳动板牙架,当切入1牙~2牙后就可不加压力旋转。同攻螺纹一样,要经常反转,以使切屑断碎并及时排除,如图12-79所示。

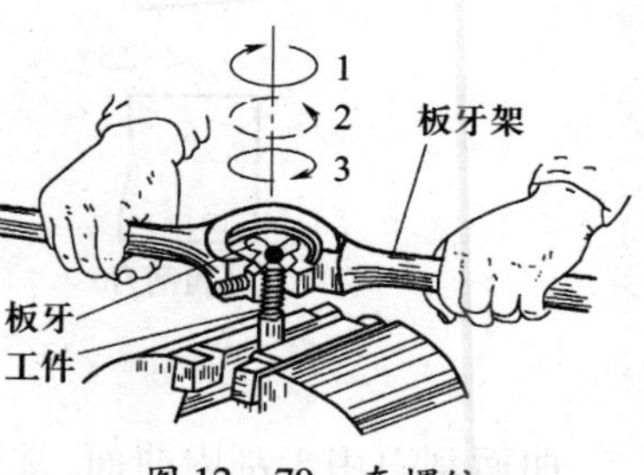

图12-79 套螺纹

(5)在钢件上套螺纹时,应加注机油。

12.7 刮削

刮削是用刮刀从工件表面上刮去一层很薄的金属的方法(图 12-80)。它用具简单,不受工件形状和位置以及设备条件的限制,具有切削量小、切削力小、产生热量小、装夹变形小等特点,能获得很高的形位精度、尺寸精度、接触精度、传动精度及较低的粗糙度值,但刮削生产率低,劳动强度大,因此现在常用精密磨削加工替代。

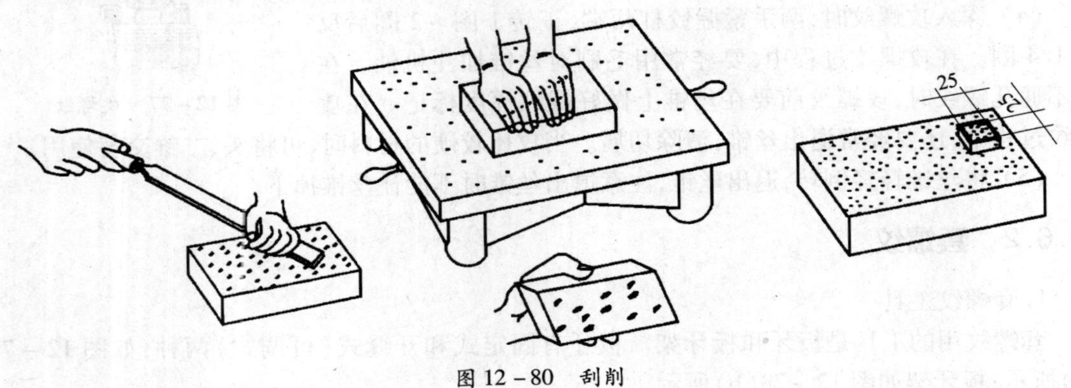

图 12-80 刮削

1. 刮刀

刮刀一般可用碳素工具钢 T10A、T12A 或弹性好的轴承钢 6GCr15 锻造而成,经热处理后刀头部分硬度可达 60HRC 以上,刮削淬硬件时,用硬质合金刮刀。刮刀使用前端部要在砂轮上刃磨出刃口,然后再用油石磨光。

刮刀的分类:刮刀一般分为平面刮刀和曲面刮刀两类。平面刮刀如图 12-81 所示,用于刮平面和外曲面,它又可分为直头刮刀和弯头刮刀两种。图 12-82 是平面刮刀的头部形状。

(a)直头刮刀 (b)直头刮刀

(c)弯头刮刀

图 12-81 平面刮刀

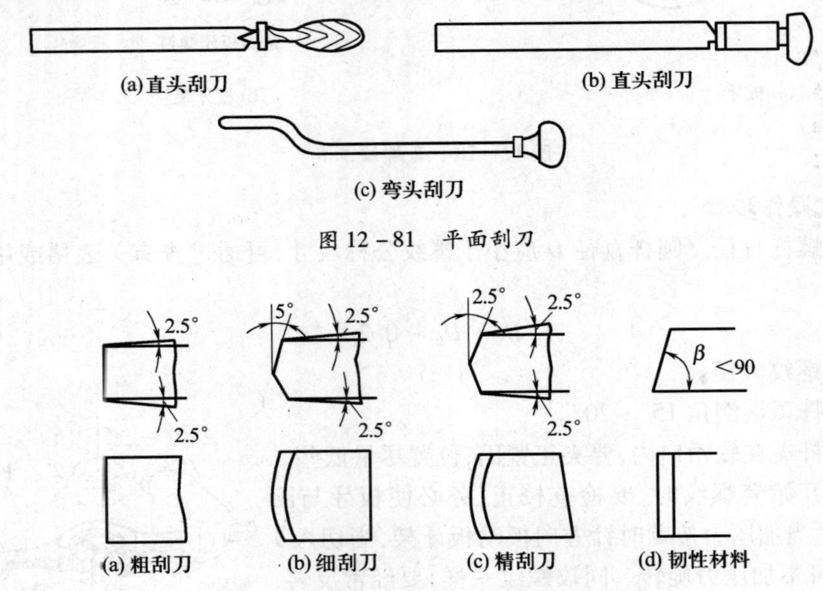

(a) 粗刮刀 (b) 细刮刀 (c) 精刮刀 (d) 韧性材料

图 12-82 平面刮刀的形状

曲面刮刀用于刮内曲面,常用三角刮刀和舌头刮刀等,如图 12-83 所示。

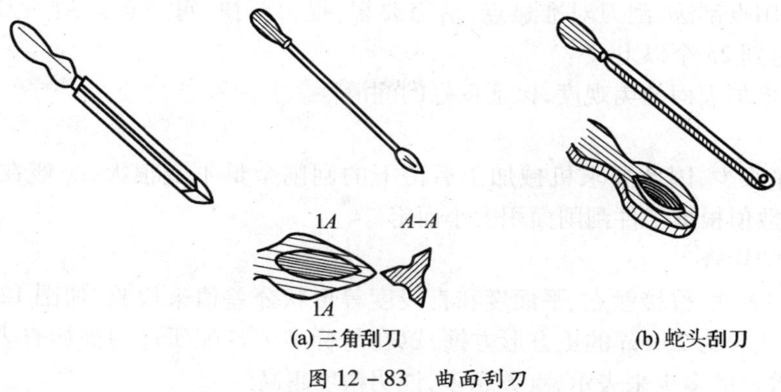

(a)三角刮刀　(b)蛇头刮刀

图 12－83　曲面刮刀

2．刮削方法

1）刮削姿势

目前采用的刮削姿势主要有手刮法和挺刮法。

手刮法：如图 12－84（a）所示，右手握刀柄，左手四指向下握住距刮刀头部约 50mm 处，刮刀与被刮削表面成 25°～30°。同时，左脚前跨一步，上身随着往前倾斜，使刮刀向前推进，左手下压，落刀要轻，当推进到所需要位置时，左手迅速提起，完成一个手刮动作。手刮法主要用于平面刮削。

挺刮法：如图 12－84（b）所示，将刮刀柄放在小腹右下侧，双手并拢握在刮刀前部距刮刀头部约 80mm 处，左手下压，利用腿部和臀部力量，使刮刀向前推进，在推动到位的瞬间，同时用双手将刮刀提起，完成一次运动。

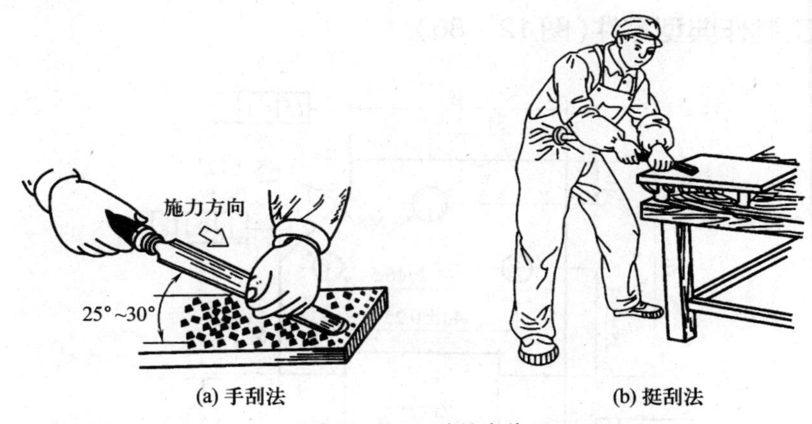

(a) 手刮法　(b) 挺刮法

图 12－84　刮削姿势

2）刮削步骤（以平面刮削为例）

平面刮削可分为粗刮、细刮、精刮、刮花 4 个步骤。工件表面的刮削方向应与前次的刀痕交叉成 90°。每刮削一遍后，涂上显示剂，用校准工具配研，以显示加工面上的高低不平处，然后刮掉高点，如此反复进行。

粗刮：工件表面有较深的加工刀痕、严重的锈蚀和刮削余量较多时需要进行粗刮。粗刮时应使用长柄刮刀且施力较大，刮刀痕迹要连成片，不可重复。粗刮方向要与加工刀痕成 45°角，各次刮削方向要交叉。粗刮到工件表面研点每 25mm × 25mm 面积内有 3 点～4 点时转入细刮。

细刮：细刮选用短刮刀，这种刮刀用力小，刀痕较短（3mm～5mm）。经过反复刮削后，接触点增加到 12 个～15 个时结束。

精刮：精刮采用点刮法，刮刀对准显点，落刀要轻，提刀要快，每一点只刮一刀，经反复配研、刮削，接触点达到25个以上。

刮花：目的是增加表面的美观度，保证良好的润滑性。

3）刮削余量

每次的刮削量很少，因此要求机械加工后留下的刮削余量不宜很大，一般在0.05mm～0.4mm之间，具体数值根据工件刮削面积大小而定。

4）刮削精度的检查

刮削后的工件表面，按接触点、平面度和直线度等形状公差值来检验，如图12－85所示。接触点检验时，用边长为25mm的正方形方框，罩在与标准工具配研过的被检查表面上，根据在方框内的研点数目的多少来表示，点数越多，说明精度越高。

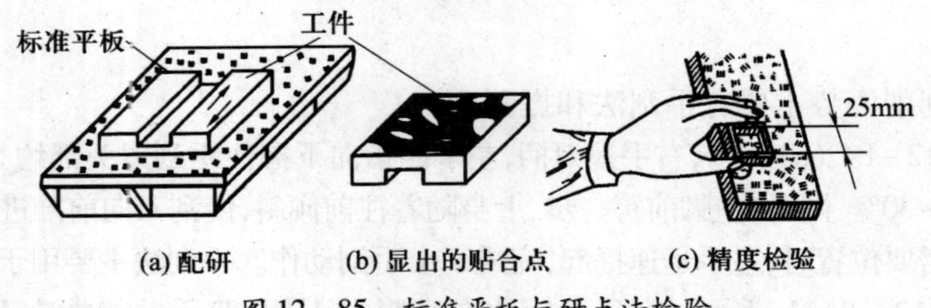

图12－85　标准平板与研点法检验

12.8　钳工生产制作

12.8.1　钳工制作典型零件（图12－86）

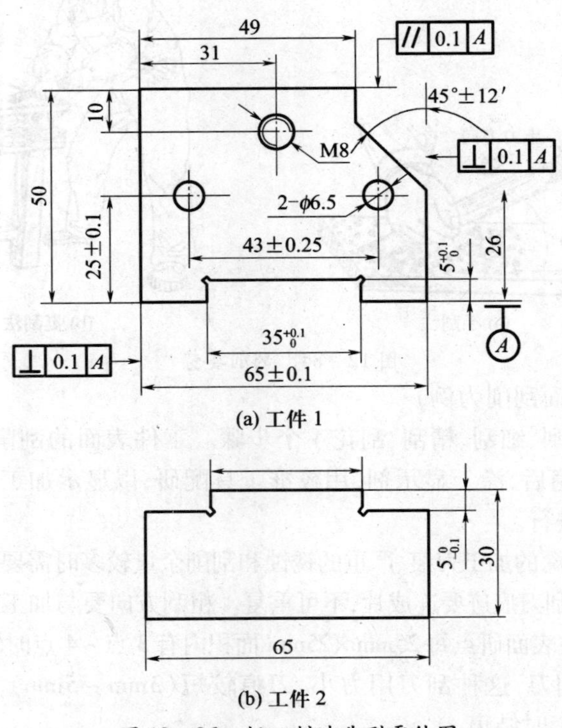

图12－86　钳工制造典型零件图

12.8.2 加工步骤

加工步骤如表 12－5,表 12－6 所列。

表 12－5 工件 1 加工步骤

序号	加工内容	工艺简图
1	按右图尺寸对毛坯划线并锯削	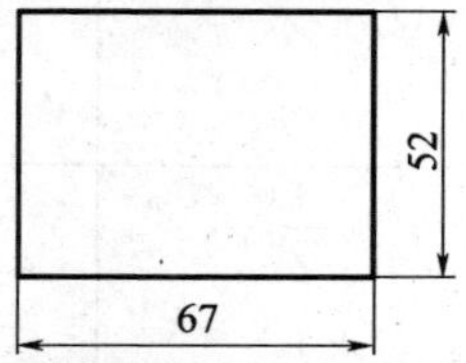
2	锉削长方形四边,保证其尺寸和各形位公差	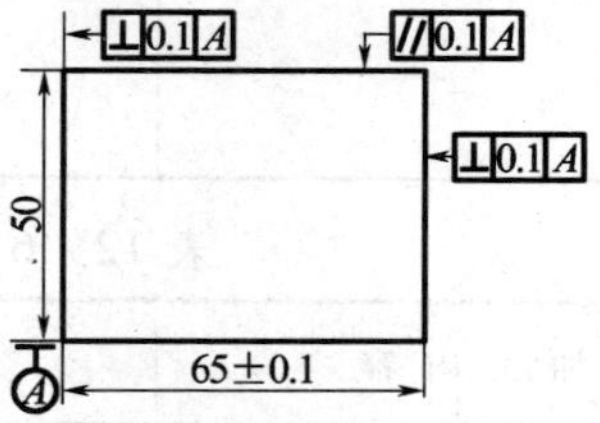
3	按右图尺寸划线	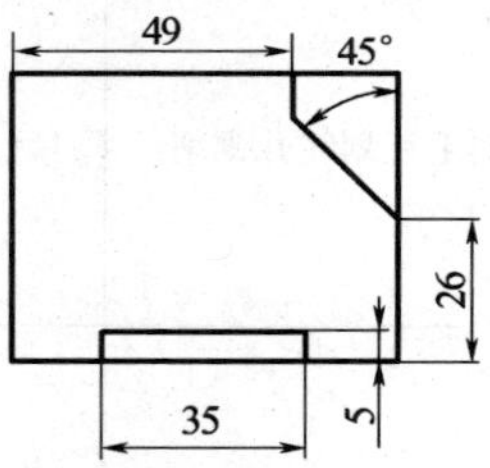
4	锯削 *ABCD* 和 *EFG* 边,留出锉削余量	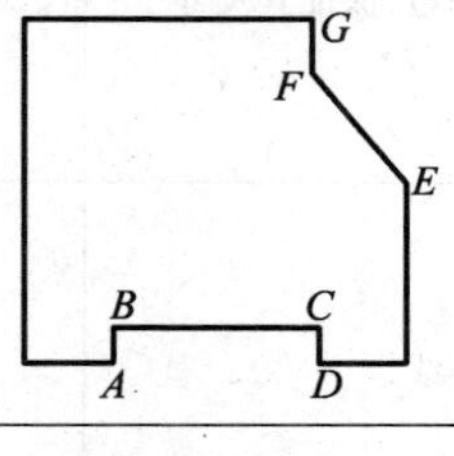
5	锉削 *ABCD* 和 *EFG* 边,达到图样所要求尺寸。锯削楔槽 0.5 ×45°	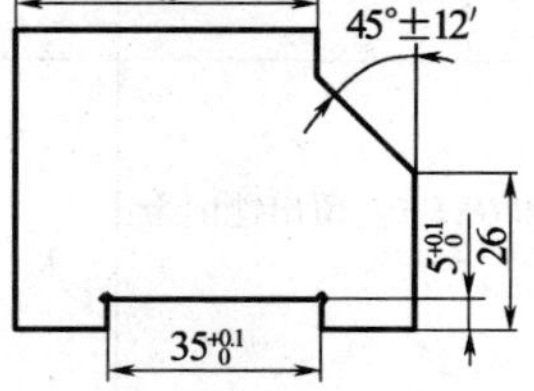
6	按图样尺寸进行划线、钻孔加工	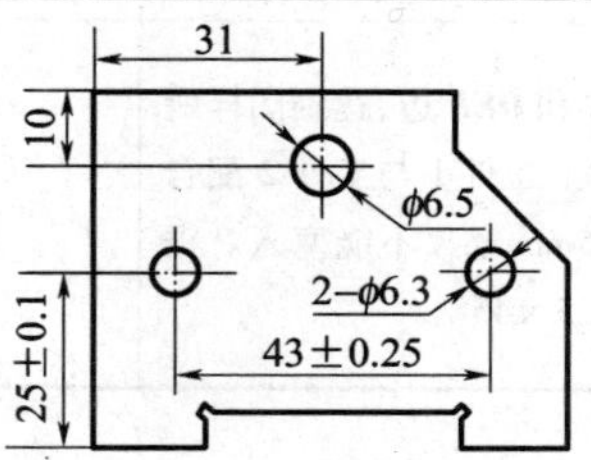

(续)

序号	加 工 内 容	工 艺 简 图
7	攻 M8 螺纹	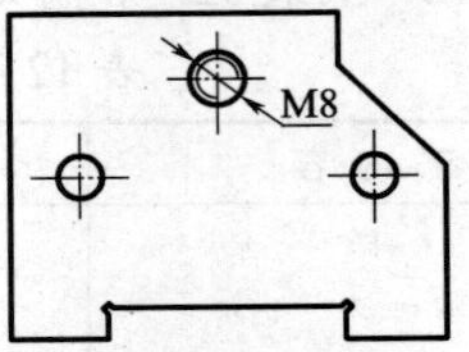 M8
8	铰孔 2 - φ14.5	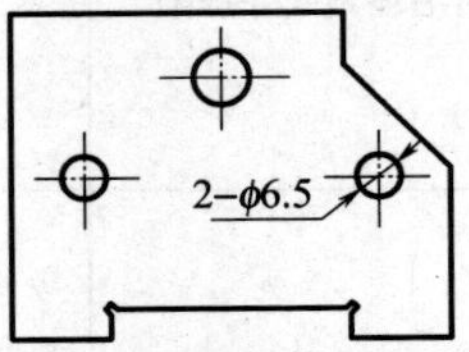 2-φ6.5

表 12 - 6　工件 2 加工步骤

序号	加 工 内 容	工 艺 简 图
1	按右图尺寸对毛坯划线并锯削	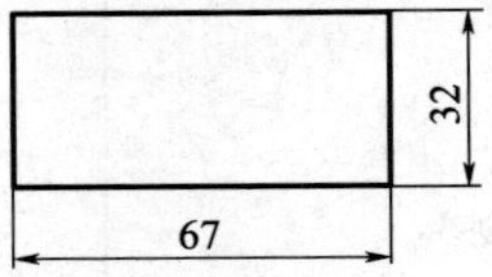 32 67
2	锉削长方形四边,保证其尺寸	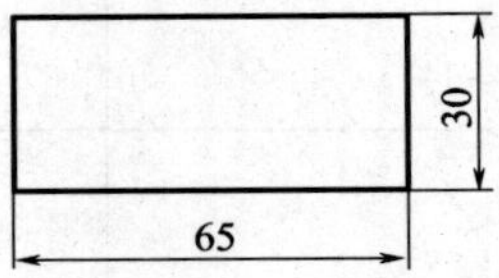 30 65
3	按右图尺寸划线	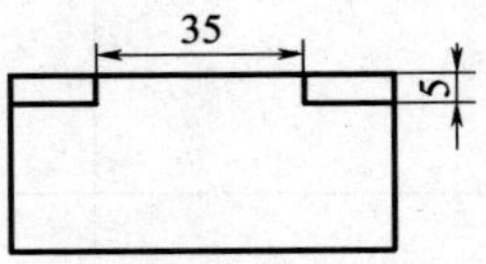 35 5
4	锯削 *ABC* 和 *DEF* 边,留出锉削余量	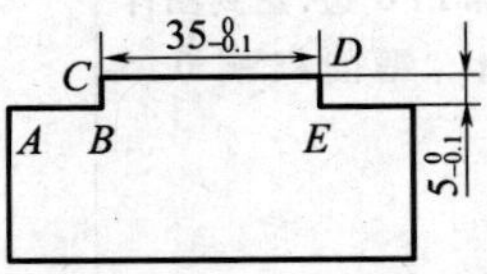 $35_{-0.1}^{\ 0}$ C D A B E $5_{-0.1}^{\ 0}$
5	锉削 *ABC* 和 *DEF* 边,达到图样所要求尺寸。工件 1 与工件 2 配合后用 0.05mm 塞尺不能塞入。锯削楔槽 0.5 ×45°	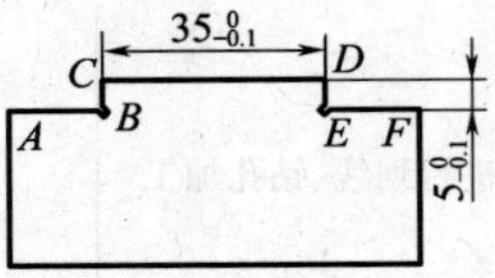 $35_{-0.1}^{\ 0}$ C D A B E F $5_{-0.1}^{\ 0}$

12.8.3 其他典型零件

1. 制作六角螺母(图 12－87)

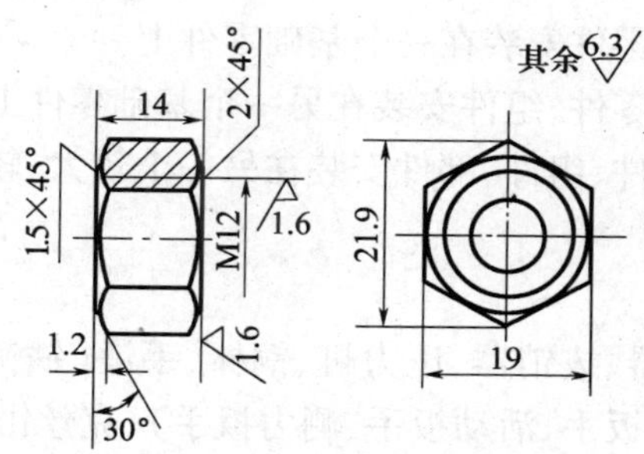

图 12－87 螺母零件图

2. 制作手锤(图 12－88)

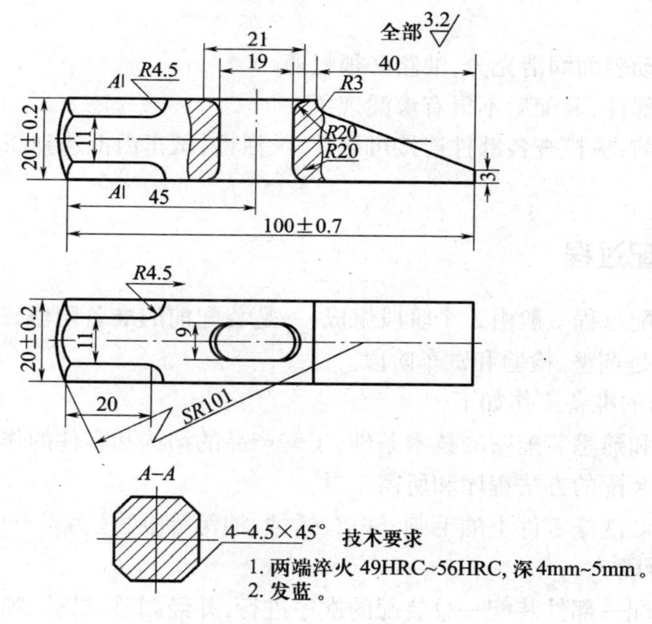

图 12－88 手锤零件图

12.9 装配

12.9.1 装配概述

1. 装配的概念

从原材料进厂起,到机器在工厂制成为止,需要经过铸造、锻造毛坯,在金工车间把毛坯制成零件,用车、铣、刨、磨、钳等加工方法,改变毛坯的形状、尺寸。装配就是在装配车间,按照一定的精度、标准和技术要求将若干零件组装成机器的过程。装配后,再经过调整、试验合格后涂上油装箱,完成整个工作。装配是最后的一道工序,因此它是保证机器达到各项技术要求的关键。

2. 装配分类

装配分为组件装配、部件装配、总装配。

(1) 组件装配:将若干个零件安装在一个基础零件上。

(2) 部件装配:将若干个零件、组件安装在另一个基础零件上。

(3) 总装配:将若干个零件、组件、部件安装在另一个较大、较重的基础零件上构成产品的过程。

3. 常用工具

装配常用的工具有拉出器、拔销器、压力机、铜棒、手锤(铁锤、铜锤)、改锥(一字、十字)、扳手(呆扳手、梅花扳手、套筒扳手、活动扳手、测力扳手)、克丝钳等。

4. 装配要求

(1) 装配时应检查零件是否合格,检查有无变形、损坏等。

(2) 固定连结的零部件不准有间隙,活动连接在正常间隙下,灵活均匀地按规定方向运动。

(3) 各运动表面润滑充分,油路必须畅通。

(4) 密封部件,装配后不得有渗漏现象。

(5) 试车前,应检查各部件连接可靠性、灵活性,试车由低速到高速,根据试车情况进行调整达到要求。

12.9.2 装配过程

机器的装配过程一般由 3 个阶段组成:一是装配前的准备阶段;二是装配阶段(部件装配和总装配);三是调整、检验和试车阶段。

1. 装配前的准备工作如下

(1) 研究和熟悉装配图的技术条件,了解产品的结构和零件的作用,以及相互连接关系。

(2) 确定装配的方法程序和所需工具。

(3) 清理和洗涤零件上的毛刺、铁屑、锈蚀、油污等脏物。

2. 装配阶段。

按组件装配—部件装配—总装配的次序进行,并经调整、试验、喷漆、装箱等步骤。

3. 调整、检验和试车

4. 组件装配举例(图 12-89)

减速器大轴的装配顺序为:①将键配好轻打装在轴上;②压装齿轮;③放上垫套,压装右轴承;④压装左轴承;⑤在透盖槽中放入毡圈。

12.9.3 典型件的装配

1. 滚珠轴承的装配

滚珠轴承的装配多数为较小的过盈配合。装配方法有直接敲入法、压入法和热套法。轴承装在轴上时,作用力应作用在内圈上,装在孔里作用力应在外圈,同时装在轴上和孔内时作用力应在内外圈上(图 12-90)。

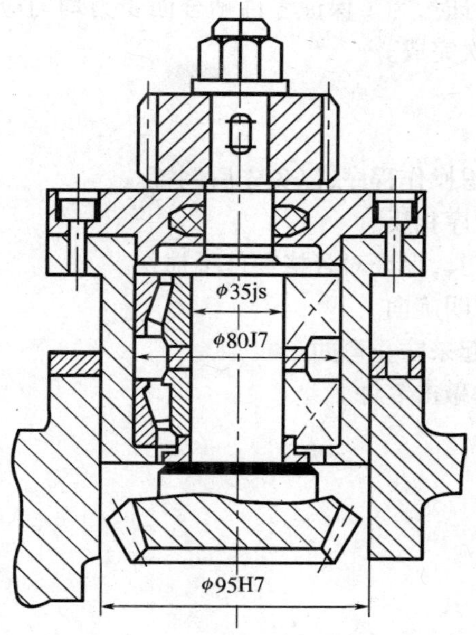

图 12-89　齿轮轴组件的装配

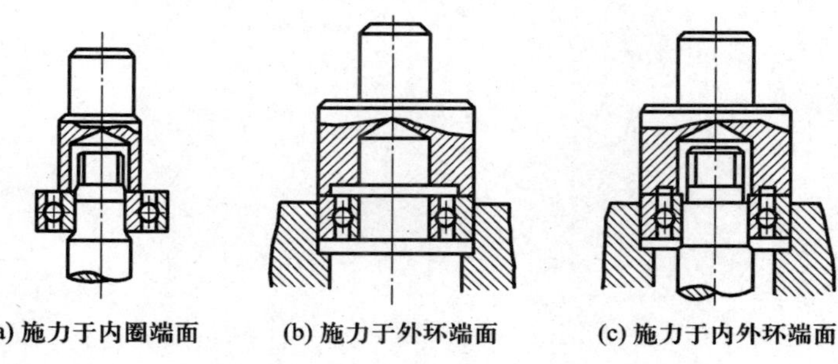

图 12-90　滚珠轴承装配

2. 螺钉、螺母的装配(图 12-91)

(1) 螺纹配合应做到用手自由旋入,过紧咬坏螺纹,过松螺纹易断裂;

(2) 螺栓、螺母端面应与螺纹轴线垂直以便受力均匀;

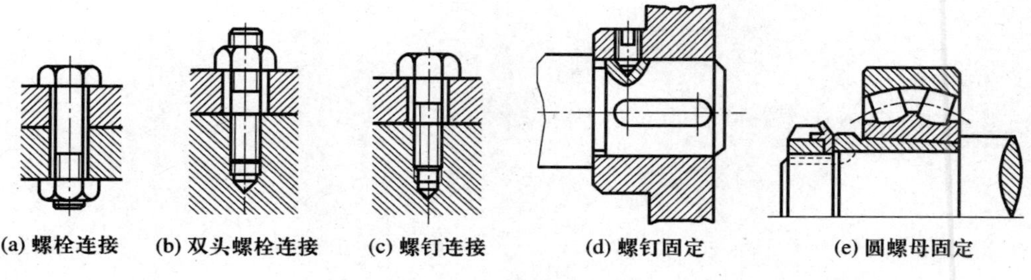

图 12-91　螺纹连接

(3) 零件与螺栓、螺母的贴合面应平整光洁,否则螺纹容易松动,为了提高贴合质量可加垫圈。

(4) 装配成组螺钉、螺母时,为了保证零件贴合面受力均匀应按一定顺序来旋紧,并且不要一次旋紧,要分两次或三次完成。

12.9.4 拆卸工作

(1) 按其结构,预先考虑操作程序,以免先后倒置。

(2) 拆卸顺序与装配顺序相反。

(3) 拆卸时合理使用工具,保证对合格零件不损伤。

(4) 拆卸螺纹连结时辨明旋向。

(5) 对轴类长件,要吊起来防止弯曲。

(6) 严禁用铁锤等硬物敲击零件。

参考文献

[1] 张建军.零件成型基础[M].重庆:西南师范大学出版社,2010.

[2] 王志海,罗继相,吴飞.工程实践与训练教程[M].武汉:武汉理工大学出版社,2007.

[3] 马保吉.机械制造基础工程训练[M].2 版.西安:西北工业大学出版社,2006.

[4] 费从荣.机械制造工程实践[M].北京:中国铁道出版社,2000.

[5] 周世权.工程实践(机械及近机械类)[M].二版.武汉:华中科技大学出版社,2005.

[6] 张木青,于兆勤.机械制造工程训练教材[M]. 广州:华南理工大学出版社,2004.

[7] 刘胜青.工程训练[M].成都:四川大学出版社,2002.

[8] 朱世范.机械工程训练[M].哈尔滨:哈尔滨工业大学出版社,2003.

[9] 刘峰.机械制造工程训练[M].东营:石油大学出版社,2003.

[10] 林建榕,王玉,蔡安江.工程训练[M].北京:航空工业出版社,2004.

[11] 刘世平.工程训练[M].武汉:华中科技大学出版社,2008.

[12] 黄光烨.机械制造工程实践[M].哈尔滨:哈尔滨工业大学出版社,2002.

[13] 谷春瑞,韩广利,曹文杰.机械制造工程实践[M].天津:天津大学出版社,2004.